Mathematik

Gymnasiale Oberstufe

Berlin

Einführungsphase

Herausgegeben von

Dr. Anton Bigalke Dr. Norbert Köhler

Erarbeitet von

Dr. Anton Bigalke
Dr. Norbert Köhler
Dr. Horst Kuschnerow
Dr. Gabriele Ledworuski

unter Mitarbeit der Verlagsredaktion

Cornelsen

Multimediales Zusatzangebot

Zu den Stellen des Buches, die durch das CD-Symbol gekennzeichnet sind, gibt es ein über Mediencode verfügbares multimediales Zusatzangebot auf der dem Buch beiliegenden CD.

1. CD starten
2. Mediencode eingeben, z. B. **036-1**

Bilder aus dem Bundesland Berlin

Umschlag: Glienicker Brücke
Seite 9: Rotes Rathaus
Seite 37: Olympiastadion
Seite 83: Kongresshalle
Seite 127: Sony Center
Seite 175: BMW-Haus am Kurfürstendamm
Seite 205: Mexikanische Botschaft
Seite 253: Museum am Checkpoint Charlie
Seite 291: Debis-Atrium
Seite 329: Bodemuseum

Redaktion: Dr. Jürgen Wolff
Layout: Klein und Halm Grafikdesign, Berlin
Herstellung: Hans Herschelmann
Bildrecherche: Peter Hartmann

Grafik: Dr. Anton Bigalke, Waldmichelbach
Illustration: Detlev Schüler †
Umschlaggestaltung: Klein und Halm Grafikdesign, Berlin
Technische Umsetzung: CMS – Cross Media Solutions GmbH, Würzburg

www.cornelsen.de

1. Auflage, 6. Druck 2019

Alle Drucke dieser Auflage sind inhaltlich unverändert und können im Unterricht nebeneinander verwendet werden.

Druck: Firmengruppe APPL, aprinta Druck, Wemding

ISBN 978-3-06-040000-3

PEFC zertifiziert
Dieses Produkt stammt aus nachhaltig bewirtschafteten Wäldern und kontrollierten Quellen.

www.pefc.de

Inhalt

☐ Wiederholung
■ Basis
◩ Basis/Erweiterung
☐ Vertiefung

Vorwort

Rahmenplan

In diesem Buch wird der Rahmenlehrplan für den Mathematikunterricht in der Einführungsphase der Gymnasialen Oberstufe konsequent umgesetzt und eine intensive Vorbereitung der Schüler auf die Qualifikationsphase gewährleistet. Der modulare Aufbau des Buches und der einzelnen Kapitel ermöglichen dem Lehrer individuelle Schwerpunktsetzungen. Die Schüler können sich aufgrund des beispielbezogenen und selbsterklärenden Konzeptes problemlos orientieren.

Druckformat

Das Buch besitzt ein weitgehend zweispaltiges Druckformat, was die Übersichtlichkeit deutlich erhöht und die Lesbarkeit erleichtert.
Lehrtexte und Lösungsstrukturen sind auf der linken Seitenhälfte angeordnet, während Beweisdetails, Rechnungen und Skizzen in der Regel rechts platziert sind.

Beispiele

Wichtige Methoden und Begriffe werden auf der Basis anwendungsnaher, vollständig durchgerechneter Beispiele eingeführt, die das Verständnis des klar strukturierten Lehrtextes instruktiv unterstützen. Diese Beispiele können auf vielfältige Weise als Grundlage des Unterrichtsgesprächs eingesetzt werden. Im Folgenden werden einige Möglichkeiten skizziert:

- Die Aufgabenstellung eines Beispiels wird vom Lehrer gegeben. Die Bücher bleiben geschlossen. Die Lösung wird im Unterrichtsgespräch oder in Stillarbeit entwickelt. Im Anschluss daran kann die erarbeitete Lösung mit der im Buch dargestellten Lösung verglichen werden. Auf diese Weise kommt man schnell und sicher voran.
- Die Schüler lesen ein Beispiel und die zugehörige Musterlösung. Anschließend bearbeiten sie eine an das Beispiel anschließende Übung in Einzel- oder Partnerarbeit. Diese Vorgehensweise ist auch für Hausaufgaben gut geeignet.
- Ein Schüler wird beauftragt, ein Beispiel zu Hause durchzuarbeiten und als Kurzreferat zur Einführung eines neuen Begriffs oder Rechenverfahrens im Unterricht vorzutragen.

Übungen

Im Anschluss an die durchgerechneten Beispiele werden exakt passende Übungen angeboten.

- Diese Übungsaufgaben können mit Vorrang in Stillarbeitsphasen eingesetzt werden. Dabei können die Schüler sich am vorangegangenen Unterrichtsgespräch orientieren.
- Eine weitere Möglichkeit: Die Schüler erhalten den Auftrag, eine Übung zu lösen, wobei sie mit dem Lehrbuch arbeiten sollen, indem sie sich am Lehrtext oder an den Musterlösungen der Beispiele orientieren, die vor der Übung angeordnet sind.
- Weitere Übungsaufgaben auf zusammenfassenden Übungsseiten finden sich am Ende der meisten Abschnitte. Sie sind für Hausaufgaben, Wiederholungen und Vertiefungen geeignet.
- In erheblichem Umfang sind Anwendungsbezüge berücksichtigt.

Überblick, Test und Streifzüge

An jedem Kapitelende sind in einem Überblick die wichtigsten mathematischen Regeln, Formeln und Verfahren des Kapitels in knapper Form zusammengefasst.
Auf der letzten Kapitelseite findet man einen Test, der Aufgaben zum Standardstoff des Kapitels beinhaltet. So kann der Lernerfolg überprüft oder vertieft werden. Der Test kann auch zur Selbstkontrolle verwendet werden. Die Lösungen findet man auf der dem Buch beiliegenden CD.
Alle Kapitel enthalten Seiten mit einem interessanten mathematischen Streifzug, welcher der Vertiefung dient.

Konzeption

Im Unterricht der Einführungsphase sollen Schüler mit durchaus unterschiedlichen Kenntnissen die Eingangsvoraussetzungen für die Qualifikationsphase erwerben. Defizite sollen ausgeglichen werden, das sog. Dreischlüsselniveau der Sekundarstufe 1 soll erreicht und abgesichert werden und die unterschiedlichen Anforderungen für das spätere Grund- und Leistungskursfach sollen ebenfalls deutlich werden.

Daher sind zum einen Wiederholungs- und Sicherungsabschnitte enthalten, die je nach Voraussetzungen auch ausgelassen werden können. Ein Beispiel sind die Abschnitte über die klassische Trigonometrie.

Andererseits gibt es aber auch Abschnitte, die es ermöglichen, gegenüber dem 12-jährigen Bildungsgang ohne Einführungsphase einen gewissen Vorsprung zu erlangen, der die Zeitknappheit in den Folgekursen ma-1 bzw. Ma-1 zum Teil entschärfen kann. Beispiele hierfür sind die prospektiven Abschnitte zur rechnerischen Bestimmung der Ableitungsfunktion bzw. zu den Ableitungsregeln.

Weiterhin gibt es Vertiefungsabschnitte, die den Aufbau einer strengeren mathematischen Basis erlauben, z. B. die Abschnitte über Folgen und Grenzwerte. Hier kann der Lehrer Schwerpunkte setzen. Er kann sich einerseits auf den propädeutischen Erwerb des Grenzwertbegriffs und seiner Schreibweisen beschränken, kann aber den Begriff hier auch in einer seiner Bedeutung angemessenen Vertiefung unterrichten, die zunächst aufwendiger erscheinen mag, sich aber letztendlich doch auszahlen kann.

Inhalte und Kapitelfolge

Die Inhalte werden in einer natürlichen Abfolge dargestellt. Bezüglich dieser Abfolge, die mit der Stochastik beginnt, gibt es aber wegen der Unabhängigkeit der Stochastik vom Analysisstoff die gleichwertige Möglichkeit, die Stochastikkapitel nach hinten zu stellen.

	Abfolge 1
I.	Beschreibende Statistik
II.	Wahrscheinlichkeitsrechnung
III.	Lineare und quadratische Funktionen
IV.	Potenzen und Potenzfunktionen
V.	Exponentialfunktionen
VI.	Trigonometrische Funktionen
VII.	Grenzwerte und Änderungsraten
VIII.	Steigung und Ableitung

	Abfolge 2
III.	Lineare und quadratische Funktionen
IV.	Potenzen und Potenzfunktionen
V.	Exponentialfunktionen
VI.	Trigonometrische Funktionen
VII.	Grenzwerte und Änderungsraten
VIII.	Steigung und Ableitung
I.	Beschreibende Statistik
II.	Wahrscheinlichkeitsrechnung

Kapitel I: Beschreibende Statistik

Hier sieht der Rahmenplan Erhebungen, Darstellungen bis zu Boxplots, Klassierung von Daten und die Nutzung von Mittelwerten sowie Streuungsmaßen vor. Man kann dieses Kapitel zugunsten der folgenden Wahrscheinlichkeitsrechnung zeitlich kurz halten, da letztere sowohl in der Qualifikationsphase als auch im Abitur deutlich relevanter und auch schwieriger ist.

Kapitel II: Wahrscheinlichkeitsrechnung

Hier ist davon auszugehen, dass aus der Sekundarstufe 1 unterschiedliche Kenntnisse vorhanden sind, die ausgeglichen werden sollten. Daher findet man hier alle Grundbegriffe zum Nachlesen. Einsteigen kann man, nachdem man sich ein Bild vom Vorwissen gemacht hat, mit einer ganz kurzen Wiederholung der Grundbegriffe und einer Vertiefung der Kenntnisse zu ***mehrstufigen Zufallsexperimenten*** und Baumdiagrammen.

Wichtig ist danach die Vermittlung gewisser ***Kombinatorikkenntnisse*** (Urnenmodelle) bis etwa zum Lottomodell. Elementare Kenntnisse zu Bernoulliketten und einfache Anwendungen der Formel von Bernoulli bilden den Abschluss, könnten aber bei Zeitnot auch in der Qualifikationsphase komplettiert werden. Arbeit mit Tabellen ist dabei nicht vorgesehen. Als Vertiefung und zur Binnendifferenzierung werden optional einige interessante ***Simulationen*** mit Zufallszahlen angeboten.

Kapitel III: Lineare und quadratische Funktionen

Hier mischen sich Wiederholung, Stabilisierung und Vertiefung. Mit diesem Kapitel kann man auch gut in die Einführungsphase starten. Hier wird zunächst der ***Funktionsbegriff*** vertieft.

Dann werden die Kenntnisse über ***lineare Funktionen*** systematisiert und wiederholt. Wichtig ist der ***Steigungsbegriff*** bei Geraden und damit die erste Begegnung mit einem Differenzenquotienten sowie orthogonale Geraden. Hier wird auch der ***Abstand von Punkten*** behandelt.

Weiter geht es – je nach Bedarf – wiederholend mit der Normalparabel, ihren ***Verschiebungen*** und ***Streckungen***, der ***Scheitelpunktsform*** und der p-q-Formel zur Berechnung von ***Nullstellen*** oder Schnittpunkten von Funktionen. Vertiefend werden diverse Anwendungszusammenhänge angeboten. Kreise werden in einem Streifzug behandelt.

Kapitel IV: Potenzen und Potenzfunktionen

Erfahrungsgemäß bestehen Lücken und Unsicherheiten im Bereich der Potenzrechnung, die hier ausgeglichen werden können, indem der Lehrer eine geeignete, der vorgefundenen Situation angepasste Auswahl aus den Abschnitten 1 und 2 trifft, wobei Üben wichtig ist.

Anschließend werden obligatorisch die elementaren ***Potenzfunktionen*** untersucht, um den oberstufentypischen funktionalen Aspekt weiter zu stärken.

Hieraus ergibt sich die Beschäftigung mit ***ganzrationalen Funktionen***, die aber bis auf den Aspekt der ***Nullstellenbestimmung*** (durch Faktorisierung und Polynomdivision) kurz gehalten werden kann, da diese Funktionsklasse in den letzten Kapiteln und im 1. Semester vertieft untersucht wird. Es gibt einen abschließenden Vertiefungsexkurs zu den einfachen gebrochen-rationalen und zu den elementaren Wurzelfunktionen.

Kapitel V: Exponentialfunktionen

Besonders interessant und anwendungsnah, aber auch wichtig in Bezug auf die Qualifikationsphase ist das Kapitel über Exponentialfunktionen. Wiederholend eingebunden ist das Rechnen mit ***Zehnerlogarithmen*** und damit verbunden das Lösen von ***Exponentialgleichungen.***

Grundlegende Rechentechniken mit Exponentialfunktionen werden vermittelt, bevor es an die zumeist im Anwendungs- oder Modellierungskontext stehende Untersuchung ***exponentieller*** Prozesse geht, wobei auch Halbwerts- und Verdopplungszeit zur Sprache kommen.

Als Exkurs sind optional interessante exponentielle Experimente dargestellt. Ganz kurz kann die Logarithmusfunktion betrachtet werden, falls ein Bedarf besteht.

Kapitel VI: Trigonometrische Funktionen

Die ***Trigonometrie*** ist in einer umfassenden ***Wiederholung*** dargestellt, da hier erfahrungsgemäß die größten Wissenschwankungen auftreten. Dies geht von den Anfängen bis hin zu den Anwendungen von Sinus- und Kosinussatz. Hier muss der Lehrer die Entscheidung treffen, wie tief er einsteigt, wobei natürlich der noch vorhandene Zeitvorrat berücksichtigt werden muss. Für die Qualifikationsstufe sind nur einige Grundlagen unbedingt erforderlich.

Die ***trigonometrischen Funktionen*** bis zur Form $f(x) = a\sin(b(x + c)) + d$ sollten wegen ihrer technisch-physikalischen Bedeutung möglichst ausführlich diskutiert werden, auch wenn diese Funktionsklasse bezüglich des Zentralabiturs eine eher untergeordnete Rolle zu spielen scheint.

Kapitel VII: Grenzwerte und Änderungsraten

Der Rahmenplan sieht Folgen, Reihen und Grenzwerte als Wahlthemen vor. Der ***Grenzwertbegriff*** für Funktionen allerdings ist ***der zentrale Begriff der modernen Mathematik*** und hat deren Entwicklung überhaupt erst eingeleitet und möglich gemacht. Ihn auszulassen ist schwer vorstellbar. Seine Behandlung macht sich in den Folgesemestern sicher bezahlt.

Folgen, Reihen und deren Grenzwerte sind dargestellt, könnten aber auch ausgelassen werden (Wahlthemen laut Rahmenplan).

Man könnte also direkt mit dem ***Funktionsgrenzwert*** beginnen. Hier kann man die Schreibweisen und die Basisrechentechniken erwerben. Es ist natürlich möglich, bei der praktischen Bestimmung von Grenzwerten ganz ohne Grenzwertrechentechniken auszukommen und stets nur mit Näherungstabellen zu arbeiten, aber empfehlenswert ist es nicht, denn dann könnte man z. B. keine einzige Ableitungsregel beweisen. Immerhin besteht auch noch im 1. Semester der Qualifikationsphase die Möglichkeit, den Grenzwertbegriff angemessen zu vertiefen.

Mittlere und lokale Änderungsraten werden ausführlich und anwendungsbezogen dargestellt. Der Lehrer sollte schwerpunktartig geeignete Beispiele und Übungen gezielt aussuchen, welche die Interpretation im Anwendungskontext gestatten.

Die Behandlung der mittleren Änderungsrate ist wichtig und wird auch später immer wieder vorkommen. Bei der lokalen Änderungsrate ist aber zu bedenken, das sie später, d. h. nach Einführung der Ableitungsfunktion, viel eleganter und einfacher mit Hilfe der Ableitung f' berechnet werden kann. Daher reicht hier die Besprechung des Konzeptes.

Kapitel VIII: Steigung und Ableitung

Hier wird die eine Möglichkeit aufgezeigt, sich dem ***Ableitungsbegriff*** und Begriffen wie Steigen, Fallen, Krümmung, Extremalpunkte und Wendepunkte und deren anwendungsbezogener Interpretation ***graphisch*** zu nähern und so vor der Qualifikationsphase ein ***anschauliches Grundwissen*** über Eigenschaften von Funktionen und ihren Ableitungsfunktionen zu erwerben. Man merkt aber dann auch, dass das Graphische *irgendwann* nicht mehr weiterführt.

Zusätzlich kann daher schon hier die ***rechnerische Ebene*** bis hin zu den ***Ableitungsregeln*** beschritten werden. So kann man mit einen gewissem *Vorsprung* in die Qualifikationsphase gehen, der zur zeitlichen Entlastung oder zur Vertiefung genutzt werden kann und auch sollte.

I. Beschreibende Statistik

1. Darstellung von Daten

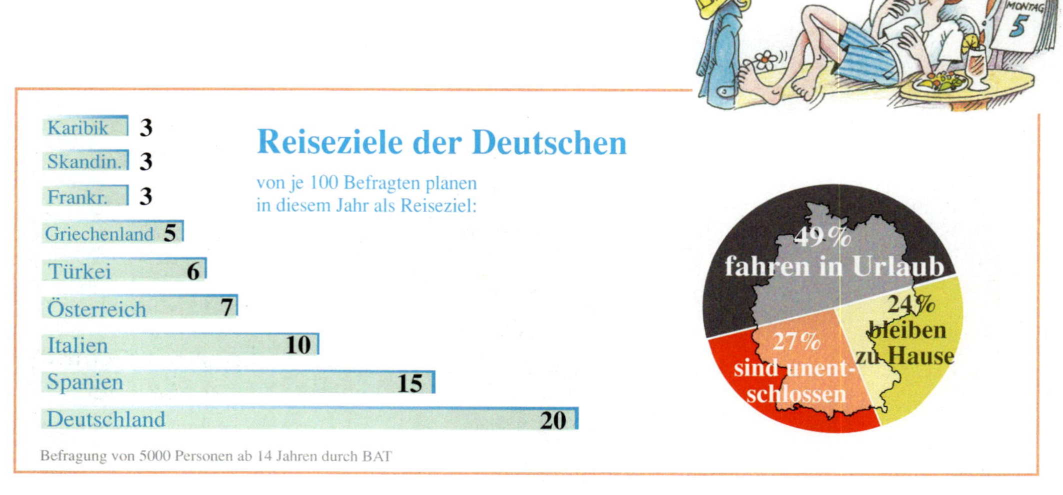

Statistische Erhebungen liefern Daten, die benötigt werden, um politische, gesellschaftliche und wirtschaftliche Vorgänge besser beurteilen und steuern zu können. Mit Statistiken lassen sich Entscheidungen begründen und Thesen untermauern oder erschüttern.

Die Statistik befasst sich mit drei Fragen: Wie wird Datenmaterial fachgerecht gesammelt, wie wird das Datenmaterial geordnet und repräsentiert, und welche Schlüsse können aus dem Material gezogen werden?
Die ***Beschreibende Statistik*** geht vor allem der zweiten Frage nach. Wie werden Daten geordnet, damit ihre entscheidenden Strukturen klar erkennbar werden, und wie kann man die geordneten Daten graphisch darstellen?
Im Folgenden beschäftigen wir uns mit den klassischen graphischen Darstellungen in Form von Säulen- und Kreisdiagrammen, aber auch mit modernen Darstellungen mit Hilfe von Stamm-Blatt-Diagrammen und Boxplots. Diese Diagramme können durch zusätzliche Kenngrößen des Datensatzes, nämlich durch Mittelwerte und Streuungsmaße unterstützt werden. Wir werden das arithmetische Mittel, den Median und die Standardabweichung verwenden.

Übung 1

Erstellen Sie in Ihrer Klasse eine Statistik, welche folgende Merkmale erfasst: Die Haarfarbe, die Körpergröße, den Geburtsmonat, die Schuhgröße, die Geschwisterzahl, die Deutschnote, die Augenfarbe. Hierzu kann die Klasse in mehrere Gruppen eingeteilt werden. Jede Gruppe ist für ein Merkmal zuständig und erstellt die Statistik hierzu für die ganze Klasse.

a) Legen Sie für das Ihnen zugeteilte Merkmal fest, welche Ausprägungen es haben kann.
b) Führen Sie nun die Aufnahme der Daten durch. Verwenden Sie eine schriftliche Liste oder befragen Sie ihre Mitschüler mündlich.
c) Ordnen Sie die aufgenommenen Daten in einer Tabelle, und stellen Sie die Daten graphisch dar. Verwenden Sie ein Säulendiagramm oder ein Kreisdiagramm.
d) Berechnen Sie für das Ihnen zugeteilte Merkmal den Durchschnittswert (z. B. die durchschnittliche Körpergröße) oder den häufigsten Wert (z. B. die am häufigsten auftretende Augenfarbe).

A. Merkmale

Statistische Erhebungen beziehen sich stets auf eine ***Grundgesamtheit*** von Personen oder Objekten. Jedes Element der Grundgesamtheit wird erfasst. Die einzelnen Elemente der Grundgesamtheit werden als ***Merkmalsträger*** bezeichnet.
Jeder Merkmalsträger kann quantitative oder qualitative ***Merkmale*** aufweisen. Jedes Merkmal kommt in ganz bestimmten ***Merkmalsausprägungen*** vor.

Quantitative Merkmale besitzen als Ausprägungen Zahlen auf einer metrischen Skala. Diese Zahlen kann man messen, und man kann mit ihnen rechnen. Beispiele sind die Körpergröße und die Kinderzahl. Die Körpergröße ist ein ***stetiges Merkmal***, weil sie innerhalb gewisser Grenzen jeden reellen Zahlenwert annehmen kann (50 cm–220 cm), während die Kinderzahl ein ***diskretes Merkmal*** ist, da sie nur ganz bestimmte Zahlen annehmen kann (0, 1, 2, 3, 4, 5 ...).

Qualitative Merkmale besitzen als Ausprägungen Namen bzw. Ränge. Man spricht dann von einem ***nominalen Merkmal*** bzw. einem ***ordinalen Merkmal***.
Die Haarfarbe ist ein nominales Merkmal, da die Ausprägungen blond – rot – braun – schwarz durch ihre Namen festgelegt sind, nicht aber durch Zahlenmesswerte.
Die Deutschnote ist ein ordinales Merkmal, da ihre Ausprägungen sehr gut bis ungenügend bzw. 1 – 2 – 3 – 4 – 5 – 6 eine Rangordnung definieren. Mit diesen Ordnungszahlen kann man aber im Gegensatz zu den Messwerten eines quantitativen Merkmals nicht sinnvoll rechnen.

Übung 2

Entscheiden Sie: Liegt ein quantitatives (stetiges/diskretes) oder ein qualitatives (nominales/ordinales) Merkmal vor?

a) Körpergewicht einer Person
b) Schweregrad einer Erkrankung
c) Geschlecht einer Person
d) Durchmesser eines Rohres
e) Höhe des Jahresverdienstes
f) Tabellenplatz in der Bundesliga
g) Anzahl gekeimter Samen in einem Topf
h) Automarke einer Person
i) Bekleidungsgröße (XS, S, M, L, XL, XXL)
j) Testurteil (sehr gut, gut, ..., mangelhaft)

B. Absolute und relative Häufigkeiten

Die Abbildung zeigt eine Ameise der Gattung Leptothorax Rugatulus[1]. Mit einem Saugrohr wurden einige Exemplare von einem Verhaltensbiologen eingesammelt, um später untersuchen zu können, ob spezifische Verhaltensweisen von der Körperlänge abhängen. Dabei entstand eine Tabelle mit Aufzeichnungen darüber, wie oft die Ausprägungen des Merkmals Körperlänge in zwei Kolonien vorkamen.

Körperlänge in mm	Kolonie A	Kolonie B
1,9–2,0	2	5
2,0–2,1	17	36
2,1–2,2	22	42
2,2–2,3	38	66
2,3–2,4	23	39
2,4–2,5	14	17
2,5–2,6	4	5
$\sum$	120	210

Für jede Längenklasse ist die ***absolute Häufigkeit*** angegeben, mit der sie in der jeweiligen Kolonie auftritt. Da die beiden Kolonien nicht gleich groß sind, lassen sich die Daten nur schwer vergleichen.

Hier ist es günstiger, ***relative Häufigkeiten*** zu verwenden, d. h. Anteile oder Prozentanteile.

Die Längenklasse 2,1 mm – 2,2 mm besitzt in Kolonie A die absolute Häufigkeit 22.

Körperlänge in mm	Kolonie A	Kolonie B
1,9–2,0	1,7 %	2,4 %
2,0–2,1	14,2 %	17,1 %
2,1–2,2	18,3 %	20,0 %
2,2–2,3	31,7 %	31,4 %
2,3–2,4	19,2 %	18,6 %
2,4–2,5	11,7 %	8,1 %
2,5–2,6	3,3 %	2,4 %
$\sum$	100 %	100 %

Die ***relative Häufigkeit*** der Klasse ist der ***Quotient aus der absoluten Häufigkeit und der Gesamtzahl*** der Tiere, also $\frac{22}{120} \approx 0{,}183$.
In Prozent ausgedrückt sind dies 18,3 %.

In Kolonie B hat diese Längenklasse einen Anteil von 20,0 Prozent, kommt also häufiger vor.

Nun funktioniert der direkte Vergleich problemlos, denn beide Kolonien sind auf 100 % normiert.

Übung 3

Die Lieblingsfarbe gilt als ein Kennzeichen des Charakters des Menschen. Beispielsweise soll Rot den Powertyp kennzeichnen und Grün den Verlässlichen mit Hang zur Selbstdarstellung. Gelb steht für den Intellektuellen und Blau für den Vernunftmenschen. Violett deutet hin auf den sensiblen Künstler und Orange auf den Körperbewussten.
Bei einer Umfrage wird die Lieblingsfarbe der Schüler der Oberstufe erfragt. Resultat:
ROT: 32 ORANGE: 54 GELB: 28 GRÜN: 63 BLAU: 45 VIOLETT: 19

a) Stellen Sie eine Tabelle auf, welche die *prozentuale* Verteilung angibt.
b) Führen Sie die Erhebung in Ihrer Klasse durch. Errechnen Sie die prozentualen Anteile. Vergleichen Sie das Ergebnis mit den unter a) errechneten Zahlen. Ist Ihre Klasse vom Verstand (Blau, Grün, Gelb) oder vom Gefühl (Rot, Orange, Violett) geprägt?

---
[1] Rötliche Schmalbrustameise

C. Graphische Darstellung von Daten

Säulen-, Kreis- und Blockdiagramme

Beispiel: Wahlergebnisse
Die rechts abgebildete Tabelle enthält die Ergebnisse der Bundestagswahlen der Jahre 2005 und 2009.
Die Wahlergebnisse sollen graphisch dargestellt werden. Verwenden Sie hierzu ein Säulendiagramm. Welche Vorteile bietet es?

Bundestagswahlen Zahlen in Mio.		
	2005	**2009**
CDU/CSU	16,9	14,9
FDP	4,7	6,4
GRÜNE	3,9	4,7
SPD	16,5	10,1
LINKE	4,2	5,2
SONSTIGE	1,9	2,6

Lösung:
Auf der horizontalen Achse des ***Säulendiagramms*** werden die sechs Ausprägungen des Merkmals *Partei* aufgetragen. Da es sich um ein qualitatives Merkmal handelt, besitzt die Achse keine metrische Einteilung, und man kann daher die Reihenfolge und den Ort der Anordnung der einzelnen Parteien frei wählen.
Ein besonderer Vorteil des Säulendiagramms ist folgender: Man kann beide Bundestagswahlen im gleichen Diagramm unterbringen, was den Vergleich der Ergebnisse erleichtert.

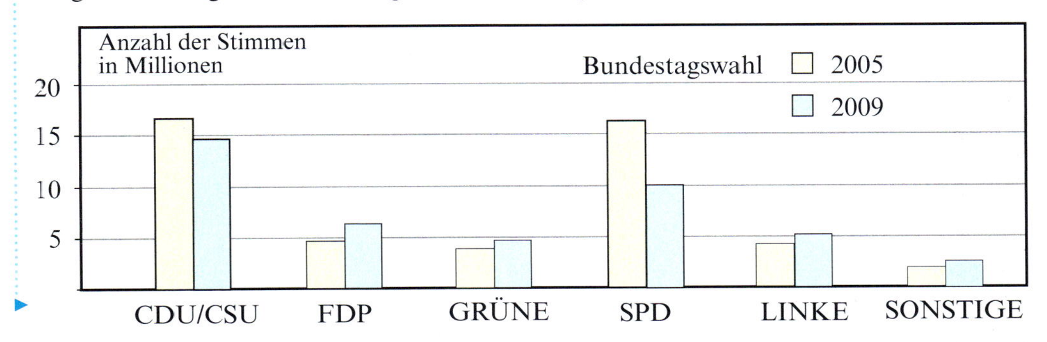

Übung 4

Rechts wurde die Bundestagswahl des Jahres 2005 in einem ***Kreisdiagramm*** erfasst, wobei die Stimmenanzahlen aus dem oben dargestellten Beispiel verwendet wurden.
Das Gleiche soll mit der Bundestagswahl 2009 geschehen.

a) Bestimmen Sie die Prozentanteile der einzelnen Parteien bei der Wahl 2009.
b) Zeichnen Sie ein Kreisdiagramm für die Wahl 2009.
c) Welche Vorteile hat das Kreisdiagramm hierbei gegenüber dem Säulendiagramm?

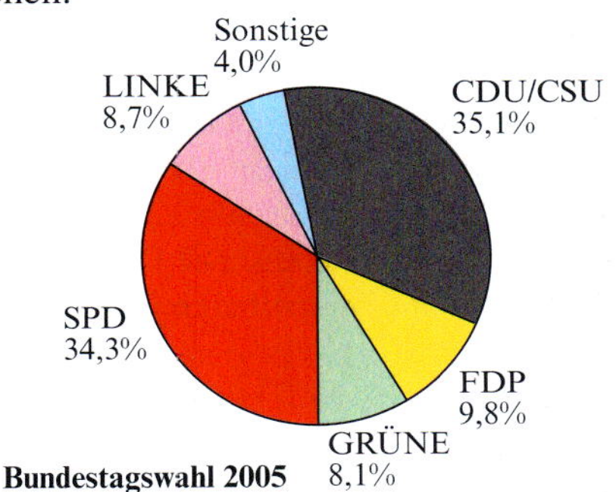

Bundestagswahl 2005

Die folgenden Diagrammarten erlauben kompakte Darstellungen von Daten und Tendenzen.

Das ***Balkendiagramm*** entspricht einem um 90° gedrehten Säulendiagramm. Es hat den Vorteil, dass die Merkmalsausprägungen besser platziert werden können, denn in horizontaler Richtung ist mehr Platz zum Schreiben.
Im rechts dargestellten Beispiel wurden außerdem die Balken für die großen Parteien unterbrochen, um die niedrigen Anteile der kleinen Parteien differenzierter darstellen zu können.

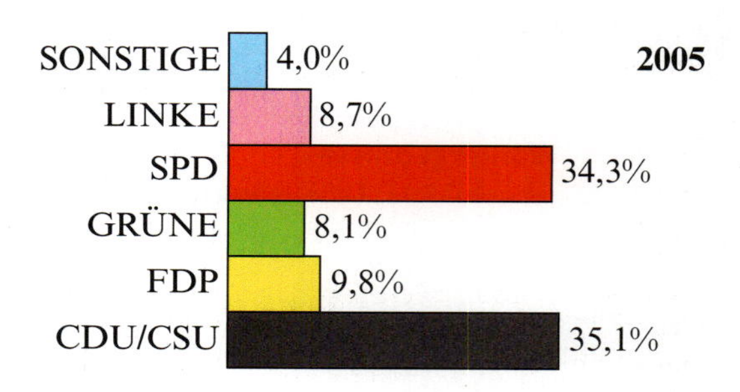

Blockdiagramme sind sehr platzsparend, da die Häufigkeiten aller Merkmale auf einem einzigen Balken dargestellt werden. Sie ähneln darin Kreisdiagrammen.
Sie eignen sich besonders für den parallelen Vergleich mehrerer Erhebungen.

Das ***Häufigkeitspolygon*** eignet sich bestens für den Vergleich von Zeitreihen. Langfristige Entwicklungen und Tendenzen können gut erfasst werden.

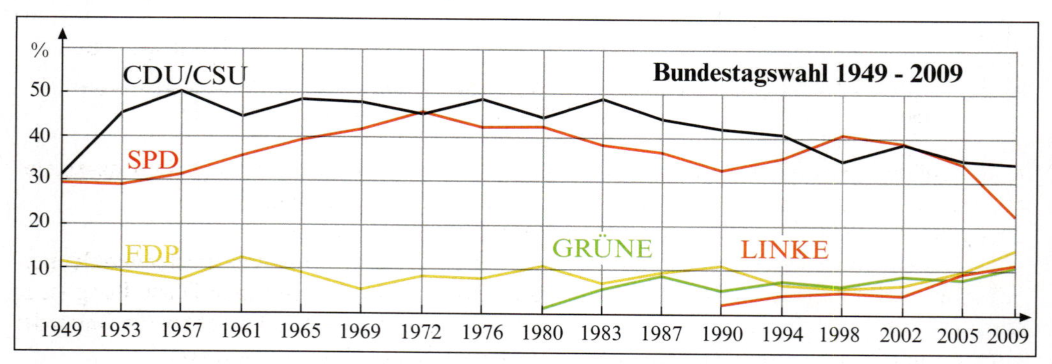

Übung 5

Ausländische KFZ-Hersteller erzielten in Deutschland 2003 (2002) folgende Marktanteile: England 0,5% (0,5%), Amerika 0,6% (0,7%), Schweden 1,1% (1,5%), Spanien 1,8% (1,6%), Südkorea 2,3% (1,7%), Tschechien 2,7% (2,4%), Italien 2,7% (3,2%), Japan 11,2% (10,6%), Frankreich 12,1% (11,7%). Verwenden Sie ein Balkendiagramm, um diesen Sachverhalt darzustellen. Die Grafik soll einen Vergleich der beiden Jahresergebnisse erleichtern: Daher sind Doppelbalken geeignet, wie im Beispiel auf Seite 13.

Übung 6

Welche Informationen, Tendenzen und Vergleiche kann man aus dem oben dargestellten Häufigkeitspolygon ablesen?

Klassierung von Daten mit Stamm-Blatt-Diagrammen

Die folgende Tabelle enthält die Körpergrößen von 50 Spielern des Tennisvereins. Eine solche Tabelle, welche die ursprünglichen Erhebungsdaten enthält, nennt man eine ***Urliste***.

Urliste

Mona	155	Fritz	167	Katharina	175	Nadine	181	Daniel	186
Lisa P.	158	Sarah	168	Julia	175	Stefan	181	Jana	187
Anna	158	Lena	168	Jasmin	176	Philipp	182	Jan	188
Antonia	160	Johannes	170	Victoria	177	Franziska	183	Lukas	189
Karl	162	Nora	172	Tim	177	Sebastian	184	David	190
Svanja	162	Dieter	173	Laura	178	Fabian	184	Alexander	192
Gesa	163	Dennis	174	Christina	179	Jakob	185	Martin	194
Lisa W.	163	Kristin	174	Johanna	179	Felix	185	Lars	194
Hans	164	Sandra	175	Max	180	Christian	185	Franz	196
Fabian	166	Annika	175	Eberhard	180	Dieter	186	Trajan	205

Aus der Urliste kann man wenig erkennen. Die Datenstrukturen werden nicht deutlich, da sehr viele verschiedene Körpergrößen vorkommen.
Auch ein Säulendiagramm oder ein ***Dotplot***[1] helfen nicht weiter, da die einzelnen Merkmalsausprägungen nur mit niedriger Häufigkeit auftreten und die Daten sich zu sehr verstreuen.

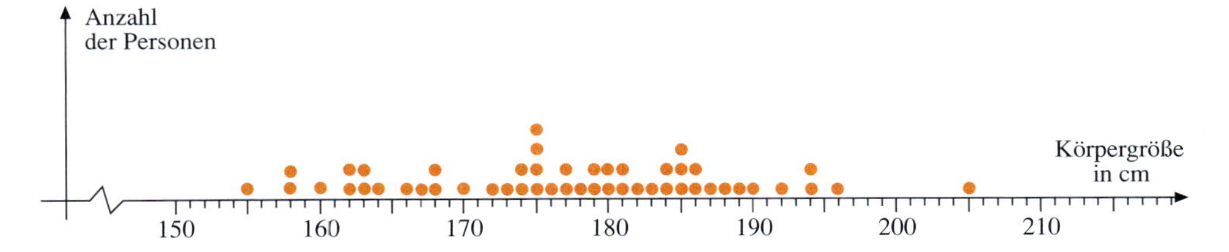

Um auf höhere Häufigkeiten zu kommen, muss man die Daten ***klassieren***, d.h. in Klassen einteilen. In unserem Beispiel bieten sich die folgenden sechs Klassen an:
150–159, 160–169, 170–179, 180–189, 190–199, 200–209 (jeweils cm)
Jeder dieser Klassen lässt sich eindeutig durch die Kombination aus Hunderterziffer und Zehnerziffer der zu ihr gehörigen Körpergrößen charakterisieren. Zur graphischen Darstellung ist in diesem Fall ein sog. ***Stamm-Blatt-Diagramm***[2] besonders geeignet. Hiefür werden die Daten der Urliste zunächst der Größe nach geordnet. Dies lag im Beispiel oben schon vor.

Auf dem Stamm (rot) ordnen wir die Kombination aus Hunderter- und Zehnerziffer eines Datums an, rechts davon auf den Blättern (grün) die Einerziffer. Das Stamm-Blatt-Diagramm lässt die Häufigkeitsverteilung des Merkmals Körpergröße klar sichtbar werden. Dennoch bleiben alle Einzeldaten erhalten.

15	5 8 8
16	0 2 2 3 3 4 6 7 8 8
17	0 2 3 4 4 5 5 5 5 6 7 7 8 9 9
18	0 0 1 1 2 3 4 4 5 5 5 6 6 7 8 9
19	0 2 4 4 6
20	5

Körpergröße Tennisverein
Skala: Stamm 10 cm, Blatt 1 cm

[1] Dotplot: Punkt-Diagramm: Jedes Datum wird als Punkt (Dot) dargestellt.
[2] Stamm-Blatt-Diagramm: engl. Stem-and-Leaf-Plot, von J.W. Tukey, 1977

Klassierung von Daten mit Säulendiagrammen

Bei einer kleinen Zahl von Erhebungsdaten kann mit einem Stamm-Blatt-Diagramm klassiert werden. Bei größerer Datenzahl würde das Stamm-Blatt-Diagramm zu groß werden. In einem solchen Fall verwendet man klassierte Säulendiagramme.

Beispiel: Monatsverdienste

Ein Betrieb hat 97 Beschäftigte. Ihre Monatsverdienste stehen in der folgenden Urliste.

1310	4860	3650	3680	4015	3720	5170	5530	1598	5780
4820	2310	2173	1546	3560	2679	2215	2096	2223	3245
2923	3610	2509	3590	2012	3088	2566	6120	2589	6190
4780	2506	1250	2512	2518	3356	2638	3140	2498	3215
2866	2834	3010	2112	3500	1420	3356	1533	3190	5530
3430	1573	3356	3035	2822	2634	1583	3720	5460	3267
4490	3410	1500	3950	3065	3340	3110	2085	1591	6980
2440	4560	2067	3480	2182	1512	2285	3990	4230	5120
4440	2365	4670	2988	2877	2981	2844	2981	4360	4150
5210	4670	3812	4420	4015	3720	5010			

Teilen Sie die Daten in Klassen sinnvoller Breite ein und zeichnen Sie ein Säulendiagramm. Verwenden Sie ca. 12 Klassen.

Lösung:

Die Monatsverdienste streuen von ca. 1000 bis 7000 €. Die Spannweite beträgt also ca. 6000 €. Bei Verwendung von 12 Klassen ergibt sich eine Klassenbreite von 500 €, wie unten dargestellt. Wir sortieren die Daten nun mit Hilfe einer ***Strichliste*** in die Klassen ein. So erhalten wir eine Häufigkeitstabelle. Diese Tabelle liefert dann das Säulendiagramm.

Monatsverdienst	Strichliste	Beschäftigte
1000 bis unter 1500	III	3
1500 bis unter 2000	IIIII III	8
2000 bis unter 2500	IIIII IIIII IIII	14
2500 bis unter 3000	IIIII IIIII IIIII III	18
3000 bis unter 3500	IIIII IIIII IIIII II	17
3500 bis unter 4000	IIIII IIIII II	12
4000 bis unter 4500	IIIII III	8
4500 bis unter 5000	IIIII I	6
5000 bis unter 5500	IIIII	5
5500 bis unter 6000	III	3
6000 bis unter 6500	II	2
6500 bis unter 7000	I	1

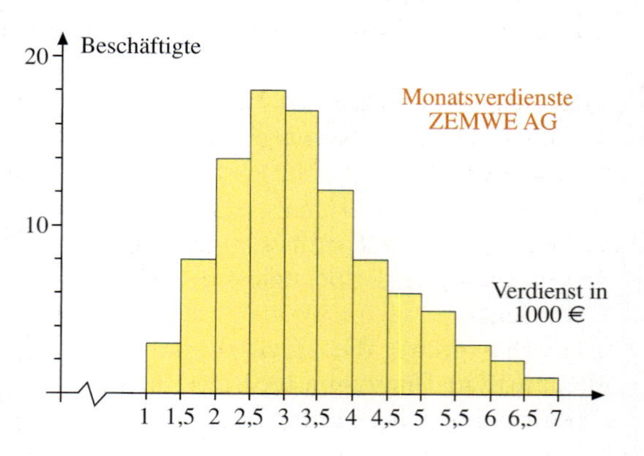

Die Häufigkeitsverteilung der Verdienste wird durch die Klassierung deutlich. Die Einkommen konzentrieren sich auf den Bereich von 2500 bis 3500 €. Nach oben streuen sie weiter als nach unten.

Regeln für die Anzahl von Klassen

Im vorigen Beispiel verwendeten wir 12 Klassen. Bei Verwendung einer zu niedrigen oder einer zu großen Klassenzahl verliert die Statistik ihre Aussagekraft, wie die Beispiele rechts zeigen. Bei zu grober Einteilung werden die Strukturen verschluckt, bei zu feiner Einteilung haben sich zum Teil noch keine klaren Strukturen herausgebildet.

Richtlinien:
Anzahl der Klassen: ca. 5 bis 15
Breite der Klassen: mögl. gleiche Breite
Klassengrenzen: möglichst glatte Zahlen

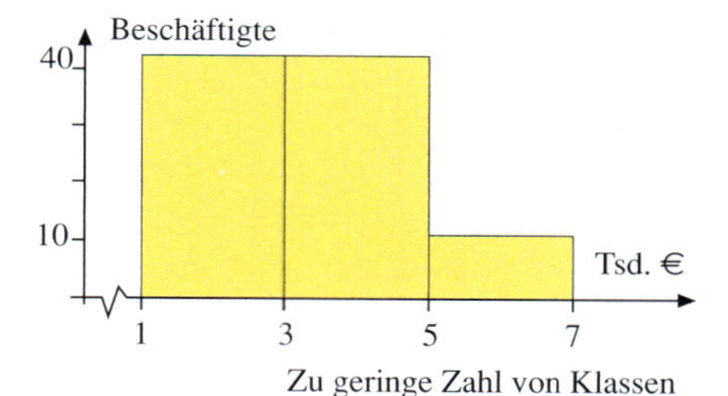

Zu geringe Zahl von Klassen

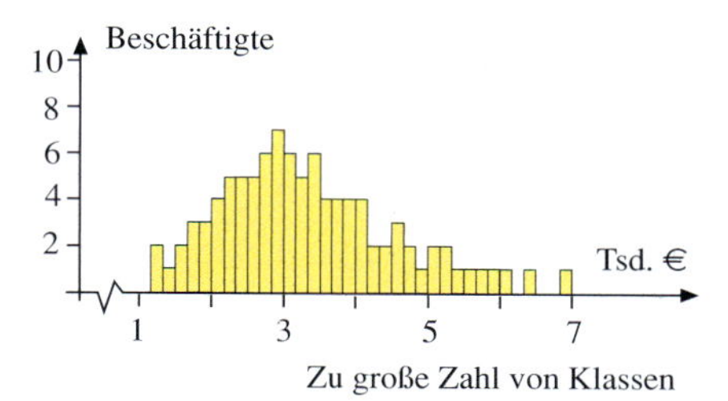

Zu große Zahl von Klassen

Übung 7 Stamm-Blatt-Diagramm

Die Schüler der Klasse 11b protokollieren ihre im letzten Monat mit dem Taschengeld bestrittenen Ausgaben. Die Ergebnisse der 28 Schüler lauten folgendermaßen (in Euro):
14, 23, 18, 35, 29, 40, 73, 22, 28, 36, 48, 25, 28, 20, 32, 52, 55, 19, 43, 38, 26, 25, 42, 60, 33, 21, 18, 91.

a) Ordnen Sie die Daten der Größe nach aufsteigend.
b) Zeichnen Sie ein Stamm-Blatt-Diagramm.
c) Welche Ausgabenklasse im Stamm-Blatt-Diagramm besitzt die größte Häufigkeit?
d) Berechnen Sie den Durchschnitt der Ausgaben aller Schüler und kennzeichnen Sie diesen Wert im Stamm-Blatt-Diagramm.
e) Wie viele Einzeldaten liegen über bzw. unter dem Durchschnittswert aus d)?

Übung 8 Säulendiagramm

Die unten abgebildete Urliste enthält die Herzfrequenzen von 48 Läufern, gemessen mit einem Pulsmesser eine Minute nach der Beendigung eines Dauerlaufes.

a) Teilen Sie die Daten in 8 Klassen ein. Beginnen Sie hierbei mit der Klasse „60 bis unter 70“.
b) Fertigen Sie eine Strichliste an.
c) Stellen Sie eine Tabelle mit den relativen Häufigkeiten der Klassen auf (in Prozent).
d) Zeichnen Sie ein Säulendiagramm.
e) Berechnen Sie die durchschnittliche Pulsfrequenz der Läufer.

85	91	110	114
125	95	73	66
62	95	88	114
105	110	135	85
92	78	84	95
93	112	121	93
98	78	86	84
106	96	112	92
104	117	91	84
63	75	78	102
100	98	90	86
100	95	82	132

Übungen

9. Merkmalsarten
Entscheiden Sie, ob das Merkmal qualitativ oder quantitativ ist. Unterscheiden Sie zusätzlich zwischen diskret und stetig bzw. zwischen nominal und ordinal.
Alter, Größe, Blutdruck, Geschlecht, Blutgruppe, Zensur, Erkrankungsgrad, Steuerklasse, Geschwisterzahl, Religion, Atemvolumen, Monatseinkommen, Pulsfrequenz, Schuhgröße, Wohnfläche, Handelsklasse, Nationalität, Tabellenplatz, Erdbebenstärke, Studiendauer.

10. Relative Häufigkeiten
Hans und Peter testen ihre Reaktionszeiten mehrfach mit einem Computerprogramm. Ihre Einzelergebnisse lauten (in ms):

Hans:	125	117	112	133	141	128	153	122	106	88	135	138	150	116	129	133	144	100	140
Peter:	138	126	103	118	118	98	156	141	137	122	95	118	109	143	111				

a) Teilen Sie die Daten in Klassen ein: 80 bis unter 90, 90 bis unter 100, usw. Verwenden Sie eine Strichliste, um die Tabelle mit den absoluten Häufigkeiten der einzelnen Klassen zu erstellen.
b) Stellen Sie eine Tabelle mit den relativen Häufigkeiten auf (in Prozent). Vergleichen Sie nun die Reaktionsfähigkeiten von Hans und Peter.
c) Wie groß ist jeweils die durchschnittliche Reaktionszeit?

11. Relative Häufigkeiten und Säulendiagramme
Die Wirksamkeit der Grippemedikamente A und B wird an zwei Patientengruppen getestet. Die Tabellen enthalten die Krankheitsdauer in Tagen.

Gruppe A (Tabelle)						
Dauer	3	4	5	6	7	8
Personen	4	15	16	8	5	2

Gruppe B (Urliste)

5 8 6 7 6 2 6 8 6 7 7 7 6 5 6
4 5 7 6 7 3 6 8 8 6 7 3 6 4 6

Berechnen Sie die relativen Häufigkeiten der Krankheitsdauern. Stellen Sie die Verteilungen vergleichend im Säulendiagramm dar. Interpretieren Sie die Ergebnisse.

12. Säulendiagramme mit klassierten Daten
Die Liste gibt die Zeiten in Minuten an, welche die Schüler einer Klasse an einem normalen Schultag für ihren Schulweg benötigten.

42 19 17 8 12 7 15 8 12 23 26 3 16 32 4 18 20 12 23 26 37 24 10 9 24 9 19 28 34 44

a) Ordnen Sie die Daten in geeignete Klassen ein (0 bis unter 5, etc.).
b) Legen Sie mit Hilfe einer Strichliste eine Tabelle der absoluten Klassenhäufigkeiten an.
c) Zeichnen Sie ein Säulendiagramm.
d) Beschreiben Sie die Verteilung des Merkmals Schulwegdauer anhand des Säulendiagramms. Gibt es ein Häufigkeitsmaximum?
e) Welche Zeit wird für den Schulweg im Durchschnitt benötigt?

13. Balken- und Blockdiagramme

Das Balkendiagramm zeigt die Weitsprungergebnisse 14-jähriger Mädchen und Jungen bei einem Sportfest. Entnehmen Sie der Graphik folgende Informationen:

a) Welcher Prozentsatz der Jungen bzw. der Mädchen sprang von 3,00 m bis unter 3,20 m weit?
b) Welcher Prozentsatz der Mädchen sprang mindestens 2,80 m weit?
c) Vervollständigen Sie: Mehr als 40 % der Jungen sprangen ___ m oder weiter.
d) Berechnen Sie die durchschnittliche Sprungweite der Jungen angenähert.

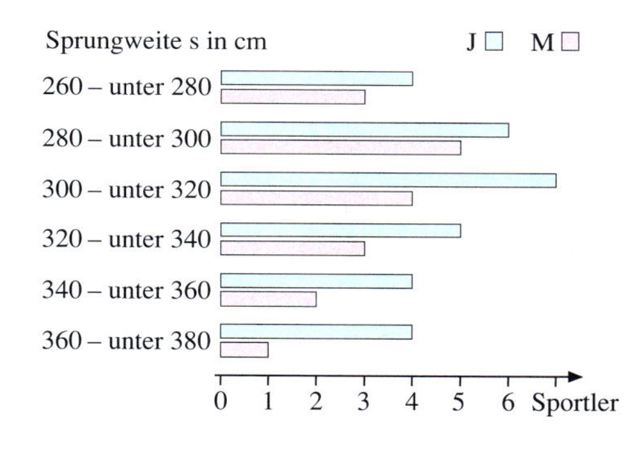

14. Stamm-Blatt-Diagramme

a) Zeichnen Sie ein Stamm-Blatt-Diagramm der Datensätze A und B.
A: 18, 37, 15, 29, 37, 26, 23, 10, 16, 26, 19, 33, 22, 23, 17, 37, 24, 23.
B: 343, 352, 335, 355, 346, 352, 332, 349, 351, 349, 354
b) Welche andere Diagrammart ähnelt dem Stamm-Blatt-Diagramm? Welchen besonderen Vorteil hat das Stamm-Blatt-Diagramm? Nennen Sie Fälle, in denen ein Stamm-Blatt-Diagramm zur Darstellung der Daten nicht geeignet ist.

15. Internetzeiten

Eine Bank kontrolliert die wöchentlichen Internetnutzungszeiten der Computerarbeitsplätze zweier Filialen. Folgende Zeitdauern werden gemessen (3:15 bedeutet 3 h 15 min).

Filiale A:	3:15	1:28	4:12	4:41	5:18	2:55	3:42	7:35	6:09	5:36	4:36	3:31	2:57	6:05
	10:11	2:14	3:01	4:05	4:09	5:50	8:12	7:17	4:25	5:45	6:24	0:25	5:12	
Filiale B:	2:58	4:21	5:30	9:28	0:35	2:17	3:37	9:12	8:10	3:12	1:23	8:25	1:18	2:53
	10:45	8:31	6:08	7:12	7:52	9:27	10:18	8:47	4:17	3:15	2:15	6:01	8:00	12:10

a) Stellen Sie beide Verteilungen als Stamm-Blatt-Diagramm dar.
b) Beschreiben Sie charakteristische Kennzeichen beider Verteilungen (Häufungen, extreme Werte etc.).
c) Welcher Prozentsatz der Arbeitsplätze weist besonders hohe Nutzungsdauern von sechs oder mehr Stunden auf? Welcher Prozentsatz der Arbeitsplätze nutzt das Internet nur in geringem Maße (weniger als 3 Stunden)?
d) In Filiale B arbeiten auch Außendienstmitarbeiter, in Filiale A nicht. Macht sich dieser Umstand in den beiden Verteilungen bemerkbar?

16. Dotplot und Stamm-Blatt-Diagramm

Zeichnen Sie an der Tafel eine horizontale Skale für Körpergrößen von 160 cm bis 200 cm. Jeder Schüler kann nun zur Tafel gehen und seine Körpergröße als Punkt eintragen (Dotplot). Erstellen Sie anschließend ein Stamm-Blatt-Diagramm. Vergleichen Sie die Diagramme.

2. Mittelwerte

Statistisches Datenmaterial kann durch Diagramme übersichtlich gestaltet werden. Diagramme enthalten aber immer noch viele Informationen, die überschaut werden müssen. Und sie benötigen viel Platz. Daher wird das Ergebnis einer Statistik oft nur durch eine einzige Kennzahl festgehalten, die typisch ist für die Gesamtheit der Daten.
Es handelt sich um einen Mittelwert, z. B. um den Durchschnittsverbrauch eines Autos.

A. Das arithmetische Mittel

Beispiel: Mittlerer Benzinverbrauch

Der Hersteller eines neuen Automodells möchte dessen Benzinverbrauch unter Alltagsbedingungen testen. 18 Testfahrer erhalten ein Fahrzeug, das sie 2000 km fahren. Der Benzinverbrauch wird protokolliert. Dabei entsteht folgende Urliste (Angaben in l/100 km).

5,6 5,7 5,5 5,8 5,7 5,9 6,0 5,7 5,9 5,6 5,7 6,0 5,6 5,7 6,1 5,8 5,5 5,9

a) Stellen Sie eine Häufigkeitstabelle auf.
b) Berechnen Sie den mittleren Benzinverbrauch.

Lösung zu a)
Der Spritverbrauch ist ein quantitatives Merkmal. Es kommen sieben Ausprägungen x_i von 5,5 bis 6,1 vor. Die Tabelle enthält die absoluten Häufigkeiten a_i und die relativen Häufigkeiten h_i der sieben Merkmalsausprägungen.

x_i	a_i	h_i
5,5	2	0,111
5,6	3	0,167
5,7	5	0,278
5,8	2	0,111
5,9	3	0,167
6,0	2	0,111
6,1	1	0,056

Lösung zu b)
Bei einem quantitativen Merkmal kann man das ***arithmetische Mittel*** $\overline{x}$ (gelesen: x – quer) bilden. Es ist die Summe aller Daten dividiert durch die Anzahl aller Daten.

$$\overline{x} = \frac{5{,}6 + 5{,}7 + 5{,}5 + 5{,}8 + 5{,}7 + 5{,}9 + 6{,}0 + 5{,}7 + 5{,}9 + 5{,}6 + 5{,}7 + 6{,}0 + 5{,}6 + 5{,}7 + 6{,}1 + 5{,}8 + 5{,}5 + 5{,}9}{18} \approx 5{,}76 \text{ l/100 km}$$

Man kann das arithmetische Mittel auch mit Hilfe der *absoluten Häufigkeiten* errechnen.

$$\overline{x} = \frac{5{,}5 \cdot 2 + 5{,}6 \cdot 3 + 5{,}7 \cdot 5 + 5{,}8 \cdot 2 + 5{,}9 \cdot 3 + 6{,}0 \cdot 2 + 6{,}1 \cdot 1}{18} \approx 5{,}76 \text{ l/100 km}$$

Mit *relativen Häufigkeiten* geht es ebenfalls, allerdings mit leichtem Rundungsfehler.

$$\overline{x} = 5{,}5 \cdot 0{,}111 + 5{,}6 \cdot 0{,}167 + 5{,}7 \cdot 0{,}278 + 5{,}8 \cdot 0{,}111 + 5{,}9 \cdot 0{,}167 + 6{,}0 \cdot 0{,}111 + 6{,}1 \cdot 0{,}056 \approx 5{,}77$$

Definition I.1: Das arithmetische Mittel einer Verteilung

Das arithmetische Mittel einer Verteilung ist der Quotient aus der Summe der Daten und der Anzahl der Daten. Es wird mit dem Symbol $\overline{x}$ bezeichnet (gelesen: x – quer).
Es gibt drei Berechnungsmöglichkeiten:

$$\overline{x} = \frac{\text{Summe aller Daten}}{\text{Anzahl aller Daten}}$$

$$\overline{x} = \frac{x_1 \cdot a_1 + x_2 \cdot a_2 + \ldots + x_k \cdot a_k}{n} \quad \text{d. h., } \overline{x} = \frac{1}{n} \cdot \sum_{i=1}^{k} x_i \cdot a_i \quad \left(\text{Berechnung aus absoluten Häufigkeiten}\right)$$

$$\overline{x} = x_1 \cdot h_1 + x_2 \cdot h_2 + \ldots + x_k \cdot h_k \quad \text{d. h., } \overline{x} = \sum_{i=1}^{k} x_i \cdot h_i \quad \left(\text{Berechnung aus relativen Häufigkeiten}\right)$$

Dabei sind $x_1, x_2, \ldots, x_k$ die verschiedenen Ausprägungen des beobachteten Merkmals. $a_1, a_2, \ldots, a_k$ sind die absoluten und $h_1, h_2, \ldots, h_k$ die relativen Häufigkeiten der Merkmalsausprägungen. n ist die Gesamtzahl der Daten.

Die anschauliche Bedeutung des arithmetischen Mittels

Man kann das arithmetische Mittel physikalisch deuten. Man stellt sich eine x-Achse als masselosen Stab vor, auf dem bei den jeweiligen Merkmalsausprägungen Massen sitzen, die den Häufigkeiten entsprechen. Lagert man nun den Stab genau an der Stelle des arithmetischen Mittels drehbar, so bleibt er exakt im Gleichgewicht.

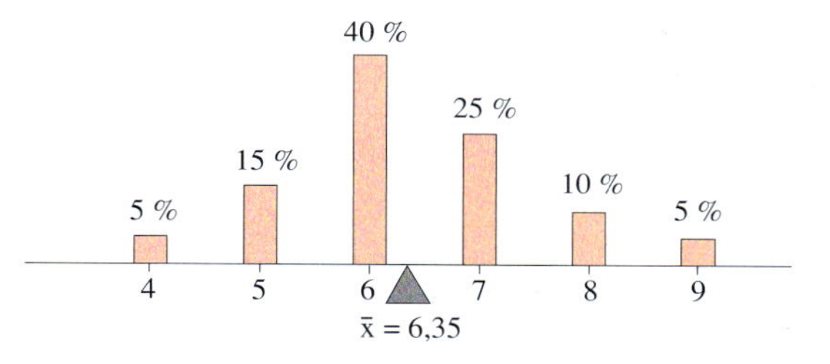

Übung 1 Kennst du dich aus in Berlin?

Eine Klasse mit 21 Schülern erzielte im Berlin-Test folgende Punktzahlen:

3 4 2 1 4 5 0 2 0 3 1
2 0 5 1 4 4 3 2 2 3

a) Berechnen Sie die relativen Häufigkeiten, und stellen Sie diese in einem Säulendiagramm dar.
b) Bestimmen Sie das arithmetische Mittel der Punktzahl, und markieren Sie seine Lage im Diagramm.
c) Führen Sie den Test in Ihrer Klasse durch und vergleichen Sie.

1. Wer war von 1951 bis 1953 Regierender Bürgermeister?
   - ☐ Willy Brandt
   - ☐ Ernst Reuter
2. Welche Straße gibt es in Berlin tatsächlich?
   - ☐ Kaiserzeile
   - ☐ Königsallee
3. Welcher „Wolkenkratzer“ am Potsdamer Platz ist höher?
   - ☐ Sony-Center
   - ☐ Kollhoff-Haus
4. Wie groß ist die Flächenausdehnung Berlins?
   - ☐ 524 km^2
   - ☐ 889 km^2
5. Wie viele Bezirke besitzt Berlin?
   - ☐ 14
   - ☐ 12

Für jede richtige Antwort gibt es einen Punkt.

Bisher wurde das arithmetische Mittel anhand der Urliste bestimmt. Liegen jedoch bereits klassierte Daten vor, und stehen die Einzeldaten nicht mehr zur Verfügung, so kann man das arithmetische Mittel nur angenähert bestimmen. Man geht dann einfach davon aus, dass alle Daten einer Klasse den Wert der *Klassenmitte* annehmen.

Beispiel: Das arithmetische Mittel bei klassierten Daten

Ein Optiker benötigt zur Herstellung von Brillen den Augenmittenabstand seiner Kunden, um die optimalen Durchblickpunkte festzustellen.

Mit dem Video-Infral-System von Zeiss kann der Augenabstand auf Zehntelmillimeter genau vermessen werden. Die Kundendaten eines Jahres liefern die aufgeführte klassierte Statistik.

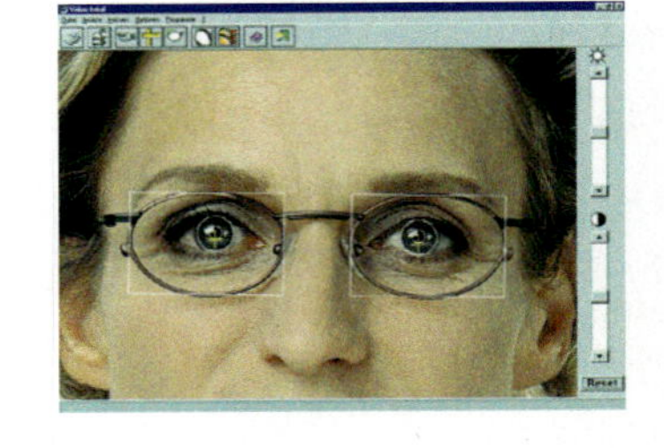

a) Berechnen Sie näherungsweise das arithmetische Mittel.
b) Schätzen Sie den maximalen Fehler ab, der bei der Mittelwertbildung auftreten kann.

Augenabstand in mm:	55–60	60–65	65–70	70–75	75–80	80–85
Relative Häufigkeit:	12 %	15 %	33 %	21 %	15 %	4 %

Lösung zu a):
Da wir nicht wissen, wo die Einzeldaten liegen, nehmen wir an ihrer Stelle die *Klassenmitten* bei 57,5, 62,5, ..., 82,5. Damit erhalten wir als Näherungswert für das arithmetische Mittel:
$\bar{x} \approx 57{,}5 \cdot 0{,}12 + 62{,}5 \cdot 0{,}15 + 67{,}5 \cdot 0{,}33 + 72{,}5 \cdot 0{,}21 + 77{,}5 \cdot 0{,}15 + 82{,}5 \cdot 0{,}04 \approx 68{,}7$ mm

Lösung zu b):
Es könnte sein, dass in jeder Klasse die realen Messwerte genau am Rand lagen, also 2,5 mm von der Klassenmitte entfernt. Im ungünstigsten Fall tritt dies für jede Klasse am gleichen Rand ein, also beispielsweise stets am linken Rand. Der Maximalfehler beträgt also 2,5 mm.
Das mit Klassenmitten berechnete arithmetische Mittel würde hiervon um 2,5 mm abweichen, d. h. um etwa 4 %. In der Praxis gleichen sich die Abweichungen aber weitgehend aus.

Übung 2

Ein Legebetrieb liefert Eier zur Hühneraufzucht. Das Grammgewicht der Eier wird regelmäßig durch Stichproben kontrolliert. Eine solche Stichprobe wird ausgewertet.

a) Berechnen Sie das arithmetische Mittel des Merkmals „Eigewicht“.
b) Klassieren Sie die Messwerte in 8 Klassen, beginnend mit der Klasse 52– unter 53.
   Welches arithmetische Mittel besitzen die klassierten Daten angenähert?
c) Welches Ergebnis erhält man bei nur 2 Klassen?

55,4	52,6
57,3	59,0
55,8	56,5
54,6	56,8
54,6	59,1
56,2	55,3
55,3	57,2
54,7	57,3
55,4	57,2
58,4	58,1
54,9	57,8

B. Median und Modus

Das arithmetische Mittel soll typisch sein für die beobachtete Gesamtheit. Das funktioniert aber nicht in jedem Fall, da so genannte ***Ausreißer*** es verfälschen können.

Beispiel: Ausreißer verfälschen das arithmetische Mittel

In einer Baustelle ist die Geschwindigkeit auf 60 km/h begrenzt. Bei einer Testmessung wurden 19 Motorradfahrer erfasst, welche die rechts aufgeführten Messwerte lieferten (in km/h).

a) Berechnen Sie das arithmetische Mittel, und beurteilen Sie seine Aussagekraft.

b) Berechnen Sie das bereinigte arithmetische Mittel, d. h.: Die Ausreißer werden nicht gezählt.

59	55	60
53	58	55
63	58	52
59	98	52
170	58	56
52	55	59
60		

Lösung zu a):
Das arithmetische Mittel beträgt $\bar{x} = \frac{1232}{19} \approx 64{,}8$ km/h. Seine alleinige Nennung würde den Eindruck erwecken, dass die Motorradfahrer notorische Geschwindigkeitsüberschreiter sind. Das trifft aber hier gar nicht zu, da nur drei der 19 Fahrer 60 km/h überschritten. Für diese Verfälschung sind die beiden Ausreißer 170 km/h und 98 km/h verantwortlich.

Lösung zu b):
Streicht man die beiden Ausreißer, und berechnet mit dem Rest der Daten ein so genanntes ***bereinigtes arithmetisches Mittel***, so gewinnt dieses seine Aussagekraft zurück.
Es beträgt $\bar{x} = \frac{964}{17} \approx 56{,}7$ km/h und beschreibt den Datensatz recht gut. Allerdings ist die Methode sehr subjektiv, da nicht klar definiert ist, was ein Ausreißer ist.

Es gibt einen Mittelwert, der von Ausreißern weniger beeinflusst wird als das arithmetische Mittel. Es handelt sich um den sog. ***Median*** $\tilde{x}$. Um diesen zu bestimmen, sortiert man die Daten nach der Größe und sucht im sortierten Datensatz den *in der Mitte* stehenden Wert.

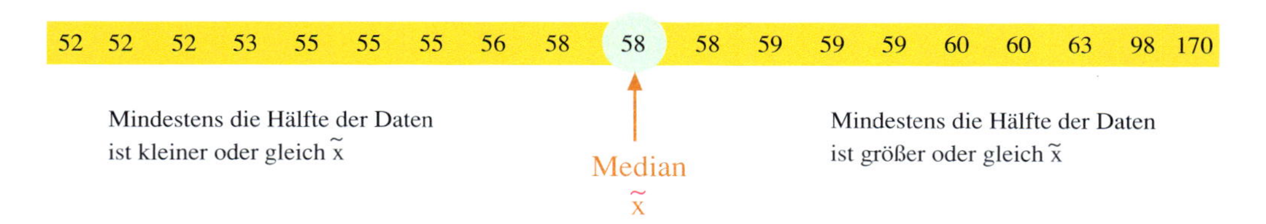

Im obigen Beispiel ergibt sich mit $\tilde{x} = 58$ km/h ein Wert, der die Geschwindigkeitsmessung recht gut charakterisiert. Die beiden Ausreißer haben praktisch keinen Einfluss.
Die Aussage des Median lautet: 50 % der Fahrer fuhren langsamer als 58 km/h oder fuhren genau 58 km/h, 50 % fuhren schneller als 58 km/h oder genau 58 km/h.

Im vorhergehenden Beispiel war die Anzahl der Daten ungerade. Dann ist der Median exakt das mittlere Element. Ist die Anzahl der Daten gerade, gibt es zwei mittlere Elemente. Als Median verwendet man dann das arithmetische Mittel dieser beiden Elemente.

Median bei gerader Datenzahl

Gegeben sind 8 Daten. Es gibt nun zwei mittlere Daten im sortierten Datensatz. Dies sind 17 und 23.
Der Median ist der Mittelwert dieser beiden Daten, also $\tilde{x} = 20$.

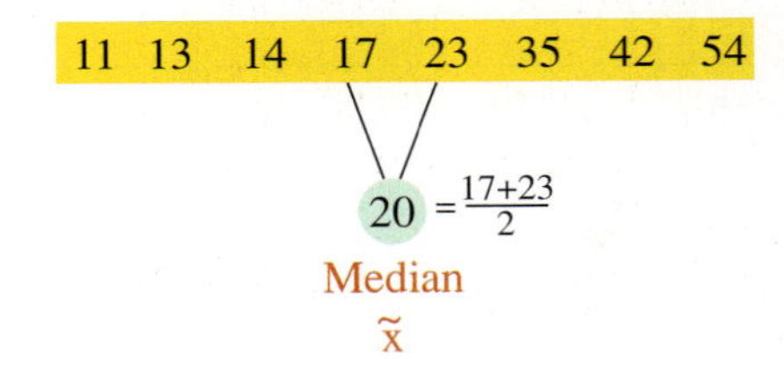

Bei klassierten Daten kann man das mittlere Datum nicht direkt auffinden. Es ist aber möglich, die Klasse zu nennen, in der das mittlere Datum liegt. Der Median kann dann grob durch die Klassenmitte angenähert werden oder – was schwieriger ist – interpoliert werden.

Median bei klassierten Daten

Gegeben sind 7 Klassen und ihre absoluten Häufigkeiten. Addiert man die absoluten Häufigkeiten, so erhält man die Anzahl der Daten, hier also 29.
Das mittlere Datum hat daher die Position 15 im sortierten Datenfeld. Da die dritte Klasse die Positionen 11 bis 18 enthält, muss der Median in dieser Klasse liegen. Es kann daher durch die Klassenmitte ganz grob angenähert werden: $\tilde{x} \approx 5{,}5$.

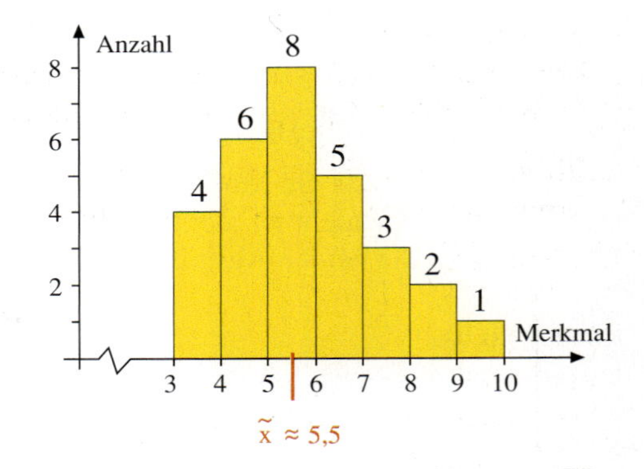

Bei quantitativen Daten kann man sowohl das arithmetische Mittel als auch den Median bilden. Bei ordinalen Daten (Zensuren: 1 – 2 – 3 – 4 – 5 – 6, Erkrankungsgrad: I – II – III – IV, Güteurteil: sehr gut, gut, zufriedenstellend, ausreichend, mangelhaft) kann man kein arithmetisches Mittel bilden, aber den Median. Bei rein nominalen Daten (Farbe: rot – orange – gelb – grün – blau – violett) ist auch dies nicht möglich. Hier verwendet man den sog. ***Modus*** $\hat{x}$. Dies ist die *Merkmalsausprägung mit der größten Häufigkeit*.

Modus bei nominalen Daten

In Klasse 11 c wurde eine Umfrage zur Lieblingsfarbe durchgeführt: Es ergab sich folgende Urliste:

ro	gr	or	bl	ge	ro	bl	gr
vi	ge	ro	or	bl	gr	gr	bl
bl	ro	bl	ge	bl	gr	bl	

Am häufigsten kommt blau vor. Also ist der Modus $\hat{x} =$ blau.

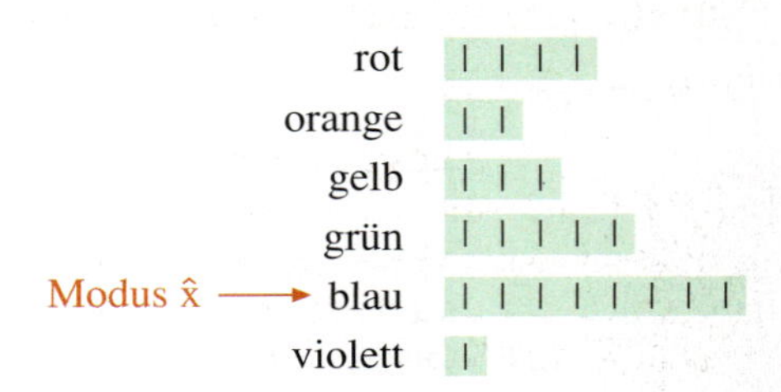

Übungen

3. Arithmetisches Mittel, Median und Modus

Bestimmen Sie das arithmetische Mittel, den Median und den Modus folgender Datensätze, soweit dies möglich ist.

a) Anzahl von Telefongesprächen: 12, 16, 16, 13, 15, 19, 12, 15, 15, 17
b) Wasserstand in cm: 143, 145, 151, 156, 157, 155, 156, 144, 156, 156, 154, 146, 148, 146, 152
c) Wahlentscheidung: SPD, CSU, FDP, CSU, GRÜNE, SPD, PDS, SPD, CSU, CSU, SPD, CSU, GRÜNE

4. Mittelwerte von Preisen

Ein Kauftest in mehreren Geschäften ergibt folgende Preise für MP3-Player (in €).

Sony	125	126	120	118	119	123	125	118	121	118	123	126	119	118
Philipps	288	189	193	190	189	195	220	192	188	288	288	185		
Apple	289	285	311	285	285	285	399	285	285	285	309	285		

a) Berechnen Sie für alle drei Fabrikate Median, arithmetisches Mittel und Modus.
b) Geben Sie zu jedem Fabrikat an, welcher Mittelwert geeignet ist und welcher nicht.
c) Weshalb ist es sinnlos, einen gemeinsamen Mittelwert aller Preise anzugeben?

5. Mittelwert aus einem Diagramm

Bestimmen Sie das arithmetische Mittel für jede der beiden Verteilungen.

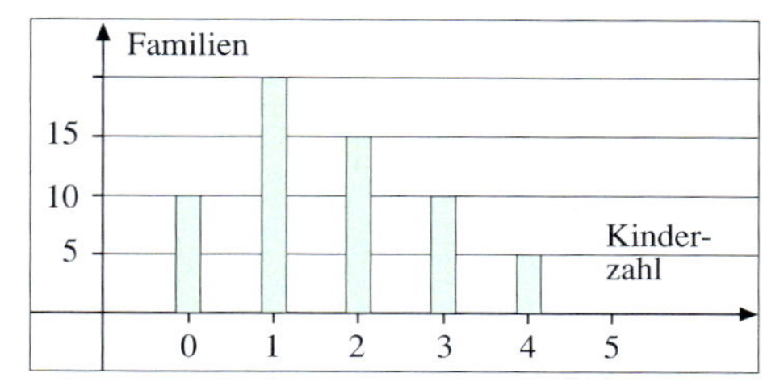

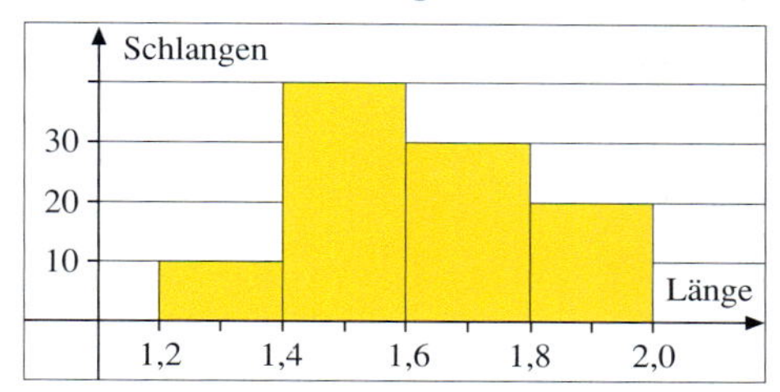

6. Ein Rückschluss

Der durchschnittliche monatliche Erdgasverbrauch einer Wohnanlage betrug 1380 m³. Die monatlichen Verbrauchszahlen lauteten folgendermaßen:

Jan	3140	Feb	***	Mar	1510	Apr	980	Mai	790	Jun	190
Jul	170	Aug	180	Sep	660	Okt	1060	Nov	1750	Dez	3310

Die Angabe für Februar ist abhanden gekommen. Wie groß war der Februarverbrauch?

7. Knobelaufgabe

Donalds Lieblingspizzerias (B, C, D) bei seinen Berlinaufenthalten liegen alle am Kudamm. Außerdem besucht er gern das KaDeWe (A). Er ist vier Tage zu Gast und geht jeden Tag von seinem Hotel zu genau einer der Stätten A, B, C und D. Die Graphik enthält die Entfernungen zum KaDeWe. In welcher Entfernung vom KaDeWe muss Donalds Hotel liegen, damit sein Gesamtweg möglichst kurz wird?

A km 0,0 — B km 0,1 — C km 0,6 — D km 1,7

3. Streuungsmaße

Der Mittelwert ist eine wichtige Kennzahl einer Verteilung. Allerdings können zwei Verteilungen den gleichen Mittelwert besitzen und dennoch ganz anders strukturiert sein, weil die Daten in unterschiedlicher Weise um den Mittelwert streuen. Daher versucht man, die jeweils typische Streuung der Daten durch eine weitere Kennzahl zu erfassen.
Wir erläutern dies am Beispiel der Punktergebnisse bei Klausuren.

A. Die empirische Standardabweichung

Beispiel: Streuung der Punkte bei Klausuren

Die Klausurergebnisse zweier Gruppen sollen miteinander verglichen werden. Bekannt sind die erreichten Punktzahlen. Vergleichen Sie die beiden Punktverteilungen.

a) Berechnen Sie für beide Gruppen das arithmetische Mittel.

b) Zeichnen Sie für beide Gruppen ein Säulendiagramm.

Gruppe 1:	4	8	4	6	7	5	4	6	5	7	5	2	1	4	6	5	4	3	5	2	3	3
Gruppe 2:	5	6	5	3	7	2	6	3	1	8	7	2	0	4	7	4	8	3				

Lösung zu a)
Wir errechnen für beide Punktverteilungen das arithmetische Mittel. Wir erhalten die Werte $\bar{x} = \frac{99}{22} = 4{,}5$ bzw. $\bar{x} = \frac{81}{18} = 4{,}5$, also keinen Unterschied.

Lösung zu b)
Zeichnen wir die Diagramme, so erleben wir eine Überraschung. In Gruppe 1 konzentrieren sich die Häufigkeiten auf Ausprägungen, die nahe am Mittelwert liegen, während die Häufigkeiten in Gruppe 2 sich über die ganze Breite des Spektrums mehr oder weniger gleichmäßig verteilen. Sie streuen viel stärker. Gruppe 2 ist leistungsinhomogener.

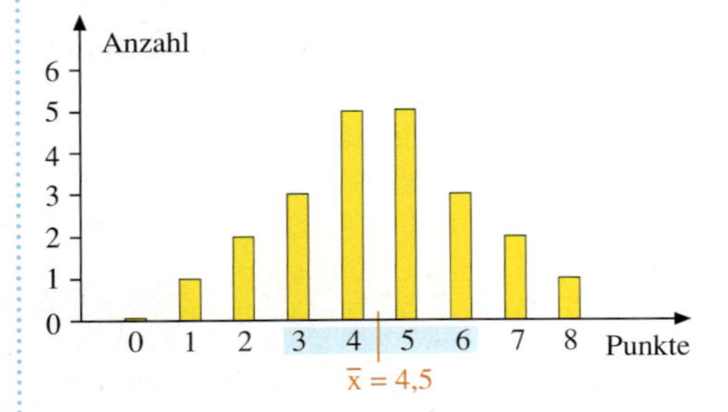

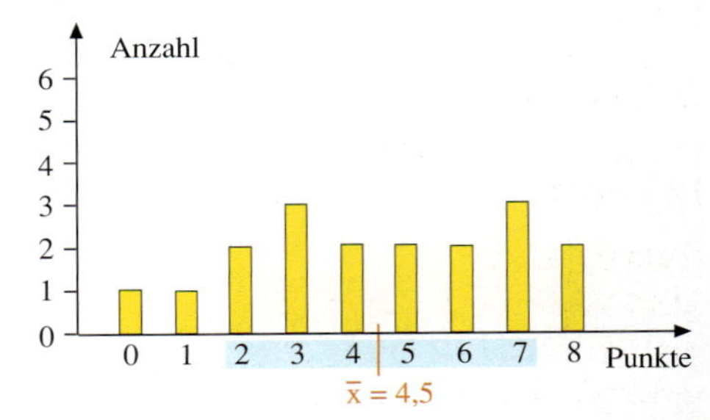

Der blaue Streifen zeigt die Umgebung des Mittelwertes an, in welcher ca. 75 % der Daten liegen. Dieser Bereich ist für Gruppe 1 viel schmaler als für Gruppe 2.

Das Streuverhalten einer Verteilung um ihren Mittelwert kann durch eine Kennzahl erfasst werden, die so genannte *Standardabweichung* $\bar{s}$. Sie ist folgendermaßen definiert.

Definition I.2: Die empirische Standardabweichung einer Verteilung

Die empirische Standardabweichung $\bar{s}$ einer Verteilung ist die Wurzel aus der mittleren quadratischen Abweichung der Daten vom arithmetischen Mittel der Verteilung.

Es gibt zwei Berechnungsmöglichkeiten:

$$\bar{s} = \sqrt{\frac{(x_1 - \bar{x})^2 \cdot a_1 + (x_2 - \bar{x})^2 \cdot a_2 + \ldots + (x_k - \bar{x})^2 \cdot a_k}{n}} \quad \text{d.h.,} \quad \bar{s} = \sqrt{\frac{1}{n} \cdot \sum_{i=1}^{k} (x_i - \bar{x})^2 \cdot a_i}$$ absolute Häufigkeiten

$$\bar{s} = \sqrt{(x_1 - \bar{x})^2 \cdot h_1 + (x_2 - \bar{x})^2 \cdot h_2 + \ldots + (x_k - \bar{x})^2 \cdot h_k} \quad \text{d.h.,} \quad \bar{s} = \sqrt{\sum_{i=1}^{k} (x_i - \bar{x})^2 \cdot h_i}$$ relative Häufigkeiten

Dabei sind $x_1, x_2, \ldots, x_k$ die verschiedenen Ausprägungen des beobachteten Merkmals. $a_1, a_2, \ldots, a_k$ sind die absoluten und $h_1, h_2, \ldots, h_k$ die relativen Häufigkeiten der Merkmalsausprägungen. n ist die Gesamtzahl der Daten.

Beispiel: Standardabweichung der Punkteverteilung bei einer Klausur

Berechnen Sie die Standardabweichung der Punkteverteilung der beiden Klausurgruppen aus dem vorhergehenden Beispiel.

Lösung:

Wir stellen zunächst für Gruppe 1 eine Häufigkeitstabelle auf.

In weiteren Spalten errechnen wir die Abweichungen der einzelnen Ausprägungen x_i vom Mittelwert $\bar{x} = 4{,}5$ sowie die mit der Häufigkeit ihres Auftretens multiplizierten Abweichungsquadrate.

Die mittlere quadratische Abweichung erhält man, indem man die letzte Spalte aufsummiert und durch n = 22 dividiert.

Die Standardabweichung ergibt sich durch anschließendes Wurzelziehen. Sie beträgt $\bar{s} = 1{,}73$.

Analog gehen wir für Gruppe 2 vor. Hier beträgt die Standardabweichung $\bar{s} = 2{,}36$. Die größere Streuung der zweiten Verteilung wird also deutlich erfasst.

x_i	a_i	$x_i - \bar{x}$	$(x_i - \bar{x})^2 \cdot a_i$
0	0	0−4,5	$(0-4{,}5)^2 \cdot 0$
1	1	1−4,5	$(1-4{,}5)^2 \cdot 1$
2	2	2−4,5	$(2-4{,}5)^2 \cdot 2$
3	3	3−4,5	$(3-4{,}5)^2 \cdot 3$
4	5	4−4,5	$(4-4{,}5)^2 \cdot 5$
5	5	5−4,5	$(5-4{,}5)^2 \cdot 5$
6	3	6−4,5	$(6-4{,}5)^2 \cdot 3$
7	2	7−4,5	$(7-4{,}5)^2 \cdot 2$
8	1	8−4,5	$(8-4{,}5)^2 \cdot 1$
		Summe:	65,5
		Mittlere quadr. Abweichung:	2,98
		Standardabweichung:	1,73

Bemerkung:

Die direkten Abweichungen $x_i - \bar{x}$ können sowohl negativ als auch positiv sein. Sie würden sich beim Summieren teilweise gegenseitig aufheben. Daher quadriert man sie. Aus der mittleren quadratischen Abweichung wird die Wurzel gezogen, um wieder in den ursprünglichen Größenbereich zurückzukommen. Das Quadrieren hat einen willkommenen Nebeneffekt: Große Abweichungen werden höher gewichtet. Sie gehen verstärkt in das Streuungsmaß ein.

Übungen

1. Bestimmung der Standardabweichung aus einem Datensatz
Bestimmen Sie das arithmetische Mittel und die Standardabweichung des Datensatzes.
a) Anzahl von E-Mails pro Tag: 8 12 5 6 10 6 7 5 4 4
b) Tankmengen in Litern: 52,5 51,3 55,4 49,4 50,0 53,4 46,9 20,0 52,8 54,2 48,9 53,2
c)

Punkte im Test	1	2	3	4	5	6
Relative Häufigkeit	0,11	0,25	0,35	0,18	0,08	0,03

2. Bestimmung der Standardabweichung aus einem Diagramm
Die Spieler der Jugendgruppen zweier Schachvereine erreichten bei einem Turnier folgende Punktergebnisse.

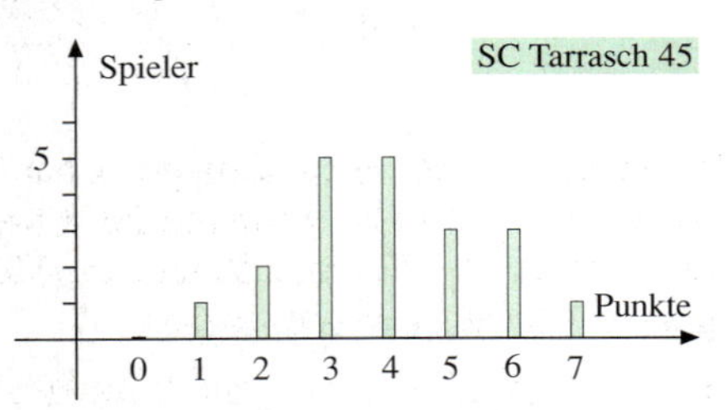

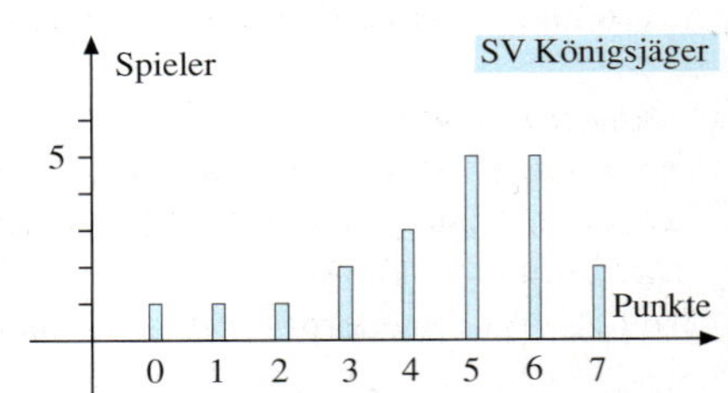

a) Bestimmen Sie jeweils arithmetisches Mittel, Median und Standardabweichung.
b) Diskutieren Sie Diagramme und Kennzahlen in Bezug auf die Spielstärke der Gruppen.
c) Berechnen Sie angenähert, welcher Prozentanteil der Daten in demjenigen Intervall liegt, welches vom Mittelwert jeweils eine Standardabweichung weit nach links und nach rechts reicht, also von $\bar{x} - \bar{s}$ bis $\bar{x} + \bar{s}$.

3. Vergleich zweier Weitsprungserien
Olympische Spiele 2008 in Peking: Maurren Higa Maggi gewinnt mit 7,04 m im Weitsprung die Goldmedaille vor Tatjana Lebedewa (7,03 m) und Blessing Okagbare (6,91 m). Werten Sie die Trainingsserien aus.

Maurren	6,82 m	6,79 m	6,85 m	6,83 m	6,88 m	6,75 m
Tatjana	6,32 m	6,74 m	6,97 m	–	6,88 m	6,54 m

a) Bestimmen Sie die durchschnittlichen Sprungweiten.
b) Berechnen Sie die Standardabweichungen.
c) Vergleichen Sie die beiden Sportlerinnen anhand der Daten.

4. Die Präzision von Maschinen
Beide Abfüllanlagen eines Fruchtsaftproduzenten sind auf einen Sollwert von 1000 ml eingestellt. Vergleichen Sie die Maschinen auf der Basis von zwei Stichproben.

Anlage A:	1003	992	990	988	1006	994	1005	999	990	994	1001	1023	1002	989
	1006	1005	993	1007	1001	997	1004	1001	1006	997	1007			

Anlage B:	997	998	1001	996	1002	997	1000	1001	995	996	998	996	992	1002
	998	995	1002	1001	997	996	998	995	999	997	1001			

5. Neujustierung einer Maschine

Eine Maschine zum Abpacken von Schrauben wurde neu justiert. Vor der Justierung wurden 80 Packungen und nach der Justierung 150 Packungen überprüft. Dabei wurden die Differenzen −2, −1, 0, 1, 2 und 3 beobachtet. Die Häufigkeiten der aufgetretenen Differenzen zum Sollwert (1000 Stück pro Packung) wurden ausgezählt.

a) Bestimmen Sie die prozentualen Häufigkeiten der aufgetretenen Differenzen vor und nach der Justierung.
b) Bestimmen Sie für die Schraubenanzahl pro Packung das arithmetische Mittel und die Standardabweichung vor und nach der Justierung.
c) Interpretieren Sie die Ergebnisse von b) aus Sicht des Produzenten. War die Neujustierung erfolgreich?

Differenz	Anzahl vorher	Anzahl nachher
−2	10	15
−1	0	30
0	10	62
1	30	30
2	20	9
3	10	4
$\sum$	80	150

6. Gedächtnistest

Zwei Gruppen A und B sollen sich einem Gedächtnistest unterziehen. Gruppe A hat 200 Mitglieder, Gruppe B hat 140 Mitglieder. Jeder Testperson wird eine Liste mit 20 Wörtern für die Dauer einer Minute vorgelegt. Nach weiteren 30 Sekunden Wartezeit sollen möglichst viele Wörter wiederholt werden. Als Resultat ergeben sich folgende Messreihen.

Wörter:	0	1	2	3	4	5	6	7	8	9	10	11	12	13	14	15	16	17	18	19	20
Gruppe A:	0	0	2	4	3	6	7	8	11	12	15	26	33	24	19	12	11	5	0	1	1
Gruppe B:	1	1	1	3	3	3	3	4	5	10	12	12	14	18	12	9	10	6	5	4	4

a) Berechnen Sie jeweils das arithmetische Mittel für die Anzahl der gemerkten Wörter. Bestimmen Sie das Intervall um den Mittelwert, das ca. 70 % der Daten enthält.
b) Wie häufig sind in den beiden Gruppen Spitzenergebnisse (15 oder mehr Wörter) bzw. besonders schwache Ergebnisse (5 oder weniger Wörter)?
c) Eine Person hat den Test bestanden, wenn sie mehr als die Hälfte der Wörter wiederholen kann. Dominiert hierbei eine der beiden Gruppen?
d) Schreiben Sie nun eine vergleichende verbale Einschätzung beider Gruppen.

7. Klimavergleich

Untersuchen Sie anhand der Messreihen, ob das Wetter sich merkbar verändert hat.

Niederschlagsmonatssummen Berlin-Dahlem

Monat:	Jan	Feb	Mar	Apr	Mai	Jun	Jul	Aug	Sep	Okt	Nov	Dez
1848:	8,0	57,0	40,0	82,0	29,0	141,0	30,0	44,0	54,0	53,0	55,0	14,0
1849:	18,0	43,0	32,0	61,0	29,0	36,0	37,0	37,0	21,0	33,0	23,0	61,0
1988:	47,0	92,0	76,0	3,0	11,0	102,0	101,0	22,0	25,0	15,0	42,0	61,0
1989:	12,0	42,0	24,0	57,0	10,0	38,0	34,0	60,0	10,0	38,0	74,0	53,0

Temperaturmonatsmittel Berlin-Tempelhof

Monat:	Jan	Feb	Mar	Apr	Mai	Jun	Jul	Aug	Sep	Okt	Nov	Dez
1702:	2,0	−0,5	0,6	2,6	10,9	16,0	16,0	15,8	10,1	7,5	0,2	0,6
1703:	−2,8	−0,9	0,6	7,7	14,1	16,1	15,4	16,3	11,4	6,1	2,2	2,5
1991:	2,4	−2,2	6,8	8,5	10,8	15,0	21,0	19,4	16,4	9,5	4,8	1,9
1992:	1,6	4,1	5,5	9,3	15,6	20,5	20,9	20,9	14,4	6,5	5,3	1,2

4. Boxplots

Sprinter reagieren beim Start auf ein akustisches Signal, den Startschuss. Die Reaktionszeit kann den Lauf entscheiden. Sie hängt ab von der Reizaufnahme im Ohr, der Übertragung in den Cortex, der Verarbeitung im Gehirn und der Übertragung zum Muskel sowie dessen Ansprechzeit. Sie kann durch entsprechendes Training verbessert werden. Sie liegt bei Weltklassesprintern bei ca. 100 ms gegenüber mehr als 200 ms bei Nichtsportlern. Das weiß man aus sportstatistischen Studien.

In wissenschaftlichen Veröffentlichungen wird zunehmend ein moderner Diagrammtyp verwendet, der wesentliche Eigenschaften einer Verteilung in sehr übersichtlicher Form darstellt. Es handelt sich um den so genannten ***Boxplot***.

Beispiel: Erstellung eines Boxplots

Bei einem Test mit 60 Sportlern wurden die folgenden Reaktionszeiten festgestellt (in ms) und in einem sortierten Feld festgehalten.

110 111 112 112 113 113 114 114 115 115 116 116 116 117 117 117 118 118
118 119 119 119 119 119 120 120 120 120 120 120 120 121 121 123 123 124
124 124 124 125 125 125 126 126 126 126 127 127 128 128 129 129 130 130
131 131 132 134 139 145

Stellen Sie einen Boxplot der Verteilung auf.

Lösung:

Wir sortieren die Daten in sechs Zeilen ein. Die erste Zeile soll 5 % aller Daten enthalten, die zweite 20 %, die dritte 25 %, die vierte 25 %, die fünfte 20 % und die sechste wieder 5 %.

5 %	110	111	112												
20 %	112	113	113	114	114	115	115	116	116	116	117	117			
25 %	117	118	118	118	119	119	119	119	119	120	120	120	120	120	120
25 %	120	121	121	123	123	124	124	124	124	125	125	125	126	126	126
20 %	126	127	127	128	128	129	129	130	130	131	131	132			
5 %	134	139	145												

Der Boxplot besteht aus sechs Datenabschnitten, die durch sog. ***Perzentile*** getrennt werden. Bis zum Ende der ersten Reihe liegen 5 % der Daten. Daher bezeichnet man ihre Grenze, also hier den Wert 112, als *5. Perzentil*. Das 5. Perzentil ist auch zugleich Anfang der nächsten Reihe, die weitere 20 % der Daten enthält. Ihre Grenze zur dritten Reihe, d. h. der Wert 117, heißt *25. Perzentil*, denn 25 % der geordneten Daten sind kleiner oder gleich diesem Wert. Den Abschluss der dritten Reihe bildet das *50. Perzentil*. Bis zu dieser Stelle, also 120, liegen 50 % der geordneten Daten. Das 50. Perzentil ist offensichtlich identisch mit dem Median. Das Ende der vierten und der Anfang der fünften Reihe werden vom *75. Perzentil* gebildet, hier also 126. Das Ende der fünften Reihe (132) ist nicht identisch mit dem Anfang der sechsten Reihe (134). Daher nehmen wir den Mittelwert 133 als *95. Perzentil*. Bis zum 95. Perzentil liegen 95 % aller Daten, darüber liegen nur 5 %.

Anleitung zum Zeichnen eines Boxplots

1. Zeichnen Sie eine horizontale Achse für die Merkmalsausprägung.
2. Zeichnen Sie die fünf Perzentile als senkrechte Striche, die äußeren Perzentile etwas kürzer.
3. Schließen Sie das 25. Perzentil (auch unteres Quartil genannt) und das 75. Perzentil (auch oberes Quartil genannt) zu einer Box.
4. Verbinden Sie 5. und 25. sowie 75. und 95. Perzentil durch horizontale Striche.
5. Zeichne alle unter dem 5. bzw. über dem 95. Perzentil liegenden Daten als Punkte ein.

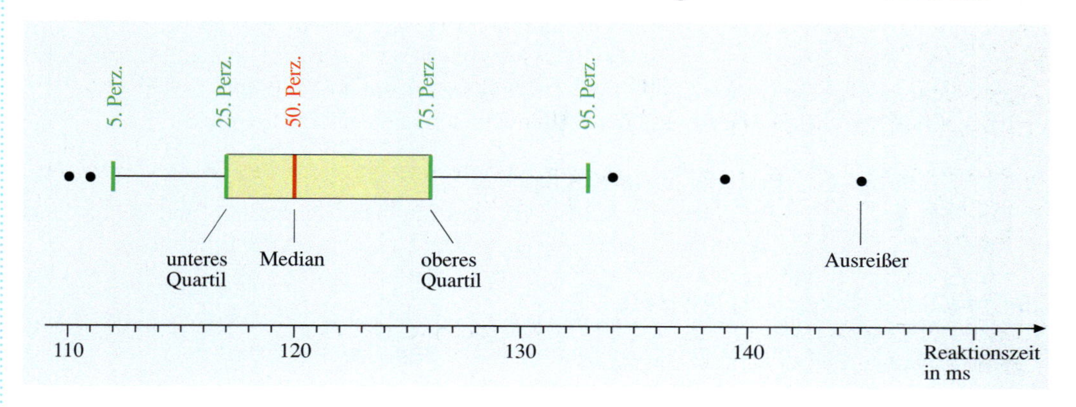

Vereinfachte Graphische Erstellung eines Boxplots

Oft wird aus der Liste der unsortierten Daten zunächst ein Dotplot gefertigt. Man spart dann das Sortieren. Aus dem Dotplot lässt sich der Boxplot mit spielerischer Leichtigkeit erstellen. Die folgende Zeichnung dient dem besseren Verständnis. Sie zeigt für das obige Beispiel Dotplot und Boxplot in einer Graphik.

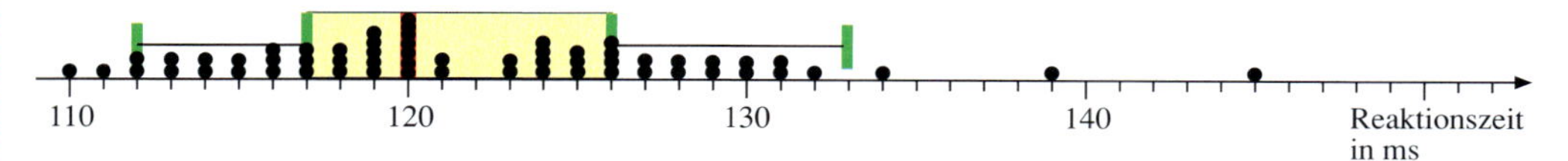

Vorteile des Boxplots

1. Man erkennt auf einen Blick die Mitte der Verteilung, denn der Median ist direkt eingezeichnet. Außerdem weiß man, dass in der Box 50 % der Daten liegen.
2. Die Streuung der Daten ist anschaulich erkennbar an der Boxbreite und an dem Abstand der äußeren Perzentile voneinander.
3. Die Schiefe der Verteilung ist am Grad der Asymmetrie erkennbar.
4. Ausreißer fallen sofort ins Auge. Ihr Wert ist ablesbar. Ein Ausreißer ist dadurch definiert, dass sein Abstand von der Box mehr als die 1,5fache Boxbreite beträgt.
5. Boxplots eignen sich hervorragend für den Vergleich mehrerer Verteilungen.

Übungen

1. Vergleich von Klassenarbeiten

Die gleiche Klassenarbeit wurde in zwei Klassen geschrieben. Die folgende Tabelle enthält die erreichten Punktzahlen (max. erreichbar 60 Punkte)

Klasse 11 a:	35	56	12	34	44	52	8	24	47	49	33	24	58	51	36	45	47	52	27	33
Klasse 11 b:	46	44	43	35	39	44	52	48	55	39	41	44	23	2	7	29	37	35	43	38
	36	43	45	32	37	48	54	43	38	40	42	45	47	49	28	43	46	37	44	38

a) Zeichnen Sie eine Graphik, die für jede Klasse einen Boxplot enthält.
b) Vergleichen Sie die Ergebnisse der beiden Klassen anhand des Boxplots.

2. Umwandlung eines Dotplots in einen Boxplot

Eine Gruppe von 20 Personen wurde über 10 Jahre medizinisch beraten und beobachtet. Registiert wurde die Anzahl der Zahnarztbesuche. Die Urliste zeigt die Ergebnisse.

11 8 9 4 10 8 9 7 10 6 11 8 7 10 9 6 11 8 7 10

Eine Vergleichsgruppe von 80 Personen wurde lediglich beobachtet. Die Anzahl der Zahnarztbesuche der Personen kann man dem folgenden Dotplot entnehmen.

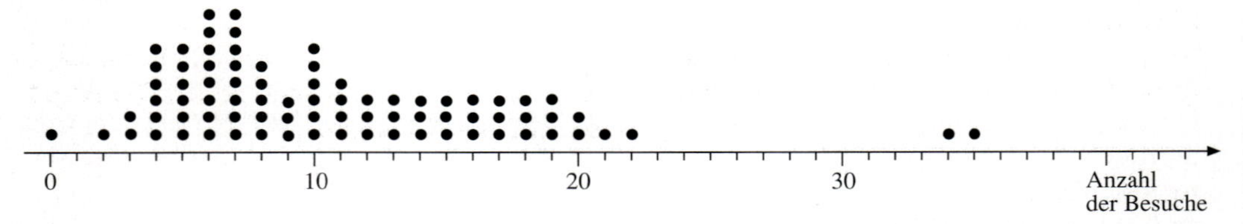

Zeichnen Sie für beide Gruppen einen Boxplot. Berechnen Sie außerdem das arithmetische Mittel. Stellen Sie dann einen Vergleich der beiden Gruppen an.

3. Boxplots und Säulendiagramme

Ordnen Sie jedem Säulendiagramm einen Boxplot zu (Datenzahl: N = 60).

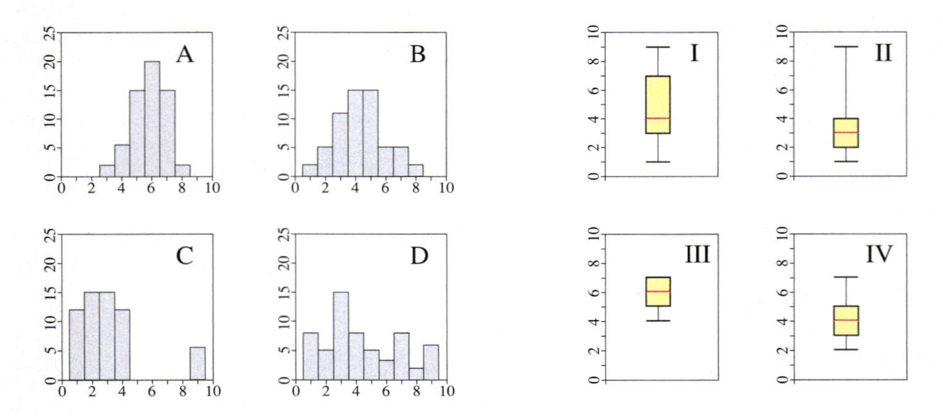

Überblick

Merkmalsarten:
Es gibt quantitative und qualitative Merkmale. Bei quantitativen Merkmalen unterscheidet man stetige und diskrete, bei qualitativen Merkmalen unterscheidet man nominale und ordinale.

Absolute und relative Häufigkeiten:
Die absolute Häufigkeit a_i gibt an, wie oft die Merkmalsausprägung x_i im Datensatz vorkommt. Die relative Häufigkeit h_i gibt an, welchen Anteil am gesamten Datensatz die Merkmalsausprägung x_i besitzt. Sie kann als Zahl zwischen 0 und 1 oder als Prozentsatz angegeben werden.

Urlisten, Strichlisten und Tabellen:
Statistische Daten werden bei der Erhebung in eine Urliste aufgenommen. Mit Hilfe einer Strichliste wird aus der Urliste eine Häufigkeitstabelle erstellt.

Diagrammarten:
Statistische Daten werden graphisch in Form von Säulendiagrammen, Kreisdiagrammen, Balkendiagrammen, Blockdiagrammen, Häufigkeitspolygonen und Stamm-Blatt-Diagrammen dargestellt. Weitere Diagrammarten sind Dotplots und Boxplots.

Klassierung der Daten:
Verschiedene Merkmalsausprägungen werden in sinnvoller Weise zu Klassen zusammengefasst. Dadurch werden wichtige Strukturen des Datensatzes deutlicher erkennbar. Die Anzahl der Klassen sollte weder zu klein noch zu groß sein (ca. 5–15 Klassen).

Mittelwerte:
Es gibt drei Mittelwerte: Arithmetisches Mittel $\bar{x}$, Median $\tilde{x}$ und Modus $\hat{x}$.

Arithmetisches Mittel: $\bar{x} = \frac{\text{Summe aller Daten}}{\text{Anzahl aller Daten}}$ weitere Formeln für $\bar{x}$: Seite 21

Das arithmetische Mittel wird für quantitative Daten verwendet.

Median $\tilde{x}$: Der Median ist ein Wert, der den sortierten Datensatz in zwei gleich große Teile trennt. Bei ungerader Anzahl von Daten ist der Median das Datum, welches exakt in der Mitte des Datensatzes liegt. Bei gerader Anzahl von Daten gibt es zwei in der Mitte liegende Daten. Der Median ist dann deren arithmetisches Mittel. Der Median kann für quantitative und für qualitativ-ordinale Daten verwendet werden.

Modus $\hat{x}$: Der Modus ist das Datum des Datensatzes mit der größten Häufigkeit. Er wird für qualitativ-nominale Daten verwendet.

Streuungsmaß:
Die empirische Standardabweichung $\bar{s}$ ist ein Maß dafür, wie stark die Daten eines Datensatzes um das arithmetische Mittel streuen. Sie ist die Wurzel aus der mittleren quadratischen Abweichung der Einzeldaten vom arithmetischen Mittel.

Standardabweichung: $\bar{s} = \sqrt{\frac{(x_1 - \bar{x})^2 \cdot a_1 + (x_2 - \bar{x})^2 \cdot a_2 + \ldots + (x_k - \bar{x})^2 \cdot a_k}{n}}$

x_i: Merkmalsausprägung; a_i: Absolute Häufigkeit von x_i n: Anzahl der Daten

Die Manipulation von Statistiken

Statistiken sollen Sachverhalte verdeutlichen. Leider werden sie häufig in anderer Absicht eingesetzt. Sie werden manipuliert, um sachlich nicht gerechtfertigte Positionen von Interessengruppen zu untermauern.

Manipulationen bei der Erhebung von Daten

60 Prozent für Winterferien!
Die geplante Einführung von Winterferien hat bei den Eltern große Zustimmung gefunden. Bei einer Umfrage konnten sie sich für oder gegen Winterferien entscheiden. 60 % waren für Winterferien. Nur 40 % entschieden sich für die Beibehaltung der alten Regelung, die keine Winterferien vorsieht. Schon im nächsten Jahr können die Eltern einen Skiurlaub planen.

Elternbefragung Winterferien
Kreuzen Sie bitte Ihre Wahl an

Winterferien in der zweiten Januarwoche ☐
Winterferien in der ersten Februarwoche ☐
Winterferien in der zweiten Februarwoche ☐
Weiterhin keine Winterferien ☐
Winterferien nach den Weihnachtsferien ☐

Hier wird schon bei der Fragestellung bewusst oder unbewusst manipuliert. Man möchte den Eltern die Entscheidung für oder gegen Winterferien gar nicht überlassen. Sonst hätte der Fragebogen nur folgende beide Alternativen in gleichberechtigter Formulierung enthalten dürfen:

Ich bin für Winterferien ☐ Ich bin gegen Winterferien ☐

Aber genau das wird vermieden. Vielmehr wird ein alter, aber sehr wirksamer Trick verwendet. Es werden vier Alternativen für Winterferien formuliert, unter denen die eine Alternative gegen Winterferien gut versteckt werden kann. Dies führt dazu, dass diese Alternative zumindest von Unentschlossenen gar nicht mehr gleichberechtigt wahrgenommen wird. Außerdem wird sie nun subjektiv als Extremposition eingestuft, und viele Menschen versuchen bekanntlich, Extrempositionen zu vermeiden. In dem Zeitungsartikel ist von dieser psychologischen Manipulation natürlich nichts mehr zu erkennen.

Manipulationen und Fehler bei der Darstellung von Daten

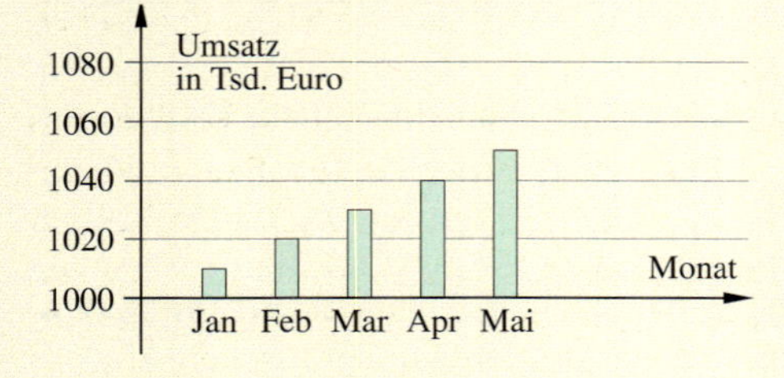

Im linken Diagramm wird dynamisches Wachstum vorgetäuscht. Der Maibalken ist fünfmal so hoch wie der Januarbalken. In Wirklichkeit stieg der Umsatz nur um 5%. Erreicht wurde diese Täuschung durch Verlagerung der Nulllinie auf die Zahl 1000.

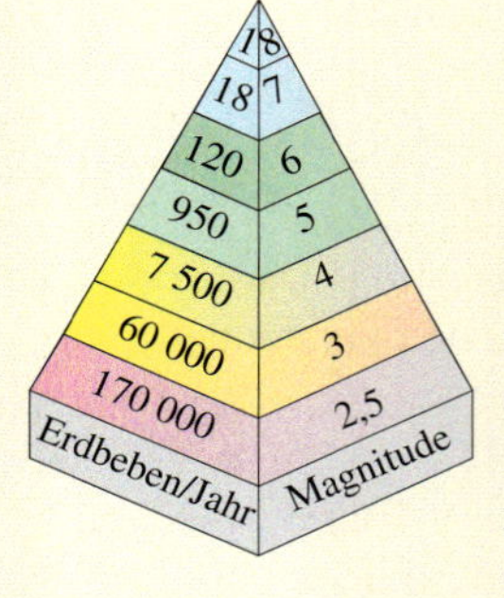

Im rechten Diagramm liegt keine Manipulation vor, sondern nur ein Verstoß gegen die Proportionalität. Die rote Schicht hat nur etwa das vierfache Volumen wie die hellgrüne Schicht, obwohl sie für fast die 200fache Anzahl von Erdbeben steht. Hier hat die Schönheit über die Vernunft gesiegt. Generell sollten dreidimensionale Graphiken vermieden werden, da sie selten genaue Ablesungen gestatten.

Manipulationen bei der Interpretation von Daten

Gesundheitssystem marode!

Bei einer Vergleichsstudie der Gesundheitssysteme von A-Land und B-Land schnitt unser Land alarmierend schlecht ab. Während bei uns nur 36% aller Personen bei bester Gesundheit sind, sind in unserem Nachbarland B-Land 41,5% aller Einwohner völlig gesund. Und das, obwohl unser Gesundheitssystem viel teurer ist. Nun ist geplant, unser Gesundheitssystem nach dem Vorbild von B-Land abzuändern. Davon erhofft man sich sowohl eine Verbesserung des Gesundheitszustandes der Bevölkerung als auch eine Kostenersparnis. Inzwischen wurden bereits erste Maßnahmen ergriffen.

So oder ähnlich könnte durchaus eine Schlagzeile lauten. Stellen wir uns einmal vor, dass in den beiden Ländern – also in A-Land und in B-Land – eine vergleichende Studie durchgeführt wurde, bei der zwei Gruppen getestet wurden, die Gruppe der Jüngeren (bis 45 Jahre) und die Gruppe der Älteren (über 45 Jahre). Dazu wurden 1000 Personen zufällig ausgewählt und überprüft. Die Resultate lauteten:

LAND A	Anzahl der Personen	Anzahl Gesunder	Anteil Gesunder
Ältere	400	60	15%
Jüngere	600	300	50%

LAND B	Anzahl der Personen	Anzahl Gesunder	Anteil Gesunder
Ältere	100	10	10%
Jüngere	900	405	45%

Man sieht ganz klar: In beiden Gruppen – sowohl bei den Jüngeren als auch bei den Älteren – hat zweifellos Land A die Nase vorn. Die Anteile der Gesunden sind in beiden Fällen höher.
Und nun kommt die Überraschung! Vereinigt man in jedem Land das Ergebnis der Jüngeren mit dem Ergebnis der Älteren, so ergibt sich folgendes Bild:

LAND A	Anzahl der Personen	Anzahl Gesunder	Anteil Gesunder
Alle	1000	360	36%

LAND B	Anzahl der Personen	Anzahl Gesunder	Anteil Gesunder
Alle	1000	415	41,5%

Thomas Simpson
1710 –1761

Nun hat auf einmal erstaunlicherweise Land B die Nase vorn. Dieser Effekt wird als das Simpson-Paradoxon bezeichnet nach dem englischen Mathematiker Thomas Simpson (1710–1761).
Der Effekt kann zur Manipulation verwendet werden. Ein Kritiker des Gesundheitssystems von Land B könnte die oberen Tabellen als Argument für die Umgestaltung des Gesundheitssystems nach dem Vorbild von Land A verwenden. Ein Kritiker des Gesundheitssystems von Land A könnte sich auf die unteren Tabellen berufen, um das Umgekehrte zu fordern.
Wer hat nun recht? Die unteren Tabellen, die durch Vereinigung entstanden, verfälschen die Daten. Land A ist in beiden Einzelgruppen besser. Es besitzt jedoch einen viel höheren Anteil alter Menschen, der bei der Vereinigung der Daten den Schnitt verdirbt. Die Ursache des schlechten Abschneidens ist also nicht ein schlechteres Gesundheitssystem, sondern nur die ungünstigere Altersstruktur des Landes.

Test

Beschreibende Statistik

1. Ist das Merkmal quantitativ (stetig/diskret) oder qualitativ (ordinal/nominal)?
a) Kopfumfang b) Chemiezensur c) Augenfarbe
d) Taschengeldhöhe e) Geschlecht f) Geschwisterzahl

2. In einem Gedächtnistest konnten 6 Punkte erreicht werden. An dem Test nahmen zwei Gruppen teil. Berechnen Sie die relativen Häufigkeiten (in Prozent) für das Merkmal Punktzahl. Berechnen Sie auch die mittlere Punktzahl. Welche Gruppe schnitt besser ab?

Gruppe A

Punkte	0	1	2	3	4	5	6
Personen	2	3	5	6	2	1	1

Gruppe B

Punkte	0	1	2	3	4	5	6
Personen	3	7	9	13	9	5	4

3. In einem Stadtteil wurde eine Befragung zur Anzahl der Haustiere pro Haushalt durchgeführt. Die Ergebnisse wurden graphisch dargestellt.
a) Wie viele Haushalte waren beteiligt?
b) Wie viele Haushalte hielten mehr als 2 Tiere bzw. weniger als 4 Tiere?
c) Wie groß ist die durchschnittliche Anzahl von Tieren pro Haushalt?
d) Berechnen Sie die Standardabweichung.
e) Wie lautet der Median der Verteilung?

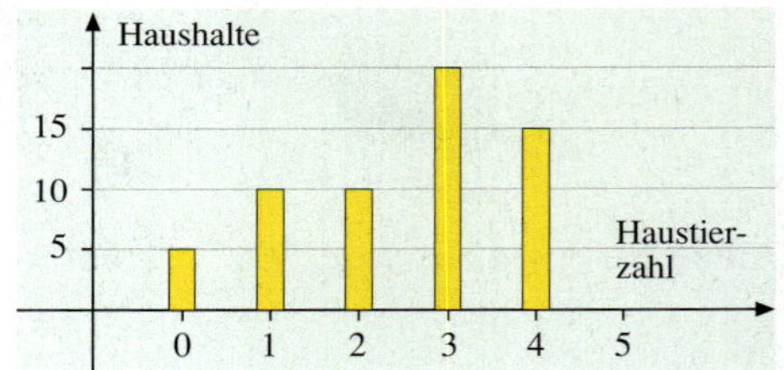

4. Die Anwohner der Parkstraße wurden zur Anzahl der Elektrogeräte pro Haushalt befragt.

Elektrogeräte pro Haushalt	9	15	12	16	8	14	12	50	17	16	82	14	19	12	16	19	21	8

a) Bestimmen Sie das arithmetische Mittel und den Median des Datensatzes.
b) Welche der beiden Kennzahlen aus a) ist zur Beschreibung des Datensatzes besser geeignet? Begründen Sie.
c) Ein Jahr später hat sich die durchschnittliche Gerätezahl pro Haushalt um 3 erhöht. Wie viele zusätzliche Geräte wurden in der Parkstraße inzwischen angeschafft?

5. Die Graphik zeigt den Wasserverbrauch im Monat Mai der 60 Mieter eines Wohnhauses. Die Daten sind klassiert mit Klassen von 0 bis unter 5, von 5 bis unter 10, etc.
a) Wie viele Mieter verbrauchten 10 oder mehr m^3?
b) Wie hoch ist der durchschnittliche Verbrauch pro Mieter angenähert?
c) Weshalb kann man den Gesamtverbrauch aller Mieter nicht exakt errechnen? Wie hoch war er maximal?

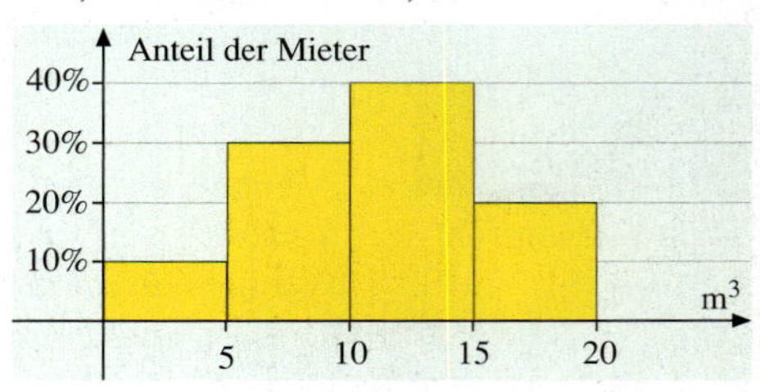

Lösungen unter 036-1

II. Wahrscheinlichkeitsrechnung

1. Zufallsversuche und Ereignisse

Glücksspiele haben die Menschen seit jeher fasziniert. Schon Richard de Fournival (1201–1260) beschäftigte sich in seinem Gedicht „De Vetula“ mit der Häufigkeit der Augensummen beim Werfen von drei Würfeln. Doch erst Galileo Galilei (1564–1642) gelang die Lösung dieses Problems. Die systematische Mathematik des Zufalls – die Wahrscheinlichkeitsrechnung – entwickelte sich im 17. Jahrhundert. Antoine Gombaud (1607–1684) – auch Chevalier de Méré genannt – traktierte den berühmten Mathematiker Blaise Pascal (1623–1662) mit Würfelproblemen. Schließlich trat Pascal in einen Briefwechsel mit Pierre de Fermat (1601–1665) ein, in dem beide mehrere Probleme lösten und systematische Methoden zur Kalkulation des Zufalls fanden.

Das Grundgesetz der Wahrscheinlichkeitstheorie – das Gesetz der großen Zahl – entdeckte 1688 der Mathematiker Jakob Bernoulli (1654–1705). Seine legendäre Abhandlung, die „Ars conjectandi“, wurde 1713 veröffentlicht, acht Jahre nach Bernoullis Tod. Ars conjectandi steht hier für die Kunst des vorausschauenden Vermutens. Heute ist diese Kunst ein Teilgebiet der Mathematik, das als ***Stochastik*** bezeichnet wird und in die ***Wahrscheinlichkeitsrechnung*** und die ***Statistik*** unterteilt ist. Die Stochastik befasst sich mit dem Beurteilen von zufälligen Prozessen und mit Prognosen für den Ausgang solcher Prozesse.
Zunächst muss man festlegen, was unter einem ***Zufallsprozess***, einem ***Zufallsversuch*** bzw. unter einem ***Zufallsexperiment*** zu verstehen ist.

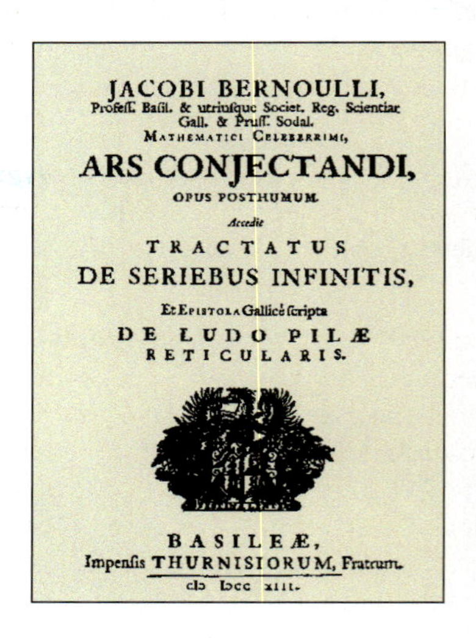

JACOBI BERNOULLI,
Profess. Basil. & utriusque Societ. Reg. Scientiar. Gall. & Pruss. Sodal.
MATHEMATICI CELEBERRIMI,
ARS CONJECTANDI,
OPUS POSTHUMUM.
Accedit
TRACTATUS
DE SERIEBUS INFINITIS,
Et EPISTOLA Gallicè scripta
DE LUDO PILÆ
RETICULARIS.

BASILEÆ,
Impensis THURNISIORUM, Fratrum.
cIↄ Iↄcc xiii.

Es ist ein Vorgang, dessen Ausgang ungewiss ist, auch im Falle der Wiederholung. Dabei ist es völlig unerheblich, aus welchem Grund der Ausgang des Experiments nicht vorhersagbar ist. Es spielt keine Rolle, ob der Ausgang des Experiments prinzipiell nicht vorhersagbar ist oder nur deshalb nicht, weil es dem Experimentator an Wissen über den Zufallsprozess mangelt.
Typische Beispiele für Zufallsprozesse sind der Münzwurf, der Würfelwurf, das Werfen eines Reißnagels, aber auch die Abgabe eines Lottotipps, die Durchführung einer Wahl, das Testen eines neuen Medikaments.

038-1

Übung 1 Spiel
Hans und Peter werfen jeweils einen Würfel. Hans erhält einen Punkt, wenn er die höhere Augenzahl hat. Peter erhält einen Punkt, wenn seine Augenzahl Teiler der Augenzahl von Hans ist. Stellen Sie durch 50 Spiele mit Ihrem Nachbarn fest, wer von beiden die bessere Chance hat. Werten Sie die Ergebnisse der gesamten Klasse aus.

A. Ergebnisse und Ereignisse

Das Resultat eines Zufallsversuchs – d. h. sein Ausgang – wird als ***Ergebnis*** bezeichnet. Die Menge aller möglichen Ergebnisse bildet den ***Ergebnisraum*** Ω eines Zufallsexperiments. Nebenstehend werden diese Begriffe am Beispiel des Würfelns mit einem Würfel verdeutlicht. Hierbei sind die Ergebnisse so festzulegen, dass beim Durchführen des Experiments genau ein Ergebnis auftritt.

Erläuterungen am Beispiel „Würfeln"

Zufallsexperiment: Würfelwurf

Beobachtetes Merkmal: Augenzahl

Mögliche Ergebnisse: Augenzahlen 1, 2, 3, 4, 5, 6

Ergebnisraum: $\Omega = \{1,2,3,4,5,6\}$

Ein wichtiger wahrscheinlichkeitstheoretischer Begriff ist der des Ereignisses. Ein ***Ereignis*** kann als Zusammenfassung einer Anzahl möglicher Ergebnisse zu einem Ganzen aufgefasst werden.

Beim Würfelwurf lässt sich das Ereignis E: „Es fällt eine gerade Zahl" durch die Ergebnismenge $E = \{2, 4, 6\} \subseteq \Omega$ darstellen.

E: „gerade Zahl" $\Leftrightarrow$ $E = \{2, 4, 6\}$

Mathematisch gesehen ist ein ***Ereignis*** E also nichts anderes als eine Teilmenge des Ergebnisraumes Ω: $\mathbf{E} \subseteq \Omega$.

Bei der Durchführung eines Zufallsexperiments tritt ein Ereignis E genau dann ein, wenn eines seiner Ergebnisse eintritt.
Besondere Ereignisse sind das ***unmögliche Ereignis*** $\mathbf{E=\emptyset}$, das nicht eintreten kann, da es keine Ergebnisse enthält, sowie das ***sichere Ereignis*** $\mathbf{E=\Omega}$, das stets eintritt, da es alle Ergebnisse enthält.
Außerdem werden die einelementigen Ereignisse als ***Elementarereignisse*** bezeichnet.

Das Ereignis „gerade Zahl" tritt genau dann ein, wenn eine der Zahlen 2, 4 oder 6 als Ergebnis kommt.

Die Elementarereignisse beim Würfeln mit einem Würfel sind die einelementigen Ereignisse $\{1\}, \{2\}, \{3\}, \{4\}, \{5\}$ und $\{6\}$.

Sie entsprechen den Ergebnissen, sind allerdings im Gegensatz dazu Mengen.

Übung 2

Ein Glücksrad mit 10 gleich großen Sektoren $0, \ldots, 9$ wird einmal gedreht.

a) Aus welchen Gründen ist dies ein Zufallsexperiment?
b) Geben Sie einen geeigneten Ergebnisraum an.
c) Stellen Sie das Ereignis E: „Es kommt eine gerade Zahl" als Ergebnismenge dar.
d) Beschreiben Sie die Ereignisse $E_1 = \{1,3,5,7,9\}$, $E_2 = \{0,3,6,9\}$ und $E_3 = \{2,3,5,7\}$ verbal.

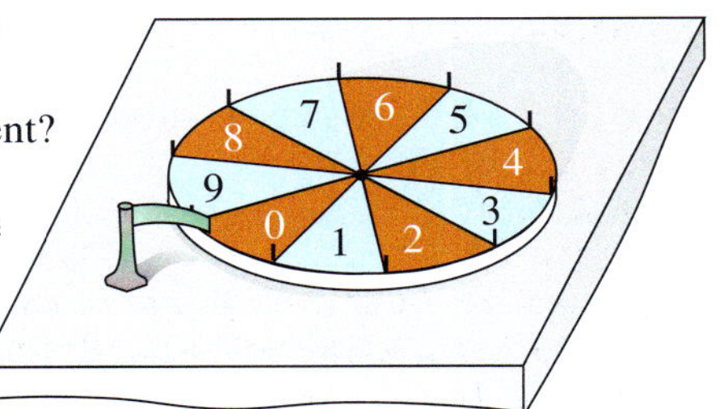

B. Vereinigung und Schnitt von Ereignissen

Beispiel: Max und Moritz bilden im Spielkasino beim Roulette ein Team. Max setzt auf die Zahl 23, Moritz setzt auf „douze premier" (das 1. Dutzend).[1] Rechts ist das Spielbrett des Roulettes abgebildet.

a) Geben Sie einen geeigneten Ergebnisraum an.

b) Stellen Sie die Ereignisse E_1: „Max gewinnt", E_2: „Moritz gewinnt" und E_3: „Das Team Max & Moritz gewinnt" als Ergebnismengen dar.

Lösung zu a:

Beim Roulette fällt eine Kugel in eines der Fächer einer drehbaren Scheibe, die von 0 bis 36 nummeriert sind. Folglich enthält der Ergebnisraum Ω die Zahlen 0 bis 36.

$$\Omega = \{0, 1, 2, 3, 4, 5, \ldots, 36\}$$

Lösung zu b:

Das Ereignis E_1: „Max gewinnt" tritt ein, wenn die Kugel in das Fach mit der Nummer 23 fällt. Das Ereignis E_2: „Moritz gewinnt" tritt ein, wenn die Kugel in ein Fach mit den Nummern 1–12 fällt. Das Ereignis E_3 tritt ein, wenn wenigstens einer der beiden Spieler gewinnt, wenn also die Zahl 23 **oder** eine Zahl des 1. Dutzends kommt, wenn also E_1 **oder** E_2 eintritt. Es lässt sich als ***Vereinigungsmenge*** $E_1 \cup E_2$ von E_1 und E_2 auffassen.

$$E_1 = \{23\}$$

$$E_2 = \{1, 2, 3, 4, 5, 6, 7, 8, 9, 10, 11, 12\}$$

$$E_3 = E_1 \cup E_2 = \{23\} \cup \{1, 2, 3, \ldots, 12\}$$

$$= \{1, 2, 3, 4, \ldots, 12, 23\}$$

Übung 3

Max und Moritz bilden im Spielkasino beim Roulette ein Team. Max setzt auf „manque" (die 1. Hälfte), Moritz setzt auf „noir" (alle schwarzen Zahlen). Stellen Sie die Ereignisse E_1: „Max gewinnt", E_2: „Moritz gewinnt" und E_3: „Das Team Max & Moritz gewinnt" als Ergebnismengen dar.

Übung 4

Ein Würfel wird einmal geworfen.

Stellen Sie die Ereignisse E_1: „Die Augenzahl ist kleiner als 3" und E_2: „Die Augenzahl ist ungerade" als Ergebnismengen dar. Bestimmen Sie die Ergebnismenge des Ereignisses $E_1 \cup E_2$.

---

[1] Setzt man auf eine bestimmte Zahl (*plein* genannt), so erhält man im Gewinnfall das 36fache des Einsatzes ausgezahlt, setzt man auf ein Dutzend, so erhält man das 3fache des Einsatzes. Bei *pair* (gerade Zahlen außer 0), *impair* (ungerade Zahlen), *rouge* (rote Zahlen), *noir* (schwarze Zahlen), *manque* (die 1. Hälfte), *passe* (die 2. Hälfte) erhält man jeweils das Doppelte des Einsatzes. Es gibt noch weitere Setzmöglichkeiten beim Roulette.

Beispiel: Aus einer Urne[1] mit 100 gleichartigen Kugeln, die die Nummern 1 bis 100 tragen, wird zufällig eine Kugel gezogen.
Stellen Sie die Ereignisse E_1: „Die Nummer ist durch 8 teilbar" und E_2: „Die Nummer ist durch 20 teilbar" sowie $E_1 \cap E_2$ als Ergebnismengen dar.

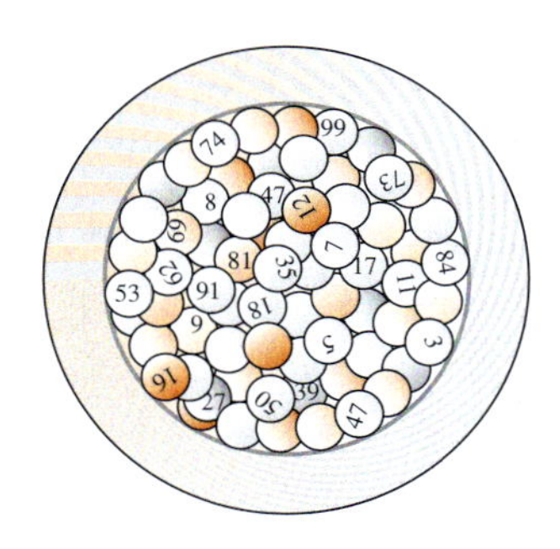

Lösung:
Mögliche Ergebnisse sind die Nummern 1 bis 100.
Für die Ereignisse E_1 bzw. E_2 erhalten wir die nebenstehenden Ergebnismengen.
Der Schnitt beider Ereignisse $E_1 \cap E_2$ tritt genau dann ein, wenn die Nummer der gezogenen Kugel sowohl durch 8 als auch durch 20 teilbar ist, d.h. wenn also E_1 **und** E_2 eintreten. Hierfür gibt es zwei Ergebnisse, die Nummern 40 und 80.

$$\Omega = \{1, 2, \ldots, 100\}$$

$$E_1 = \{8, 16, 24, 32, 40, 48, 56, 64, 72, 80, 88, 96\}$$

$$E_2 = \{20, 40, 60, 80, 100\}$$

$$E_1 \cap E_2 = \{40, 80\}$$

Das dargestellte Mengenbild veranschaulicht die *Schnittmenge*. Das Ereignis $E_1 \cap E_2$ tritt genau dann ein, wenn sowohl das Ereignis E_1 als auch das Ereignis E_2 eintritt, d.h. wenn beide Ereignisse eintreten.

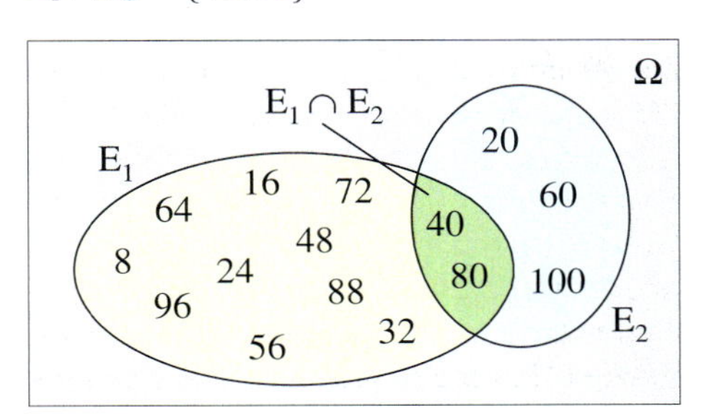

Übung 5

Aus einer Urne mit 50 gleichartigen Kugeln, die die Nummern 1 bis 50 tragen, wird zufällig eine Kugel gezogen. Stellen Sie die folgenden Ereignisse als Ergebnismengen dar:
E_1: „Die Nummer ist durch 9 teilbar."
E_2: „Die Nummer ist durch 12 teilbar."
E_3: „Die Nummer ist durch 23 teilbar."
Bestimmen Sie die Ergebnismengen der Ereignisse $E_1 \cap E_2$, $E_1 \cup E_2$, $E_2 \cap E_3$ und $E_1 \cup E_2 \cup E_3$.
Stellen Sie $E_1 \cup E_2 \cup E_3$ in einem Mengenbild dar.

Übung 6

Stellen Sie die folgenden Ereignisse beim Roulette als Ergebnismengen dar:
E_1: „rouge" (alle roten Zahlen),
E_2: „pair" (alle geraden Zahlen außer 0) und
E_3: „douze dernier" (das letzte Dutzend).
Bestimmen Sie die Ergebnismengen der Ereignisse $E_1 \cap E_2$, $E_1 \cup E_2$, $E_2 \cap E_3$, $E_2 \cup E_3$ sowie $E_1 \cap E_2 \cap E_3$ und $E_1 \cup E_2 \cup E_3$.

[1] In der Wahrscheinlichkeitsrechnung ist es üblich, ein Gefäß, in dem sich Kugeln o.ä. befinden, als *Urne* zu bezeichnen. Diesen Begriff prägte *Jakob Bernoulli* (1654–1705).

2. Relative Häufigkeit und Wahrscheinlichkeit

A. Das empirische Gesetz der großen Zahlen

Die Tabelle zeigt die Ergebnisse (Kopf K oder Zahl Z) einer Serie von Münzwürfen. Dabei bedeutet n die Anzahl der Würfe, $a_n(K)$ die ***absolute Häufigkeit*** und $h_n(K) = \frac{a_n(K)}{n}$ die ***relative Häufigkeit*** des Ergebnisses Kopf in n Versuchen. Der Graph zeigt das ***Häufigkeitsdiagramm***.

Urliste	n	$a_n(K)$	$h_n(K)$
K Z Z Z K	5	2	0,40
K K K K K	10	7	0,70
K Z K Z K	15	10	0,67
K Z K K K	20	14	0,70
Z Z Z Z Z	25	14	0,56
K K K K K	30	19	0,63
K K K Z K	35	23	0,66
Z K Z Z Z	40	24	0,60
K Z Z Z Z	45	25	0,56
Z K Z Z K	50	27	0,54

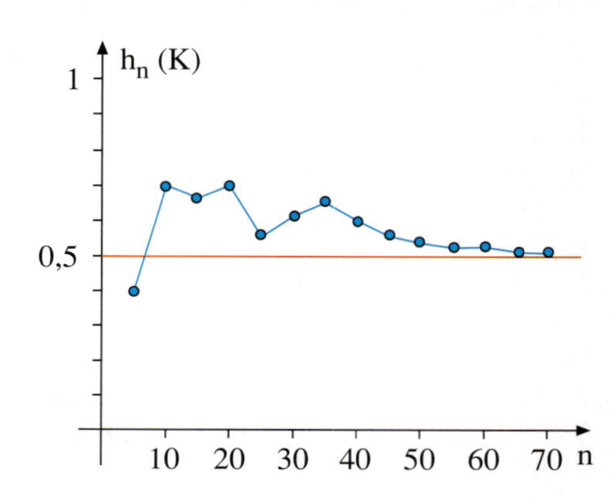

Die relative Häufigkeit $h_n(K)$ des Ergebnisses Kopf stabilisiert sich nach anfänglichen Schwankungen und nähert sich mit wachsender Versuchszahl n dem Wert 0,5.
Die Stabilisierung der relativen Häufigkeit mit wachsender Versuchszahl bezeichnet man als das ***empirische Gesetz der großen Zahlen***. Es wurde von Jakob Bernoulli 1688 entdeckt.
Den ***Stabilisierungswert*** der relativen Häufigkeiten eines Ereignisses bezeichnet man als ***Wahrscheinlichkeit*** des Ereignisses.

Definition II.1:
Gegeben sei ein Zufallsexperiment mit dem Ergebnisraum $\Omega = \{e_1; \ldots; e_m\}$.
Eine Zuordnung P, die jedem Elementarereignis $\{e_i\}$ genau eine reelle Zahl $P(e_i)$ zuordnet, heißt **Wahrscheinlichkeitsverteilung**, wenn folgende Bedingungen gelten:

I. $P(e_i) \geq 0$ für $1 \leq i \leq m$
II. $P(e_1) + \ldots + P(e_m) = 1$

Die Zahl $P(e_i)$ heißt dann **Wahrscheinlichkeit** des Elementarereignisses $\{e_i\}$.

Beispiel: Wurf eines fairen Würfels
Setzen wir $\Omega = \{1, 2, \ldots, 6\}$ und $P(i) = \frac{1}{6}$ für $i = 1, \ldots, 6$, so erhalten wir eine zulässige Häufigkeitsverteilung, denn es gilt:
I. $P(1) = P(2) = \ldots = P(6) = \frac{1}{6} \geq 0$ II. $P(1) + P(2) + \ldots + P(6) = 1$.

B. Rechenregeln für Wahrscheinlichkeiten

Wir übertragen nun den Begriff der Wahrscheinlichkeit auf beliebige Ereignisse.
Es liegt nahe, als Wahrscheinlichkeit eines Ereignisses E die Summe der Wahrscheinlichkeiten der Elementarereignisse zu nehmen, aus denen sich E zusammensetzt.

Satz II.1: Summenregel
Gegeben sei ein Zufallsexperiment mit dem Ergebnisraum Ω. $E = \{e_1, e_2, \dots, e_k\}$ sei ein beliebiges Ereignis. Dann gilt für die Wahrscheinlichkeit von E:

$$P(E) = P(e_1) + P(e_2) + \dots + P(e_k).$$

Sonderfall: $P(E) = 0$, falls $E = \emptyset$ (das unmögliche Ereignis) ist.
$P(E) = 1$, falls $E = \Omega$ (das sichere Ereignis) ist.

Zu zwei beliebigen Ereignissen E_1 und E_2 sind oft auch die ***Vereinigung*** $E_1 \cup E_2$ bzw. der ***Schnitt*** $E_1 \cap E_2$ zu betrachten. Ebenfalls wird neben einem Ereignis E auch das ***Gegenereignis*** $\overline{E}$ untersucht, das genau dann eintritt, wenn E nicht eintritt.

Die Erläuterungen dieser Ereignisse sind in der folgenden Tabelle zusammenfassend dargestellt.

Symbol	Beschreibung	Mengenbild
$E_1 \cup E_2$	tritt ein, wenn wenigstens eines der beiden Ereignisse E_1 **oder** E_2 eintritt	E_1 E_2 Ω
$E_1 \cap E_2$	tritt ein, wenn sowohl E_1 als auch E_2 eintritt (E_1 **und** E_2)	E_1 E_2 Ω
$\overline{E} = \Omega \setminus E$	tritt ein, wenn E **nicht** eintritt	E $\overline{E}$ Ω

Zwischen der Wahrscheinlichkeit eines Ereignisses E und der Wahrscheinlichkeit des Gegenereignisses $\overline{E}$ ($P(\overline{E})$ bezeichnet man auch als ***Gegenwahrscheinlichkeit***) besteht ein wichtiger Zusammenhang.

Satz II.2: Gegenwahrscheinlichkeit
Die Summe der Wahrscheinlichkeit eines Ereignisses E und der des Gegenereignisses $\overline{E}$ ist gleich 1.

$$P(E) + P(\overline{E}) = 1$$

Betrachtet man beispielsweise beim einfachen Würfelwurf mit $\Omega = \{1, 2, 3, 4, 5, 6\}$ das Ereignis E: „Es fällt eine Primzahl", also $E = \{2, 3, 5\}$, dann ist $\overline{E} = \Omega \setminus E = \{1, 4, 6\}$ das Gegenereignis „Es fällt keine Primzahl". Damit gilt:

$$P(E) = \tfrac{1}{2}, \quad P(\overline{E}) = \tfrac{1}{2}, \quad \text{also} \quad P(E) + P(\overline{E}) = 1.$$

Satz II.3: Der Additionssatz

Für zwei beliebige Ereignisse $E_1, E_2 \subset \Omega$ gilt:

$$P(E_1 \cup E_2) = P(E_1) + P(E_2) - P(E_1 \cap E_2).$$

Sind die Ereignisse unvereinbar, d. h. ist $E_1 \cap E_2 = \emptyset$, dann gilt sogar vereinfacht:

$$P(E_1 \cup E_2) = P(E_1) + P(E_2)$$

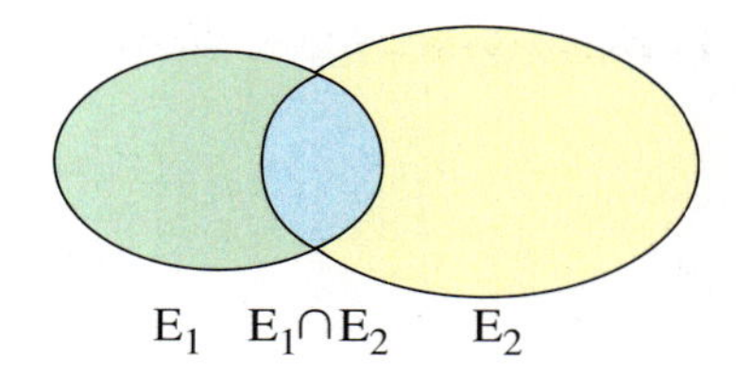

Der Satz ist anschaulich klar. Man erkennt aus der Abbildung, dass in der Summe $P(E_1) + P(E_2)$ die Elementarereignisse aus der Schnittmenge $E_1 \cap E_2$ doppelt gezählt werden, weshalb sie einmal wieder abgezogen werden müssen. Mit dem Additionssatz kann die Wahrscheinlichkeit eines ODER-Ereignisses $E_1 \cup E_2$ errechnet werden.

Übung 1

Aus jeder der beiden Urnen wird eine Kugel gezogen. Als Gewinn zählt, wenn die Augensumme 7 ist (Ereignis E_1) *oder* wenn beide Kugeln Nummern unter 4 tragen (Ereignis E_2). Verwenden Sie als Ergebnismenge $\Omega = \{(1,1), \ldots, (8,6)\}$. Der Einsatz ist 1 €. Im Gewinnfall erhält man 2 €.

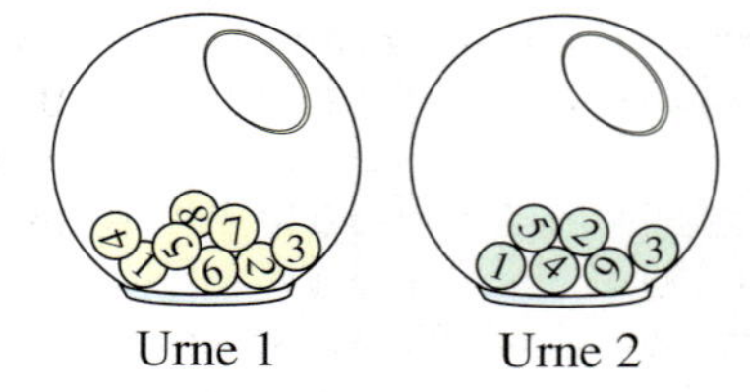

a) Stellen Sie E_1 und E_2 als Teilmengen von Ω dar.
b) Bestimmen Sie $E_1 \cap E_2$.
c) Wie groß ist die Gewinnwahrscheinlichkeit? Wenden Sie den Additionssatz an.
d) Beurteilen Sie, ob das Spiel für den Spieler günstig ist.

Übung 2

Aus den ersten 200 natürlichen Zahlen wird eine Zahl gezogen. Mit welcher Wahrscheinlichkeit ist die gezogene Zahl durch 7 *oder* durch 9 teilbar?

Übung 3

Bei einem Glücksspiel werden zwei Würfel zugleich geworfen. Man verliert, wenn die Augensumme ungerade ist (Ereignis E_1) *oder* wenn beide Würfel die gleiche Augenzahl zeigen (Ereignis E_2).

a) Geben Sie Ω an. Stellen Sie E_1 und E_2 als Teilmengen von Ω dar.
b) Begründen Sie: E_1 und E_2 sind unvereinbar.
c) Wie groß ist die Verlustwahrscheinlichkeit?
d) Der Betreiber des Glücksspiels zahlt im Falle des Gewinns 3 € an den Spieler aus. Welchen Einsatz muss er nehmen, um die durch die Auszahlung entstehenden Kosten zu decken?

C. Laplace-Wahrscheinlichkeiten

Beispiel: Bei einem Würfelspiel werden zwei Würfel gleichzeitig einmal geworfen. Ist die Augensumme 6 oder die Augensumme 7 wahrscheinlicher? 045-1

Lösung:
Beide Würfel können die Augenzahlen 1 bis 6 zeigen.
Die Augensumme 6 ergibt sich aus den Augenzahlen als $1+5$, $2+4$ und $3+3$.
Die Augensumme 7 ergibt sich aus den Augenzahlen als $1+6$, $2+5$ und $3+4$.
Da es jeweils 3 Kombinationen gibt, könnte man vermuten, dass die Augensummen 6 und 7 beide mit der gleichen Wahrscheinlichkeit eintreten.
Aber die einzelnen Kombinationen sind nicht gleich wahrscheinlich. Wir denken uns die beiden Würfel farbig (z. B. rot und schwarz) und damit unterscheidbar und notieren die möglichen Augensummen tabellarisch, wie rechts dargestellt.
Jeder der 36 möglichen Ausgänge in der Tabelle ist nun gleich wahrscheinlich. Anhand der Tabelle erkennen wir, dass sich die Augensumme 6 in 5 von 36 möglichen Ausgängen ergibt, die Augensumme 7 aber in 6 von 36 möglichen Ausgängen.
Somit tritt die Augensumme 6 mit der Wahrscheinlichkeit P(„Summe 6") $= \frac{5}{36}$ ein, die Augensumme 7 mit der Wahrscheinlichkeit P(„Summe 7") $= \frac{6}{36}$.
Die Augensumme 7 ist also wahrscheinlicher.

Summe 6: $1+5$, $2+4$, $3+3$

Summe 7: $1+6$, $2+5$, $3+4$

W_1 \ W_2	1	2	3	4	5	6
1	2	3	4	5	6	7
2	3	4	5	6	7	8
3	4	5	6	7	8	9
4	5	6	7	8	9	10
5	6	7	8	9	10	11
6	7	8	9	10	11	12

P(„Summe 6") $= \frac{5}{36}$

P(„Summe 7") $= \frac{6}{36}$

Resultat:
Die Augensumme 7 ist wahrscheinlicher.

Die Ergebnisse dieses Zufallsexperimentes sind Zahlenpaare. Eine „1" auf dem ersten Würfel und eine „5" auf dem zweiten Würfel können als (1 ; 5) dargestellt werden.
Dann besteht der Ergebnisraum Ω aus 36 gleich wahrscheinlichen Ergebnissen:
$\Omega = \{(1\,;\,1), (1\,;\,2), \ldots, (2\,;\,1), (2\,;\,2), \ldots, (6\,;\,6)\}$. Die für die Augensumme 6 in Frage kommenden, sog. günstigen Ergebnisse sind die Ausgänge (1 ; 5), (2 ; 4), (3 ; 3), (4 ; 2) und (5 ; 1), also 5 von 36 möglichen Ergebnissen. Hierbei tritt z. B. die Kombination $1+5$ in zwei Fällen ein, nämlich bei (1 ; 5) und (5 ; 1), während $3+3$ nur in einem Fall eintritt. Die für die Augensumme 7 günstigen Ergebnisse sind die Ausgänge (1 ; 6), (2 ; 5), (3 ; 4), (4 ; 3), (5 ; 2) und (6 ; 1), also 6 von 36 möglichen Ergebnissen. Diese Überlegungen bestätigen unsere obigen Wahrscheinlichkeiten.

Die Festlegung der möglichen Ergebnisse eines Zufallsexperimentes bereitete den Mathematikern im 17. und 18. Jahrhundert manchmal erhebliche Schwierigkeiten. Beispielsweise unterschied man beim Wurf mit 2 Würfeln Ausgänge wie (1 ; 5) und (5 ; 1) nicht, was zu Problemen führte. Wie das obige Beispiel zeigt, lassen sich Zufallsexperimente leichter handhaben, wenn alle möglichen Ausgänge gleich wahrscheinlich sind.

Derartige Zufallsexperimente, bei denen Elementarereignisse gleich wahrscheinlich sind, werden zu Ehren des französischen Mathematikers *Pierre Simon de Laplace* (1749–1827) auch als sogenannte ***Laplace-Experimente*** bezeichnet.

Bei Laplace-Experimenten liegt als Wahrscheinlichkeitsverteilung eine sogenannte ***Gleichverteilung*** zugrunde, die jedem Elementarereignis exakt die gleiche Wahrscheinlichkeit zuordnet.

046-1

Besteht also bei einem Laplace-Experiment der Ergebnisraum $\Omega = \{e_1, \ldots, e_m\}$ aus m Ergebnissen, so besitzt jedes einzelne Elementarereignis die Wahrscheinlichkeit $P(e_i) = \frac{1}{m}$. Für ein zusammengesetztes Ereignis $E = \{e_1, \ldots, e_k\}$ gilt dann $P(E) = k \cdot \frac{1}{m}$.

Satz II.4: Bei einem Laplace-Experiment sei $\Omega = \{e_1, \ldots, e_m\}$ der Ergebnisraum und $E = \{e_{i_1}, \ldots, e_{i_k}\}$ ein beliebiges Ereignis. Dann gilt für die Wahrscheinlichkeit dieses Ereignisses:

$$P(E) = \frac{|E|}{|\Omega|} = \frac{k}{m} \qquad P(E) = \frac{\text{Anzahl der für E günstigen Ergebnisse}}{\text{Anzahl aller möglichen Ergebnisse}}$$

Beispiel: Aus einer Urne mit elf Kugeln, die mit 1 bis 11 nummeriert sind, wird eine Kugel gezogen. Mit welcher Wahrscheinlichkeit hat sie eine Primzahlnummer?

Lösung:
Es liegt ein Laplace-Experiment vor, da jede Kugel die gleiche Chance hat, gezogen zu werden. Jedes Ergebnis, also jede der Nummern 1 bis 11, hat die gleiche Wahrscheinlichkeit $\frac{1}{11}$. Für das Ereignis E: „Primzahl", d.h. $E = \{2, 3, 5, 7, 11\}$, sind fünf der elf möglichen Ergebnisse günstig. Daher gilt $P(E) = \frac{5}{11} \approx 0{,}45$. Also ist in ca. 45% aller Ziehungen mit einer Primzahlnummer zu rechnen.

Viele Glücksautomaten bestehen aus Glücksrädern, die in mehrere gleich große Sektoren mit verschiedenen Symbolen, Zahlen oder Farben unterteilt sind. Kennt man diese Belegung, so kann man sich leicht die Gewinnchancen ausrechnen (vorausgesetzt, die Räder werden zufällig angehalten).

Beispiel: Ein Glücksrad enthält 8 gleich große Sektoren. Vier der Sektoren sind rot, drei sind weiß und einer ist schwarz.
Laut Auszahlungsplan erhält man für
Rot : 0,00 €,
Weiß : 0,50 €,
Schwarz : 2,00 €.
Der Einsatz für ein Spiel beträgt 0,50 €.
Ist hier langfristig mit einem Gewinn für den Automatenbetreiber oder für den Spieler zu rechnen?

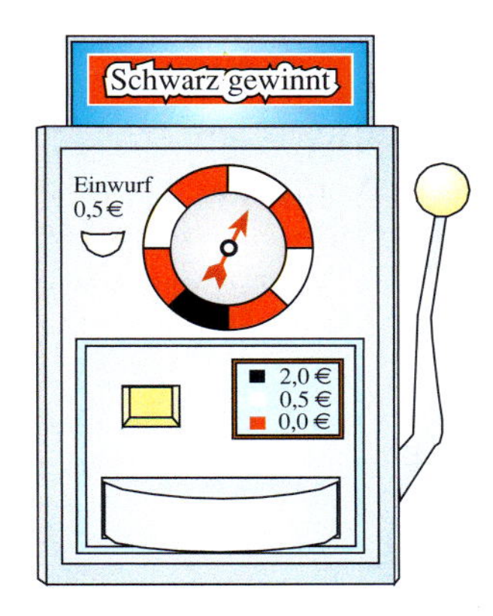

Lösung:
4 der 8 Felder sind günstig für „rot", 3 Felder sind günstig für „weiß" und 1 Feld ist günstig für „schwarz". Wir erhalten daher folgende Wahrscheinlichkeiten:

$P(\text{„rot"}) = \frac{4}{8}$, $P(\text{„weiß"}) = \frac{3}{8}$, $P(\text{„schwarz"}) = \frac{1}{8}$.

Spielt man 8-mal, so ist im Durchschnitt mit 4-mal „rot" mit einer Auszahlung von $4 \cdot 0\,€ = 0\,€$, 3-mal „weiß" mit einer Auszahlung von $3 \cdot 0{,}5\,€ = 1{,}50\,€$ und 1-mal „schwarz" mit einer Auszahlung von $1 \cdot 2\,€ = 2\,€$ zu rechnen. Insgesamt kann man bei 8 Spielen eine Auszahlung von 3,50 € erwarten; das ergibt pro Spiel eine durchschnittliche Auszahlung von 0,44 €. Dem steht der Einsatz von 0,50 € gegenüber.
Bilanz: Langfristig sind pro Spiel 6 Cent Verlust zu erwarten.
Man kann die pro Spiel zu erwartende Auszahlung auch folgendermaßen berechnen:
Erwarteter Wert für die Auszahlung pro Spiel: $0\,€ \cdot \frac{4}{8} + 0{,}50\,€ \cdot \frac{3}{8} + 2\,€ \cdot \frac{1}{8} = 0{,}44\,€$. Zieht man davon den Spieleinsatz von 0,50 € ab, so kommt man ebenfalls auf 6 Cent Verlust.

Übung 4

Ein Glücksrad besteht aus neun gleich großen Sektoren. Fünf der Sektoren sind mit einer „1", drei mit einer „2" und einer mit einer „3" gekennzeichnet. Laut Spielplan erhält man bei einer „3" 5,00 € und bei einer „2" 2,00 € ausgezahlt. Der Einsatz für ein Spiel beträgt 1 €. Lohnt sich das Spiel langfristig für den Spieler?

Übung 5

Ein Glücksrad besteht aus sechs gleich großen Sektoren. Drei der Sektoren sind mit einer „1", zwei mit einer „2" und einer mit einer „3" gekennzeichnet.
Laut Spielplan erhält man bei einer „3" 1,00 € und bei einer „2" 0,50 € ausgezahlt.
Wie hoch muss der Einsatz mindestens sein, damit der Automatenbetreiber die besseren Chancen hat?

Übungen

6. Ein Wurf mit zwei Würfeln kostet 1 € Einsatz. Ist das Produkt der beiden Augenzahlen größer als 20, werden 3 € ausbezahlt. Ist das Spiel fair? Wie müsste der Einsatz geändert werden, wenn das Spiel fair sein soll?

7. Ein Holzwürfel mit roter Oberfläche wird durch 6 senkrechte Schnitte in 27 gleich große Würfel zerschnitten. Diese werden dann in eine Urne gelegt. Anschließend wird aus der Urne ein Würfel gezogen.
Berechnen Sie die Wahrscheinlichkeiten folgender Ereignisse:
E_1: „Der gezogene Würfel hat keine rote Seite."
E_2: „Der gezogene Würfel hat zwei rote Seiten."
E_3: „Der gezogene Würfel hat mindestens zwei rote Seiten."
E_4: „Der gezogene Würfel hat höchstens zwei rote Seiten."

8. Mit welcher Wahrscheinlichkeit ist beim Wurf von zwei Würfeln das Produkt der beiden Augenzahlen größer als 18?

9.

Auf einem Schachbrett stehen lediglich ein einsamer schwarzer König auf d7 und ein schwarzer Bauer auf d5. Nun wird zufällig eine weiße Dame auf eines der verbleibenden 62 Felder postiert. Mit welcher Wahrscheinlichkeit bietet sie dem schwarzen König Schach?

10. In einer Urne liegen zwei blaue (B1, B2) und drei rote Kugeln (R1, R2, R3). Mit einem Griff werden drei der Kugeln gezogen.
Stellen Sie mithilfe von Tripeln eine Ergebnismenge Ω auf.
Bestimmen Sie die Wahrscheinlichkeiten folgender Ereignisse:
E_1. „Es werden mindestens 2 blaue Kugeln gezogen."
E_2: „Alle gezogenen Kugeln sind rot."
E_3: „Es werden mehr rote als blaue Kugeln gezogen."

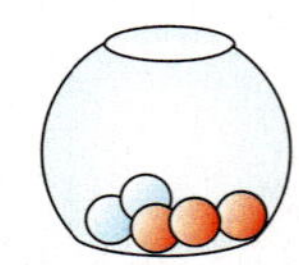

11. Zwei Würfel mit den abgebildeten Netzen werden gleichzeitig geworfen.
a) Welche Augensumme ist am wahrscheinlichsten?
b) Mit welcher Wahrscheinlichkeit ist die Augensumme kleiner als 5?
c) Wie wahrscheinlich ist ein Pasch?

3. Mehrstufige Zufallsversuche / Baumdiagramme

A. Baumdiagramme und Pfadregeln

Im Folgenden betrachten wir ***mehrstufige Zufallsversuche***.
Ein solcher Versuch setzt sich aus mehreren hintereinander ausgeführten einstufigen Versuchen zusammen (mehrmaliges Werfen mit einem oder mehreren Würfeln, mehrmaliges Ziehen einer oder mehrerer Kugeln etc.).

Der Ablauf eines mehrstufigen Zufallsversuchs lässt sich mit ***Baumdiagrammen*** besonders übersichtlich darstellen.

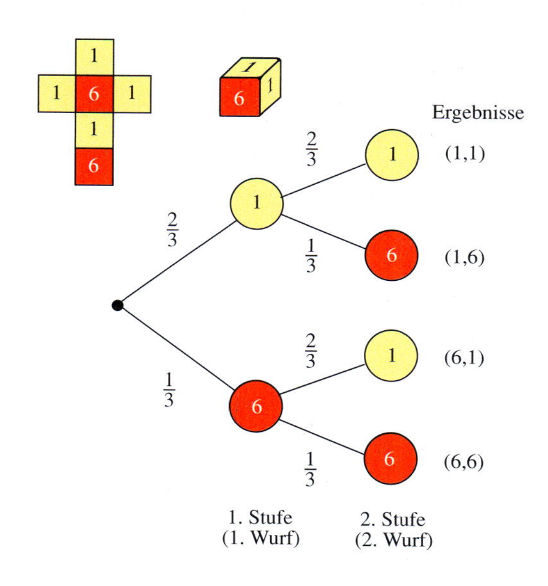

Beispiel: Zweifacher Würfelwurf
Rechts ist ein zweistufiges Experiment abgebildet, nämlich das zweimalige Werfen eines Würfels, der 4 Einsen und 2 Sechsen trägt. Gesucht ist die Wahrscheinlichkeit dafür, dass sich eine gerade Augensumme ergibt.

Lösung:
Der Baum besteht aus zwei Stufen. Er besitzt insgesamt vier ***Pfade*** der Länge 2. Jeder Pfad repräsentiert das an seinem Ende vermerkte Ergebnis des zweistufigen Experiments.
Für das Ereignis „Augensumme gerade" sind zwei Pfade günstig, der Pfad (1,1), dessen Wahrscheinlichkeit $\frac{2}{3} \cdot \frac{2}{3} = \frac{4}{9}$ beträgt, und der Pfad (6,6) mit der Wahrscheinlichkeit $\frac{1}{3} \cdot \frac{1}{3} = \frac{1}{9}$. Insgesamt ergibt sich damit die Wahrscheinlichkeit P(„Augensumme gerade")$= \frac{4}{9} + \frac{1}{9} = \frac{5}{9} \approx 0{,}56$.

Die Pfadregeln für Baumdiagramme

Mehrstufige Zufallsexperimente können durch Baumdiagramme dargestellt werden. Dabei stellt jeder Pfad ein Ergebnis des Zufallsexperimentes dar.

I. Die **Wahrscheinlichkeit eines Ergebnisses** ist gleich dem Produkt aller Zweigwahrscheinlichkeiten längs des zugehörigen Pfades (Pfadwahrscheinlichkeit).

II. Die **Wahrscheinlichkeit eines Ereignisses** ist gleich der Summe der zugehörigen Pfadwahrscheinlichkeiten.

B. Mehrstufige Zufallsversuche

Beispiel: In einer Urne liegen drei rote und zwei schwarze Kugeln. Es werden zwei Kugeln gezogen. Zeichnen Sie den zugehörigen Wahrscheinlichkeitsbaum und bestimmen Sie die Wahrscheinlichkeit für das Ereignis E: „Beide gezogenen Kugeln sind gleichfarbig“ mit und ohne Zurücklegen der jeweils gezogenen Kugel.

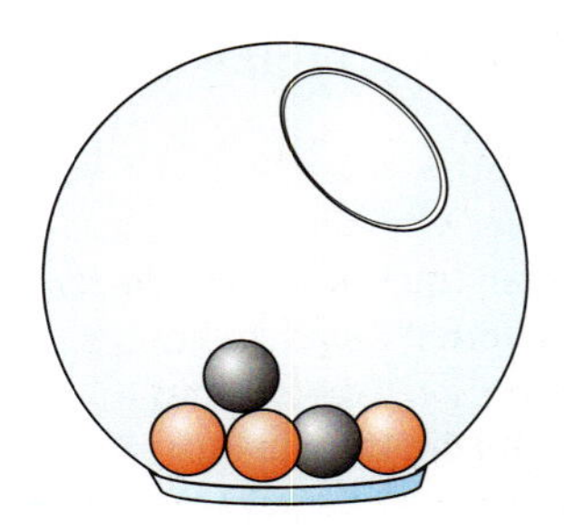

Lösung:

Ziehen mit Zurücklegen

Die erste Kugel wird gezogen und vor dem Ziehen der zweiten Kugel wieder in die Urne zurückgelegt.

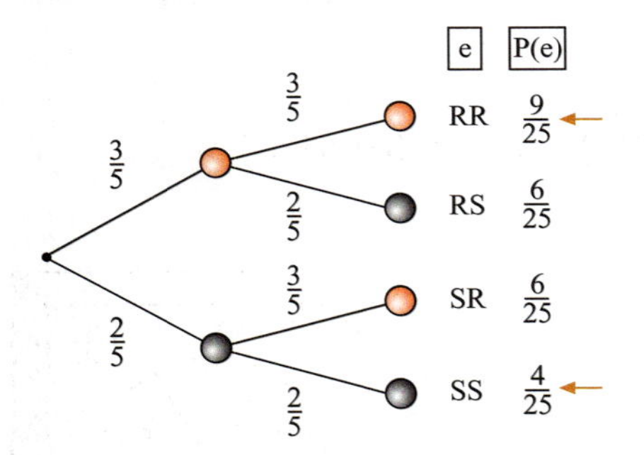

$P(E) = P(RR) + P(SS) = \frac{9}{25} + \frac{4}{25} = \frac{13}{25} = 0{,}52$

Ziehen ohne Zurücklegen

Die zweite Kugel wird gezogen, ohne dass die bereits gezogene erste Kugel zurückgelegt wird.

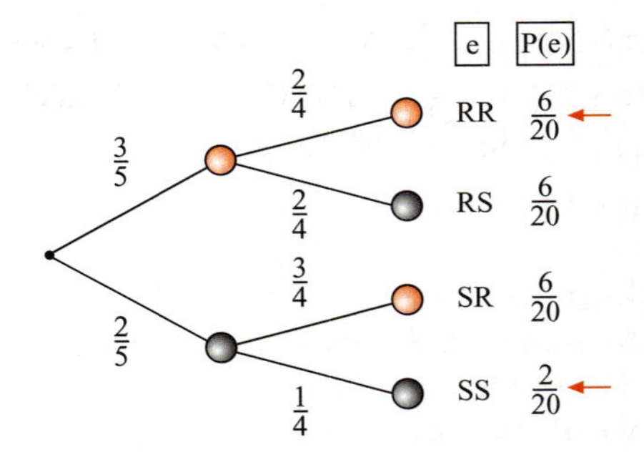

$P(E) = P(RR) + P(SS) = \frac{6}{20} + \frac{2}{20} = \frac{8}{20} = 0{,}40$

Übung 1

Ein Glücksrad hat zwei Sektoren. Der weiße Sektor ist dreimal so groß wie der rote Sektor. Das Rad wird dreimal gedreht.
Zeichnen Sie den zugehörigen Wahrscheinlichkeitsbaum und bestimmen Sie die Wahrscheinlichkeiten folgender Ereignisse:

E_1: „Es kommt dreimal Rot“,
E_2: „Es kommt stets die gleiche Farbe“,
E_3: „Es kommt die Folge Rot/Weiß/Rot“,
E_4: „Es kommt insgesamt zweimal Weiß und einmal Rot“,
E_5: „Es kommt mindestens zweimal Rot“.

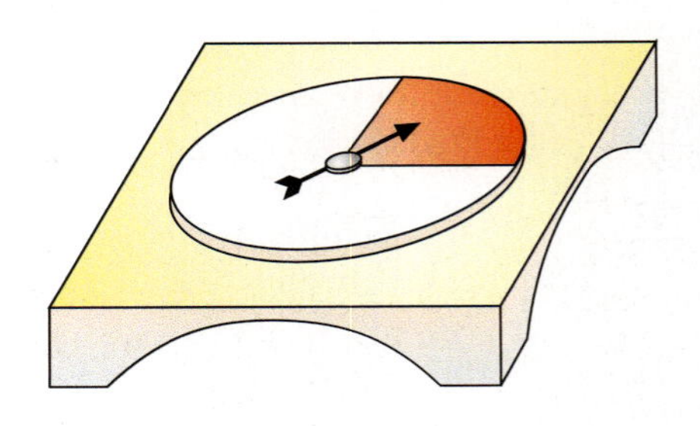

In vielen Fällen ist es nicht notwendig, den gesamten Wahrscheinlichkeitsbaum eines Zufallsexperimentes darzustellen. Man kann sich in der Regel auf die zu dem betrachteten Ereignis gehörenden Pfade beschränken und spricht dann von einem ***reduzierten Baumdiagramm***. Dies ist insbesondere dann wichtig, wenn viele Stufen vorliegen oder die einzelnen Stufen viele Ausfälle zulassen, sodass ein vollständiges Baumdiagramm ausufernd groß wäre.

Beispiel: Mit welcher Wahrscheinlichkeit erhält man beim dreimaligen Würfeln eine Augensumme, die nicht größer als 4 ist?

Lösung:
Bei dreimaligem Würfeln können nur die Augenzahlen 1 und 2 einen Beitrag zum betrachteten Ereignis E: „Die Augensumme ist höchstens 4“ liefern.
Von den insgesamt $6^3 = 216$ Pfaden des Baumes gehören nur 4 zum Ereignis E. Jeder hat die Wahrscheinlichkeit $\left(\frac{1}{6}\right)^3$, sodass $P(E) = \frac{4}{216} \approx 0{,}0185$ gilt. Es handelt sich also um ein 2%-Ereignis.

Reduzierter Baum:

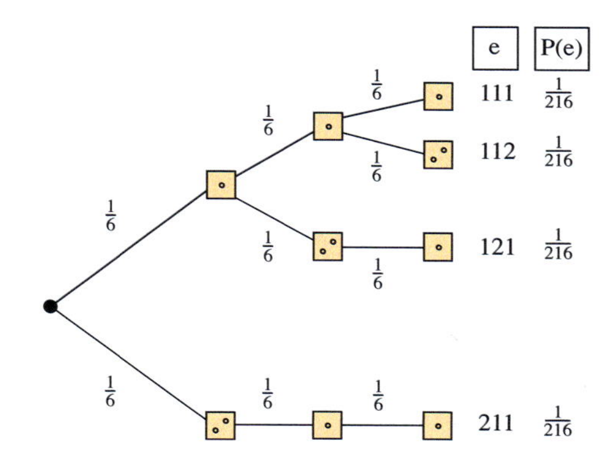

$P(E) = 4 \cdot \frac{1}{216} \approx 0{,}0185 \approx 2\,\%$

Übung 2

Die beiden Räder eines Glücksautomaten sind jeweils in 6 gleich große Sektoren eingeteilt und drehen sich unabhängig voneinander (Abbildung).

a) Mit welcher Wahrscheinlichkeit erhält man eine Auszahlung von 5 € bzw. von 2 € (siehe Gewinnplan)?

b) Der Einsatz beträgt 0,50 € pro Spiel. Lohnt sich das Spiel auf lange Sicht?

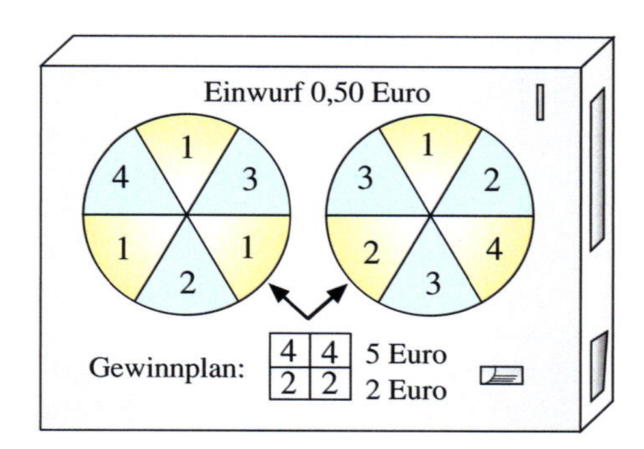

Übung 3

Ein Würfel mit dem abgebildeten Netz wird dreimal geworfen.

a) Wie groß ist die Wahrscheinlichkeit, dass alle Zahlen unterschiedlich sind?

b) Mit welcher Wahrscheinlichkeit ist die Augensumme der 3 Würfe größer als 6?

c) Mit welcher Wahrscheinlichkeit ist die Augensumme beim viermaligen Würfeln kleiner als 6?

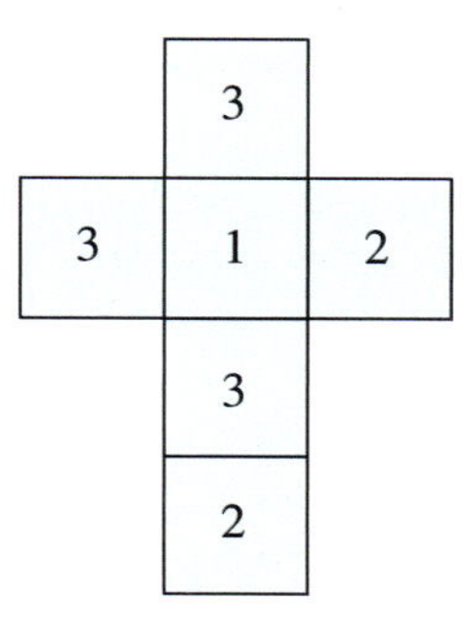

Beispiel: Ein Glücksrad hat einen roten Sektor mit dem Winkel α und einen weißen Sektor mit dem Winkel $360° - \alpha$. Es wird zweimal gedreht. Gewonnen hat man, wenn in beiden Fällen der gleiche Sektor kommt.

a) Wie groß ist die Gewinnwahrscheinlichkeit?

b) Der Spieleinsatz betrage 5 €, die Auszahlung 8 €. Wie muss der Winkel α des roten Sektors gewählt werden, damit das Spiel fair wird?

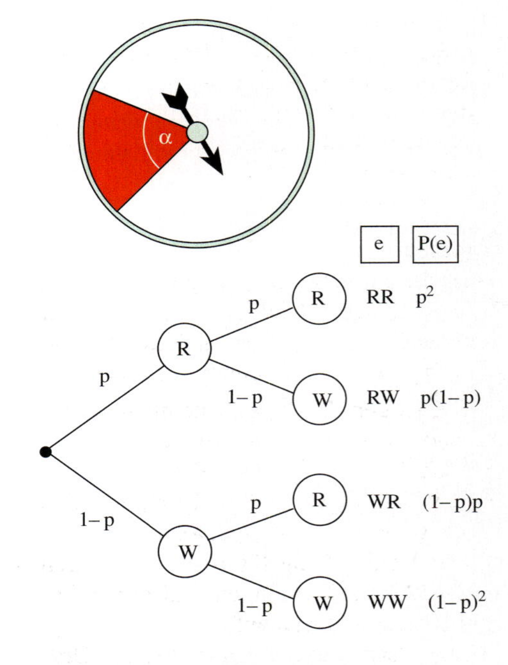

Lösung:

a) Die Wahrscheinlichkeit, dass der Zeiger des Glücksrades auf dem roten Sektor stehen bleibt, beträgt $p = \frac{\alpha}{360°}$.
Auf dem weißen Sektor kommt er mit der Gegenwahrscheinlichkeit $1 - p$ zur Ruhe. Nur die beiden äußeren Pfade des Baumdiagramms sind günstig für einen Gewinn.

Die Gewinnwahrscheinlichkeit beträgt daher: $P(\text{Gewinn}) = 2p^2 - 2p + 1$.

$$\begin{aligned} P(\text{Gewinn}) &= P(RR) + P(WW) \\ &= p^2 + (1-p)^2 \\ &= 2p^2 - 2p + 1 \end{aligned}$$

b) Die durchschnittlich pro Spiel zu erwartende Auszahlung erhält man durch Multiplikation des Auszahlungsbetrags mit der Gewinnwahrscheinlichkeit.
Es ist also pro Spiel mit einer Auszahlung von $(2p^2 - 2p + 1) \cdot 8$ € zu rechnen, die gleich dem Einsatz von 5 € sein muss. Es ergibt sich eine quadratische Gleichung für p mit den Lösungen $p = \frac{3}{4}$ und $p = \frac{1}{4}$. Zugehörige Winkel: $\alpha = 270°$ bzw. $\alpha = 90°$.

Durchschn. Auszahlung $\overset{\text{fair}}{=}$ Einsatz

$$8\text{ €} \cdot (2p^2 - 2p + 1) = 5\text{ €}$$
$$2p^2 - 2p + 1 = \frac{5}{8}$$
$$p^2 - p + \frac{3}{16} = 0$$
$$p = \frac{1}{2} \pm \sqrt{\frac{1}{4} - \frac{3}{16}} = \frac{1}{2} \pm \frac{1}{4}$$
$$p = \frac{3}{4} \Rightarrow \alpha = 360° \cdot p = 270°$$
$$p = \frac{1}{4} \Rightarrow \alpha = 360° \cdot p = 90°$$

Übung 4

Ein Sportschütze darf zwei Schüsse abgeben, um ein bestimmtes Ziel zu treffen. Wie hoch muss er seine Trefferwahrscheinlichkeit p pro Schuss mindestens trainieren, damit er mit einer Wahrscheinlichkeit von mindestens 25 % mindestens einmal das Ziel trifft?

Übung 5

Peter und Paul schießen gleichzeitig auf einen Hasen. Paul hat die doppelte Treffersicherheit wie Peter. Mit welcher Wahrscheinlichkeit darf Peter höchstens treffen, damit der Hase eine Chance von mindestens 50 % hat, nicht getroffen zu werden?

Beispiel: Wie oft muss das abgebildete Glücksrad mindestens gedreht werden, damit die Wahrscheinlichkeit, mindestens eine Sechs zu drehen, wenigstens 90 % beträgt?

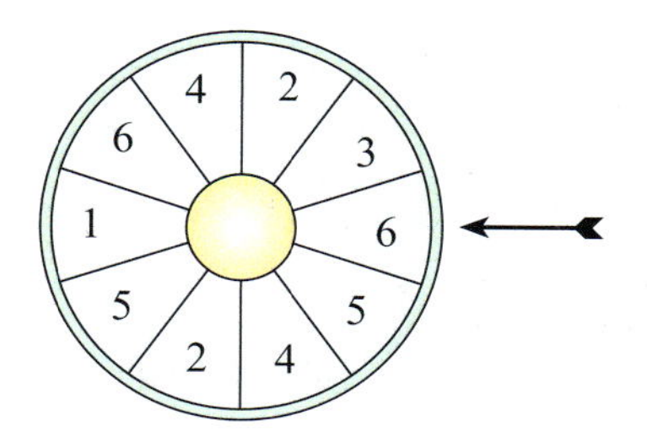

Lösung:
n sei die gesuchte Anzahl von Drehungen. Die Wahrscheinlichkeit, dass bei einer Drehung keine Sechs auftritt, beträgt $\frac{8}{10} = 0{,}8$ bei einer Drehung, d. h. $0{,}8^n$ bei n Drehungen. Die Wahrscheinlichkeit für „mindestens eine Sechs bei n Drehungen" ist daher $1 - 0{,}8^n$. Diese Wahrscheinlichkeit soll wenigstens 90 % betragen. Also muss gelten: $1 - 0{,}8^n \geq 0{,}90$.
Diese Ungleichung lösen wir nun durch Äquivalenzumformungen und durch Logarithmieren nach n auf.
Hierbei ist zu beachten, dass sich das Ordnungszeichen in einer Ungleichung umkehrt, wenn die Ungleichung mit einer negativen Zahl multipliziert bzw. durch eine negative Zahl dividiert wird. Wir erhalten als Resultat: Das Rad muss mindestens elfmal gedreht werden.

$$\begin{aligned} &P(\text{„mindestens eine 6 bei n Drehungen“}) \\ &\quad = 1 - P(\text{„keine 6 bei n Drehungen“}) \\ &\quad = 1 - 0{,}8^n \end{aligned}$$

Ungleichung:

$$\begin{aligned} 1 - 0{,}8^n &\geq 0{,}9 && | -1 \\ -0{,}8^n &\geq -0{,}1 && | :(-1) \\ 0{,}8^n &\leq 0{,}1 && | \log \\ \log(0{,}8^n) &\leq \log 0{,}1 && | \text{Rechenregel} \\ n \cdot \log 0{,}8 &\leq \log 0{,}1 && | :\log 0{,}8 (< 0) \\ n &\geq \frac{\log 0{,}1}{\log 0{,}8} \approx 10{,}32 \\ n &\geq 11 \end{aligned}$$

Übung 6

Ein Glücksrad hat 5 gleich große Sektoren, von denen 3 weiß und 2 rot sind.

a) Das Glücksrad wird zweimal gedreht. Wie groß ist die Wahrscheinlichkeit dafür, dass in beiden Fällen Rot erscheint?

b) Das Glücksrad wird zweimal gedreht. Erscheint in beiden Fällen Rot, so erhält man 5 € ausgezahlt, erscheint in beiden Fällen Weiß, so erhält man 2 €. Ansonsten erfolgt keine Auszahlung. Bei welchem Einsatz ist das Spiel fair?

c) Wie oft muss das Rad mindestens gedreht werden, damit die Wahrscheinlichkeit, mindestens einmal Rot zu drehen, wenigstens 95 % beträgt?

Übung 7

Eine Urne enthält 4 weiße Kugeln, 3 blaue Kugeln und 1 rote Kugel.

a) Wie groß ist die Wahrscheinlichkeit dafür, dass man beim dreimaligen Ziehen einer Kugel mit Zurücklegen drei verschiedenfarbige Kugeln zieht?

b) Wie groß ist die Wahrscheinlichkeit dafür, dass man beim dreimaligen Ziehen einer Kugel ohne Zurücklegen drei verschiedenfarbige Kugeln zieht?

c) Wie oft muss man aus der Urne eine Kugel mit Zurücklegen ziehen, damit die Wahrscheinlichkeit, mindestens eine blaue Kugel ziehen, mindestens 80 % beträgt?

Übungen

Einfache Aufgaben zu Baumdiagrammen

8. In einer Urne liegen 12 Kugeln, 4 gelbe, 3 grüne und 5 blaue Kugeln. 3 Kugeln werden ohne Zurücklegen entnommen.
a) Mit welcher Wahrscheinlichkeit sind alle Kugeln grün?
b) Mit welcher Wahrscheinlichkeit sind alle Kugeln gleichfarbig?
c) Mit welcher Wahrscheinlichkeit kommen genau zwei Farben vor?

9. In einer Schublade liegen fünf Sicherungen, von denen zwei defekt sind. Wie groß ist die Wahrscheinlichkeit, dass bei zufälliger Entnahme von zwei Sicherungen aus der Schublade mindestens eine defekte Sicherung entnommen wird?

10. Aus dem Wort ANANAS werden zufällig zwei Buchstaben herausgenommen.
a) Mit welcher Wahrscheinlichkeit sind beide Buchstaben Konsonanten?
b) Mit welcher Wahrscheinlichkeit sind beide Buchstaben gleich?

11. Das abgebildete Glücksrad (mit drei gleich großen Sektoren) wird zweimal gedreht.
Mit welcher Wahrscheinlichkeit
a) erscheint in beiden Fällen Rot,
b) erscheint mindestens einmal Rot?

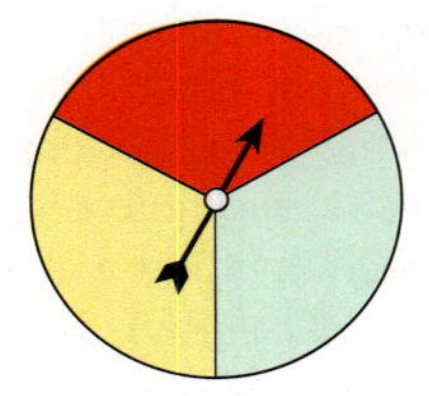

12. Sie werfen eine Münze wiederholt, bis zweimal hintereinander Kopf kommt. Mit welcher Wahrscheinlichkeit stoppen Sie exakt nach vier Würfen?

13. In einer Urne liegen 7 Buchstaben, viermal das O und dreimal das T. Es werden vier Buchstaben der Reihe nach mit Zurücklegen gezogen.
Mit welcher Wahrscheinlichkeit
a) entsteht so das Wort OTTO,
b) lässt sich mit den gezogenen Buchstaben das Wort OTTO bilden?

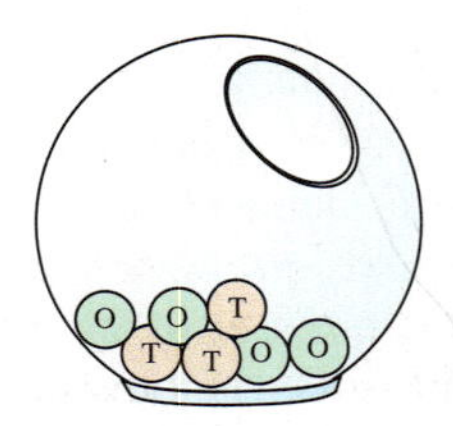

14. Alfred zieht aus einer Urne, die zwei Kugeln mit den Ziffern 1 und 2 enthält, eine Kugel. Er legt die gezogene Kugel wieder in die Urne zurück und legt zusätzlich eine Kugel mit der Ziffer 3 in die Urne. Nun zieht Billy eine Kugel aus der Urne. Auch er legt sie wieder zurück und fügt eine mit der Ziffer 4 gekennzeichnete Kugel hinzu. Schließlich zieht Cleo eine Kugel aus der Urne.
a) Mit welcher Wahrscheinlichkeit werden drei Kugeln mit der gleichen Nummer gezogen?
b) Mit welcher Wahrscheinlichkeit wird mindestens zweimal die 1 gezogen?
c) Mit welcher Wahrscheinlichkeit werden genau zwei Kugeln mit der gleichen Nummer gezogen?

15. Robinson hat festgestellt, dass auf seiner Insel folgende Wetterregeln gelten:
(1) Ist es heute schön, ist es morgen mit 80 % Wahrscheinlichkeit ebenfalls schön.
(2) Ist heute schlechtes Wetter, so ist morgen mit 75 % Wahrscheinlichkeit ebenfalls schlechtes Wetter.

a) Heute (Montag) scheint die Sonne. Mit welcher Wahrscheinlichkeit kann Robinson am Mittwoch mit schönem Wetter rechnen?
b) Heute ist Dienstag und es ist schön. Mit welcher Wahrscheinlichkeit regnet es am Freitag?

16. In einer Lostrommel sind 7 Nieten und 1 Gewinnlos. Jede der 8 Personen auf der Silvester-Party darf einmal ziehen. Hat die Person, die als zweite (als dritte usw. als letzte) zieht, eine größere Gewinnchance als die Person, die als erste zieht?

17. In einer Schublade liegen 4 rote, 8 weiße, 2 blaue und 6 grüne Socken. Im Dunkeln nimmt Franz zwei Socken gleichzeitig aus der Schublade.
Mit welcher Wahrscheinlichkeit entnimmt er
a) eine weiße und eine blaue Socke,
b) zwei gleichfarbige Socken,
c) keine rote Socke?

18. Die drei Räder eines Glücksautomaten sind jeweils in 5 gleich große Sektoren eingeteilt und drehen sich unabhängig voneinander (Abbildung).
a) Mit welcher Wahrscheinlichkeit gewinnt man 7 € bzw. 2 €?
b) Lohnt sich das Spiel auf lange Sicht?

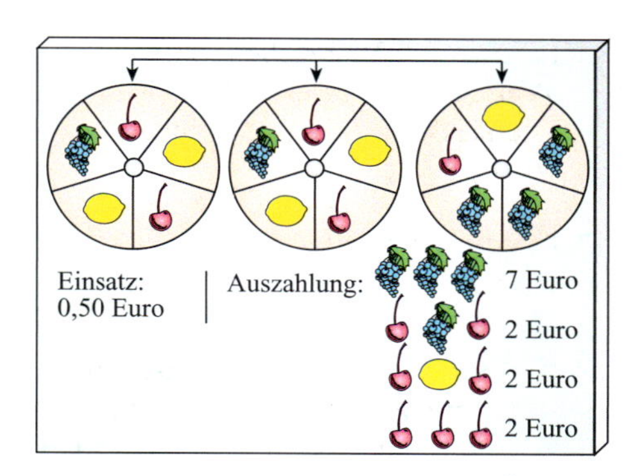

19. Eine Tontaube wird von fünf Jägern gleichzeitig ins Visier genommen. Zum Glück treffen diese nur mit den Wahrscheinlichkeiten 5 %, 5 %, 10 %, 10 % und 20 %.
a) Mit welcher Wahrscheinlichkeit überlebt die Tontaube?
b) Mit welcher Wahrscheinlichkeit wird die Tontaube mindestens zweimal getroffen?

20. Ein Würfel mit den Maßen $4 \times 4 \times 4$, dessen Oberfläche rot gefärbt ist, wird durch Schnitte parallel zu den Seitenflächen in 64 Würfel mit den Maßen $1 \times 1 \times 1$ zerlegt. Aus diesen 64 Würfeln wird ein Würfel zufällig ausgewählt und dann geworfen.
Mit welcher Wahrscheinlichkeit ist keine seiner 5 sichtbaren Seiten rot?

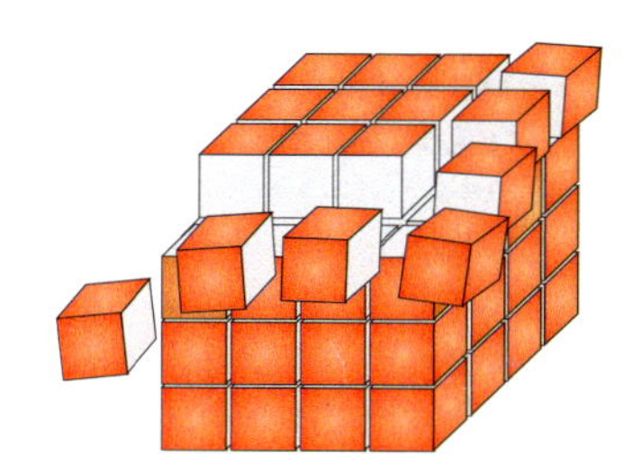

Schwierige Aufgaben zu Baumdiagrammen

21. Gregor, Fabian und Simon spielen Skat. Gregor meint: „Einer von euch könnte in den Keller gehen und Cola holen.“ Die beiden Mitspieler können sich nicht einigen. Daher schlägt Gregor vor: „Ich habe gerade zwei Karten aus dem Spiel zufällig gezogen. Sind sie gleichfarbig, geht Fabian. Sind sie verschiedenfarbig, geht Simon“. Beide sind einverstanden. Simon wird so ausgelost. Fabian freut sich. Ist das Verfahren für Fabian und Simon gerecht?

22. Peter und Paul ziehen abwechselnd je eine Kugel aus der abgebildeten Urne (ohne Zurücklegen). Peter beginnt.
a) Wer zuerst Schwarz zieht, gewinnt. Wer hat die besseren Chancen?
b) Wer hat die besseren Chancen, wenn Weiß gewinnt?

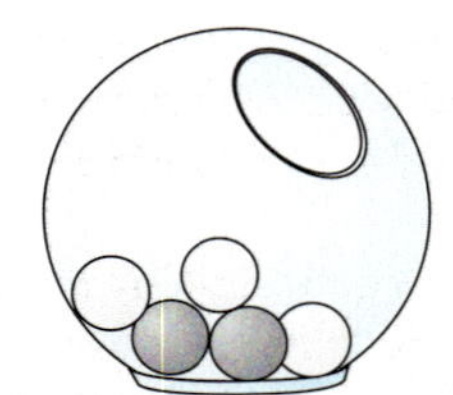

23. Herberts Bus fährt planmäßig um 7 Uhr ab. In 90 Prozent aller Fälle hat er aber fünf Minuten Verspätung und fährt daher erst um 7.05 Uhr ab. Ansonsten ist der Bus pünktlich. Herbert geht um 7 Uhr zu Hause los und benötigt vier Minuten bis zur Haltestelle.

Wie groß ist die Wahrscheinlichkeit, dass er an fünf Tagen den Bus
a) an keinem Tag verpasst,
b) an genau drei Tagen verpasst,
c) an genau drei aufeinanderfolgenden Tagen nicht einmal verpasst?

24. Ein Würfel wird n-mal geworfen. Wie groß ist die Wahrscheinlichkeit, dass man dabei gar keine Sechs wirft? Mit welcher Wahrscheinlichkeit wirft man wenigstens eine Sechs? Wie oft muss man werfen, wenn die Wahrscheinlichkeit für „wenigstens eine Sechs“ mindestens 90 % betragen soll?

25. 10 absolut treffsichere Jäger schießen gleichzeitig auf 10 aufsteigende Moorhühner. Jeder Jäger sucht sich sein Huhn zufällig aus.
a) Mit welcher Wahrscheinlichkeit überlebt ein einzelnes Moorhuhn?
Überlegen Sie: Mit welcher Wahrscheinlichkeit entscheidet sich Jäger 1 nicht für dieses Moorhuhn, Jäger 2 nicht für dieses Moorhuhn, usw.?
b) Wie viele Moorhühner überleben im Durchschnitt?

26. Rechts sind die Netze zweier Würfel abgebildet. Es wird dreimal mit beiden Würfeln gewürfelt. Gewonnen hat man, wenn im ersten Doppelwurf ein Pasch kommt (zwei gleiche Augenzahlen), außerdem im zweiten Doppelwurf eine Augensumme unter 6 fällt und im dritten Doppelwurf eine der beiden geworfenen Zahlen durch die zweite Zahl teilbar ist.

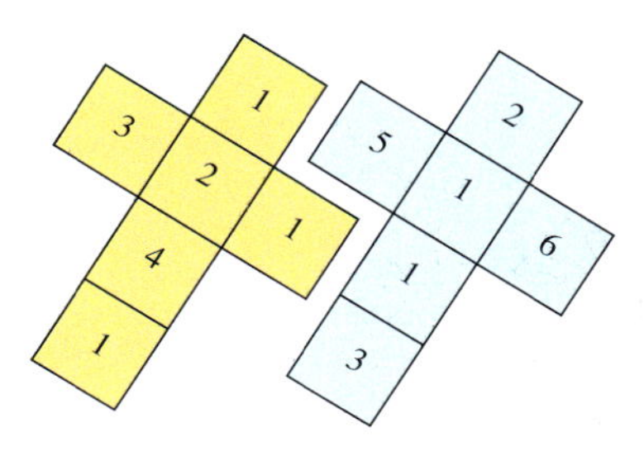

Mit welcher Wahrscheinlichkeit gewinnt man bei diesem Spiel?

27. Max und Moritz, zwei Schachspieler, tragen ein Turnier aus. Sieger ist, wer als erster 2 Spiele gewonnen hat. Max hat das erste Spiel bereits gewonnen. Welche Gewinnwahrscheinlichkeit p muss er haben, wenn die Chancen für den Turniersieg nun (nach dem 1. Sieg von Max) für beide gleich groß sein sollen?

28. In einem fernen Land ist ein Falschspieler zu 2 Jahren Kerker verurteilt worden. Der Landesfürst lässt ihm noch eine Chance, da der Spieler zum ersten Mal gegen das Gesetz verstoßen hat. Der Falschspieler muss mit verbundenen Augen eine von drei Urnen auswählen (Abb.). Anschließend muss er aus dieser Urne eine Kugel ziehen. Ist diese weiß, so wird er begnadigt.

a) Welche Begnadigungschance hat der Falschspieler?

b) Kann er seine Chance verbessern, wenn ihm vor der Prozedur gestattet wird, alle vorhandenen Kugeln völlig beliebig auf die Urnen aufzuteilen?

29. Hans besitzt 18 Tüten Brausepulver. Peter will 10 Tüten kaufen und Paul möchte 15 Tüten kaufen. Um auf das Geschäft nicht verzichten zu müssen, füllt Hans 7 weitere Tüten mit Sand. Hans weiß, dass Peter und Paul jeweils eine Tüte kontrollieren werden. Sollten diese Sand enthalten, kann Hans sich auf eine gehörige Abreibung gefasst machen.

a) Hans teilt folgendermaßen auf: Peter erhält 5 Tüten mit Sand, Paul erhält 2 Tüten mit Sand. Wie groß ist die Wahrscheinlichkeit, dass dies bei keiner der beiden Kontrollen entdeckt wird?

b) Suchen Sie eine Aufteilung, die für Hans günstiger ist als die Aufteilung aus a).

c) Welche Aufteilung ist optimal für Hans?

Zusammengesetzte Aufgaben

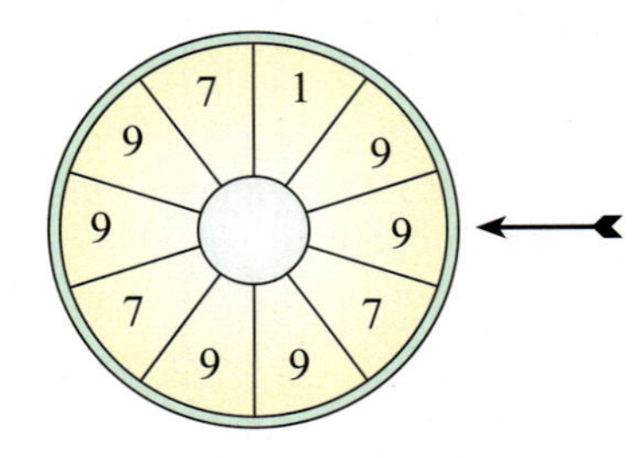

30. Bei dem abgebildeten Glücksrad tritt jedes der 10 Felder mit der gleichen Wahrscheinlichkeit ein. Das Glücksrad wird zweimal gedreht.

a) Stellen Sie eine geeignete Ergebnismenge für dieses Zufallsexperiment auf und geben Sie die Wahrscheinlichkeiten aller Elementarereignisse mithilfe eines Baumdiagramms an.

b) Berechnen Sie die Wahrscheinlichkeiten der folgenden Ereignisse:
A: „Es tritt höchstens einmal die 1 auf."
B: „Es tritt genau einmal die 7 auf."
C: „Es tritt keine 9 auf."
$D = B \cap C$

c) Wie oft müsste das Glücksrad mindestens gedreht werden, damit die Ziffer 7 mit einer Wahrscheinlichkeit von wenigstens 95 % mindestens einmal erscheint?

31. Im Folgenden wird mit einem Würfel geworfen, der das rechts abgebildete Netz mit den Ziffern 1, 2 und 6 besitzt.

a) Der Würfel wird dreimal geworfen. Berechnen Sie die Wahrscheinlichkeiten der folgenden Ereignisse:
A: „Die Sechs fällt genau zweimal."
B: „Die Sechs fällt höchstens einmal."
C: „Die Sechs fällt mindestens einmal."
$D = \overline{A}$
$E = B \cap C$
$F = A \cup B$

b) Moritz darf den Würfel für einen Einsatz von 1 € zweimal werfen. Er hat gewonnen, wenn die Augensumme 3 beträgt oder wenn zwei Sechsen fallen. Er erhält dann 3 € Auszahlung. Ist das Spiel für Moritz günstig?

c) Heino darf für einen Einsatz von 6 € dreimal würfeln. Bei jeder Zwei, die dabei fällt, erhält er eine Sofortauszahlung von a €. Für welchen Wert von a ist dieses Spiel fair?

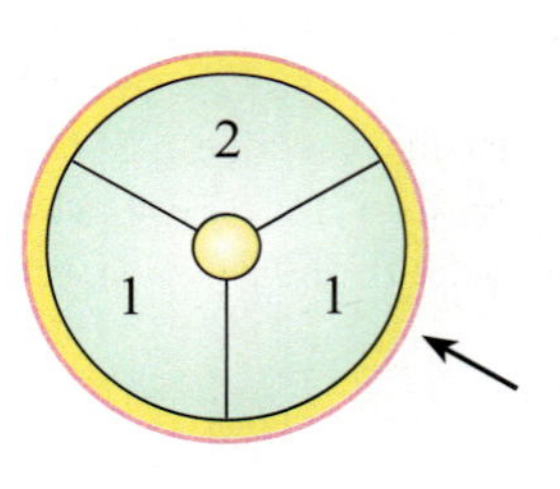

32. Ein Glücksrad hat drei gleich große 120°-Sektoren, von denen zwei Sektoren die Ziffer 1, ein Sektor die Ziffer 2 trägt.

a) Das Glücksrad wird dreimal gedreht. Berechnen Sie die Wahrscheinlichkeiten der Ereignisse
A: „Die Ziffer 2 tritt mindestens zweimal auf",
B: „Die Summe der gedrehten Ziffern ist 4".

b) Nun drehen zwei Spieler A und B das Glücksrad je einmal. Sind die beiden gedrehten Ziffern gleich, so gewinnt Spieler A und erhält 2 € von Spieler B. Andernfalls gewinnt Spieler B und erhält die Ziffernsumme in € von Spieler A. Welcher Spieler ist im Vorteil?

33. In einer Urne befinden sich 10 blaue (B), 8 grüne (G) und 2 (R) rote Kugeln.

a) Aus der Urne wird dreimal eine Kugel ohne Zurücklegen gezogen. Bestimmen Sie die Wahrscheinlichkeiten der folgenden Ereignisse:
A: „Es kommt die Zugfolge RBG."
B: „Jede Farbe tritt genau einmal auf."
C: „Alle gezogenen Kugeln sind gleichfarbig."
D: „Mindestens zwei der Kugeln sind blau."

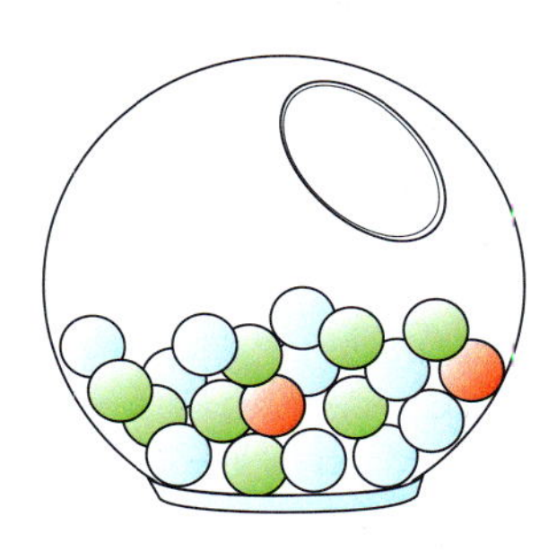

b) Aus der Urne wird viermal eine Kugel mit Zurücklegen gezogen.
Mit welcher Wahrscheinlichkeit sind genau 3 blaue Kugeln dabei?

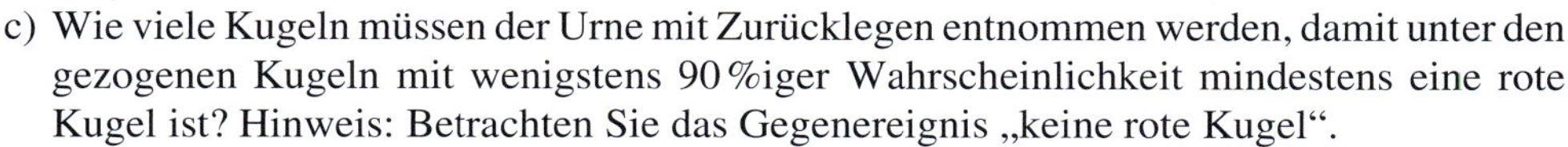

c) Wie viele Kugeln müssen der Urne mit Zurücklegen entnommen werden, damit unter den gezogenen Kugeln mit wenigstens 90 %iger Wahrscheinlichkeit mindestens eine rote Kugel ist? Hinweis: Betrachten Sie das Gegenereignis „keine rote Kugel".

d) In einer weiteren Urne U_2 befinden sich 8 blaue, 8 grüne und 4 rote Kugeln. Es wird folgendes Spiel angeboten: Man muss mit verbundenen Augen eine der beiden Urnen auswählen und 1 Kugel ziehen. Ist die gezogene Kugel rot, so erhält man 20 € ausbezahlt. Wie groß ist die Gewinnwahrscheinlichkeit? Bei welchem Einsatz ist das Spiel fair?

34. Ein Oktaeder hat auf den acht Seiten die Ziffern 1, 1, 1, 2, 2, 2, 3, 3. Ein Tetraeder hat auf den vier Seiten die Ziffern 1, 1, 2, 3. Das Oktaeder und das Tetraeder werden zusammen je einmal geworfen. Es gilt die Zahl auf der Standfläche.

a) Berechnen Sie die Wahrscheinlichkeiten für folgende Ereignisse:
A: „Es werden zwei gleiche Zahlen geworfen."
B: „Es wird mindestens eine Drei geworfen."
C: „Die Augensumme beträgt 4."
$D = A \cap B$

b) Es wird folgendes Spiel angeboten: Das Oktaeder und das Tetraeder werden einmal geworfen. Bei zwei gleichen Ziffern gewinnt man. Bei zwei Dreien erhält man 10 € ausbezahlt, bei zwei Zweien 5 € und bei zwei Einsen 3 €. Der Einsatz pro Spiel beträgt 2 €. Berechnen Sie den durchschnittlichen Gewinn bzw. Verlust des Spielers pro Spiel.

c) Max vermutet, dass das Tetraeder mit einem gefälschten Tetraeder ausgetauscht wurde, weil bei den letzten 4 Würfen des Tetraeders dreimal eine Drei gekommen ist. Bei dem gefälschten Tetraeder ist die Wahrscheinlichkeit für eine Drei auf $\frac{3}{4}$ erhöht.
Bestimmen Sie die Wahrscheinlichkeit für drei Dreien bei vier Würfen für den Fall, dass das echte bzw. dass das gefälschte Tetraeder genutzt wird.

4. Kombinatorische Abzählverfahren

Schon bei einfachen Zufallsversuchen kann es vorkommen, dass die Ergebnismenge so umfangreich wird, dass es nicht mehr sinnvoll ist, sie als Menge oder in Form eines Baumdiagramms darzustellen. Dann verwendet man kombinatorische Abzählverfahren, die in solchen Fällen die Berechnung von Laplace-Wahrscheinlichkeiten ermöglichen.

A. Die Produktregel

Beispiel: Ein Autohersteller bietet für ein Modell 5 unterschiedliche Motorstärken (60 kW, 65 kW, 70 kW, 90 kW, 120 kW), 6 verschiedene Farben (Rot, Blau, Weiß, Gelb, Schwarz, Orange) und 4 verschiedene Innenausstattungen (einfach, normal, luxus, super) an. Unter wie vielen Modellvarianten kann ein Käufer auswählen?

Lösung:
Durch Kombination der 5 möglichen Motorleistungen mit den 6 möglichen Farben ergeben sich schon $5 \cdot 6 = 30$ Variationsmöglichkeiten.

Jede dieser 30 Zusammenstellungen kann mit jeweils 4 Innenausstattungen kombiniert werden.
Insgesamt erhält man so $5 \cdot 6 \cdot 4 = 120$ verschiedene Modellvarianten.

Das zugehörige – nebenstehend angedeutete – Baumdiagramm (Anzahlbaum) würde mit 120 Pfaden ausufern.

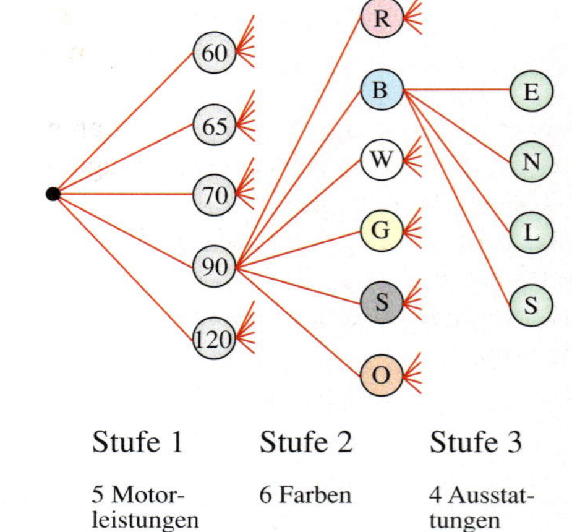

In gleicher Weise wie im obigen Beispiel können wir bei mehrstufigen Zufallsversuchen die Anzahl der Ergebnisse immer dann als Produkt der Anzahl der Möglichkeiten pro Stufe bestimmen, wenn die Anzahl der in einer Stufe bestehenden Möglichkeiten nicht vom Ausgang anderer Stufen abhängt.

Die Produktregel

Ein Zufallsversuch werde in k Stufen durchgeführt. Die Anzahl der in einer beliebigen Stufe möglichen Ergebnisse sei unabhängig von den Ergebnissen vorhergehender Stufen.
In der ersten Stufe gebe es n_1, in der zweiten Stufe gebe es $n_2, \ldots$ und in der k-ten Stufe gebe es n_k mögliche Ergebnisse.
Dann hat der Zufallsversuch insgesamt $\mathbf{n_1 \cdot n_2 \cdot \ldots \cdot n_k}$ mögliche Ergebnisse.

Übung 1

In einer Großstadt besteht das Kfz-Kennzeichen aus zwei Buchstaben, gefolgt von zwei Ziffern, gefolgt von einem weiteren Buchstaben. Wie viele Kennzeichen sind in der Stadt möglich?

B. Geordnete Stichproben beim Ziehen aus einer Urne

Mehrstufige Zufallsexperimente, die in jeder Stufe in gleicher Weise ablaufen, lassen sich gut durch sogenannte ***Urnenmodelle*** erfassen. In einer solchen Urne liegen n unterscheidbare Kugeln. Nacheinander werden k Kugeln ***mit oder ohne Zurücklegen*** gezogen. Je nachdem, ob man sich für die Reihenfolge des Auftretens der Ergebnisse interessiert oder ob die Reihenfolge keine Rolle spielt, spricht man von einer ***geordneten Stichprobe*** oder von einer ***ungeordneten Stichprobe***. Die Anzahl der möglichen Reihenfolgen lässt sich stets durch eine Formel erfassen.

Ziehen mit Zurücklegen unter Beachtung der Reihenfolge (geordnete Stichprobe)

Aus einer Urne mit n unterscheidbaren Kugeln werden nacheinander k Kugeln ***mit Zurücklegen*** gezogen. Die Ergebnisse werden in der Reihenfolge des Ziehens notiert. Dann gilt für die Anzahl N der möglichen Anordnungen (k-Tupel) die Formel

$$\mathbf{N = n^k}.$$

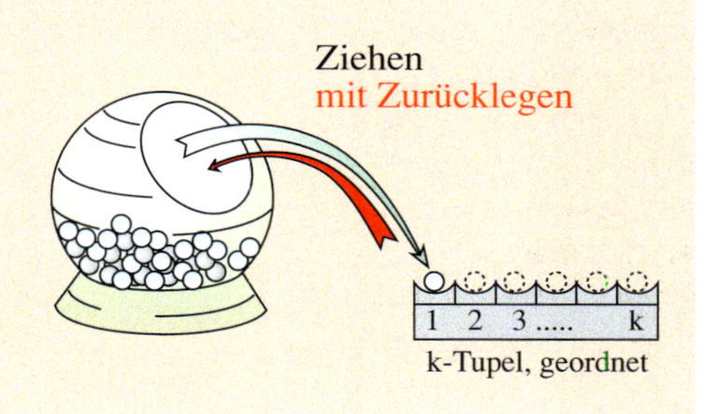

Beispiel: 13-Wette (Fußballtoto)

Beim Fußballtoto muss man den Ausgang von 13 festgelegten Spielen vorhersagen. Dabei bedeutet 1 einen Sieg der Heimmannschaft, 0 ein Unentschieden und 2 einen Sieg der Gastmannschaft. Wie viele verschiedene Tippreihen sind möglich?

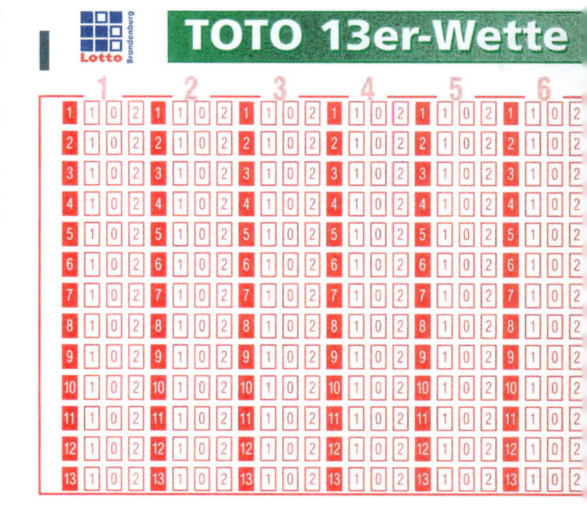

Lösung:

Man modelliert die Wette durch eine Urne, welche drei Kugeln mit den Nummern 0, 1 und 2 enthält. Man zieht eine Kugel, notiert das Ergebnis und legt die Kugel zurück. Das ganze wiederholt man 13-mal. Die Reihenfolge der Ergebnisse ist dabei wichtig.

Nach obiger Formel gibt es $N = 3^{13}$ verschiedene Anordnungen (13-Tupel), d. h. 1 594 323 Tippreihen.

Der Beweis der vorhergehenden Regel ergibt sich aus dem Produktsatz: Bei jeder Ziehung gibt es wegen des Zurücklegens stets wieder n mögliche Ergebnisse, insgesamt also n^k Anordnungen. Zieht man allerdings ohne Zurücklegen, so gibt es bei der ersten Ziehung n Ergebnisse, bei der zweiten Ziehung nur noch $n - 1$ Ergebnisse usw. In diesem Fall gibt es daher nach der Produktregel insgesamt $n \cdot (n-1) \cdot \ldots \cdot (n-k+1)$ Anordnungen.

Ziehen ohne Zurücklegen unter Beachtung der Reihenfolge (geordnete Stichprobe)

Aus einer Urne mit n unterscheidbaren Kugeln werden nacheinander k Kugeln ***ohne Zurücklegen*** gezogen. Die Ergebnisse werden in der Reihenfolge des Ziehens notiert. Dann gilt für die Anzahl N der möglichen Anordnungen (k-Tupel) die Formel

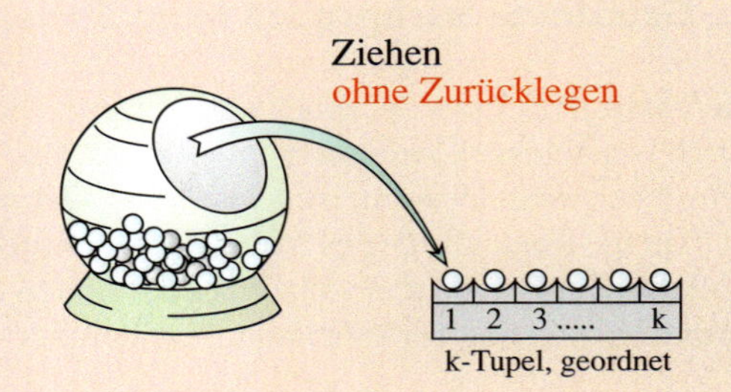

$$\mathbf{N = n \cdot (n-1) \cdot \ldots \cdot (n-k+1)}.$$

Wichtiger Sonderfall: $k = n$. Aus der Urne wird so lange gezogen, bis sie leer ist. Es gibt dann $N = n \cdot (n-1) \cdot \ldots \cdot 3 \cdot 2 \cdot 1 = n!$ (n-Fakultät) mögliche Anordnungen.

Beispiel: Pferderennen

Bei einem Pferderennen mit 12 Pferden gibt ein völlig ahnungsloser Zuschauer einen Tipp ab für die Plätze 1, 2 und 3.
Wie groß sind seine Chancen, die richtige Einlaufreihenfolge vorherzusagen?

Lösung:
Man modelliert den Vorgang durch eine Urne, welche 12 Kugeln enthält, für jedes Pferd eine Kugel. Man zieht eine Kugel und notiert das Ergebnis. Das entsprechende Pferd soll also Platz 1 erreichen. Dann wiederholt man das Ganze zweimal, um die Plätze 2 und 3 zu belegen. Dabei wird nicht zurückgelegt.
Nach obiger Formel gibt es insgesamt $N = 12 \cdot 11 \cdot 10$ verschiedene Anordnungen (3-Tupel) für den Zieleinlauf, d. h. 1320 Möglichkeiten. Die Chance für den sachunkundigen Zuschauer beträgt also weniger als 1 Promille.

Übung 2

Ein Zahlenschloss besitzt fünf Ringe, die jeweils die Ziffer 0, …, 9 tragen. Wie viele verschiedene fünfstellige Zahlencodes sind möglich? Wie ändert sich die Anzahl der möglichen Zahlencodes, wenn in dem Zahlencode jede Ziffer nur einmal vorkommen darf, d. h. der Zahlencode aus fünf verschiedenen Ziffern bestehen soll? Wie ändert sich die Anzahl, wenn der Zahlencode nur aus gleichen Ziffern bestehen soll?

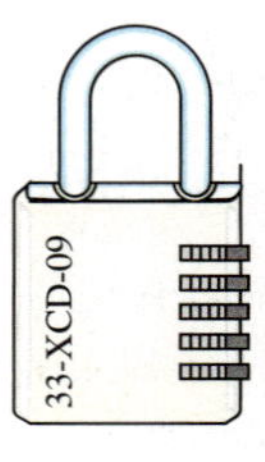

C. Ungeordnete Stichproben beim Ziehen aus einer Urne

Beispiel: Minilotto „3 aus 7“
In einer Lottotrommel befinden sich 7 Kugeln. Bei einer Ziehung werden 3 Kugeln gezogen. Mit welcher Wahrscheinlichkeit wird man mit einem Tipp Lottokönig?

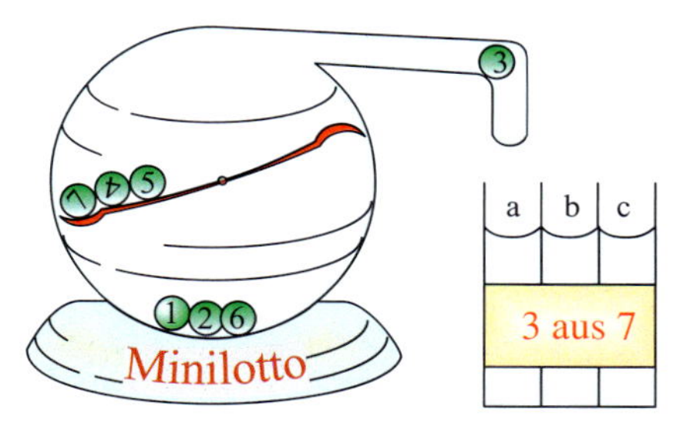

Lösung:
Das Ankreuzen der 3 Minilottozahlen ist ein Ziehen ohne Zurücklegen. Würde es dabei auf die Reihenfolge der Zahlen ankommen, so gäbe es $7 \cdot 6 \cdot 5$ unterschiedliche 3-Tupel als mögliche geordnete Tipps.

Aus einer Menge von 7 Zahlen lassen sich $7 \cdot 6 \cdot 5$ verschiedene 3-Tupel bilden.

Da es beim Lotto jedoch nicht auf die Reihenfolge der Zahlen ankommt, fallen all diejenigen 3-Tupel zu einem ungeordneten Tipp zusammen, die sich nur in der Anordnung ihrer Elemente unterscheiden.

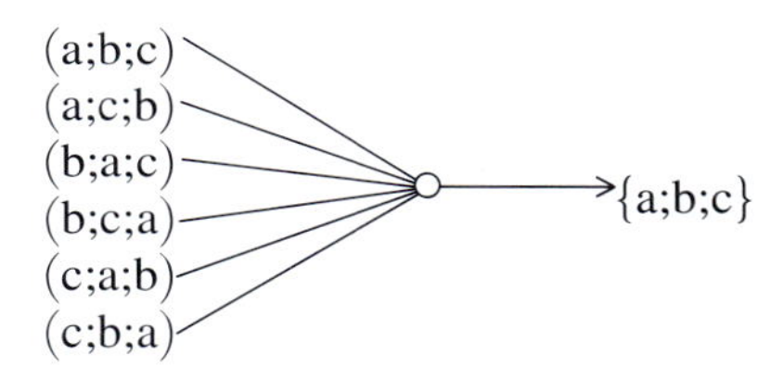

Da man aus 3 Zahlen insgesamt 3! 3-Tupel bilden kann, fallen jeweils 3! dieser geordneten 3-Tupel zu einem Lottotipp, d. h. zu einer 3-elementigen Menge zusammen.

Einer 3-elementigen Menge entsprechen jeweils 3! verschiedene 3-Tupel.

Es gibt also $\frac{7 \cdot 6 \cdot 5}{3!} = 35$ Lottotipps.
Die Chancen, mit einem Tipp Lottokönig zu werden, stehen daher 1 zu 35.

Eine Menge von 7 Zahlen besitzt genau $\frac{7 \cdot 6 \cdot 5}{3!}$ 3-elementige Teilmengen.

Beim Minilotto werden aus einer 7-elementigen Menge ungeordnete Stichproben vom Umfang 3 ohne Zurücklegen entnommen. Eine solche Stichprobe stellt eine 3-elementige Teilmenge der 7-elementigen Menge dar.
Es gibt insgesamt genau $\frac{7 \cdot 6 \cdot 5}{3!} = \frac{7 \cdot 6 \cdot 5 \cdot 4 \cdot 3 \cdot 2 \cdot 1}{3! \cdot 4 \cdot 3 \cdot 2 \cdot 1} = \frac{7!}{3! \cdot 4!} = \binom{7}{3}$ solche Teilmengen.

Verallgemeinerung:
Aus einer n-elementigen Menge kann man $\binom{n}{k} = \frac{n!}{k! \cdot (n-k)!}$ k-elementige Teilmengen (ungeordnete Stichproben vom Umfang k) bilden.
Der Term $\binom{n}{k}$, gelesen „n über k“, heißt ***Binomialkoeffizient***. Auf Taschenrechnern existiert eine spezielle Berechnungstaste, die nCr-Taste (engl.: n choose r; dt.: n über r), das CAS verfügt über eine entsprechende Funktion.

Unsere Überlegungen lassen sich folgendermaßen als Abzählprinzip zusammenfassen:

Ziehen ohne Zurücklegen ohne Beachtung der Reihenfolge (ungeordnete Stichprobe)

Wird aus einer Urne mit n unterscheidbaren Kugeln eine ungeordnete Teilmenge von k Kugeln entnommen, so ist die Anzahl der Möglichkeiten hierfür durch folgende Formeln gegeben:*

$$\binom{n}{k} = \frac{n!}{k! \cdot (n-k)!} = \frac{n \cdot (n-1) \cdot \ldots \cdot (n-k+1)}{k!}.$$

Beispiel: Wie viele verschiedene Tipps müsste man abgeben, um im Zahlenlotto „6 aus 49" mit Sicherheit „6 Richtige" zu erzielen?

Lösung:
Beim Lotto wird aus der Menge von 49 Zahlen eine ungeordnete Stichprobe vom Umfang 6, d. h. eine Menge mit 6 Elementen, ohne Zurücklegen entnommen.
Eine 49-elementige Menge hat $\binom{49}{6} = \frac{49!}{6! \cdot 43!} = \frac{49 \cdot 48 \cdot 47 \cdot 46 \cdot 45 \cdot 44}{6 \cdot 5 \cdot 4 \cdot 3 \cdot 2 \cdot 1} = 13983816$ verschiedene 6-elementige Teilmengen. So viele Tipps sind möglich und nur einer trifft ins Schwarze.

Übung 3
a) Berechnen Sie die Binomialkoeffizienten $\binom{5}{3}, \binom{7}{6}, \binom{4}{4}, \binom{5}{0}, \binom{8}{3}, \binom{9}{2}, \binom{22}{11}, \binom{100}{20}$.
b) Wie viele 5-elementige Teilmengen hat eine 12-elementige Menge?
c) Wie viele Teilmengen mit mehr als 4 Elementen hat eine 9-elementige Menge?
d) Wie viele Teilmengen hat eine 10-elementige Menge insgesamt?

Übung 4
a) An einem Fußballturnier nehmen 8 Mannschaften teil. Wie viele Endspielkombinationen sind möglich?
b) In einer Stadt gibt es 5000 Telefonanschlüsse. Wie viele Gesprächspaarungen gibt es?
c) Aus einer Klasse mit 25 Schülern sollen drei Schüler abgeordnet werden. Wie viele Gruppenzusammenstellungen sind möglich?

Übung 5
a) Aus einem Skatspiel werden vier Karten gezogen. Mit welcher Wahrscheinlichkeit handelt es sich um vier Asse?
b) Aus den 26 Buchstaben des Alphabets werden 5 zufällig ausgewählt. Wie groß ist die Wahrscheinlichkeit, dass kein Konsonant dabei ist?

---

* Hinweise: $\binom{n}{k}$ ist nur für $0 \le k \le n$ definiert. Wegen $0! = 1$ gilt $\binom{n}{0} = 1$ und $\binom{n}{n} = 1$.

D. Das Lottomodell

Die Bestimmung von Tippwahrscheinlichkeiten beim Lottospiel kann als Modell für zahlreiche weitere Zufallsprozesse verwendet werden. Wir betrachten eine Musteraufgabe.

Beispiel: Wie groß ist die Wahrscheinlichkeit, dass man beim Lotto „6 aus 49“ mit einem abgegebenen Tipp genau vier Richtige erzielt?

Lösung:
Insgesamt sind $\binom{49}{6} = 13\,983\,816$ Tipps möglich. Um festzustellen, wie viele dieser Tipps günstig für das Ereignis E: „Vier Richtige“ sind, verwenden wir folgende Grundidee:
Wir denken uns den Inhalt der Lottourne in zwei Gruppen von Zahlen unterteilt: in eine Gruppe von 6 roten Gewinnkugeln und ein Gruppe von 43 weißen Nieten.

Ein für E günstiger Tipp besteht aus vier roten und zwei weißen Kugeln.

Es gibt $\binom{6}{4} = 15$ Möglichkeiten, aus der Gruppe der 6 roten Kugeln 4 Kugeln auszuwählen.

Analog gibt es $\binom{43}{2} = 903$ Möglichkeiten, aus der Gruppe der 43 weißen Kugeln 2 Kugeln auszuwählen.

Folglich gibt es $\binom{6}{4} \cdot \binom{43}{2}$ Möglichkeiten, vier rote Kugeln mit zwei weißen Kugeln zu einem für E günstigen Tipp zu kombinieren.

Dividieren wir diese Zahl durch die Anzahl aller Tipps, d. h. durch $\binom{49}{6}$, so erhalten wir die gesuchte Wahrscheinlichkeit. Sie beträgt ca. 0,001.

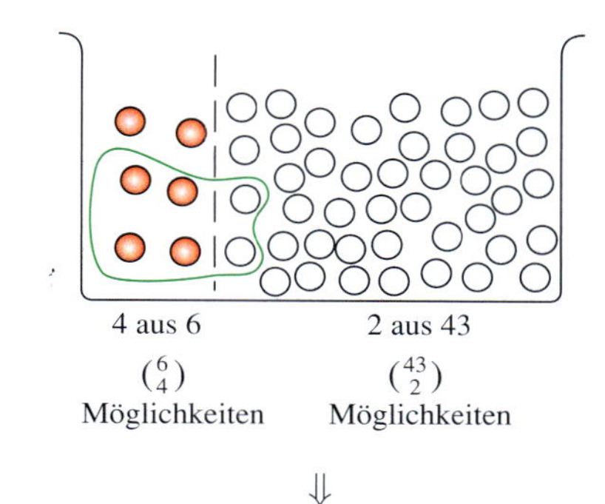

$\Downarrow$

$$P(\text{„4 Richtige“}) = \frac{\binom{6}{4} \cdot \binom{43}{2}}{\binom{49}{6}} = \frac{15 \cdot 903}{13\,983\,816} \approx 0{,}001$$

Übung 6
a) Berechnen Sie die Wahrscheinlichkeit für genau drei Richtige im Lotto 6 aus 49.
b) Mit welcher Wahrscheinlichkeit erzielt man mindestens fünf Richtige?

Übung 7
Eine Zehnerpackung Glühlampen enthält vier Lampen mit verminderter Leistung. Jemand kauft fünf Lampen. Mit welcher Wahrscheinlichkeit sind darunter
a) genau zwei defekte Lampen,
b) mindestens zwei defekte Lampen,
c) höchstens zwei defekte Lampen?

E. Das Fächermodell

Beim Lottomodell wurde die Urne für die theoretische Erklärung in zwei Fächer aufgeteilt, mit den sechs Gewinnkugeln im ersten Fach und den 43 Nieten im zweiten Fach.
Vier Richtige kommen zustande, wenn aus dem ersten Fach vier Gewinnkugeln und aus dem zweiten Fach zwei Nieten gezogen werden.

Das Lottomodell

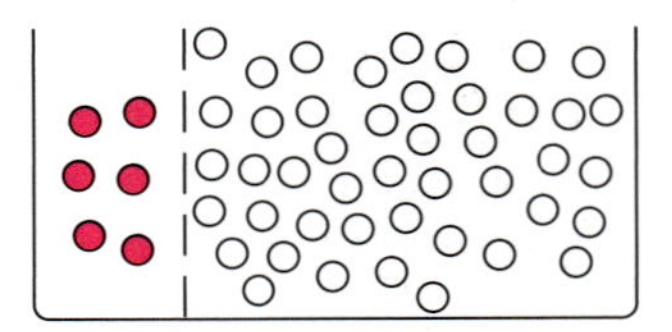

$$P(4\ \text{Richtige}) = \frac{\binom{6}{4}\cdot\binom{43}{2}}{\binom{49}{6}}$$

Oft kommen bei einem solchen Zufallsversuch mehr als zwei Ausprägungen vor. Dann benötigt man auch mehr Fächer.

Beispiel: Fächermodell
Eine Grundschulklasse besteht aus 8 Jungen und 16 Mädchen sowie 4 Lehrern. Aus dieser Menge sollen 7 Personen zur Vorbereitung eines Jahrgangsfestes zufällig gezogen werden. Mit welcher Wahrscheinlichkeit werden genau ein Lehrer, zwei Jungen und vier Mädchen gezogen?

Lösung:
Wir arbeiten nun zur Erklärung mit einer Urne, die drei Fächer besitzt. Das erste für die 4 Lehrer, das zweite für die 8 Jungen und das dritte für die 16 Mädchen.
Nun sollen 7 der insgesamt 28 Personen gezogen werden, davon einer aus der Vierergruppe der Lehrer, 2 aus der Achtergruppe der Jungen und 4 aus der Sechzehnergruppe der Mädchen, wofür es $\binom{4}{1}\cdot\binom{8}{2}\cdot\binom{16}{4}$ Möglichkeiten gibt, die der Gesamtzahl von $\binom{28}{7}$ Möglichkeiten, 7 aus 28 zu ziehen, gegenüberstehen.
Wir erhalten als Resultat eine Wahrscheinlichkeit von ca. 17,22 %.

Das Fächermodell*

Lehrer Jungen Mädchen

Fach 1 Fach 2 Fach 3

P(1 Lehrer, 2 Jungen, 4 Mädchen)

$$= \frac{\binom{4}{1}\cdot\binom{8}{2}\cdot\binom{16}{4}}{\binom{28}{7}}$$

$$= \frac{4\cdot 28\cdot 1820}{1\,184\,040} \approx 0{,}1722$$

$$\approx 17{,}22\,\%$$

Übung 8
Wie groß ist beim Lotto die Wahrscheinlichkeit für fünf Richtige mit Zusatzzahl?
Hierfür werden 6 Zahlen angekreuzt. Es gibt 6 Gewinnkugeln, 42 Nieten und 1 Zusatzzahl.

Übung 9
In der Gerätekammer des Fußballvereins liegen 50 Bälle, von denen 30 richtig, 15 zu fest und 5 zu locker aufgepumpt sind. Für das Training werden 10 Bälle zufällig entnommen.
Wie groß ist die Wahrscheinlichkeit, dass A: genau 6 den richtigen, 3 einen zu hohen Druck haben, einer aber zu schlaff ist? B: genau 5 richtig und 5 zu schwach gefüllt sind?

* Dieses Urnenfächermodell stimmt nicht mit dem sogenannten Kugelfächermodell überein.

Übungen

10. In einer Halle gibt es acht Leuchten, die einzeln ein- und ausgeschaltet werden können. Wie viele unterschiedliche Beleuchtungsmöglichkeiten gibt es?

11. Ein Zahlenschloss hat drei Einstellringe für die Ziffern 0 bis 9.
a) Wie viele Zahlenkombinationen gibt es insgesamt?
b) Wie viele Kombinationen gibt es, die höchstens eine ungerade Ziffer enthalten?

12. Ein Passwort soll mit zwei Buchstaben beginnen, gefolgt von einer Zahl mit drei oder vier Ziffern. Wie viele verschiedene Passwörter dieser Art gibt es?

13. Tim besitzt vier Kriminalromane, fünf Abenteuerbücher und drei Mathematikbücher.
a) Wie viele Möglichkeiten der Anordnung in seinem Buchregal hat Tim insgesamt?
b) Wie viele Anordnungsmöglichkeiten gibt es, wenn die Bücher thematisch nicht vermischt werden dürfen?

14. Trapper Fuzzi ist auf dem Weg nach Alaska. Er muss drei Flüsse überqueren. Am ersten Fluss gibt es sieben Furten, wovon sechs passierbar sind. Am zweiten Fluss sind es fünf Furten, wovon vier passierbar sind. Am dritten Fluss sind zwei der drei Furten passierbar. Fuzzi entscheidet sich stets zufällig für eine der Furten. Sollte man darauf wetten, dass er durchkommt?

15. Ein Computer soll alle unterschiedlichen Anordnungen der 26 Buchstaben des Alphabets in einer Liste abspeichern. Wie lange würde dieser Vorgang dauern, wenn die Maschine in einer Millisekunde eine Million Anordnungen erzeugen könnte?

16. Wie viele Möglichkeiten gibt es, die elf Spieler einer Fußballmannschaft für ein Foto in einer Reihe aufzustellen?

17. An einem Fußballturnier nehmen 12 Mannschaften teil. Wie viele Endspielpaarungen sind theoretisch möglich und wie viele Halbfinalpaarungen sind theoretisch möglich?

18. Acht Schachspieler sollen zwei Mannschaften zu je vier Spielern bilden. Wie viele Möglichkeiten gibt es?

19. Eine Klasse besteht aus 24 Schülern, 16 Mädchen und 8 Jungen. Es soll eine Abordnung von 5 Schülern gebildet werden. Wie viele Möglichkeiten gibt es, wenn die Abordnung
a) aus 3 Mädchen und 2 Jungen bestehen soll,
b) nicht nur aus Mädchen bestehen soll?

20. Am Ende eines Fußballspiels kommt es zum Elfmeterschießen. Dazu werden vom Trainer fünf der elf Spieler ausgewählt.
a) Wie viele Auswahlmöglichkeiten hat der Trainer?
b) Wie viele Auswahlmöglichkeiten gibt es, wenn der Trainer auch noch festlegt, in welcher Reihenfolge die fünf Spieler schießen sollen?

21. Aus einem Kartenspiel mit den üblichen 32 Karten werden vier Karten entnommen.
a) Wie viele Möglichkeiten der Entnahme gibt es insgesamt?
b) Wie viele Möglichkeiten gibt es, wenn zusätzlich gefordert wird, dass unter den vier Karten genau zwei Asse sein sollen?

22. Aus einer Urne mit 15 weißen und 5 roten Kugeln werden 8 Kugeln ohne Zurücklegen gezogen. Mit welcher Wahrscheinlichkeit sind unter den gezogenen Kugeln genau 3 rote Kugeln? Mit welcher Wahrscheinlichkeit sind mindestens 4 rote Kugeln dabei?

23. In einer Lieferung von 100 Transistoren sind 10 defekt. Mit welcher Wahrscheinlichkeit werden bei Entnahme einer Stichprobe von 5 Transistoren genau 2 (mindestens 3) defekte Transistoren entdeckt?

24. In einer Sendung von 80 Batterien befinden sich 10 defekte. Mit welcher Wahrscheinlichkeit enthält eine Stichprobe von 5 Batterien genau eine (genau 3, höchstens 4, mindestens eine) defekte Batterie?

25. Auf einem Rummelplatz wird ein Minilotto „4 aus 16" angeboten. Der Spieleinsatz beträgt pro Tipp 1 €. Die Auszahlungsquoten lauten 10 € bei 3 Richtigen und 1000 € bei 4 Richtigen. Mit welchem mittleren Gewinn kann der Veranstalter pro Tipp rechnen?

26. In einer Urne befinden sich 5 rote, 3 weiße und 6 schwarze Kugeln. 3 Kugeln werden ohne Zurücklegen gezogen. Mit welcher Wahrscheinlichkeit sind sie alle verschiedenfarbig (alle rot, alle gleichfarbig)?

27. Ein Hobbygärtner kauft eine Packung mit 50 Tulpenzwiebeln. Laut Aufschrift handelt es sich um 10 rote und 40 weiße Tulpen. Er pflanzt 5 zufällig entnommene Zwiebeln. Wie groß ist die Wahrscheinlichkeit, dass hiervon
a) genau 2 Tulpen rot sind?
b) mindestens 3 Tulpen weiß sind?

28. In einer Lostrommel liegen 10 Lose, von denen 4 Gewinnlose sind. Drei Lose werden gezogen. Mit welcher Wahrscheinlichkeit sind darunter mindestens zwei Gewinnlose?

29. Unter den 100 Losen einer Lotterie befinden sich 2 Hauptgewinne, 8 einfache Gewinne und 20 Trostpreise.
a) Mit welcher Wahrscheinlichkeit befinden sich unter 5 gezogenen Losen genau ein Hauptgewinn und sonst nur Nieten (überhaupt kein Gewinn)?
b) Mit welcher Wahrscheinlichkeit befinden sich unter 10 gezogenen Losen genau 2 einfache Gewinne, 3 Trostpreise und sonst nur Nieten (1 Hauptgewinn, 2 einfache Gewinne und sonst nur Nieten)?
Anleitung: Teilen Sie die Lose in vier Gruppen ein.

5. Exkurs: Simulationen

Viele reale Prozesse werden vom Zufall beeinflusst. Oft ist der Prozess so komplex, dass sein Ablauf auf rechnerischem Weg nicht zu ermitteln ist. In solchen Fällen simuliert man den Prozess, d. h., man spielt ihn mithilfe von Zufallsgeräten mehrfach nach, um die Wahrscheinlichkeiten möglicher Abläufe einschätzen zu können.
Die ***Simulation*** kann mithilfe von Münzen, Würfeln, Urnen und Zufallsziffern erfolgen. Zufallszahlen können mit Computern generiert werden, aber auch mit einfacheren Mitteln. Man kann z. B. das Telefonbuch als Generator einsetzen: Die Endziffern der Telefonnummern sind so zufällig verteilt, dass sie geeignet sind. Eine andere Möglichkeit besteht in der Verwendung einer ***Tabelle mit Zufallsziffern****. Eine solche Tabelle findet man auf Seite 332. 069-1
Wir erläutern das Simulationsverfahren an einigen modellhaften Beispielen.

Beispiel: Entenjagd
10 absolut treffsichere Jäger schießen gleichzeitig auf 10 aufsteigende Enten. Jeder Jäger sucht sich seine Zielente rein zufällig aus.
Wie viele Enten überleben im Mittel?

Lösung:
Wir simulieren den Jagdprozess mithilfe der Zufallsziffertabelle (S. 332), deren Beginn rechts abgedruckt ist.
Wir entnehmen der Tabelle einen Zehnerblock von Ziffern, z.B. den Block 0764590952.
Für jede der zehn Enten steht eine der Ziffern 0 bis 9. Der Zehnerblock simuliert die Entenjagd. Er gibt an, welche Enten getroffen wurden. In unserem Fall wurden die Enten 0, 2, 4, 5, 6, 7 und 9 getroffen. Drei Enten 1, 3, 8 überlebten.

Diesen Simulationsvorgang wiederholen wir mehrfach, z.B. zehnmal, wie rechts dargestellt. Durchschnittlich überleben 3,4 Enten die simulierte Jagd.

Dies ist eine brauchbare Vorhersage, wenn man bedenkt, dass der exakte Mittelwert, der in diesem Fall auch durch eine theoretische Rechnung gewonnen werden kann, etwa bei 3,5 liegt.

Tabelle von Zufallsziffern (S. 332)

07645	90952	42370	88003	79743	52097	...
31397	83936	42975	15245	04124	35881	...
64147	56091	45435	95510	23115	16170	...
48942	10345	96401	03479	05768	46222	...
⋮	⋮	⋮	⋮	⋮	⋮	

Simulationsergebnisse	Anzahl der überlebenden Enten
0764590952	3
4237088003	4
7974352097	3
4645916055	4
0488581676	3
3139783986	4
4297515245	4
0412435881	3
1566453920	2
5577590464	4

Durchschnittliche Zahl der überlebenden Enten: 3,4

* Eine Simulationsmethode, bei welcher Zufallszahlen verwendet werden, wird als ***Monte-Carlo-Methode*** bezeichnet (lat. *simulatio*: Vortäuschung). Einige Taschenrechner besitzen einen Zufallsgenerator, der Zufallszahlen als Nachkommastellen einer Dezimalzahl erzeugt.

Die Entenjagd steht modellhaft für Zuordnungsprobleme. Entsprechend kann das folgende Beispiel für Irrfahrtprobleme Modell stehen; mehrstufige Entscheidungsvorgänge und Molekularbewegungen sind reale Beispiele für solche Probleme.

Beispiel: Flucht aus dem Labyrinth
Ein einsamer Wanderer hat sich im Gängesystem des minoischen Palastes von Knossos verirrt.
Er weiß nur noch, dass er seit seinem Einstieg ins Labyrinth sieben Kreuzungen überquert hat und dass er sich stets nach Süden oder nach Westen bewegt hat.
Da der Minotaurus* schon im Anmarsch ist, hat er nur einen Fluchtversuch. Er geht genau sieben Schritte nach Norden bzw. Osten.
Wie stehen seine Chancen?

Lösung:
Wir könnten die Flucht durch jeweils siebenfachen Münzwurf (Kopf oder Zahl) oder Würfelwurf (gerade oder ungerade) simulieren. Die erforderlichen Wiederholungen könnten dadurch erreicht werden, dass jeder Schüler fünf derartige Fluchtsimulationen durchspielt.

Eine weitere Möglichkeit bietet wiederum die Zufallszifferntabelle. Wir entnehmen der Tabelle einen siebenstelligen Ziffernblock. Gerade Ziffer bedeutet Norden, ungerade Ziffer bedeutet Osten.
Die Flucht gelingt offenbar, wenn der siebenstellige Block genau 4 ungerade Ziffern enthält.
Auszählung der ersten 50 Siebenerblöcke der Tabelle – rechts andeutungsweise dargestellt – ergibt 13 gelungene Fluchten, d.h. eine Erfolgsquote von 26%.

Simulationsergebnisse	Flucht gelungen?
0764590	nein
9254237	ja
0880037	nein
9743520	ja
9746459	ja
1605504	nein
8858167	nein
6313978	nein
…	…
2578845	nein
5963408	nein

Übung 1
Ein Molekül bewege sich pro Sekunde einmal in eine der vier Richtungen oben, unten, rechts, links.
Wie groß ist die Wahrscheinlichkeit, dass es sich nach 10 Sekunden noch immer im rot umrandeten Bereich aufhält?

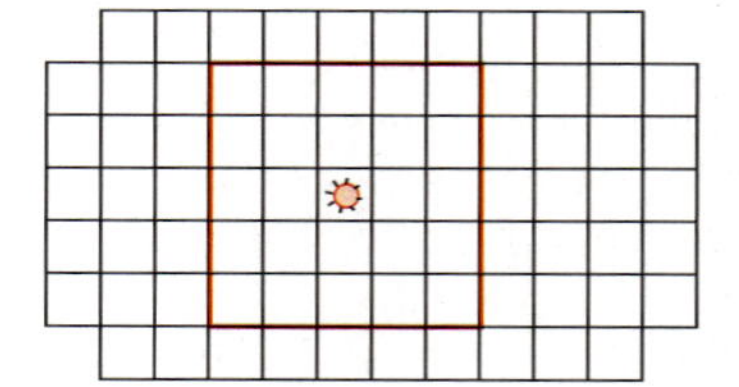

* Der ***Minotaurus*** war der griechischen Sage nach ein menschenfressendes Ungeheuer, ein Mensch mit Stierkopf, das im Labyrinth von Knossos lebte. Der Palast wurde von König Minos um 2600 v. Chr. auf Kreta erbaut. Sir Arthur Evans, ein englischer Archäologe, rekonstruierte ihn Anfang dieses Jahrhunderts teilweise.

Übungen

2. Die Ziffern 1 bis 8 werden in zufälliger Reihenfolge aufgeschrieben. Mit welcher Wahrscheinlichkeit ist die entstehende achtstellige Zahl durch 11 teilbar?
Verwenden Sie zur Simulation die Zufallszifferntabelle, wobei die Ziffern 0 und 9 ignoriert werden. *Anzahl der Simulationen: $n = 20$*

3. Das Geburtstagsproblem
Der Mathekurs hat zwanzig Teilnehmer. Wie groß ist die Wahrscheinlichkeit dafür, dass mindestens zwei der Schüler am gleichen Tag des Jahres Geburtstag haben?
Simulieren Sie den Vorgang mithilfe von 20 dreiziffrigen Zufallszahlen. Die 365 Tage eines Jahres werden dabei durch dreistellige Ziffernblöcke 000 bis 365 dargestellt. Liegt ein der Tabelle entnommener Wert über 365, so wird dieser gestrichen oder ignoriert.
Anzahl der Simulationen: $n = 10$

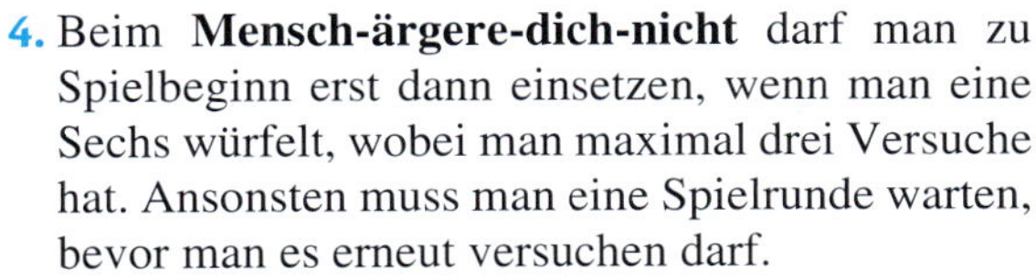

4. Beim **Mensch-ärgere-dich-nicht** darf man zu Spielbeginn erst dann einsetzen, wenn man eine Sechs würfelt, wobei man maximal drei Versuche hat. Ansonsten muss man eine Spielrunde warten, bevor man es erneut versuchen darf.
Wie viele Spielrunden muss man im Durchschnitt warten, bis man zum ersten Mal einsetzen kann?
Simulieren Sie den Vorgang auf zwei Arten:
a) durch wiederholtes Würfelwerfen,
b) mit Zufallsziffern durch eine Serie von Dreierblöcken der Ziffern 1 bis 6. $n = 10$

5. Ameisenbären: Eine Ameise bewegt sich auf den Kanten einer Pyramide. Sie startet ihren Spaziergang in der Ecke A. An jeder Ecke entscheidet sie sich zufällig für eine der drei bzw. vier möglichen Richtungen, wobei sie auch die Richtung wählen darf, aus der sie gerade gekommen ist. An den Ecken B und C lauern Ameisenbären. Welcher Ameisenbär hat die besseren Chancen, die Ameise im Laufe ihres Spaziergangs zu erwischen? Wie groß ist die Wahrscheinlichkeit, dass Ameisenbär B das Rennen macht?
Simulieren Sie die Richtungsauswahl durch Würfelwurf, wobei nur die Augenzahlen 1 bis 3 bzw. 1 bis 4 zählen. $n = 20$

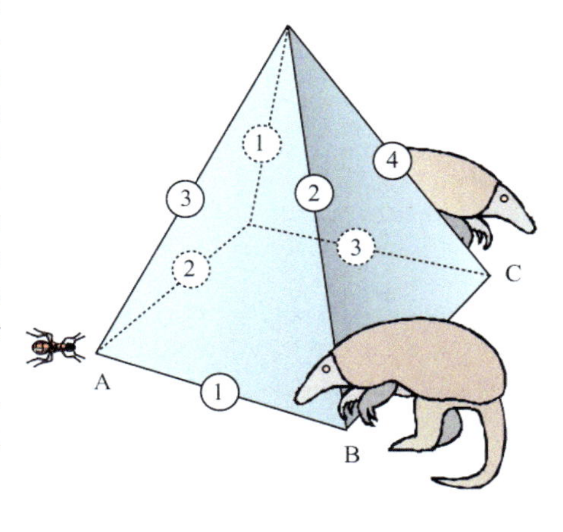

6. Exkurs: Bernoulliketten

A. Die Formel von Bernoulli

Ein Zufallsversuch wird als ***Bernoulli-Versuch*** bezeichnet, wenn es nur zwei Ausgänge T und $\overline{T}$ gibt. T wird als Treffer (Erfolg) und als $\overline{T}$ Niete (Misserfolg) bezeichnet. Die Wahrscheinlichkeit p für das Eintreten von T wird als Trefferwahrscheinlichkeit bezeichnet. Beispiele sind das Werfen einer Münze (Kopf, Zahl), das Werfen eines Würfels (Sechs, keine Sechs) oder das Überprüfen eines Bauteils (defekt, nicht defekt).

Wiederholt man einen Bernoulli-Versuch n-mal in exakt gleicher Weise, so spricht man von einer ***Bernoulli-Kette*** der Länge n mit der Trefferwahrscheinlichkeit p.

Beispiel: Bernoulli-Kette der Länge n = 4
Ein Würfel wird viermal geworfen. X sei die Anzahl der dabei geworfenen Sechsen. Wie groß ist die Wahrscheinlichkeit für das Ereignis X = 2, d. h. für genau zwei Sechsen?

Lösung:
Es ist eine Bernoulli-Kette der Länge n = 4 mit der Trefferwahrscheinlichkeit $p = \frac{1}{6}$.
Das Diagramm veranschaulicht die Kette als mehrstufigen Zufallsversuch.
Die Wahrscheinlichkeit eines Weges mit genau zwei Treffern T und zwei Nieten N beträgt nach der Produktregel $\left(\frac{1}{6}\right)^2 \cdot \left(\frac{5}{6}\right)^2$.
Es gibt $\binom{4}{2}$ solcher Pfade, da man $\binom{4}{2}$ Möglichkeiten hat, die beiden Treffer auf die vier Plätze eines Pfades zu verteilen.
Die gesuchte Wahrscheinlichkeit lautet:
$P(X=2) = \binom{4}{2} \cdot \left(\frac{1}{6}\right)^2 \cdot \left(\frac{5}{6}\right)^2 \approx 0{,}1157$

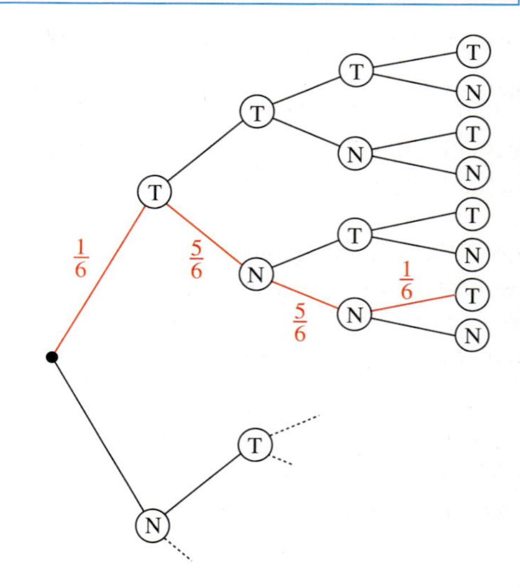

Verallgemeinert man die Rechnung aus dem obigen Beispiel, so erhält man folgende allgemeingültige Formel zur Bestimmung von Wahrscheinlichkeiten bei Bernoulli-Ketten.

Satz II.5: Die Formel von Bernoulli
Liegt eine Bernoulli-Kette der Länge n mit der Trefferwahrscheinlichkeit p vor, so wird die Wahrscheinlichkeit für genau k Treffer mit B(n; p; k) bezeichnet.
Sie kann mit der rechts dargestellten Formel berechnet werden.

$$P(X=k) = B(n; p; k) = \binom{n}{k} \cdot p^k \cdot (1-p)^{n-k}$$

072-1

Durch mehrfache Anwendungen der Formel von Bernoulli lassen sich auch kumulative Wahrscheinlichkeiten und Intervallwahrscheinlichkeiten bestimmen.

Beispiel: Multiple-Choice-Test

Ein Test enthält vier Fragen mit jeweils drei Antwortmöglichkeiten. Welche Chance hat ein ganz und gar ahnungsloser Testkandidat, mehr als die Hälfte der Fragen richtig zu beantworten?

Einstellungstest für den auswärtigen Dienst

Kreuzen Sie das Zutreffende an. Nur jeweils eine Antwort ist richtig.

1. Welche der folgenden chinesischen Städte liegt am weitesten westlich?
   - XINYANG ☐
   - XIANGFAN ☐
   - XIANGTAN ☐
2. An welchem Fluß liegt die chinesische Stadt DAYU?
   - OU ☐
   - MIN ☐
   - GAN ☐
3. Welches der folgenden chinesischen Schriftzeichen lautet "chün"?
   - 君 ☐
   - 友 ☐
   - 非 ☐
4. Wie hieß der chinesische Verkehrsminister im Jahre 1971?
   - TAO TSCHU ☐
   - YANG TSCHIE ☐
   - YUNG LO ☐

Lösung: 073-1

Lösung:

Der Test kann als Bernoulli-Kette der Länge $n = 4$ betrachtet werden. Das korrekte Beantworten einer Frage zählt als Treffer. Die Trefferwahrscheinlichkeit ist $p = \frac{1}{3}$.

X sei die Anzahl der Treffer. Dann ist die Wahrscheinlichkeit $P(X \geq 3)$ gesucht.

$$P(X = 3) = \binom{4}{3} \cdot \left(\frac{1}{3}\right)^3 \cdot \left(\frac{2}{3}\right)^1 = \frac{8}{81} \approx 0{,}0988$$

$$P(X = 4) = \binom{4}{4} \cdot \left(\frac{1}{3}\right)^4 \cdot \left(\frac{2}{3}\right)^0 = \frac{1}{81} \approx 0{,}0123$$

Addiert man diese Einzelwahrscheinlichkeiten, so erhält man für die gesuchte Ratewahrscheinlichkeit $P(X \geq 3) \approx 0{,}111 = 11{,}1\,\%$.

Im folgenden Beispiel wird bestimmt, wie oft man einen Bernoulli-Versuch mindestens wiederholen muss, um wenigstens einen Treffer mit einer vorgegebenen Mindestwahrscheinlichkeit zu erzielen. Man bezeichnet diese beliebte Aufgabenstellung auch als mindestens-mindestens-mindestens Problem.

Beispiel: Länge einer Bernoulli-Kette

Wie oft muss man einen Würfel mindestens werfen, um mit einer Wahrscheinlichkeit von mindestens 90 % mindestens eine Sechs zu erzielen?

Lösung:

n sei die gesuchte Länge der Bernoulli-Kette, d. h. die Anzahl der Würfelwürfe. X sei die Anzahl der dabei erzielten Sechsen. Laut Voraussetzung soll $P(X \geq 1) \geq 0{,}90$ gelten. Aus dieser Ansatzgleichung lässt sich nach nebenstehender Rechnung die gesuchte Mindestanzahl n von Würfen bestimmen, d. h. die Länge der Bernoulli-Kette. Das Resultat ist $n \geq 12{,}63$, d. h. $n = 13$. Man benötigt also mindestens 13 Würfe, wenn man eine 90 %-Chance auf mindestens eine Sechs haben möchte.

Ansatz:

$$P(X \geq 1) \geq 0{,}90$$

$$1 - P(X = 0) \geq 0{,}90$$

$$P(X = 0) \leq 0{,}10$$

$$B\left(n; \frac{1}{6}; 0\right) \leq 0{,}10$$

$$\binom{n}{0} \cdot \left(\frac{1}{6}\right)^0 \cdot \left(\frac{5}{6}\right)^n \leq 0{,}10$$

$$\left(\frac{5}{6}\right)^n \leq 0{,}10$$

$$n \cdot \ln\left(\frac{5}{6}\right) \leq \ln(0{,}10)$$

$$n \geq 12{,}63$$

Übungen

1. Bestimmung einer Punktwahrscheinlichkeit: $P(X = k)$
51,4 % aller Neugeborenen sind Knaben. Eine Familie hat sechs Kinder. Wie groß ist die Wahrscheinlichkeit, dass es genau drei Knaben und drei Mädchen sind?

2. Bestimmung einer linksseitigen Intervallwahrscheinlichkeit: $P(X \leq k)$
Ein Tetraederwürfel trägt die Zahlen 1 bis 4. Wird er geworfen, so zählt die unten liegende Zahl. Wie groß ist die Wahrscheinlichkeit, beim fünffachen Werfen des Würfels höchstens zweimal die Zahl 2 zu werfen?

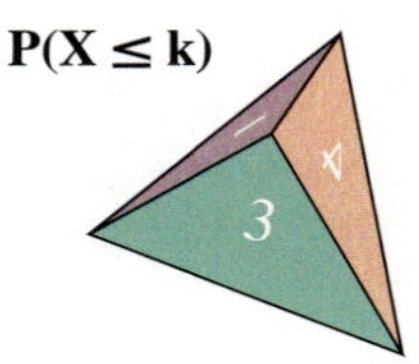

3. Bestimmung einer rechtsseitigen Intervallwahrscheinlichkeit: $P(X \geq k)$
Ein Biathlet trifft die Scheibe mit einer Wahrscheinlichkeit von 80 %. Er gibt insgesamt zehn Schüsse ab. Mit welcher Wahrscheinlichkeit trifft er mindestens achtmal?

4. Bestimmung einer Intervallwahrscheinlichkeit: $P(k \leq X \leq m)$
Aus einer Urne mit zehn roten und fünf weißen Kugeln werden acht Kugeln mit Zurücklegen entnommen. Mit welcher Wahrscheinlichkeit zieht man vier bis sechs rote Kugeln?

5. Anwendung der Formel für das Gegenereignis: $P(X > k) = 1 - P(X \leq k)$
Wirft man einen Reißnagel, so kommt er in 60 % der Fälle in Kopflage und in 40 % der Fälle in Seitenlage zur Ruhe. Jemand wirft zehn dieser Reißnägel. Mit welcher Wahrscheinlichkeit erzielt er mehr als dreimal die Seitenlage?

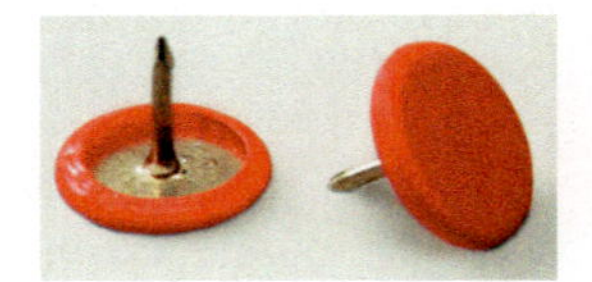

6. Bestimmung einer Mindestanzahl von Versuchen
Wie oft muss eine Münze mindestens geworfen werden, wenn mit einer Wahrscheinlichkeit von mindestens 99 % mindestens einmal Kopf fallen soll?

7. Nach Angaben der Post erreichen 90 % aller Inlandbriefe den Empfänger am nächsten Tag. Johanna verschickt acht Einladungen zu ihrem Geburtstag. Mit welcher Wahrscheinlichkeit
a) sind alle Briefe am nächsten Tag zugestellt?
b) sind mindestens sechs Briefe am nächsten Tag zugestellt?

8. Max gewinnt mit der Wahrscheinlichkeit $p = \frac{2}{3}$ beim Squash gegen Karl.
a) Mit welcher Wahrscheinlichkeit gewinnt Max genau sechs von zehn Spielen?
b) Mit welcher Wahrscheinlichkeit gewinnt er mindestens sechs von zehn Spielen?
c) Wie viele Spiele sind mindestens erforderlich, wenn die Wahrscheinlichkeit dafür, dass Karl mindestens ein Spiel gewinnt, mindestens 99 % betragen soll?

B. Erwartungswert und Standardabweichung bei Bernoulli-Ketten

Das Diagramm auf der rechten Seite zeigt die ***Wahrscheinlichkeitsverteilung*** der Trefferzahl X in einer Bernoulli-Kette mit der Länge $n = 10$ und der Trefferwahrscheinlichkeit $p = 0{,}4$. Da die Trefferzahl X nicht vorhersagbar, also zufällig ist, nennt man sie auch ***Zufallsgröße***.
Die Breite der einzelnen Säulen ist 1, die Höhe der Säule k ist die Wahrscheinlichkeit $P(X = k)$. Die Gesamtfläche aller Säulen ist 1.

In natürlicher Weise stellen sich nun die beiden folgenden Fragen.

Frage 1: Mit welcher Trefferzahl kann man im Mittel rechnen?

Da man 10 Versuche macht und die Trefferwahrscheinlichkeit jeweils 0,4 beträgt, wird man im Mittel mit 4 Treffern rechnen können. Etwas mathematischer ausgedrückt: Der ***Erwartungswert*** für die Trefferzahl X beträgt 4, d.h. $\mu = E(X) = 4$.

Satz II.6 Erwartungswert von X
X sei die Trefferzahl in einer Bernoulli-Kette der Länge n mit der Trefferwahrscheinlichkeit p. Dann gilt:

$$\mu = E(X) = n \cdot p.$$

Frage 2: Wie stark streuen die Trefferzahlen um den Erwartungswert?

Als Streuungsmaß verwendet man in der Regel die sog. ***Standardabweichung*** $\sigma(X)$. Sie wird nach Satz II.7 berechnet, den wir hier nicht beweisen können. Für unser Beispiel ist
$\sigma(X) = \sqrt{10 \cdot 0{,}4 \cdot 0{,}6} \approx 1{,}55$.

Satz II.7 Standardabweichung von X
X sei die Trefferzahl in einer Bernoulli-Kette der Länge n mit der Trefferwahrscheinlichkeit p. Dann gilt:

$$\sigma = \sigma(X) = \sqrt{n \cdot p \cdot (1 - p)}.$$

Drehen eines Glücksrades:

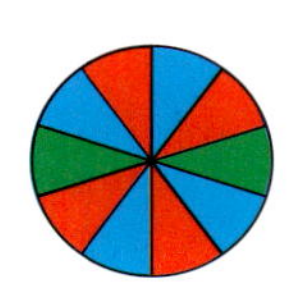

Versuchsanzahl: $n = 10$
Treffer: Es kommt ROT
Trefferwahrsch.: $p = 0{,}4$

Beobachtete Zufallsgröße X:
X = Anzahl der Treffer

Wahrscheinlichkeitsverteilung von X:

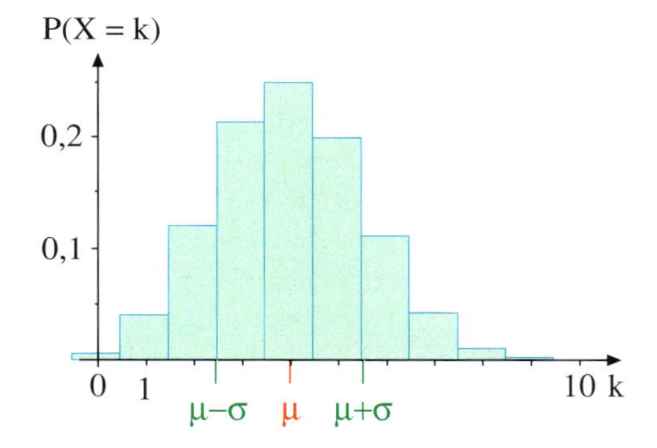

Erwartungswert von X:
$E(X) = n \cdot p = 10 \cdot 0{,}4 = 4$

Standardabweichung von X:

$$\sigma(X) = \sqrt{n \cdot p \cdot (1 - p)}$$
$$= \sqrt{10 \cdot 0{,}4 \cdot 0{,}6} \approx 1{,}55$$

Bedeutung der Parameter μ und σ:

Die Anzahl der Treffer bei $n = 10$ Versuchen beträgt im Mittel $\mu = 4$.

Die Standardabweichung 1,55 beschreibt die Streuung um den Mittelwert. Sie ist relativ groß bezogen auf den Versuchsumfang von $n = 10$.

Mithilfe der Standardabweichung lässt sich die Wahrscheinlichkeit abschätzen, mit welcher die Trefferanzahl einer Bernoulli-Kette innerhalb einer sogenannten σ-Umgebung liegt.

Satz II.8 Regeln für σ-Intervalle

Für eine binomialverteilte Zufallsgröße X mit der Standardabweichung $\sigma(X) = \sqrt{n \cdot p \cdot (1-p)}$ gelten die folgenden Regeln. Die Regeln sind umso genauer, je größer die Versuchszahl n ist. Sie dürfen angewandt werden, wenn die **Laplace-Bedingung** $\sigma > 3$ erfüllt ist.

1σ-Regel: $P(\mu - \sigma \leq X \leq \mu + \sigma) \approx 0{,}680$

2σ-Regel: $P(\mu - 2\sigma \leq X \leq \mu + 2\sigma) \approx 0{,}955$

3σ-Regel: $P(\mu - 3\sigma \leq X \leq \mu + 3\sigma) \approx 0{,}997$

Beispiel: Münzwurf

Eine Münze wird 100-mal geworfen. X sei die Anzahl der Kopfwürfe.

a) Bestimmen Sie den Erwartungswert und die Standardabweichung von X.

b) Wenden Sie außerdem die σ-Regeln an.

c) Hans behauptet, dass er den Versuch viermal durchgeführt und dabei folgende Trefferzahlen erzielt habe: $X = 57$, $X = 59$, $X = 58$, $X = 60$. Beurteilen Sie diese Behauptung anhand des Ergebnisses von b).

Lösung zu a):

Der Erwartungswert ist $\mu = 50$. Die Standardabweichung ist $\sigma = 5$.

Lösung zu b):

Die Laplacebedingung $\sigma \geq 3$ ist erfüllt. Daher können die σ-Regeln angewendet werden.

1σ-Regel: $P(50 - 5 \leq X \leq 50 + 5) \geq 0{,}680$, d.h. mit einer Wahrscheinlichkeit von ca. 68 % werden 45 bis 55 Kopfwürfe erzielt.

2σ-Regel: Mit einer Wahrscheinlichkeit von ca. 95,5 % werden 40 bis 60 Kopfwürfe erzielt.

3σ-Regel: Mit einer Wahrscheinlichkeit von ca. 99,7 % werden 35 bis 65 Kopfwürfe erzielt.

Lösung zu c):

Aus der 1σ-Regel folgt, dass ca. 68,0 % aller Ergebnisse im Bereich von 45 bis 55 liegen. Daher liegen nur 32 % aller Ergebnisse außerhalb dieses Intervalls. Der von Hans angegebene Ausfall hat also nur die Wahrscheinlichkeit $0{,}32^4 \approx 0{,}01 = 1\,\%$. Die Behauptung von Hans wird also mit großer Wahrscheinlichkeit falsch sein.

Übung 9

Ein Geldautomat nimmt aufgrund eines Defektes, der am Freitagabend eintritt, nur 70 % der eingeschobenen Kreditkarten an. Ein Techniker kann erst am Montagmorgen kommen. Im Laufe des Wochenendes versuchen 200 Personen Geld abzuheben. X sei die Anzahl der Personen, die im Verlaufe des Wochenendes kein Geld erhalten werden.

a) Wie viele Benutzer erhalten während des Wochenendes kein Geld?

b) Wie groß ist die Standardabweichung von X?

c) Schätzen Sie mit einer Wahrscheinlichkeit von ca. 95 % ab, wie viele Personen während des Wochenendes nicht an ihr Geld kommen werden.

Übungen

10. Berechnen Sie Erwartungswert und Standardabweichung der Trefferzahl X in einer Bernoulli-Kette mit den Parametern n und p.
a) $n = 12$, $p = 0{,}4$, b) $n = 125$, $p = 0{,}2$, c) $n = 37\,400$, $p = 0{,}95$.

11. Pollen können Heuschnupfen auslösen. Ein Nasenspray wirkt in 70 % aller Anwendungsfälle lindernd.

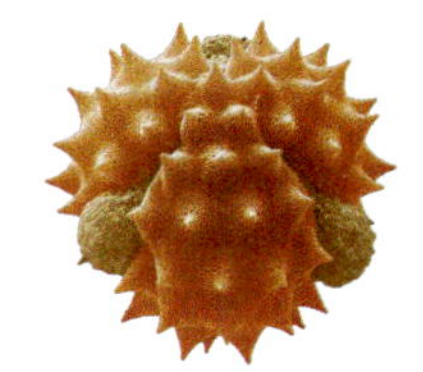

a) 20 Patienten nehmen das Mittel gegen ihre Beschwerden ein. Bei wie vielen Patienten ist eine Linderung zu erwarten?
b) Wie groß ist die Wahrscheinlichkeit, dass exakt bei dieser erwarteten Anzahl unter den 20 Patienten das Mittel hilft?

12. Von einer binomialverteilten Zufallsgröße sind der Erwartungswert μ und die Standardabweichung σ bekannt. Berechnen Sie die Parameter n und p der Verteilung.
a) $\mu = 5$, $\sigma = 2$ b) $\mu = 225$, $\sigma = 7{,}5$ c) $\mu = 7{,}2$, $\sigma = 1{,}2 \cdot \sqrt{2}$

13. Ein Autohersteller bestellt Scheinwerferlampen für sein Standardmodell, das schon länger hergestellt wird. Erfahrungsgemäß sind 4 % der Lampen fehlerhaft.
a) Wie viele fehlerhafte Lampen sind in einer Lieferung von 5000 Lampen zu erwarten? Geben Sie die Standardabweichung an.
b) Der Autohersteller benötigt im Mittel mindestens 6000 fehlerfreie Lampen. Wie viele Lampen soll er bestellen?

14. In einer Urne befinden sich 4 rote, 6 gelbe und 10 blaue Kugeln. Es werden n Kugeln mit Zurücklegen gezogen. Die Zufallsgröße X beschreibt die Anzahl der roten Kugeln und die Zufallsgröße Y die Anzahl der gelben Kugeln unter den gezogenen Kugeln.

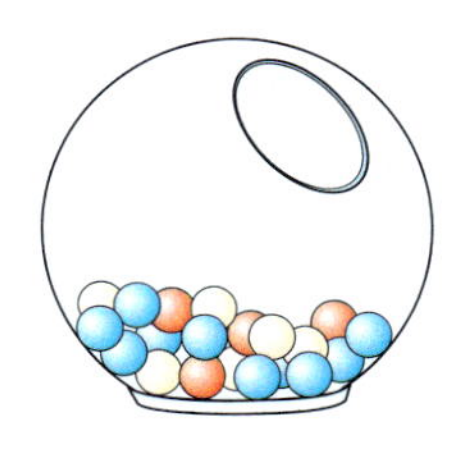

a) Sei $n = 8$.
Skizzieren Sie die zugehörige Binomialverteilung der Zufallsgröße X.
Berechnen Sie den Erwartungswert und die Standardabweichung von X.
Mit welcher Wahrscheinlichkeit überschreitet der tatsächliche Wert von X den Erwartungswert E(X)?
b) Wie viele Kugeln müssen mindestens gezogen werden, damit der Erwartungswert der Zufallsgröße Y größer als 5 ist? Wie groß ist in diesem Fall die Standardabweichung von Y?
c) Wie viele Kugeln müssen mindestens gezogen werden, damit der Erwartungswert von X mindestens gleich 1 ist?
d) Wie viele Kugeln müssen mindestens gezogen werden, wenn mit mindestens 90 % Wahrscheinlichkeit mindestens eine rote Kugel gezogen werden soll?

Überblick

Zufallsversuch:
Der Ausgang eines Zufallsversuches lässt sich nicht vorhersagen, auch nicht im Wiederholungsfalle.

Ergebnismenge:
Die Menge aller möglichen Ergebnisse bildet den Ergebnisraum Ω eines Zufallsversuches.

Ereignis:
Ein Ereignis ist eine Teilmenge der Ergebnismenge eines Zufallsversuches.
Besondere Ereignisse sind das **unmögliche Ereignis:** $E = \varnothing$
das **sichere Ereignis:** $E = \Omega$

Elementarereignis:
Die einelementigen Ereignisse eines Zufallsversuches heißen auch Elementarereignisse.

Das empirische Gesetz der großen Zahlen:
Die relative Häufigkeit eines Ereignisses stabilisiert sich mit steigender Anzahl an Versuchen um einen festen Wert.

Wahrscheinlichkeit:
Gegeben sei ein Zufallsexperiment mit dem Ergebnisraum $\Omega = \{e_1, \ldots, e_m\}$.
Eine Zuordnung P, die jedem Elementarereignis $\{e_i\}$ genau eine reelle Zahl $P(e_i)$ zuordnet, heißt Wahrscheinlichkeitsverteilung, wenn die beiden folgenden Bedingungen gelten:

I. $P(e_i) \geq 0$ für $1 \leq i \leq m$

II. $P(e_i) + \ldots + P(e_m) = 1$

Die Zahl $P(e_i)$ heißt dann Wahrscheinlichkeit des Elementarereignisses $\{e_i\}$.

Laplace-Experiment:
Ein Zufallsexperiment, bei dem alle Elementarereignisse gleich wahrscheinlich sind, heißt auch Laplace-Experiment.

Laplace-Regel:
Bei einem Laplace-Experiment sei $\Omega = \{e_1, \ldots, e_m\}$ der Ergebnisraum und $E = \{e_{i_1}, \ldots, e_{i_k}\}$ ein beliebiges Ereignis. Dann gilt für die Wahrscheinlichkeit dieses Ereignisses:

$$P(E) = \frac{|E|}{|\Omega|} = \frac{k}{m} \qquad P(E) = \frac{\text{Anzahl der für E günstigen Ergebnisse}}{\text{Anzahl aller möglichen Ergebnisse}}$$

Mehrstufiger Zufallsversuch:
Ein mehrstufiger Zufallsversuch setzt sich aus mehreren, hintereinander ausgeführten, einstufigen Versuchen zusammen.

Pfadregeln für Baumdiagramme:
I. Die Wahrscheinlichkeit eines Ergebnisses ist gleich dem Produkt aller Zweigwahrscheinlichkeiten längs des zugehörigen Pfades (Pfadwahrscheinlichkeit).
II. Die Wahrscheinlichkeit eines Ereignisses ist gleich der Summe der zugehörigen Pfadwahrscheinlichkeiten.

Produktregel:
Ein Zufallsversuch werde in k Stufen durchgeführt. In der ersten Stufe gebe es n_1, in der zweiten Stufe $n_2 \ldots$ und in der k-ten Stufe n_k mögliche Ergebnisse. Dann hat der Zufallsversuch insgesamt $n_1 \cdot n_2 \cdot \ldots n_k$ mögliche Ergebnisse.

Kombinatorische Abzählprinzipien:
Anzahl der Möglichkeiten bei k Ziehungen aus n Elementen (z. B. Kugeln)

Ziehen mit Zurücklegen unter Berücksichtigung der Reihenfolge: n^k

Ziehen ohne Zurücklegen unter Berücksichtigung der Reihenfolge: $n \cdot (n-1) \cdot \ldots \cdot (n-k+1)$

(Sonderfall: $k = n$, d. h. alle Elemente werden gezogen: $n!$)

Ziehen ohne Zurücklegen ohne Berücksichtigung der Reihenfolge: $\binom{n}{k}$

Das Lottomodell
Beim Lottomodell hat man eine Urne mit insgesamt N Kugeln, davon A Gewinnkugeln und B Verlustkugeln $(N = A + B)$.

Man zieht ohne Zurücklegen n Kugeln und sucht die Wahrscheinlichkeit dafür, dass sich darunter genau k Gewinnkugeln befinden.

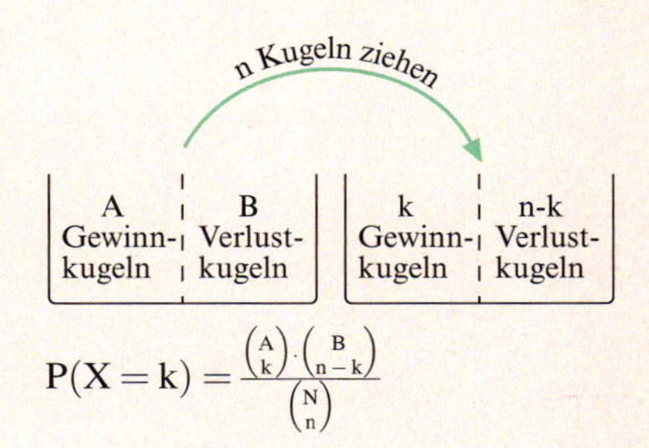

$$P(X = k) = \frac{\binom{A}{k} \cdot \binom{B}{n-k}}{\binom{N}{n}}$$

Bernoulli-Versuch/Bernoulli-Experiment
Ein Bernoulli-Versuch ist ein Experiment mit genau zwei Ausgängen E (Treffer/Erfolg) und $\overline{E}$ (Niete/Misserfolg). Die Trefferwahrscheinlichkeit ist: $p = P(E)$.

Bernoulli-Kette der Länge n
Eine Bernoulli-Kette der Länge n ist die n-fache Wiederholung eines Bernoulliversuchs.

Formel von Bernoulli
Formel zur Berechnung der Wahrscheinlichkeit, in einer Bernoulli-Kette der Länge n mit der Trefferwahrscheinlichkeit p genau k Treffer zu erzielen.

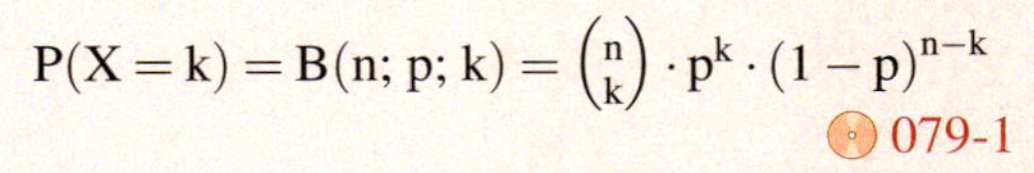

$$P(X = k) = B(n; p; k) = \binom{n}{k} \cdot p^k \cdot (1-p)^{n-k}$$

079-1

Wahrscheinlichkeitsverteilung der Trefferzahl
Verteilung einer Zufallsgröße X, welche die Anzahl k der Treffer in einer Bernoulli-Kette der Länge n mit der Trefferwahrscheinlichkeit p darstellt. Tabelle: S. 330 079-2

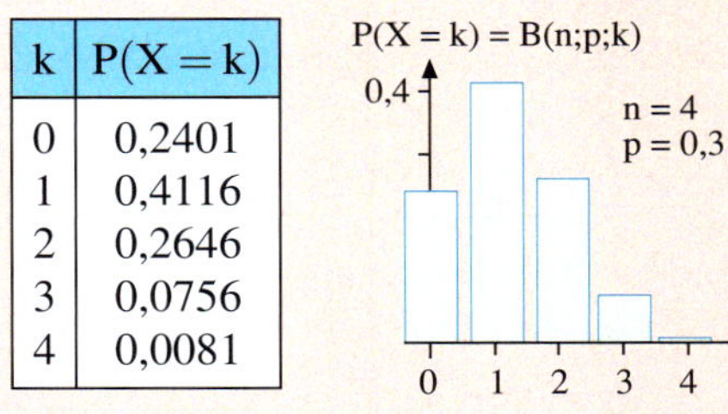

k	$P(X = k)$
0	0,2401
1	0,4116
2	0,2646
3	0,0756
4	0,0081

Erwartungswert: $\mu = E(X) = n \cdot p$

Standardabweichung: $\sigma(X) = \sqrt{n \cdot p \cdot (1-p)}$

Das Ziegenproblem

Dass schon einfache Wahrscheinlichkeitsprobleme zu großen Diskussionen führen können, zeigt das berühmte Ziegenproblem.

Bei der Quizshow „Let‘s make a deal“

In der amerikanischen Quizshow „Let’s make a deal“ wurde u. a. folgendes Gewinnspiel gespielt: Hinter drei geschlossenen Türen stehen ein Luxusauto und zwei Ziegen. Der Kandidat wählt eine der Türen aus. Der Quizmaster Monty Hall öffnet eine der beiden anderen Türen, und zwar stets eine, hinter der eine Ziege steht. Nun wird der Kandidat gefragt, ob er bei seiner ursprünglichen Türwahl bleibt oder ob er zu der zweiten verbleibenden Tür wechseln möchte. Kann er seine Gewinnchancen erhöhen, wenn er die Tür wechselt?

Im Sommer 1991 beschäftigte alle Welt dieses Problem, nachdem Marilyn vos Savant, die angeblich klügste Frau der Welt (mit einem IQ von 228 nach dem Guinness Buch der Rekorde), in ihrer Kolumne „Ask Marilyn“ in der amerikanischen Illustrierten „Parade“ auf eine Anfrage von Craig Whitaker geantwortet hatte:

„Yes, you should switch. The first door has a $\frac{1}{3}$ chance of winning, but the second door has a $\frac{2}{3}$ chance …“

Marilyn vos Savant

Marilyn erhielt daraufhin ca. 10000 Leserbriefe zum Teil mit großen Beschimpfungen. Robert Sachs, Mathematik-Professor an der George-Mason-Universität in Fairfax, schrieb:

> „You blew it! Let me explain: If one door is shown to be a loser, that information changes the probability of either remaining choice – neither of which has any reason to be more likely – to $\frac{1}{2}$. As a professional mathematician, I am very concerned with the general public's lack of mathematical skills. Please help by confessing your error and, in the future, being more careful."

Wer hat recht?

Das Magazin **DER SPIEGEL** widmete sich im Heft Nr. 34 (45. Jg.) vom 19. August 1991 in dem Artikel „Schönheit des Denkens" (Untertitel: Eine Knacknuß aus der Wahrscheinlichkeitsrechnung entzweit die US-Nation: Wer hat recht im Streit um das „Drei-Türen-Problem"?) der Auseinandersetzung um das Ziegenproblem. Auch in der Wochenzeitung **DIE ZEIT** erschienen damals zwei Artikel des Wissenschaftsjournalisten Gero von Randow, der 2004 zu dem Thema sogar ein Buch veröffentlichte (Das Ziegenproblem: Denken in Wahrscheinlichkeiten. Rowohlt). Im gleichen Jahr brachte **DIE ZEIT** in Nr. 48 einen weiteren Artikel zum „Rätsel der drei Türen".
Auf der Buch-CD findet man unter dem Mediencode 081-1 Links zu den Artikeln und unter 081-2 ein kleines Computerprogramm zur Simulation der Wahrscheinlichkeiten zum Ziegenproblem. Eindrucksvoller ist es aber, wenn man das Spiel selbst einmal praktiziert.

Spiel

Spielen Sie dieses Gewinnspiel mit Ihrem Tischnachbarn 60-mal, indem Ihr Partner (der Quizmaster) sich jeweils willkürlich das Auto hinter einer der drei Türen versteckt denkt. Nach Ihrer Türwahl öffnet er eine Tür, hinter der eine Ziege steht.

a) Gehen Sie nach der Strategie 1 vor: Bleiben Sie immer bei der ursprünglichen Wahl der Tür. Notieren Sie, wie oft Sie bei den 60 Spielen das Auto gewonnen hätten.

b) Gehen Sie nun in einem 2. Durchgang nach der Strategie 2 vor: Wechseln Sie immer die Tür. Welche Strategie ist günstiger? Versuchen Sie eine Begründung zu finden.

Spielvariation:
Das Spiel wird verändert. Sie haben jetzt 100 Türen zur Auswahl. Hinter einer Tür steht ein Auto, hinter den 99 anderen Türen jeweils eine Ziege. Nach Ihrer Türwahl öffnet der Quizmaster 98 Türen, hinter denen jeweils eine Ziege steht. Überlegen Sie, ob Ihre Gewinnchance steigt, wenn Sie nun die Tür wechseln.

Test

Wahrscheinlichkeitsrechnung

1. Würfeln

Drei Würfel werden geworfen. Beträgt die Augensumme 17 oder 18, so gewinnt man einen Preis.

a) Geben Sie die Ergebnismenge an.

b) Wie groß ist die Wahrscheinlichkeit, dass man bei dem Spiel nicht gewinnt?

2. Spiel

Ein Spieler wirft eine Münze. Bei einem Kopfwurf dreht er anschließend einmal Rad A, bei Zahl wird Rad B einmal gedreht. Der Einsatz pro Spiel beträgt 2 €. Die gedrehte Zahl auf dem Rad gibt die Auszahlung an.

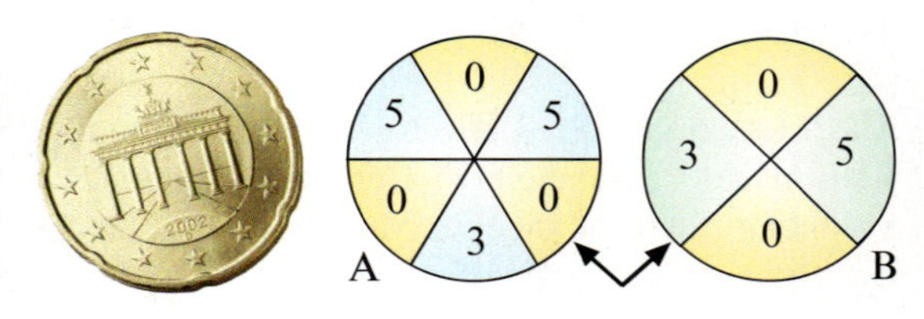

a) Wie groß ist die Wahrscheinlichkeit, 5 € als Auszahlung zu erhalten?

b) Mit welchem durchschnittlichen Gewinn/Verlust pro Spiel hat der Spieler zu rechnen?

c) Wie oft müsste man mindestens spielen, damit mit mindestens 99 % Wahrscheinlichkeit mindestens einmal 5 € ausgezahlt werden?

3. Kombinatorik

Bei einem Schulfest soll ein Fußballspiel Schüler gegen Lehrer veranstaltet werden. Für die Schülermannschaft stehen 4 Schüler aus Klasse 10, 6 Schüler aus Klasse 11 und 5 Schüler aus Klasse 12 zur Verfügung.

a) Wie viele Möglichkeiten gibt es, aus diesen Schülern 11 Spieler auszuwählen?

b) Unter den aufgestellten Schülern sind 2 Torhüter, 8 Spieler für Mittelfeld und Verteidigung sowie 5 Stürmer. Die Schülerelf will das Spiel mit 3 Stürmern beginnen. Wie viele Möglichkeiten für die Auswahl der Startelf gibt es nun?

c) Zum Einlaufen stellen sich die Schüler der ausgewählten Startmannschaft in einer Reihe auf. Wie üblich steht an der Spitze der Mannschaftskapitän und an zweiter Stelle der Torwart. Wie viele Möglichkeiten zur Aufstellung haben die restlichen Spieler?

4. Kartendrehen

Beim abgebildeten Glücksrad mit fünf gleich großen Sektoren wird nach dem Drehen im Stillstand durch einen Pfeil angezeigt, ob man einen Treffer (1) oder eine Niete (0) erzielt hat. Das Glücksrad wird zehnmal gedreht.

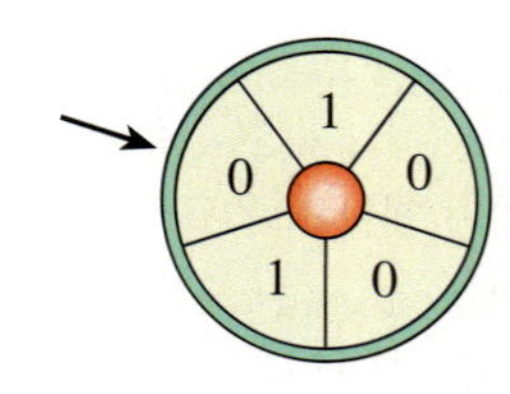

a) Mit welcher Wahrscheinlichkeit erreicht man genau 5 Treffer?

b) Mit welcher Wahrscheinlichkeit ergeben sich höchstens 2 Treffer?

c) Mit welcher Wahrscheinlichkeit erreicht man mehr Treffer als Nieten?

d) Mit welcher Wahrscheinlichkeit erhält man beim 10. Versuch den ersten Treffer?

Lösungen unter 082-1

III. Lineare und quadratische Funktionen

1. Reelle Funktionen

A. Der Funktionsbegriff

Die beiden folgenden Beispiele bereiten die exakte Definition des Begriffes der ***Funktion*** vor.

Beispiel: Die Tabelle zeigt das Resultat einer Klassenarbeit als Zensurenspiegel. Jeder Zensur ist eine Anzahl zugeordnet.

Zensur	1	2	3	4	5	6
Anzahl	1	7	9	3	2	2

Die Abbildung zeigt das Pfeildiagramm dieser Zuordnung.

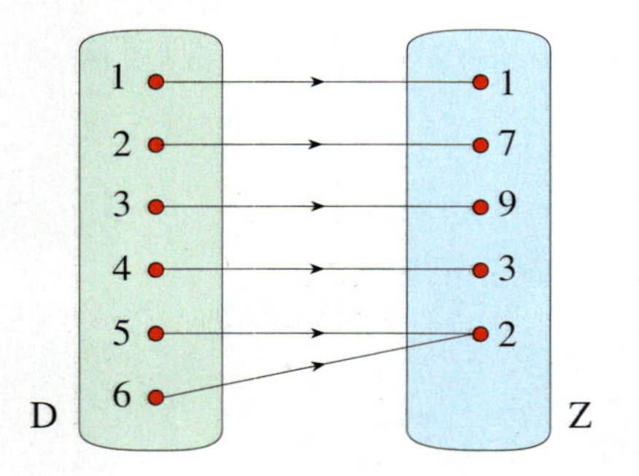

Jeder Zahl aus der Menge D ist genau eine Zahl aus der Menge Z zugeordnet.

Eine solche eindeutige Zuordnung nennt man eine ***Funktion***.

Beispiel: Jeder Zahl aus der Menge $\{2; 15; 23\}$ werden ihre von 1 verschiedenen positiven Teiler zugeordnet.

Zahl	2	15	23
Teiler	2	3 ; 5 ; 15	23

Auch diese Zuordnung lässt sich in einem Pfeildiagramm anschaulich darstellen.

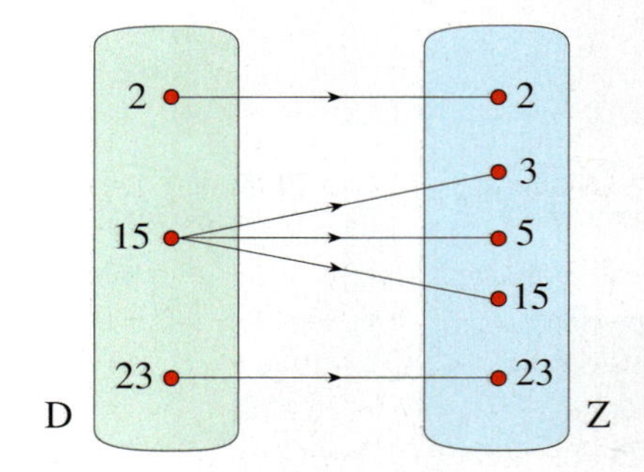

Es gibt eine Zahl aus der Menge D, der mehrere Zahlen aus der Menge Z zugeordnet sind.
Die Zuordnung ist nicht eindeutig. Sie ist keine Funktion.

Übung 1
Prüfen Sie, ob die gegebene Zuordnung eine Funktion ist.

a) Es sei $D = \{2; 4; 6; 7; 10; 12\}$. Jedem $x \in D$ werden die geraden Zahlen aus $\{x-1; x; x+1\}$ zugeordnet.

b) Es sei $D = \mathbb{N}$. Jedem $x \in D$ werden diejenigen der drei auf x folgenden Zahlen zugeordnet, die durch 3 teilbar sind.

Die Abbildung rechts dient zur Veranschaulichung der Begriffe, die wir nun noch einführen.

Definition III.1: Eine Zuordnung f, die jedem x einer Menge D (Definitionsmenge) genau ein Element f(x) einer Menge Z (Zielmenge) zuordnet, heißt ***Funktion***.

Jeder Zahl $x \in \{1; 2; 3\}$ wird die Zahl $2x$ zugeordnet.

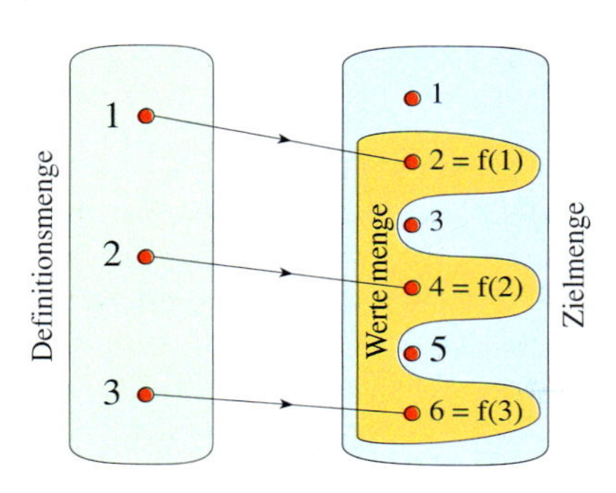

f(x) heißt ***Funktionswert*** von x. Die Menge aller Funktionswerte heißt ***Wertemenge*** der Funktion. Die Wertemenge ist eine Teilmenge der Zielmenge.
Eine Funktion, deren Definitionsmenge und deren Wertemenge Teilmengen von $\mathbb{R}$ sind, heißt ***reelle Funktion***.

Im Folgenden werden nur reelle Funktionen betrachtet. Auf die Angabe der Definitionsmenge wird meistens verzichtet, insbesondere wenn $D = \mathbb{R}$ ist.

B. Zuordnungsvorschrift und Funktionsgraph

Jede Funktion besitzt eine ***Zuordnungsvorschrift***. Gemeint ist damit das Gesetz, mit dem man zu jedem x-Wert den zugehörigen Funktionswert finden kann.
Man kann dieses Gesetz oft mithilfe einer symbolischen Pfeilschreibweise erfassen. Wesentlich praktischer jedoch ist die Darstellung des Gesetzes durch eine ***Funktionsgleichung***.
Man spricht dann z. B. von der Funktion f mit der Gleichung $f(x) = 0{,}5\,x$.
Es ist aber auch erlaubt, diese Sprechweise zu verkürzen und einfach von der Funktion $f(x) = 0{,}5\,x$ zu sprechen.

Man kann eine Funktion f als Punktmenge in einem kartesischen Koordinatensystem darstellen. Erfasst werden alle Zahlenpaare (x, y), die aus einem x-Wert sowie dem zugehörigen Funktionswert $y = f(x)$ bestehen. So entsteht der ***Graph der Funktion***.
Symbol für den Graphen: f oder G_f

Zuordnungsvorschrift:
Jeder Zahl $x \in \mathbb{R}$ wird die Zahl $0{,}5\,x$ zugeordnet.

Pfeilschreibweise:
$f: x \rightarrow 0{,}5\,x,\ D = \mathbb{R}$

Funktionsgleichung:
$f(x) = 0{,}5\,x,\ D = \mathbb{R}$

Funktionsgraph:

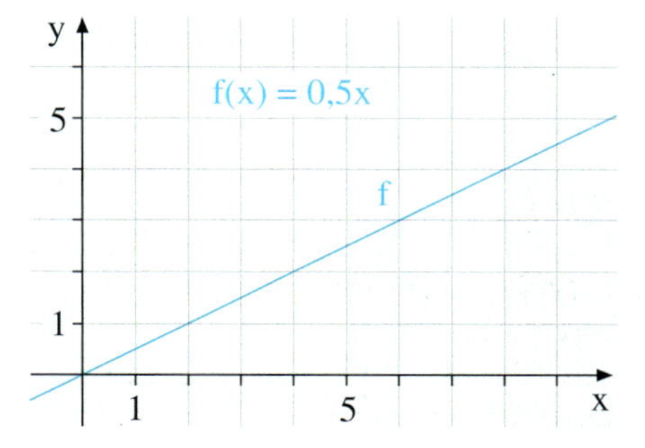

Übung 2

Die Wertetabellen gehören jeweils zu einer Funktion. Geben Sie eine passende Funktionsgleichung an.

a)

x	1	2	3	4
y	1	8	27	64

b)

x	1	2	3	4
y	5	6	7	8

c)

x	1	2	3	4
y	2	5	10	17

C. Standardfunktionen

Im Folgenden werden uns einige besonders einfache Funktionen häufig begegnen, die schon aus dem Unterricht der Sekundarstufe I bekannt sind. Dazu zählen auch die in der folgenden Zusammenstellung skizzierten Funktionen.

a) $f(x) = 1$

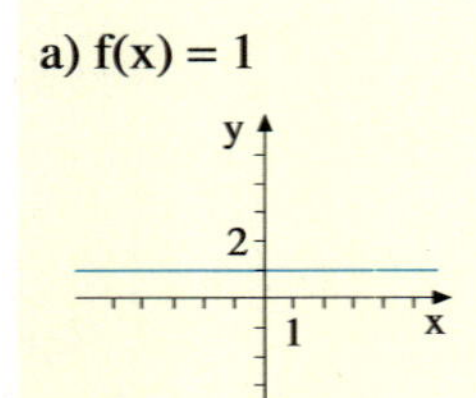

b) $f(x) = x$

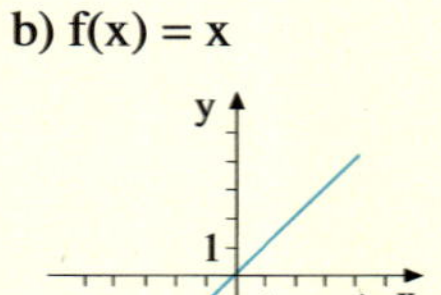

c) $f(x) = x^2$

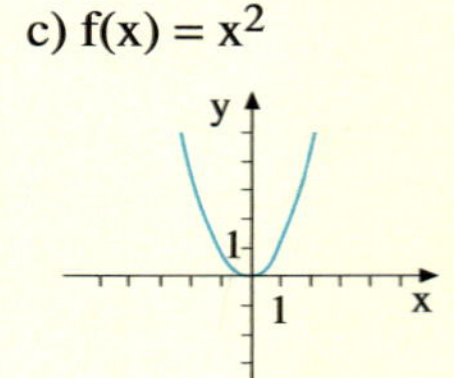

d) $f(x) = x^3$

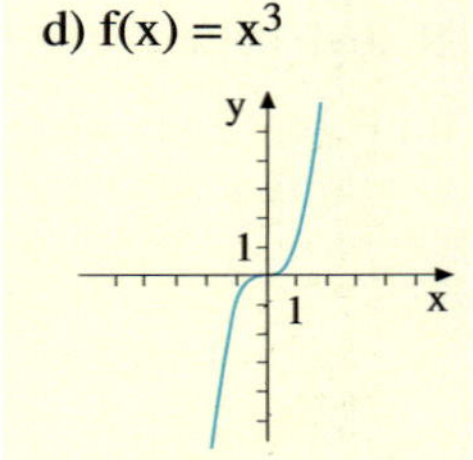

e) $f(x) = x^4$

f) $f(x) = \sqrt{x}$

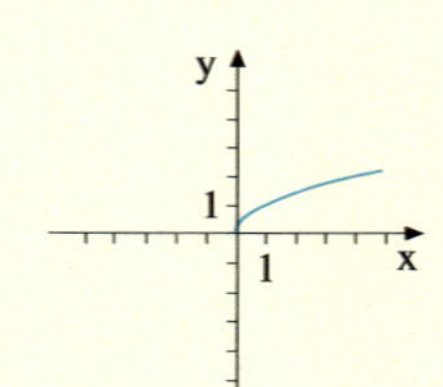

g) $f(x) = \frac{1}{x}$

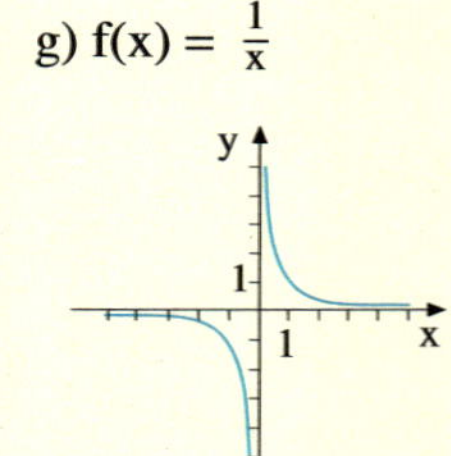

h) $f(x) = \frac{1}{x^2}$

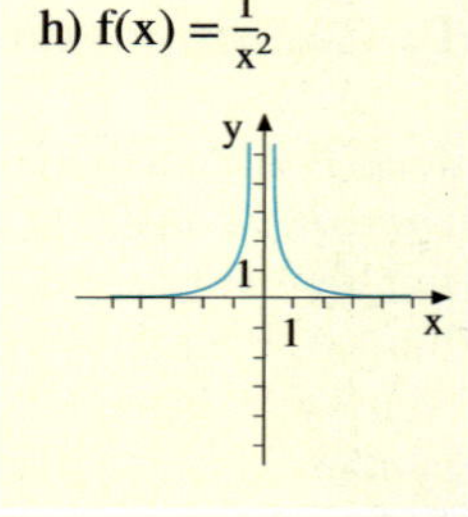

i) $f(x) = |x|$

j) $f(x) = \operatorname{sgn}(x)$

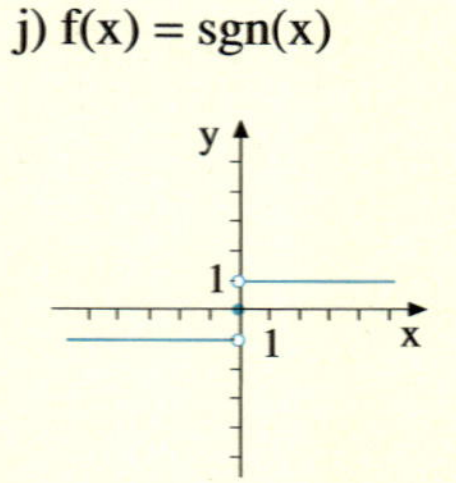

k) $f(x) = \sin x$

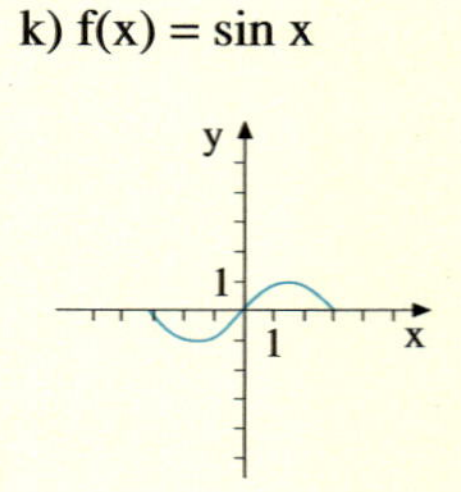

l) $f(x) = \cos x$

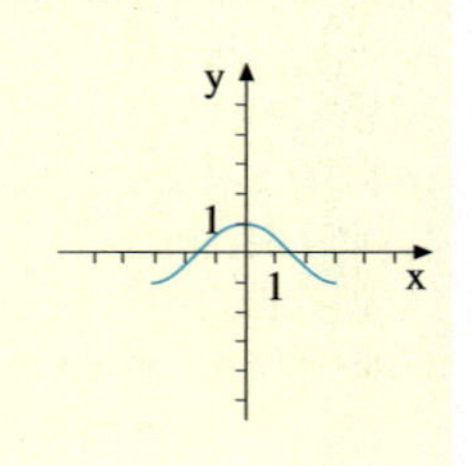

Übung 3

Geben Sie für jede der abgebildeten Standardfunktionen die maximale Definitionsmenge und die zugehörige Wertemenge an.
Liegt Symmetrie zum Ursprung oder zur y-Achse vor?
Ist die Funktion durchgängig ansteigend?
Kann der Graph im abgebildeten Bereich ohne Absetzen des Stiftes gezeichnet werden?

Übungen

4. Zeichnen Sie den Graphen der Funktion f und bestimmen Sie die Wertemenge.

a) $f(x) = x + (-1)^x$, $D = \mathbb{N}$

b) $f(x) = x + \sqrt{x}$, $D = \mathbb{R}_0^+$

c) $f(x) = \frac{1}{x}$, $D = \{x \in \mathbb{R}: x > 1\}$

d) $f(x) = \begin{cases} -x, & \text{falls } x \leq 2 \\ x, & \text{falls } x > 2 \end{cases}$, $D = \mathbb{R}$

e) $f(x) = \begin{cases} 0{,}5, & \text{falls } x \leq 1 \\ 0, & \text{falls } 1 < x < 2 \\ 1, & \text{falls } x \geq 2 \end{cases}$, $D = \mathbb{R}$

5. Gegeben ist der Graph einer Zuordnung. Prüfen Sie, ob eine Funktion vorliegt.

a) 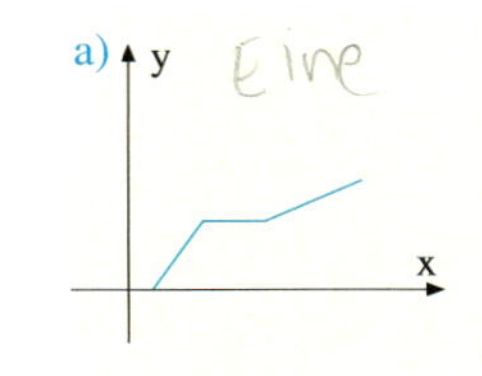

b) 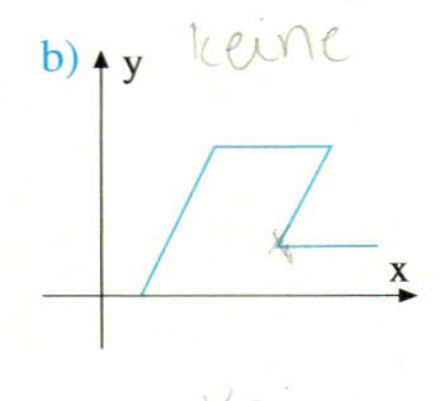

c) 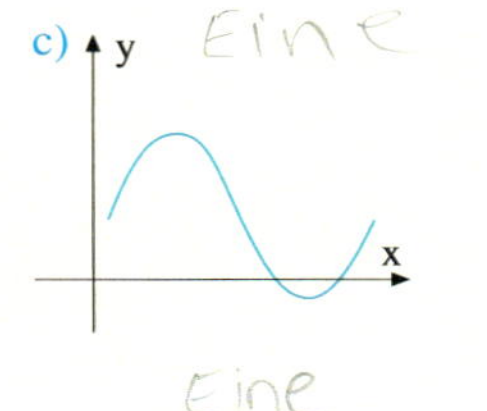

d) 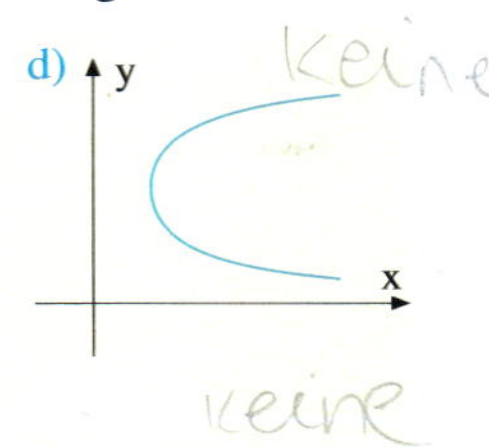

e) 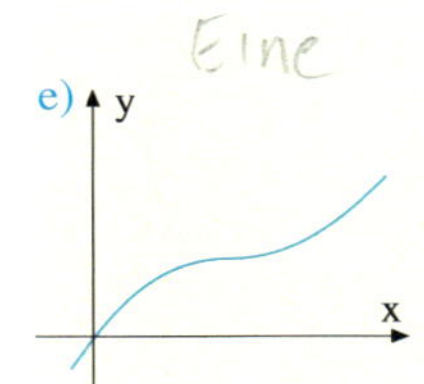

f) 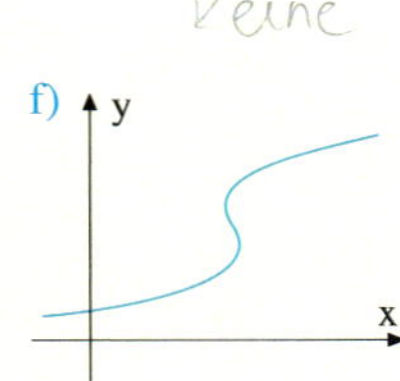

g) 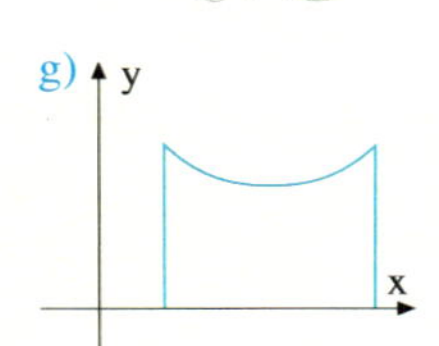

h) 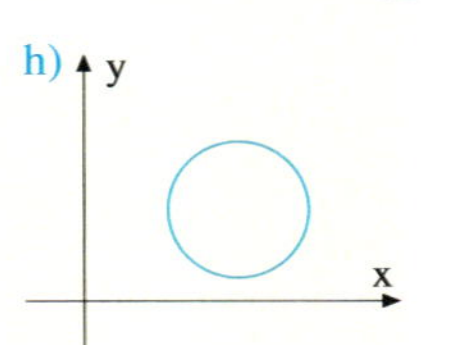

6. Mit dem Fahrtenschreiber wurde die Geschwindigkeit eines Schwertransporters in Abhängigkeit von der Zeit aufgezeichnet. Die Fahrt soll nun ausgewertet werden.

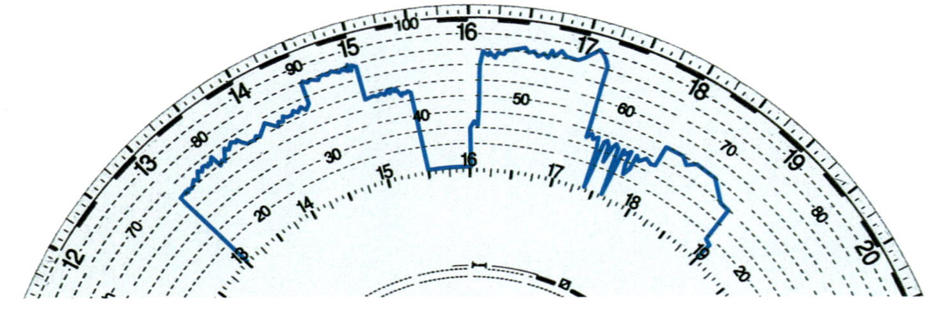

a) Wann begann die Fahrt? Wie lange dauerte sie insgesamt? Welche Höchstgeschwindigkeit wurde erreicht? Wie lang war die Pause, die der Fahrer einlegte?

b) In welchem Zeitraum durchquerte das Fahrzeug eine Großstadt? Wurde dabei die zulässige Höchstgeschwindigkeit von 50 km/h überschritten?

c) Bestimmen Sie die Länge der zwischen 13 Uhr und 15 Uhr zurückgelegten Strecke angenähert. Schätzen Sie grob ab, welche Durchschnittsgeschwindigkeit das Fahrzeug zwischen 14 Uhr und 17.30 Uhr erzielte.

2. Lineare Funktionen

A. Der Begriff der linearen Funktion

Die Klasse der ***linearen Funktionen*** ist bereits aus der Sekundarstufe 1 bekannt. Es sind diejenigen Funktionen, deren Graphen Geraden sind. Sie können mit dem *Lineal* gezeichnet werden. Die Funktionsgleichungen aller linearen Funktionen haben die gleiche Gestalt.

Definition III.2: Alle Funktionen mit der Definitionsmenge $\mathbb{R}$ und der Funktionsgleichung
$f(x) = mx + n (m, n \in \mathbb{R})$
heißen ***lineare Funktionen***.

Beispiele für lineare Funktionen:

$f(x) = 3x + 5$	$m = 3$	$, n = 5$
$f(x) = 1 - 1{,}7x$	$m = -1{,}7$	$, n = 1$
$f(x) = 8x$	$m = 8$	$, n = 0$
$f(x) = 5$	$m = 0$	$, n = 5$

B. Der Graph einer linearen Funktion

Graphen von linearen Funktionen sind Geraden. Sie lassen sich besonders einfach zeichnen. Oft verwendet man dazu zwei Punkte, die nicht zu dicht beieinander liegen sollten.

Beispiel: Zeichnen Sie den Graphen der linearen Funktion $f(x) = 2x - 1$. Welche Steigung hat die Gerade? Wo schneidet sie die y-Achse?

Lösung:
Wir wählen die x-Werte 0 und 2 und erhalten durch Einsetzen in die Geradengleichung die Punkte P $(0|-1)$ und Q $(2|3)$. Durch P und Q legen wir eine Gerade.

Die Steigung der Geraden ist 2, denn wenn wir x um 1 erhöhen, so erhöht sich $f(x)$ um 2 (Abbildung: rotes Dreieck).

Die y-Achse wird bei $y = -1$ geschnitten, denn es gilt $f(0) = -1$.

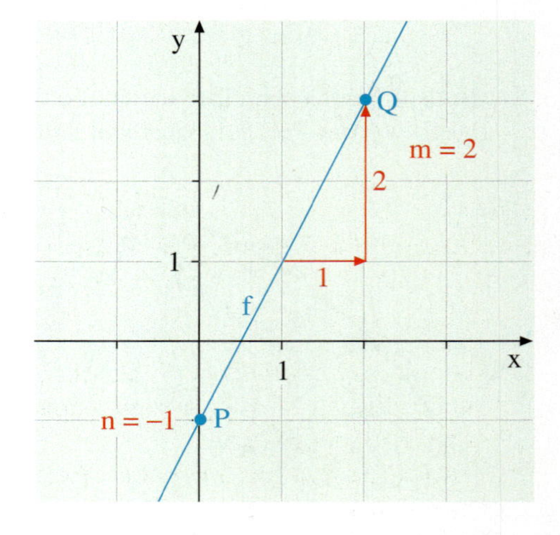

Übung 1

Zeichnen Sie den Graphen von f. Bestimmen Sie die Steigung von f. An welcher Stelle wird die y-Achse geschnitten? An welcher Stelle wird die x-Achse geschnitten?

a) $f(x) = 0{,}5x + 1$ b) $f(x) = -2x + 3$ c) $f(x) = 2$ d) $f(x) = x - 1$

C. Die Steigung einer linearen Funktion

Die Steigung des abgebildeten Hangs wird mithilfe eines Steigungsdreiecks definiert.
Sie beträgt 50 % = 0,5, weil auf 4 m in der Horizontalen 2 m in der Vertikalen gewonnen werden.
Man kann die Steigung als Quotient der Differenzen $\Delta y = 2$ und $\Delta x = 4$ definieren:

$$\frac{\Delta y}{\Delta x} = \frac{2}{4} = 0{,}5.$$

Man bezeichnet einen solchen Quotienten auch als ***Differenzenquotienten***.

Den Differenzenquotienten kann man verwenden, um die Steigung einer linearen Funktion ganz allein zu definieren.

Definition III.3: f sei eine lineare Funktion. $P_0(x_0 | y_0)$ und $P_1(x_1 | y_1)$ seien zwei beliebige Punkte des Graphen von f.
Dann bezeichnet man den Quotienten

$$\frac{\Delta y}{\Delta x} = \frac{y_1 - y_0}{x_1 - x_0} = \frac{f(x_1) - f(x_0)}{x_1 - x_0}$$

als ***Steigung*** der Funktion f.

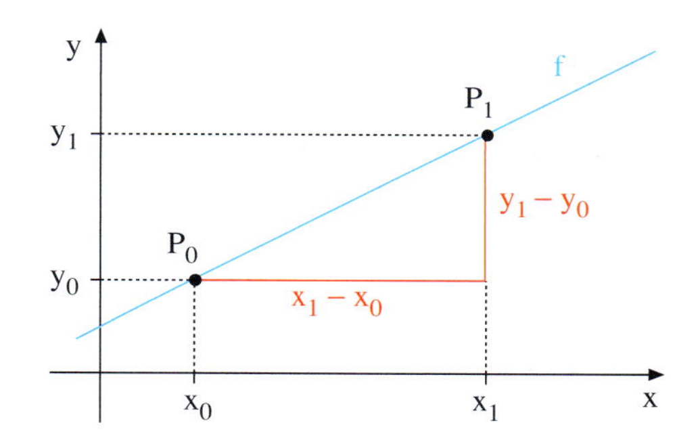

Übung 2

Berechnen Sie die Steigung der Funktion f mithilfe des Differenzenquotienten.

a) $f(x) = 0{,}5x + 1$ b) $f(x) = -2x + 3$ c) $f(x) = 2$ d) $f(x) = x - 1$

Übung 3

Gegeben sind die abgebildeten Funktionen f, g und h. Führen Sie zu jeder Funktion folgende Operationen durch.

a) Zeichnen Sie ein gut ablesbares Steigungsdreieck.
b) Bestimmen Sie dessen Katheten Δy und Δx durch Ablesen aus dem Graphen.
c) Berechnen Sie die Steigung der Funktion mithilfe des Differenzenquotienten.

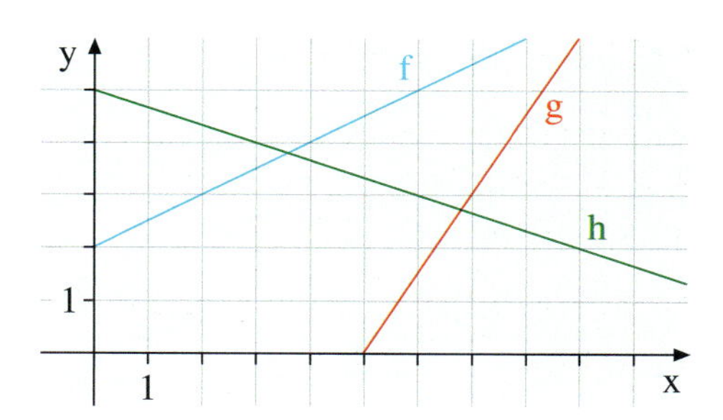

Übung 4

Gegeben ist die lineare Funktion $f(x) = mx + n$. Berechnen Sie allgemein die Steigung der Funktion mithilfe des Differenzenquotienten (Definition III.3).

Berechnen wir mithilfe des Differenzenquotienten die Steigung der allgemeinen linearen Funktion $f(x) = mx + n$, so erhalten wir als Resultat den Parameter m. Dies besagt der folgende Satz.

Satz III.1:
$f(x) = mx + n$ sei eine lineare Funktion.
Dann gilt für beliebige Stellen $x_0 \neq x_1$:

$$m = \frac{f(x_1) - f(x_0)}{x_1 - x_0}$$

Beweis von Satz III.1
Sei $f(x) = mx + n$ und sei $x_0 \neq x_1$.
Steigung von f nach Definition III.3:

$$\frac{f(x_1) - f(x_0)}{x_1 - x_0} = \frac{(m x_1 + n) - (m x_0 + n)}{x_1 - x_0}$$
$$= \frac{m x_1 - m x_0}{x_1 - x_0} = \frac{m(x_1 - x_0)}{x_1 - x_0} = m$$

D. Die geometrische Bedeutung der Parameter m und n

Die ***Bedeutung des Parameters m*** als Steigung der linearen Funktion $f(x) = mx + n$ ist uns bekannt. Satz III.1 bestätigt dies. Das Vorzeichen von m bestimmt, ob der Graph von f steigt oder fällt. Die Größe des Zahlenwertes von m bestimmt die Stärke des Steigens oder Fallens.

$m > 0$: steigende Gerade $m = 0$: waagerechte Gerade $m < 0$: fallende Gerade

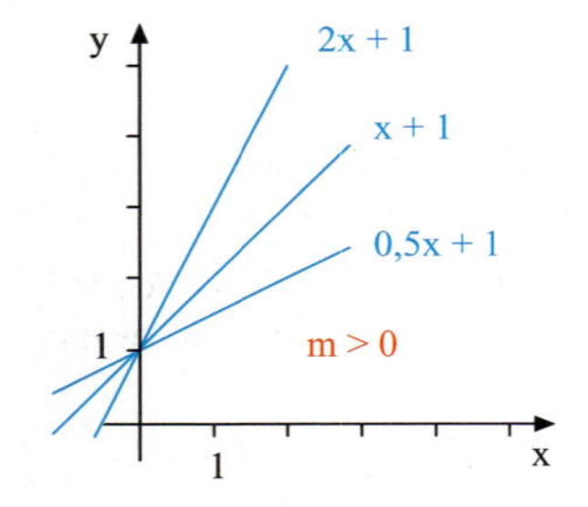

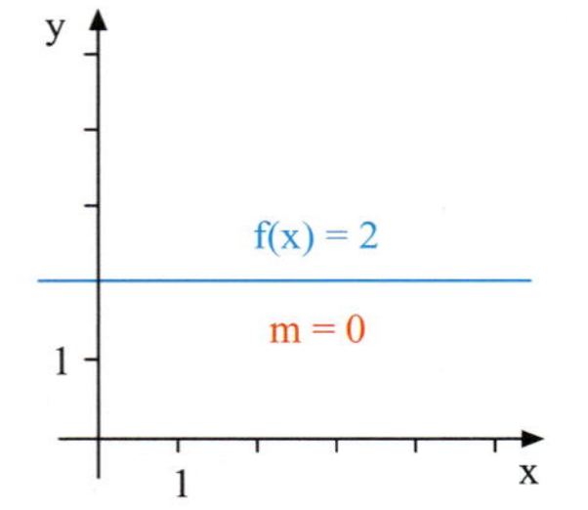

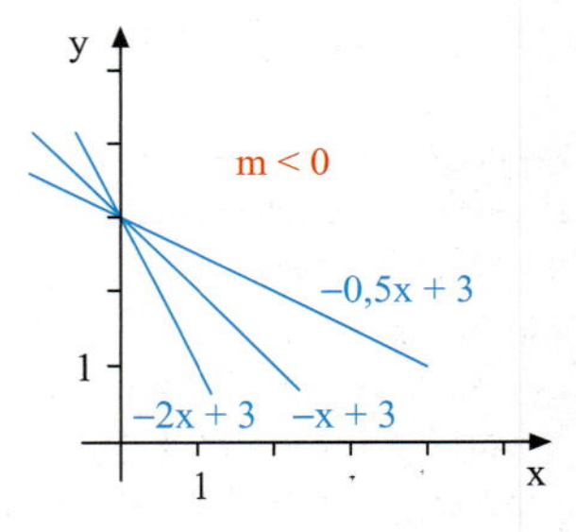

Die ***Bedeutung des Parameters n*** ist ebenfalls klar. n gibt den y-Achsenabschnitt der Geraden $f(x) = mx + n$ an. Man kann dies anhand der Bilder gut erkennen. Aber auch rechnerisch ergibt sich $f(0) = n$, was bedeutet, dass die Gerade f durch den Achsenabschnittpunkt $P(0 | n)$ verläuft.

090-1

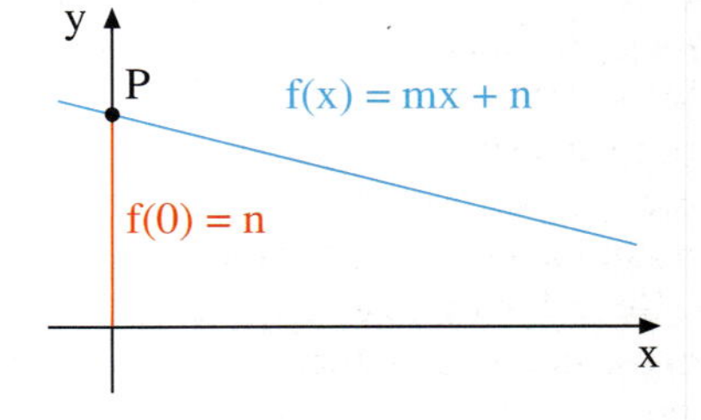

Übung 5

a) Zeichnen Sie eine Gerade mit der Steigung –3, welche die y-Achse in $P(0 | 5)$ schneidet. Wie lautet die Gleichung dieser Geraden?
b) Welche Steigung hat die Gerade, welche die x-Achse bei 2 und y-Achse bei 5 schneidet?

E. Bestimmung von Geradengleichungen

Bei zahlreichen Anwendungsproblemen muss die Funktionsgleichung zu einer Geraden bestimmt werden. Meistens sind zwei Punkte oder ein Punkt und die Steigung gegeben.

Beispiel: Bestimmen Sie die Gleichung der Geraden durch die Punkte $P(3|2)$ und $Q(2|4)$.

Lösung 1:
Wir berechnen zunächst die Steigung m mithilfe des Differenzenquotienten.
Anschließend können wir den Achsenabschnitt n wie rechts dargestellt bestimmen.
Resultat: $f(x) = -2x + 8$.

Lösung 2:
Es gibt eine zweite Möglichkeit, die Aufgabe zu lösen.
Wir setzen zunächst die Koordinaten der Punkte P und Q in die Geradengleichung ein und erhalten ein lineares Gleichungssystem. Aus diesem können wir m und n nach der Subtraktionsmethode berechnen.

Rechnen zu Lösung 1:
Wir bestimmen die Geradensteigung:
$m = \frac{f(x_1) - f(x_0)}{x_1 - x_0} = \frac{4-2}{2-3} = -2.$
Daraus ergibt sich der Ansatz:
$f(x) = -2x + n.$
Da $P(3|2)$ auf der Geraden liegt, gilt:
$f(3) = -6 + n = 2,$
$n = 8.$

Rechnung zu Lösung 2:
Ansatz: $f(x) = mx + n$
Da $P(3|2)$ und $Q(2|4)$ auf der Geraden liegen, gilt:
$f(3) = m \cdot 3 + n = 2,$
$f(2) = m \cdot 2 + n = 4.$
Auflösen dieses Gleichungssystems nach m und n ergibt $m = -2$ und $n = 8$, sodass wir $f(x) = -2x + 8$ erhalten.

Verallgemeinert man die Betrachtungen aus dem vorhergehenden Beispiel, so erhält man Formeln zur Bestimmung der Geradengleichungen bei Vorgabe von Punkt und Steigung bzw. zwei Punkten. Mithilfe dieser Formeln lässt sich die Funktionsgleichung kürzer berechnen.

Die Funktionswerte f(x) werden auch als y-Werte bezeichnet, so dass sich die Gerade in der Form $y = m(x - x_0) + y_0$ schreiben lässt.
Diese Form der Geradengleichung folgt unmittelbar aus der Definition III.3 für die Geradensteigung. Zum Beweis muss man die obige Gleichung nur nach m auflösen.

091-1

Punktsteigungsform der Geradengleichung
Die Gerade durch den Punkt $P(x_0|y_0)$ mit der Steigung m hat die Funktionsgleichung
$$f(x) = m(x - x_0) + y_0.$$

Zweipunkteform der Geradengleichung
Die Gerade durch die Punkte $P_0(x_0|y_0)$ und $P_1(x_1|y_1)$ hat die Gleichung
$$f(x) = m(x - x_0) + y_0$$
$$\text{mit } m = \frac{f(x_1) - f(x_0)}{x_1 - x_0}.$$

Übung 6
Bestimmen Sie die Gleichung der Geraden durch die Punkte P und Q.
a) $P(3|5)$, $Q(8|20)$
b) $P(0|3)$, $Q(8|7)$
c) $P(a|a)$, $Q(a+2|2a)$

Wie heiß ist es in Amerika?

Ist Ihnen das auch schon einmal so ergangen? Auf dem Urlaubsflug ins ferne Amerika fällt Ihnen eine amerikanische Zeitung in die Hand. Der Wetterbericht meldet, dass am nächsten Tag mit 92 Grad zu rechnen ist. Da wird einem richtig heiß. Natürlich ist sofort klar, dass damit Grad Fahrenheit gemeint sind und nicht Grad Celsius. Aber was kann ein Europäer mit dieser Information anfangen? Wie rechnet man das um, und wie kam es überhaupt zu so unterschiedlichen Temperaturskalen? 092-1

Anders Celsius

1701–1744; schwedischer Astronom, Mathematiker und Physiker; definierte die nach ihm benannte Temperaturskala ***Grad Celsius***; Fixpunkte: Gefrierpunkt (100°) und Siedepunkt (0°) von Wasser; Carl von Linn drehte im Jahre 1745 kurz nach Celsius Tod die Skala um.

Daniel Gabriel Fahrenheit

1686–1736; deutscher Physiker und Instrumentenbauer aus Danzig; definierte die noch heute in den USA verwendete Temperaturskala ***Grad Fahrenheit***; Fixpunkte: die niedrigste damals im Labor erzeugbare Temperatur mit 0° Fahrenheit und die Körpertemperatur des Menschen mit 100° Fahrenheit.

Man benötigt zwei Informationen, um eine Umrechnung vornehmen zu können.

1. Misst man auf der Fahrenheitskala den Gefrierpunkt des Wassers, so erhält man 32 °F. Also entsprechen sich 0 °C und 32 °F. Misst man auf der Fahrenheit-Skala den Siedepunkt des Wassers, so ergeben sich 212 °F. Also entsprechen sich 100 °C und 212 °F.
2. Einer Celsius-Differenz von 100° entspricht also eine Fahrenheit-Differenz von 180°. Man kann auch sagen: Ein Celsius-Grad entspricht $\frac{9}{5} = 1{,}8$ Fahrenheit-Grad.

Damit ergeben sich zwei schlaue ***Umrechnungsformeln***, die aber praktisch nicht viel nützen, denn wer trägt ständig einen Taschenrechner mit sich herum?

$$F = \frac{9}{5} \cdot C + 32$$

$$C = \frac{5}{9} \cdot (F - 32)$$

Allerdings lassen sie das Herz des Mathematikers höher schlagen, denn es sind lineare Funktionen. Diese kann man ganz wunderbar graphisch darstellen, in einem so genannten ***Nomogramm***. Und aus einem solchen Diagramm kann man dann durch Ablesen und ohne sich den Kopf durch Rechnen zu zerbrechen, die Umrechnungswerte gewinnen.

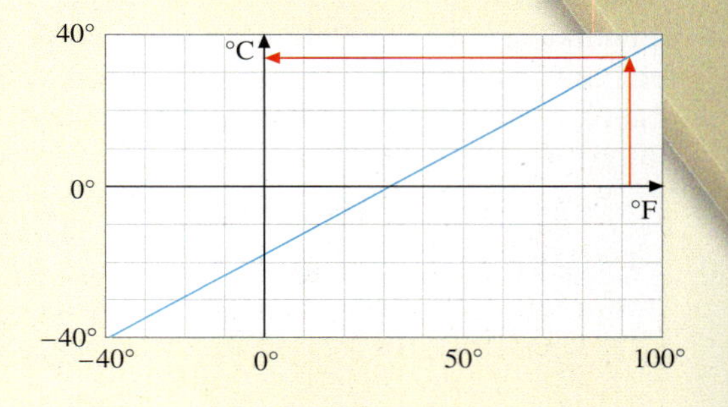

Mit dem Diagramm ist es ein Leichtes, 92° Fahrenheit in Celsiusgrade umzuwandeln. Nach unserem Diagramm sind es 32° Celsius, vielleicht auch 33° Celsius. So ganz genau kann man es nicht ablesen. Wenn wir es exakt wissen wollen, müssen wir doch die Formel $C = \frac{5}{9} \cdot (F - 32)$ heranziehen. Wir erhalten dann 33,3 °C.

Nun haben wir zwar das genaue Ergebnis, aber für praktische Zwecke ist das Verfahren doch sehr umständlich. Mit einer einfachen und ganz leicht zu merkenden ***Faustformel*** kommt man viel besser durchs Leben. Wie sie lautet?

Wie rechnet man Fahrenheit in Celsius um?

Nehmen Sie die Fahrenheit-Temperatur, ziehen Sie 30 ab und teilen Sie das Ergebnis durch 2. Dann erhalten Sie angenähert die Celsius-Temperatur.
92 °F minus 30 ergibt 62. 62 geteilt durch 2 ergibt 31 °C. Das ist nicht ganz exakt, aber leicht zu merken und für praktische Zwecke völlig ausreichend.

Ziehe 30 ab und teile durch 2.

Die Frage ist nun:

Ist die Faustformel mathematisch einigermaßen zu rechtfertigen? Wie kann man das überprüfen?

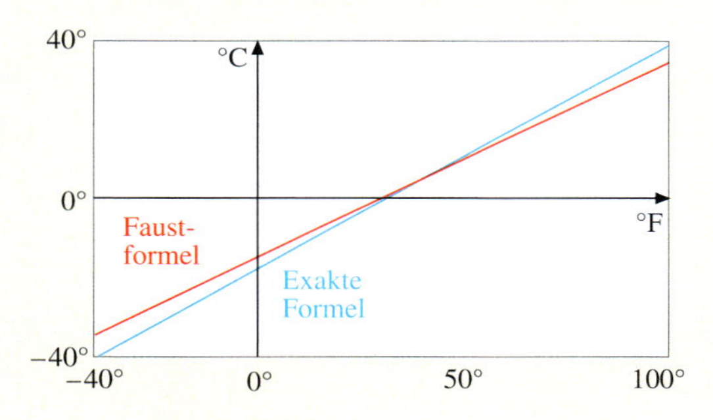

Wir stellen erst einmal eine Gleichung auf für die Faustformel. Sie lautet:
$C = \frac{1}{2}(F - 30)$.

Diese Formel vergleichen wir nun mit der exakten Formel $C = \frac{5}{9} \cdot (F - 32)$. Am besten geht das graphisch.

Wir erkennen, dass die beiden Geraden sich nur wenig unterscheiden. Die Faustformel ist in weiten Bereichen eine gute Annäherung.

Nun wissen wir also, wie die Amerikaner Temperaturen messen, woher ihr Messverfahren stammt, wie man umrechnen kann und wie die einfache Faustformel zur Umrechnung mathematisch modelliert und begründet werden kann.

Zur Anregung

Nicht nur die Temperaturmessung in Amerika unterscheidet sich von der unseren. Die Amerikaner verwenden einige für uns unübliche Maßeinheiten.

- Was bedeutet 9:00 a. m. bzw. 11:00 p. m.?
- Was bedeutet 12:00 a. m., Mitternacht oder Mittag?
- Was ist mit der Datumsangabe 12 – 3 – 2004 gemeint?
- Was bedeutet die Längenangabe 22 feet 9 inches beim Weitsprung?
- Was ist mit 3 gallons gemeint?
- Was bedeutet ein speed limit von 75 mi/h auf dem interstate highway?

F. Der Steigungswinkel einer Geraden

Definition III.4: Der ***Steigungswinkel*** α einer Geraden ist der im mathematisch positiven Sinne gemessene Winkel zwischen der x-Achse und der Geraden.

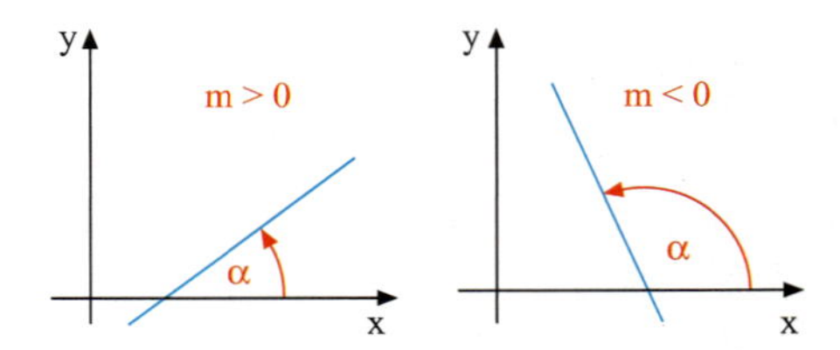

Der rechnerische Zusammenhang zwischen der Steigung m einer linearen Funktion $f(x) = mx + n$ und dem Steigungswinkel α ist sehr einfach.

Satz III.2:
Die Steigung einer Geraden ist gleich dem Tangens ihres Steigungswinkels.

$$m = \tan\alpha \qquad (\alpha \neq 90°)$$

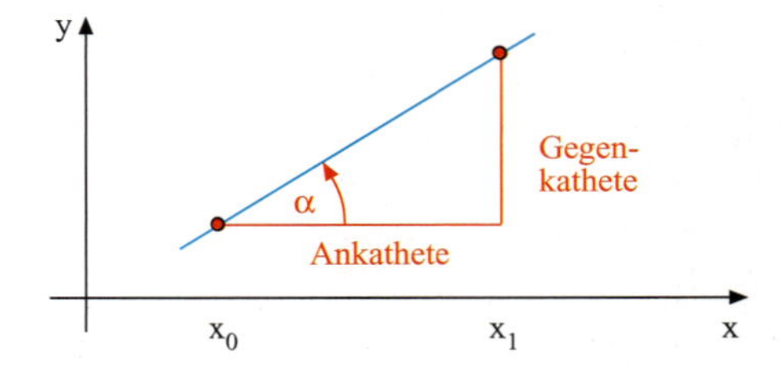

Beweis für $0° < \alpha < 90°$:

$$\tan\alpha = \frac{\text{Gegenkathete}}{\text{Ankathete}} = \frac{f(x_1) - f(x_0)}{x_1 - x_0} = m$$

Beispiel: Eine Gerade hat den Steigungswinkel α. Berechnen Sie die Steigung m für $\alpha = 30°$ sowie für $\alpha = 110°$.

Lösung:
Wir bestimmen $\tan\alpha$ mit dem Taschenrechner und erhalten nebenstehende Resultate.

Rechnung:
$m = \tan\alpha = \tan 30° \approx 0{,}5774$
$m = \tan\alpha = \tan 110° \approx -2{,}7475$

Beispiel: Berechnen Sie den Steigungswinkel der Geraden f.
a) $f(x) = 3x - 1$ b) $f(x) = -2x + 3$

Lösung:
Zur Lösung dieser Aufgabe benötigen wir die Umkehrfunktion des Tangens. Hierzu wenden wir die Tasten inv tan, 2nd tan oder $\tan^{-1}$ an.

Der Taschenrechner liefert hier den negativen Winkel $\alpha' \approx -63{,}4°$. Bilden wir den Ergänzungswinkel zu $180°$, also $\alpha = 180 - |\alpha'|$, so erhalten wir den positiven Winkel $\alpha \approx 116{,}6°$.

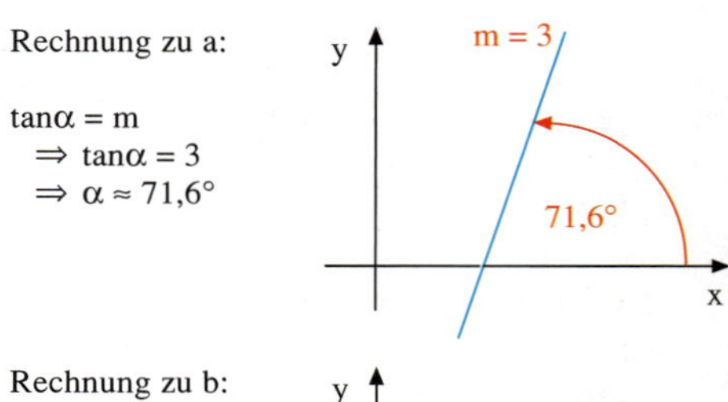

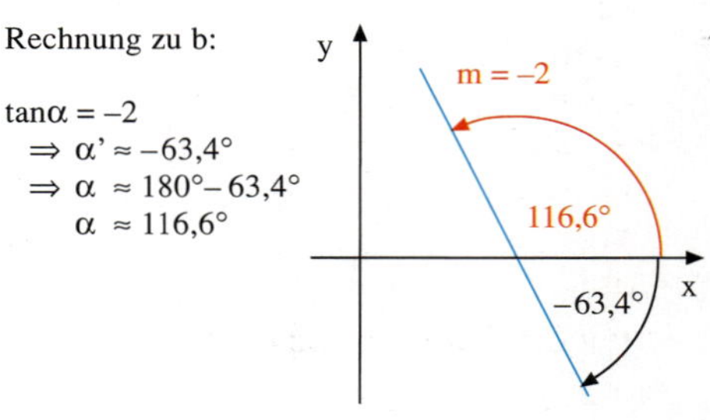

Übungen

7. Der Punkt P liegt auf der Geraden f. Berechnen Sie die fehlende Koordinate.
a) $P(x_0|3),\ f(x) = 2x + 2$ b) $P(3|y_0),\ f(x) = \frac{1}{2}x - \frac{3}{2}$ c) $P(x_0|-2),\ f(x) = -2x + 7$

8. Von der Geraden f sind die Steigung m und der y-Achsenabschnitt n bzw. die Geradengleichung bekannt. Zeichnen Sie die Gerade (mithilfe eines Steigungsdreiecks). Geben Sie an, ob die Gerade steigend oder fallend ist.
a) $m = -2;\ n = 5$ b) $m = 0;\ n = -2$ c) $m = 0{,}5;\ n = 0$
d) $f(x) = 2x - 3$ e) $f(x) = -\frac{2}{3}x + 5$ f) $f(x) = -3$

9. Bestimmen Sie jeweils die Gleichung der rechts abgebildeten Geraden.

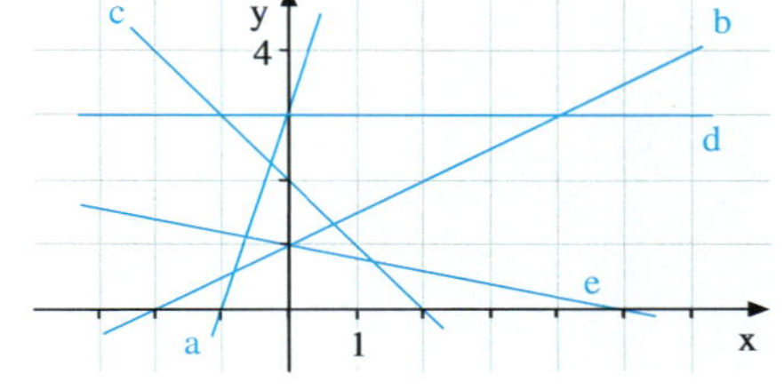

10. Bestimmen Sie die Steigung der Geraden durch die Punkte P und Q.
a) $P(2|3),\ Q(3|5)$
b) $P(1|-1),\ Q(4|2)$

11. Bestimmen Sie die Gleichung der Geraden mit der Steigung m, die durch den Punkt P geht.
a) $m = 3,\ P(2|5)$ b) $m = -2,\ P(-1|3)$ c) $m = -0{,}5,\ P\left(\frac{1}{2}\middle|\frac{1}{3}\right)$

12. Bestimmen Sie die Gleichung der Geraden durch die Punkte P und Q.
a) $P(-2|-1),\ Q(3|14)$ b) $P(0|0),\ Q(3|1)$ c) $P(4|2),\ Q(7|2)$
d) $P(1|1),\ Q(2a|6a)$ e) $P(-3|4),\ Q\left(\frac{1}{3}\middle|\frac{2}{3}\right)$ f) $P(3|4),\ Q(3|7)$

13. a) Eine Gerade schneidet die y-Achse unter einem Winkel von 30°. Welche Steigung kann sie haben?
b) Bestimmen Sie die Gleichung der Geraden, die die x-Achse bei $x = 2$ unter einem Winkel von 20° schneidet.
c) Bestimmen Sie den Steigungswinkel der Geraden, die durch die Punkte $P(-2|6)$ und $Q(2|-4)$ geht.

14. Auf dem Monitor eines Fluglotsen erscheint ein ankommendes Flugzeug in kurzen Abständen als Leuchtfleck. So kann der Fluglotse abschätzen bzw. mit dem angeschlossenen Computer berechnen, ob sich das Flugzeug im zugeteilten Luftkorridor bewegt.
Bestimmen Sie die Gleichung der Fluggeraden eines Flugzeugs, das in konstanter Höhe fliegt und auf dem Monitor als Punkt erscheint, zunächst mit den Koordinaten $(6450|2200)$, kurze Zeit später mit den Koordinaten $(6250|1100)$.

G. Die relative Lage von Geraden

Zwei Geraden in der Ebene können auf drei Arten zueinander liegen. Die Geraden schneiden sich, dann haben sie einen gemeinsamen Punkt, oder sie sind echt parallel, d. h., dass sie keine gemeinsamen Punkte haben, oder sie sind identisch, d. h., dass sie unendlich viele, nämlich alle Punkte gemeinsam haben. Welcher Fall vorliegt, lässt sich leicht an den Funktionsgleichungen erkennen.

Übersicht:

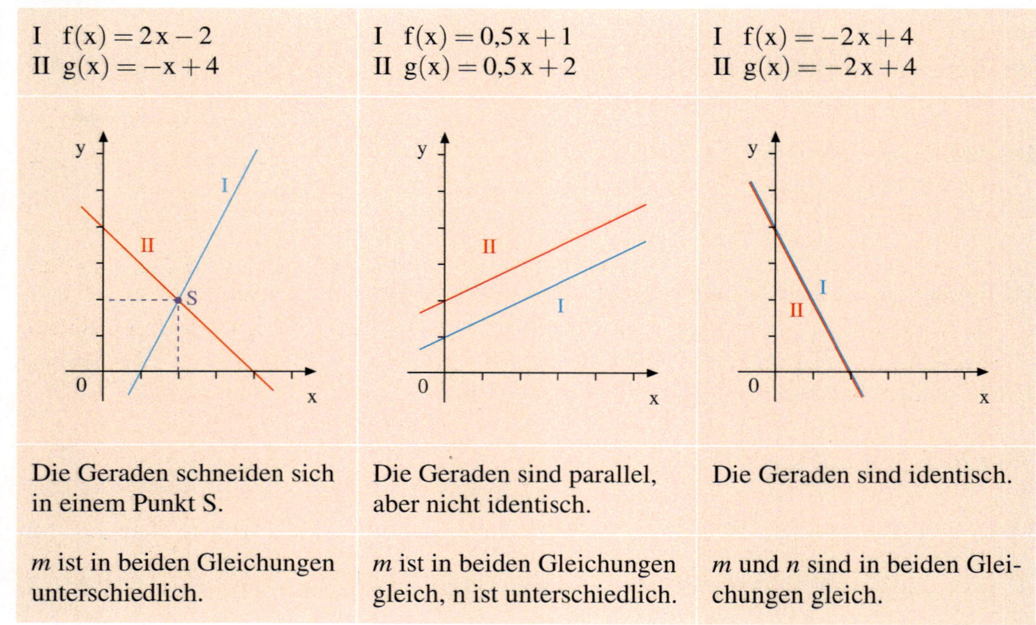

I $f(x) = 2x - 2$ II $g(x) = -x + 4$	I $f(x) = 0{,}5x + 1$ II $g(x) = 0{,}5x + 2$	I $f(x) = -2x + 4$ II $g(x) = -2x + 4$
Die Geraden schneiden sich in einem Punkt S.	Die Geraden sind parallel, aber nicht identisch.	Die Geraden sind identisch.
m ist in beiden Gleichungen unterschiedlich.	*m* ist in beiden Gleichungen gleich, n ist unterschiedlich.	*m* und *n* sind in beiden Gleichungen gleich.

096-1

Beispiel: Gegeben sind die Graphen der linearen Funktionen $f(x) = -0{,}5x + 2$, $g(x) = x - 1$ und $h(x) = -0{,}5x - 3$. Bestimmen Sie die Lagebezeichnung der Geraden f und g sowie die Lagebezeichnung der Geraden f und h.

Lösung:
Die Geraden f und g schneiden sich, da die Steigung m beider Geraden unterschiedlich ist. Im folgenden Beispiel wird der Schnittpunkt beider Graphen berechnet.
Die Geraden f und h sind parallel zueinander, da sie dieselbe Steigung, nämlich $-0{,}5$, haben. Sie sind nicht identisch, da der y-Achsenabschnitt n unterschiedlich ist.

Übung 15

Gegeben ist die lineare Funktion f durch die Gleichung $12x + 16y = 28$ und die lineare Funktion g durch die Gleichung $15x + 20y = 35$. Bringen Sie die Funktionsgleichungen zunächst in Normalform $y = mx + n$. Untersuchen Sie dann die Lagebeziehung beider Geraden zueinander.

Schnittpunkt und Schnittwinkel von Geraden

Beispiel: Die Graphen der linearen Funktionen $f(x) = -0{,}5x + 2$ und $g(x) = x - 1$ sind nicht parallel. Sie schneiden sich also in einem Punkt S. Berechnen Sie die Koordinaten x_S und y_S dieses Schnittpunktes.

Lösung:
Der Ansatz $f(x_S) = g(x_S)$ führt auf $x_S = 2$. Einsetzen dieses Wertes in die Gleichung von f liefert $y_S = 1$.
Resultat: Der Schnittpunkt ist $S(2 \mid 1)$.

Rechnung:

$$f(x_S) = g(x_S)$$
$$-\tfrac{1}{2}x_S + 2 = x_S - 1$$
$$\tfrac{3}{2}x_S = 3$$
$$x_S = 2$$

$$y_S = f(x_S) = f(2) = 1$$

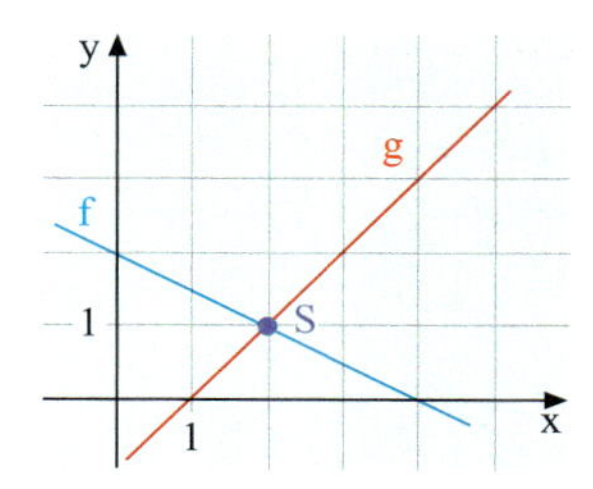

Zwei Geraden, die sich schneiden, bilden zwei Winkel miteinander. Als ***Schnittwinkel*** bezeichnen wir denjenigen der beiden Winkel, der 90° nicht übersteigt.
Wir berechnen den Schnittwinkel γ aus den Steigungswinkeln α und β der beiden Geraden. Dabei gilt stets: $\gamma = |\beta - \alpha|$ oder $\gamma = 180° - |\beta - \alpha|$.

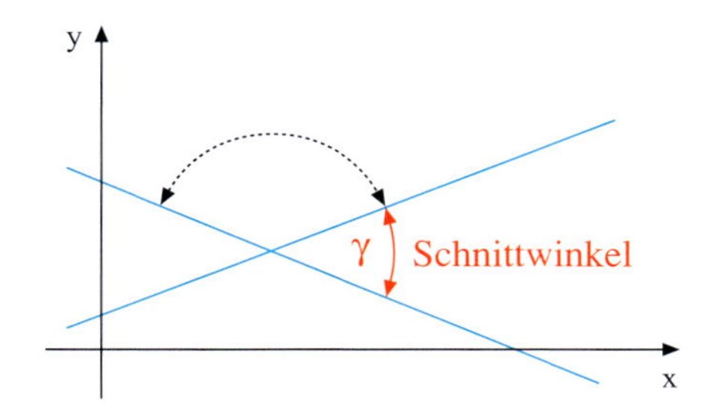

Beispiel: Berechnen Sie den Schnittwinkel der Graphen der folgenden linearen Funktionen:
$g(x) = x - 1$ und $f(x) = -0{,}5x + 2$.

Lösung:

$m_g = 1 \Rightarrow \tan\alpha = 1 \Rightarrow \alpha = 45°$

$m_f = -\frac{1}{2} \Rightarrow \tan\beta = -\frac{1}{2} \Rightarrow \beta \approx 153{,}4°$

$|\beta - \alpha| \approx 108{,}4° > 90°$

$\gamma \approx 180° - 108{,}4° = 71{,}6°$

Übung 16

Untersuchen Sie die Lagebeziehung der Geraden f, die durch $P(1 \mid 1)$ und $Q(4 \mid 2)$ geht, und der Geraden g, die durch $R(2 \mid 3)$ und $S(10 \mid -1)$ geht. Bestimmen Sie ggf. den Schnittpunkt.

Übung 17

Berechnen Sie den Schnittpunkt und den Schnittwinkel der Graphen von f und g.
a) $f(x) = 4x - 1;\ g(x) = 3x + 5$ b) $f(x) = 2x - 1;\ g(x) = -2x + 6$ c) $f(x) = 2x - 1;\ g(x) = \frac{1}{2}x + 4$

Orthogonale Geraden

Die Abbildung rechts zeigt, wie durch eine 90°-Drehung aus einer Geraden f eine zu f orthogonale, d. h. senkrecht stehende Gerade g entsteht. Dabei dreht sich auch das Steigungsdreieck um 90°.

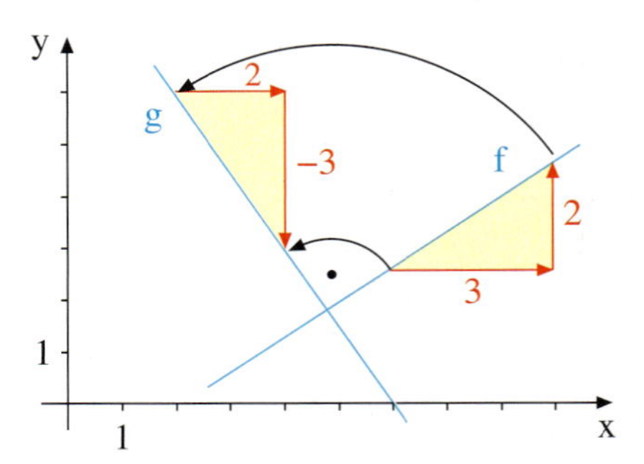

Dies führt – die verallgemeinerbare Rechnung zum Beispiel aus der Abbildung zeigt dies – zum folgenden Zusammenhang zwischen den Steigungen orthogonaler Geraden.

Steigung von f: $m_f = \frac{2}{3}$ | Steigung von g: $m_g = \frac{-3}{2} = -\frac{3}{2}$

Zusammenhang: $m_g = -\frac{1}{m_f}$

Satz III.3:
Die Graphen der linearen Funktionen f und g sind genau dann ***orthogonal***, wenn für ihre Steigungen m_f und m_g gilt:

$$m_g = -\frac{1}{m_f} \quad \text{bzw.} \quad m_f \cdot m_g = -1.$$

Beispiel:

a) Zeigen Sie: Die Graphen von $f(x) = 2x - 1$ und $g(x) = -\frac{1}{2}x + 18$ sind orthogonal.

b) Zeigen Sie, dass jede Gerade mit der Steigung 2 orthogonal ist zu der Geraden g durch $P(1|1)$ und $Q(7|-2)$.

c) Bestimmen Sie die Gleichung der Geraden f durch den Punkt $P(1|2)$, die orthogonal ist zum Graphen von $g(x) = \frac{1}{3}x - 1$.

Lösung:

a) $m_g = -\frac{1}{2} = -\frac{1}{m_f}$

b) $m_g = \frac{-2-1}{7-1} = \frac{-3}{6} = -\frac{1}{2}$, also $m_f = 2$

c) Die Orthogonalität liefert:

$m_g = \frac{1}{3} = -\frac{1}{m_f}$, also $m_f = -3$

Da $P(1|2)$ auf f liegt, gilt nach der Punktsteigungsform:

$f(x) = -3(x-1) + 2 = -3x + 5$

Übung 18

a) Untersuchen Sie die Gerade $f(x) = 3x - 1$ und die Gerade g, die durch $P(2|1)$ und $Q(-4|-1)$ geht, auf Orthogonalität.

b) Welche Ursprungsgerade ist orthogonal zur Geraden $f(x) = -\frac{1}{5}x + 3$?

c) Bestimmen Sie die Gleichung der Geraden, welche den Graphen von $f(x) = 0{,}5\,x$ im Punkt $P(2|1)$ senkrecht schneidet.

d) Bestimmen Sie die Gleichung der Geraden, die orthogonal zur Winkelhalbierenden des 1. Quadranten ist und durch den Punkt $P(1|3)$ geht.

EXKURS: Streckenmittelpunkt und Mittelsenkrechte

Der Mittelpunkt einer Strecke ist derjenige Streckenpunkt, der von beiden Eckpunkten P_1 und P_2 gleich weit entfernt ist. Seine Koordinaten lassen sich durch Mittelwertbildung berechnen.

Satz III.4: Streckenmittelpunkt
Für die Koordinaten des Mittelpunktes M der Strecke $\overline{P_1P_2}$ mit den Eckpunkten $P_1(x_1|y_1)$ und $P_2(x_2|y_2)$ gilt:

$$M\left(\frac{x_1+x_2}{2}\,\middle|\,\frac{y_1+y_2}{2}\right)$$

Beispiel: Gegeben ist die Strecke $\overline{AB}$ mit $A(2|4)$ und $B(6|6)$. Bestimmen Sie die Gleichung der Mittelsenkrechten.

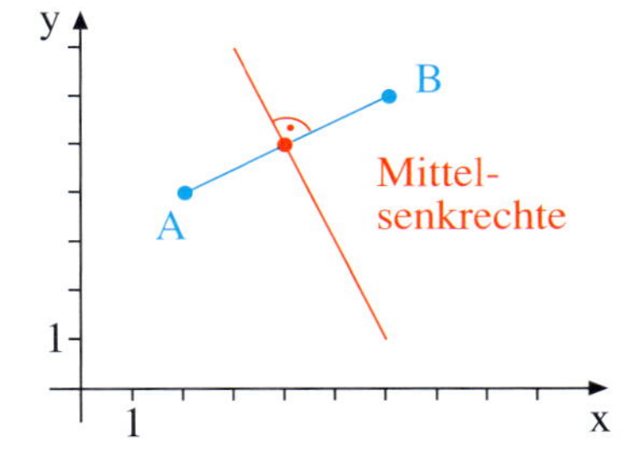

Lösung:
Die Mittelsenkrechte ist eine Gerade, die durch den Mittelpunkt von $\overline{AB}$ geht und senkrecht zu $\overline{AB}$ steht.

Wir bestimmen mithilfe der obigen Formeln zunächst den Mittelpunkt M der Strecke $\overline{AB}$.

Mittelpunkt von $\overline{AB}$:

$M = \left(\frac{2+6}{2}\,\middle|\,\frac{4+6}{2}\right) = M(4|5)$

Dann ermitteln wir mithilfe der Zweipunkteform die Gleichung der Geraden f durch A und B.

Gleichung der Geraden f durch A und B:

$m_f = \frac{6-4}{6-2} = 0{,}5$

$f(x) = 0{,}5(x-2)+4 = 0{,}5\,x+3$

Da die Mittelsenkrechte orthogonal zu f ist, kennen wir deren Steigung und können nun mit der Punktsteigungsform deren Gleichung berechnen.

Gleichung der Mittelsenkrechten g:

$m_g = -\frac{1}{0{,}5} = -2$

$f(x) = -2(x-4)+5 = -2\,x+13$

Übung 19
Bestimmen Sie die Gleichung der Mittelsenkrechten der Strecke $\overline{AB}$ mit den Eckpunkten $A(2|1)$ und $B(4|7)$.

Übung 20
Gegeben ist das Dreieck ABC mit $A(-5|-4)$, $B(1|-6)$ und $C(9|10)$. Berechnen Sie die Koordinaten des Schnittpunktes der drei Mittelsenkrechten der Dreiecksseiten.

Übungen

21. Bestimmen Sie die Lagebeziehungen von jeweils zwei der folgenden Geraden:

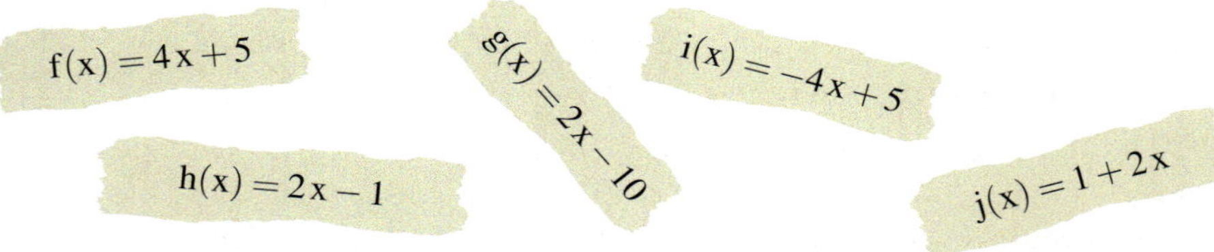

22. Bestimmen Sie die Lagebeziehung der Geraden f und g. Berechnen Sie ggf. den Schnittpunkt und den Schnittwinkel der Geraden f und g.
a) $f(x) = 2x - 3$; $g(x) = 4x - 1$
b) $f(x) = 2$; $g(x) = -3x$
c) $f(x) = 0{,}5x - 3$; $g(x) = 0{,}5x - 4$
d) $f(x) = x + 1$; $g(x) = -x + 1$

23. Gegeben ist das Dreieck ABC mit $A(0|1)$, $B(3|1)$ und $C(3|5)$. Berechnen Sie die Innenwinkel des Dreiecks.

24. Untersuchen Sie, ob die Gerade f durch $P(2|-3)$ und $Q(4|3)$ orthogonal zur Geraden g durch $P(1|8)$ und $Q(2|4)$ ist.

25. Bestimmen Sie die Gleichung der Geraden, die
a) durch den Punkt $P(1|3)$ geht und parallel zur Geraden $g(x) = 6x + 4$ ist.
b) durch $P(1|2)$ geht und orthogonal zur Geraden durch $Q(-4|2)$ und $R(0|-6)$ ist.
c) durch den Ursprung geht und orthogonal zur Geraden durch $P(3|2)$ und $Q(4|-9)$ ist.

26. Untersuchen Sie die Geraden f und g auf Orthogonalität.
a) $f(x) = 3x - 1$; g geht durch $P(2|1)$ und $Q(-4|-1)$.
b) Der Graph von f hat den Achsenabschnitt $n = 2$ und die Nullstelle $x_N = -3$; g ist eine Ursprungsgerade durch $P(16|-24)$.

27. Zeigen Sie, dass die Diagonalen im Viereck ABCD mit $A(-3|1)$, $B(-1|-5)$, $C(3|-2)$ und $D(4|5)$ senkrecht aufeinander stehen.

28. Bestimmen Sie die Mittelsenkrechte der Strecke $\overline{AB}$ mit $A(2|1)$ und $B(8|-2)$
a) zeichnerisch,
b) rechnerisch.

29. Gegeben ist das Dreieck ABC mit $A(-5|2)$, $B(3|-2)$, $C(5|4)$.
a) Bestimmen Sie die beiden Geradengleichungen der Seitenhalbierenden $\overline{AM_a}$ und $\overline{M_cC}$.
b) Bestimmen Sie den Schnittpunkt S der Geraden aus a).

30. Gegeben sind die Punkte $A(-4|5)$, $B(6|1)$, $C(-2|0)$.
Die Strecken $\overline{AB}$ und $\overline{CD}$ schneiden sich im gemeinsamen Streckenmittelpunkt S.
a) Bestimmen Sie die Koordinaten des Punktes D.
b) Berechnen Sie den Winkel, unter dem sich die Strecken schneiden.

Zusammengesetzte Aufgaben und Anwendungen

31. Gegeben ist die Funktion $f(x) = -\frac{1}{3}x + 5$.

a) Bestimmen Sie die Nullstelle und den Steigungswinkel der Geraden f.
b) Berechnen Sie Schnittpunkt und Schnittwinkel der Geraden f und $g(x) = x - 1$.
c) Welche Ursprungsgerade ist orthogonal zur Geraden f?

32. Gegeben ist die Funktion $f(x) = -3x + 0{,}5$.

a) Zeichnen Sie den Graphen von f.
b) Prüfen Sie rechnerisch, ob der Punkt $P(3{,}5\,|\,12)$ auf der Geraden f liegt.
c) Die Punkte $P(x_0\,|\,8)$ und $Q(-2\,|\,y_0)$ liegen auf der Geraden f. Berechnen Sie x_0 und y_0.
d) Bestimmen Sie die Gleichung einer zur Geraden f parallelen Geraden durch $P(-3\,|\,0)$.

33. Die Gerade f geht durch die Punkte $P(2\,|\,-3)$ und $Q(4\,|\,3)$.

a) Bestimmen Sie die Gleichung von f.
b) Geben Sie die Achsenschnittpunkte der Geraden f an.
c) Berechnen Sie die Koordinaten des Mittelpunktes der Strecke PQ.
d) Bestimmen Sie den Steigungswinkel der Geraden sowie ihre Schnittwinkel mit den Koordinatenachsen.

34. Die Achsenschnittpunkte der Geraden f haben den Abstand 5. Ein Achsenschnittpunkt ist $P(-4\,|\,0)$. Der zweite Achsenschnittpunkt liegt auf der positiven y-Achse.

a) Berechnen Sie die Koordinaten des zweiten Achsenschnittpunktes.
b) Bestimmen Sie die Gleichung von f.
c) Bestimmen Sie den Inhalt der von den Koordinatenachsen und der Geraden f eingeschlossenen Fläche.

35. Auf dem Radarbildschirm einer Flugüberwachungsstation liegt der zu beobachtende Flugkorridor zwischen den Geraden $f(x) = 0{,}5x + 2$ und $g(x) = 0{,}5x - 1$. Bei welcher Position verlässt ein Flugzeug, das zunächst bei $P_1(9\,|\,6)$ und dann bei $P_2(3\,|\,1)$ gesichtet wurde, den Luftkorridor?

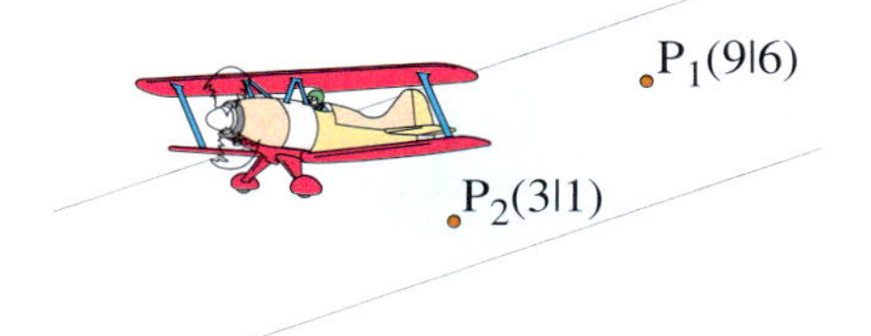

36. Auf der Insel „Bora" liegen die drei Dörfer A, B und C. Sie haben die in der Karte eingezeichneten Koordinaten. Nun soll eine Rettungsstation gebaut werden. An welcher Position P sollte die Rettungsstation liegen, damit die Entfernung zu allen drei Dörfern gleich weit ist?

a) Lösen Sie die Aufgabe zeichnerisch und rechnerisch.
b) Ist es sinnvoll, die Station gleich weit von den Dörfern zu bauen? Untersuchen Sie zum Vergleich die Position $P(7\,|\,4)$.

H. Abstände

Der Abstand von zwei Punkten

Die Länge der Verbindungsstrecke zweier Punkt P_1 und P_2 wird als Abstand der beiden Punkte bezeichnet. Mithilfe der folgenden Formel kann man Punktabstände und auch Streckenlängen berechnen.

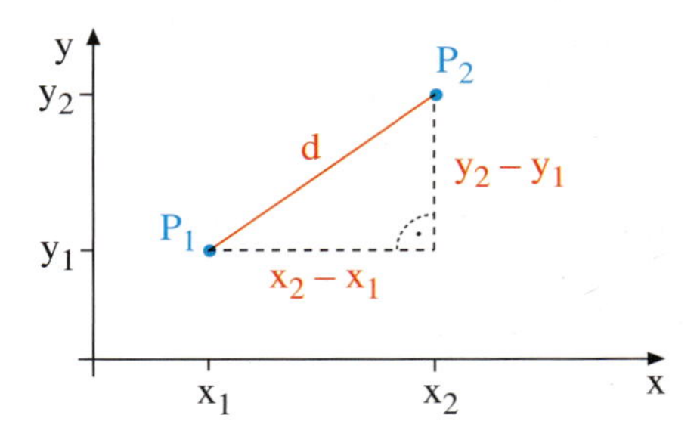

Satz III.5: Abstand zweier Punkte
Für den Abstand zweier Punkte $P_1(x_1|y_1)$ und $P_2(x_2|y_2)$ gilt:

$$d = \sqrt{(x_2 - x_1)^2 + (y_2 - y_1)^2}.$$

Beweis:
Aus der Skizze entnehmen wir unter Verwendung des Satzes von Pythagoras, dass $d^2 = (x_2 - x_1)^2 + (y_2 - y_1)^2$ gilt.

Beispiel: Wie lang ist die Festungsbahn in Salzburg, wenn ihre Talstation bei $P(400|50)$ und ihre Bergstation bei $Q(570|152)$ liegt? (Angaben in m)

Lösung:
Die Koordinaten der Punkte werden in die obige Abstandsformel eingesetzt:

$$d = \sqrt{(570 - 400)^2 + (152 - 50)^2}$$
$$= \sqrt{39\,304} \approx 198{,}25$$

Die Festungsbahn hat eine Länge von ca. 198 m.

Die Festungsbahn in Salzburg ist die älteste in Betrieb befindliche Standseilbahn Österreichs. Sie besteht seit 1892 und wurde zuletzt 1992 modernisiert. Die Festungsbahn verbindet die Altstadt mit der Festung Hohensalzburg, dem Wahrzeichen Salzburgs.

Übung 37
Berechnen Sie die Seitenlängen des Dreiecks ABC mit $A(0|0)$, $B(0|-7)$ und $C(-3|4)$.

Übung 38
Zeigen Sie: Das Viereck ABCD mit $A(1|1)$, $B(3|2)$, $C(4|4)$, $D(2|3)$ ist eine Raute.

Übung 39
Wie lang wird die geplante Ölpipeline zwischen den Punkten $P(500|200)$ und $Q(1400|900)$? (Angaben in km)

Der Abstand eines Punktes von einer Geraden

Als Abstand eines Punktes P von einer Geraden g bezeichnet man die Länge derjenigen Verbindungsstrecke des Punktes P mit einem Punkt der Geraden g, die am kürzesten ist. Von allen Verbindungsstrecken ist diejenige am kürzesten, die orthogonal zu g ist. Man bezeichnet diese Strecke auch als ***Lot***, den Schnittpunkt des Lots mit der Geraden g als ***Lotfußpunkt*** oder nur als ***Fußpunkt***.

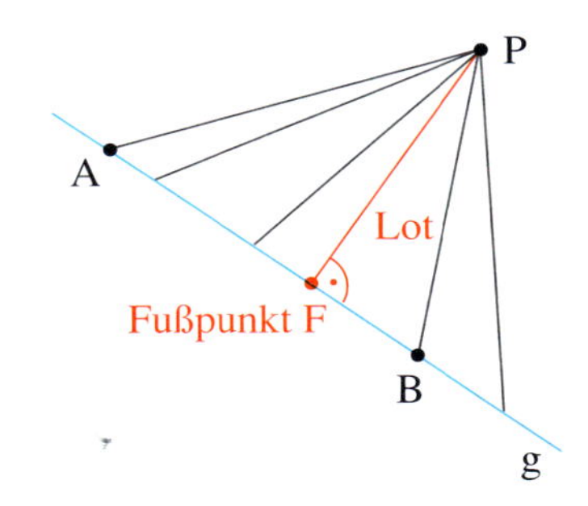

Beispiel: Die Gerade g geht durch die Punkte $A(1|2)$ und $B(9|6)$. Berechnen Sie den Abstand des Punktes $P(6|2)$ von der Geraden g.

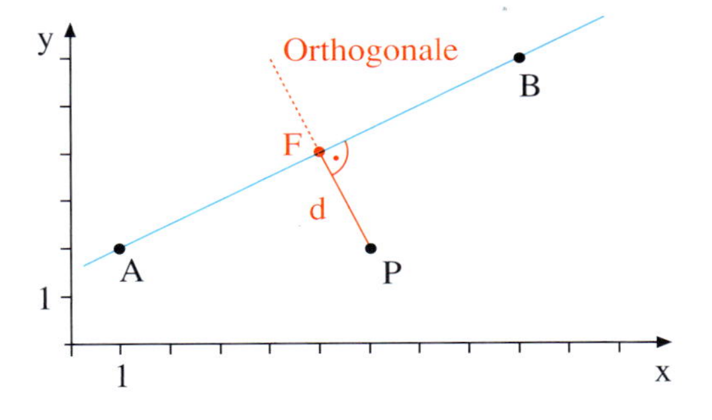

Lösung:
Zunächst bestimmen wir mit der Zweipunkteform die Gleichung von g.

Geradengleichung von g:
$g(x) = 0{,}5x + 1{,}5$

Dann ermitteln wir die Gleichung der Orthogonalen zu g durch den Punkt P mithilfe der Punktsteigungsform.

Orthogonale zu g durch P:
$h(x) = -2(x-6) + 2 = -2x + 14$

Der Schnittpunkt der Orthogonalen mit g ist der Lotfußpunkt F. Um den Schnittpunkt zu berechnen, setzen wir die beiden Funkionsterme gleich und lösen nach x auf.

Lotfußpunkt F:

$$\begin{aligned} h(x) &= g(x) \\ -2x + 14 &= 0{,}5x + 1{,}5 \quad \Rightarrow \quad x = 5 \\ h(5) &= 4 \quad \Rightarrow \quad F(5|4) \end{aligned}$$

Mithilfe der Abstandsformel (Satz III.5) ermitteln wir den Abstand der Punkte P und F. Dieser ist der gesuchte Abstand des Punktes P von der Geraden g:

Abstand von P und F:

$$d = \sqrt{(6-5)^2 + (2-4)^2} = \sqrt{1+4} = \sqrt{5}$$

$d = \sqrt{5} \approx 2{,}24.$

Übung 40
Die Gerade g geht durch die Punkte $A(1|6)$ und $B(10|3)$. Berechnen Sie den Abstand des Punktes $P(6|1)$ von der Geraden g.

Der Abstand zweier paralleler Geraden

Der Abstand zweier paralleler Geraden lässt sich auf die eben behandelte Abstandsberechnung eines Punktes von einer Geraden zurückführen. Da der Abstand paralleler Geraden überall gleich groß ist, wählt man einen beliebigen Punkt der Geraden g und ermittelt den Abstand dieses Punktes von der Geraden f nach dem im vorigen Beispiel behandelten Verfahren.

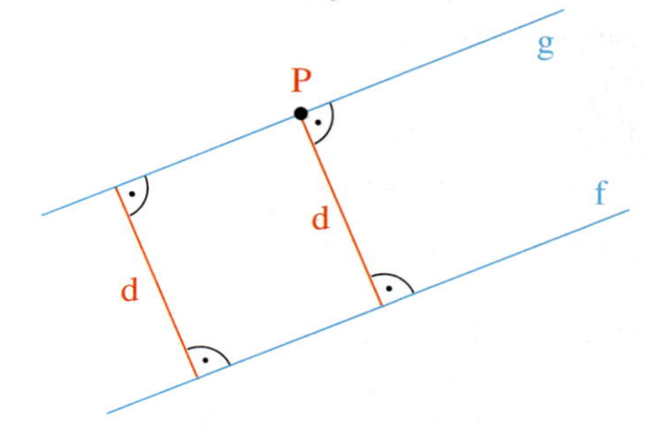

Beispiel: Berechnen Sie den Abstand der parallelen Geraden
$f(x) = 0{,}25\,x - 5{,}5$ und
$g(x) = 0{,}25\,x + 3$.

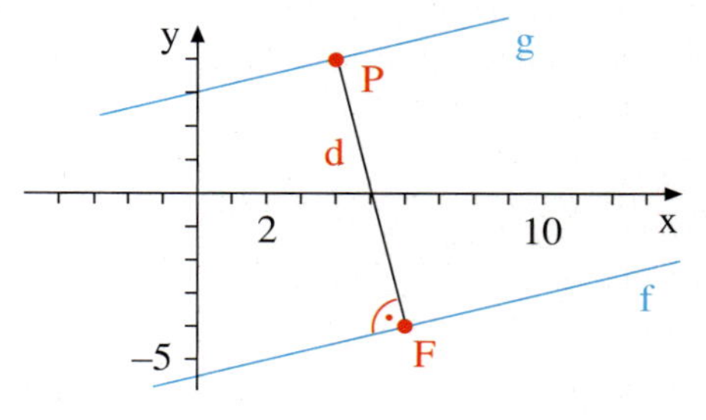

Lösung:
Die Geraden f und g sind parallel, da ihre Steigung $m = 0{,}25$ übereinstimmt. Sie sind nicht identisch, da der y-Achsenabschnitt unterschiedlich ist.

Wir wählen einen beliebigen Punkt der Geraden g, z. B. $P(4\,|\,4)$
Nun gehen wir wie im vorigen Beispiel vor, um den Abstand des Punktes P von der Geraden f zu bestimmen.

Orthogonale zu f durch P:
$h(x) = -4(x-4) + 4 = -4x + 20$

Lotfußpunkt F:

$$h(x) = f(x)$$
$$-4x + 20 = 0{,}25\,x - 5{,}5 \quad \Rightarrow \quad x = 6$$
$$h(6) = -4 \quad \Rightarrow \quad F(6\,|\,-4)$$

Abstand von P und F:

$$d = \sqrt{(6-4)^2 + (-4-4)^2} = \sqrt{68} \approx 8{,}25$$

Resultat: $d = \sqrt{68} \approx 8{,}25$

Übung 41

Gegeben sind die Geraden $f(x) = 3x - 8$ und $g(x) = 3x + 2$.
a) Begründen Sie, dass f und g parallel zueinander sind.
b) Berechnen Sie den Abstand der beiden Geraden.

Übung 42

Gegeben ist das abgebildete Parallelogramm. Bestimmen Sie die Gleichungen seiner Seitengeraden g und f. Berechnen Sie die Länge der Strecke h sowie den Flächeninhalt A des Parallelogramms.

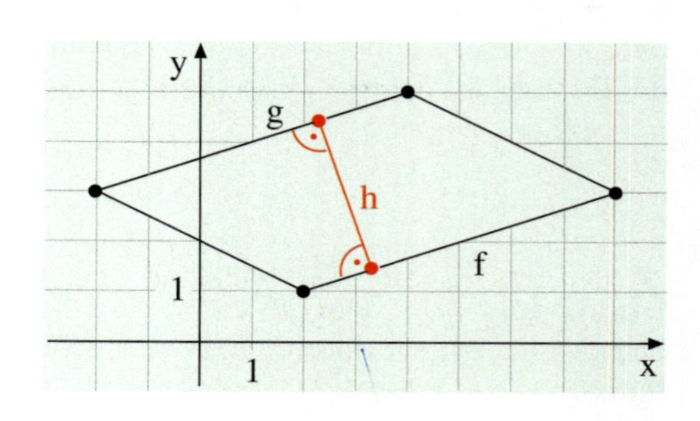

Übungen

43. Berechnen Sie die Seitenlängen des Vierecks ABCD mit $A(-2\,|\,-3)$, $B(3\,|\,-1)$, $C(2\,|\,1)$, $D(0\,|\,2)$. Welche Art von Viereck liegt vor?

44. Welche Punkte auf der x-Achse haben vom Punkt $P(7\,|\,8)$ den Abstand 10?

45. Ein geübter Slalomfahrer fährt auf kürzestem Weg durch den ausgeflaggten Parcours. Es wird modellhaft davon ausgegangen, dass er von Flagge zu Flagge geradlinig fährt.

a) Berechnen Sie die Gesamtlänge seines Weges.

b) Zu welchen Richtungsänderungen (Winkelmaß) an den Flaggen wird er jeweils gezwungen?

46. Berechnen Sie den Abstand des Punktes $P(6\,|\,3)$ von der Geraden g, die durch die Punkte $A(2\,|\,1)$ und $B(4\,|\,-3)$ geht.

47.

Am Strand von Hawaii sieht Rettungsschwimmer David von der Rettungsstation aus einen Touristen im Meer untergehen. Jetzt zählt jede Sekunde. David überlegt, wie er am schnellsten zu dem Touristen gelangen könnte. Da David langsamer schwimmt (2 m/s), als er am Strand entlangläuft (4 m/s), entschließt er sich, am Strand entlang bis zum Punkt P zu laufen und dann senkrecht abzubiegen und zum Touristen zu schwimmen. Wo liegt der Punkt P und wie lange braucht er?

48. Der Punkt $P(-3\,|\,4)$ wird an der Geraden g, die durch die Punkte $A(-4\,|\,-3)$ und $B(6\,|\,4{,}5)$ geht, gespiegelt.

Berechnen Sie die Koordinaten des Spiegelpunktes P′.

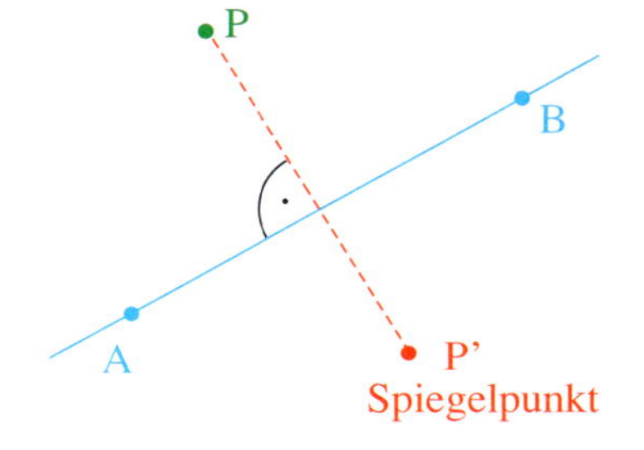

49. Bestimmen Sie den Abstand der beiden parallelen Geraden $f(x) = 0{,}75\,x - 1$ und $g(x) = 0{,}75\,x - 13{,}5$.

3. Quadratische Funktionen

In zahlreichen Tragwerken wie Brücken und Gewölben treten bei Belastung praktisch nur vertikale Kräfte auf, die außerdem an allen Stellen des Gewölbebogens ungefähr gleich groß sind. Auch bei der abgebildeten Fachwerkbrücke ist das der Fall, wenn z. B. eine Eisenbahn das Bauwerk belastet.
Solche Tragwerke werden oft parabelförmig gebaut, weil so die vertikalen Kräfte auf die Fundamente übertragen werden können, ohne dass Querkräfte auftreten, die das Bauwerk verbiegen könnten.

Müngstener Brücke

Eine Funktion mit der Gleichung $\mathbf{f(x) = a\,x^2 + b\,x + c}$ (a, b, c $\in \mathbb{R}$, a $\neq 0$) wird in der Mathematik als ***quadratische Funktion*** bezeichnet. Der Graph einer beliebigen quadratischen Funktion, den man auch als quadratische ***Parabel***[1] bezeichnet, lässt sich durch Verschiebungen und Streckungen aus dem Graphen der einfachsten aller quadratischen Funktionen gewinnen, der Funktion $f(x) = x^2$.
Diese Methode, mit der die Untersuchung komplizierter Funktionen vereinfacht werden kann, lässt sich recht häufig anwenden. Wir werden sie daher am Beispiel der quadratischen Funktionen ausführlich darstellen und später wieder aufgreifen. 106-1

A. Die Normalparabel

Die einfachste quadratische Funktion ist

$$f(x) = x^2, \quad D = \mathbb{R}.$$

Ihr Graph wird ***Normalparabel*** genannt. Er ist rechts abgebildet.

Die Normalparabel ist achsensymmetrisch zur y-Achse. Den Schnittpunkt von Symmetrieachse und Parabel bezeichnet man als ***Scheitelpunkt*** der Parabel. In unserem Beispiel ist dies der Punkt $S(0\,|\,0)$.

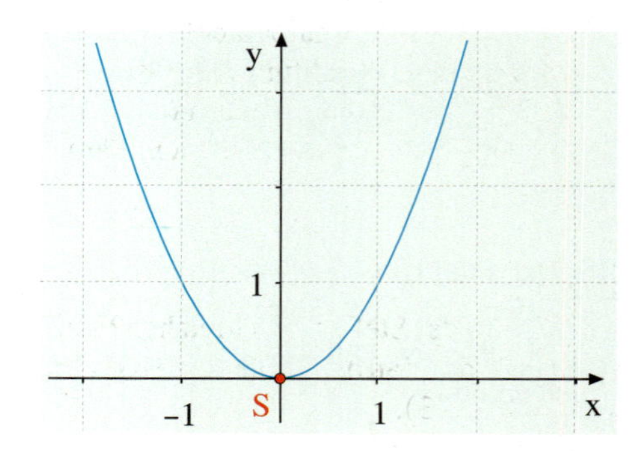

Übung 1

Zeichnen Sie die Normalparabel im Bereich $-2 \leq x \leq 2$ (Maßstab: 1 Einheit = 1 cm).
Wo hat die Normalparabel den Funktionswert y? a) $y = 36$ b) $y = 5$ c) $y = 0$ d) $y = -4$

[1] Diese Figur wurde als Kegelschnitt von Apollonios aus Perge (um 200 v. Chr.) nach einem griechischen Wort so benannt.

B. Achsenparallele Verschiebungen der Normalparabel

Verschiebung längs der y-Achse

Beispiel:
Die Normalparabel wird um zwei Einheiten in Richtung der positiven y-Achse verschoben. Der verschobene Graph definiert eine Funktion g. Bestimmen Sie die Funktionsgleichung von g.

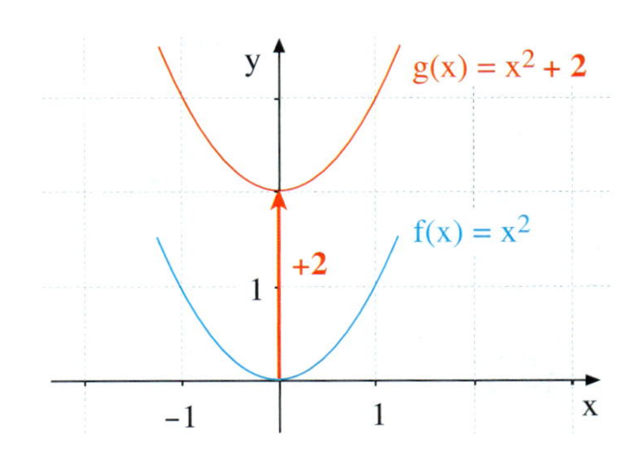

Lösung:
Jeder Funktionswert wird um zwei erhöht.
Also gilt: $g(x) = f(x) + 2$.
Resultat: $g(x) = x^2 + 2$.

Übung 2
Die Normalparabel wird um -3 längs der y-Achse verschoben (3 Einheiten in Richtung der negativen y-Achse). Bestimmen Sie die Gleichung der sich ergebenden Parabel.

Übung 3
Bestimmen Sie die Gleichung der in y-Richtung verschobenen Normalparabel, die durch den Punkt P geht.
a) $P(1|8)$ b) $P(-2|1)$ c) $P(20|380)$ d) $P(0|4)$

Verschiebung längs der x-Achse

Beispiel: Die Normalparabel wird um drei Einheiten in Richtung der positiven x-Achse verschoben. Wie lautet die Gleichung der so entstandenen Parabel g?

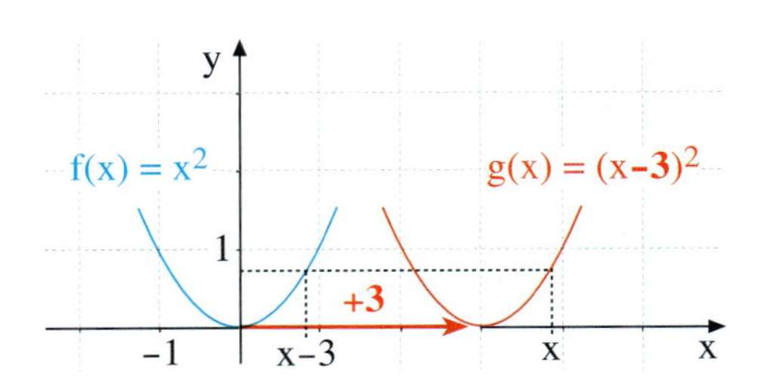

Lösung:
g besitzt an der Stelle x den gleichen Funktionswert, den f an der Stelle $x - 3$ hat, d. h. $g(x) = f(x - 3)$.
Resultat: $g(x) = (x - 3)^2$.

Beispiel: Durch Verschiebung der Normalparabel längs der x-Achse kommt man zur Parabel
$$g(x) = x^2 + 4x + 4.$$
Bestimmen Sie deren Scheitelpunkt.

Lösung:
$g(x) = x^2 + 4x + 4 = (x + 2)^2$
Dies ist die Gleichung einer um den Wert -2 in x-Richtung verschobenen Normalparabel. Ihr Scheitelpunkt ist $S(-2|0)$.

Übung 4

a) Welche Verschiebung der Normalparabel führt auf die Funktion $g(x) = (x+5)^2$?
b) Wo liegt der Scheitelpunkt der Parabel mit der Gleichung $g(x) = (x-4)^2$?

Übung 5

Prüfen Sie, ob eine Verschiebung der Normalparabel längs der x-Achse zur Funktion g führt.
a) $g(x) = x^2 + x + 1$ b) $g(x) = x^2 + 2x + 1$ c) $g(x) = x^2 - 6x$ d) $g(x) = 2x^2 - 8$

Verschiebung längs beider Achsen

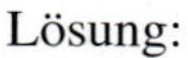

Beispiel: Die Normalparabel soll so verschoben werden, dass ihr Scheitelpunkt bei $S(3|2)$ liegt. Wie lautet die Gleichung der resultierenden Funktion g?

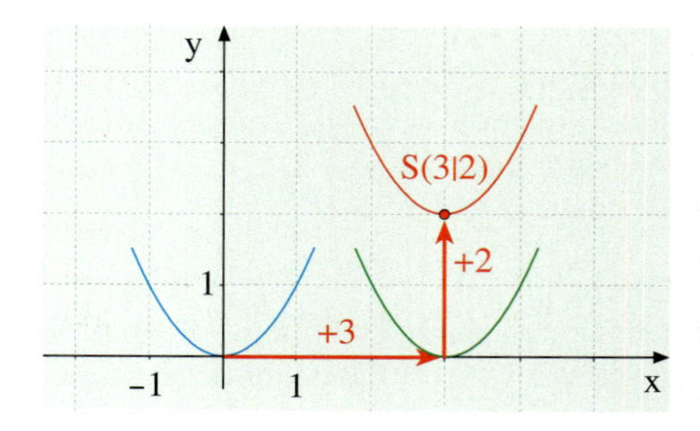

Lösung:
Verschiebung der Normalparabel um 3 in x-Richtung führt auf die Parabel $g_1(x) = (x-3)^2$ mit dem Scheitel $S(3|0)$. Verschiebung von g_1 um 2 in y-Richtung ergibt die Parabel $g(x) = (x-3)^2 + 2$ mit dem Scheitelpunkt $S(3|2)$.

Wir können diese Überlegungen folgendermaßen verallgemeinern:

Graph von $g(x) = (x - x_S)^2 + y_S$
Der Graph der Funktion $g(x) = (x - x_s)^2 + y_s$ ist eine Parabel, die aus der Normalparabel durch Verschiebung um x_s längs der x-Achse und um y_s längs der y-Achse entsteht. x_s und y_s sind die Koordinaten des Scheitelpunktes.

Beispiel: Gegeben ist die quadratische Funktion $f(x) = x^2 + 6x + 11$.
Berechnen Sie die Scheitelpunktsform der Funktionsgleichung von f.
Zeichnen Sie anschließend den Graphen von f.

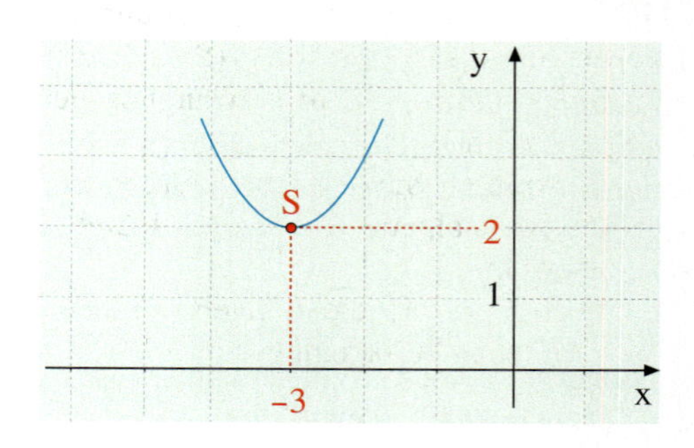

Lösung:
Mittels quadratischer Ergänzung folgt:
$f(x) = x^2 + 6x + 11 = x^2 + 6x + 9 - 9 + 11 = (x+3)^2 + 2$. Der Graph von f ist eine verschobene Normalparabel mit dem Scheitel $S(-3|2)$.

Übung 6
Der Graph von $f(x) = x^2 - 2x - 2$ soll in den Graphen von $g(x) = x^2 + 5x + 1{,}75$ überführt werden. Welche Verschiebungen sind erforderlich?

Übung 7
Bestimmen Sie den Scheitelpunkt der Parabel $f(x) = x^2 + bx + c$.

C. Streckung der Normalparabel in y-Richtung

Beispiel: Beschreiben Sie, wie sich der Graph von $g(x) = 2x^2$ aus dem Graphen der Normalparabel $f(x) = x^2$ gewinnen lässt.

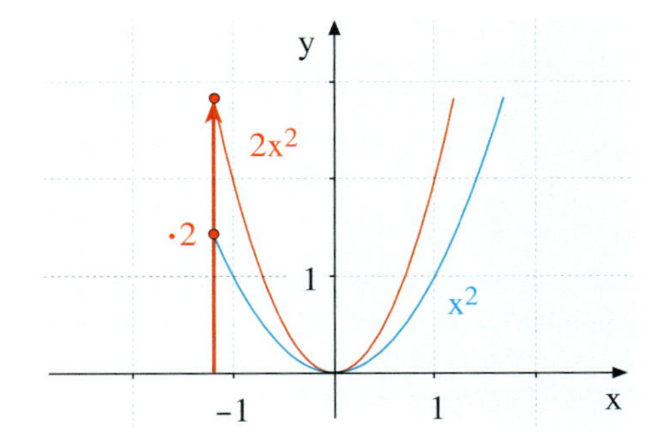

Lösung:
Der Funktionswert von g ist zweimal so groß wie der Funktionswert von f:

$$g(x) = 2x^2 = 2 \cdot f(x).$$

Es handelt sich um eine Streckung mit dem Faktor 2 in y-Richtung.
Der Graph von g ist schlanker als derjenige von f.

Übung 8
Eine Hängebrücke mit parabelförmigen Spannbögen soll die in der Abbildung angegebenen Maße erhalten (Spannweite 40 m, Durchhang 10 m, Abhängung der Fahrbahn 7 m).

a) Bestimmen Sie den Streckfaktor, der die Normalparabel in die Seilparabel überführt.
b) Berechnen Sie die Längen der neun vertikalen Aufhängungen.

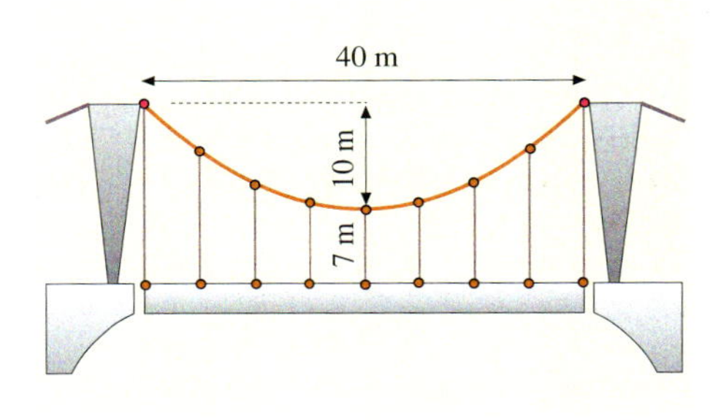

Übung 9
Zeichnen Sie die Graphen von $f(x) = -x^2$, $g(x) = 0{,}5x^2$ und $h(x) = -3x^2$ in ein gemeinsames Koordinatensystem und vergleichen Sie diese mit der Normalparabel.

D. Scheitelpunktsform der Gleichung einer Parabel

Wir sind nun in der Lage den Graphen einer beliebigen quadratischen Funktion durch Verschiebungen und Streckungen der Normalparabel zu erzeugen.

Beispiel: Bestimmen Sie, welche Verschiebungen und Streckungen erforderlich sind, um den Graphen der Funktion $g(x) = -2x^2 + 4x + 2$ aus der Normalparabel zu erzeugen.

Lösung:
Wir stellen die Funktionsgleichung von g in einer Scheitelpunktsform dar:

$$g(x) = -2(x-1)^2 + 4.$$

Nun können wir ablesen, dass eine Streckung mit dem Faktor 2 mit anschließender Spiegelung an der x-Achse und weiter eine x-Verschiebung um 1 sowie eine y-Verschiebung um 4 vorliegen.

Rechnung:
Der Streckfaktor -2 wird ausgeklammert:
$g(x) = -2x^2 + 4x + 2 = -2 \cdot (x^2 - 2x - 1)$

Nun wird quadratisch ergänzt und wieder ausmultipliziert:

$$g(x) = -2 \cdot (x^2 - 2x + \mathbf{1} - \mathbf{1} - 1)$$
$$= -2 \cdot [(x-1)^2 - 2] = -2 \cdot (x - 1)^2 + 4$$

1. Streckung mit Faktor 2
2. Spiegelung an der x-Achse
3. x-Verschiebung um + 1
4. y-Verschiebung um + 4

Wir halten das Prinzip in folgender verallgemeinerter Form fest:

Scheitelpunktsform der Parabelgleichung

Die Gleichung einer beliebigen quadratischen Funktion f lässt sich in der Form

$$f(x) = a \cdot (x - x_s)^2 + y_s$$

darstellen, wobei x_s und y_s die Koordinaten des Scheitelpunktes sind.

a:	Streckfaktor in y-Richtung
$a < 0$:	Spiegelung an der x-Achse*
x_s:	Verschiebung in x-Richtung
y_s:	Verschiebung in y-Richtung

Übung 10

Bestimmen Sie die Scheitelpunktsform der Funktion f. Erläutern Sie anschließend die zugehörigen Verschiebungen und Streckungen der Normalparabel und skizzieren Sie dann den Graphen von f.

a) $f(x) = 3x^2 + 6x - 3$ b) $f(x) = -3x^2 + 12x$ c) $f(x) = 0{,}5x^2 - 3x + 2$ d) $f(x) = -4x^2 + 4x - 9$

Übung 11

Bestimmen Sie die Gleichungen der abgebildeten Parabeln, die durch Verschiebungen und Streckungen aus der Normalparabel hervorgegangen sind.

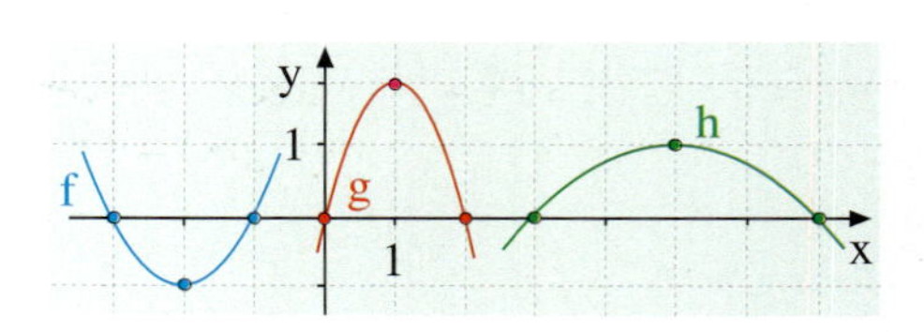

* Die Spiegelung an der x-Achse und die Streckung müssen vor den Verschiebungen erfolgen.

E. Verschiebungen und Streckungen beliebiger reeller Funktionen

Die Verwendung von Verschiebungen und Streckungen ist nicht nur bei quadratischen Funktionen möglich, sondern bei jeder reellen Funktion. Wir fassen die verschiedenen Möglichkeiten daher in einer Tabelle zusammen.

Funktionaler Zusammenhang	Verbale Beschreibung der Transformation	Graphische Veranschaulichung
$g(x) = f(x) + a$	Der Graph von g entsteht aus dem Graphen von f durch Verschiebung um $a \in \mathbb{R}$ in Laufrichtung der y-Achse.	y, x, +a
$g(x) = f(x - a)$	Der Graph von g entsteht aus dem Graphen von f durch Verschiebung um $a \in \mathbb{R}$ in Laufrichtung der x-Achse.	y, x, +a
$g(x) = a \cdot f(x)$	Der Graph von g entsteht aus dem Graphen von f durch Streckung mit dem Faktor $a \in \mathbb{R}$ in vertikaler Richtung. ($a < 0$: Spiegelung an der x-Achse)	y, x, ·a

Übung 12

Skizzieren Sie den Graphen der Funktion g anhand des abgebildeten Graphen der Funktion f.

a) $g(x) = f(x) - 3$

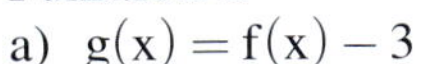

b) $g(x) = f(x + 2)$

c) $g(x) = -2 \cdot f(x)$

d) $g(x) = 0{,}5 \cdot f(x + 3) + 1$

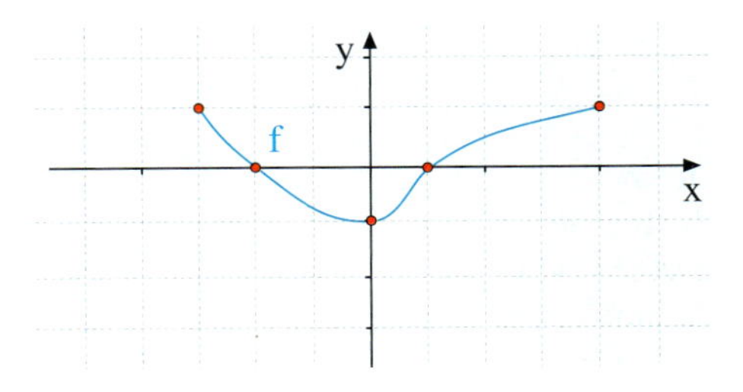

Übung 13

Wie muss $f(x) = 2x + 1$ gestreckt und verschoben werden, damit $g(x)$ entsteht?

a) $g(x) = 4x - 2$ b) $g(x) = \frac{1}{3}x + 5$ c) $g(x) = -3x + 4$

Übungen

Achsenparallele Verschiebungen der Normalparabel

14. Durch Verschiebung der Normalparabel längs der x-Achse erhält man den Graphen der Funktion g. Bestimmen Sie den Scheitelpunkt von g.

a) $g(x) = x^2 + 6x + 9$ b) $g(x) = x^2 - 2{,}2x + 1{,}21$ c) $g(x) = x^2 - 9x + 20{,}25$

15. Die Normalparabel wird so verschoben, dass ihr Scheitelpunkt bei S liegt. Wie lautet die Gleichung der resultierenden Funktion?

a) $S(-1{,}5 \mid -0{,}5)$ b) $S(3{,}2 \mid -1{,}44)$ c) $S(0 \mid 7)$

16. Gegeben ist die quadratische Funktion f. Berechnen Sie die Scheitelpunktsform der Funktionsgleichung. Zeichnen Sie anschließend den Graphen.

a) $f(x) = x^2 - x + 5{,}25$ b) $f(x) = x^2 + x$ c) $f(x) = x^2 + 22x + 120$

17. Welche Verschiebungen führen den Graphen von f in den Graphen von g über?

a) $f(x) = x^2 - 12x + 30$; $g(x) = x^2 + x + 4$
b) $f(x) = x^2 + 3x - 3$; $g(x) = x^2 + x$

18. Bestimmen Sie die Gleichungen der rechts abgebildeten Parabeln.

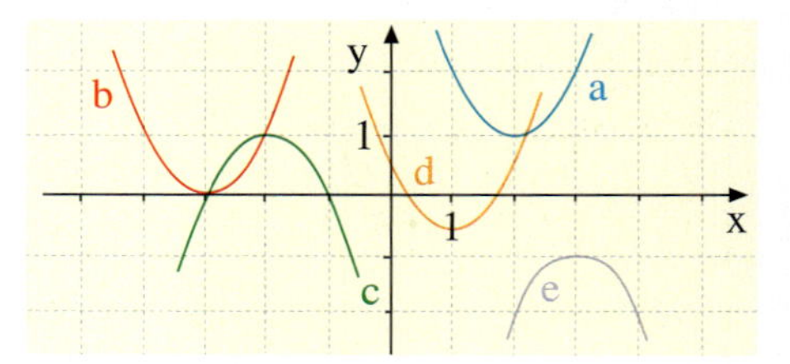

Scheitelpunktsform der Gleichung einer quadratischen Funktion

19. Bestimmen Sie die Scheitelpunktsform der Funktion f. Erläutern Sie die zugehörigen Verschiebungen und Streckungen.

a) $f(x) = -x^2 - 2x - 2$ b) $f(x) = 2{,}5x^2 + 5x - 5$ c) $f(x) = -0{,}5x^2 + 2x - 1$

20. Welche Bedingungen müssen b und c erfüllen, damit der Scheitelpunkt der Parabel $f(x) = x^2 + bx + c$ im 3. Quadranten liegt?

21. Der Scheitel einer Parabel liege im Punkt S und P sei ein Punkt der Parabel. Bestimmen Sie die Scheitelpunktsform der zugehörigen Funktionsgleichung.

a) $S(1 \mid 1)$; $P(0 \mid -2)$ b) $S(-1 \mid -1)$; $P(1 \mid 1)$ c) $S(-3 \mid 0)$; $P(3 \mid 6)$

22. Welche Verschiebungen und Streckungen sind notwendig, um aus der Parabel f die Parabel g zu erhalten?

a) $f(x) = 2x^2 + 6x - 1$, $g(x) = 2x^2$
b) $f(x) = 3x^2 - 6x + 2$, $g(x) = -6x^2 + 2x - \frac{1}{6}$

Verschiebungen und Streckungen beliebiger reeller Funktionen

23. Zeichnen Sie den Graphen der Funktion $f(x) = \sqrt{x}$, $D = \mathbb{R}_0^+$. Bestimmen Sie die Funktionsgleichung zu dem um -2 in Richtung der x-Achse und um 3 in Richtung der y-Achse verschobenen Graphen und bestimmen Sie Definitionsbereich und Wertebereich.

F. Nullstellen quadratischer Funktionen

Der Graph einer beliebigen quadratischen Funktion $f(x) = ax^2 + bx + c$ ist stets eine Parabel, die aus der Normalparabel durch Verschiebung und Streckung hervorgeht. Daher besitzt f höchstens zwei Nullstellen (Schnittstellen mit der x-Achse).

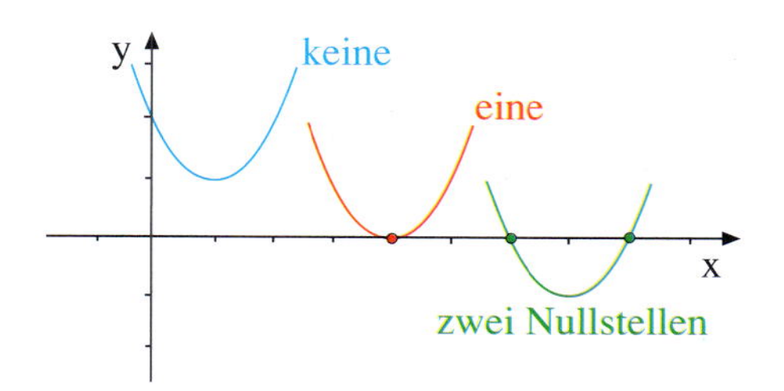

Die Nullstellen einer quadratischen Funktion lassen sich mithilfe der p-q-Formel rechnerisch einfach bestimmen.

Die p-q-Formel

Die Gleichung $x^2 + px + q = 0$ ist nur dann lösbar,
wenn $\frac{p^2}{4} - q \geq 0$ gilt.
Die Lösungen sind dann
$x = -\frac{p}{2} + \sqrt{\frac{p^2}{4} - q}$ und $x = -\frac{p}{2} - \sqrt{\frac{p^2}{4} - q}$.

113-1

Herleitung der p-q-Formel:

$x^2 + px + q = 0;\ x^2 + px = -q$

$x^2 + px + \frac{p^2}{4} = -q + \frac{p^2}{4}$

$\left(x + \frac{p}{2}\right)^2 = \frac{p^2}{4} - q$

$x + \frac{p}{2} = \pm\sqrt{\frac{p^2}{4} - q},\quad x = -\frac{p}{2} \pm \sqrt{\frac{p^2}{4} - q}$

Beispiel: Bestimmen Sie die Nullstellen der quadratischen Funktion f.
a) $f(x) = 2x^2 + 2x - 12$
b) $f(x) = -3x^2 + 30x - 75$
c) $f(x) = 4x^2 + 8x + 8$

Lösungsweg:
Wir führen die Gleichung $f(x) = 0$ in die Normalform über und wenden sodann die p-q-Formel an.
Je nachdem, ob der Ausdruck unter der Wurzel – die Diskriminante – größer, gleich oder kleiner als 0 ist, gibt es zwei, eine oder gar keine Nullstelle.

Rechnung:

zu a: $2x^2 + 2x - 12 = 0$
$x^2 + x - 6 = 0$ (Normalform)
$x = -0{,}5 \pm \sqrt{0{,}25 + 6}$
$x = 2$ sowie $x = -3$

zu b: $-3x^2 + 30x - 75 = 0$
$x^2 - 10x + 25 = 0$ (Normalform)
$x = 5 \pm \sqrt{25 - 25} = 5 \pm 0$
$x = 5$

zu c: $4x^2 + 8x + 8 = 0$
$x^2 + 2x + 2 = 0$ (Normalform)
$x = -1 \pm \sqrt{1 - 2} = -1 \pm \sqrt{-1} \notin \mathbb{R}$
keine Lösung

Übung 24

Bestimmen Sie den Scheitelpunkt sowie die Achsenschnittpunkte von f. Skizzieren Sie den Graphen unter Verwendung der Resultate.

a) $f(x) = 2x^2 + 4x$
b) $f(x) = -3x^2 - 6x + 9$
c) $f(x) = -x^2 - x + 12$
d) $f(x) = 2x^2 + 12x + 18$

G. Parabeln und Geraden

Schneidet eine Gerade eine Parabel in zwei Punkten, so heißt sie eine ***Sekante*** der Parabel.
Schneidet eine Gerade, die nicht vertikal verläuft, die Parabel in einem Punkt, so nennt man sie eine ***Tangente*** der Parabel. Der Schnittpunkt ist ein Berührpunkt.
Schneidet eine Gerade die Parabel überhaupt nicht, so heißt sie eine ***Passante***.
Welcher der drei Fälle jeweils vorliegt, lässt sich mithilfe einer einfachen Rechnung analysieren.

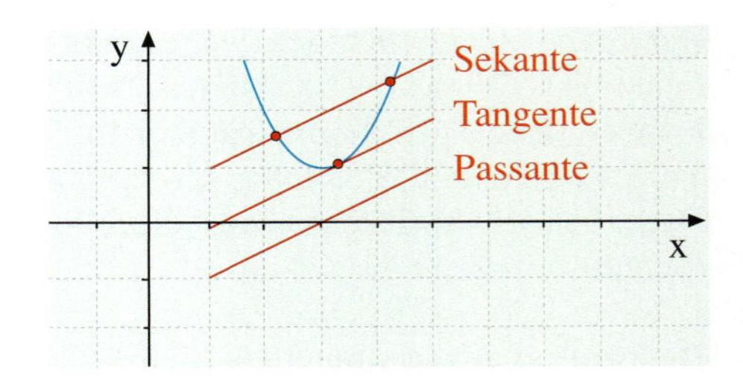

Beispiel: Gegeben ist die quadratische Funktion $f(x) = x^2 - 2x + 3$. Prüfen Sie, welche Lage die Gerade g relativ zum Graphen von f einnimmt (Sekante, Tangente, Passante).

a) $g(x) = 2x$ b) $g(x) = 2x - 2$ c) $g(x) = 2x - 1$

Lösung:
Wir setzen die Funktionsterme von f und g gleich. Es entsteht eine quadratische Gleichung.

Wir lösen diese Gleichung mithilfe der p-q-Formel auf.

Aus der Anzahl der Lösungen können wir schließen, wie die Gerade g relativ zur Parabel f liegt, denn die Anzahl der Lösungen ist gleich der Anzahl der Schnittpunkte von f und g.

Resultate:
a) Zwei Lösungen: g ist Sekante.
b) Keine Lösung: g ist Passante.
c) Eine Lösung: g ist Tangente.

Rechnung:

a) $f(x) = g(x)$
$x^2 - 2x + 3 = 2x$ 2 Schnittpunkte
$x^2 - 4x + 3 = 0$ $P(1|2), Q(3|6)$
$x = 2 \pm \sqrt{1}$ ***Sekante***
$x = 1, x = 3$

b) $x^2 - 2x + 3 = 2x - 2$ keine Schnittpunkte
$x^2 - 4x + 5 = 0$
$x = 2 \pm \sqrt{-1}$ ***Passante***
keine Lösung

c) $x^2 - 2x + 3 = 2x - 1$ 1 Berührpunkt
$x^2 - 4x + 4 = 0$ $P(2|3)$
$x = 2 \pm \sqrt{0}$ ***Tangente***
$x = 2$

Übung 25

Prüfen Sie, ob die Gerade g Sekante, Passante oder Tangente der Parabel $f(x) = 2x^2 - 3x + 2$ ist.

a) $g(x) = x$ b) $g(x) = 3x - 2$ c) $g(x) = 3x - 3$ d) $g(x) = 5x - 2b$ e) $g(x) = ax + 2$

Übungen

Nullstellen quadratischer Funktionen

26. Bestimmen Sie die Nullstellen der Funktion f.

a) $f(x) = x^2 + 2x - 4$ b) $f(x) = -0{,}5x^2 - 1{,}25x - 2{,}5$ c) $f(x) = (x + 1{,}4)(x - 1{,}2)$
d) $f(x) = -x^2 + 2x + 3$ e) $f(x) = -2{,}2x^2 + x - 3{,}6$ f) $f(x) = -7x^2 + 3x + 1$

27. Stellen Sie den gegebenen Funktionsterm als Produkt von Linearfaktoren dar. Beispiel: $x^2 + x - 2 = (x - 1)(x + 2)$. Berechnen Sie zunächst die Nullstellen.

a) $f(x) = x^2 - 8x + 16$ b) $f(x) = x^2 - 36$ c) $f(x) = 2x^2 + 2x - 40$
d) $f(x) = 2x^2 + 3x - 9$ e) $f(x) = x^2 + (1 - a)x - a$ f) $f(x) = 2x^2 - (a + 4)x + 2a$

28. Die quadratische Funktion $f(x) = x^2 + bx + c$ habe die Nullstellen x_1 und x_2. Bestimmen Sie die Funktionsgleichung und stellen Sie diese in der Scheitelpunktsform dar.

a) $x_1 = -3{,}5$; $x_2 = 2{,}5$ b) $x_1 = 3$; $x_2 = 4$ c) $x_1 = -5$; $x_2 = -2$
d) $x_1 = 1{,}5$; $x_2 = 0$ e) $x_1 = 0$; $x_2 = 0$ f) $x_1 = -0{,}4$; $x_2 = a$

29. Für welche x-Werte gelten die Ungleichungen?

a) $x^2 - 2x - 8 < 0$ b) $-3x^2 - 6x + 3 > 0$ c) $2x^2 - 8 > 0$
d) $2x^2 + 5{,}4x + 3{,}6 > 0$ e) $1{,}2x^2 - 4{,}92x + 4{,}8 < 0$ f) $2x^2 - 4x + a < 0, a > 2$

30. Welche Bedingungen müssen die Koeffizienten a, b und c erfüllen, damit der Graph zu $f(x) = ax^2 + bx + c$

a) genau eine, b) genau zwei, c) keine Nullstelle besitzt?

31. Bestimmen Sie die Schnittpunkte der Graphen von f und g.

a) $f(x) = x^2 - 2x + 1, \quad g(x) = x^2 + 4$ b) $f(x) = 2x + 1, g(x) = x^2 - 2x + 4$
c) $f(x) = 2x^2 + 4x + 3, g(x) = -2(x - 2) + 3$ d) $f(x) = \frac{1}{3}x + 1, g(x) = \sqrt{x + 1}$

32. Gesucht sind die Lösungen der quadratischen Gleichung $x^2 - 5x + 4 = 0$. Laut nebenstehender Rechnung ergeben sich die Lösungen $x_1 = 0$, $x_2 = 4$ und $x_3 = 1$.
Wo steckt der Fehler?

$$x^2 - 5x + 4 = 0$$
$$x\left(x - 5 + \frac{4}{x}\right) = 0$$
$$\Rightarrow x_1 = 0 \text{ oder } x - 5 + \frac{4}{x} = 0$$
$$x^2 - 5x + 4 = 0$$
$$x_2 = 4, \quad x_3 = 1$$

Parabeln und Geraden

33. Prüfen Sie, welche Lage die Gerade g relativ zum Graphen von f einnimmt.

a) $f(x) = x^2 - 5x, \quad g(x) = -x - 4$ b) $f(x) = 2x^2 - 4x + 1, g(x) = 3x - 4$
c) $f(x) = 3x^2 - 2x, g(x) = -2x + 3$ d) $f(x) = x^2 + 4x + 1, \quad g(x) = 2ax, a > 0$

H. Parabel als Graph einer Relation

Wir betrachteten bisher stets nur Graphen von Funktionen. Die Symmetrieachse der bisher behandelten Parabeln lag stets parallel zur y-Achse. Liegt eine Parabel im Koordinatensystem in anderer Lage, handelt es sich nicht um einen Funktionsgraphen, da es zu einem x-Wert zwei y-Werte geben kann. Wir betrachten im Folgenden den Spezialfall, dass die Symmetrieachse einer Parabel horizontal liegt.

Einfachheitshalber legen wir das Koordinatensystem so, dass die Symmetrieachse auf der x-Achse liegt. Dann lässt sich der Graph durch einen Term der Form $y^2 = ax + b$ darstellen. Gleichungen dieser Art bezeichnet man als ***algebraische Gleichungen*** oder als ***algebraische Relationen***. Man kann sie durch zwei Funktionen beschreiben. Wir erläutern dies an einem Beispiel.

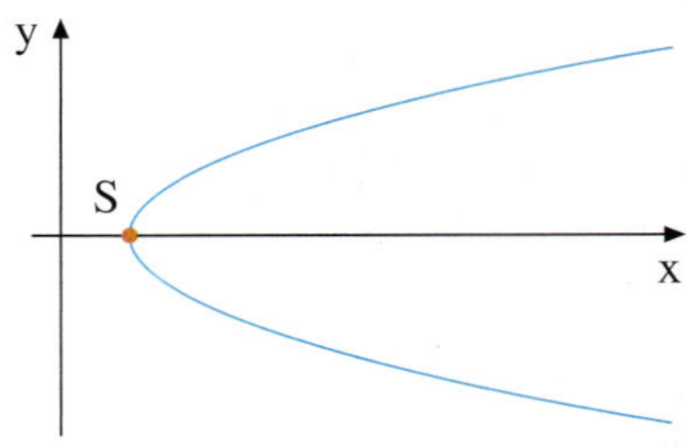

Beispiel: Gegeben ist die Relation $y^2 = 0{,}5\,x$. Stellen Sie die Relation durch zwei Funktionen dar. Zeichnen Sie den Graphen der Relation.

Lösung:
Löst man die Gleichung nach y auf, so erhält man $y = \pm\sqrt{0{,}5\,x}$. Die zugehörige algebraische Kurve besteht aus den Graphen der Funktionen $f(x) = \sqrt{0{,}5\,x}$ und $g(x) = -\sqrt{0{,}5\,x}$, deren Definitionsmenge aus allen x-Werten besteht, für die der Radikand nicht negativ ist, also $x \geq 0$.

$$y^2 = 0{,}5\,x$$
$$y = \pm\sqrt{0{,}5\,x}$$
$$f(x) = \sqrt{0{,}5\,x},\ x \geq 0$$
$$g(x) = -\sqrt{0{,}5\,x},\ x \geq 0$$

Wir skizzieren die Graphen von f und g, wobei der Graph von g durch Spiegelung des Graphen von f an der x-Achse konstruiert werden kann.

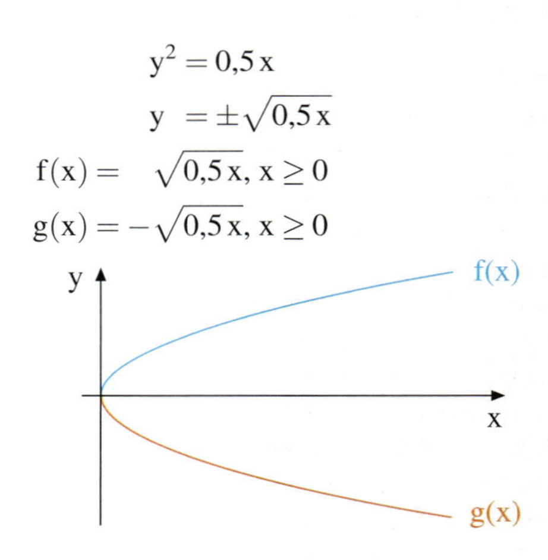

Übung 34
Gegeben ist die Relation $y^2 = 2x - 1$. Stellen Sie die Relation durch zwei Funktionen (mit Definitionsmengen) dar. Zeichnen Sie den Graphen der Relation.

Übung 35
Bestimmen Sie die Profilkurve des abgebildeten parabolischen Autoscheinwerfers
a) als Relation,
b) mithilfe einer quadratischen Funktion.

I. Anwendungen

Bestimmung der Parabelgleichung aus vorgegebenen Eigenschaften

Eine quadratische Funktion ist schon durch drei Punkte ihres Graphen eindeutig festgelegt.

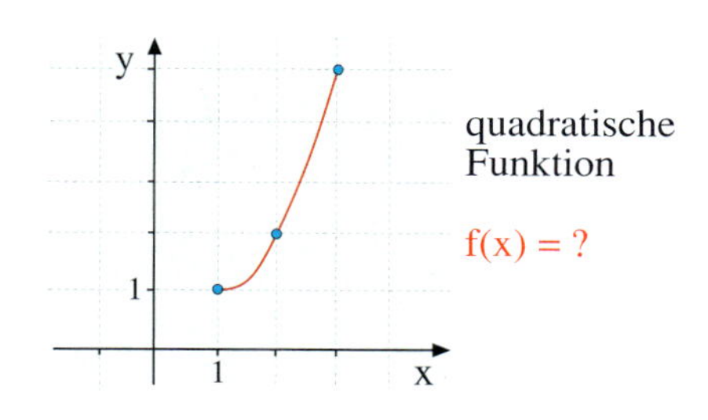

Beispiel: Eine Parabel geht durch die Punkte $P_1(1|1)$, $P_2(2|2)$ und $P_3(3|5)$. Bestimmen Sie die Funktionsgleichung.

Lösung:
Wir setzen die Parabelgleichung in der allgemeinen Form $f(x) = ax^2 + bx + c$ an. Durch Einsetzen der Punktkoordinaten in diese Funktionsgleichung erhalten wir drei Gleichungen I, II und III für die Koeffizienten a, b, c, welche ein lineares Gleichungssystem bilden.

Ansatz:
$f(x) = ax^2 + bx + c$

Gleichungssystem:
$P_1(1|1) \in f \Rightarrow$ I: $a + b + c = 1$
$P_2(2|2) \in f \Rightarrow$ II: $4a + 2b + c = 2$
$P_3(3|5) \in f \Rightarrow$ III: $9a + 3b + c = 5$

Mithilfe des Subtraktionsverfahrens können wir den Parameter c eliminieren. Es verbleibt ein Gleichungssystem mit zwei Gleichungen IV und V.

Lösung des Gleichungssystems:
II − I $\Rightarrow$ IV: $3a + b = 1$
III − I $\Rightarrow$ V: $8a + 2b = 4$

V − 2 · IV $\Rightarrow$ VI: $2a = 2$

Wir eliminieren nun den Parameter b. Es verbleibt eine Gleichung VI, in der nur noch der Parameter a auftritt. Wir erhalten daraus für a den Wert $a = 1$.
Durch Einsetzung dieses Wertes in Gleichung IV errechnen wir $b = -2$.
Nun setzen wir $a = 1, b = -2$ in Gleichung I ein und erhalten $c = 2$.

aus VI folgt: $a = 1$
aus IV folgt: $b = -2$
aus I folgt: $c = 2$

Resultat:
$f(x) = x^2 - 2x + 2$

Drei nicht auf einer Geraden liegende Punkte legen die Gleichung der quadratischen Parabel, deren Graph durch diese Punkte geht, eindeutig fest. Zwei Punkte reichen dann schon aus, wenn einer der beiden gegebenen Punkte der Scheitelpunkt der Parabel ist (Symmetrie).

Übung 36

Gesucht ist die Gleichung der Parabel f mit folgenden Eigenschaften:
a) Die Punkte $P_1(-1|11)$, $P_2(0|5)$ und $P_3(2|5)$ liegen auf dem Graphen von f.
b) $S(1|2)$ ist Scheitelpunkt von f, $P(2|5)$ ist ein weiterer Punkt von f.

Extremalprobleme

Viele Anwendungsprobleme lassen sich mithilfe von Funktionen modellhaft beschreiben und einer optimalen Lösung zuführen. Wir betrachten ein einfaches Beispiel hierzu.

Beispiel: Ein Goldgräber möchte mit einem 60 m langen Seil einen rechteckigen Claim abstecken. Eine Seite wird vom Fluss begrenzt (Abb.). Ermitteln Sie die Abmessungen x und y so, dass die abgesteckte Fläche maximalen Inhalt besitzt.

Lösung:
Der Inhalt der Fläche A ist sowohl von x als auch von y abhängig (vgl. (1)).
Allerdings sind x und y nicht unabhängig voneinander. Da die Seillänge einerseits 60 m beträgt, andererseits durch den Term $y + 2x$ darstellbar ist, gilt (2).
Löst man (2) nach y auf und setzt in (1) ein, so erhält man die Gleichungen (3) und (4).
Der Flächeninhalt von A ist nun als quadratische Funktion der Rechtecksbreite x dargestellt.

Darstellung des Inhalts A als Funktion:

$$A = x \cdot y \qquad (1)$$

$$60 = y + 2x \qquad (2)$$

$$A = x \cdot (60 - 2x) \qquad (3)$$

$$A(x) = -2x^2 + 60x \qquad (4)$$

Skizziert man den Graphen dieser Funktion – es handelt sich um eine nach unten geöffnete Parabel –, so erkennt man, dass etwa in der Mitte zwischen $x = 0$ und $x = 30$ der Scheitelpunkt liegt, der dem gesuchten Maximum der Funktion entspricht.

Graph der Funktion A:

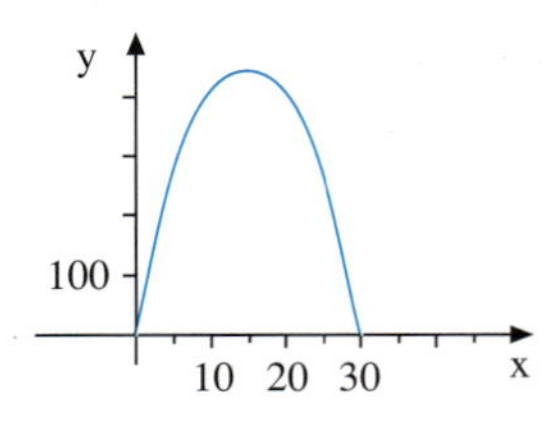

Seine genaue Lage errechnen wir durch Umformung der Parabelgleichung in die Scheitelpunktsform (5).
Resultat: Für $x = 15$ m und $y = 30$ m nimmt der Inhalt des Rechtecks mit 450 m^2 ein Maximum an.

Bestimmung des Maximums:

$$A(x) = -2 \cdot (x^2 - 30x)$$

$$A(x) = -2 \cdot (x - 15)^2 + 450 \qquad (5)$$

Scheitelpunkt : $S(15 | 450)$

Übung 37

a) Die Zahl 100 soll so in zwei positive Summanden x und y zerlegt werden, dass die Summe der Quadrate dieser Summanden möglichst klein wird.

b) Aus 50 m Draht soll ein rechteckiges, einmal unterteiltes Gatter mit maximaler Fläche abgesteckt werden.

Der Parabolspiegel

Die Zeitschrift DER SPIEGEL berichtete über Horchgeräte aus Beton, die von der britischen Flugabwehr im Kriegsjahr 1917 an der Kanalküste nahe Dover errichtet wurden, um vor anfliegenden Bombern und Zeppelinen zu warnen. Die Reflexionsfläche eines solchen Gerätes war parabolisch geformt. Mithilfe eines davor aufgestellten Mikrofons konnte man ca. 30 km weit lauschen.

Prinzipiell ähnliche Geräte werden heute zu ganz unterschiedlichen Zwecken eingesetzt: Mithilfe von Parabolspiegeln, die elektromagnetische Wellen auffangen und bündeln, können die Radioastronomen Himmelsobjekte untersuchen, die Milliarden von Lichtjahren von der Erde entfernt sind. Man kann mit solchen Spiegeln aber auch Licht und Wärme bündeln (Sonnenkraftwerk) sowie Radiowellen für den Fernsehempfang (Satellitenantenne). 119-1

Alle Parabolspiegel haben unabhängig von Beschaffenheit und Größe eines gemein: Fallen Lichtstrahlen, Schallwellen oder Radiowellen achsenparallel auf einen solchen Spiegel, so werden sie derart reflektiert, dass sie sich alle in einem Punkt treffen, dem so genannten ***Brennpunkt*** F des Parabolspiegels.

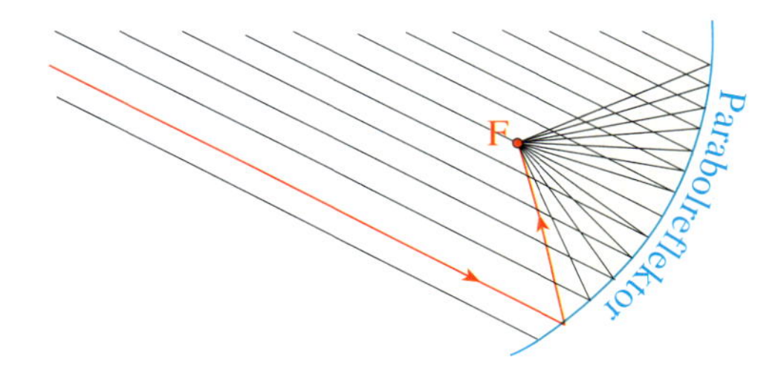

Der Brennpunkt der Parabel

Die Profilkurve eines Parabolspiegels entsteht aus der Normalparabel durch eine Streckung oder eine Stauchung und lässt sich daher in der Form $f(x) = a \cdot x^2$ $(a > 0)$ darstellen.
Von Interesse ist dabei vor allem, wie die Lage des Brennpunktes vom Parameter a abhängt.
Um dies zu untersuchen, ist es günstig, denjenigen Lichtstrahl zu betrachten, der achsenparallel einfällt und rechtwinklig zum Brennpunkt F reflektiert wird, wie dies rechts dargestellt ist.

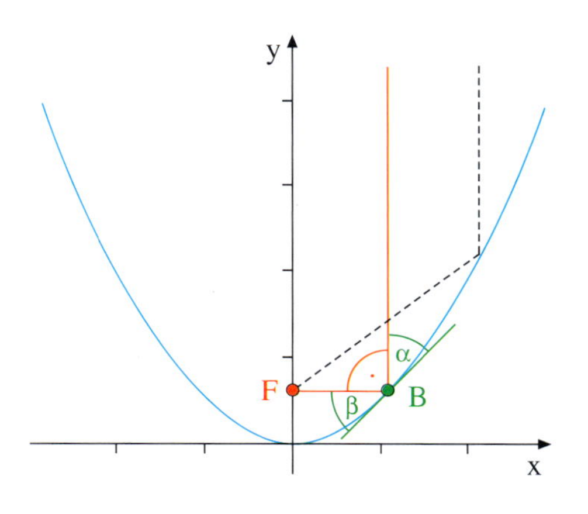

Die Tangente t an die Parabel im Auftreffpunkt B dieses Strahls hat einen Steigungswinkel von 45°, da Einfallswinkel α und Ausfallswinkel β gleich groß sind und ihre Summe im betrachteten Fall gerade 90° beträgt. Die Tangentensteigung ist daher 1 und die Tangente hat die Gleichung $t(x) = x + n$.
Mit diesem Ansatz können wir die Abszisse des Berührpunktes B von Parabel f und Tangente t bestimmen. Sie ist die einzige Lösung der Gleichung $f(x) = t(x)$ bzw. $ax^2 = x + n$.

Die formale Rechnung liefert $x = \frac{1}{2a}$.

Setzen wir diesen Wert in die Parabelgleichung ein, so erhalten wir für die Ordinate des Berührpunktes B den Wert $y = \frac{1}{4a}$.

Dies ist gleichzeitig die Ordinate des Parabelbrennpunktes. Man bezeichnet diese auch als ***Brennweite*** der Parabel. Resultat:

> Die Parabel $f(x) = ax^2$ $(a > 0)$ hat den Brennpunkt $F\left(0 \middle| \frac{1}{4a}\right)$ und die Brennweite $\frac{1}{4a}$.

Gleichung der Tangente im Punkt B:

$t(x) = x + n$

Berechnung der Brennweite der Parabel:

Ansatz:
$$f(x) = t(x)$$
$$ax^2 = x + n$$
$$x^2 - \frac{1}{a}x - \frac{n}{a} = 0$$
$$x = \frac{1}{2a} \pm \sqrt{\frac{1}{4a^2} + \frac{n}{a}}$$

Da nur eine Lösung existiert, muss der Wurzelterm verschwinden.

Die Lösung lautet also $x = \frac{1}{2a}$.

Der zugehörige Funktionswert ist dann

$$y = f\left(\frac{1}{2a}\right) = a \cdot \frac{1}{4a^2} = \frac{1}{4a}.$$

Beispiel: Eine Satellitenantenne hat einen Durchmesser von 60 cm. Ihre maximale Tiefe beträgt 10 cm.

a) Wie lautet die Gleichung der Profilkurve der Antenne?

b) Welche Brennweite hat die Antenne?

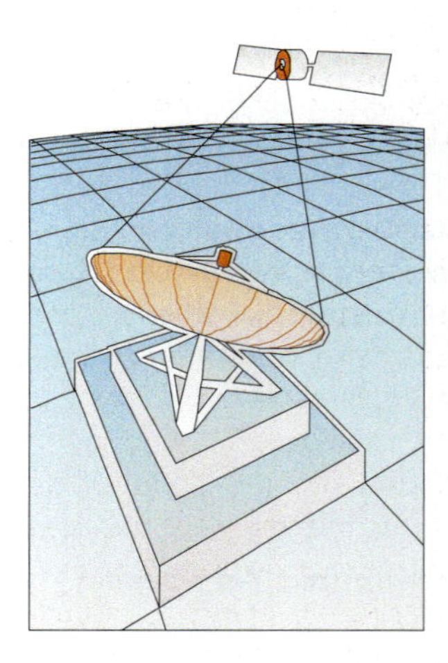

Lösung:
Der Ansatz $f(x) = ax^2$ führt mit den vorgegebenen Antennenmaßen auf die Parabelgleichung $f(x) = \frac{1}{90}x^2$.

Deren Brennpunkt liegt $\frac{1}{4a} = 22{,}5$ cm über dem tiefsten Punkt der Antennenschüssel. Dort wird der Empfangskopf der Antenne, der so genannte Konverter, positioniert.

Gleichung der Parabel:

Ansatz: $f(x) = ax^2$ und $f(30) = 10$

$900a = 10, \quad a = \frac{1}{90}$

$f(x) = \frac{1}{90}x^2$

Brennweite der Parabel:

Brennweite: $\frac{1}{4a} = \frac{90}{4} = 22{,}5$ cm

Übungen

38. Bestimmen Sie die Gleichung der Parabel f, die durch die gegebenen Punkte A, B, C geht.

a) $A(0|4)$, $B(1|5)$, $C(3|-5)$ b) $A(3|6)$, $B(-3|6)$, $C(6|9)$

c) $A(1|-5)$, $B(2|4)$, $C(3|19)$ d) $A(-2|22)$, $B(1|7)$, $C(3|2)$

39. Die Parabel f geht durch den Punkt $P(-1|7)$ und hat den Scheitelpunkt $S(2|1)$. Wie lautet ihre Gleichung?

40. Die Parabel f sei aus der Normalparabel durch Verschiebung entstanden. Sie schneidet die Achsen an den gleichen Stellen wie die Gerade $y = 2x - 5$. Wo liegt der Scheitelpunkt der Parabel?

41. 

Im Jahre 1947 schrieb die Stadt Saint Louis einen Wettbewerb für ein Bauwerk aus, das die Öffnung Amerikas symbolisieren sollte. Der 1. Preis ging an den Finnen Eero Saarinen, dessen Werk eine Art Triumphbogen war und erst 1965, 4 Jahre nach seinem Tod, vollendet wurde. Die Form des inneren und äußeren Bogens kann durch eine Parabel modelliert werden. Bestimmen Sie ein geeignetes Koordinatensystem und geben Sie die zugehörigen Funktionsgleichungen an.

Maße des äußeren Bogens: Höhe: 192 m Breite: 192 m

Maße des inneren Bogens: Höhe: 187 m Breite: 163 m 121-1

42. An einem Hang mit der Steigung 15 % sind zwei Strommasten von 45 m Höhe aufgestellt. Zwischen den Strommasten hängt ein Kabel, das in 150 m Entfernung vom linken Mast wieder die Höhe 45 m zur Horizontalen erreicht. Der horizontale Abstand der Fußpunkte der Strommasten beträgt 200 m.

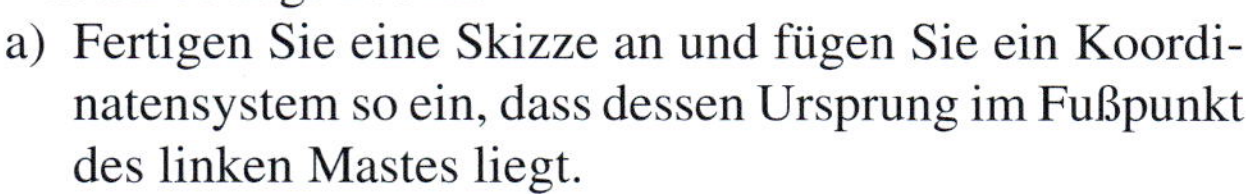

a) Fertigen Sie eine Skizze an und fügen Sie ein Koordinatensystem so ein, dass dessen Ursprung im Fußpunkt des linken Mastes liegt.

b) Der Kabelverlauf soll durch eine quadratische Parabel approximiert werden. Bestimmen Sie deren Funktionsgleichung. An welcher Stelle hängt das Kabel am stärksten durch?

43. Eine goldene Kette wurde an beiden Enden auf einem großen Brett, auf dem sich ein Koordinatensystem befand, aufgehängt und es wurden folgende Messwerte abgelesen:

x	–2	–1,5	–1	–0,5	0	0,5	1	1,5	2
y	3,8	2,4	1,7	1,1	1	1,0	1,5	2,5	3,8

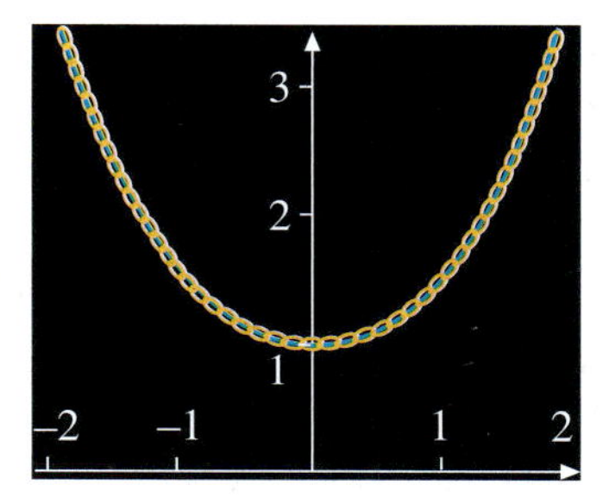

Modellieren Sie die Kettenlinie durch eine quadratische Parabel.

44. Ein Gartenfreund besitzt einen 4 m langen Wellblechstreifen von 1 m Höhe. Diesen möchte er zum Bau eines dreikammerigen Abfallbehälters verwenden. Eine Seite des Behälters wird durch die Gartenmauer begrenzt. Wie muss er die Länge x und die Breite y des Behälters wählen, wenn der Behälter insgesamt möglichst viel fassen soll?

45. In einem Quadrat mit der Seitenlänge 6 cm wird von jedem Eckpunkt aus eine Strecke x wie abgebildet abgetragen.

a) Begründen Sie, dass das entstandene Viereck ein Quadrat ist.

b) Für welche Länge x hat dieses Quadrat minimalen Flächeninhalt?

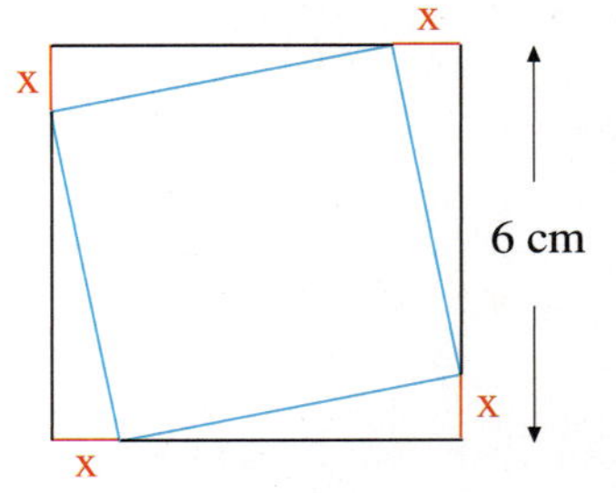

46. Gesucht ist der Brennpunkt der Parabel f.

a) $f(x) = \frac{1}{4}x^2$ b) $f(x) = 2x^2 + 4$ c) $f(x) = \frac{1}{4}x^2 + x - 1$

47. Ein Parabolscheinwerfer hat eine Brennweite von 36 mm. Der Reflektor ist 100 mm tief. Welchen Durchmesser hat der Reflektor?

48. Nebenstehend ist ein Taschenlampenreflektor im Querschnitt abgebildet.

a) Bestimmen Sie die Gleichung der Reflektorquerschnittsparabel. Der Koordinatenursprung liege im Scheitelpunkt.

b) In welchem Abstand zur vorderen Glasabdeckung der Lampe muss der Glühfaden positioniert werden?

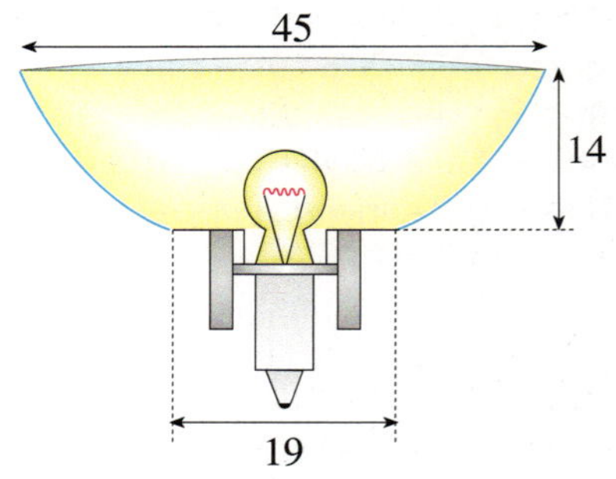

49. Ein Radioteleskop hat einen Durchmesser von 25 m und eine Tiefe von 4,42 m.

a) Wie lautet die Gleichung des parabelförmigen Querschnittprofils?

b) Wie groß ist der Abstand des Brennpunktes vom Scheitelpunkt?

c) Wie groß ist der Abstand des Brennpunktes vom Rand?

d) Wie lang sind die Stäbe, die das stützende Vierbein bilden, wenn sie auf halber Höhe des Spiegelreflektors aufsitzen?

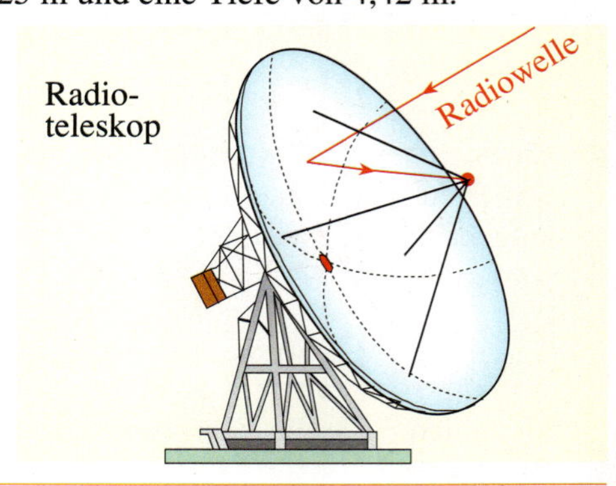

Überblick

Lineare Funktion:
Der Graph ist eine Gerade.
$f(x) = mx + n, D = \mathbb{R}$

Steigung einer linearen Funktion:
$m = \frac{\Delta y}{\Delta x} = \frac{y_2 - y_1}{x_2 - x_1} = \frac{f(x_2) - f(x_1)}{x_2 - x_1}$

Steigungswinkel α einer Geraden:
$m = \tan\alpha \quad (\alpha \neq 90°)$

Punktsteigungsform der Geradengleichung:
$f(x) = m(x - x_1) + y_1$

Zweipunkteform der Geradengleichung:
$f(x) = m(x - x_1) + y_1$ mit $m = \frac{f(x_2) - f(x_1)}{x_2 - x_1}$

Orthogonale Geraden:
$m_g = -\frac{1}{m_f}$ bzw. $m_f \cdot m_g = -1$

Streckenmittelpunkt:
$M\left(\frac{x_1 + x_2}{2} \,\middle|\, \frac{y_1 + y_2}{2}\right)$

Abstand zweier Punkte:
$d = \sqrt{(x_2 - x_1)^2 + (y_2 - y_1)^2}$

Abstand eines Punktes von einer Geraden:
Zunächst bestimmt man die Gleichung einer zur Geraden g Orthogonalen durch den Punkt P, dessen Abstand zu g ermittelt werden soll. Dann berechnet man den Lotfußpunkt F als Schnittpunkt der Orthogonalen mit der Geraden g. Schließlich berechnet man den Abstand der Punkte F und P.

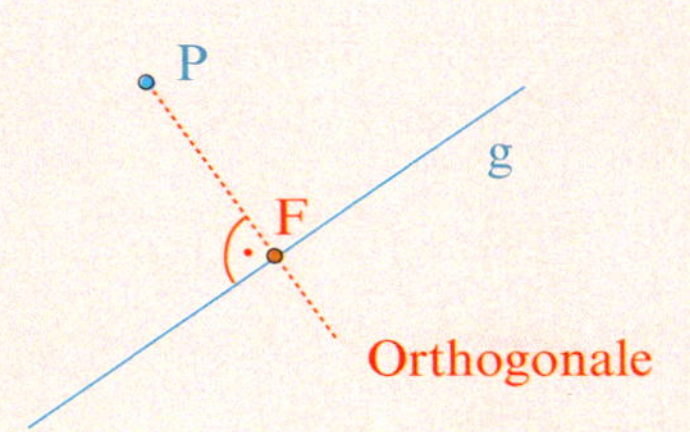

Quadratische Funktion:
Der Graph heißt Parabel.
$f(x) = ax^2 + bx + c \quad (a, b, c \in \mathbb{R}, a \neq 0)$

Scheitelpunktsform:
$f(x) = a(x - x_s)^2 + y_S$ mit $S(x_S \,|\, y_S)$

Quadratische Gleichung (p-q-Formel):
Eine Gleichung der Form $x^2 + px + q = 0$ hat die Lösungen $x_{1/2} = -\frac{p}{2} \pm \sqrt{\left(\frac{p}{2}\right)^2 - q}$.

Parabolspiegel:
$f(x) = ax^2$ $(a > 0)$ hat den Brennpunkt $F\left(0 \,\middle|\, \frac{1}{4a}\right)$ und die Brennweite $\frac{1}{4a}$.

Kreise und Geraden

Drei Fälle sind möglich, wie ein Kreis K und eine Gerade g relativ zueinander liegen können.

1. g und K schneiden sich in 2 Punkten:
   g ist **Sekante** von K.
2. g berührt K in einem Punkt:
   g ist **Tangente** von K.
3. g und K haben keine gemeinsamen Punkte:
   g ist **Passante** von K.

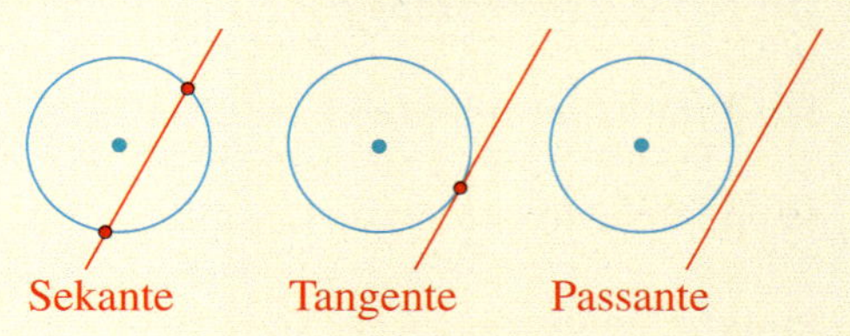

Bisher können wir nur Geraden durch Gleichungen beschreiben. Ein Kreis wird durch alle die Punkte der Ebene gebildet, die von einem Punkt der Ebene – dem Kreismittelpunkt – denselben Abstand haben. Damit können wir auch Kreise durch Gleichungen beschreiben.

Die Mittelpunktsform eines Kreises

Ein Kreis K mit dem ***Mittelpunkt*** M und dem ***Radius*** r ist definiert als Menge aller Punkte P der Ebene, die vom Punkt M den gleichen Abstand r haben.

Ein Kreis lässt sich nicht durch eine einzige Funktion darstellen. Es ist jedoch möglich, einen Kreis durch eine Relation mit quadratischen Termen zu beschreiben. Diese Relationsgleichung gewinnt man mit dem Lehrsatz des Pythagoras aus den abgebildeten Figuren.

Kreis um den Ursprung mit Radius r

Die Menge aller Punkte $P(x|y)$, welche die Gleichung

$$x^2 + y^2 = r^2$$

erfüllen, stellen einen Kreis K um den Koordinatenursprung mit Radius r dar.

Kreis um $O(0|0)$ mit $r = 3$:
K: $x^2 + y^2 = 9$

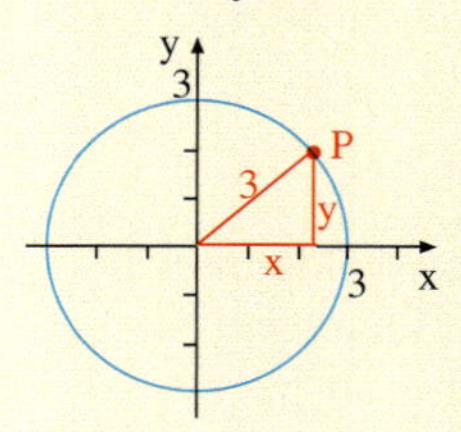

Kreis um $M(x_M|y_M)$ mit Radius r

Die Menge aller Punkte $P(x|y)$, welche die Gleichung

$$(x - x_M)^2 + (y - y_M)^2 = r^2$$

erfüllen, stellen einen Kreis K um $M(x_M|y_M)$ mit Radius r dar.

Kreis um $M(3|1)$ mit $r = 3$:
K: $(x - 3)^2 + (y - 1)^2 = 9$

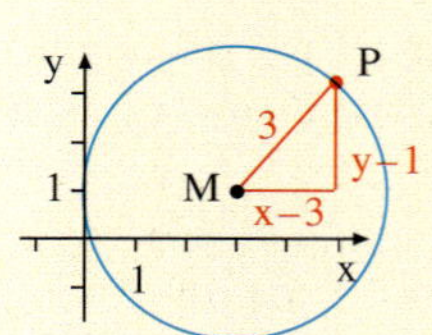

Schnittpunkte eines Kreises mit einer Geraden

Die beiden Stationen A und B, zwischen denen ein kreisförmiger See liegt, sollen durch eine geradlinige Bahnstrecke verbunden werden.
In welchen Punkten schneidet die Verbindung das Seeufer?
Wie lang wird die Brücke über den See?

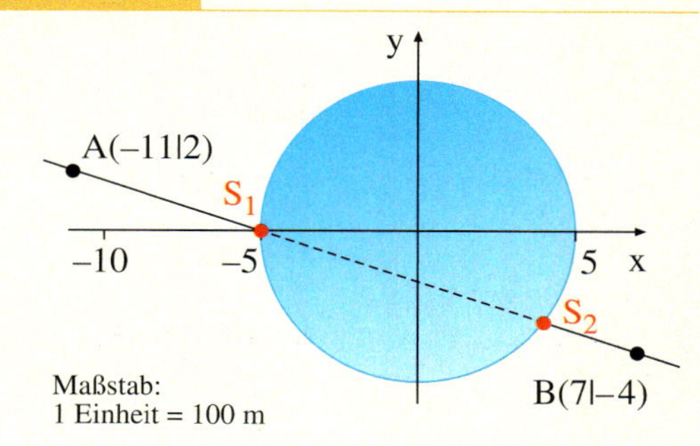

Lösung:
Wir stellen die Kreisgleichung K und die Gleichung der Geraden g durch A und B auf und setzen die Geradengleichung in die Kreisgleichung ein.
Wir erhalten eine quadratische Bestimmungsgleichung für die x-Koordinaten der Schnittpunkte.
Die Lösungsformel für quadratische Gleichungen, die sogenannte p-q-Formel, liefert die Lösungen $x_1 = 4$, $x_2 = -5$.
Die Entfernung der beiden Schnittpunkte von g und K beträgt $d \approx 9{,}49$.
Die Brücke wird also ca. 949 m lang sein.

Kreisgleichung: K: $x^2 + y^2 = 25$
Geradengleichung (2-Punkte-Form):
g: $y = -\frac{1}{3}(x + 11) + 2 = -\frac{1}{3}x - \frac{5}{3}$
g in K eingesetzt: $x^2 + \left(-\frac{1}{3}x - \frac{5}{3}\right)^2 = 25$
$\Rightarrow x^2 + x - 20 = 0$

Lösungen:
$x_1 = 4, \quad y_1 = -3 \quad \Rightarrow S_1(4|-3)$
$x_2 = -5, \quad y_2 = 0 \quad \Rightarrow S_2(-5|0)$

Abstand:
$d = d(S_1, S_2) = \sqrt{9^2 + 3^2} = \sqrt{90} \approx 9{,}49$

Kreistangenten

Zeigen Sie, dass $P(3|2)$ auf dem Kreis um $M(1|1)$ mit dem Radius $r = \sqrt{5}$ liegt, und bestimmen Sie die Gleichung der Tangente, die K im Punkt P berührt.

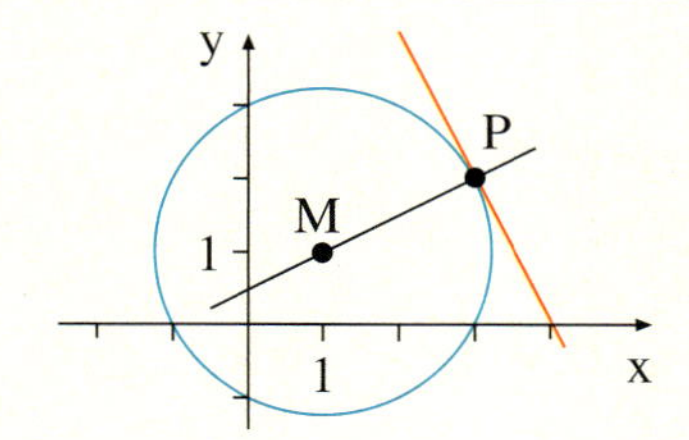

Lösung:
Die Koordinaten von P werden in die Kreisgleichung eingesetzt. Da sie die Kreisgleichung erfüllen, ist P ein Punkt von K.
Die Gerade $\overline{MP}$ hat die Steigung 0,5. Die Tangente an K im Punkt P steht senkrecht auf $\overline{MP}$ und hat daher die Steigung 2.
Diese Steigung und die Koordinaten von P bestimmen mithilfe der Punktsteigungsform die Tangentengleichung:
$y = -2x - 3 + 2 = -2x + 8$

Kreisgleichung: K: $(x - 1)^2 + (y - 1)^2 = 5$

Koordinaten von P in K eingesetzt:
$(3 - 1)^2 + (2 - 1)^2 = 5$

Steigungen:

Steigung der Geraden $\overline{MP}$: $m_1 = \frac{2-1}{3-1} = \frac{1}{2}$

Steigung der Tangente: $m_2 = -\frac{1}{m_1} = -2$

Tangentengleichung: $y = -2x - 3 + 2$
$y = -2x + 8$

Test

Lineare und quadratische Funktionen

1. Landebahn
Eine Landebahn geht durch die Punkte A und B.

a) An der Position $P(-1\,|\,-6)$ steht ein Tankwagen. Befindet er sich auf der Landebahn?

b) An welcher Stelle und unter welchem Winkel kreuzt die Landebahn die Versorgungsstraße?

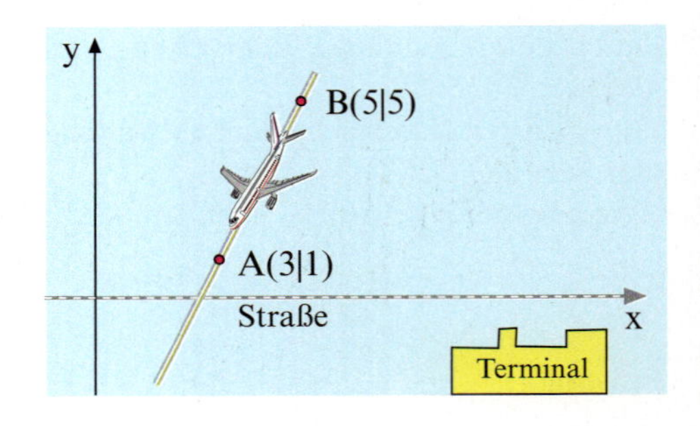

2. Geradengleichungen
Gegeben sind einige Geradengleichungen:

$p(x) = 2x - 4, \quad g(x) = \frac{1}{2}x + \frac{1}{2}, \quad h(x) = 4 - x, \quad k(x) = 1 + 2x.$

a) Entscheiden Sie ohne Rechnung, welche Geraden sich schneiden.

b) Gibt es auch senkrecht aufeinanderstehende Geraden?

3. Dreiecke
Gesucht sind die Seitenlängen und die Länge der Höhe h_c im Dreieck ABC mit den Ecken $A(2\,|\,1)$, $B(10\,|\,5)$ und $C(3\,|\,6{,}5)$.

4. Parabeln

a) Wie lautet die Gleichung der Normalparabel mit dem Scheitelpunkt $S(2\,|\,1)$?

b) Stellen Sie $f(x) = 3x^2 - 6x + 1$ in der Scheitelpunktsform dar.

c) Wo liegen die Nullstellen der Funktion $f(x) = 2x^2 - 6x - 20$?

d) Welche Parabel geht durch die Punkte $A\,(1|\,6)$, $B\,(-1|\,2)$ und $C\,(2\,|\,13)$?

5. Boote
Ein Motorboot zieht seine Bahn längs der Parabel $f(x) = \frac{1}{2}x^2 - 2x$.
Ein Segler bewegt sich auf der Geraden $g(x) = 2x - 10$.
Könnte es zur Kollision kommen?

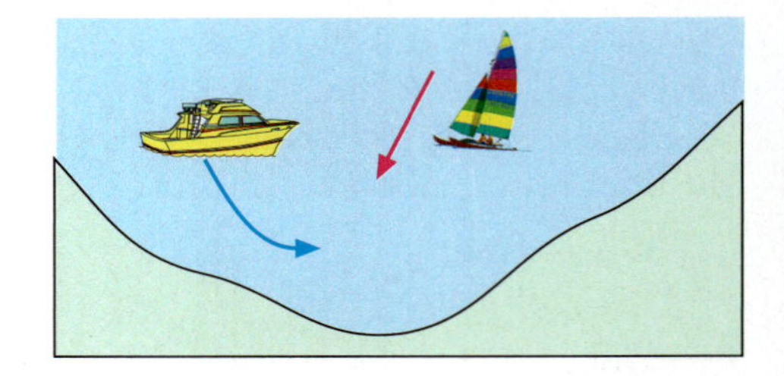

6. Maximales Dreieck
Einem Quadrat mit der Seitenlänge 6 m soll ein gleichschenkliges Dreieck wie abgebildet einbeschrieben werden.
Wie muss x gewählt werden, wenn der Flächeninhalt des Dreiecks maximal sein soll?

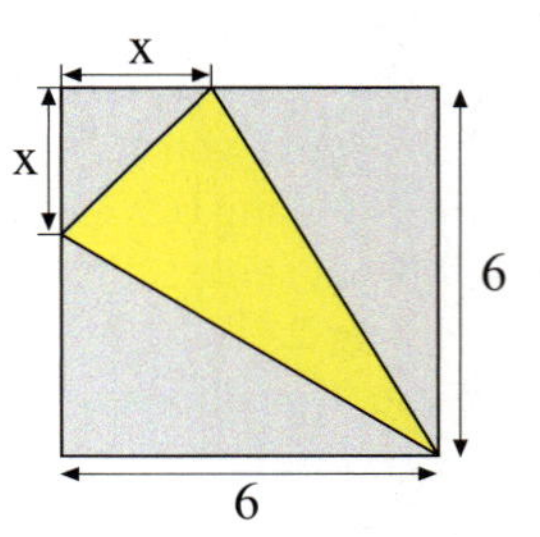

Lösungen unter 126-1

IV. Potenzen und Potenzfunktionen

1. Potenzen mit ganzzahligen Exponenten

A. Potenzen mit natürlichen Exponenten

Information:
Produkte mit gleichen Faktoren werden als *Potenzen* bezeichnet. Sie kommen häufig vor und erhalten daher eine eigene abkürzende Schreibweise.

Zum Beispiel schreibt man an Stelle von $7 \cdot 7 \cdot 7 \cdot 7 \cdot 7$ kurz 7^5 (gelesen: 7 hoch 5).

Die Potenzen 0. Ordnung und 1. Ordnung werden als Sonderfälle festgesetzt, in unserem Beispiel $7^0 = 1$ und $7^1 = 7$.

Potenz der Ordnung n

Das Produkt
$a^n = a \cdot a \cdot \ldots \cdot a \ (a \in \mathbb{R}, n \in \mathbb{N})$,
das aus n Faktoren a besteht, wird als *n-te Potenz* von a bezeichnet.

a heißt *Basis* der Potenz, n heißt *Hochzahl* oder *Exponent* der Potenz.

Man setzt zusätzlich $a^0 = 1$ für $a \neq 0$ fest. 0^0 kann nicht sinnvoll als Potenz definiert werden.

Beispiel: Schneeflockenverfeinerung

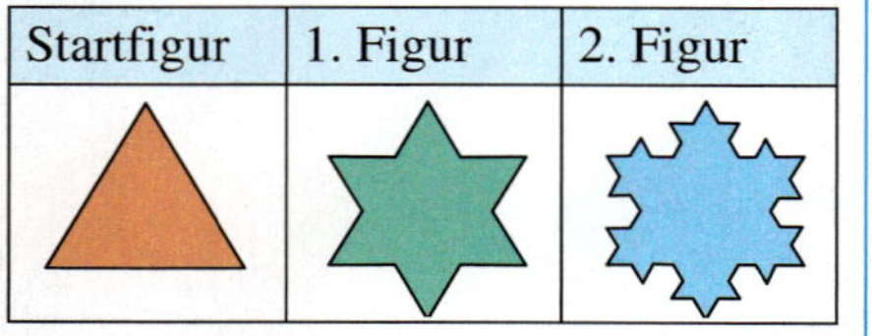

Bei einem gleichseitigen Dreieck wird auf das mittlere Drittel jeder Seite ein weiteres gleichseitiges Dreieck mit einem Drittel der vorigen Seitenlänge gesetzt. Es entstehen dabei neue Figuren.

a) Berechnen Sie für die 1. bis 5. Verfeinerung die Anzahl der Strecken, durch die jede Figur begrenzt wird.

b) Ab welcher Verfeinerung liegt die Anzahl der Strecken über 1 000 000?

Lösung zu a:
In jedem Verfeinerungsschritt wird die neue Figur dadurch erzeugt, dass aus jeder vorhandenen Strecke genau vier neue Strecken entstehen.

Nr. der Verfeinerung	Streckenanzahl
0	$3 \cdot 4^0 = 3$
1	$3 \cdot 4^1 = 12$
2	$3 \cdot 4^2 = 48$
3	$3 \cdot 4^3 = 192$
4	$3 \cdot 4^4 = 768$
5	$3 \cdot 4^5 = 3072$

Lösung zu b:
Die 9. Verfeinerung hat nur 786 432 Strecken, die 10. Verfeinerung schon 3 145 728 Strecken.

Die Seitenlängen der Figuren sind ebenfalls durch Potenzen darstellbar. Da bei jeder Verfeinerung die Streckenlänge auf ein Drittel gegenüber der Vorfigur gekürzt wird, haben die Figuren die Seitenlängen $a \cdot \left(\frac{1}{3}\right)^0$, $a \cdot \left(\frac{1}{3}\right)^1$, $a \cdot \left(\frac{1}{3}\right)^2$, ... (a: Seitenlänge der Startfigur).

Potenzrechnung mit dem Taschenrechner

I. Potenzen am Taschenrechner

Auf dem Taschenrechner steht eine spezielle Taste zum Berechnen von Potenzen zur Verfügung. Bei vielen Modellen ist es die [^]-Taste.

Beispiel: $5^4 = 625$

Tastenfolge	Ausgabe
5 [^] 4 [=]	625

II. Wissenschaftliche Darstellung von Zahlen

Große Zahlen zeigt der Taschenrechner in wissenschaftlicher Darstellung an. Hierbei wird die Zahl als Produkt einer Dezimalzahl und einer Zehnerpotenz dargestellt, wobei von der Zehnerpotenz allerdings nur der Exponent präsentiert wird.

Die Dezimalzahl wird Zehnermantisse genannt.
Der angezeigte Exponent gibt an, um wie viele Stellen das Komma nach rechts zu schieben ist.

Beispiel:

$$\begin{aligned} 200\,000 \cdot 70\,000 &= 14\,000\,000\,000 \\ &= 1{,}4 \cdot 10\,000\,000\,000 \\ &= 1{,}4 \cdot 10^{10} \end{aligned}$$

III. Eingabe von Zahlen in wissenschaftlicher Darstellung

In Anwendungen, z. B. in der Astronomie, treten große Zahlen auf, die nur in wissenschaftlicher Darstellung dem Taschenrechner eingegeben werden können. Hierfür steht bei einigen Modellen die [EXP]-Taste, bei anderen die [EE]-Taste zur Verfügung.

Beispiel:

$$\begin{aligned} 200\,000 \cdot 70\,000 &= 2 \cdot 10^5 \cdot 7 \cdot 10^4 \\ &= 1{,}4 \cdot 10^{10} \end{aligned}$$

Tastenfolge	Ausgabe
2 [EXP] 5 [×] 7 [EXP] 4 [=]	1.4 10

Übungen

1. Schreiben Sie als Dezimalzahl.

a) Masse der Erde: $5{,}98 \cdot 10^{24}$ kg

b) Masse der Sonne: $1{,}99 \cdot 10^{30}$ kg

c) Mittlere Entfernung Erde–Sonne: $1{,}496 \cdot 10^{11}$ m

d) Speicherkapazität einer Festplatte im Computer: $4{,}3 \cdot 10^9$ Byte

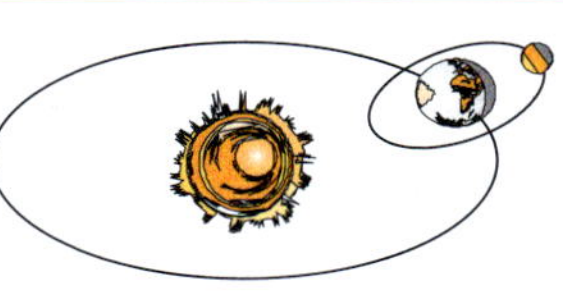

2. Geben Sie die Anzahl der dezimalen Stellen an.

a) 10^8 b) 8^{10} c) $(4^4)^4$ d) 2^{20} e) 20^2

3. Schreiben Sie die Zahl als Potenz mit möglichst kleiner natürlicher Basis.
a) 128 b) 3125 c) 243 d) 1 000 000 e) 2401

4. Berechnen Sie die Potenz. Beachten Sie: Falls keine Klammern vorhanden sind, gilt: **Potenzrechnung kommt vor Punkt- und vor Strichrechnung!**
a) 2^5 b) $3 \cdot 4^4$ c) $(-0{,}5)^6$ d) $12\,345^0$ e) $(-0{,}7)^4$
f) $2 \cdot 3^2 + 3 \cdot 2^3$ g) $(3 \cdot 4)^4$ h) $(\sqrt{3})^2$ i) $(\sqrt{3})^5$ j) $-0{,}7^4$

5. Berechnen Sie mit dem Taschenrechner.
a) $510\,000 \cdot 47\,800\,000$ b) $7\,600\,000 \cdot 4{,}1 \cdot 10^7$ c) $0{,}38 \cdot 10^8 \cdot 1{,}3 \cdot 10^4$
d) $7500 \cdot 2 \cdot 10^{11}$ e) $0{,}071 \cdot 7{,}43 \cdot 10^9$ f) $2{,}9 \cdot 10^6 \cdot 5{,}4 \cdot 10^8$

6. Berechnen Sie mit dem Taschenrechner.
a) $1{,}2^5$ b) $3 \cdot 0{,}7^5$ c) $5 + 3 \cdot 1{,}6^4$ d) $4 \cdot 0{,}6^3 + 2 \cdot 0{,}8^4$
e) $2 + 4 \cdot 1{,}2^3$ f) $2 + (4 \cdot 1{,}2)^3$ g) $(2+4) \cdot 1{,}2^3$ h) $(2 + 4 \cdot 1{,}2)^3$
i) $2{,}5^3 \cdot 2 + 6 \cdot 0{,}6^4$ j) $2{,}5^3 \cdot (2+6) \cdot 0{,}6^4$ k) $2{,}5^3 \cdot (2 + 6 \cdot 0{,}6^4)$

7. Ein im Jahr 1963 für 10 000 DM gekauftes Auto hat in den ersten 15 Jahren jedes Jahr 5 % seines aktuellen Wertes verloren. Danach blieb der Wert für 5 Jahre konstant. Als das Auto 20 Jahre alt und in sehr gutem Zustand war, trat der Oldtimer-Effekt ein: Seitdem steigt der Wert jedes Jahr um 23 % des aktuellen Wertes.

a) Berechnen Sie den Tiefststand des Wiederverkaufswerts in den Jahren 1978 bis 1982.
b) Welchen aktuellen Wert hat der Oldtimer im Jahr 2000?

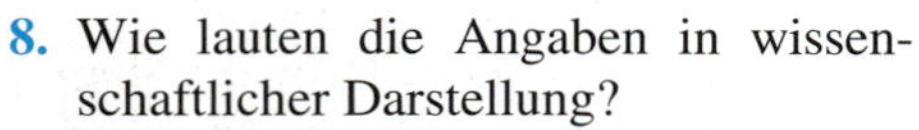

8. Wie lauten die Angaben in wissenschaftlicher Darstellung?

a) Die Gesamtmasse unserer Milchstraße entspricht 250 Milliarden Sonnenmassen.
b) Die Lichtgeschwindigkeit im Vakuum beträgt ca. $300\,000\,\frac{\text{km}}{\text{s}}$.
c) Der Durchmesser unseres Milchstraßensystems beträgt ca. 100 000 Lichtjahre*. Wie viele km sind das?
d) Der Durchmesser eines Atoms beträgt das Zehntausendfache des Durchmessers des Atomkerns.

* Ein Lichtjahr ist diejenige Entfernung, die das Licht in einem Jahr zurücklegt.

B. Potenzen mit negativen ganzen Exponenten

Information:

Dividiert man eine Potenz durch die Basis, so erniedrigt sich der Exponent immer um 1. Führt man dies über den Exponenten Null hinaus fort, so kommt man zu Potenzen mit negativen Exponenten:

$10^3 : 10 = 10^2 \quad (= 100)$

$10^2 : 10 = 10^1 \quad (= 10)$

$10^1 : 10 = 10^0 \quad (= 1)$

$10^0 : 10 = 10^{-1} \quad (= \frac{1}{10})$

$10^{-1} : 10 = 10^{-2} \quad (= \frac{1}{100})$.

Potenzen mit negativen Exponenten

Man setzt für $a \neq 0$ und $n \in \mathbb{N}$:

$$a^{-n} = \frac{1}{a^n}.$$

Beispiel:

1. Umformungen von Potenzen mit negativen Exponenten

a) $3^{-4} = \frac{1}{3^4} = \frac{1}{81}$

b) $(-0{,}2)^{-5} = \frac{1}{\left(-\frac{1}{5}\right)^5} = -3125$

c) $6 \cdot \left(\frac{1}{2}\right)^{-2} = 6 \cdot \frac{1}{\left(\frac{1}{2}\right)^2} = 24$

d) $a \cdot x^{-3} = a \cdot \frac{1}{x^3} = \frac{a}{x^3}$

e) $\frac{a^{-n}}{b^{-m}} = \frac{\frac{1}{a^n}}{\frac{1}{b^m}} = \frac{b^m}{a^n}$

2. Umformung in Potenzen mit negativen Exponenten

a) $\frac{1}{5^4} = 5^{-4}$

b) $\frac{1}{64} = \frac{1}{2^6} = 2^{-6}$

c) $0{,}008 = (0{,}2)^3 = \left(\frac{1}{5}\right)^3 = 5^{-3}$

3. Negative Exponenten auf dem Taschenrechner

Der Taschenrechner zeigt einen negativen Exponenten, wenn das Rechnergebnis betragsmäßig sehr klein wird:

$$\frac{0{,}000028}{2\,000\,000} = 1{,}4 \cdot 10^{-11}.$$

Tastenfolge	Ausgabe
0,000028 [:] 2000000	1.4 −11

Beispiel: Homöopathische Verdünnung

Die Homöopathie, ein von dem Arzt S. HAHNEMANN 1796 entwickeltes Heilverfahren, geht von der Annahme aus, dass schwache Reize den menschlichen Organismus anregen, starke Reize ihn hingegen hemmen.

Diesem Grundsatz folgend werden alle Medikamente nur in sehr geringen Dosen verabreicht. Dazu werden die Medikamente stark verdünnt. Die Bezeichnung D_1 bedeutet eine Verdünnung von 1 : 10 (10 Teile der Arznei enthalten 1 Teil Wirkstoff), D_2 bezeichnet die Verdünnung 1 : 100 usw.

a) Wie viel *Belladonna* D_5 lässt sich aus 4 g des Wirkstoffs herstellen?

b) 200 ml *Belladonna* D_3 und 500 ml *Belladonna* D_4 werden verschrieben. Wie viel Wirkstoff wird benötigt?

Lösung zu a:

D_5 bedeutet eine Verdünnung von $1 : 10^5$, daher erhält man $4 \cdot 10^5$ g = 400 kg *Belladonna* D_5.

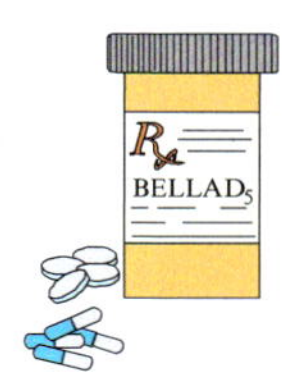

Lösung zu b:

Es werden $200 \cdot 10^{-3}$ ml $+ 500 \cdot 10^{-4}$ ml $= \frac{2}{10}$ ml $+ \frac{5}{100}$ ml $= 0{,}25$ ml des Wirkstoffs benötigt.

Übungen

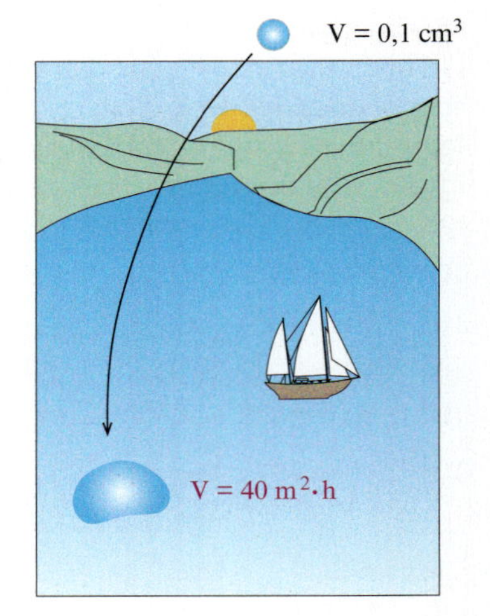

9. Benjamin FRANKLIN (1706–1790) war einer der berühmtesten Wissenschaftler seiner Zeit. Bei seinen Experimenten bemerkte er, dass sich ein Öltropfen auf einem See nur auf einer begrenzten Fläche verteilte.
Mit heutigen Einheiten stellte er fest, dass $0{,}1\,\text{cm}^3$ Öl eine Fläche von $40\,\text{m}^2$ bedeckte.
Obwohl seinerzeit niemand eine Vorstellung vom Aufbau der Materie hatte und der Molekülbegriff völlig unbekannt war, hatte B. Franklin unbewusst den Moleküldurchmesser näherungsweise bestimmt, denn die Ölschicht auf dem See hat diese Dicke.
Berechnen Sie die Höhe h der monomolekularen Ölschicht als Dezimalzahl und als Zehnerpotenz mit negativem Exponenten.

10. Schreiben Sie als Dezimalzahl.

a) $(-3)^{-5}$ b) $(\sqrt{2})^{-2}$ c) -4^{-2} d) $(-4)^{-2}$ e) -4^2
f) $17 \cdot 10^{-5}$ g) $\frac{17}{10^{-7}}$ h) $10^{-2} - 10^{-3}$ i) $3^{-4} + 3^{-2}$ j) $3^3 + 3^{-3}$

11. Bestimmen Sie mithilfe eines Taschenrechners die kleinste natürliche Zahl n, für die $6^{-n} < 10^{-6}$ ist.

12. Formen Sie die Potenzen so um, dass keine negativen Exponenten auftreten.

a) 4^{-5} b) $\left(\frac{1}{3}\right)^{-2}$ c) $(-0{,}3)^{-2}$ d) a^{-2} e) $2 \cdot x^{-3}$
f) $x \cdot a^{-2}$ g) $(x \cdot a)^{-2}$ h) a^{-2n} i) $\left(\frac{a}{b}\right)^{-4}$ j) $\frac{a^{-3}}{b^{-2}}$

13. Schreiben Sie als Potenz mit negativem Exponenten.

a) $\frac{1}{3^2}$ b) $\frac{1}{5}$ c) $\frac{1}{4^6}$ d) $\frac{1}{128}$ e) $\frac{1}{1331}$
f) $\frac{1}{125}$ g) 0,001 h) 0,000 008 i) 0,0016 j) $\frac{1}{-x \cdot x \cdot x \cdot x}$

14. Bilden Sie mit dem Taschenrechner fortlaufend die Potenzen $4^{-1}, 4^{-2}, 4^{-3}, \ldots$.

a) Wie lauten die Werte der ersten 5 Potenzen?
b) Ab welchem Exponenten n wird die Potenz 4^{-n} auf Ihrem Taschenrechner nur noch in wissenschaftlicher Darstellung angezeigt?

15. Die Basis a sei eine positive reelle Zahl, der Exponent n eine natürliche Zahl.

a) Begründen Sie die Aussage: a^{-n} ist positiv.
b) Ist a^{-n} immer kleiner als a^n?

C. Rechengesetze für Potenzen

Information:
Es gibt drei Rechengesetze für Potenzen. Produkte und Quotienten von Potenzen können zu einer Potenz vereinfacht werden, wenn die Basen oder die Exponenten der Faktoren bzw. von Divisor und Dividend übereinstimmen.

Beispielsweise werden Potenzen mit gleicher Basis multipliziert, indem man die Basis beibehält und die Exponenten addiert:

$$3^4 \cdot 3^3 = (3 \cdot 3 \cdot 3 \cdot 3) \cdot (3 \cdot 3 \cdot 3) = 3^{4+3} = 3^7.$$

Die Rechenregeln sind rechts zusammengestellt.

Für die Potenzierung einer Potenz gilt ebenfalls ein Rechengesetz: Die Basis wird beibehalten, die beiden Exponenten werden multipliziert:

$$(3^4)^5 = 3^{4 \cdot 5} = 3^{20}.$$

Die drei Potenzgesetze

Multiplikation und Division	
Potenzen mit gleicher Basis	$a^m \cdot a^n = a^{m+n}$ $\frac{a^m}{a^n} = a^{m-n}$ $(a \neq 0; m, n \in \mathbb{Z})$
Potenzen mit gleichen Exponenten	$a^n \cdot b^n = (a \cdot b)^n$ $\frac{a^n}{b^n} = \left(\frac{a}{b}\right)^n$ $(a, b \neq 0; n \in \mathbb{Z})$

Potenzierung einer Potenz

$$(a^m)^n = a^{m \cdot n}$$
$$(a \neq 0;\ m, n \in \mathbb{Z})$$

Beispiel:

1. Potenzen mit gleicher Basis

a) $2^3 \cdot 2^5 = 2^{3+5} = 2^8$ b) $2^4 \cdot 2^{-3} = 2^{4+(-3)} = 2^1$ c) $x^3 \cdot x^7 = x^{3+7} = x^{10}$

d) $\frac{5^6}{5^4} = 5^{6-4} = 5^2$ e) $\frac{6^3}{6^{-2}} = 6^{3-(-2)} = 6^5$ f) $\frac{x^{-4}}{x^{-6}} = x^{-4-(-6)} = x^2$

2. Potenzen mit gleichen Exponenten

a) $2^4 \cdot 3^4 = (2 \cdot 3)^4 = 6^4$ b) $\frac{2^{-3}}{3^{-3}} = \left(\frac{2}{3}\right)^{-3}$ c) $\frac{(2x)^5}{x^5} = \left(\frac{2x}{x}\right)^5 = 2^5$

3. Potenzierung einer Potenz

a) $(5^3)^4 = 5^{3 \cdot 4} = 5^{12}$ b) $(4^{-2})^3 = 4^{-2 \cdot 3} = 4^{-6} = \frac{1}{4^6}$ c) $(a^2)^n = a^{2 \cdot n} = a^{2n}$

4. Die Anwendung mehrerer Potenzgesetze

a) $\frac{a^{n-3} \cdot b^2}{a^{-6} \cdot b^{n+1}} : \frac{a^2 \cdot b^4}{a^{-n+1} \cdot b^{-n+2}} = \frac{a^{n-3} \cdot b^2}{a^{-6} \cdot b^{n+1}} \cdot \frac{a^{-n+1} \cdot b^{-n+2}}{a^2 \cdot b^4} = a^{n+3} \cdot b^{-n+1} \cdot a^{-n-1} \cdot b^{-n-2} = a^2 \cdot b^{-2n-1} = \frac{a^2}{b^{2n+1}}$

b) $6^n \cdot 3^{-2n} = 6^n \cdot (3^{-2})^n = 6^n \cdot \left(\frac{1}{9}\right)^n = \left(\frac{6}{9}\right)^n = \left(\frac{2}{3}\right)^n$

Übungen

16. Potenzen mit gleicher Basis

a) $3^4 \cdot 3^{-2}$ b) $\left(\frac{4}{5}\right)^7 \cdot \frac{4}{5}$ c) $6^{-3}:6^2$ d) $10^{-4}:10^{-5}$ e) $0{,}4^{-5} \cdot 0{,}4^6$

f) $x^3 \cdot x^5$ g) $x^3:x^2$ h) $y^{-3}:y^4$ i) $\frac{z^4 \cdot z^{-1}}{z^5}$ j) $a^{n+2}:a^{n-1}$

k) $x^4 \cdot x^n \cdot x^{-2}$ l) $x^n \cdot x^{2n} \cdot x^n$ m) $y^n:y^n \cdot y^{-n}$ n) $y^n:(y^n \cdot y^{-n})$ o) $a^4:a^{-2} \cdot a^8$

17. Potenzen mit gleichem Exponenten

a) $3^2 \cdot 4^2$ b) $0{,}5^4 \cdot 6^4$ c) $0{,}2^{-3} \cdot 20^{-3}$ d) $12^{-4} \cdot \left(\frac{1}{8}\right)^{-4}$

e) $18^6:3^6$ f) $1{,}2^m : 3^m$ g) $0{,}36^2:0{,}012^2$ h) $(2x)^{-3}:x^{-3}$

i) $x^{2n}:(2x)^{2n}$ j) $2^m \cdot 3^m$ k) $\left(\frac{1}{4}\right)^{-n}:\left(\frac{1}{8}\right)^{-n}$ l) $\frac{3^n}{12^n} \cdot 8^n$

m) $(-4)^2 \cdot 5^2$ n) $\left(\frac{2}{5}\right)^{-2}:\left(\frac{4}{5}\right)^{-2}$ o) $(-2x)^{-5}:x^{-5}$ p) $\left(-\frac{1}{9}\right)^4:\left(\frac{1}{81}\right)^4$

18. Potenzierung einer Potenz

a) $(x^2)^4$ b) $(y^{-5})^3$ c) $(a^{-2})^{-5}$ d) $(a^n)^{n-5}$

19. Welches x erfüllt die Potenzgleichung?

a) $5^x \cdot 5^2 = 5^8$ b) $6^4 \cdot 6^x = 6^2$ c) $10^x \cdot 10^{-4} = 10^{-6}$ d) $7^{2x} \cdot 7^2 = 7^6$

e) $4^x \cdot 4^{2x} = 64$ f) $5^x:125 = 625$ g) $5^{x+1} \cdot 5^{2-x} = 5^3$ h) $8^{2x} = 256$

20. $1\,cm^3$ eines Gases enthält unter Normalbedingungen etwa 27 Trillionen Moleküle.

a) Wie viele Sekunden bzw. wie viele Jahre würde es dauern, bis die Moleküle der Reihe nach einen Beobachtungsposten passiert haben, wenn pro Sekunde 1 Milliarde Moleküle vorbeiziehen?

b) Wie viele Moleküle müssen am Beobachter pro Sekunde vorbeilaufen, damit alle Moleküle in einem Jahr diese Stelle passiert haben?

21. Das Verschmelzen zweier Atomkerne zu einem neuen Kern bezeichnet man als Kernfusion. Hierbei verringert sich die Gesamtmasse der Kerne und es wird Energie frei. Durch Kernfusion verringert sich die Masse unserer Sonne um $4{,}2 \cdot 10^9$ kg pro Sekunde. Wie viele Jahre dauert es, bis die Sonnenmasse von $1{,}99 \cdot 10^{30}$ kg um 1% abgenommen hat?

22. Schreiben Sie die Potenzen mit gleichem Exponenten. Vereinfachen Sie anschließend.

a) $2^8 \cdot 5^4$ b) $3^{12} \cdot 5^{-4}$ c) $40^4:25^2$ d) $6^6:9^3$

e) $4^{-n} \cdot 12^n$ f) $6{,}3^m \cdot 2^{-m}$ g) $3{,}5^n \cdot \left(\frac{8}{7}\right)^{-n}$ h) $16^a \cdot 8^{-a}$

i) $9^{-n} \cdot 3^{2n}$ j) $8^n \cdot 12^{-3n}$ k) $12^{n-1}:6^{1-n}$ l) $8^{-6} \cdot \left(\frac{4}{5}\right)^6 \cdot 2^{12}$

23. Bringen Sie den Term in eine möglichst einfache Form.

a) $\frac{a^4 \cdot b^2}{a^3 \cdot b^5}$ b) $\frac{a^6 \cdot b^{-2}}{a^{-3} \cdot b^{-5}}$ c) $\frac{a^{-3}:b^{-1}}{a^4:b^{-2}}$ d) $\frac{a^3}{b^4} : \frac{a^4}{b^{-2}}$

e) $\frac{a^2 \cdot b^4}{a^3 \cdot b^{-2}} \cdot \frac{a^4 \cdot b^{-3}}{\frac{1}{a} \cdot b}$ f) $\frac{a^{n-1} \cdot b^3}{a^{-3} \cdot b^{n-2}} \cdot \frac{a^5 \cdot b^{-2}}{a^n \cdot b^{-n}}$ g) $\frac{a^{-3} \cdot b}{a^{n-2} \cdot b^{n-2}} : \frac{a^{-2} \cdot b^4}{a^{n+1} \cdot b^n}$ h) $\frac{a^5 \cdot b^{-5}}{a^{-1} \cdot b^{-2}} : \frac{a^{-4} \cdot b^2}{a^3 \cdot b^{-2}}$

2. Potenzen mit rationalen Exponenten

A. Die Kubikwurzel

Das Delische Problem der Würfelverdopplung:
In einer Schrift, die dem griechischen Gelehrten Eratosthenes (3. Jahrhundert v. Chr.) zugeschrieben wird, wird berichtet, dass die Insel Delos von der Pest heimgesucht wurde. Die Delier sollen sich an das Orakel von Delphi gewandt haben. Sie erhielten den Rat, zur Abwendung der Seuche einen Altar nach dem Vorbild des würfelförmigen Altars des Apollon zu bauen, nur mit dem doppelten Volumen. Ihre Geometer konnten die Aufgabe nicht lösen, und auch Platon (428–348 v. Chr.), den sie um Rat fragten, konnte nicht helfen.

Beispiel: Ein Würfel besitzt die Seitenlänge 1. Wie muss die Seitenlänge vergrößert werden, wenn sich das Volumen des Würfels verdoppeln soll?

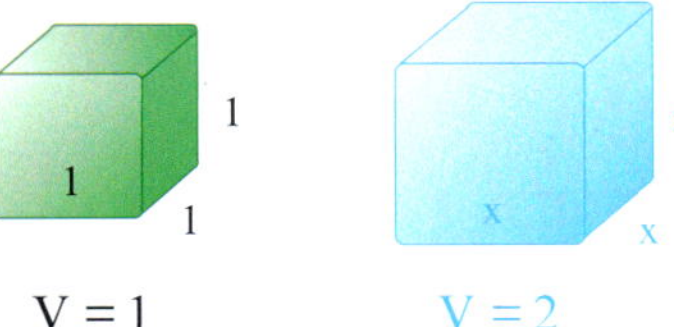

Lösung:
Der Originalwürfel hat die Seitenlänge 1 und daher das Volumen $V = 1^3 = 1$. x sei die zunächst unbekannte Seitenlänge des vergrößerten Würfels. Sein Volumen beträgt daher $V = x^3$. Da dieses Volumen doppelt so groß sein soll wie das ursprüngliche, muss $x^3 = 2$ gelten.
Gesucht ist also eine nicht negative Zahl x, deren dritte Potenz gleich 2 ist. Sie liegt zwischen 1 und 2, da $1^3 < 2$ und $2^3 > 2$ gilt.
Man bezeichnet sie als die ***Kubikwurzel*** von 2 und verwendet die symbolische Schreibweise $\sqrt[3]{2}$, gelesen als „dritte Wurzel aus 2“.
Es handelt sich um eine irrationale Zahl, deren Wert wir in der folgenden Übung auf drei Dezimalstellen genau bestimmen.

Übung 1

Gesucht ist die Zahl $x = \sqrt[3]{2}$, für die $x^3 = 2$ gilt.

Wegen $1^3 < 2$ und $2^3 > 2$ liegt diese Zahl zwischen 1 und 2, wegen $1{,}2^3 \approx 1{,}73 < 2$ und $1{,}3^3 \approx 2{,}20 > 2$ liegt sie zwischen 1,2 und 1,3.

Errechnen Sie den Wert der Zahl durch weitere Einschachtelungen auf drei Nachkommastellen genau.

Man kann für jede nicht negative reelle Zahl a die Kubikwurzel $\sqrt[3]{a}$ entweder exakt oder näherungsweise bestimmen.
Zum Beispiel ist $\sqrt[3]{8} = 2$ (exakt), denn $2^3 = 8$, und es ist $\sqrt[3]{7} \approx 1{,}913$ (näherungsweise), denn es ist $(1{,}913)^3 \approx 7$.

Übung 2

Bestimmen Sie die Kubikwurzel exakt oder näherungsweise auf 3 Nachkommastellen genau.

a) $\sqrt[3]{125}$ b) $\sqrt[3]{5}$ c) $\sqrt[3]{\frac{1}{64}}$ d) $\sqrt[3]{150}$ e) $\sqrt[3]{0{,}000008}$

Man kann dritte Wurzeln auch mit dem Taschenrechner näherungsweise bestimmen. Das ist ein sehr bequemer Weg. Man verwendet hierzu die Potenztaste [∧] des Taschenrechners.

Die Kubikwurzel $\sqrt[3]{a}$ verhält sich nämlich wie eine Potenz mit einem Bruch als Exponent, nämlich wie $a^{\frac{1}{3}}$. Denn verwendet man das Gesetz zur Potenzierung einer Potenz hierauf sinngemäß an, so erhält man tatsächlich $(a^{\frac{1}{3}})^3 = a$.

Potenzdarstellung der Kubikwurzel

$$\sqrt[3]{a} = a^{\frac{1}{3}} \qquad (a \geq 0, a \in \mathbb{R})$$

Beispiel: Berechnen Sie $\sqrt[3]{7}$ mit Hilfe der Potenztaste [∧] des Taschenrechners.

Lösung:
Man gibt, wie rechts dargestellt, zunächst den Radikanden 7 ein, betätigt die [∧]-Taste, und gibt anschließend mit Klammerung den Wurzelexponenten $\frac{1}{3}$ ein.
Nach Betätigung der [=]-Taste erscheint als Ausgabe das Resultat 1,912931183.
Genähert gilt also $\sqrt[3]{7} \approx 1{,}913$.

Zu berechnender Ausdruck:

$$\sqrt[3]{7} = 7^{\frac{1}{3}}$$

Tastenfolge	Ausgabe
7 [∧] [(] 1 [:] 3 [)] [=]	1,912931183

Resultat: $\sqrt[3]{7} \approx 1{,}913$

Übung 3

Berechnen Sie die Kubikwurzel bzw. den Term mit dem Taschenrechner näherungsweise.

a) $\sqrt[3]{3}$ b) $\sqrt[3]{6859}$ c) $\sqrt[3]{5} \cdot \sqrt{2}$

d) $\sqrt[3]{\frac{1}{10}}$ e) $\sqrt[3]{3} \cdot \sqrt[3]{9}$ f) $\sqrt[3]{0{,}175616}$

Übung 4

Ein Verpackungstetraeder soll das Volumen 500 cm³ fassen. Welche Seitenlänge a muss er erhalten?

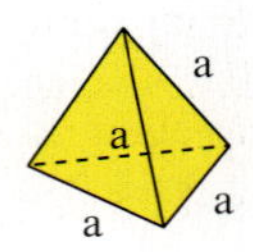

Hinweis: Tetraedervolumen $V = \frac{\sqrt{2}}{12} \cdot a^3$

B. Die n-te Wurzel $\sqrt[n]{a}$

Analog zu Quadrat- und Kubikwurzeln kann man Wurzeln 4. und höherer Ordnung definieren, z. B. ist die 4. Wurzel aus 81, symbolisch $\sqrt[4]{81}$ geschrieben, gleich 3, da $3^4 = 81$ ist.

Definition IV.1: n-te Wurzel

a sei eine nicht negative reelle Zahl und $n \in \mathbb{N}$, $n \geq 2$.
Dann wird diejenige nicht negative reelle Zahl x, für die $x^n = a$ gilt, als ***n-te Wurzel aus a*** bezeichnet.

Symbolische Schreibweise: $\sqrt[n]{a}$.

Beispiele:

$\sqrt[4]{16} = 2$, denn $2 \geq 0$ und $2^4 = 16$

$\sqrt[6]{3^{18}} = 3^3$, denn $3^3 \geq 0$ und $(3^3)^6 = 3^{18}$

$\sqrt[6]{\frac{64}{729}} = \frac{2}{3}$, denn $\frac{2}{3} \geq 0$ und $\left(\frac{2}{3}\right)^6 = \frac{2^6}{3^6} = \frac{64}{729}$

Auch $\sqrt[n]{a}$ ist wie die Kubikwurzel $\sqrt[3]{a}$ als Potenz darstellbar, nämlich als $a^{\frac{1}{n}}$.

Potenzdarstellung der n-ten Wurzel

$$\sqrt[n]{a} = a^{\frac{1}{n}} \quad (a \geq 0,\ a \in \mathbb{R},\ n \geq 2)$$

Diese Darstellung kann auch bei der Berechnung von n-ten Wurzeln mit dem Taschenrechner zugrunde gelegt werden. Rechts ist ein Rechenbeispiel dargestellt. Viele Taschenrechner gestatten jedoch auch die direkte Berechnung mithilfe einer allgemeinen Wurzeltaste [$\sqrt[x]{\ }$].*

Berechnung von $\sqrt[5]{3} = 3^{\frac{1}{5}}$ mit dem TR:

3 [∧] (1 [:] 5) [=] 1,24573094 *oder*
5 [$\sqrt[x]{\ }$] 3 [=] 1,24573094

Vor allem beim Lösen von Potenzgleichungen werden n-te Wurzeln verwendet.

Beispiel: Gesucht sind alle reellen Lösungen der folgenden Gleichungen.
a) $2x^7 + 4 = 14$ b) $x^3 = -8$ c) $2x^4 + 3 = 21$

a)
$$\begin{aligned} 2x^7 + 4 &= 14 \\ 2x^7 &= 10 \\ x^7 &= 5 \\ x &= \sqrt[7]{5} = 5^{\frac{1}{7}} \\ x &\approx 1{,}26 \end{aligned}$$

Wir isolieren den Term x^7 durch Umformen. $x^7 = 5$ hat nur eine einzige Lösung $x = \sqrt[7]{5} \approx 1{,}26$, da $(\sqrt[7]{5})^7 = 5$. $x = -\sqrt[7]{5}$ ist keine Lösung, denn $(-\sqrt[7]{5})^7 = -5 \neq 5$.

b)
$$\begin{aligned} x^3 &= 8 \\ x &= \sqrt[3]{8} = 8^{\frac{1}{3}} \\ x &= 2 \\ x^3 &= -8 \\ x &= -2 \end{aligned}$$

Wir betrachten zunächst die geänderte Gleichung $x^3 = 8$. Sie hat als einzige Lösung $x = 2$. Die Originalgleichung hat dann als einzige Lösung $x = -2$, denn es gilt $(-2)^3 = -8$.

c)
$$\begin{aligned} 2x^4 + 3 &= 21 \\ 2x^4 &= 18 \\ x^4 &= 9 \end{aligned}$$

$x = \sqrt[4]{9}$ und $x = -\sqrt[4]{9}$
$x \approx 1{,}73$ und $x \approx -1{,}73$

Wir isolieren x^4 durch Umformen. $x^4 = 9$ hat dann jedoch wegen des geraden Exponenten 4 zwei Lösungen $x = \sqrt[4]{9}$ und $x = -\sqrt[4]{9}$. Das negative Vorzeichen wird beim Potenzieren mit dem Exponenten 4 kompensiert.

* Die allgemeine Wurzeltaste erhält man auf einigen Taschenrechnern durch [INV] [y^x] oder [2nd] [y^x]. Bei einigen Taschenrechnern müssen die Zahlen auch in umgekehrter Reihenfolge eingegeben werden.

Übungen

5. Dritte Wurzeln

Berechnen Sie die dritte Wurzel exakt. Überprüfen Sie das Resultat durch Potenzieren.

a) $\sqrt[3]{27}$ b) $\sqrt[3]{343}$ c) $\sqrt[3]{15{,}625}$ d) $\sqrt[3]{0{,}008}$ e) $\sqrt[3]{\frac{1}{216}}$

f) $\sqrt[3]{4^2 \cdot 108}$ g) $\sqrt[3]{4^6}$ h) $\sqrt[3]{2^2 \cdot 4 \cdot 12 \cdot 3^2}$ i) $\sqrt[3]{a^{12}}$, $a \geq 0$ j) $\sqrt[3]{1}$

6. Einschachtelung

Berechnen Sie die dritte Wurzel durch Einschachtelung auf 2 Nachkommastellen genau.

a) $\sqrt[3]{4}$ b) $\sqrt[3]{10}$ c) $\sqrt[3]{0{,}5}$ d) $\sqrt[3]{100}$ e) $\sqrt[3]{5^4}$

7. Taschenrechner

Berechnen Sie mithilfe des Taschenrechners die dritte Wurzel gerundet auf zwei Nachkommastellen. Schreiben Sie zunächst als Potenz.

Beispiel: $\sqrt[3]{5} = 5^{\frac{1}{3}}$; 5 [∧] (1 [:] 3) [=] $1{,}709975947 \approx 1{,}71$

a) $\sqrt[3]{7}$ b) $\sqrt[3]{90}$ c) $\sqrt[3]{0{,}005}$ d) $\sqrt[3]{\frac{1}{50}}$ e) $\sqrt[3]{\frac{122}{5^3}}$

8. Pyramide

Für eine Ausstellung soll eine quadratische Pyramide errichtet werden, deren acht Kanten alle gleich lang sein sollen.

Das Luftvolumen der Pyramide soll $800\,m^3$ betragen. Wie lang sind die Kanten der Pyramide?

Volumenformel einer Pyramide mit der Kantenlänge a: $V = \frac{\sqrt{2}}{6}a^3$.

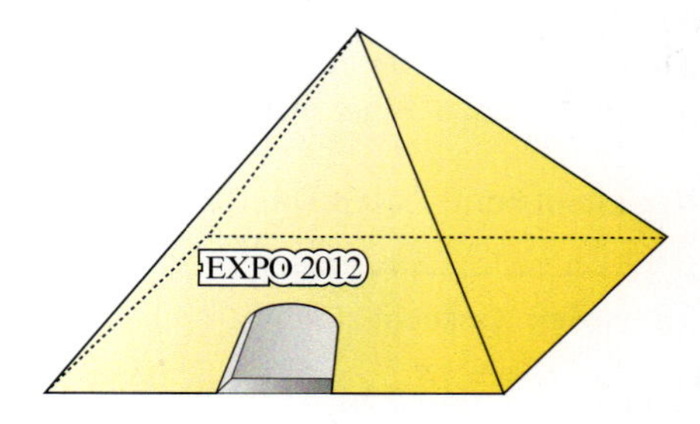

9. Diamant

Ein 12-karätiger Diamant hat die Gestalt eines Oktaeders. Wie groß ist die Kantenlänge a?

Information:

- 1 Karat entspricht der Masse von 0,2 Gramm.
- Diamant hat die Dichte $\rho = 3{,}5\,\frac{g}{cm^3}$.
- Ein Oktaeder mit der Seitenlänge a hat das Volumen $V = \frac{\sqrt{2}}{3}a^3$.

10. Höhere Wurzeln

Bestimmen Sie die folgenden Wurzeln exakt. Überprüfen Sie durch Potenzieren.

a) $\sqrt[4]{625}$ b) $\sqrt[6]{64}$ c) $\sqrt[5]{243}$ d) $\sqrt[4]{150{,}0625}$ e) $\sqrt[6]{\frac{64}{729}}$ f) $\sqrt[12]{4096}$

g) $\sqrt[4]{a^8}$ h) $\sqrt[6]{a^{12}b^6}$ $(a, b > 0)$ i) $\sqrt[3]{a^{-12}}$ $(a > 0)$ j) $\sqrt[5]{0}$ k) $\sqrt[4]{\frac{a^8}{b^4}}$ $(a, b > 0)$

11. Näherungswerte für Wurzeln

Überprüfen Sie durch Potenzieren, welche der beiden Näherungen für die Wurzel genauer ist.

a) $\sqrt[5]{12}$ 1,643 1,644 b) $\sqrt[3]{100}$ 4,6415 4,6416 c) $\sqrt[7]{7}$ 1,320 1,321 d) $\sqrt[100]{1000}$ 1,07154 1,07149

12. Einschachtelung

Bestimmen Sie den Term durch Einschachtelung auf 2 Nachkommastellen genau. Verwendet werden darf nur die ganzzahlige Potenzierung mit dem Taschenrechner.

a) $\sqrt[5]{10}$ b) $\sqrt[4]{\frac{1}{2}}$ c) $\sqrt[12]{1000}$ d) $4^{\frac{1}{5}}$ e) $30^{\frac{1}{6}}$

13. Taschenrechner

Errechnen Sie mit dem Taschenrechner auf 3 Nachkommastellen genau.

a) $\sqrt[5]{20}$ b) $\sqrt[7]{90}$ c) $\sqrt[8]{0{,}1}$ d) $\sqrt[4]{\frac{16}{125}}$ e) $\sqrt[200]{0{,}9}$ f) $\sqrt[200]{1{,}1}$

14. Wurzeldefinition

Entscheiden Sie ohne Taschenrechner: Welche Zahl ist größer, $\sqrt[4]{70}$ oder $\sqrt[5]{200}$?

15. Wurzeldefinition

Welche der Aussagen sind wahr? Kreuzen Sie nach Übertragung ins Heft die richtigen Aussagen an und erläutern Sie das Resultat in Bezug auf die Wurzeldefinition.

a) 4 ist 5. Wurzel aus 1024 ☐
4 ist 5. Wurzel aus -1024 ☐
-4 ist 5. Wurzel aus -1024 ☐

b) 8 und -8 sind 3. Wurzeln aus 512 ☐
8 ist 3. Wurzel aus 512 ☐
-8 ist 3. Wurzel aus -512 ☐

c) 6 und -6 sind 4. Wurzeln aus 1296 ☐
6 ist 4. Wurzel aus 1296 ☐
-6 ist 4. Wurzel aus 1296 ☐

d) 5 und -5 sind Lösungen von $x^4 = 625$ ☐
5 und -5 sind 4. Wurzeln aus 625 ☐
Nur 5 ist 4. Wurzel aus 625 ☐
Nur -5 ist 4. Wurzel aus 625 ☐

16. Wurzeldefinition

Jemand führt folgende Rechnung aus. Was ist dabei falsch?

a) $\sqrt[4]{16} = \sqrt[4]{(-2)^4} = -2$, denn $(-2)^4 = 16$.

b) $\sqrt[3]{-125} = -5$, denn $(-5)^3 = -125$.

17. Taschenrechner, Wurzeldefinition

Probieren Sie mit dem Taschenrechner die Tastenfolge (4 [$\sqrt[x]{\ }$] 5) [∧] 4 [=]
Welches Resultat erhalten Sie? Erläutern Sie das Resultat.

18. Potenzgleichungen

Bestimmen Sie alle reellen Lösungen der Gleichung.

a) $2x^3 - 12 = 18$ b) $x^5 = -32$ c) $4x^4 + 7 = 24$ d) $x^3 = -\frac{1}{27}$

e) $10x^3 + 1 = 5$ f) $18x^4 - 3 = 8$ g) $2x^3 + 11 = 11$ h) $6x^4 + 22 = 11$

C. Potenzen mit rationalen Exponenten

Wir haben oben Potenzen betrachtet und festgestellt, dass es sinnvoll ist, die Potenz $2^{\frac{1}{3}}$ als dritte Wurzel aus 2 zu interpretieren: $2^{\frac{1}{3}} = \sqrt[3]{2}$. Potenzen mit Stammbruchexponenten sind also höhere Wurzeln. Was aber ist unter einer Potenz zu verstehen, deren Exponent ein beliebiger Bruch ist, z. B. $2^{\frac{2}{3}}$?

Beispiel: Berechnen Sie den Wert der Potenz $2^{\frac{2}{3}}$.

Lösung:
Wir versuchen, den noch nicht erklärten Term $2^{\frac{2}{3}}$ durch bereits bekannte Gesetze zu erfassen, die ja auch weiterhin gelten sollen. Man bezeichnet diese Vorgehensweise als **Permanenzprinzip**.

$2^{\frac{2}{3}}$ kann mit Hilfe des Gesetzes für die Potenzierung von Potenzen nach den nebenstehenden Rechnungen auf 2 Arten dargestellt werden, einmal als $\sqrt[3]{4}$ und einmal als $(\sqrt[3]{2})^2$, also durch höhere Wurzeln.

Damit ist uns die Zurückführung auf Bekanntes gelungen, und der Taschenrechner liefert uns als Näherungswert für $2^{\frac{2}{3}}$ die Zahl 1,59.

1. Möglichkeit:

$$2^{\frac{2}{3}} = 2^{2\cdot\frac{1}{3}}$$
$$= (2^2)^{\frac{1}{3}} \quad \text{Potenzieren von Potenzen}$$
$$= 4^{\frac{1}{3}} = \sqrt[3]{4} \approx 1{,}59$$

2. Möglichkeit:

$$2^{\frac{2}{3}} = 2^{\frac{1}{3}\cdot 2}$$
$$= (2^{\frac{1}{3}})^2 \quad \text{Potenzieren von Potenzen}$$
$$= (\sqrt[3]{2})^2 \approx (1{,}26)^2 \approx 1{,}59$$

Wie im Beispiel exemplarisch aufgezeigt, kann man bei positiver Basis $a > 0$ jede Potenz $a^{\frac{m}{n}}$ mit rationalem Exponenten als höhere Wurzel schreiben. Dieses gelingt sogar dann, wenn der Exponent eine negative rationale Zahl ist.

Potenzen als höhere Wurzeln:

1. $8^{\frac{4}{3}} = 8^{\frac{1}{3}\cdot 4} = (\sqrt[3]{8})^4 = 2^4 = 16$
2. $32^{-\frac{3}{5}} = 32^{\frac{1}{5}\cdot(-3)} = (\sqrt[5]{32})^{-3} = 2^{-3} = \frac{1}{8}$
3. $2^{-\frac{3}{5}} = 2^{(-3)\cdot\frac{1}{5}} = \sqrt[5]{2^{-3}} = \sqrt[5]{\frac{1}{8}} \approx 0{,}66$

Umgekehrt ist damit auch jede höhere Wurzel als Potenz mit geeignetem rationalem Exponenten darstellbar. Dadurch werden Rechnungen mit höheren Wurzeln leichter.

Wurzeln als Potenzen:

1. $\sqrt[3]{0{,}064} = (0{,}064)^{\frac{1}{3}} = (0{,}4^3)^{\frac{1}{3}} = 0{,}4$
2. $\sqrt[6]{27^{-2}} = (27^{-2})^{\frac{1}{6}} = ((3^3)^{-2})^{\frac{1}{6}} = 3^{-1} = \frac{1}{3}$

Für $a > 0$ wird vereinbart:

$$a^{\frac{m}{n}} = \sqrt[n]{a^m}, \quad a^{-\frac{m}{n}} = \frac{1}{\sqrt[n]{a^m}}$$

$(m, n \in \mathbb{N};\ n \geq 2)$

Insbesondere gilt $(a > 0)$:

$$a^{\frac{1}{n}} = \sqrt[n]{a}, \quad a^{-\frac{1}{n}} = \frac{1}{\sqrt[n]{a}}$$

$(n \in \mathbb{N};\ n \geq 2)$

Übung 19

Schreiben Sie die Potenz als höhere Wurzel und berechnen Sie den Wert.

a) $49^{\frac{1}{2}}$ b) $81^{\frac{1}{4}}$ c) $81^{-\frac{2}{4}}$ d) $196^{\frac{1}{2}}$ e) $\left(\frac{1}{27}\right)^{-\frac{1}{3}}$

f) $\left(\frac{16}{81}\right)^{\frac{3}{4}}$ g) $8^{-\frac{5}{3}}$ h) $361^{0,5}$ i) $0{,}008^{-\frac{1}{3}}$ j) $0{,}0625^{-0,75}$

Übung 20

Stellen Sie die Wurzel als Potenz mit ganzzahliger Basis und rationalem Exponenten dar.

a) $\sqrt[5]{22}$ b) $\sqrt[4]{24^3}$ c) $\sqrt[12]{8^{-4}}$ d) $\sqrt[3]{\frac{1}{4}}$ e) $\sqrt[5]{(2^{-3})^{-4}}$

Indem man höhere Wurzeln als Potenzen schreibt, können diese weiterhin bequem mit dem Taschenrechner näherungsweise berechnet werden. Hierzu wird wie bisher die Potenztaste [∧] verwendet.

Beispiel: $\sqrt[5]{12^2} = 12^{\frac{2}{5}} = 12^{0,4} \approx 2{,}702$

Tastenfolge	Ausgabe
12 [∧] 0,4 [=]	2.701920077

Ein Problem haben wir bisher vernachlässigt:
Die Potenzschreibweise mit rationalen Exponenten ist nur dann brauchbar, wenn die Potenz von der Darstellung der rationalen Zahl im Exponenten unabhängig ist. Beispielsweise ist $\frac{2}{3} = \frac{4}{6}$, also muss auch $5^{\frac{2}{3}} = 5^{\frac{4}{6}}$ gelten.

Die rechts stehende Rechnung zeigt exemplarisch, dass Kürzen und Erweitern im Exponenten bei Potenzen mit positiver Basis zulässig ist.

$$x = 5^{\frac{2}{3}} \Leftrightarrow x = \sqrt[3]{5^2}$$
$$\Leftrightarrow x^3 = 5^2$$
$$\Leftrightarrow (x^3)^2 = (5^2)^2$$
$$\Leftrightarrow x^6 = 5^4$$
$$\Leftrightarrow x = 5^{\frac{4}{6}}$$

$$a^{\frac{m}{n}} = a^{\frac{m \cdot c}{n \cdot c}} \quad (a > 0)$$
$$(m \in \mathbb{Z};\ n, c \in \mathbb{N};\ n \geq 2)$$

Aus gutem Grund werden nur Potenzen mit positiver Basis betrachtet. Bei einer negativen Basis treten Probleme auf, z. B. erhält man bei sinngemäßer Anwendung der Potenzgesetze $(-8)^{\frac{1}{3}} = -2$, aber $(-8)^{\frac{2}{6}} = 2$.

+2 oder −2: Das ist hier die Frage.

$$(-8)^{\frac{1}{3}} = \sqrt[3]{-8} = \sqrt[3]{(-2)^3} = (-2)^{\frac{3}{3}} = -2$$

Aber:

$$(-8)^{\frac{2}{6}} = \sqrt[6]{(-8)^2} = \sqrt[6]{64} = \sqrt[6]{2^6} = 2$$

Übung 21

Vereinfachen Sie die Wurzel. **Beispiel:** $\sqrt[6]{5^4} = 5^{\frac{4}{6}} = 5^{\frac{2}{3}} = \sqrt[3]{5^2} = \sqrt[3]{25}$.

a) $\sqrt[8]{2^4}$ b) $\sqrt[12]{\left(\frac{1}{3}\right)^8}$ c) $\sqrt[6]{x^3}$ $(x > 0)$ d) $\sqrt[3]{y^{12}}$ $(y > 0)$ e) $\sqrt[6]{2^{15}}$

f) $\sqrt[6]{\frac{1}{2^8}}$ g) $\frac{1}{\sqrt[3]{2^{-6}}}$ h) $\frac{1}{\sqrt[6]{2^{-3}}}$ i) $\sqrt[6]{81}$ j) $\sqrt[8]{16^4}$

k) $\sqrt[5]{2^{-10}}$ l) $\sqrt[3]{27^{-2}}$ m) $\sqrt[4]{9x^2}$ $(x > 0)$ n) $\sqrt[6]{\frac{1}{9^{-4}}}$ o) $\sqrt[6]{\frac{8^{-3}}{5^9}}$

D. Die Potenzgesetze für Potenzen mit rationalen Exponenten

Im Folgenden werden die Gesetze für das Rechnen mit Potenzen erweitert. Sie gelten nämlich nicht nur für ganzzahlige Exponenten, sondern auch für rationale Exponenten.* Wir beweisen dies allerdings nicht, sondern begründen es nur exemplarisch.

Die Potenzgesetze für rationale Exponenten*

a sei eine positive reelle Zahl, r und s seien beliebige rationale Zahlen. Dann gelten die folgenden Gesetze:

I. $a^r \cdot a^s = a^{r+s}$

II. $a^r \cdot b^r = (a \cdot b)^r$

III. $\frac{a^r}{a^s} = a^{r-s}$

IV. $\frac{a^r}{b^r} = \left(\frac{a}{b}\right)^r$

V. $(a^r)^s = a^{r \cdot s}$

* Die Potenzgesetze gelten sogar für beliebige reelle Exponenten.

Beispiele:

I. Multiplikation (gleiche Basen):
$8^{\frac{2}{3}} \cdot 8^{\frac{1}{3}} = \sqrt[3]{8^2} \cdot \sqrt[3]{8} = 4 \cdot 2 = 8^1 = 8^{\frac{2}{3}+\frac{1}{3}}$

II. Multiplikation (gleiche Exponenten):
$8^{\frac{1}{3}} \cdot 27^{\frac{1}{3}} = 2 \cdot 3 = 6^1 = (6^3)^{\frac{1}{3}} = (8 \cdot 27)^{\frac{1}{3}}$

III. Division (gleiche Basen):
$\frac{64^{\frac{1}{3}}}{64^{\frac{1}{6}}} = \frac{\sqrt[3]{4^3}}{\sqrt[6]{2^6}} = \frac{4}{2} = 2 = (64)^{\frac{1}{6}} = (64)^{\frac{1}{3}-\frac{1}{6}}$

IV. Division (gleiche Exponenten):
$\frac{3^{\frac{1}{3}}}{9^{\frac{1}{3}}} = \frac{\sqrt[3]{3}}{\sqrt[3]{9}} = \frac{\sqrt[3]{3}}{(\sqrt[3]{3})^2} = \frac{1}{\sqrt[3]{3}} = \sqrt[3]{\frac{1}{3}} = \left(\frac{3}{9}\right)^{\frac{1}{3}}$

V. Potenzieren einer Potenz:
$(2^{-\frac{1}{2}})^4 = \left(\frac{1}{\sqrt{2}}\right)^4 = \frac{1}{4} = 2^{-2} = 2^{-\frac{1}{2} \cdot 4}$

Übung 22

Vereinfachen Sie mit den Potenzgesetzen. Schreiben Sie das Ergebnis als Wurzel.

a) $2^{\frac{1}{2}} \cdot 2^{\frac{1}{4}}$ b) $6^{\frac{5}{6}} \cdot 6^{-\frac{1}{3}}$

c) $5^{\frac{1}{2}} : 5^{\frac{1}{3}}$ d) $7^{-\frac{1}{2}} : 7^{-\frac{2}{3}}$

e) $\sqrt[3]{12} \cdot 12^{\frac{1}{6}}$ f) $12^{\frac{1}{3}} : \sqrt[4]{144}$

g) $a^{\frac{4}{5}} : a^{\frac{3}{5}}$ h) $\sqrt[3]{a} \cdot a^{-1}$

i) $a^{-\frac{2}{5}} : a^{-\frac{3}{4}} \cdot a^{-\frac{3}{10}}$ j) $a^{-\frac{2}{5}} : (a^{-\frac{3}{4}} \cdot a^{-\frac{3}{20}})$

Übung 23

Formen Sie die Terme mit den Potenzgesetzen zu einer Potenz um.

a) $2^{\frac{1}{3}} \cdot 5^{\frac{1}{3}}$ b) $4^{-\frac{1}{3}} \cdot \left(\frac{1}{5}\right)^{-\frac{1}{3}}$

c) $(4x)^{\frac{1}{5}} : (6x)^{\frac{1}{5}}$ d) $\left(\frac{2}{3}\right)^{\frac{1}{4}} : \left(\frac{8}{9}\right)^{\frac{1}{4}}$

e) $24^{-0,6} : 16^{0,6}$ f) $\sqrt[3]{6} \cdot 7^{\frac{1}{3}}$

g) $\sqrt[6]{15} \cdot \left(\frac{1}{10}\right)^{\frac{1}{6}}$ h) $\sqrt[4]{49} \cdot \left(\frac{1}{5}\right)^{\frac{1}{2}}$

i) $8^{\frac{2}{3}} : 27^{\frac{2}{3}}$ j) $64^{\frac{1}{9}} : 3^{-\frac{2}{3}}$

Übung 24

Die gegebenen Rechenausdrücke bzw. Terme können mit den Potenzgesetzen und anderen länger bekannten Regeln vereinfacht werden. Notieren Sie die verwendeten Potenzgesetze und Regeln und geben Sie die Ausdrücke in möglichst einfacher Form an.

a) $5^{\frac{1}{3}} \cdot 200^{\frac{1}{3}}$ b) $(5^{\frac{1}{6}})^3$ c) $x^{\frac{1}{3}} : x^{-\frac{4}{6}}$ d) $a^{\frac{1}{4}} : \left(\frac{a}{b}\right)^{\frac{1}{4}}$ e) $(4^{\frac{1}{3}} - 2^{\frac{1}{3}}) : 2^{\frac{1}{3}}$

f) $(6^{-\frac{1}{2}})^{-\frac{1}{5}}$ g) $32^{\frac{1}{4}} : 2^{\frac{1}{4}}$ h) $(18^{\frac{1}{2}} + 8^{\frac{1}{2}}) \cdot \sqrt{2}$ i) $(a^{\frac{1}{2}} + b^{\frac{1}{2}})^2$ j) $(56^{\frac{1}{3}} - 189^{\frac{1}{3}}) : 7^{\frac{1}{3}}$

k) $(a+b)^{-\frac{1}{3}} : (a+b)^{-\frac{2}{3}}$ l) $(2 + x^{\frac{1}{3}}) \cdot (2 - x^{\frac{1}{3}})$ m) $\sqrt[3]{a^2 b^2} : (a b^2)^{\frac{2}{3}}$

n) $(\sqrt[4]{a^7} - (a^3 b)^{\frac{1}{4}}) \cdot \sqrt[4]{a}$ o) $(\sqrt[3]{250} - 2^{\frac{1}{3}}) \cdot 4^{\frac{1}{3}}$ p) $(a^{\frac{1}{2}} - b^{\frac{1}{2}}) \cdot (a^{\frac{1}{2}} + b^{\frac{1}{2}})$

Vereinfachung und Umformung von Rechenausdrücken mit den Potenzgesetzen

Beispiel: Wurzelrechnen

Benutzen Sie die Potenzgesetze zum Vereinfachen und schreiben Sie das Resultat wieder als Wurzel. a) $\sqrt[3]{x} \cdot \sqrt[6]{x}$ b) $\sqrt{\frac{1}{\sqrt[3]{5}}}$ c) $\frac{\sqrt[3]{36}}{\sqrt{216}}$

Lösung:

Wir ersetzen jede Wurzel durch eine Potenz mit einem Stammbruch als Exponenten. Dann können wir die Potenzgesetze anwenden. Zum Schluss wird das Ergebnis wieder als Wurzel dargestellt.

a) $\sqrt[3]{x} \cdot \sqrt[6]{x} = x^{\frac{1}{3}} \cdot x^{\frac{1}{6}} = x^{\frac{1}{3}+\frac{1}{6}} = x^{\frac{1}{2}} = \sqrt{x}$

b) $\sqrt{\frac{1}{\sqrt[3]{5}}} = (5^{-\frac{1}{3}})^{\frac{1}{2}} = 5^{-\frac{1}{6}} = \frac{1}{\sqrt[6]{5}}$

c) $\frac{\sqrt[3]{36}}{\sqrt{216}} = \frac{\sqrt[3]{6^2}}{\sqrt{6^3}} = 6^{\frac{2}{3}} \cdot 6^{-\frac{3}{2}} = 6^{-\frac{5}{6}} = \frac{1}{\sqrt[6]{6^5}}$

Übung 25

Vereinfachen Sie wie im vorangegangenen Beispiel.

a) $\sqrt[4]{24\,a} : \sqrt[4]{6\,a}$ b) $\sqrt[5]{3^{-2}} \cdot \sqrt[5]{3^4}$ c) $\sqrt[4]{\sqrt[3]{a^2}}$ d) $\sqrt[n]{3} : \sqrt[n]{\frac{3}{5}}$

e) $\sqrt[6]{16} \cdot \sqrt[3]{4}$ f) $\sqrt[4]{\frac{1}{a^3}} \cdot \sqrt{a}$ g) $\sqrt[4]{a^2} : \sqrt{\frac{a}{b}}$ h) $\left(\sqrt[3]{80} - \sqrt[3]{\frac{1}{10}}\right) \cdot \sqrt[3]{100}$

Beispiel: Partielles Wurzelziehen

In den folgenden Ausdrücken können die Wurzeln nicht vollständig beseitigt werden. Man kann jedoch durch geeignete Faktorisierung des Radikanden ein partielles (teilweises) Wurzelziehen erreichen.

Ziehen Sie die Wurzel partiell. a) $\sqrt[4]{48}$ b) $\sqrt[3]{54} - 2 \cdot \sqrt[3]{2}$

Lösung zu a:

Wir zerlegen 48 in $3 \cdot 16$, da $16 = 2^4$ eine 4. Potenz ist, aus der die 4. Wurzel gezogen werden kann. Aus 3 kann die 4. Wurzel nicht gezogen werden, sodass nur ein partielles Wurzelziehen vorliegt.

Das Resultat ist einfacher, da der Radikand einfacher ist.

$$\sqrt[4]{48} = \sqrt[4]{16 \cdot 3} = \sqrt[4]{16} \cdot \sqrt[4]{3} = \sqrt[4]{2^4} \cdot \sqrt[4]{3} = 2 \cdot \sqrt[4]{3}$$

Lösung zu b:

54 wird zerlegt in $27 \cdot 2$, da $27 = 3^3$ eine 3. Potenz ist. Erst nach dem partiellen Wurzelziehen zeigt sich, dass die jetzt vorliegenden Ausdrücke noch weiter vereinfacht werden können.

$$\sqrt[3]{54} - 2 \cdot \sqrt[3]{2} = \sqrt[3]{27 \cdot 2} - 2 \cdot \sqrt[3]{2} = 3 \cdot \sqrt[3]{2} - 2 \cdot \sqrt[3]{2} = \sqrt[3]{2}$$

Übung 26

Vereinfachen Sie durch partielles Wurzelziehen.

a) $\sqrt[3]{72}$ b) $\sqrt[5]{96}$ c) $\sqrt[3]{250}$ d) $\sqrt[7]{256}$

e) $\sqrt[4]{a^5\,b^6}$ f) $\sqrt[3]{500} - \sqrt[3]{108}$ g) $\sqrt[4]{32} + \frac{1}{5} \cdot \sqrt[4]{162}$ h) $18 \cdot \sqrt[3]{24} - 5 \cdot \sqrt[3]{192}$

Beispiel: Rationale Nenner

Das Rechnen mit Bruchtermen wird besonders durch Wurzeln im Nenner erschwert. Wenn man durch Erweitern die Nenner rational macht, vereinfachen sich viele Rechnungen. Machen Sie die Nenner rational und vereinfachen Sie so weit wie möglich.

a) $\frac{32}{\sqrt[3]{4}}$

b) $\frac{3}{\sqrt[3]{2}} + \frac{\sqrt[3]{4}}{2}$

Lösung:

In beiden Beispielen steht im Nenner eine 3. Wurzel. Der Erweiterungsfaktor ist geeignet gewählt, wenn der Radikand im Nenner eine 3. Potenz ist. Daher ist der erste Ausdruck mit $\sqrt[3]{2}$ zu erweitern. Im zweiten Beispiel wird nur der erste Bruchterm mit $\sqrt[3]{4}$ erweitert.

a) $\frac{32}{\sqrt[3]{4}} = \frac{32}{\sqrt[3]{4}} \cdot \frac{\sqrt[3]{2}}{\sqrt[3]{2}} = \frac{32\sqrt[3]{2}}{\sqrt[3]{8}} = 16 \cdot \sqrt[3]{2}$

b) $\frac{3}{\sqrt[3]{2}} + \frac{\sqrt[3]{4}}{2} = \frac{3}{\sqrt[3]{2}} \cdot \frac{\sqrt[3]{4}}{\sqrt[3]{4}} + \frac{\sqrt[3]{4}}{2}$
$= \frac{3 \cdot \sqrt[3]{4}}{2} + \frac{\sqrt[3]{4}}{2} = 2 \cdot \sqrt[3]{4}$

Übung 27

Machen Sie den Nenner durch eine geeignete Erweiterung rational.

a) $\frac{6}{\sqrt[3]{9}}$ b) $\frac{10}{\sqrt[4]{5^3}}$ c) $\frac{1}{6+\sqrt{5}}$ d) $\frac{3}{\sqrt[4]{7}} + \frac{\sqrt[4]{49} \cdot \sqrt[4]{7}}{14}$

Übungen

28. Berechnen Sie im Kopf. Begründen Sie die Rechnung. Beispiel: $\sqrt[3]{4} \cdot \sqrt[3]{2} = 2$, da $2^3 = 8$.

a) $\frac{\sqrt[3]{16}}{\sqrt[3]{2}}$ b) $4^{\frac{3}{4}} : 4^{\frac{1}{4}}$ c) $((-9)^4)^{\frac{1}{8}}$ d) $(\sqrt{72} - \sqrt{8}) \cdot \sqrt{2}$

e) $\sqrt[4]{243} : \sqrt[4]{3}$ f) $\sqrt[3]{49} \cdot \sqrt[3]{7}$ g) $\sqrt[3]{5} \cdot \sqrt[3]{\frac{25}{8}}$ h) $\sqrt[3]{4} \cdot (\sqrt[3]{54} - \sqrt[3]{2})$

29. Vereinfachen Sie mit den Potenzgesetzen.

a) $5^{\frac{3}{4}} \cdot 5^{\frac{5}{4}}$ b) $\frac{9^{\frac{7}{6}}}{\sqrt[6]{9}}$ c) $\sqrt[3]{12} \cdot 12^{-0,5} \cdot 144$ d) $2^{-\frac{1}{2}} : 2^2$

e) $7^{\frac{1}{2}} \cdot 28^{\frac{1}{2}}$ f) $(\sqrt[6]{16})^3$ g) $54^{\frac{1}{3}} : 2^{\frac{1}{3}}$ h) $(\sqrt[3]{135} - \sqrt[3]{40}) : \sqrt[3]{5}$

i) $\sqrt{75} - \sqrt{27}$ j) $512^{\frac{1}{4}} : 2^{-\frac{1}{4}}$ k) $(\sqrt[3]{a^5 b^2} + \sqrt[3]{a^2 b^5}) \cdot \sqrt[3]{ab}$ l) $(\sqrt{7} - \sqrt{5}) \cdot (\sqrt{21} + \sqrt{15})$

30. Füllen Sie nach dem Übertragen in Ihr Heft die Lücke aus.

a) $\sqrt[4]{80} \cdot \bigcirc = 2$ b) $\sqrt[3]{a} \cdot \sqrt[\bigcirc]{a} = \sqrt{a}$ c) $(5^4)^{\bigcirc} = \sqrt[3]{5}$

d) $5 \cdot \sqrt[3]{16} + \bigcirc = 12 \cdot \sqrt[3]{2}$ e) $\sqrt[5]{a^3} \cdot \frac{1}{\sqrt[\bigcirc]{a^4}} = \sqrt[5]{a}$ f) $(6^{\bigcirc})^{\frac{1}{3}} = \sqrt[12]{36}$

31. Wo steckt der Fehler? Geben Sie jeweils das richtige Ergebnis an.

a) $3^{\frac{1}{2}} \cdot 27^{\frac{1}{2}} = 81^{\frac{1}{4}} = 3$ b) $(\sqrt[3]{a} - \sqrt[3]{b})^3 = a - b$ c) $2^{-\frac{1}{n}} \cdot 2^n = 2^{-1}$

d) $7^{-\frac{2}{5}} : 14^{-\frac{2}{5}} = \left(\frac{1}{2}\right)^{-\frac{2}{5}} = 2^{\frac{5}{2}}$ e) $2\sqrt[3]{10} \cdot 4\sqrt[3]{10} = 8\sqrt[3]{10}$ f) $6\sqrt[4]{a} \cdot 4\sqrt[4]{a^3} = 10\,a$

32. Leider ging die Zuordnung der Aufgaben zu den Lösungen verloren. Übertragen Sie die Tabelle in Ihr Heft. Ordnen Sie jeder Aufgabe die richtige Lösung zu. Geben Sie den Rechenweg zur Lösung an.

Aufgaben	Lösungen
E $\frac{x-y}{\sqrt{x}-\sqrt{y}}$	1) $3\cdot\sqrt[3]{2}$ gehört zu Buchstabe ☐
A $\frac{\sqrt{x^3}-\sqrt{x^2y}}{x}$	2) $\sqrt{x}-\sqrt{y}$ gehört zu Buchstabe ☐
S $\sqrt[3]{128}-\sqrt[3]{16}$	3) xy gehört zu Buchstabe ☐
L $\frac{1}{3}\sqrt[3]{9x}:\sqrt[3]{\frac{1}{3x}}$	4) $6\cdot\sqrt[3]{2}$ gehört zu Buchstabe ☐
H $\sqrt[3]{24}\cdot\sqrt[3]{18}$	5) $\sqrt{x}+\sqrt{y}$ gehört zu Buchstabe ☐
T $\sqrt[5]{x^{12}}\cdot\sqrt[10]{\frac{1}{x^4}}$	6) $\sqrt[3]{x}$ gehört zu Buchstabe ☐
C $\sqrt[4]{x^5y}\cdot\sqrt[4]{(xy)^3}$	7) $2\cdot\sqrt[3]{2}$ gehört zu Buchstabe ☐
T $\sqrt[5]{x^2y^3}\cdot\sqrt[10]{y^4}\cdot\sqrt[15]{x^9}$	8) x^2 gehört zu Buchstabe ☐
M $12\sqrt[3]{24}:4\sqrt[3]{12}$	9) x^2y gehört zu Buchstabe ☐
I $\sqrt[6]{x^5}:\sqrt{x}$	10) $4\cdot\sqrt[3]{2}$ gehört zu Buchstabe ☐
O $\sqrt[3]{128}$	11) x gehört zu Buchstabe ☐
O $(\sqrt{x+y}-\sqrt{y})\cdot(\sqrt{x+y}+\sqrt{y})$	12) $\sqrt[3]{x^2}$ gehört zu Buchstabe ☐
	Lösungswort: ____________

33. Vereinfachen Sie so weit wie möglich.

a) $(\sqrt{5}-2)^6\cdot(\sqrt{5}+2)^6$

b) $(\sqrt{x}-1)^2\cdot(1+\sqrt{x})^2$

c) $(\sqrt[4]{9}+4)\cdot(\sqrt[4]{9}-4)$

d) $(\sqrt[4]{27}+4)\cdot(\sqrt[4]{3}-4)$

e) $\sqrt[3]{a^3+3a^2b+3ab^2+b^3}$

f) $(1-x^2)^{\frac{1}{4}}\cdot(1-x)^{\frac{1}{4}}$

34. Für Profis! Vereinfachen Sie so weit wie möglich.

a) $\frac{\sqrt[3]{7}\cdot(\sqrt[4]{162}-\sqrt[4]{32})\cdot\sqrt{\sqrt{7}}}{14^{\frac{1}{4}}\cdot\sqrt[3]{56}\cdot 2^{-3}}$

b) $\frac{72^{\frac{1}{2}}\cdot(36)^{\frac{1}{3}}\cdot\sqrt[4]{108^{-2}}}{\sqrt[6]{81}\cdot 3^{-1}\cdot\sqrt[6]{128}}$

c) $\frac{\sqrt[4]{12}\cdot 15^{\frac{3}{4}}}{22^{\frac{4}{5}}\cdot\sqrt[3]{49}}\cdot\frac{110^{\frac{9}{5}}\cdot 7^{-\frac{1}{3}}\sqrt{625}}{5^{3;05}\cdot 55}$

d) $\frac{\sqrt[3]{a^5-a^3b^2}\cdot(64b^2)^{\frac{1}{6}}}{(\sqrt{a}-\sqrt{b})^{\frac{1}{3}}\cdot\sqrt[3]{a+b}\cdot b^{\frac{1}{3}}\cdot(\sqrt{a}+\sqrt{b})^{\frac{1}{3}}}$

e) $(2^{\frac{1}{2}}-2^{\frac{1}{6}})^{-1}\cdot((\sqrt[3]{96}-\sqrt[3]{12}-\sqrt[3]{24}):\sqrt[3]{12})\cdot(8^{\frac{1}{2}}+128^{\frac{1}{6}})^{-1}$

E. Die Potenzgleichung $x^n = a$

Beispiel: Die Sonderbriefmarke zum Internationalen Mathematiker-Kongress 1998 hat die Maße 3,5 cm × 3,5 cm. Die Briefmarke wird auf dem Fotokopierer vergrößert. Der Vergrößerungsfaktor sei $x > 1$. Das vergrößerte Bild der Briefmarke wird wiederum mit dem gleichen Faktor vergrößert. Nach dem 4. Vergrößerungsvorgang hat die Briefmarke etwa die Breite einer DIN-A-5-Seite (ca. 14 cm). Welcher Vergrößerungsfaktor x wurde benutzt?

Lösung:
Wir betrachten die Seitenlänge der Briefmarke. Diese ist nach dem ersten Kopiervorgang vergrößert auf $3{,}1 \cdot x$, nach dem zweiten auf $3{,}1 \cdot x^2$ und letztendlich nach der 4. Vergrößerung auf $3{,}5 \cdot x^4$.
Dieser Term ist gleich der Breite einer DIN-A4-Seite. Wir erhalten daher folgende Potenzgleichung für den Vergrößerungsfaktor $x : 3{,}5^4 = 14$. Diese Gleichung ist äquivalent zur Potenzgleichung $x^4 = 4$, die durch das Ziehen der 4. Wurzel gelöst wird. Dabei ergeben sich die zwei Lösungen $x_1 = \sqrt{2}$ und $x_2 = -\sqrt{2}$, denn $(\sqrt{2})^4 = (-\sqrt{2})^4 = 4$, von denen die positive Lösung den gesuchten Vergrößerungsfaktor x ergibt.

Vergrößerung der Breite der Briefmarke:

$$3{,}5 \cdot x^4 = 14 \qquad | : 3{,}5$$
$$\Rightarrow \qquad x^4 = 4$$

Bestimmungsgleichung für den Vergrößerungsfaktor:

$$\Rightarrow \qquad x^4 = 4$$

Lösungen der Gleichung:
$x = \sqrt[4]{4} = \sqrt{2}$ oder $x = -\sqrt[4]{4} = -\sqrt{2}$

Vergrößerungsfaktor: $x = \sqrt{2}$

Übung 35

Übertragen Sie in Ihr Heft und kreuzen Sie die richtigen Aussagen an.

a) Die Gleichung $x^4 = 81$ hat die Lösungen $x = \sqrt[4]{81} = 3$ und $x = -\sqrt[4]{81} = -3$. ☐

b) Die Gleichung $2x^{10} = 48$ hat nur die Lösung $x = \sqrt[10]{24}$. ☐

c) Die Gleichung $x^3 = 64$ hat nur eine Lösung. ☐

d) Die Gleichung $x^3 = -125$ hat die Lösung $x = \sqrt[3]{-125}$. ☐

e) Die Gleichung $x^n = a$ $(a > 0)$ mit geradem Exponenten n hat stets 2 Lösungen. ☐

f) Die Gleichung $x^n = a$ $(a > 0)$ mit ungeradem Exponenten n hat stets eine Lösung. ☐

g) Die Gleichung $x^5 = -32$ hat die Lösung $x = -2$. ☐

Übung 36 Würfelspiel mit zwei Würfeln

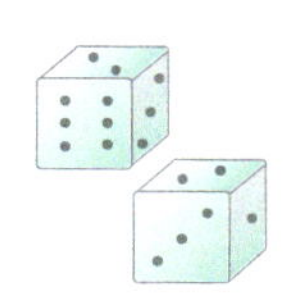

Bei einem Paschwurf (2 gleiche Zahlen): der k-fache Einsatz wird ausgezahlt
sonst: der Einsatz ist verloren

Sven Glückspilz beginnt mit 16 € Einsatz. Er erwischt eine Glückssträhne mit 5 Gewinnspielen nacheinander. Da er nach jedem Gewinn die Auszahlung als neuen Einsatz nimmt, bekommt er zuletzt 1562,50 € ausgezahlt. Wie groß war der Auszahlungsfaktor k?

Übung 37

Gesucht sind alle Lösungen der Potenzgleichungen.

a) $2 + x^{-4} = 18$ b) $7 + x^{\frac{2}{3}} = 32$ c) $6\,x^{\frac{3}{4}} = 48$ d) $5\,x^{-\frac{1}{3}} = 20$ e) $8\,x^{-\frac{3}{2}} = 125$

F. EXKURS: Potenzen mit irrationalen Exponenten

Potenzen mit rationalen Exponenten konnten wir als n-te Wurzeln interpretieren. Beispielsweise kann $3^{\frac{2}{3}}$ als $\sqrt[3]{3^2}$ dargestellt werden und wird dadurch verständlich. Für Potenzen mit irrationalen Exponenten wie z. B. $3^{\sqrt{7}}$ ist das nicht möglich. Im Folgenden wollen wir eine Vorstellung davon entwickeln, was unter Potenzen dieser Art zu verstehen ist.

Beispiel: Berechnen Sie den Ausdruck $3^{\sqrt{7}}$ näherungsweise, indem Sie den irrationalen Exponenten durch einen rationalen Näherungswert ersetzen.

Lösung:

Eine grobe Näherungslösung für $3^{\sqrt{7}}$ ist gegeben durch $3^{2,6} \approx 17,4$, da $\sqrt{7}$ grob durch die rationale Zahl 2,6 genähert werden kann. Eine genauere Näherung erhält man durch $3^{2,65} \approx 18,38$, da 2,65 eine genauere Näherung für $\sqrt{7}$ darstellt.

Die Tabelle rechts setzt den Prozess fort. Man erkennt, dass $3^{\sqrt{7}}$ auf diese Weise beliebig genau genähert werden kann. Der Tabelle kann man die sicheren Stellen entnehmen. Man kann jede Potenz mit irrationalem Exponenten näherungsweise berechnen, indem man eine rationale Näherung des Exponenten zugrunde legt.

Näherungslösungen:

Exponent	Näherungswert für $3^{\sqrt{7}}$
$\sqrt{7} \approx 2,6$	$3^{2,6} \approx 17,3986$
$\sqrt{7} \approx 2,65$	$3^{2,65} \approx 18,3811$
$\sqrt{7} \approx 2,646$	$3^{2,646} \approx 18,3005$
$\sqrt{7} \approx 2,6458$	$3^{2,6458} \approx 18,2965$
$\sqrt{7} \approx 2,64575$	$3^{2,64575} \approx 18,2955$

Die rot markierten Stellen können als gesichert betrachtet werden, da sie durch das nachfolgende Tabellenergebnis klar bestätigt werden.

Ergebnis: $3^{\sqrt{7}} \approx 18,3$

Übung 38

Berechnen Sie die gegebenen Terme näherungsweise.

a) $\left(\frac{1}{6}\right)^{\sqrt{12}}$ b) $(1,284)^{\sqrt[4]{17,5}}$ c) $43^{-\sqrt[3]{10}}$ d) $\left(\sqrt[4]{51}\right)^{\sqrt[5]{0,8}}$ e) $\dfrac{\left(\sqrt[3]{3}\right)^{\sqrt[3]{6}}}{\left(\frac{1}{2}\right)^{\sqrt[4]{2}}}$

Vermischte Übungen zu Potenzen

Potenzen mit ganzzahligen Exponenten

39. a) Welches ist die größte Zahl, die man mit drei Zweien schreiben kann?
b) Welches ist die größte Zahl, die man überhaupt mit drei gleichen Ziffern schreiben kann?

40. Dagobert erscheint ein Geist, der ihm einen Wunsch freistellt. Er wünscht sich, dass er so viele Goldwürfel mit einer Kantenlänge von 1 cm erhält, wie ein Liter Wasser Moleküle enthält.
Wie hoch würden die Goldwürfel in Dagoberts Geldspeicher lagern?
Der Speicher ist 100 m breit und 100 m lang. 1 Liter Wasser enthält ca. 10^{22} Moleküle.

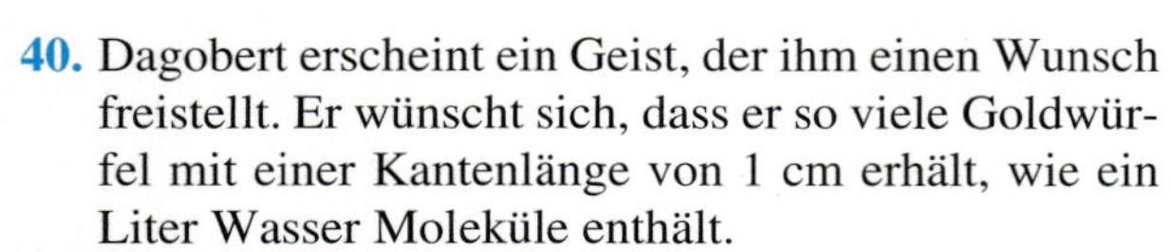

41. Welche Zahl ist größer? Lösen Sie mit und ohne Taschenrechner.

$(9999)^{10}$ $(99)^{20}$

42. Schreiben Sie als Potenz.
a) 0,49 b) 100 000 c) $\frac{1}{8}$ d) 0,001 e) $\frac{1}{10\,000}$ f) $-\frac{1}{27}$

43. Kürzen Sie und berechnen Sie ohne Taschenrechner.
a) $\frac{7^3 \cdot 5^{-2} \cdot 7^4 \cdot 2^6}{14^7 \cdot 5^{-3}}$ b) $\frac{0{,}2^6 \cdot 10^{-2} \cdot 4^3}{2^8 \cdot 10^{-8} \cdot 4^2}$ c) $\frac{2{,}4^6 \cdot 9^{-3} : 1{,}2^6}{9^{-4} \cdot \left(\frac{1}{2}\right)^{-5}}$ d) $\frac{4 \cdot \left(\frac{1}{3}\right)^{-8} \cdot 5^2 \cdot 2^{-1}}{9^5 \cdot 10^3 : 9}$

44. Fassen Sie zusammen und schreiben Sie klammerfrei.
a) $\left(0{,}1\,x^3 \cdot \left(\frac{1}{2}x\right)^{-2}\right)^3$ b) $\left(\frac{x^{-5}}{5} \cdot x^2 \cdot 50\right)^{-3}$ c) $\left(\left(\frac{1}{2x}\right)^{-2} \cdot \frac{1}{4}x^4\right)^{-2}$ d) $\left((4x^6) : \left(\frac{x}{2}\right)^6\right)^{-1}$

Potenzen mit rationalen Exponenten

45. Bestimmen Sie alle reellen Lösungen der Gleichung.
a) $x^7 = 128$ b) $2x^5 = -486$ c) $4x^4 = 0{,}25$ d) $2x^2 + 4 = 1$
e) $0{,}1x^3 - 2{,}5 = 10$ f) $\frac{1}{4}x^6 - 11 = 5$ g) $x^{-2} = 16$ h) $5x^{-3} + 135 = 0$

46. Schreiben Sie als Potenz (x>0).
a) $\sqrt[4]{x^{-3}}$ b) $\sqrt{\sqrt{x}}$ c) $\sqrt[6]{x^2}$ d) $\sqrt[5]{\sqrt[3]{x^2}}$ e) $\sqrt[7]{\frac{1}{\sqrt[3]{x^{-1}}}}$

47. Schreiben Sie als Wurzel (x>0).
a) $x^{\frac{2}{7}}$ b) $x^{0{,}125}$ c) $x^{-\frac{4}{5}}$ d) $x^{-5{,}5}$ e) $x^{0{,}003}$

48. Welche der folgenden Terme kann man berechnen? Berechnen Sie diese ggf.

a) $\sqrt[3]{7^3} - \sqrt[4]{(-3)^4}$ b) $\sqrt[6]{-2^6} + \sqrt{3^2}$ c) $\sqrt[6]{\left(-\frac{64}{27}\right)^{-4}}$

49. Für welche a ist die Potenz bzw. Wurzel definiert?

a) $a^{-\frac{1}{4}}$ b) $\sqrt[9]{-a}$ c) $\sqrt[4]{a^2}$ d) $\sqrt[8]{3a-1}$ e) $\left(-\frac{3^2}{a}\right)^{\frac{1}{6}}$

50. Ordnen Sie die Terme der Größe nach (a > 0).

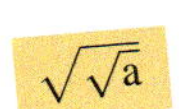

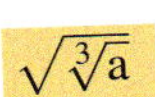

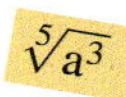

51. Vereinfachen Sie.

a) $\sqrt[3]{7} \cdot 7^{-1} \cdot 7^{\frac{1}{2}}$ b) $\left(\left(\frac{1}{4}\right)^{-\frac{2}{3}}\right)^{-\frac{1}{4}}$ c) $\frac{\sqrt[3]{4^2}}{4^{\frac{1}{6}}}$

d) $2^{-\frac{1}{4}} \cdot 0{,}5^{\frac{1}{3}} : \sqrt{2^{-1}}$ e) $\frac{12^{\frac{3}{2}}}{6^{\frac{3}{2}}}$ f) $(\sqrt{5}-1)^{\frac{3}{2}} \cdot (\sqrt{5}+1)^{\frac{3}{2}}$

g) $(\sqrt[4]{2^3} + 128^{\frac{1}{4}}) \cdot 2^{\frac{1}{4}}$ h) $(\sqrt[6]{6^3} + 4^{\frac{1}{4}}) \cdot (\sqrt[6]{6^3} - 4^{\frac{1}{4}})$ i) $\frac{\sqrt[5]{x^2 y^3 z}}{\sqrt[3]{x^4 y^2 z^3}}$ (x, y, z > 0)

j) $\left(\sqrt[3]{\sqrt[3]{512}}\right)^{-1}$ k) $\left(\frac{\sqrt{a\sqrt[3]{a}}}{a^{-1}}\right)^3$ (a > 0) l) $\sqrt{\sqrt{a^3\sqrt{a}}}$ (a > 0)

52. Machen Sie den Nenner rational.

a) $\frac{15}{\sqrt[4]{5}}$ b) $\frac{2}{\sqrt[5]{27}}$ c) $\frac{1}{\sqrt[6]{32}}$ d) $\frac{1}{\sqrt[3]{xy}}$ (x, y > 0) e) $\frac{1}{\sqrt{x}-\sqrt{y}}$ (x, y > 0, $\sqrt{x} \neq \sqrt{y}$)

53. Lösen Sie die Gleichung.

a) $x^{\frac{1}{2}} - 3 = 4$ b) $6x^{\frac{3}{4}} = 162$ c) $x^{0,2} = 6$ d) $8x^{-\frac{2}{3}} = 200$

54. Lösen Sie die Gleichung.

a) $(43+x)^{-\frac{2}{5}} = \frac{1}{9}$ b) $5(x+8)^{\frac{2}{3}} = 3 \cdot \sqrt[4]{50\,625}$ c) $\sqrt{16x} = 6 + 2 \cdot \sqrt[6]{x^3}$

55. Vereinfachen Sie soweit wie möglich.

a) $\left(\frac{7^{\frac{2}{3}} \cdot \sqrt[3]{875x^7}}{35x^2}\right)^{1,5}$ (x > 0) b) $\frac{\sqrt[m]{\left(4^{\frac{n-1}{m}} \cdot 4^{\frac{n+1}{m}}\right)^{m^2}}}{2^{4n-2}}$ (n, m ∈ ℕ)

c) $\sqrt{\frac{\sqrt{a} \cdot \sqrt[4]{25a^5}}{a^{-0,25}}} \cdot \sqrt[4]{125} - 5a$ (a > 0) d) $\left(\frac{\sqrt[6]{36x^3} \cdot \sqrt{\frac{1}{x}}}{\sqrt[3]{6^{-2}} \cdot \sqrt[4]{x^2}}\right)^{\frac{2}{3}} \cdot \sqrt[3]{6x}$ (x > 0)

56. Vereinfachen Sie (x > 0).

a) $\sqrt{\sqrt{\sqrt{\sqrt{x}}}} \cdot \sqrt{\frac{\sqrt{x\sqrt{x\sqrt{x}} \cdot x\sqrt{x}}}{\sqrt{x\sqrt{x}} \cdot \sqrt{x\sqrt{\frac{1}{x}}}}} : \sqrt{\sqrt{x}}$ b) $\sqrt[5]{x\sqrt{\frac{1}{x}}} \cdot \sqrt[5]{\frac{1}{x}\sqrt{x}} \cdot \sqrt[5]{\frac{1}{x}\sqrt{x\sqrt{x}}} \cdot \sqrt[5]{x\sqrt{x\sqrt{\frac{1}{x}}}}$

57. Der Term $\sqrt{x+\sqrt{2x-1}} - \sqrt{x-\sqrt{2x-1}}$ hat für jede Einsetzung $x \geq 1$ den gleichen Wert.

a) Wie lautet dieser Wert? Bestimmen Sie ihn durch Einsetzungen für x.

b) Führen Sie den exakten Nachweis für die Behauptung.

3. Potenzfunktionen

A. Einstiegsbeispiel

Beispiel: Aus einem quadratischen Stück Pappe der Größe 6 dm × 6 dm soll ein oben offener Kasten hergestellt werden. Die Ecken mit der variablen Seitenlänge x sind hierzu entsprechend der Abbildung abzuschneiden und die Seiten an den gepunkteten Linien hochzubiegen. Für welche Höhe x ist das Volumen des Kastens am größten?

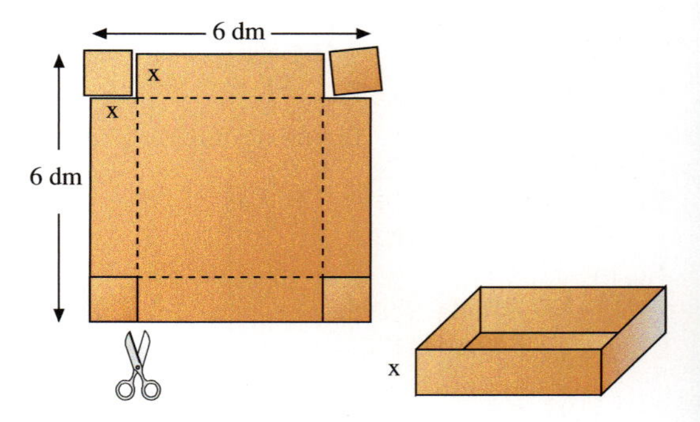

Lösung:
Das Volumen V des quaderförmigen Kastens berechnet sich als Produkt der drei Seitenlängen. Beträgt die Höhe des Kastens x dm, so bleiben $(6-2x)$ dm für die Seitenlängen der quadratischen Grundfläche übrig. Daher lässt sich das Volumen des Kastens durch die nebenstehende Funktionsgleichung beschreiben.

Volumen eines Quaders: $V = a \cdot b \cdot c$

Höhe: x

Seiten der Grundfläche: $(6-2x)$

Volumen des Kastens:

$$V(x) = x \cdot (6-2x)^2 = x \cdot (36 - 24x + 4x^2)$$
$$= 4x^3 - 24x^2 + 36x$$

Damit sich ein quaderförmiger Kasten ergibt, muss die Höhe x zwischen 0 und 3 liegen. Wir legen für diesen Bereich eine Wertetabelle an, indem wir für einige x-Werte das Volumen mit einem Taschenrechner bestimmen.
Für $x = 0{,}5$ ergibt sich z. B. die Rechnung $4 \cdot 0{,}5^3 - 24 \cdot 0{,}5^2 + 36 \cdot 0{,}5 = 12{,}5$.

Wertetabelle:

x	0	0,5	1	1,5	2	2,5	3
V(x)	0	12,5	16	13,5	8	2,5	0

Rechts ist der Graph der Funktion V dargestellt. Wie man am Graphen ablesen kann, liegt das größte Volumen bei $x = 1$. Für die Kastenhöhe von 1 dm erhalten wir also das größte Volumen. Es beträgt 16 dm^3.

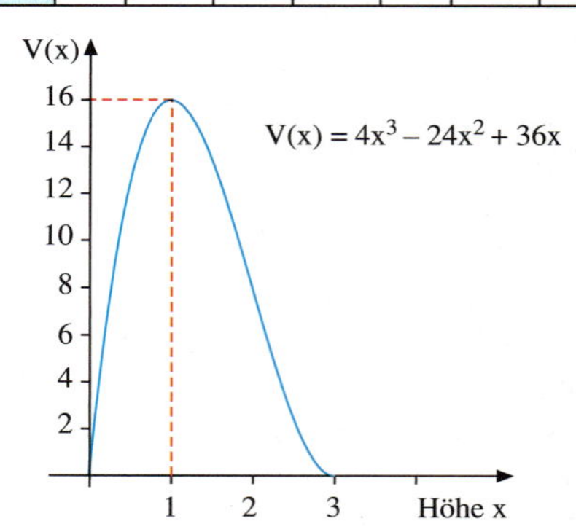

Der Funktionsterm der im Beispiel entwickelten Funktion für das Volumen setzt sich aus Potenzen zusammen. Derartige Funktionsgleichungen bezeichnet man als ***Polynome***, ihre Funktionen als ***Polynomfunktionen*** oder ***ganzrationale Funktionen***.
Die zu den einzelnen Potenztermen gehörenden Teilfunktionen werden ***Potenzfunktionen*** genannt. Mit dieser grundlegenden Funktionsklasse wollen wir uns im Folgenden intensiver beschäftigen.

B. Potenzfunktionen mit natürlichen Exponenten

Wir definieren zunächst die neue Funktionsklasse.

Definition IV.2: Die reelle Funktion $f(x) = x^n$ ($n \in \mathbb{N}$) heißt ***Potenzfunktion vom Grad n***.

151-1

Potenzfunktionen sind für alle reellen Zahlen definiert. Für $n = 1$ ergibt sich die bereits aus der Klasse 8 bekannte lineare Funktion $f(x) = x$, deren Graph eine Ursprungsgerade mit der Steigung 1 ist. Für $n = 2$ erhalten wir die quadratische Funktion $f(x) = x^2$, deren Graph die Normalparabel ist. Diese kann auch als Potenzfunktion vom Grad 2 bezeichnet werden.

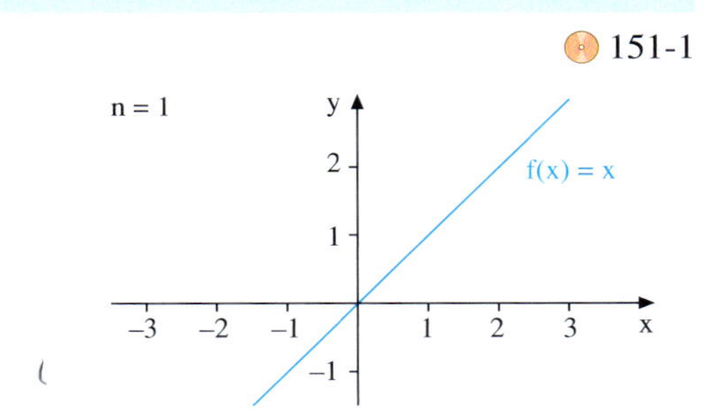

Beispiel: Zeichnen Sie die Funktionsgraphen von $f(x) = x^2$ und $g(x) = x^4$ sowie $h(x) = x^3$ und $k(x) = x^5$ jeweils in ein gemeinsames Koordinatensystem und beschreiben Sie gemeinsame Eigenschaften der Graphen.

Lösung:
Wir erstellen mithilfe eines Taschenrechners Wertetabellen für die gegebenen Funktionen und zeichnen dann die Funktionsgraphen.
Alle Graphen haben die Punkte $P(0\,|\,0)$ und $Q(1\,|\,1)$ gemeinsam.
Die Graphen von f und g weisen einen ähnlichen parabelförmigen Verlauf auf. Sie sind achsensymmetrisch zur y-Achse und besitzen keine negativen Funktionswerte. Die Wertemenge ist $\mathbb{R}_0^+$.
Die Graphen von h und k weisen ebenfalls einen ähnlichen Verlauf auf, sind jedoch punktsymmetrisch zum Koordinatenursprung. Ihre Wertemenge ist $\mathbb{R}$.
Für negative x-Werte sind die Funktionswerte negativ, für positive x-Werte sind auch die Funktionswerte positiv.

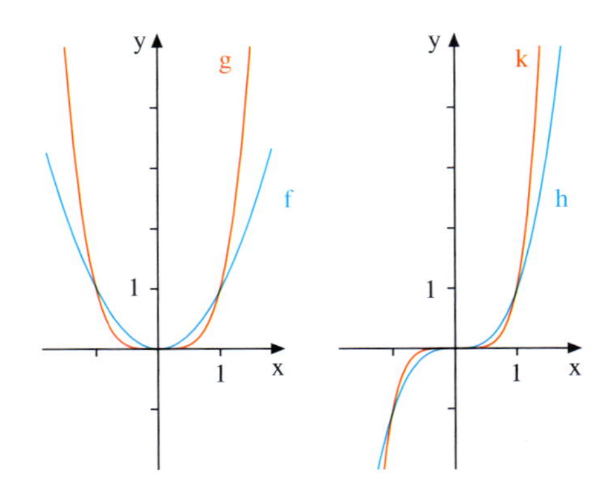

Übung 1

Zeichnen Sie die Graphen der Funktionen $f(x) = x^6$ und $g(x) = x^7$ für $-1{,}25 \leq x \leq 1{,}25$ und vergleichen Sie diese mit den Graphen aus dem obigen Beispiel.

Symmetrieeigenschaften der Potenzfunktionen

Da die beobachteten Symmetrieeigenschaften sich für alle Potenzfunktionen verallgemeinern lassen und auch bei anderen Funktionsklassen wieder auftreten, untersuchen wir deren Merkmale.
Die Graphen der Potenzfunktionen sind für gerade n achsensymmetrisch zur y-Achse. Dies erkennt man daran, dass die Funktionswerte $f(x)$ und $f(-x)$ übereinstimmen. Wir halten dieses Kennzeichen für Achsensymmetrie zur y-Achse in der folgenden Definition fest.

Definition IV.3: Der Graph einer reellen Funktion f mit der Definitionsmenge D ist ***achsensymmetrisch*** zur y-Achse, wenn für alle $x \in D$ gilt:

$$f(-x) = f(x).$$

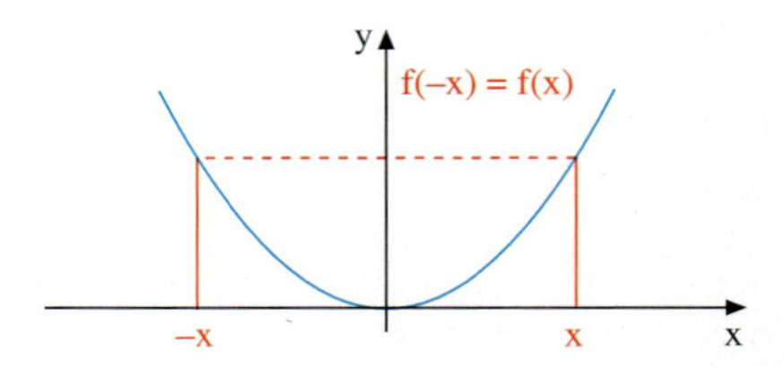

Beispiel: Weisen Sie rechnerisch nach, dass der Graph von $f(x) = x^4$ symmetrisch zur y-Achse ist.

Lösung:
$f(-x) = (-x)^4 = x^4 = f(x)$
Symmetrie zur y-Achse

Für ungerade n sind die Graphen der Potenzfunktionen punktsymmetrisch zum Ursprung. Wir erarbeiten nun entsprechend ein Kriterium für diese zweite Standardsymmetrie.

Beispiel: Die Graphen von $f(x) = x^3$ und $g(x) = x^5$ sind punktsymmetrisch zum Ursprung. Welcher Zusammenhang besteht bei diesen Funktionen zwischen den Funktionswerten bei $-x$ und x?

Lösung:

$$\left.\begin{aligned} f(-x) &= (-x)^3 = -x^3 \\ f(x) &= x^3 \end{aligned}\right\} \Rightarrow f(-x) = -f(x)$$

Der oben gefundene Zusammenhang ist verallgemeinerbar:

Definition IV.4: Der Graph einer reellen Funktion f mit der Definitionsmenge D ist ***punktsymmetrisch*** zum Ursprung, wenn für alle $x \in D$ gilt:

$$f(-x) = -f(x).$$

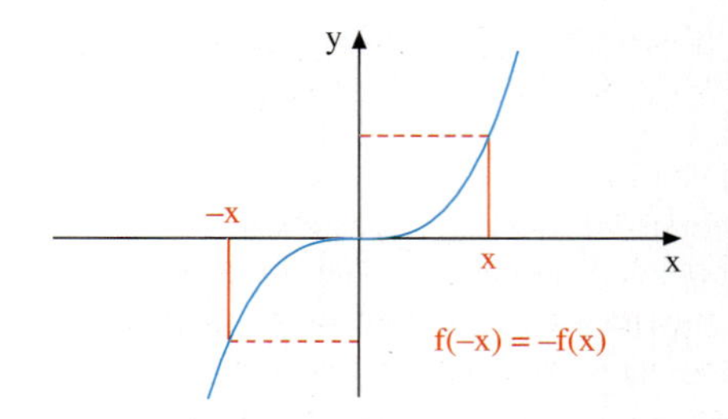

Übung 2

Untersuchen Sie rechnerisch, ob der Graph von f achsensymmetrisch zur y-Achse oder punktsymmetrisch zum Ursprung ist.

a) $f(x) = x^7$ b) $f(x) = x^6$ c) $f(x) = 3x^9$ d) $f(x) = x^5 + 1$ e) $f(x) = x^5 + 2x$

Monotonie der Potenzfunktionen

Die Graphen der Potenzfunktionen mit ungeradem n steigen von links unten nach rechts oben. Man bezeichnet dieses Verhalten mathematisch als Monotonie.

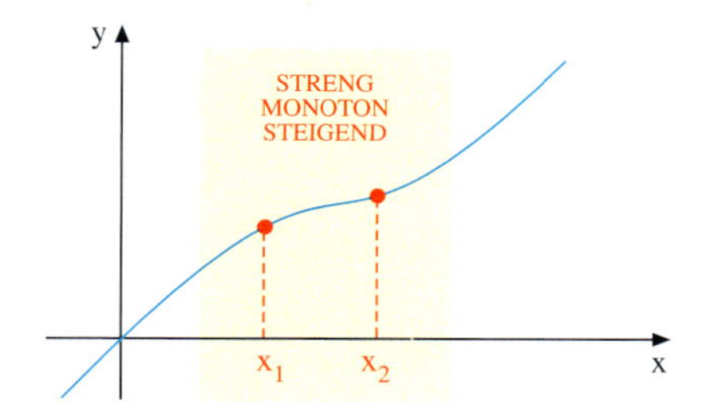

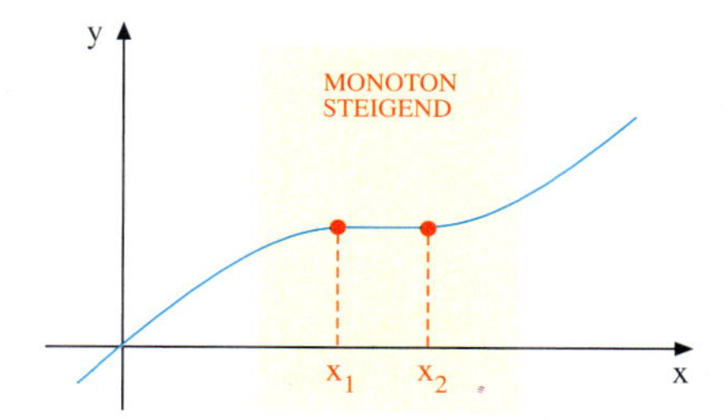

Hat von jeweils zwei beliebigen im Intervall I liegenden x-Werten x_1 und x_2 stets der weiter rechts liegende x-Wert einen *echt größeren* Funktionswert als der weiter links liegende x-Wert, so bezeichnet man die Funktion f als

streng monoton steigend

auf dem Intervall I.

Analog: Folgt aus $x_1 < x_2$ stets $f(x_1) > f(x_2)$, so heißt f ***streng monoton fallend*** auf I.

Hat von jeweils zwei beliebigen im Intervall I liegenden x-Werten x_1 und x_2 stets der weiter rechts liegende x-Wert einen *mindestens so großen* Funktionswert wie der weiter links liegende x-Wert, so bezeichnet man die Funktion f als

monoton steigend

auf dem Intervall I.

Analog: Folgt aus $x_1 < x_2$ stets $f(x_1) \geq f(x_2)$, so heißt f ***monoton fallend*** auf I.

Mithilfe dieser Definitionen lassen sich Monotonieuntersuchungen vornehmen, die aber schon bei einfachen Funktionen schwerfällig verlaufen. Wir werden später ein leichteres Verfahren für Monotonieuntersuchungen mithilfe der Differentialrechnung kennen lernen. Hier soll eine Begründung am Funktionsgraphen genügen.

Beispiel: Untersuchen Sie die Potenzfunktion $f(x) = x^4$ auf Monotonie.

Lösung:
Der rechts dargestellte Funktionsgraph zeigt, dass für $x < 0$ streng monotones Fallen vorliegt. Von zwei beliebigen negativen x-Werten hat stets der weiter rechts liegende den kleineren Funktionswert. Analog erhalten wir für $x > 0$ streng monotones Steigen. Dieses Monotonieverhalten lässt sich auf alle Potenzfunktionen mit geraden Exponenten verallgemeinern, da der charakteristische Verlauf der Graphen gleich ist.

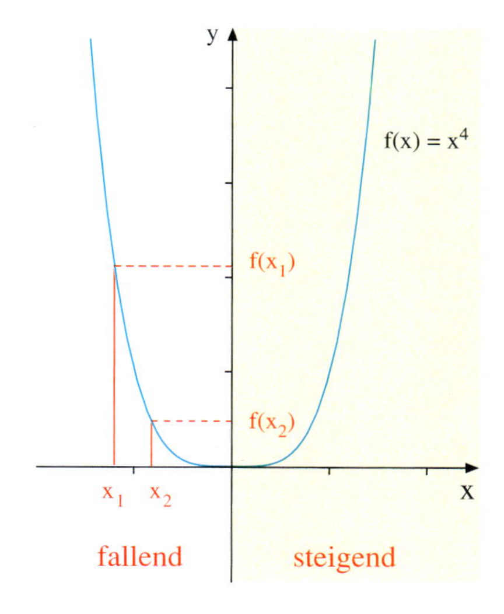

Zusammenfassung:

Bei Potenzfunktionen mit geraden natürlichen Exponenten ($f(x) = x^2, x^4, x^6, \ldots$) ist
(1) der Graph achsensymmetrisch zur y-Achse,
(2) die Wertemenge $\mathbb{R}_0^+$,
(3) der Graph für $x > 0$ streng monoton steigend und für $x < 0$ streng monoton fallend.

Bei Potenzfunktionen mit ungeraden natürlichen Exponenten ($f(x) = x, x^3, x^5, \ldots$) ist
(1) der Graph punktsymmetrisch zum Ursprung,
(2) die Wertemenge $\mathbb{R}$,
(3) der Graph für alle $x \in \mathbb{R}$ streng monoton steigend.

Übung 3

a) Welche Graphen von Potenzfunktionen haben keine Punkte im 2. Quadranten?

b) In welchem Quadranten verlaufen keine Graphen der Potenzfunktionen?

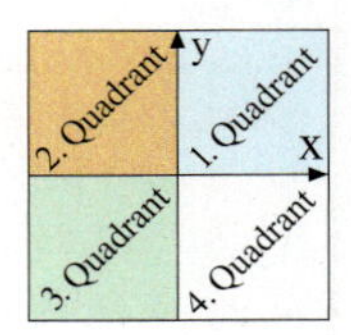

Übung 4

Welche Punkte haben alle Potenzfunktionen mit ungeraden Exponenten gemeinsam?

Sonderfall:

Lässt man bei der Definition der Potenzfunktionen auch $n = 0$ zu, so erhält man als Spezialfall die Funktion $f(x) = x^0$. Diese Funktion ist jedoch für $x = 0$ nicht definiert, da 0^0 nicht definiert ist. Der Graph von $f(x) = x^0$ stellt eine Parallele zur x-Achse durch den Punkt $P(1 \mid 1)$ mit einer „Lücke“ bei $x = 0$ dar.

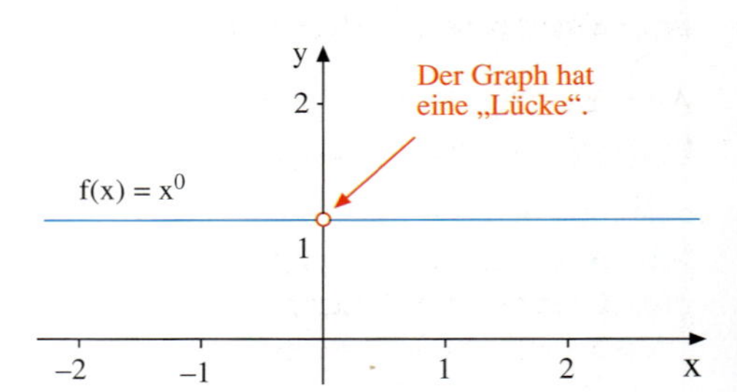

Knobelaufgabe

Felix geht eine Rolltreppe hoch. Geht er 1 Stufe pro Sekunde, ist er nach 20 Stufen oben. Geht er 2 Stufen pro Sekunde, so ist er nach 32 Stufen oben. Wie viele Stufen hat die Rolltreppe im Stillstand?

4. Ganzrationale Funktionen

Wir wenden uns nun wieder Polynomfunktionen wie beim Einstiegsbeispiel von S. 150 zu, deren Funktionsterm sich durch Addition und Vervielfachung von Potenzfunktionen ergibt.

Definition IV.5: Die reelle Funktion $f(x) = a_n x^n + a_{n-1} x^{n-1} + \ldots + a_1 x_1 + a_0$ $(n \in \mathbb{N} \cup \{0\}, a_i \in \mathbb{R}, a_n \neq 0)$ heißt ***Polynomfunktion*** oder ***ganzrationale Funktion vom Grad n***. Die reellen Zahlen a_i heißen ***Koeffizienten*** der ganzrationalen Funktion. 155-1

Beispiele für ganzrationale Funktionen:

$f(x) = x^2 + 4x - 8$: $a_2 = 1$, $a_1 = 4$, $a_0 = -8$
Grad = 2

$f(x) = x^3 - 5x + 1$: $a_3 = 1$, $a_2 = 0$, $a_1 = -5$, $a_0 = 1$, Grad = 3

$f(x) = 2x^4$: $a_4 = 2$, $a_3 = a_2 = a_1 = a_0 = 0$
Grad = 4

Übung 1

Geben Sie den Grad und die Koeffizienten der ganzrationalen Funktion f an.

a) $f(x) = x^5 + 2x^4 - x^3 + x^2 + x - 1$ b) $f(x) = x^3 - x + 1$ c) $f(x) = 3$ d) $f(x) = 3 + x^2 - 2x^5$

Übung 2

Hat der Graph von $f(x) = 0{,}5\,x^6$ Ähnlichkeit zum Graphen von $g(x) = \frac{1}{3}x^3$ oder zum Graphen von $h(x) = x^2$? Begründen Sie Ihre Aussage.

A. Symmetrieeigenschaft von ganzrationalen Funktionen

Auch die Graphen dieser zusammengesetzten Potenzfunktionen können wir auf charakteristische Eigenschaften wie Symmetrie oder Monotonie untersuchen.

Beispiel: Prüfen Sie rechnerisch, ob der Graph von f symmmetrisch zur y-Achse oder punktsymmetrisch zu O ist.
a) $f(x) = x^6 - 3x^2$ b) $f(x) = x^4 + 5x$

Lösung:

a) $f(-x) = (-x)^6 - 3(-x)^2 = x^6 - 3x^2 = f(x)$
Symmetrie zur y-Achse

b) $f(-x) = (-x)^4 + 5(-x) = x^4 - 5x \neq f(x)$
keine Symmetrie $\neq -f(x)$

Übung 3

Untersuchen Sie, ob der Graph von f achsensymmetrisch zur y-Achse oder punktsymmetrisch zum Ursprung ist.

a) $f(x) = 0{,}5\,x^6 - 3x^2 + 11$ b) $f(x) = 2x^5 + 3x^3$ c) $f(x) = x^4 - 4x$

Übung 4

Erklären Sie, möglichst ohne Rechnung, aus welchem Grund der Graph von $f(x) = 2x^5 - x^3$ punktsymmetrisch zum Ursprung ist, der von $g(x) = 2x^5 - x^2$ jedoch nicht.

Wir sind nun in der Lage, aus der Funktionsgleichung einer Polynomfunktion ohne Rechnung abzulesen, ob Punktsymmetrie zum Ursprung, Achsensymmetrie zur y-Achse oder keines von beiden vorliegt.

Satz IV.1: Der Graph einer Polynomfunktion f mit dem Definitionsbereich ℝ ist genau dann achsensymmetrisch zur y-Achse (punktsymmetrisch zum Ursprung), wenn im Funktionsterm von f nur Potenzen von x mit geraden (ungeraden) Exponenten auftreten.

Beispiele:

$f(x) = x^4 + x^2$

$f(-x) = (-x)^4 + (-x)^2 = x^4 + x^2 = f(x)$

$f(x) = x^5 + x^3$

$f(-x) = (-x)^5 + (-x)^3 = -x^5 - x^3 = -f(x)$

$f(x) = x^5 + x^4$

$f(-x) = (-x)^5 + (-x)^4 = -x^5 + x^4 \neq \begin{cases} f(x) \\ f(-x) \end{cases}$

Die Beweisidee zu dieser Aussage lässt sich den angegebenen Beispielen entnehmen. Entscheidend ist das Verhalten von (-1) beim Potenzieren.

Übung 5

Entscheiden Sie ohne Rechnung, ob f symmetrisch zur y-Achse oder zum Ursprung ist.

a) $f(x) = x^4 + 6x^2 - 4$ b) $f(x) = 2x^3 - x - 1$ c) $f(x) = x^5 + 6x^7 - x$ d) $f(x) = 1 - x$

B. Monotonie

Wir untersuchen exemplarisch zwei Polynomfunktionen auf Monotonie.

Beispiel: Begründen Sie, dass die Funktion $f(x) = x^2 - 2x$ für $x > 1$ streng monoton steigt.

Lösung:

Wir zeichnen den Graphen von f mithilfe einer Wertetabelle. Dieser zeigt, dass für $x > 1$ streng monotones Steigen vorliegt. Von zwei beliebigen in diesem Bereich liegenden x-Werten hat stets der weiter rechts liegende den größeren Funktionswert.

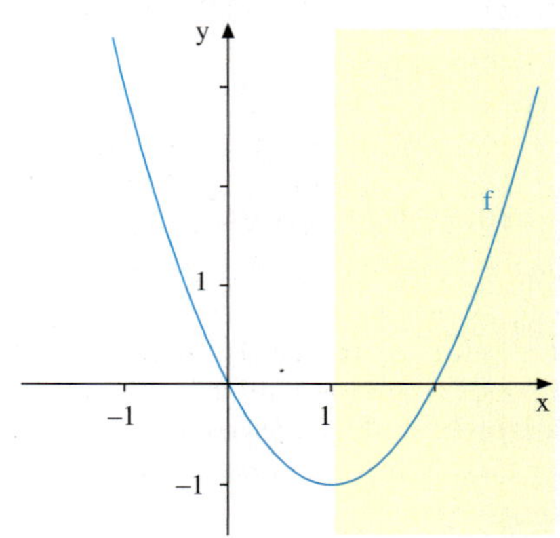

Beispiel: Zeichnen Sie den Graphen der Funktion $f(x) = \frac{1}{3}x^3 - x^2 + 4$ und untersuchen Sie f auf Monotonie.

Lösung:

Wir erkennen am Funktionsgraphen, dass f für negative x-Werte streng monoton steigt. Für $0 < x < 2$ ist f streng monoton fallend, für $x > 2$ wieder streng monoton steigend.

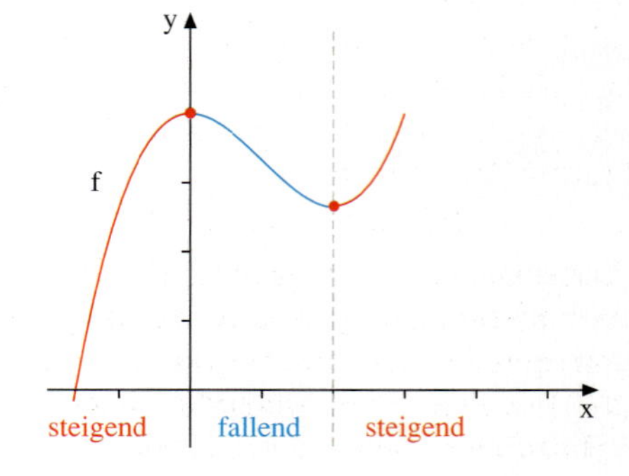

Übung 6

Zeichnen Sie den Graphen von f und untersuchen Sie f auf Monotonie.

a) $f(x) = x^2 - 4x$ b) $f(x) = -x^2 + 2$ c) $f(x) = x^2 - 2x - 3$ d) $f(x) = x^3 - 6x^2 + 7x - 2$

C. Nullstellen ganzrationaler Funktionen

Die Nullstellen linearer und quadratischer Funktionen sind einfach zu bestimmen. Wir zeigen nun, wie man bei ganzrationalen Funktionen dritten und höheren Grades vorgeht.
Besonders einfach ist es, wenn sich aus dem Funktionsterm eine Potenz von x ausklammern lässt oder das Polynom schon in faktorisierter Form vorliegt.

Beispiel: Ausklammern von x
Gesucht sind die Nullstellen von $f(x) = \frac{1}{6}x^3 - \frac{1}{6}x^2 - \frac{1}{3}x$.

Lösung:
Wir können x ausklammern:

$f(x) = 0$

$\frac{1}{6}x^3 - \frac{1}{6}x^2 - \frac{1}{3}x = 0 \quad | \cdot 6$

$x^3 - x^2 - 2x = 0$

$x(x^2 - x - 2) = 0$

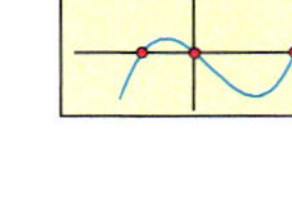

$x = 0$ oder $x^2 - x - 2 = 0$

$x = 0{,}5 \pm \sqrt{2{,}25}$

$x = 2, \quad x = -1$

Beispiel: Faktorisierung gegeben
Gesucht sind die Nullstellen von $f(x) = (x-1) \cdot (x^2 - x - 2)$

Lösung:
$f(x) = 0$

$(x-1) \cdot (x^2 - x - 2) = 0$

$x - 1 = 0$ oder $x^2 - x - 2 = 0$

$x = 1 \qquad x = 0{,}5 \pm \sqrt{2{,}25}$

$x = 2, \quad x = -1$

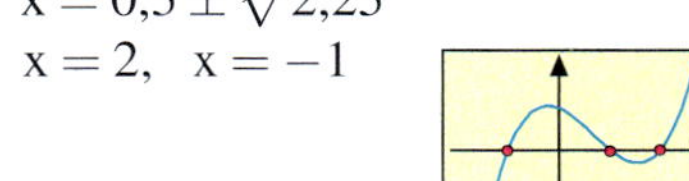

Wir hätten nicht ganz so ein leichtes Spiel gehabt, wenn die Funktion $f(x) = (x-1) \cdot (x^2 - x - 2)$ aus dem zweiten Beispiel nicht schon faktorisiert gegeben wäre, sondern in ihrer Normalform $f(x) = x^3 - 2x^2 - x + 2$, wo der Klammerfaktor $x - 1$ nicht erkennbar ist. Aber oft besteht in solchen Fällen die Möglichkeit, gezieltes Raten und die Methode der Polynomdivision einzusetzen.

Beispiel: Raten und Polynomdivision
Gesucht sind die Nullstellen von $f(x) = x^3 - 2x^2 - x + 2$. Versuchen Sie zuerst, eine Nullstelle durch Raten/Probieren zu bestimmen.

Lösung:
Wir versuchen es mit Probieren und haben gleich Glück, was nicht immer so ist. $x = 1$ stellt sich als Nullstelle von f heraus. Dieser Nullstelle entspricht der Linearfakor $(x-1)$ in der Faktorisierung von f. Diese müsste dann lauten:

$$f(x) = (x-1) \cdot p_2(x)$$

Dabei muss p_2 ein Polynom 2. Grades sein. Wir bestimmen p_2 mit der Methode der Polynomdivision, indem wir f(x) durch $x - 1$ teilen. Die Methode ähnelt der schriftlichen Division von Zahlen.

Wir erhalten $p_2(x) = x^2 - x - 2$ und erhalten mit der p-q-Formel die beiden weiteren Nullstellen $x = 2$ und $x = -1$.

Raten einer Nullstelle:

$x = 3$: $27 - 18 - 3 + 2 = 8$ keine Nullstelle

$x = 1$: $1 - 2 - 1 + 2 = 0$ Nullstelle

Polynomdivision:

$f(x) = (x-1) \cdot p_2(x) \Rightarrow p_2(x) = \frac{f(x)}{x-1}$

$$\begin{array}{l} p_2(x) = (x^3 - 2x^2 - x + 2) : (x-1) = x^2 - x - 2 \\ \quad -\underline{(x^3 - x^2)} \\ \qquad -x^2 - x \\ \quad -\underline{(-x^2 + x)} \\ \qquad\quad -2x + 2 \\ \quad\quad -\underline{(-2x + 2)} \\ \qquad\qquad 0 \end{array}$$

Nullstellen von p_2:

$x^2 - x - 2 = 0$

$x = 0{,}5 \pm \sqrt{2{,}25}, \quad x = 2, \quad x = -1$

Beispiel: Polynomdivision

Zeigen Sie, dass $f(x) = x^4 + x^3 - 2x^2 + 4x - 24$ nur die beiden Nullstellen $x = 2$ und $x = -3$ hat.

Lösung:

Die beiden gegebenen Nullstellen können auch wieder durch Probieren gewonnen werden. Wir führen hintereinander zwei Polynomdivisionen mit den Linearfaktoren $(x-2)$ und $(x+3)$ durch, die den Nullstellen entsprechen.

Wir erhalten die Faktorisierung

$$f(x) = (x-2) \cdot (x+3) \cdot (x^2+4).$$

Der dritte Faktor liefert keine weiteren Nullstellen, so dass $x = 2$ und $x = -3$ die einzigen sind.

Polynomdivision 1:

$$
\begin{array}{l}
(x^4 + x^3 - 2x^2 + 4x - 24) : (x-2) = x^3 + 3x^2 + 4x + 12 \\
\underline{-(x^4 - 2x^3)} \\
\quad 3x^3 - 2x^2 \\
\quad \underline{-(3x^3 - 6x^2)} \\
\qquad 4x^2 + 4x \\
\qquad \underline{-(4x^2 - 8x)} \\
\qquad\quad 12x - 24 \\
\qquad\quad \underline{-(12x - 24)} \\
\qquad\qquad 0
\end{array}
$$

Polynomdivision 2:

$$
\begin{array}{l}
(x^3 + 3x^2 + 4x + 12) : (x+3) = x^2 + 4 \\
\underline{-(x^3 + 3x^2)} \\
\qquad 4x + 12 \\
\qquad \underline{-(4x + 12)} \\
\qquad\quad 0
\end{array}
$$

Übung 7

I. Quadratische Funktionen

Bestimmen Sie die Nullstellen von f. Skizzieren Sie damit den Graphen von f.

a) $f(x) = 5x^2 - 10$ b) $f(x) = 2x^2 - 8$
c) $f(x) = x^2 + x$ d) $f(x) = 2x^2 + 4x$

II. Faktorisierte Funktionen

Berechnen Sie die Nullstellen von f. Fertigen Sie eine Grobskizze an.

a) $f(x) = (x^2 - 4) \cdot (x^2 - 9)$
b) $f(x) = (2x - 2) \cdot (x^2 + 2x - 8)$
c) $f(x) = (x^2 - 4) \cdot (x^2 + x)$

III. Ausklammern von x

Gesucht sind die Nullstellen von f. Klammern Sie x aus. Fertigen Sie eine Grobskizze an.

a) $f(x) = 2x^3 - 3x^2 - 2x$
b) $f(x) = x^3 - 4x^2 - 5x$
c) $f(x) = x^3 - 8x$

IV. Raten und Polynomdivision

Die Funktion hat eine ganzzahlige Nullstelle. Raten Sie diese. Bestimmen Sie die weiteren Nullstellen mit Polynomdivision.

a) $f(x) = x^3 + x^2 - 17x + 15$
b) $f(x) = x^3 + 4x^2 + x + 4$

Übung 8 Historische Bahn

Eine historische Bahn benötigt für einen kostendeckenden Betrieb eine Auslastung von 50 %.

$$A(t) = \frac{1}{10}(t^3 - 14t^2 + 53t + 460)$$

beschreibt die Auslastung in Prozent zur Zeit t (Monate).

Untersuchen Sie, in welchen Zeiträumen des Jahres die Bahn kostendeckend fährt.

Ganzzahlige Nullstellen

Bei der Bestimmung von Nullstellen ganzrationaler Funktionen mittels Polynomdivision ist man auf Raten und Probieren angewiesen. Dabei ist der folgende Satz über die ganzzahligen Nullstellen ganzrationaler Funktionen oft eine große Hilfe.

Satz IV.2: f sei eine ganzrationale Funktion mit

$$f(x) = a_n x^n + \ldots + a_0.$$

Sind alle a_i ganzzahlig und $a_0 \neq 0$, so sind die ganzzahligen Nullstellen von f stets Teiler von a_0.

Beweis:
x_0 sei eine ganzzahlige Nullstelle von f.
Dann gilt: $a_n x_0^n + \ldots + a_1 x_0 + a_0 = 0$,

$$x_0 \cdot \left(a_n x_0^{n-1} + \ldots + a_1\right) = -a_0.$$

Da hier x_0 und auch der Klammerterm ganzzahlig sind, ist x_0 ein Teiler von a_0.

Beispiel: Berechnen Sie die Lösungen der Gleichung

$$6x^4 - 7x = 18x^2 - 13x^3 - 6.$$

Lösung:
Wir bestimmen zunächst durch gezieltes Probieren die ganzzahligen Lösungen und führen dann eine Polynomdivision durch, die uns die restlichen – in diesem Fall nicht ganzzahligen – Lösungen liefert.

Rechnung:
Wir berechnen die Nullstellen von $f(x) = 6x^4 + 13x^3 - 18x^2 - 7x + 6$.
Als ganzzahlige Nullstellen kommen die Teiler von 6, also ± 1, ± 2, ± 3, ± 6 infrage. Einsetzen ergibt als Nullstellen: $x = 1$, $x = -3$.
Polynomdivision liefert:
$f(x) = (x-1) \cdot (x+3) \cdot (6x^2 + x - 2)$.
Der quadratische Faktor liefert $x = 0{,}5$, $x = -\frac{2}{3}$ als weitere Nullstellen.

Biquadratische Gleichungen

Eine Gleichung vierten Grades, welche die Gestalt $a x^4 + b x^2 + c = 0$ hat, nennt man ***biquadratische Gleichung***. Sie ist nach der Umformung $a(x^2)^2 + b(x^2) + c = 0$ mit der p-q-Formel wie eine quadratische Gleichung lösbar.

Beispiel: Bestimmen Sie die Nullstellen der Funktion

$$f(x) = 4x^4 - 26x^2 + 6{,}25.$$

Lösung:
Wir formen in eine quadratische Gleichung für x^2 um, bringen diese auf Normalform und wenden die p-q-Formel an.

Wir erhalten zwei Lösungen für x^2, aus welchen sich vier Lösungen für x ergeben.

Rechnung:

$$4x^4 - 26x^2 + 6{,}25 = 0$$

$$4(x^2)^2 - 26(x^2) + 6{,}25 = 0$$

$$(x^2)^2 - 6{,}5\,(x^2) + 1{,}5625 = 0 \quad \text{(Normalform)}$$

p-q-Formel:

$$(x^2) = 3{,}25 + \sqrt{3{,}25^2 - 1{,}5625}$$

$$(x^2) = 3{,}25 - \sqrt{3{,}25^2 - 1{,}5625}$$

$$(x^2) = 6{,}25 \qquad (x^2) = 0{,}25$$

$$x = 2{,}5;\ x = -2{,}5;\ x = 0{,}5;\ x = -0{,}5$$

Übung 9

Berechnen Sie die Lösungen der Gleichung. Bestimmen Sie erst die ganzzahligen Lösungen.

a) $6x^3 - 25x^2 + 3x + 4 = 0$ b) $4x^3 - 52x^2 - x + 13 = 0$
c) $x^5 + 3x^4 + 2x + 6 = 0$ d) $6x^2 + 6 = 11x + x^3$

Übung 10

Lösen Sie die folgenden biquadratischen Gleichungen.

a) $x^4 - 5x^2 + 4 = 0$ b) $2x^4 - 2x^2 - 40 = 0$ c) $2x^4 + 49{,}2x^2 - 20 = 0$ d) $x^4 + 5x^2 + 4 = 0$

Übungen

Der Begriff der ganzrationalen Funktion

11. Geben Sie den Grad und die Koeffizienten der ganzrationalen Funktion f an.

a) $f(x) = 4x^7 - 3x^6 + 2x^2 - 15$ b) $f(x) = 6$
c) $f(x) = 0{,}2x^5 + 1{,}4x^2 - 11$ d) $f(x) = -1 - x + x^{14}$

12. Begründen Sie den unterschiedlichen Verlauf der Graphen der Potenzfunktionen $h(x) = x^3$ und $k(x) = x^5$ von Seite 151.

Symmetrieeigenschaften ganzrationaler Funktionen

13. Entscheiden Sie, ob der Graph der Funktion f symmetrisch zur y-Achse bzw. zum Ursprung ist oder ob keine Symmetrie vorliegt.

a) $f(x) = 4x^3 - 1{,}2x$ b) $f(x) = 3x^6 + 7x^2 - 12$
c) $f(x) = x^5 - 4{,}5x^3 - 3{,}75x - 1{,}5$ d) $f(x) = 15$
e) $f(x) = \frac{2}{3}x^{11} - 4x^7 + 3x^6$ f) $f(x) = 3(x-1)^3$
g) $f(x) = x^2 \cdot (2-x)^2$ h) $f(x) = x^3 \cdot (x-5) \cdot (x+5)$

14. Gibt es reelle Funktionen, deren Graphen symmetrisch zur x-Achse sind?

15. Welche Verschiebung des Graphen von f in Richtung der x-Achse muss durchgeführt werden, damit der verschobene Graph symmetrisch zur y-Achse ist?

a) $f(x) = x^2 - 8x + 3$ b) $f(x) = x^2 + 8x$
c) $f(x) = 3x^2 - 6x - 1$ d) $f(x) = x^2(x-2)^2$

16. Zeigen Sie rechnerisch, dass der Graph der Funktion f symmetrisch zur y-Achse oder zum Ursprung ist.

a) $f(x) = \frac{1}{x};\ x \neq 0$ b) $f(x) = \frac{1}{x^2};\ x \neq 0$ c) $f(x) = \frac{a}{x};\ a \in \mathbb{R},\ x \neq 0$

17. Bestimmen Sie die ganzrationale Funktion 2. Grades, deren Graph symmetrisch zur y-Achse ist,

a) bei $x = -2$ eine Nullstelle hat und für $x = -4$ den Funktionswert –16 annimmt,
b) im Punkt $S(0|6)$ den Scheitelpunkt hat und bei $x = 1$ die x-Achse schneidet,
c) für $x = 3$ den Funktionswert –3 annimmt und bei $x = 9\sqrt{\frac{3}{2}}$ die x-Achse schneidet.

18. Bestimmen Sie die ganzrationale Funktion dritten Grades, deren Graph symmetrisch zum Ursprung ist
a) und durch die Punkte $P(1\,|\,3)$ und $Q(-2\,|-12)$ geht,
b) und durch die Punkte $P(1{,}5\,|\,6{,}75)$ und $Q(-0{,}5\,|-0{,}25)$ geht.

Nullstellen ganzrationaler Funktionen

19. Bestimmen Sie die Nullstellen der Funktion f.
a) $f(x) = x^3 + x^2 - 9x - 9$
b) $f(x) = x^4 - 2{,}5x^3 + 0{,}5x^2 + x$
c) $f(x) = 0{,}5x^4 + 0{,}5x^3 + x^2 + 2x - 4$
d) $f(x) = (x^3 - 1)\cdot(x^3 + 1{,}7x^2 + 0{,}1x - 0{,}6)$
e) $f(x) = x^4 + x^3 - x^2 + x - 2$
f) $f(x) = x^5 + 3x^4 + \frac{8}{3}x^3 - x - \frac{1}{3}$

20. Bestimmen Sie die ganzzahligen Nullstellen von f.
a) $f(x) = x^4 - 2x^3 + 2x - 1$
b) $f(x) = 3x^3 + 6x^2 - 3x - 2$
c) $f(x) = x^3 + x^2 - 17x + 15$
d) $f(x) = 2x^4 - 6x^3 + 6x^2 - 2x$

21. Bestimmen Sie die Nullstellen der Funktion f.
a) $f(x) = x^4 - 6{,}61x^2 + 2{,}25$
b) $f(x) = 36x^4 - 97x^2 + 36$
c) $f(x) = x^4 + 10{,}25x^2 + 24{,}5$
d) $f(x) = x^4 - 3x^2 + 2$

22. Zeigen Sie, ohne die Nullstellen zu berechnen, dass die ganzzahligen Nullstellen von f und g übereinstimmen.
a) $f(x) = x^3 - x^2 + 2x - 3,$ $\quad g(x) = -\frac{1}{6}x^3 + \frac{1}{6}x^2 - \frac{1}{3}x + \frac{1}{2}$
b) $f(x) = x^3 + \frac{1}{2}x^2 - x - \frac{1}{2},$ $\quad g(x) = \frac{1}{3}x^3 + \frac{1}{6}x^2 - \frac{1}{3}x - \frac{1}{6}$

23. Bestimmen Sie die Nullstellen.
a) $f(x) = (x^2 - 1)^2$
b) $f(x) = x^2\cdot(x+2)^2\cdot(x^2+4)$
c) $f(x) = (4 - x^2)^2\cdot(8 - x^3)\cdot(2 + x)$
d) $f(x) = x^4 - 4^4$
e) $f(x) = (x^2 - 1)^2\cdot(x^2 - 2x + 1)$
f) $f(x) = x\cdot(x^4 - 125x)$

24. Faktorisieren Sie möglichst weitgehend.
a) $f(x) = 0{,}25x^3 + 0{,}25x^2 - 3x$
b) $f(x) = x^4 - 5x^2 + 4$
c) $f(x) = \frac{1}{6}x^4 + \frac{1}{2}x^3 + \frac{1}{3}x^2$
d) $f(x) = x^5 + \frac{1}{2}x^4 - \frac{1}{3}x^3$

25. Die Funktion f habe bei 1 eine Nullstelle, c und d seien aus $\mathbb{R}$.
Welche Bedingungen müssen c und d erfüllen? Geben Sie weiter die Bedingungen für c und d an, damit f keine (eine, zwei) weitere Nullstellen hat.
a) $f(x) = 2x^3 + 2x^2 + cx + d$
b) $f(x) = x^3 - 4x^2 + cx - d$

26. Bestimmen Sie eine ganzrationale Funktion n-ten Grades, welche die angegebenen Nullstellen hat und deren Graph durch den Punkt P geht.
a) $n = 3$, -1, 0 und 1 sind die Nullstellen, $P = P(2\,|\,3)$,
b) $n = 3$, -1, 2 und 3 sind die Nullstellen, $P = P(-2\,|\,5)$,
c) $n = 4$, 0 und 2 sind doppelte[1] Nullstellen, $P = P(3\,|\,18)$,
d) $n = 4$, -1 ist einfache und 3 ist dreifache Nullstelle, $P = P(1\,|\,4)$.

---
[1] x_0 heißt k-fache Nullstelle der ganzrationalen Funktion f, wenn $f(x) = (x - x_0)^k\cdot g(x)$ mit $g(x_0) \neq 0$ gilt, wobei g eine ganzrationale Funktion ist.

Zusammengesetzte Aufgaben

27. Gegeben sei die ganzrationale Funktion $f(x) = x^3 + 3x^2 + 2{,}25x$, $x \in \mathbb{R}$.

a) Geben Sie den Grad von f an.
b) Bestimmen Sie die Nullstellen von f.
c) Untersuchen Sie f auf Symmetrie.
d) Liegen die Punkte $P(5 \mid 112{,}25)$ und $Q(1 \mid 6{,}25)$ auf dem Graphen von f?
e) Bestimmen Sie a so, dass der Punkt $R(3 \mid 9a)$ auf dem Graphen von f liegt.
f) Zeichnen Sie den Graphen von f für $-2{,}5 \leq x \leq 0{,}5$.
g) Bestimmen Sie die Schnittpunkte der Graphen von f und $g(x) = 2{,}25x$.
h) Unter welchem Winkel schneidet der Graph von g die x-Achse?

28. Gegeben sei die ganzrationale Funktion $f(x) = x^4 - 3{,}25x^2 + 2{,}25$, $x \in \mathbb{R}$.

a) Bestimmen Sie die Nullstellen von f.
b) Untersuchen Sie f auf Symmetrie.
c) Liegen die Punkte $P(-2 \mid 5{,}25)$ und $Q(0{,}5 \mid 0{,}75)$ auf dem Graphen von f?
d) Zeichnen Sie den Graphen von f für $-2 \leq x \leq 2$.
e) Welche Verschiebung längs der Achsen muss durchgeführt werden, damit die verschobene Funktion g genau drei Nullstellen besitzt?
Geben Sie die Gleichung von g an.
f) Bestimmen Sie die Schnittpunkte von f und $h(x) = x^2 - 1$.
g) Verschieben Sie h so, dass der Scheitel in $P(1 \mid 0)$ liegt.
h) Bestimmen Sie die Gleichung der Geraden durch die Punkte $P(0 \mid -1)$ und $Q(1 \mid 0)$.

29. Gegeben sei die ganzrationale Funktion $f(x) = \frac{2}{25}x^5 - x^3 + \frac{25}{8}x$, $x \in \mathbb{R}$.

a) Bestimmen Sie die Nullstellen von f.
b) Untersuchen Sie f auf Symmetrie.
c) Zeichnen Sie den Graphen von f für $-3 \leq x \leq 3$.
d) Zeigen Sie, dass der Graph von f und der Graph von $g(x) = -x^3 + 2x$ nur einen gemeinsamen Punkt haben.
e) Strecken Sie g mit dem Faktor –1,5 und geben Sie das zugehörige Polynom an.
f) Verschieben Sie g um a in Richtung der y-Achse.
Geben Sie die verschobene Funktion an und bestimmen Sie dann a so, dass bei $x = 1$ eine Nullstelle liegt.

30. Gegeben sei die ganzrationale Funktion $f(x) = x^3 - 9x^2 + 24x - 16$, $x \in \mathbb{R}$.

a) Bestimmen Sie die Nullstellen von f.
b) Untersuchen Sie f auf Symmetrie.
c) Zeichnen Sie den Graphen von f für $0{,}5 \leq x \leq 5$.
d) Zeigen Sie, dass die Funktionswerte $f(2), f(3), f(4)$ auf einer Geraden g liegen. Bestimmen Sie die Geradengleichung von g.
e) Eine Ursprungsgerade h schneidet den Graphen von f bei $x = 3$. Bestimmen Sie die weiteren Schnittpunkte von h und f.
f) Gegeben sei die Funktionenschar $f_a(x) = a(x^3 - 9x^2 + 24x - 16)$, $a > 0$, $x \in \mathbb{R}$.
Führen Sie die Teilaufgaben a, d und e für die Funktionenschar f_a durch.

5. Exkurs: Einfache gebrochen-rationale Funktionen

In zahlreichen Anwendungen der Mathematik spielen antiproportionale Zuordnungen eine Rolle. Die einfachste Zuordnung dieser Art ist die Funktion $f(x) = \frac{1}{x}$ $(x \neq 0)$.

Der Graph dieser Zuordnung wird ***Hyperbel*** genannt. Er besteht aus zwei Teilen, den so genannten Hyperbelästen. Diese liegen im ersten und im dritten Quadranten und schmiegen sich den Koordinatenachsen an. Die Hyperbel zu $f(x) = \frac{1}{x}$ ist punktsymmetrisch zum Ursprung des Koordinatensystems. Sie besitzt keine Achsenschnittpunkte.

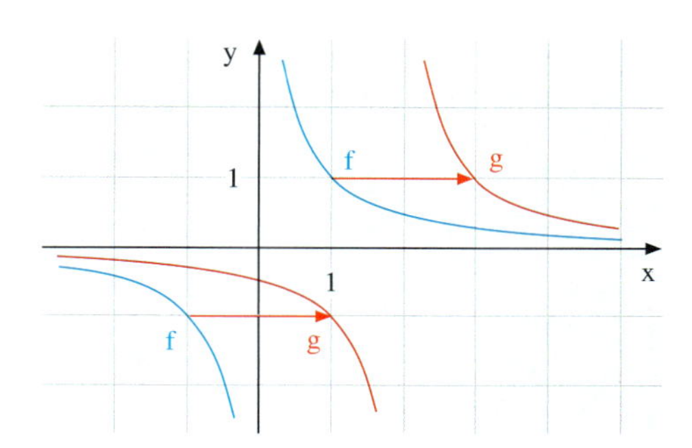

Beispiel: Zeigen Sie rechnerisch die Symmetrie des Graphen von $f(x) = \frac{1}{x}$ zum Koordinatenursprung.

Lösung:
Der Graph einer Funktion f ist punktsymmetrisch zum Ursprung, wenn für jedes $x \in D$ gilt:

$$f(-x) = f(x).$$

Hier gilt tatsächlich

$$f(-x) = \frac{1}{-x} = -\frac{1}{x} = -f(x).$$

Beispiel: Der Graph von $f(x) = \frac{1}{x}$ wird um zwei Einheiten längs der x-Achse verschoben. Ermitteln Sie Funktionsgleichung und Defintionsbereich der so erzeugten Hyperbel. Zeichnen Sie diese.

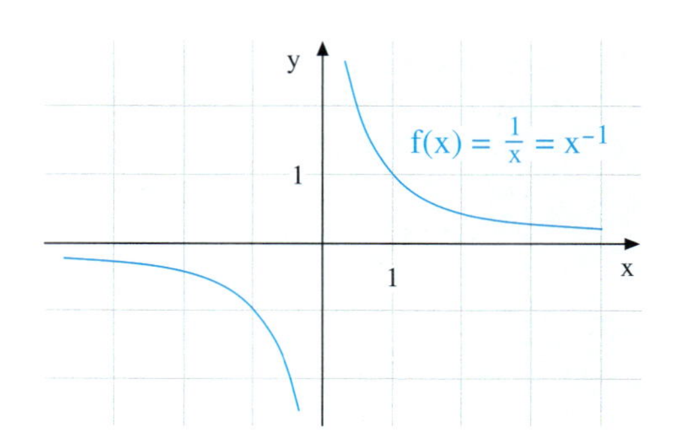

Lösung:
Die Funktionsgleichung lautet:

$$g(x) = f(x-2) = \frac{1}{x-2},\ x \in \mathbb{R}\setminus\{2\}.$$

Übung 1

a) Die Hyperbel $f(x) = \frac{1}{x}$ soll um -3 längs der x-Achse verschoben werden. Bestimmen Sie den Funktionsterm der so erzeugten Hyperbel.

b) Welche Verschiebung und Streckung überführen die Hyperbel $f(x) = \frac{1}{x}$ in die Hyperbel $g(x) = \frac{3}{x+4}$? Zeichnen Sie den Graphen von g.

Übung 2

Berechnen Sie, wo die Funktion $f(x) = \frac{3}{x-4}$ den Funktionswert y annimmt.

a) $y = 1$ b) $y = 1000$ c) $y = -2$ d) $y = \frac{1}{100}$

Übung 3

Die Hyperbel $f(x) = \frac{2}{x}$ soll so längs der x-Achse verschoben werden, dass der Punkt P auf ihr liegt. Wie lautet der entsprechende Funktionsterm?

a) $P(6\,|\,1)$ b) $P(a\,|\,2a),\ a \neq 0$

Beispiel: Zeichnen Sie die Graphen von $f(x) = \frac{1}{x}$ und $g(x) = \frac{1}{x^2}$ in ein gemeinsames Achsenkreuz. Erläutern Sie anhand dieser Zeichnung die Eigenschaften des Graphen von g.

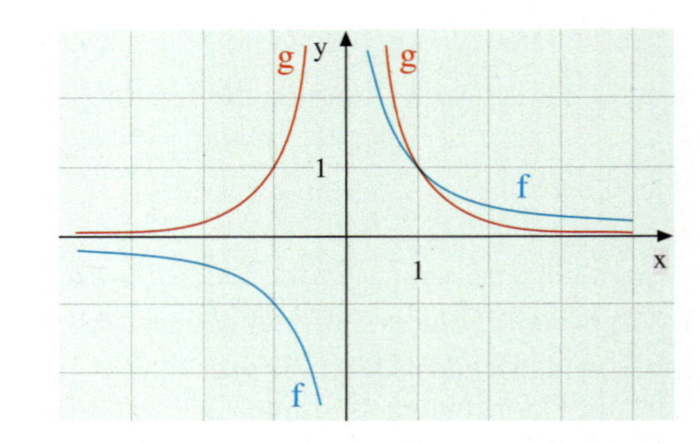

Lösung:
Aus der Zeichnung erkennen wir: Der Graph von g ist achsensymmetrisch zur y-Achse und liegt im ersten und zweiten Quadranten. Er schmiegt sich der x-Achse mit wachsendem $|x|$ stärker an als der von f, während er für kleine $|x|$ steiler ist.

Übung 4

Gegeben sei $g(x) = \frac{1}{x^2}$, $D = \mathbb{R}\setminus\{0\}$. Weisen Sie rechnerisch nach, dass der Graph von g

a) achsensymmetrisch zur y-Achse ist,
b) im ersten und zweiten Quadranten liegt,
c) nur den Punkt $P(1\,|\,1)$ mit dem Graphen von $f(x) = \frac{1}{x}$ gemeinsam hat.

Übung 5

a) Welche Verschiebung überführt den Graphen von $f(x) = \frac{1}{x^2}$ in den Graphen von $g(x) = \frac{1}{(x-4)^2}$?

b) Der Graph von $f(x) = \frac{1}{x^2}$ wird so längs der x-Achse verschoben, dass er durch $P(1\,|\,4)$ geht.
Welche Verschiebung liegt vor?
Welche Funktionsgleichung gehört zum verschobenen Graphen?

Übung 6

Skizzieren Sie die Graphen von $f_3(x) = \frac{1}{x^3}$, $f_4(x) = \frac{1}{x^4}$ und $f_5(x) = \frac{1}{x^5}$.

Nennen Sie Ähnlichkeiten zu den Graphen von $f_1(x) = \frac{1}{x}$ und $f_2(x) = \frac{1}{x^2}$.

6. Umkehrfunktionen

A. Definition der Umkehrfunktion

In den USA und Großbritannien wird die Fahrenheit-Skala verwendet, die der deutsche Physiker Fahrenheit 1712 einführte. Der Gefrierpunkt des Wassers liegt auf dieser Skala bei 32 °F und die Temperaturdifferenz zwischen Gefrierpunkt und Siedepunkt des Wassers ist in 180 Fahrenheitgrade eingeteilt.
*Einer Temperaturdifferenz von 1 Grad auf der Celsius-Skala entsprechen also 1,8 Grad auf der Fahrenheitskala.**

Ein amerikanischer Tourist auf einer Europareise benötigt eine Umrechnungsvorschrift, um sich orientieren zu können.
Die lineare Funktion $f(x) = 1{,}8\,x + 32$ gestattet diese Umrechnung von Celsius in Fahrenheit. Dabei ist x die Celsius-Temperatur und $f(x)$ die zugeordnete Fahrenheit-Temperatur.

Auf der rechten Seite ist eine Wertetabelle dieser Funktion aufgeführt.

Umgekehrt würde ein deutscher Tourist in den USA eine Umrechnung von Fahrenheit in Celsius benötigen. Dazu liest man einfach die Wertetabelle rückwärts. Man kehrt die Funktion f um und gelangt so zu ihrer Umkehrfunktion f^{-1}.

Graphisch bedeutet der Übergang von der Funktion zur Umkehrfunktion eine Spiegelung an der Winkelhalbierenden des 1. Quadranten. In der Abbildung rechts ist diese Spiegelung dargestellt.

*Die **Umkehrfunktion** einer Funktion f wird gewöhnlich mit dem Symbol f^{-1} belegt (gelesen: f oben −1).*

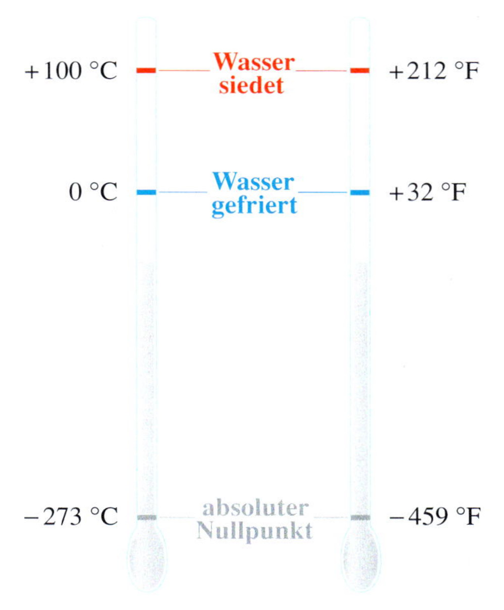

Funktion f: °C → °F

°C	−20	−10	0	10	20	30
°F	−4	14	32	50	68	86

Umkehrfunktion f^{-1}: °F → °C

°F	−4	14	32	50	68	86
°C	−20	−10	0	10	20	30

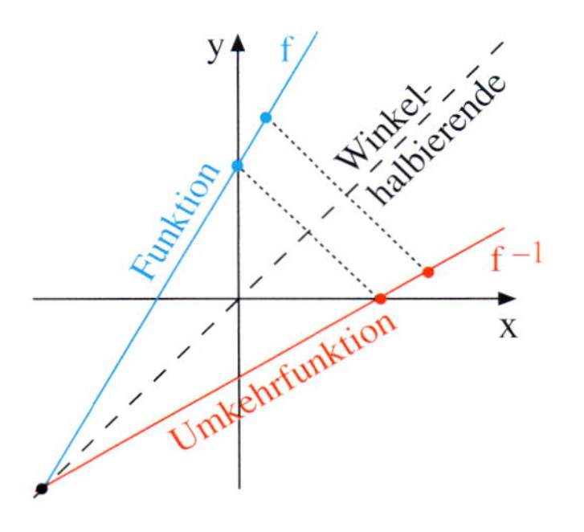

---
* vgl. S. 92

B. Berechnung der Umkehrfunktion

Wir wissen nun, dass der Graph der Umkehrfunktion f^{-1} durch Spiegelung des Graphen der Funktion f an der Winkelhalbierenden konstruiert werden kann. Wie aber gewinnt man die Gleichung der Umkehrfunktion rechnerisch?

Beispiel: Umkehrfunktion einer Geraden
Gegeben ist die Funktion $f(x) = 2x + 2$. Gesucht ist die Gleichung ihrer Umkehrfunktion f^{-1}.

Lösung:
Im ersten Schritt des Verfahrens kürzen wir f(x) durch den Buchstaben y ab.
Dann vertauschen wir die Variablen x und y, denn das y der Funktion ist das x der Umkehrfunktion und das x der Funktion ist das y der Umkehrfunktion.
Nun lösen wir nach dem neuen y auf.
Schließlich ersetzen wir dieses durch $f^{-1}(x)$.
Resultat: $f^{-1}(x) = 0{,}5x - 1$

$f(x) = 2x + 2$	f(x) durch y ersetzen
$y = 2x + 2$	x und y vertauschen
$x = 2y + 2$	nach y auflösen
$y = \frac{x-2}{2}$	
$y = 0{,}5x - 1$	y durch $f^{-1}(x)$ ersetzen
$f^{-1}(x) = 0{,}5x - 1$	

Beispiel: Umkehrfunktion einer Hyperbel
Gegeben ist die Funktion $f(x) = \frac{1}{x}$ mit $x > 0$. Wie lautet die Gleichung von f^{-1}?

Lösung:
Die Berechnung liefert in diesem Beispiel ein erstaunliches Ergebnis. Funktion und Umkehrfunktion stimmen hier überein.
Der Grund: f ist achsensymmmetrisch zur Winkelhalbierenden und wird daher auf sich selbst gespiegelt.

$f(x) = \frac{1}{x},\ x > 0$	f(x) durch y ersetzen
$y = \frac{1}{x}$	x und y vertauschen
$x = \frac{1}{y}$	nach y auflösen
$y = \frac{1}{x}$	y durch $f^{-1}(x)$ ersetzen
$f^{-1}(x) = \frac{1}{x},\ x > 0$	

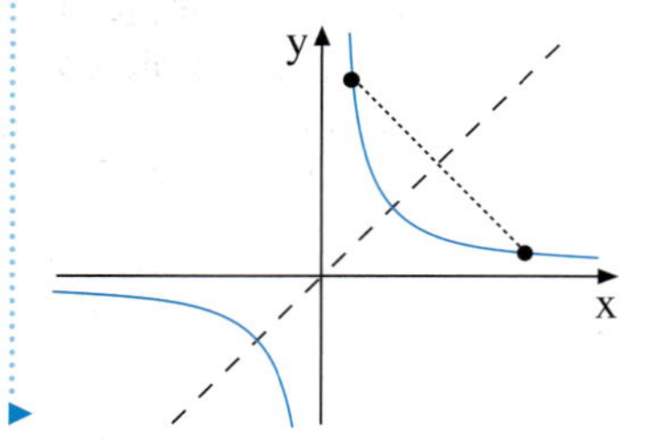

Berechnung der Umkehrfunktion
1. Schreibe die Gleichung von f auf.
2. Ersetze darin f(x) durch y.
3. Vertausche nun die Variablen x und y.
4. Löse dann nach y auf.
5. Ersetze nun y durch $f^{-1}(x)$.

Übung 1
Berechnen Sie die Gleichung der Umkehrfunktion von f und fertigen Sie eine Skizze an.
a) $f(x) = 2x - 3,\ D_f = \mathbb{R}$ b) $f(x) = 4 - 0{,}5x,\ D_f = \mathbb{R}$ c) $f(x) = 1 + \frac{1}{x},\ x > 0$

Übung 2
Die Funktion $f(x) = \frac{9}{5}x + 32$ rechnet ° Celsius in ° Fahrenheit um. Welche Gleichung hat die Funktion, welche ° Fahrenheit in ° Celsius überführt (siehe vorige Seite)?

C. Eigenschaften der Umkehrfunktion

In diesem Abschnitt stellen wir einige wichtige theoretische Eigenschaften von Umkehrfunktionen dar. Wir verzichten hier auf Beispiele, um Zeit zu gewinnen für praktische Probleme.

1. Definitions- und Wertemenge von f^{-1}

Jede Funktion f besitzt eine Definitionsmenge D_f und eine Wertemenge W_f. Es ist ziemlich klar, dass bei der Umkehrfunktion f^{-1} Wertemenge und Definitionsmenge einfach nur vertauscht sind.
Es gilt also $D_{f^{-1}} = W_f$ und $W_{f^{-1}} = D_f$.

Satz IV.3
Bei einer Funktion f und ihrer Umkehrfunktion f^{-1} sind Definitionsmenge und Wertemenge paarweise vertauscht.
Es gilt $D_{f^{-1}} = W_f$ und $W_{f^{-1}} = D_f$

2. Umkehrbarkeit von f

Jedem Element der Definitionsmenge von f muss exakt ein Element der Wertemenge zugeordnet sein, und dies muss auch umgekehrt gelten. Man bezeichnet diese Voraussetzung für die Existenz der Umkehrfunktion f^{-1} als *umkehrbare Eindeutigkeit von f.*

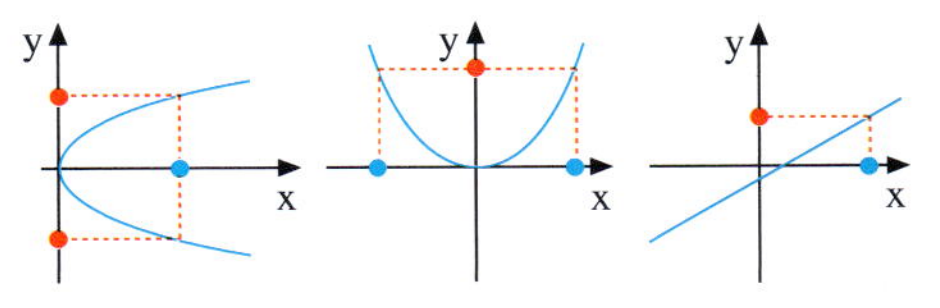

verboten	**verboten**	**erlaubt**
f ist keine Funktion	f^{-1} ist keine Funktion	zu jedem x-Wert genau ein y-Wert und umgekehrt

3. Verkettung von f und f^{-1}

Wenn man Funktion und Umkehrfunktion direkt verkettet, d.h. hintereinander ausführt, so heben sie sich in ihrer Wirkung gegenseitig auf.
Es gilt $f(f^{-1}(x)) = x$ und $f^{-1}(f(x)) = x$.

Satz IV.4
Funktion und Umkehrfunktion heben sich bei direkter Verkettung auf.

$$\mathbf{f(f^{-1}(x)) = x}$$
$$\mathbf{f^{-1}(f(x)) = x}$$

Übung 3

Skizzieren Sie den Graphen von f über dem als Definitionsmenge angegebenen Intervall. Konstruieren Sie den Graphen der Umkehrfunktion f^{-1} durch Spiegelung an der Winkelhalbierenden. Geben Sie für f und für f^{-1} jeweils die Definitionsmenge und die Wertemenge an.
a) $f(x) = 2x - 3$, $D_f = [-1; 4]$ b) $f(x) = x^2 + 1$, $D_f = [0; 3]$ c) $f(x) = x^3$, $D_f = [-2; 2]$

Übung 4

Welche der abgebildeten Funktionen besitzen eine Umkehrfunktion?

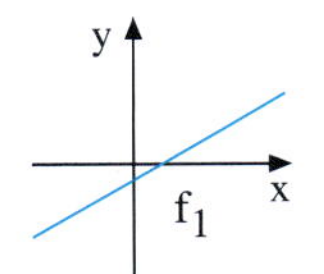

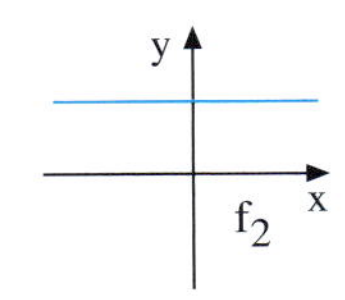

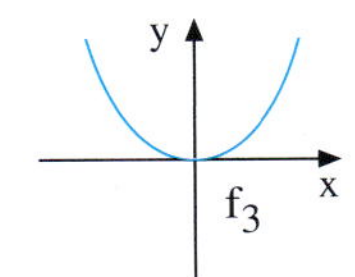

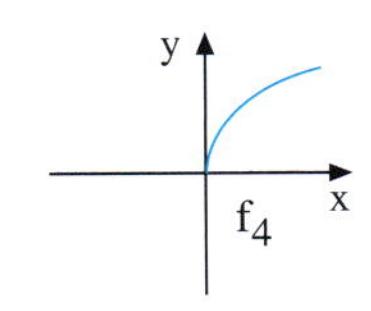

Übung 5

Überprüfen Sie die Aussagen von Satz IV.6 an folgenden Beispielen:
a) $f(x) = \frac{9}{5}x + 32$ und $f^{-1}(x) = \frac{5}{9}(x - 32)$ b) $f(x) = \frac{2}{7}(x - 1)$ und $f^{-1}(x) = \frac{7}{2}x + 1$

D. Die Umkehrbarkeit streng monotoner Funktionen

Die meisten Funktionen besitzen keine Umkehrfunktion. Daher wäre es interessant, anhand eines einfachen Merkmals der Funktion erkennen zu können, ob sie umkehrbar ist.

Die ***streng monotonen Funktionen*** sind umkehrbar. Das sind Funktionen, die auf ihrem gesamten Definitionsbereich durchgehend strikt ansteigen (streng monoton steigen) oder durchgehend abfallen (streng monoton fallen).

Hierdurch kann jeder Funktionswert nur genau einmal angenommen werden, so dass f umkehrbar eindeutig ist und daher eine Umkehrfunktion f^{-1} besitzt.

Satz IV.5
Funktionen, die auf ihre Definitionsmenge streng monoton steigend oder streng monoton fallend sind, besitzen stets eine Umkehrfunktion.

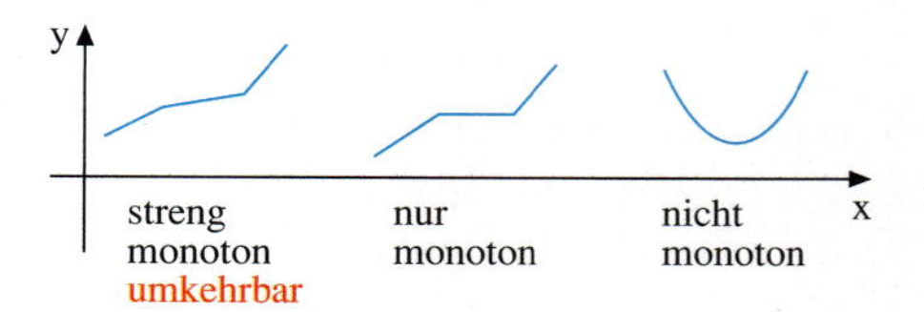

Auch wenn eine Funktion nicht streng monoton ist, lässt sich ihre Definitionsmenge oft so aufteilen bzw. *einschränken*, dass streng monotone Teile entstehen, die umkehrbar sind.

Beispiel: Umkehrbare Teilfunktionen
Die Funktion $f(x) = x^2$, $D = \mathbb{R}$, ist nicht umkehrbar, kann aber in zwei umkehrbare Funktionen $g(x) = x^2$, $x < 0$ und $h(x) = x^2$, $x \geq 0$ aufgeteilt werden. Berechnen und skizzieren Sie h und h^{-1}.

Lösung:
f ist nicht umkehrbar. Trennen wir die Definitionsmenge jedoch bei $x = 0$ auf, entstehen zwei streng monotone Teilfunktionen, die sich nicht im Funktionsterm, aber in der Definitionsmenge unterscheiden.

$g(x) = x^2$, $D =]-\infty, 0]$ und
$h(x) = x^2$, $D = [0, \infty[$

Ihre Umkehrfunktionen sind
$g^{-1}(x) = -\sqrt{x}$, $D = [0, \infty[$ und
$h^{-1}(x) = \sqrt{x}$, $D = [0, \infty[$.

Die rechnerische Bestimmung zeigt nicht direkt an, welcher Zweig von $\pm\sqrt{x}$ zu g bzw. zu h gehört. Dies kann man aber z. B. anhand der Graphen entscheiden.

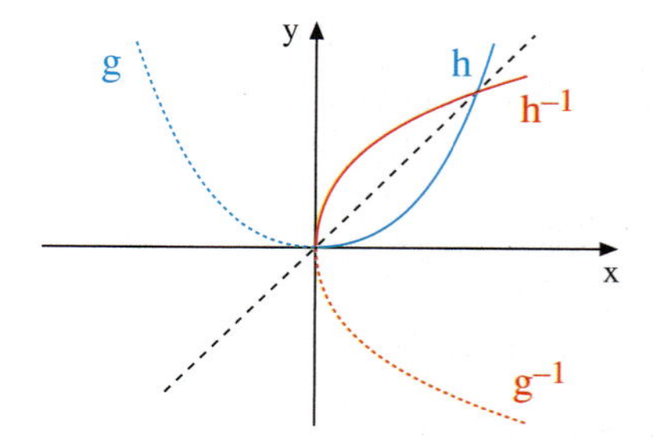

Rechnung für den Teil h:

$h(x) = x^2$, $x \geq 0$	h(x) durch y ersetzen
$y = x^2$	x und y vertauschen
$x = y^2$	nach y auflösen
$y = \pm\sqrt{x}$	$-\sqrt{x}$ scheidet aus
$h^{-1}(x) = +\sqrt{x}$, $x \geq 0$	

Analog zu der Quadratwurzelfunktion können wir mithilfe der n-ten Wurzel ***allgemeine Wurzelfunktionen*** definieren.

Satz IV.6 Zu jeder Potenzfunktion $f(x) = x^n$ mit $n \in \mathbb{N} \setminus \{1\}$ existiert für $x \geq 0$ eine Umkehrfunktion f^{-1}. Sie wird als **Wurzelfunktion** bezeichnet. Ihre Funktionsgleichung lautet:

$$f^{-1}(x) = \sqrt[n]{x} = x^{\frac{1}{n}}, \qquad x \geq 0.$$

$$f(x) = x^n, \qquad x \geq 0$$
$$y = x^n \mid \sqrt[n]{\ }$$
$$x = \sqrt[n]{y}$$
$$y = \sqrt[n]{x}$$
$$f^{-1}(x) = \sqrt[n]{x} = x^{\frac{1}{n}}, \qquad x \geq 0$$

Beispiel: Bestimmen Sie die Gleichung der Umkehrfunktion von $f(x) = \sqrt[3]{x+2}$, $x \geq -2$, und skizzieren Sie deren Graphen.

Lösung:

$f(x) = \sqrt[3]{x+2}$, $x \geq -2$

$y = \sqrt[3]{x+2}$

$y^3 = x + 2$

$x = y^3 - 2$

$y = x^3 - 2$

$f^{-1}(x) = x^3 - 2$, $x \geq 0$

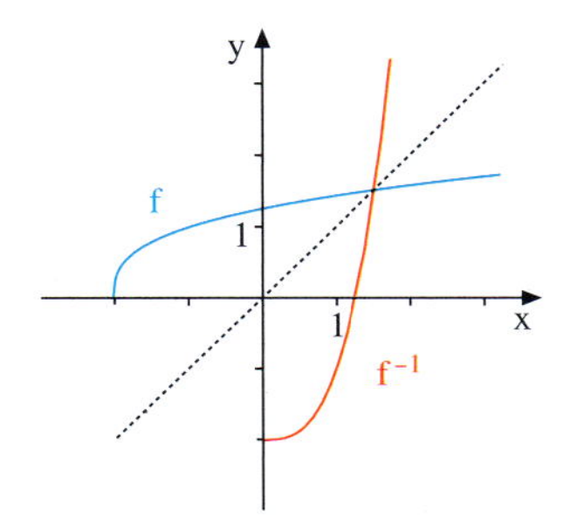

Beispiel: Bestimmen Sie die Gleichung der Umkehrfunktion von $f(x) = 2x^2 - 2$, $x \leq 0$, und skizzieren Sie deren Graphen.

Lösung:

$f(x) = 2x^2 - 2$, $x \leq 0$

$y = 2x^2 - 2$

$2x^2 = y + 2$

$x^2 = 0{,}5y + 1$

$x = \pm\sqrt{0{,}5y + 1}$

$y = \pm\sqrt{0{,}5x + 1}$

$f^{-1}(x) = -\sqrt{0{,}5x + 1}$, $x \geq -2$

(+ fällt weg wegen $W_{f^{-1}} = D_f = \mathbb{R}_0^-$.)

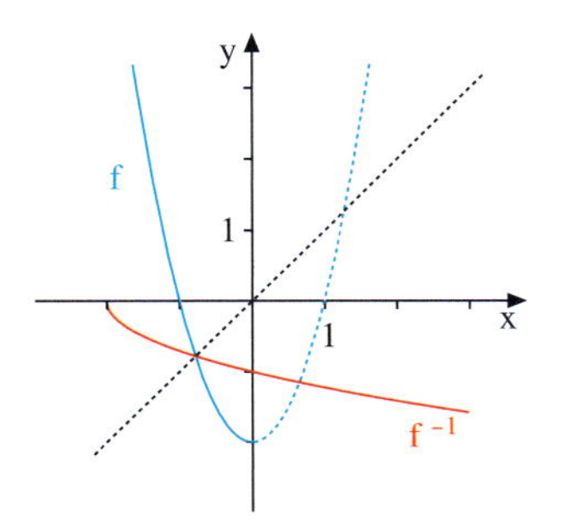

Übung 6

Bestimmen Sie die Umkehrfunktion von f für die gegebene Definitionsmenge.

a) $f(x) = x^2 + 0{,}5$, $D_f = \mathbb{R}_0^+$ b) $f(x) = 0{,}1x^2$, $D_f = \mathbb{R}_0^-$ c) $f(x) = 0{,}5x^2 - 3$, $D_f = \mathbb{R}_0^-$

d) $f(x) = x^4$, $D_f = \mathbb{R}_0^-$ e) $f(x) = \sqrt[3]{x^2 - 1}$, $x \geq 1$ f) $f(x) = \sqrt{x - 3}$, $x \geq 3$

Übungen

7. Skizzieren Sie den Graphen von f über dem angegebenen Intervall und konstruieren Sie den Graphen der Umkehrfunktion durch Spiegelung des Graphen an der Winkelhalbierenden des 1. Quadranten. Welche Graphenpunkte bleiben beim Spiegeln unverändert?

a) $f(x) = 0{,}5x^2 + 2x + 2,\ I = [-2;2]$ b) $f(x) = x^2 - 2x + 1,\ I = [-2;1]$
c) $f(x) = -\frac{1}{3}x^3 + 1,\ I = [-3;3]$ d) $f(x) = \cos x,\ I = [0;\pi]$

8. Ordnen Sie jeweils der Funktion f ihre Umkehrfunktion f^{-1} zu.

A. $f(x) = -3x + 5$ B. $f(x) = x + 9$ C. $f(x) = 0{,}5x + 0{,}5$ D. $f(x) = 2x - 4$
I. $f^{-1}(x) = 2x - 1$ II. $f^{-1}(x) = 0{,}5x + 2$ III. $f^{-1}(x) = x - 9$ IV. $f^{-1}(x) = -\frac{1}{3}x + \frac{5}{3}$

9. Geben Sie eine Formel zur Berechnung der Innenwinkelsumme s eines Polygons in Abhängigkeit von der Eckenzahl n an. Geben Sie hierzu die Umkehrfunktion an. Wie viele Ecken hat ein Polygon mit der Innenwinkelsumme von 1800°?

10. Bestimmen Sie rechnerisch die Umkehrfunktion von f.

a) $f(x) = -4x + 8$ b) $f(x) = 2x + 3$ c) $f(x) = 12x - 6$ d) $f(x) = -5x + 9$
e) $f(x) = 3 - 0{,}5x$ f) $f(x) = \frac{1}{2x},\ x \neq 0$ g) $f(x) = 3 - \frac{1}{x},\ x \neq 0$ h) $f(x) = \frac{1}{x+2},\ x \neq -2$

11. Für welche Funktionen gilt $f(x) = f^{-1}(x)$?

12. Bestimmen Sie rechnerisch die Umkehrfunktion von f.

a) $f(x) = \sqrt[3]{x-5},\ x \geq 5$ b) $f(x) = x^2 - 1,\ x \leq 0$
c) $f(x) = -\frac{1}{3}x^2 + 1,\ x \geq 0$ d) $f(x) = -x^4 + 4,\ x \leq 0$

13. Geben Sie eine Funktionsgleichung an, die den Radius r einer Kugel in Abhängigkeit von dem Volumen V beschreibt, und skizzieren Sie deren Graphen für $0 \leq V \leq 1000\ \text{cm}^3$.

14. Aus der Länge der Bremsspur eines Fahrzeugs auf trockener Fahrbahn lässt sich die Mindestgeschwindigkeit des Fahrzeugs zu Beginn des Bremsvorgangs näherungsweise berechnen.
Bestimmen Sie eine Funktion, mit der sich aus der Länge der Bremsspur näherungsweise die gefahrene Geschwindigkeit ermitteln lässt.

Hinweis: Bei der Notbremsung eines Fahrzeugs liegt eine gleichmäßig verzögerte Bewegung vor mit dem Weg-Zeit-Gesetz $s = \frac{a}{2}t^2$ und dem Geschwindigkeit-Zeit-Gesetz $v = at$. Durch Kombination der Formeln erhält man für den Bremsweg $s = \frac{v^2}{2a}$, wobei v die Geschwindigkeit des Fahrzeugs in m/s ist und für die Verzögerung eines Fahrzeugs bei Notbremsung $a \approx 8\ \text{m/s}^2$ gilt. Lösen Sie die Gleichung nach v auf und multiplizieren Sie den so entstandenen Funktionsterm mit einem geeigneten Faktor, da die Geschwindigkeit in km/h angegeben werden soll.

170-1

Überblick

Potenzfunktion:
$f(x) = x^n$ $(n \in \mathbb{N})$ heißt Potenzfunktion n-ten Grades.

Standardsymmetrien:
Achsensymmetrie zur y-Achse liegt vor, wenn $f(-x) = f(x)$ für alle x gilt.
Punktsymmetrie zum Ursprung liegt vor, wenn $f(-x) = -f(x)$ für alle x gilt.

Monotonie:
Folgt aus $x_1 < x_2$ stets $f(x_1) \leq f(x_2)$, so heißt f *monoton steigend.*
Folgt aus $x_1 < x_2$ stets $f(x_1) < f(x_2)$, so heißt f *streng monoton steigend.*
Folgt aus $x_1 < x_2$ stets $f(x_1) \geq f(x_2)$, so heißt f *monoton fallend.*
Folgt aus $x_1 < x_2$ stets $f(x_1) > f(x_2)$, so heißt f *streng monoton fallend.*

Ganzrationale Funktion/Polynom: $f(x) = a_n x^n + a_{n-1} x^{n-1} + \ldots + a_1 x + a_0$ (Grad $n \in \mathbb{N}$)

Nullstellenbestimmung: Eine Nullstelle x_1 durch Probieren/Raten bestimmen (Kandidaten hierfür sind die Teiler von a_0.)
Dann Polynomdivision: $f(x) : (x - x_1) = g(x)$

Spezialfälle:
x ausklammern, wenn $a_0 = 0$ ist
biquadratische Gleichung mit p-q-Formel lösen, wenn x nur mit geraden Exponenten auftritt

Einfache gebrochen-rationale Funktionen:
Der Graph ist eine Hyperbel.

$f(x) = x^{-1} = \frac{1}{x}$

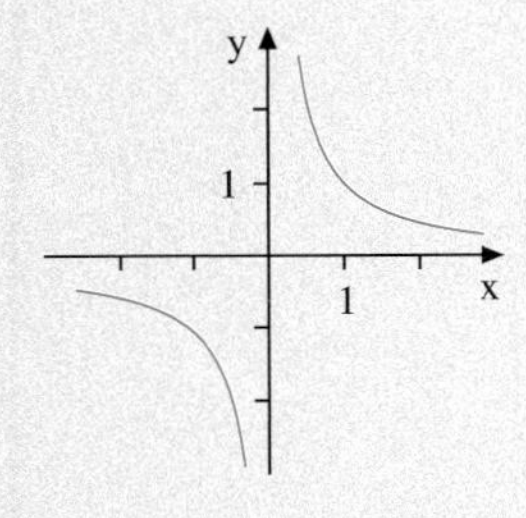

$f(x) = x^{-2} = \frac{1}{x^2}$

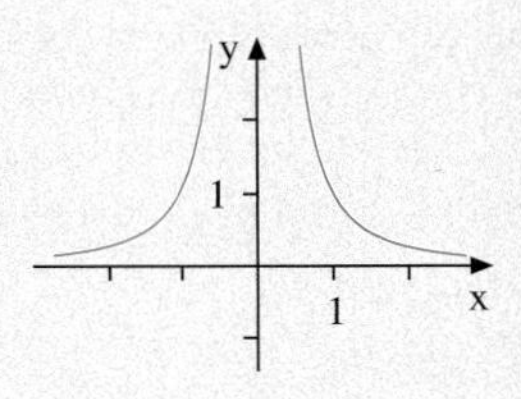

Berechnung der Umkehrfunktion:
Es gilt: $D_{f^{-1}} = W_f$, $W_{f^{-1}} = D_f$.

1. Schreiben Sie die Gleichung von f auf.
2. Ersetzen Sie darin $f(x)$ durch y.
3. Vertauschen Sie nun die Variablen x und y.
4. Lösen Sie dann nach y auf.
5. Ersetzen Sie nun y durch $f^{-1}(x)$.

Das Intervallhalbierungsverfahren

Bisher können wir – abgesehen von ganz speziellen Fällen – nur solche Gleichungen lösen, die sich auf lineare und quadratische Gleichungen zurückführen lassen. Im Folgenden entwickeln wir ein Verfahren, mit dem wir für eine Funktion f, die gewisse Voraussetzungen erfÜllt, die Gleichung $f(x) = 0$ näherungsweise lösen können. Wir betrachten zunächst ein Beispiel, bei dem eine wichtige Voraussetzung nicht erfüllt ist.

Beispiel

Untersuchen Sie $\begin{cases} -x^2 - 1 & \text{für } -1 \le x < 0 \\ x^2 + 1 & \text{für } \;\;0 \le x \le 1 \end{cases}$ auf Nullstellen.

Lösung:
Man könnte annehmen, dass eine Funktion, die am linken Rand ihrer Definitionsmenge einen negativen Wert annimmt und am rechten Rand einen positiven Wert, dazwischen mindestens eine Nullstelle besitzt.
Aber der nebenstehende Graph der auf dem Intervall $[-1;1]$ durch

$$f(x) = \begin{cases} -x^2 - 1 & \text{für } -1 \le x < 0 \\ x^2 + 1 & \text{für } \;\;0 \le x \le 1 \end{cases}$$

definierten Funktion f zeigt, dass f **keine Nullstelle** besitzt.

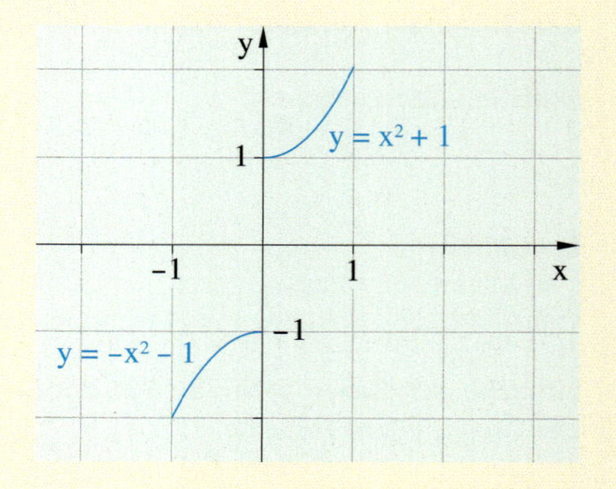

Die Funktion f ist nicht in einem Rutsch durchzeichenbar. Man muss den Stift beim Zeichnen einmal absetzen und neu ansetzen, da der Graph eine ***Sprungstelle*** hat. Dies ist der Grund, weshalb man ohne Achsenschnittpunkt vom negativen in den positiven Bereich gelangen kann.
Für durchzeichenbare Funktionen (allgemein für sogenannte ***stetige*** Funktionen) ist das nicht möglich. Für solche Funktionen gilt der sogenannte Nullstellensatz.

Nullstellensatz
Ist die Funktion f durchzeichenbar (*stetig*) über dem Intervall $[a;b]$ und gilt $f(a) < 0$ sowie $f(b) > 0$, so existiert eine reelle Zahl $x_0 \in [a,b]$ mit $f(x_0) = 0$.

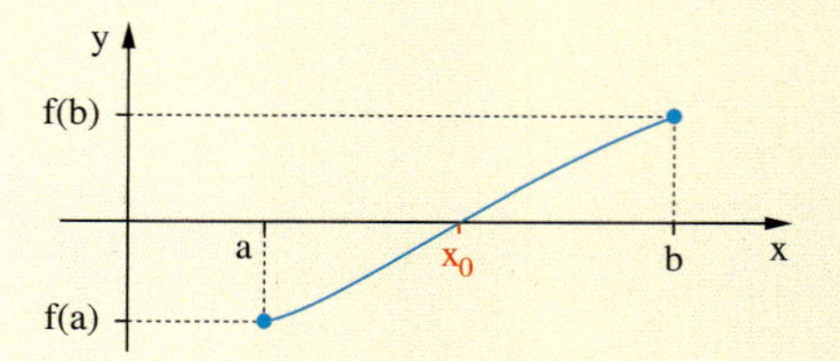

Der Nullstellensatz bildet die theoretische Grundlage für ein Näherungsverfahren zur Berechnung der Nullstellen beliebiger durchzeichenbarer Funktionen. Es handelt sich um das so genannte ***Intervallhalbierungsverfahren*** oder ***Bisektionsverfahren***.

Beispiel

Das Intervallhalbierungsverfahren 173-1

Die Lösung der Gleichung $\frac{1}{2}x^3 = 1 + x$ soll durch ein Verfahren der schrittweisen Näherung auf eine Nachkommastelle genau berechnet werden.

Lösung:

Gleichwertig zur Aufgabenstellung ist die Bestimmung der Nullstelle der Funktion
$f(x) = \frac{1}{2}x^3 - x - 1$.

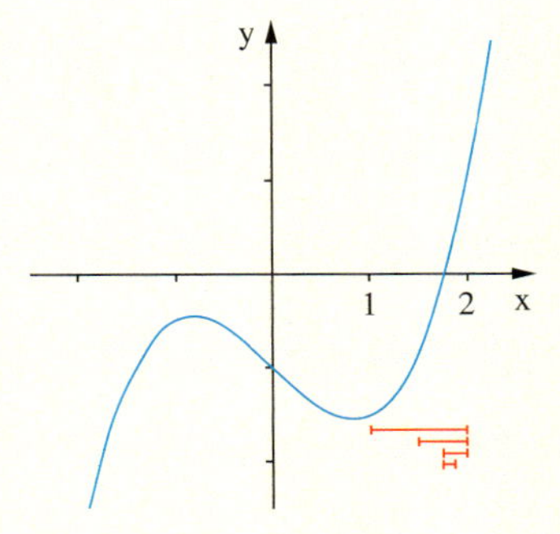

Das Startintervall:

Durch Einsetzen einiger Werte oder anhand einer Skizze des Graphen erkennen wir, dass $f(1) = -1{,}5$ und $f(2) = 1$ gilt. Nach dem Nullstellensatz gibt es also eine Nullstelle x_0 im Intervall $[1;2]$.

Intervallhalbierung:

Wir überprüfen durch Einsetzen das Vorzeichen von f in der Intervallmitte. Weil $f(1{,}5) = -0{,}81 < 0$ ist und $f(2) > 0$ galt, wissen wir, dass die Nullstelle x_0 im kleineren Intervall $[1{,}5;2]$ liegt.

a $f(a) < 0$	b $f(b) > 0$
1	2
1,5	2
1,75	2
1,75	1,875
1,75	1,8125
1,75	1,78125

$\Rightarrow x_0 \in [1{,}75;1{,}78125]$

$\Rightarrow x_0 \approx 1{,}765$

Wiederholung:

Wir wiederholen die Intervallhalbierung so lange, bis die gewünschte Genauigkeit erreicht ist. Die Schritte sind rechts dargestellt. Wir erhalten $x_0 = \frac{1{,}75 + 1{,}78125}{2} \approx 1{,}765$, wobei die erste Nachkommastelle sicher ist.

Zum Vergleich das genaue Ergebnis:
$x_0 = 1{,}769292354\ldots$

Oft führt man das Intervallhalbierungsverfahren abgewandelt durch. Ist z. B. $f(1) = -1{,}5$ und $f(2) = 1$, so wird man nicht in der Intervallmitte, sondern näher bei 2, also z. B. bei $x = 1{,}7$ testen. Auf diese Weise kommt man schneller voran, da man die Funktionswerte gezielt berücksichtigt.

Übungen

Begründen Sie mithilfe des Nullstellensatzes, dass die Funktion f mindestens eine Nullstelle besitzt. Geben Sie ein Intervall an, welches die Nullstelle enthält.

a) $f(x) = x^3$ b) $f(x) = 5 - x^2$ c) $f(x) = \sqrt{x} - 2x + 100$
d) $f(x) = 2^x - 100$ e) $f(x) = \log x - 5$ f) $f(x) = x + ax^3 + a,\ a > 0$

Bestimmen Sie die einzige Nullstelle der Funktion f bzw. die einzige Lösung der gegebenen Gleichung mit dem Intervallhalbierungsverfahren.

a) $f(x) = x^3 - 2$ b) $f(x) = x^3 + x - 5$ c) $2^x = 4 - x$
d) $f(x) = x^2 - \frac{1}{x} - 4,\ x > 0$ e) $\log x = 5 - x$ f) $x^x = 2$

Test

Potenzen und Potenzfunktionen

1. Schreiben Sie als Potenz:

a) $\sqrt[7]{\frac{1}{x}}$, $x > 0$ b) $\frac{1}{243}$ c) $\frac{1}{\sqrt[8]{3^5}}$

2. Berechnen Sie mithilfe der Potenzgesetze den exakten Wert des Terms:

a) $\sqrt[20]{\left(\frac{1}{32}\right)^{-4}}$ b) $36^{3,5} \cdot \left(\frac{1}{4}\right)^{\frac{7}{2}}$ c) $4^{\frac{4}{3}} : 0{,}05^{\frac{4}{3}}$

3. Bestimmen Sie die Nullstellen der Funktion f.

a) $f(x) = x^3 - 6x^2 + 11x - 6$ b) $f(x) = x^4 + x^3 - x^2 + x - 2$

c) $f(x) = 4x^4 - 18{,}25x^2 + 9$

4. Gegeben sei die ganzrationale Funktion $f(x) = \frac{1}{6}x^4 - \frac{4}{3}x^2 - \frac{3}{2}$, $x \in \mathbb{R}$.

a) Bestimmen Sie die Nullstellen von f.

b) Untersuchen Sie f auf Symmetrie.

c) Zeichnen Sie den Graphen von f für $-3{,}5 \leq x \leq 3{,}5$.

d) Wie muss der Graph verschoben werden, damit f genau drei Nullstellen besitzt? Geben Sie die zugehörige Funktionsgleichung an.

e) Zeigen Sie, dass nach der Verschiebung zu Aufgabenteil d eine doppelte Nullstelle vorliegt.

f) Bestimmen Sie die Gleichung der quadratischen Funktion g, deren Graph die gleichen Achsenschnittpunkte wie f besitzt.

g) Wie entsteht der Graph der Funktion g durch Verschiebungen und Streckung aus der Normalparabel?

h) Bestimmen Sie die Gleichung der Geraden durch je zwei Achsenschnittpunkte der Funktion f.

i) Unter welchem Winkel schneiden diese Geraden die x-Achse?

5. a) Bestimmen Sie eine ganzrationale Funktion 3. Grades, deren Graph bei $x = 1, x = -1$ und $x = 5$ Nullstellen hat.

b) Welche Veränderung müssen Sie vornehmen, damit der Graph der von Ihnen aufgestellten Funktion zusätzlich noch durch den Punkt $P(-3\,|\,3)$ geht?

c) Erklären Sie, ob die von Ihnen zu den Aufgabenteilen a und b aufgestellten Funktionen die einzig möglichen sind oder ob es mehrere Lösungen geben kann.

6. Untersuchen Sie rechnerisch, ob der Graph von f achsensymmetrisch zur y-Achse oder punktsymmetrisch zum Ursprung ist oder ob keine Symmetrie vorliegt.

a) $f(x) = 3(x+2)^2$ b) $f(x) = (x+2)(x-2)$ c) $f(x) = x(x-1)(x+1)$

7. Berechnen Sie die Gleichung der Umkehrfunktion von f.
Bestimmen Sie $D_{f^{-1}}$ und $W_{f^{-1}}$.

a) $f(x) = 3x - 4$ b) $f(x) = x^2 - 2$, $x > 0$ c) $f(x) = \frac{1}{4}\sqrt{2x} + 3$, $x > 0$

Lösungen unter 174-1

V. Exponentialfunktionen

1. Funktionen der Form $f(x) = c \cdot a^x$

A. Wachstumsprozesse

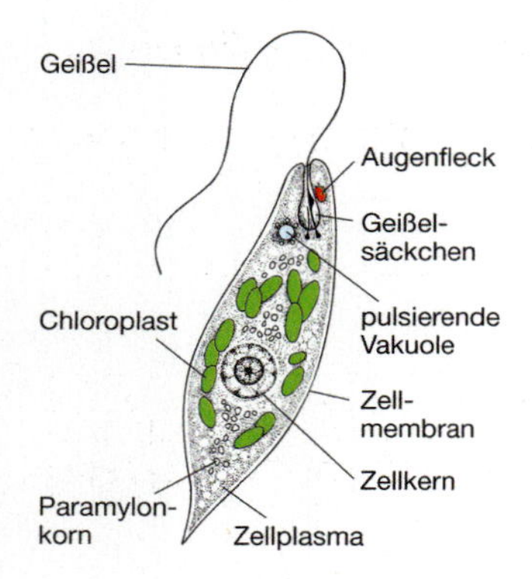

Euglena gracilis

In grün verfärbten Tümpeln lebt ein erstaunliches Wesen, nur 50 µm groß, halb Tier und halb Pflanze. Das sogenannte Augentierchen, lat. Euglena, ernährt sich von Bakterien, aber auch durch Fotosynthese. Mithilfe einer Geißel peitscht es sich nach dem Propellerprinzip voran, wobei es sich um seine Längsachse dreht. Obwohl es keinerlei Denkorgan besitzt, kann es fototaktisch reagieren. Es erkennt Lichteinfall mithilfe eines Fotorezeptors, der aus den lichtempfindlichen Zellen einer Geißelverdickung besteht, die im Geißelsäckchen liegt. Der rote Augenfleck – der der Mikrobe ihren Namen gab – verschattet den Fotorezeptor bei jeder Drehung, wodurch Euglena sich zum Licht hin orientieren kann.

Euglena ist ein Einzeller, der sich durch Teilung vermehrt. Wenn es eine gewisse Größe erreicht hat, schnüren Zellkern und Zelle sich ab. Zwei Tochterzellen entstehen auf diese Weise. Diese teilen sich nach etwa der gleichen Zeit wiederum, sodass ein starkes Populationswachstum entsteht, das erst endet, wenn Licht, Nahrung oder Raum ausgehen.

176-1

Beispiel: Das Wachstum einer Euglena-Kolonie

Im Labor wurde eine Euglena-Kolonie angelegt. Deren Populationswachstum wurde durch Auszählen unter dem Mikroskop über einen Zeitraum von 5 Tagen beobachtet und in einer Tabelle protokolliert. Modellieren Sie mit diesen Daten das Wachstum der Kolonie durch eine geeignete Funktion N. Skizzieren Sie den Graphen von N.

t: Zeit seit Beobachtungsbeginn in Tagen	0	1	2	3	4	5
N: Bestand der Augentierchen (Anzahl)	300	388	510	670	870	1125

Lösung:

Es liegt exponentielles Wachstum vor. Dies erkennt man durch ***Quotientenbildung***:

$\frac{N(1)}{N(0)} \approx 1{,}29 \quad \frac{N(2)}{N(1)} \approx 1{,}31 \quad \frac{N(3)}{N(2)} \approx 1{,}31$ usw.

Die Quotienten aufeinander folgender Funktionswerte bleiben relativ konstant gleich 1,3. Jeder Funktionswert entsteht daher aus dem Vorhergehenden durch Multiplikation mit dem Faktor 1,3.

Der Bestand N kann daher durch die Funktion $N(t) = 300 \cdot 1{,}3^t$ erfasst werden.

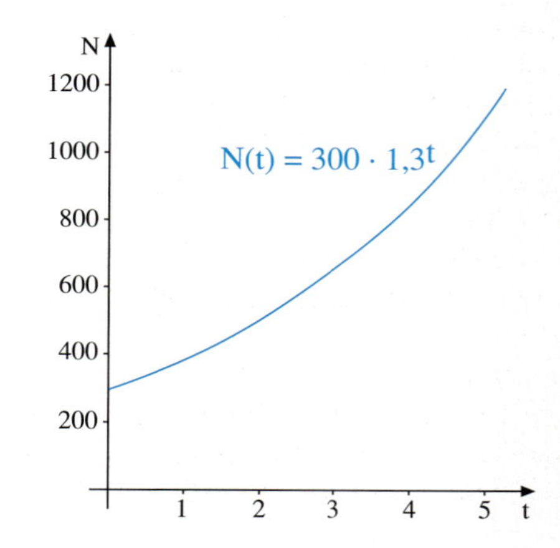

Bereits im vergangenen Schuljahr haben wir bei der Untersuchung des Wachstums eines Kapitals bei laufender Verzinsung eine solche Wachstumsfunktion erhalten.

Beispiel: Zinseszinsen

Ein Betrag von 2500 wird mit $p = 3\ \%$ verzinst. Am Ende eines Jahres werden die Zinsen dem Kapital zugerechnet und im folgenden Jahr mitverzinst.

a) Stellen Sie eine Wertetafel auf und berechnen Sie den Kapitalstand K(t) für t = 1, 2, 3, 4.

b) Wie lautet die Funktionsgleichung von K(t)?

c) Auf welchen Betrag ist das Kapital nach 10 Jahren gewachsen?

Lösung:

Zu Beginn des ersten Jahres beträgt der Kapitalstand $K(0) = 2500\,€$. Nach dem ersten Jahr ist er auf 2375 € angewachsen, denn ein Zuwachs von 3 % entspricht einer Multiplikation mit dem Faktor 1,03:

$K(1) = 1{,}03 \cdot 2500\,€ = 2375\,€$.

Eine weitere Multiplikation mit dem Faktor 1,03 führt auf $K(2) = 2652{,}25\,€$ usw.

t (Jahr)	0	1	2	3	4
K(t) (≈€)	2500	2575	2652	2732	2814

·1,03 ·1,03 ·1,03 ·1,03

Allgemein gilt daher

$K(t) = 2500 \cdot 1{,}03^t$.

So kommt ein Exponentialterm der Gestalt $c \cdot a^t$ zustande mit $a > 1$, was für einen Wachstumsprozess charakteristisch ist.

Nach 10 Jahren ist der Kapitalstand auf $K(10) = 2500 \cdot 1{,}03^{10}\,€ \approx 3360\,€$ gewachsen.

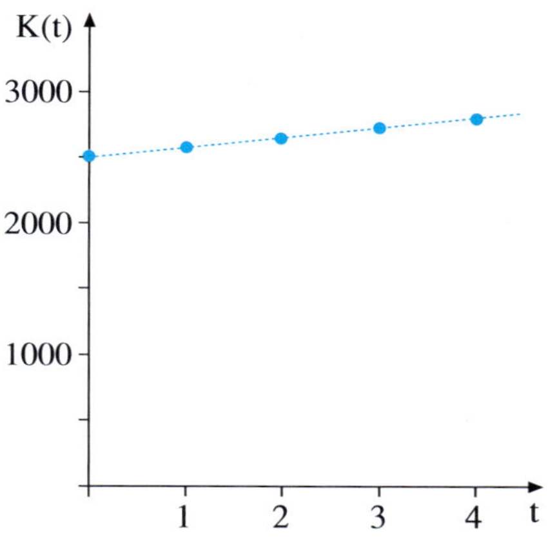

$K(t) = 2500 \cdot 1{,}03^t, \quad K(10) \approx 3360\,€$

Übung 1

In einem Labor wird eine Bakterienkultur untersucht, die pro Stunde um 50 % des zu Stundenbeginn vorhandenen Bestandes anwächst. Die Bakterienkultur zählt zu Beginn des Beobachtungszeitraums 300 Bakterien. N(t) sei die Funktion, welche das Wachstum der Kultur beschreibt (t: Stunden, N(t): Anzahl der Bakterien zur Zeit t).

a) Stellen Sie eine Wertetabelle auf und skizzieren Sie den Graphen von N $(0 \le t \le 3)$.

b) Wie lautet die Funktionsgleichung von N?

c) Wie viele Bakterien sind nach 10 Stunden zu erwarten?

Übung 2

Ein Land hat 50 Millionen Einwohner. Die Bevölkerungszahl wächst jährlich um 2 % an. Wie lautet die Gleichung der Wachstumsfunktion N(t), welche den Prozess modelliert? Wie groß ist die Bevölkerungszahl nach 10 Jahren? Wann erreicht die Bevölkerungszahl 100 Millionen?

B. Ein Zerfallsprozess

1896 entdeckte Henri Becquerel, dass von Uran eine bis dahin unbekannte Strahlung ausgeht. Wenig später fanden Marie Curie und ihr Ehemann Pierre weitere strahlende, sog. ***radioaktive*** *Elemente wie z. B. Radium, das später in der Medizin zur Krebsbehandlung eingesetzt wurde. 1903 erhielten sie für ihre Entdeckung den Nobelpreis für Physik, Marie Curie erhielt 1911 außerdem den Nobelpreis für Chemie.* 178-1

Henri Becquerel

Marie Curie

In Kernkraftwerken werden radioaktive Substanzen zur Energiegewinnung eingesetzt. Dabei entsteht unter anderem Plutonium, welches ein chemisch hochgiftiger Stoff ist und außerdem durch radioaktiven Zerfall gefährliche Strahlung abgibt.

Beispiel: Radioaktiver Zerfall

Radioaktives Plutonium 243 zerfällt unter Abgabe von Strahlungsenergie relativ schnell. Jede Stunde zerfallen 13 % des jeweils vorhandenen Plutoniums. Stellen Sie eine Tabelle für die Substanzmenge für die folgenden 5 Stunden auf, ausgehend von 100 g Plutonium. (t : Stunden; N(t): Masse der zur Zeit t noch vorhandenen Substanz).

a) Stellen Sie eine Wertetabelle auf und skizzieren Sie den Graphen von N für $0 \leq t \leq 3$.
b) Wie lautet die Funktionsgleichung von N?
c) Welche Substanzmenge ist nach 10 Stunden zu erwarten?

Lösung:

Zu Beginn des Beobachtungszeitraumes sind $N(0) = 100$ g Plutonium vorhanden. Nach einer Stunde sind es $N(1) = 87$ g, denn Verlust von 13 % entspricht einer Multiplikation mit dem Faktor 0,87. Eine weitere Multiplikation mit dem Faktor 0,87 führt auf $N(2) = 75{,}7$ g usw.

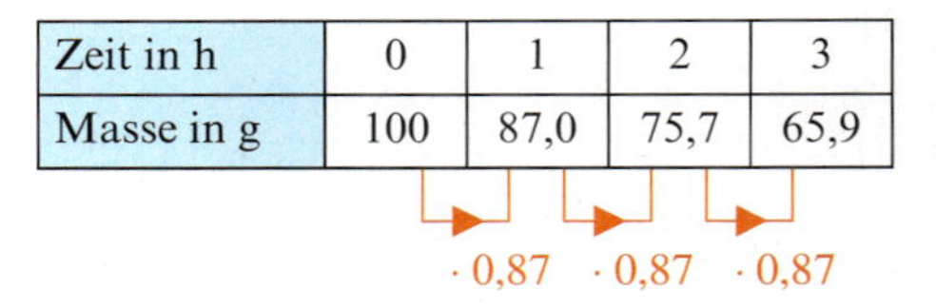

Zeit in h	0	1	2	3
Masse in g	100	87,0	75,7	65,9

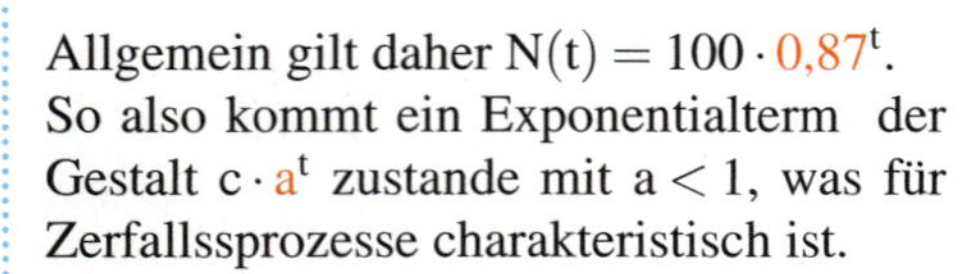

Allgemein gilt daher $N(t) = 100 \cdot 0{,}87^t$. So also kommt ein Exponentialterm der Gestalt $c \cdot a^t$ zustande mit $a < 1$, was für Zerfallssprozesse charakteristisch ist.

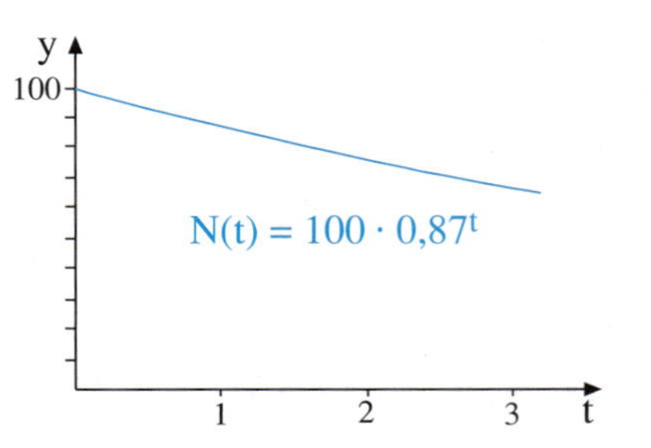

Nach 10 Stunden kann man mit einer Menge von nur noch $N(10) \approx 24{,}8$ g Plutonium rechnen.

Übung 3

Ein Kondensator ist auf eine Spannung von 200 V aufgeladen. Beim Entladevorgang verliert er pro Sekunde 3 % der noch vorhandenen Spannung.
Wie lautet die Gleichung der Abnahmefunktion U(t), welche den Prozess der Entladung modelliert? Wie groß ist die Spannung nach 10 Sekunden bzw. nach einer Minute? Wann hat sich die Spannung halbiert?

C. Die Exponentialfunktion $f(x) = c \cdot a^x$

In den vorhergehenden Beispielen und Übungen traten Funktionen der Gestalt $f(x) = 3{,}9 \cdot 1{,}03^x$, $f(x) = 300 \cdot 1{,}5^x$ und $f(x) = 100 \cdot 0{,}87^x$ auf. Man bezeichnet Funktionen mit dieser Gestalt als ***Exponentialfunktionen***, da die unabhängige Variable x im Exponenten steht.

Definition V.1 Exponentialfunktion
Es gelte $c \in \mathbb{R}$, $c \neq 0$ und $a \in \mathbb{R}$, $a > 0$.
Dann heißt die Funktion $f(x) = c \cdot a^x$
Exponentialfunktion zur Basis a.
$0 < a < 1$: Zerfallsfunktion
$a > 1$: Wachstumsfunktion

$$f(x) = c \cdot a^x$$

Anfangswert $c = f(0)$ — Zunahmefaktor / Abnahmefaktor

Die Bedeutung der Parameter a und c in der Funktionsgleichung $f(x) = c \cdot a^x$ wird deutlich, wenn man einige Funktionsgraphen mit unterschiedlichen Werten von a und c zeichnet. 179-1

Der ***Parameter a*** ist die *Basis* des Exponentialterms a^x. Er bestimmt Art und Stärke des Wachstums.
$a > 1$: Es liegt ein Wachstumsprozess vor. Je größer a, umso stärker ist die Zunahme.
$a < 1$: Es liegt ein Zerfallsprozess vor. Je kleiner a, umso stärker ist die Abnahme.

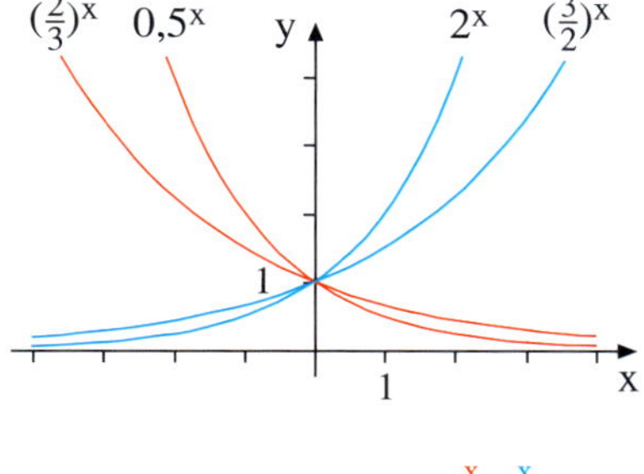

Der ***Parameter c*** hat zwei Bedeutungen. Einerseits ist er ein *Streckfaktor*, der den Term a^x zum Term $c \cdot a^x$ streckt.
Ist $c < 0$, kommt noch eine Spiegelung an der x-Achse hinzu.
Andererseits ist c der *Anfangswert*, d. h. der Funktionswert an der Stelle $x = 0$, denn es gilt $f(0) = c$. c markiert den Schnittpunkt mit der y-Achse.

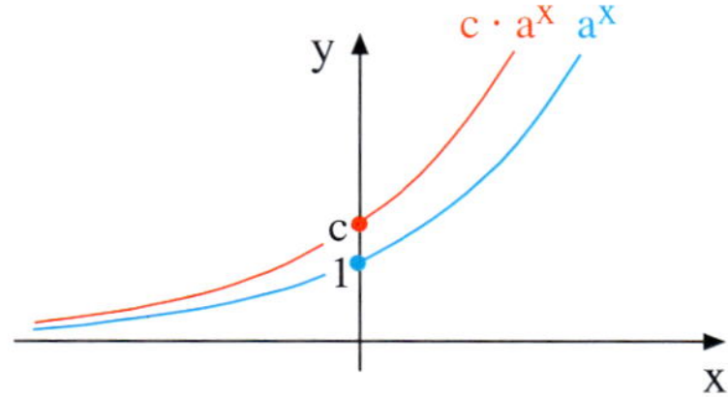

Weitere Eigenschaften der Funktion $f(x) = a^x$

Definitionsmenge: $D_f = \mathbb{R}$
Wertemenge: $W_f = \mathbb{R}^+$
Gemeinsamer Punkt: $P(0\,|\,1)$

Monotonieverhalten von f:
$a > 1$: Streng monoton steigend
$0 < a < 1$: Streng monoton fallend

Symmetrien: $f(x) = a^x$ und $g(x) = \left(\frac{1}{a}\right)^x = a^{-x}$ sind spiegelsymmetrisch zur y-Achse.

Übung 4
Skizzieren Sie die Graphen folgender Funktionen.

a) $f(x) = 1{,}2^x$, $-4 \leq x \leq 4$
b) $f(x) = 2 \cdot 1{,}2^x$, $-4 \leq x \leq 4$
c) $f(x) = 1{,}2^{-x}$, $-4 \leq x \leq 4$
d) $f(x) = -0{,}5 \cdot \left(\frac{1}{2}\right)^x$, $-4 \leq x \leq 2$

Übungen

5. Reine Exponentialfunktionen
Welche der folgenden Funktionen ist eine reine Exponentialfunktion?
a) $f(x) = 5x$ b) $f(x) = 5^x$
c) $f(x) = x^5$ d) $f(x) = 2{,}5 \cdot 3^x$
e) $f(x) = x \cdot 2^x$ f) $f(x) = 1{,}5^x + 2$
g) $f(x) = x + 2^x$ h) $f(x) = -2 \cdot 2^x$

6. Wachstum oder Zerfall
Welche der Funktionen beschreiben Wachstumsprozesse, welche beschreiben Zerfallsprozesse?
a) $f(x) = 1{,}2^x$ b) $f(x) = 5 \cdot 0{,}2^x$
c) $f(x) = 0{,}2 \cdot 1{,}2^x$ d) $f(x) = 5 \cdot 0{,}95^x$
e) $f(x) = \frac{3}{4} \cdot \left(\frac{4}{5}\right)^x$ f) $f(x) = \frac{1}{4} \cdot \left(\frac{8}{5}\right)^x$

7. Umformung
Schreiben Sie folgende Funktionsterme in der Form $f(x) = c \cdot a^x$.
a) $f(x) = 5 \cdot \left(\frac{1}{3}\right)^{-x}$ b) $f(x) = \frac{3}{4} \cdot \left(\frac{2}{5}\right)^{-x}$
c) $f(x) = 4^{1-x}$ d) $f(x) = 2^{2x+1}$
e) $f(x) = \frac{3^{x-1}}{2}$ f) $f(x) = \frac{4}{3^{1-x}}$

8. Symmetrie
Welche Funktionen liegen bezüglich der y-Achse achsensymmetrisch zueinander ?
a) $f(x) = 5^x$ b) $f(x) = 0{,}25 \cdot 3^x$
c) $f(x) = 2 \cdot 0{,}5^x$ d) $f(x) = 0{,}2^x$
e) $f(x) = \frac{1}{4} \cdot \left(\frac{1}{3}\right)^x$ f) $f(x) = 4 \cdot 4^x$
g) $f(x) = 2 \cdot 2^{1-2x}$ h) $f(x) = 2 \cdot 2^x$

9. Wertemenge
Geben Sie die Wertemenge der folgenden Funktionen an
a) $f(x) = 2 \cdot 1{,}5^x + 1$
b) $f(x) = 1{,}5 \cdot (3^x - 1)$
c) $f(x) = 2\,(2{,}5^{x+1} - 1)$
d) $f(x) = \left(4 - \frac{2}{2^x}\right)$

10. Monotonieverhalten
Beschreiben Sie das Monotonieverhalten der Funktion f.
a) $f(x) = 5 \cdot 0{,}5^x$ b) $f(x) = 5^x$
c) $f(x) = \frac{1}{2} \cdot \left(\frac{3}{2}\right)^x$ d) $f(x) = 2{,}5 \cdot 3^x$
e) $f(x) = -2{,}5 \cdot \left(\frac{1}{5}\right)^x$ f) $f(x) = 1 - 1{,}2 \cdot 2^x$

11. Term und Graph
Ordnen Sie jedem Term seinen Graph zu.
I: $2 \cdot 0{,}5^x$ II: $2 \cdot \left(\frac{3}{4}\right)^x$
III: $\frac{1}{2} \cdot 2^x$ IV: $\frac{1}{2} \cdot 1{,}5^x$

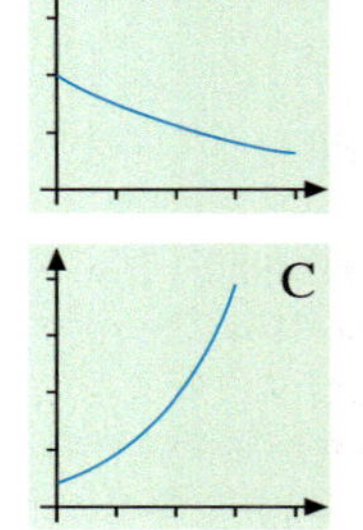

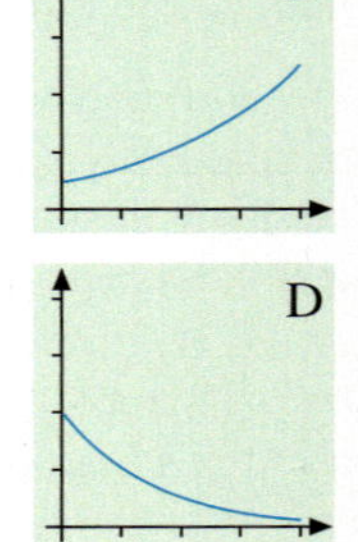

12. Aufstellen von Wachstumsfunktionen
Stellen Sie eine Wachstums- oder Zerfallsfunktion der Form $f(x) = c \cdot a^x$ auf. Beantworten Sie die Zusatzfrage.
a) Die Bevölkerungszahl eines Landes wächst jährlich um 2 %. Zu Beginn der Beobachtung beträgt sie 25 Millionen.
Zusatz: Wie viele Einwohner hat das Land nach 10 Jahren?
b) Das Element Tritium (^3H) ist instabil. Pro Jahr zerfallen 5,5 % der vorhandenen Substanz. Zu Beginn sind 100 mg vorhanden.
Zusatz: Nach welcher Zeit ist nur noch die Hälfte der Substanz übrig?
c) Ein Sparkonto mit einem Anlagebetrag von 1000 € wird mit einem jährlichen Zinssatz von 3 % verzinst.
Zusatz: Wie hoch ist der Zinsgewinn für das fünfte Anlagejahr ?

2. Exkurs: Logarithmen

Im vorhergehenden Abschnitt wurden verschiedene Exponentialfunktionen untersucht, deren Basis sich jeweils aus dem Zusammenhang ergab. Nun ist es von Vorteil, eine einheitliche Basis zu verwenden. Dabei bietet sich die Basis 10 besonders an, weil die Zahl 10 auch die Basis unseres Zahlensystems ist.

A. Zehnerlogarithmen

Man kann jede positive reelle Zahl r als Zehnerpotenz darstellen.
Der Exponent in dieser Darstellung wird als ***Logarithmus*** der Zahl r zur Basis 10 bezeichnet.

Symbol: $\log r$ oder $\log_{10} r$
Gelesen: Logarithmus von r

Definition V.2 Logarithmus
Der Logarithmus einer Zahl $r > 0$ zur Basis 10 ist derjenige Exponent, mit dem 10 potenziert werden muss, um die Zahl r darzustellen.

$$\mathbf{x = \log r \quad \Leftrightarrow \quad r = 10^x}$$

Man verwendet auch die Bezeichnungen ***Zehnerlogarithmus*** oder ***dekadischer Logarithmus***, da als Basis 10 verwendet wird. Wir zeigen nun, wie man den dekadischen Logarithmus einer gegebenen Zahl r bestimmt. Dabei beschränken wir uns zunächst auf Zahlen, die als Zehnerpotenzen mit ganzzahligem Exponenten darstellbar sind.

Beispiel: Berechnung von Logarithmen (Umkehrung des Potenzierens)
Bestimmen Sie die folgenden dekadischen Logarithmen.
a) $\log 1000$ b) $\log 1$ c) $\log \frac{1}{100}$

Lösung:
Um $x = \log 1000$ zu berechnen, müssen wir die Zahl 1000 als Zehnerpotenz darstellen, d. h. $1000 = 10^x$. Wir können im Kopf ausrechnen, dass $x = 3$ sein muss.
Resultat: $\log 1000 = 3$.

$$x = \log 1000 \Leftrightarrow 1000 = 10^x \Leftrightarrow x = 3$$
$$\Rightarrow \log 1000 = 3$$

Um $x = \log 1$ zu berechnen, müssen wir die Zahl 1 als Zehnerpotenz darstellen, d. h. $1 = 10^x$. Es folgt $x = 0$.
Resultat: $\log 1 = 0$.

$$x = \log 1 \Leftrightarrow 1 = 10^x \Leftrightarrow x = 0$$
$$\Rightarrow \log 1 = 0$$

Analog erhalten wir wegen $\frac{1}{100} = 10^{-2}$, dass $\log \frac{1}{100} = -2$ gilt.

$$x = \log \frac{1}{100} \Leftrightarrow \frac{1}{100} = 10^x \Leftrightarrow x = -2$$
$$\Rightarrow \log \frac{1}{100} = -2$$

Übung 1
Bestimmen Sie die folgenden Logarithmen, sofern dies möglich ist.
a) $\log 10\,000$ b) $\log 10^6$ c) $\log 0{,}001$ d) $\log(-2)$

B. Berechnung von Logarithmen mit dem Taschenrechner

Bisher haben wir nur Logarithmen von Zahlen bestimmt, die als Zehnerpotenzen mit ganzzahligem Exponenten darstellbar waren. Dies ging im Kopf zu bewerkstelligen, da die Resultate ganzzahlig waren. So einfach geht das nur selten.

Beispiel: Berechnung von dekadischen Logarithmen
Bestimmen Sie den Logarithmus von 20 000 sowie den Logarithmus von −2.

Lösung:
Um $x = \log 20\,000$ zu berechnen, müssen wir die Zahl 20 000 als Zehnerpotenz darstellen, d. h. $20\,000 = 10^x$.

$x = \log 20\,000 \quad \Leftrightarrow \quad 20\,000 = 10^x$

$x = 4$:	$10^4 = 10\,000$	zu klein
$x = 5$:	$10^5 = 100\,000$	zu groß
$x = 4{,}5$:	$10^{4,5} \approx 31\,623$	zu groß
$x = 4{,}4$:	$10^{4,4} \approx 25\,119$	zu groß
$x = 4{,}3$:	$10^{4,3} \approx 19\,953$	zu klein

Durch Probeeinsetzungen für x können wir uns mit dem Taschenrechner schrittweise an die richtige Lösung herantasten. Sie liegt angenähert bei $x \approx 4{,}301$.

Zum Glück kennt man die Werte der Logarithmen schon seit dem 16. Jahrhundert und hat sie in sog. Logarithmentafeln aufgezeichnet.

Heute verwenden wir den Taschenrechner, der eine spezielle log-Taste besitzt, mit der man die Logarithmen der positiven Zahlen bis ca. 10^{100} berechnen kann.

Diese Taste liefert in unserem Fall:
[log] 20 000 [=] 4,301029996

Den Logarithmus von −2 kann man nicht berechnen, weil er nicht existiert, denn die Gleichung $10^x = -2$ hat keine Lösung, da die Potenz 10^x stets positiv ist.

Übung 2 Bestimmung des Logarithmus durch Probieren
Berechnen Sie die Logarithmen angenähert *durch Probieren*, sofern dies möglich ist.
Verwenden Sie nur die Potenztaste des Taschenrechners, d. h. die Operation 10 [^] x [=].
a) log 2000 b) log 2 c) log 0,5 d) log (−3)

Übung 3 Bestimmung des Logarithmus mit der log-Taste
Berechnen Sie die folgenden Logarithmen mit dem Taschenrechner, sofern möglich.
Verwenden Sie die *log-Taste*.
a) log 5 b) log 50 c) log 0,05 d) log (−1)

C. Die logarithmischen Rechengesetze

Die Potenzgesetze für das Rechnen mit Potenzen wirken auch auf die Exponenten der Potenzen, die Logarithmen. Jedes Potenzgesetz hat im Prinzip ein entsprechendes Gesetz für das Rechnen mit Logarithmen zur Folge.

Beispiel: Ein logarithmisches Rechengesetz
Gegeben sind die Zehnerpotenzen $a = 10^2$ und $b = 10^3$. Berechnen Sie folgende dekadische Logarithmen und vergleichen Sie die Ergebnisse: $\log a$, $\log b$, $\log(a \cdot b)$.
Welche Vermutung ergibt sich? Lässt die Vermutung sich beweisen?

Lösung:
Die Faktoren a und b haben die Logarithmen 2 bzw. 3. Das Produkt $a \cdot b$ hat den Logarithmus 5.
Vermutlich gilt das folgende Gesetz:
$\log(a \cdot b) = \log a + \log b$

Wir können es beweisen, indem wir anstelle von $a = 10^2$ und $b = 10^3$ beliebige Zahlen $a = 10^x$ und $b = 10^y$ verwenden.
Dann ist $\log a = x$ und $\log b = y$.
Das Produkt $a \cdot b = 10^x\ 10^y$ lässt sich mithilfe des Gesetzes über die Multiplikation von Potenzen darstellen als 10^{x+y}.
Daher gilt $\log(a \cdot b) = x + y = \log a + \log b$.

Berechnung der Logarithmen:
$\log a = \log 10^2 = 2$
$\log b = \log 10^3 = 3$
$\log(a \cdot b) = \log(10^2 \cdot 10^3) = \log 10^5 = 5$

Vermutung:
$\log(a \cdot b) = \log a + \log b$

Beweis der Vermutung:
$$\begin{aligned}\log(a \cdot b) &= \log(10^x \cdot 10^y)\\ &= \log 10^{x+y}\\ &= x + y\\ &= \log a + \log b\end{aligned}$$

Auch für Quotienten von Potenzen und Potenzen von Potenzen gibt es Rechengesetze, die zu entsprechenden Logarithmusrechengesetzen (2) und (3) führen.

Die Beweise verlaufen analog zum Beweis des Gesetzes (1) für das Produkt.
Mithilfe der Gesetze kann man logarithmische Terme und Rechnungen in vielen Fällen vereinfachen.

Satz V.1 Logarithmengesetze
a und b seien positive reelle Zahlen. r sei eine beliebige reelle Zahl.
Dann gelten folgende Gesetze:
(1) $\log(a \cdot b) = \log a + \log b$
(2) $\log\left(\frac{a}{b}\right) = \log a - \log b$
(3) $\log(a^r) = r \cdot \log a$

Übung 4 Vereinfachung
Vereinfachen Sie den Term mithilfe der logarithmischen Rechengesetze.
a) $\log 4 + \log 25$ b) $\log 2500 - 2 \log 5$ c) $4 \cdot \log 5 + \log 2^4$

Übung 5 Beweis
Beweisen Sie das logarithmische Rechengesetz $\log\left(\frac{a}{b}\right) = \log a - \log b$.

Weitere Rechengesetze für Logarithmen sind rechts aufgeführt. Sie besagen im Wesentlichen, dass die Operation des Logarithmierens die *Umkehroperation* des Potenzierens mit der Basis 10 ist.
Werden Operation und Umkehroperation hintereinander angewandt, so heben sie sich in ihrer Wirkung auf.

Satz V.2
Operation und Umkehroperation:
(4) $\log 10^x = x$
(5) $10^{\log x} = x$

Besondere Zehnerlogarithmen:
$\log 10 = 1, \log 1 = 0$

D. Das Lösen von Gleichungen mithilfe von Logarithmen

Mithilfe der Technik des Logarithmierens können Exponentialgleichungen und Logarithmengleichungen gelöst werden, was in Anwendungen eine wichtige Rolle spielt.

Beispiel: Exponentialgleichung
Lösen Sie die Exponentialgleichung $3^x = 17$.

Lösung:
Um x zu berechnen, wenden wir den Logarithmus auf beiden Seiten der Gleichung an. Man sagt auch, dass man *die Gleichung logarithmiert.*
Durch Anwendung des dritten logarithmischen Gesetzes wird die Unbekannte x aus dem Exponenten herausgelöst.
Es entsteht eine lineare Gleichung, die sich leicht nach x auflösen lässt.

$$3^x = 17 \quad | \text{ Logarithmieren}$$
$$\log(3^x) = \log 17 \quad | \text{ 3. log. Gesetz}$$
$$x \cdot \log 3 = \log 17 \quad | : \log 3$$
$$x = \frac{\log 17}{\log 3} \approx 2{,}5789$$
$$x = 2{,}5789$$

Beispiel: Logarithmengleichung
Lösen Sie die Logarithmengleichung $5 + 2 \cdot \log(2x - 4) = 10$.

Lösung:
$$5 + 2 \cdot \log(2x - 4) = 10 \quad | -5$$
$$2 \cdot \log(2x - 4) = 5 \quad | :2$$
$$\log(2x - 4) = 2{,}5 \quad | \text{ Potenzieren beider Seiten}$$
$$2x - 4 = 10^{2{,}5} \quad | +4$$
$$2x = 10^{2{,}5} + 4 \quad | :2$$
$$x = \frac{10^{2{,}5} + 4}{2} \approx 160{,}1139$$

Übung 6 Exponential-/Logarithmusgleichungen
Lösen Sie die Exponential- bzw. Logarithmusgleichung.
a) $8^x = 2$ b) $2 + 3 \cdot 4^x = 98$ c) $2 + 3 \cdot \log(x + 5) = 8$

Übungen

7. Logarithmus und Potenz
Schreiben Sie als Potenzgleichung.
Beispiel: $\log 100 = 2$ ist äquivalent zu $100 = 10^2$

a) $\log 1000 = 3$ b) $\log 1 = 0$
c) $\log\sqrt{10} = \frac{1}{2}$ d) $\log 0{,}1 = -1$
e) $\log\frac{1}{100} = -2$ f) $\log\sqrt[3]{100} = \frac{2}{3}$

8. Kopfrechnen
Berechnen Sie im Kopf.

a) $\log 10\,000$ b) $\log 10$
c) $\log 0{,}01$ d) $\log 10^5$
e) $\log\frac{1}{1000}$ f) $\log\sqrt{1000}$

9. Taschenrechner
Berechnen Sie mit dem Taschenrechner.

a) $\log 2$ b) $\log 5$
c) $\log 3{,}1622$ d) $\log(3{,}1 \cdot 10^4)$
e) $\log\frac{3}{7}$ f) $\log\sqrt{50}$
g) $\log(10^{0,1})$ h) $\log(\log(\sqrt{200}))$
i) $10^{2 \cdot \log 5}$ j) $10^{10^{\log 10}}$

10. Positiv oder negativ?
Ist das Ergebnis positiv, negativ oder null?
Entscheiden Sie ohne Taschenrechner.

a) $\log 10$ b) $\log 1{,}01$
c) $\log 1{,}5^5$ d) $\log 1$
e) $-\log\sqrt{0{,}8}$ f) $\log(\log 10)$
g) $-\log\frac{\sqrt{3}}{2}$ h) $-\log(20^{\log 0,5})$

11. ERROR?
In welchen Fällen zeigt der Taschenrechner ERROR an? Begründen Sie.

a) $\log 9$ b) $\log 0$
c) $\log 0{,}01$ d) $\log(-10)$
e) $\log|-100|$ f) $\log(\log 20)$
g) $\log(\log 2)$ h) $-\log\sqrt{4}$
i) $-\log\sqrt{50}$ j) $-\log(\log\sqrt{0{,}5})$

12. Logarithmengesetze
Schreiben Sie den Term als Summe.

a) $\log 5x$ b) $\log\frac{x}{3}$
c) $\log\frac{10x}{3}$ d) $\log(x \cdot y \cdot z)$

13. Logarithmengesetze
Schreiben Sie den Term als Produkt.

a) $\log x^2$ b) $\log 2^x$
c) $\log\sqrt[3]{x}$ d) $\log\frac{1}{x^2}$

14. Logarithmengesetze
Fassen Sie zu einem Term zusammen.

a) $\log x^2 - \log x$
b) $3\log x - 2\log x^2 + 4\log x^3$
c) $\log x^3 - 6 \cdot \log x + \log(6x^4 + 3x^3)$
d) $\log(x-1) + 2 \cdot \log(x+1) - \log(x^2-1)$

15. Vereinfachung
Vereinfachen Sie den Term mit den logarithmischen Rechengesetzen und bestimmen Sie dann seinen Wert.

a) $\log 2 + \log 50$
b) $3 \cdot \log 2 + \log 125$
c) $\log 16\,000 - 4 \cdot \log 2$
d) $2 \cdot \log 2 + 2 \cdot \log 50$
e) $\log 3200 - 2(\log 2 + \log 8)$
f) $\log 0{,}7 - \log 14 + 2 \cdot \log 2 + \log 5$

16. Vereinfachung
Vereinfachen Sie den Term mit den logarithmischen Rechengesetzen so weit wie möglich. a und b sind positiv reell.

a) $\log a^2 - 3 \cdot \log a + \log(10 \cdot a)$
b) $\log\frac{1}{a} - \log\frac{2}{a} + \log\frac{3}{a}$
c) $\frac{2\log\sqrt{a}}{0{,}5\log a} \cdot \log a^{-1}$
d) $5 \cdot \log(a \cdot b^2) - 3 \cdot \log(b^3 \cdot a) - \log a$
e) $\log 10^a - \log a + \log(10^b \cdot a)$
f) $-10^{\log a^2} + 4 \cdot \log(10^{2a}) - 3a \cdot (a-b)$

17. Exponentialgleichungen

Lösen Sie die Gleichung.

a) $5^{x+1} = 78\,125$

b) $2^x = 1\,000\,000$

c) $2^{x-2} \cdot 7^x = 9604$

d) $5^{x+2} + 5^x = 58{,}14$

18. Exponentialgleichungen

Lösen Sie die Gleichung.
Hinweis: Substituieren Sie zunächst $u = a^x$.

a) $(5^x)^2 - 4 \cdot 5^x = 0$

b) $3^{2x} - 4 \cdot 3^x + 3 = 0$

c) $2^{2x} - 3 \cdot 2^{x+1} = -8$

d) $3 \cdot 9^{-x} + 9^x = 4$

19. Logarithmische Gleichungen

Lösen Sie die Gleichung durch Potenzieren. Beispiel:

$$\log\sqrt{x} = 2{,}5$$
$$10^{\log\sqrt{x}} = 10^{2{,}5}$$
$$\sqrt{x} \approx 316{,}23\ldots$$
$$x \approx 100\,000$$

a) $10 \log x = 5$

b) $\log 4x = 2$

c) $\log\left(\frac{4}{x}\right) = \log x + \log 4$

d) $\log(x-2) + \log(x-11) = 1$

e) $2 \log x = \log(2x - 10) + 1$

20. Zinsrechnung

Ein Kapital von 5000 € wird mit einem jährlichen Zinssatz von 3,5 % verzinst.

a) Begründen Sie, dass das Wachstum des Kapitals durch die Exponentialfunktion $K(t) = 5000 \cdot 1{,}035^t$ beschrieben werden kann. (t in Jahren, K in €)

b) Nach welcher Zeit hat sich das Kapital verdoppelt, nach welcher Zeit ist es auf 50 000 € angewachsen?

21. Logarithmen zur Basis a

Berechnen Sie manuell.

a) $\log_2 2^5$

b) $\log_2 128$

c) $\log_5 125$

d) $\log_5 0{,}2$

22. Logarithmen zur Basis a

Berechnen Sie den Logarithmus durch Anwendung der Umrechnungsformel $\log_a r = \frac{\log r}{\log a}$.

a) $\log_2 10$

b) $\log_2 50$

c) $\log_5 50$

d) $\log_{16} 64$

23. Beweis der Umrechnungsformel

Begründen Sie die Rechenschritte im Beweis der Umrechnungsformel $\log_a r = \frac{\log r}{\log a}$.

$$\log_a r = x$$
$$a^{\log_a r} = a^x$$
$$r = a^x$$
$$\log r = \log a^x$$
$$\log r = x \cdot \log a$$
$$x = \frac{\log r}{\log a}$$
$$\log_a r = \frac{\log r}{\log a}$$

3. Rechnen mit Exponentialfunktionen

Bevor wir uns der vertieften Betrachtung exponentieller Anwendungsprozesse zuwenden, behandeln wir zur Vorentlastung einige Rechentechniken. Wie überprüft man, ob ein Punkt auf dem Graphen von f liegt? Wie errechnet man zu einem gegebenen y-Wert den x-Wert?

A. Die Punktprobe

Beispiel: Punktprobe
Gegeben ist die abgebildete Exponentialfunktion $f(x) = 2 \cdot 1{,}5^x$.
Liegen die Punkte $P(2\,|\,4{,}5)$ und $Q(6\,|\,20)$ auf dem Graphen von f?

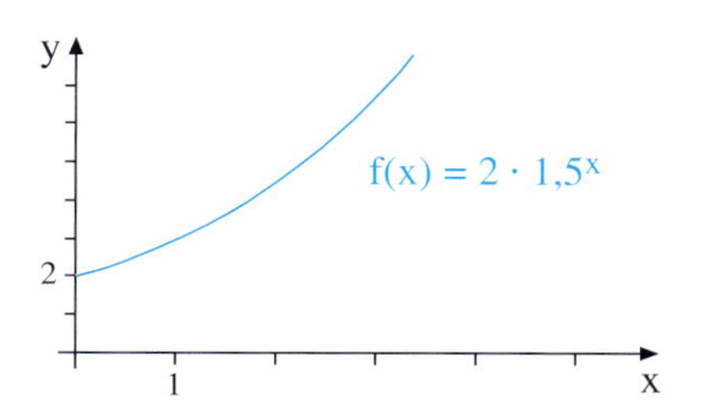

Lösung:
Der Graph von f gibt nur über den Punkt P Aufschluss. Er scheint auf f zu liegen. Der Punkt Q wird vom Graph nicht mehr erfasst. Wollen wir es genauer wissen, müssen wir rechnerisch vorgehen. Durch Einsetzen in die Funktionsgleichung ergibt sich, das P auf f liegt, nicht aber Q.

Untersuchung von P(2 | 4,5):
$f(2) = 2 \cdot 1{,}5^2 = 4{,}5 \Rightarrow P \in f$

Untersuchung von Q(6 | 20):
$f(6) = 2 \cdot 1{,}5^6 \approx 22{,}78, \Rightarrow Q \notin f$

B. Berechnung von Umkehrwerten

Beispiel: Gegeben y, gesucht x.
Gegeben ist die Exponentialfunktion $f(x) = 4 \cdot 0{,}8^x$.
Für welchen Wert von x nimmt die Funktion den Wert $y = 2$ an?

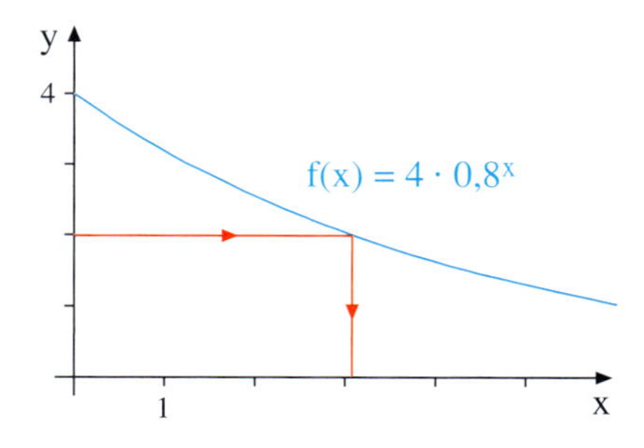

Lösung:
Man kann diese Aufgabe angenähert lösen, indem man den Graphen zeichnet und abliest, an welcher Stelle die horizontale Gerade $y = 2$ geschnitten wird. Dies ist etwa bei $x = 3$ der Fall.
Rechnerisch verwendet man den Ansatz $f(x) = 2$. Dieser führt auf eine Exponentialgleichung, die durch Freistellen des Exponentialterms $0{,}8^x$ mit anschließendem Logarithmieren gelöst werden kann.
Resultat: $x \approx 3{,}11$

Berechnung des Umkehrwertes:

$$\begin{aligned} f(x) &= 2 \\ 4 \cdot 0{,}8^x &= 2 \\ 0{,}8^x &= 0{,}5 \\ \log 0{,}8^x &= \log 0{,}5 \\ x \cdot \log 0{,}8 &= \log 0{,}5 \\ x &= \frac{\log 0{,}5}{\log 0{,}8} \\ x &\approx 3{,}11 \end{aligned}$$

C. Der Schnittpunkt zweier Exponentialkurven

Beispiel: Schnittpunkt

Gegeben sind die Exponentialfunktionen $f(x) = 4 \cdot 1{,}2^x$ und $g(x) = 2 \cdot 1{,}5^x$. Bestimmen Sie den Schnittpunkt S der Funktionen.

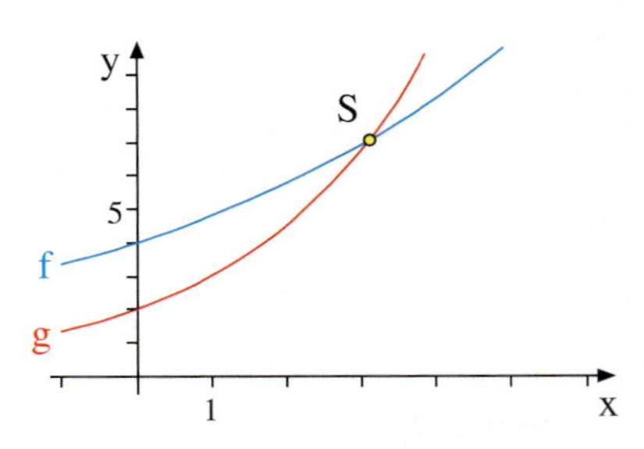

Lösung:
Die Funktionsgraphen schneiden sich im Punkt $S(x\,|\,y)$. Zur Berechnung der Schnittstelle x setzen wir f und g gleich.

Rechnerisch verwenden wir also den Ansatz $f(x) = g(x)$. Dieser führt auf eine Exponentialgleichung, die durch beidseitiges Logarithmieren gelöst werden kann.
Dabei werden mehrere logarithmische Rechengesetze angewandt.

Resultat: $x \approx 3{,}11$, $y \approx 7{,}05$

Berechnung der Schnittstelle:

$$f(x) = g(x)$$
$$4 \cdot 1{,}2^x = 2 \cdot 1{,}5^x$$
$$\log(4 \cdot 1{,}2^x) = \log(2 \cdot 1{,}5^x)$$
$$\log 4 + x \cdot \log 1{,}2 = \log 2 + x \cdot \log 1{,}5$$
$$x \cdot (\log 1{,}5 - \log 1{,}2) = \log 4 - \log 2$$
$$x \approx 3{,}11$$

D. Aufstellen der Funktionsgleichung aus zwei Punkten

Beispiel: Rekonstruktion

Eine Exponentialfunktion der Gestalt $f(x) = c \cdot a^x$ $(a > 0)$ geht durch die Punkte $P(-1\,|\,5)$ und $Q(2\,|\,15)$. Bestimmen Sie ihre Funktionsgleichung.

Lösung:
Wir setzen die Koordinaten der beiden Punkte in den Ansatz $f(x) = c \cdot a^x$ ein.
So erhalten wir ein nichtlineares Gleichungssystem, welches wir mithilfe des Einsetzungsverfahrens lösen:
Wir lösen Gleichung I nach c auf und setzen c dann in Gleichung II ein. Diese lösen wir nach a auf. Ergebnis: $a \approx 1{,}44$.
Durch Rückeinsetzung hiervon in I ermitteln wir anschließend auch c.

Resultat: $f(x) \approx 7{,}2 \cdot 1{,}44^x$

Ansatz: $f(x) = c \cdot a^x$

Eigenschaften:

I. $f(-1) = 5 \Rightarrow c \cdot a^{-1} = 5$

II. $f(2) = 15 \Rightarrow c \cdot a^2 = 15$

Lösen des Gleichungssystems:

I. $c = 5a$ (in II einsetzen)

II. $5a \cdot a^2 = 15 \quad \Rightarrow a^3 = 3$

$\Rightarrow a = \sqrt[3]{3} \approx 1{,}44 \Rightarrow c \approx 7{,}2$

Resultat: $f(x) \approx 7{,}2 \cdot 1{,}44^x$

Übung 1

Gegeben sind die Funktion $f(x) = \frac{1}{32} \cdot 4^x$ sowie die Funktion $g(x) = c \cdot a^x$ $(a > 0)$.

a) Für welchen Wert von x nimmt die Funktion f den Wert 8 an?

b) Die Funktion g geht durch die Punkte $P(2\,|\,1)$ und $Q(4\,|\,4)$. Bestimmen Sie a und c. Berechnen Sie außerdem den Schnittpunkt der Funktionen f und g.

Übungen

2. Punktprobe
Liegen die Punkte P und Q auf f?
a) $f(x) = 9 \cdot 1{,}5^x$, $P(-2\,|\,4)$, $Q(2\,|\,20)$
b) $f(x) = 4 \cdot 0{,}5^x$, $P(3\,|\,0{,}25)$, $Q(-2\,|\,16)$
c) $f(x) = \frac{9}{4} \cdot \left(\frac{1}{3}\right)^x$, $P\left(3\,\middle|\,\frac{1}{8}\right)$, $Q(-2\,|\,20{,}25)$
d) $f(x) = 1{,}6 \cdot 0{,}8^x$, $P(-2\,|\,2{,}5)$, $Q\left(-3\,\middle|\,\frac{25}{8}\right)$

3. Umkehrwerte
Bestimmen Sie die Stelle x, an welcher die Funktion f den Wert y annimmt.
a) $f(x) = 2 \cdot 4^x$, $y = 4$
b) $f(x) = 0{,}2 \cdot 5^x$, $y = 25$
c) $f(x) = 2 \cdot 1{,}5^x$, $y = 4{,}5$

4. Schnittpunkte
Wo schneiden sich f und g?
a) $f(x) = \frac{1}{3} \cdot 3^x$, $g(x) = \frac{1}{27} \cdot 9^x$
b) $f(x) = 2 \cdot \left(\frac{1}{2}\right)^x$, $g(x) = 16 \cdot \left(\frac{1}{4}\right)^x$
c) $f(x) = \frac{3}{2} \cdot \left(\frac{2}{3}\right)^{-x}$, $g(x) = 6 \cdot 3^x$

5. Rekonstruktionen
Die Funktion $f(x) = c \cdot a^x$ geht durch die Punkte P und Q. Bestimmen Sie a und c.
a) $P(-1\,|\,4)$, $Q(0\,|\,0{,}25)$
c) $P(-1\,|\,6)$, $Q(1\,|\,24)$
e) $P(-2\,|\,16)$, $Q(2\,|\,1)$

6. Bakterienwachstum
Zwei Bakterienpopulationen I und II bestehen zu Beobachtungsbeginn aus 200 bzw. aus 400 Bakterien. Population I vermehrt sich um 16 % am Tag, Population II nur um 12 %.
a) Wie groß sind die Bestände nach 10 Tagen?
b) Wann haben die Bestände die Größe 1000 erreicht?
c) Wann sind die Bestände gleich stark?

7. Rekonstruktion
Stellen Sie fest, ob die Tabellen einen exponentiellen Prozess wiedergeben. Wie lautet die jeweilige Funktionsgleichung?
Wann wird der Wert 1000 erreicht?

Tabelle 1:

x	0	1	2	3	4
f(x)	100	120	144	173	207

Tabelle 2:

x	0	1	2	3	4
f(x)	50	90	162	291	525

Tabelle 3:

x	0	2	4	6	8
f(x)	100	196	384	753	1476

8. Ein Abnahmeprozess
20 000 Eisbären leben rund um den Nordpol. Sie sind zu Symbolen für die Gefahren des Klimawandels geworden. Es könnte sein, dass die Population kleiner wird und um 1 % jährlich schrumpft. Wir nehmen einmal an, dass die Population sich nach der folgenden Formel entwickelt:
$N(t) = c \cdot a^t$ (t in Jahren).
a) Wie lautet die Gleichung von N?
b) Um welche Zahl nimmt die Population in den ersten beiden Jahren ab?
c) Wann beträgt die Zahl der Bären nur noch 15 000?

4. Untersuchung exponentieller Prozesse

In diesem Abschnitt werden wir exponentielle Prozesse vertieft untersuchen. Die Verdoppelungszeit und die Halbwertszeit solcher Prozesse werden angesprochen und es werden Experimente dargestellt, die solche Prozesse betreffen.

A. Halbwerts- und Verdoppelungszeit

Beispiel: Radiojod J-131

Bei einer vergrößerten Schilddrüse werden Patienten mit dem radioaktiven Jodisotop J-131 behandelt. Sie geben Strahlung ab und müssen für einige Zeit abgeschirmt werden. In einem speziellen Fall klingt die Aktivität nach der Formel $f(t) = 100 \cdot 0{,}917^t$ ab (t in Tagen). In welcher Zeit sinkt sie auf die Hälfte des Ausgangswertes von 100 MBq?

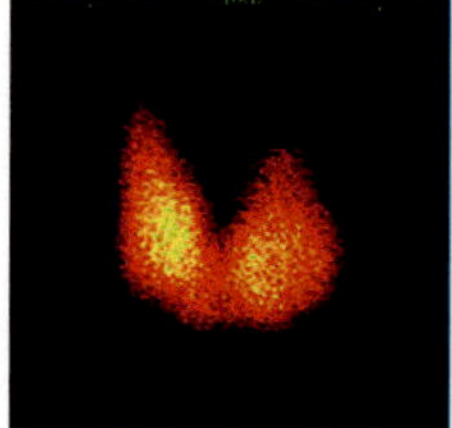
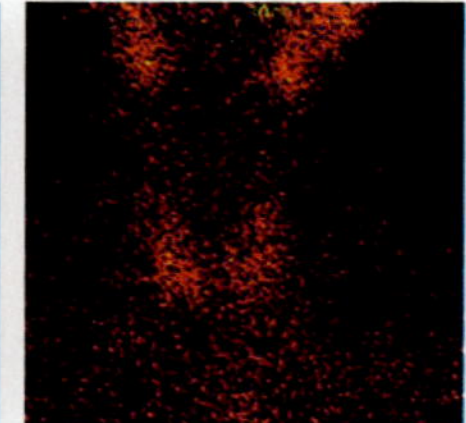

Schilddrüsenaktivität vor und nach einer Radiojodbehandlung

Lösung:
Der Ansatz $f(t) = \frac{1}{2}f(0)$ liefert nach einer logarithmischen Rechnung die Zeit, nach der die Aktivität auf die Hälfte des Ausgangswertes gesunken ist, also auf 50 MBq. Diese Zeit beträgt für Jod-131 ca. 8 Tage. Man bezeichnet sie als ***Halbwertszeit*** des Prozesses. Ist die Halbwertszeit bekannt, so kann man den Verlauf des Prozesses auch ohne Rechnung gut abschätzen.

Berechnung der Halbwertszeit:

$$f(t) = \tfrac{1}{2}f(0)$$
$$100 \cdot 0{,}917^t = 50$$
$$0{,}917^t = 0{,}5$$
$$t \cdot \log 0{,}917 = \log 0{,}5$$
$$t = \frac{\log 0{,}5}{\log 0{,}917}$$
$$t \approx 8 \text{ Tage}$$

Man kann für die Halbwertszeit eine allgemeine Formel entwickeln (vgl. rechts).

Satz V.3 Halbwertszeit

Der exponentielle Abnahme- bzw. Zerfallsprozess $\mathbf{f(t) = c \cdot a^t}$ $(0 < a < 1)$ hat die Halbwertszeit

$$\mathbf{T_{\frac{1}{2}} = \frac{\log \frac{1}{2}}{\log a}}.$$

Beweis der Formel:

$$f(t) = \tfrac{1}{2}f(0)$$
$$c \cdot a^t = \tfrac{c}{2}$$
$$a^t = \tfrac{1}{2}$$
$$t \cdot \log a = \log \tfrac{1}{2}$$
$$t = \frac{\log \frac{1}{2}}{\log a}$$

Übung 1

Die Temperatur einer Flüssigkeit nimmt in einem Experiment nach dem Gesetz $f(t) = 80 \cdot 0{,}96^t$ ab (t in min, f(t) in °C). Nach welcher Zeit hat sich die Temperatur halbiert bzw. geviertelt?

Beispiel: Bevölkerungswachstum

Im Jahr 2006 erreichten die Vereinigten Staaten eine Einwohnerzahl von 300 Millionen. Die jährliche Zunahmerate betrug ca. 1 %, so dass die Funktion $f(t) = 300 \cdot 1{,}01^t$ das Wachstum erfasst. (t in Jahren seit 2006, N in Millionen)
Wann wird sich die Einwohnerzahl der USA verdoppelt haben? Wann erreichen die USA nach diesem Modell 1 Milliarde Einwohner?

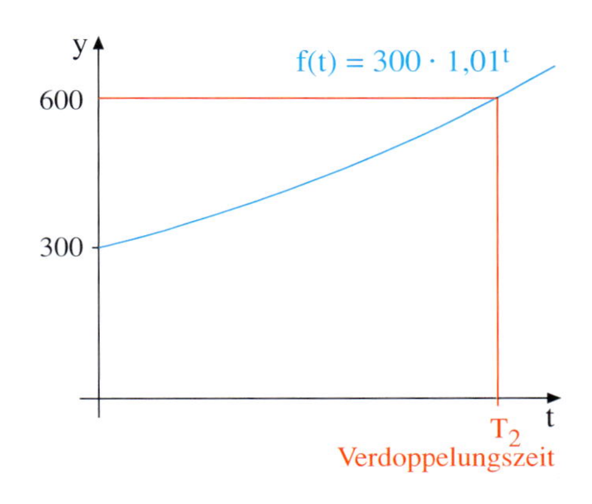

Lösung:
Der Ansatz $f(t) = 2 \cdot f(0)$ liefert nach einer logarithmischen Rechnung die Zeit, nach der die Einwohnerzahl sich von 300 auf 600 Millionen verdoppelt hat.
Diese Zeit – die als *Verdoppelungszeit* bezeichnet wird – beträgt nach nebenstehender Rechnung ca. 70 Jahre.
Die USA werden also – gleichbleibendes Wachstum vorausgesetzt – im Jahre 2076 ca. 600 Millionen Einwohner besitzen.

Berechnung der Verdoppelungszeit:

$$f(t) = 2f(0)$$
$$300 \cdot 1{,}01^t = 600$$
$$1{,}01^t = 2$$
$$t \cdot \log 1{,}01 = \log 2$$
$$t = \frac{\log 2}{\log 1{,}01}$$
$$t \approx 69{,}66 \text{ Jahre}$$

Nach zwei Verdoppelungszeiten, also nach 140 Jahren, d.h. im Jahre 2146, wäre die Bevölkerungszahl der USA bei 1200 Millionen (300-600-1200) angelangt. Eine Milliarde würden also nach ca. 120 Jahren erreicht. Aber es ist nicht anzunehmen, dass die Entwicklung über eine derart lange Zeit gleichmäßig verläuft (Grenzen des Modells).

Auch für die Verdoppelungszeit gibt es eine allgemeine Formel.
Der Beweis verläuft in Analogie zum Beweis der Formel für die Halbwertszeit.

Satz V.4 Verdoppelungszeit

Der exponentielle Wachstumsprozess $\mathbf{f(t) = c \cdot a^t}$ mit $a > 1$ besitzt die Verdoppelungszeit

$$\mathbf{T_2 = \frac{\log 2}{\log a}}.$$

Übung 2

Die Tabelle gibt die Wachstumsraten einiger Länder aus dem Jahr 2000 an. Lettland hatte 2000 eine Einwohnerzahl von 2,4 Millionen, der Gazastreifen hatte ca. 1,2 Millionen Einwohner.

a) Bestimmen Sie die Wachstumsfunktionen für Lettland und Gaza. Fertigen Sie eine Skizze der Graphen an.
Wann haben diese Gebiete gleich viele Einwohner?

b) Wie lauten die Verdoppelungszeiten von Togo und Gaza?

Hohe Zunahme in %	
1. Gazastreifen	3,5
2. Togo	2,7

Hohe Abnahme in %	
1. Lettland	−0,6
2. Deutschland	−0,1

B. Tabellarische Prozesse

Häufig kann man einen Prozess nur durch Messungen erfassen. Anhand der Messwertetabelle kann man feststellen, ob ein exponentieller Prozess vorliegt, welcher Zuwachsfaktor sich ergibt und welche Funktionsgleichung zur Modellierung geeignet ist.

Beispiel: Sonnenblume

Das Wachstum einer Sonnenblume wird wöchentlich tabelliert. Zu Messbeginn ist sie 10 cm hoch.

a) Liegt exponentielles Wachstum vor? Wie groß ist der wöchentliche Wachstumsfaktor? Wie lautet die Gleichung der Funktion h, welche die Höhe beschreibt?

b) Wann ist die Blume 100 cm hoch?

Zeit in Wochen	Höhe in cm
0	10
1	12
2	14,5
3	17,3
4	20,7

Wachstum einer Sonnenblume

Lösung zu a):

Wir führen den sog. *Quotiententest* durch. Dieser besteht darin, jede Messhöhe durch die *vorhergehende* Messhöhe zu dividieren. Kommt stets annähernd das Gleiche heraus, liegt ein exponentieller Prozess vor. Der Quotient ergibt den Wachstumsfaktor des Prozesses. Wir erhalten hier stets etwa die Zahl 1,2 als Quotienten. Der Prozess ist also exponentiell. Der wöchentliche Wachstumsfaktor beträgt $a = 1{,}2$.

Da die Anfangshöhe 10 cm beträgt, lautet die Funktionsgleichung $h(t) = 10 \cdot 1{,}2^t$ (t in Wochen, h in cm).

Lösung zu b):

Der Ansatz $h(t) = 100$ führt auf das Resultat $t = 12{,}63$ Wochen.

Quotiententest:

$$\frac{h(1)}{h(0)} = \frac{12}{10} = 1{,}20$$

$$\frac{h(2)}{h(1)} = \frac{14{,}5}{12} \approx 1{,}21$$

$$\frac{h(3)}{h(2)} = \frac{17{,}3}{14{,}5} \approx 1{,}19$$

$$\frac{h(4)}{h(3)} = \frac{20{,}7}{17{,}3} \approx 1{,}20$$

Funktionsgleichung:

$$h(t) = 10 \cdot 1{,}2^t$$

Berechnung der Zeit:

$$h(t) = 100$$

$$10 \cdot 1{,}2^t = 100$$

$$t \approx 12{,}63$$

Übung 3

In einem Experiment steigt nach Einnahme einer Aspirintablette der Plasmaspiegel auf ca. 200 µg/ml an. Anschließend geht er zurück.

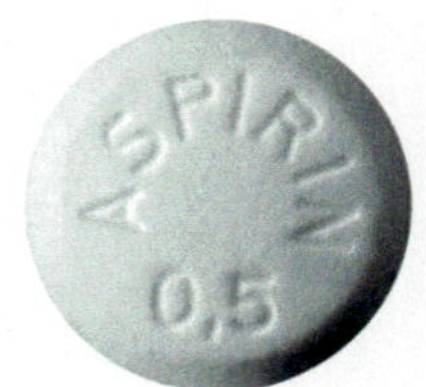

Zeit in Stunden	0	1	2	3	4
Konzentration in µg/ml	200	156	120	95	75

Ist der Abnahmeprozess exponentiell? Wie lautet die Funktionsgleichung für die Plasmakonzentration? Welche Halbwertszeit liegt vor? Die schmerzstillende Wirkung erfordert Plasmaspiegel über 30 µg/ml. Nach welcher Zeit endet die Schmerzstillung bei der Versuchsperson?

C. Vergleich von Prozessen

Bei manchen Vorgängen kommt es zum Zusammenspiel mehrerer Wachstumsprozesse oder zu einem Vergleich. Hierbei müssen z. T. auch Näherungslösungen eingesetzt werden.

Beispiel: Nahrungsmittelversorgung

Ein Land hat 15 Millionen Einwohner und wächst jährlich um 2 %. Die Nahrungsmittelversorgung reicht für 20 Millionen Menschen. Durch weiteren Ausbau der Landwirtschaft können jährlich 200 000 Menschen mehr versorgt werden. Wie lange ist die Versorgung gesichert?

Lösung :

Die Einwohnerzahl wächst nach dem Gesetz $E(t) = 15 \cdot 1{,}02^t$.

Die Anzahl der Personen, die versorgt werden können, wird durch die lineare Funktion $V(t) = 20 + 0{,}2\,t$ beschrieben.

(t in Jahren, V und E in Mio).

Skizzieren wir die Funktionen mithilfe von Wertetabellen in einem gemeinsamen Koordinatensystem für $0 \leq t \leq 30$, so erhalten wir die Abbildung rechts.

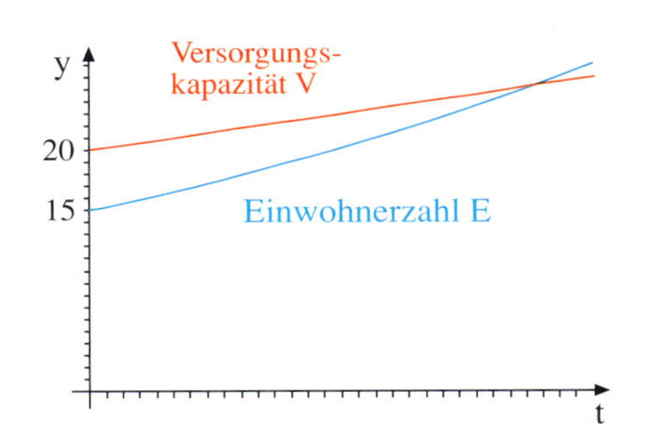

Man kann ablesen, dass das exponentielle Wachstum den linearen Prozess überholt. Durch Probieren mit dem Taschenrechner findet man heraus, dass dies nach $t = 26{,}35$ Jahre geschieht.

Exponentialfunktionen wachsen stärker als Potenzfunktionen.

Exponentielles Wachstum setzt sich nicht nur gegenüber linearem Wachstum, sondern auch gegen quadratisches, kubisches und beliebiges polynomiales Wachstum durch.

a^x $(a > 1)$ wächst „langfristig“, d. h. für genügend großes x, stärker als x^n $(n \in \mathbb{N})$.

Übung 4 Wachstumsvergleich

Hans hilft seinem Vater während der Ferien auf dem Bauernhof. Sein Vater macht den Vorschlag, dass er für den ersten Tag 5 Euro, für zwei Tage 7 Euro, für drei Tage 9 Euro usw. als Lohn erhält. Hans ist viel bescheidener. Er verlangt nur einen Cent für den ersten Tag, 2 Cent für den zweiten Tag, 4 Cent für den dritten Tag, 8 Cent für den vierten Tag usw.

a) Begründen Sie, dass nach dem Vorschlag des Vaters der Lohn sich nach der Funktion $L_1(t) = 3 + 2t$ entwickelt, während nach dem Vorschlag von Hans die Funktion $L_2(t) = 0{,}01 \cdot 2^{t-1}$ den Lohn beschreibt.

b) Hans möchte eine Woche arbeiten, der Vater besteht aber auf zwei Wochen. Kalkulieren Sie den Fall durch.

D. Exponentialfunktionen im realen Leben

Die bisher betrachteten Prozesse sind zwar reale Anwendungen, aber man wird damit doch relativ selten direkt konfrontiert, jedenfalls nicht auf der Ebene des direkten Rechnens. Anders ist das, wenn's ums liebe Geld geht, beispielsweise beim Sparen oder Kreditabzahlen.

Beispiel: Auch Geld vermehrt sich exponentiell

Peter hat zur Konfirmation 1500 Euro erhalten, sein Zwillingsbruder Johannes hat nur 1000 Euro zur Verfügung. Beide legen das Geld auf einem Festgeldkonto an. Peter hat es eilig. Er findet ein Angebot mit 3 % Jahreszins. Johannes sucht intensiver und erhält einen Zinssatz von 5%.

a) Wie lauten die Gleichungen der Funktionen, die das Kapitalwachstum der beiden Brüder beschreiben?
b) Fertigen Sie eine Skizze der Graphen an.
c) Wie groß sind die Verdopplungszeiten?
d) Kann Johannes Peter einholen oder überholen?

Lösung :

Ein Zuwachst von 3 % jährlich bedeutet eine Multiplikation des Anfangskapitals mit dem Faktor $a = 1{,}03$, der als ***Aufzinsungsfaktor*** bezeichnet wird.

Daher wächst Peters Kapital nach der Formel $P(t) = 1500 \cdot 1{,}03^t$ exponentiell an. Für Johannes lautet die Formel analog $J(t) = 1000 \cdot 1{,}05^t$.

Die Verdoppelungszeiten berechnen wir mit der Formel $T_2 = \frac{\log 2}{\log a}$.
Wir erhalten 23,45 Jahre für Peter und 14,21 Jahre für Johannes.

Nach 21,08 Jahren hat Johannes Peter eingeholt.

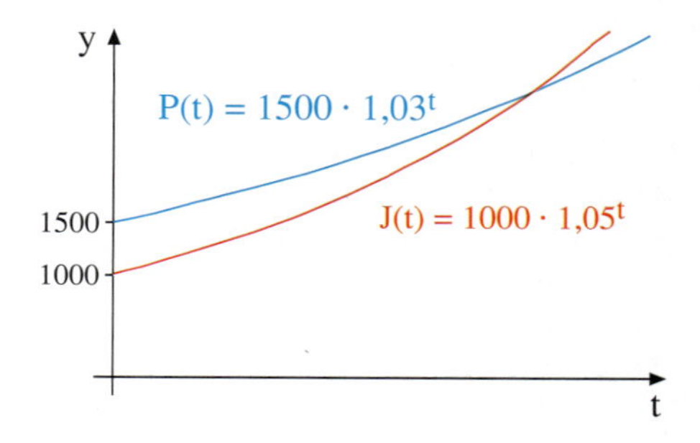

Berechnung der Schnittstelle:

$$P(t) = J(t)$$
$$1500 \cdot 1{,}03^t = 1000 \cdot 1{,}05^t$$
$$\log(1500 \cdot 1{,}03^t) = \log(1000 \cdot 1{,}05^t)$$
$$\log 1500 + t \cdot \log 1{,}03 = \log 1000 + t \cdot \log 1{,}05$$
$$t \cdot (\log 1{,}05 - \log 1{,}03) = \log 1500 - \log 1000$$
$$t \approx 21{,}08$$

Übung 5 Wertverlust

Herr Ackermann hat sich ein neues Auto für 100 000 Euro gekauft. Es verliert jährlich 14 % an Wert. Wann ist es nur noch die Hälfte wert? Wie lange dauert es, bis der Wert unter 1000 Euro sinkt?
Herr Westerwald hat ein Auto für 50 000 Euro gekauft. Es hat nur einen Wertverlust von jährlich 9 %. Wann sind die Autos gleich viel wert?
Beim Fiskus wird Herr Ackermanns Auto mit einem jährlichen Festbetrag von 10 000 Euro abgeschrieben. Wann sinkt der fiskalische Restwert des Autos unter den realen Restwert?

Übungen

6. Influenza

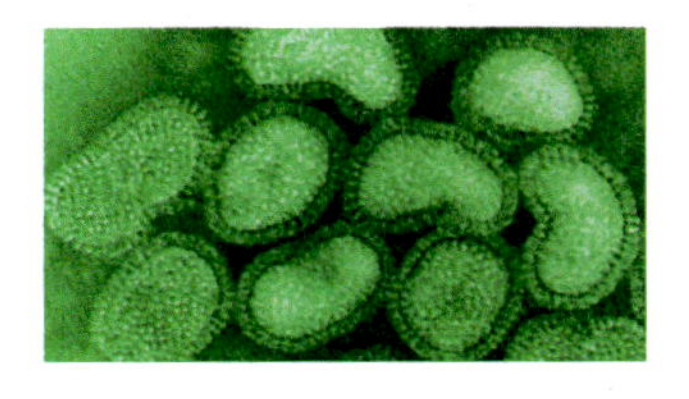

Die gefürchtete *Influenza* unterscheidet sich vom relativ harmlosen grippalen Infekt durch schlagartigen Beginn mit 40 °C Fieber und schwerem Krankheitsgefühl. Der Influenzaerreger kann sich nämlich in den Atemwegen aufgrund einer raffinierten Strategie explosionsartig verbreiten. Innerhalb von 6 Stunden entwickeln sich aus einem Viurs 1500 neue Viren.

a) Wie lautet das Wachstumsgesetz, wenn die Infektion durch 100 Erreger verursacht wird?
b) Wann übersteigt die Anzahl der Erreger die Millionen- bzw. die Milliardengrenze?
c) Wie groß ist die Verdopplungszeit des Prozesses?

7. Luftdruck

Der Luftdruck nimmt mit steigender Höhe über dem Meeresspiegel exponentiell ab um etwa 12 % pro km. In Meereshöhe herrscht ein Luftdruck von ca. 1013 mbar.

a) Geben Sie eine Funktion an, die die Druckabnahme modelliert. Zeichnen Sie den Graphen.
b) Berechnen Sie den Luftdruck auf der Zugspitze (3000 m) und dem Mount Everest (8900 m).
c) Wie viele Meter muss man steigen, bis sich der Luftdruck halbiert hat?
d) Der Mensch kann einen Luftdruck bis hinunter zu 400 mbar aushalten. Bis zu welcher Höhe kann ein Mensch ohne Atemmaske aufsteigen?

8. Alkoholgehalt

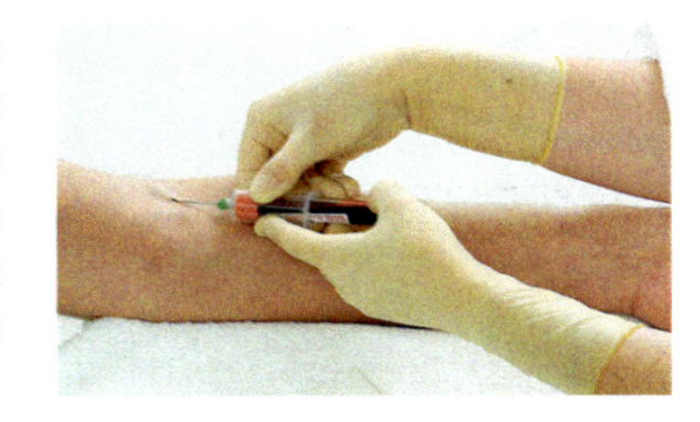

Ein Autofahrer fährt in den Graben. Er entfernt sich von der Unfallstelle. Fünf Stunden später wird eine Blutprobe genommen. Der Alkoholgehalt beträgt 0,7 Promille. Eine weitere Stunde später ist er auf 0,6 Promille gefallen. Wie viele Promille hatte der Mann zur Unfallzeit, wenn man exponentielle Abnahme unterstellt? Wie viele Promille wären es bei linearer Abnahme?

9. Helligkeit unter Wasser

Die Helligkeit nimmt mit zunehmender Wassertiefe dramatisch ab, nämlich exponentiell. In 16 Metern Tiefe sind nur noch 15% der Lichtmenge übrig.

a) Geben Sie eine Funktion an, welche den Prozentsatz der Lichtes in Abhängigkeit von der Tauchtiefe beschreibt (Oberfläche: 100 %).
b) In welcher Tiefe ist ein Taucher, dessen Belichtungsmesser nur 0,1 % des Tageslichtes misst?

10. Koffein im Eistee

Eistee kann Koffeingehalte von bis zu 50 mg pro Glas besitzen. Bei einem Jugendlichen setzt die Wirkung nach einer Stunde ein. Sie nimmt dann mit einer Halbwertszeit von 3 Stunden ab.

a) Wie lautet die Gleichung der Abnahmefunktion K? Skizzieren Sie den Graphen.
b) Die anregende Wirkung bleibt erhalten, solange noch 10 mg Koffein im Körper sind. Wie lange ist das der Fall?
c) Wie lange dauert der anregende Effekt, wenn die Person nach 4 Stunden ein weiteres Glas Eistee zu sich nimmt?

11. Taschengeld

Peter bekommt 10 € Taschengeld im Monat. Seine Eltern sehen ein, dass dieser Betrag für einen Jungen seines Alters nicht ausreicht. Seine Eltern erklären sich damit einverstanden, im kommenden Jahr das Taschengeld jeden Monat um 1,50 € zu erhöhen. Peter schlägt vor, sein Taschengeld jeden Monat um 10 % zu erhöhen.

a) Erfassen Sie für beide Varianten die Taschengeldzahlungen des Jahres tabellarisch.
b) Wie viel Taschengeld steht Peter bei beiden Varianten im gesamten Jahr zur Verfügung?
c) Angenommen, die Vereinbarung soll nicht nur für ein Jahr gelten, sondern bis zur Volljährigkeit von Peter in 2,5 Jahren. Wie viel Taschengeld würde er in beiden Varianten im letzten Monat vor der Volljährigkeit erhalten?

12. Immobilien

Ein 45-jähriger Anleger will 300 000 Euro zur Alterssicherung in einem Haus anlegen. Zwei Angebote kommen in die nähere Auswahl: Ein großes Haus in mittlere Lage, dessen Wert jährlich um 20 000 Euro steigt, sowie ein kleineres Haus in guter Lage, dessen Wert jährlich um 4 % zunimmt. f und g seien die Funktionen, die den Wert der Häuser zur Zeit t beschreiben.

a) Bestimmen Sie die Funktionsgleichungen von f und g. Skizzieren Sie die Graphen von f und g für $0 \leq t \leq 30$ in einem Koordinatensystem.
b) Wie sieht die Bilanz aus, wenn der Anleger mit 65 Jahren in den Ruhestand tritt?
c) Wann sind die Häuser etwa gleich viel wert?
d) Welchen jährlichen Wertzuwachs müsste das große Haus haben, wenn die Bilanz 30 Jahre lang günstiger sein soll als für das kleine Haus?

13. Lineares und exponentielles Wachstum

Eine mit Wasser gefüllte 1200 m^2 große Kiesgrube wird durch Ausbaggern jede Woche um 200 m^2 größer. Im folgenden Jahr soll sie als Badesee benutzt werden. Leider hat sich eine aggressive Algenart in der Grube angesiedelt. Die Algen bedecken zu Beginn 10 m^2, leider verdoppelt sich die von den Algen bedeckte Fläche jede Woche.

a) Welche Ausdehnung hat die Kiesgrube nach 5 bzw. nach 10 Wochen?

b) Wie groß ist die von den Algen bedeckte Fläche nach 5 bzw. nach 10 Wochen? Wann ist der See zur Hälfte bedeckt?

c) Ermitteln Sie angenähert, wann die gesamte Wasserfläche mit Algen bedeckt sein wird.

14. Schlafkur

Ein Kranker soll sich einer Schlafkur unterziehen. Zu Beginn erhält er zwei Tabletten, die zu einer Plasmakonzentration von 10 μg/ml führen. Nach zwei Stunden ist die Konzentration auf 8,5 μg/ml gesunken. Ist die Konzentration auf 5 μg/ml gesunken, so muss eine weitere Tablette genommen werden, um die Konzentration wieder auf den Ausgangswert zu erhöhen.

a) Wie lautet die Gleichung der Funktion, welche die Plasmakonzentration im ersten Einnahmeintervall beschreibt?

b) Welche Halbwertszeit hat das Medikament?

c) Der Patient vergisst nach der Erstdosis die Einnahme der Tablette. Wie tief sinkt die Plasmakonzentration bis zur folgenden Einnahme?

15. Hast Du schon gehört ...

An einer Schule mit 1000 Schülern wird pünktlich um 8 Uhr das Gerücht gestreut, dass es eine Woche Ferienverlängerung gibt. Das Gerücht verbreitet sich nach der Formel $N(t) = b - c\,a^t$, d. h. der Formel für *begrenztes exponentielles Wachstum*.
Hierbei ist $a = 0{,}8$, $c = 995$ und $b = 1000$ (t in Stunden, N(t) in Personen).

a) Zeichnen Sie die Wachstumsfunktion für das Intervall $0 \leq t \leq 9$ (8 Uhr: $t = 0$). Welche Bedeutung haben die Parameter a, b und c?

b) Wie viele Schüler kennen das Gerücht schon um 9 Uhr, um 12 Uhr, um 17 Uhr? Wann kennt die Hälfte der Schüler das Gerücht?

c) Wie viele Personen streuten das Gerücht zu Beginn des Prozesses?

d) Welche Unterschiede bei der Verbreitung des Gerüchtes ergeben sich, wenn der Wert des Parameters a auf $a = 0{,}9$ erhöht wird?

A. P. Weber, Das Gerücht

Experimente

Die folgenden Experimente zu exponentiellen Prozessen lassen sich relativ einfach durchführen und haben z. T. auch einen guten Unterhaltungswert.

1. Das Münzexperiment

Experimente zur Radioaktivität können im Physikunterricht durchgeführt werden. Man kann aber auch eine anschauliche Simulation mit Münzen oder kleinen Würfeln durchführen.

Eine radioaktive Substanz soll durch 100 Münzen simuliert werden. Eine Münze entspricht einem Teilchen. Zeigt die Oberseite der Münze Zahl, so gilt das Teilchen als zerfallen. 100 Münzen werden in einen Würfelbecher getan und kräftig geschüttelt. Anschließend werden die Münzen auf einem Tisch ausgeschüttet und die Münzen, die Zahl zeigen und zerfallenen Teilchen entsprechen, aussortiert. Die restlichen Münzen werden gezählt. Dann wird der gesamte Vorgang in einem zweiten Durchgang mit den verbleibenden Münzen wiederholt usw.
Zeitbedarf: ca. 10 Minuten.

a) Tragen Sie die Anzahl der verbleibenden Münzen (mit Kopf) nach jedem Wurf in eine Tabelle ein.
b) Stellen Sie die Tabelle graphisch dar und versuchen Sie, eine Gleichung für die Funktion aufzustellen, die diesen Zerfallsprozess beschreibt.
c) Versuchen Sie, eine Funktionsgleichung für den Fall aufzustellen, wenn das Experiment mit 60 Münzen zu Beginn ausgeführt wird.
d) Erläutern Sie die Bedeutung des Wachstumsfaktors a und des Anfangswertes c innerhalb dieses Experiments.

2. Das Feuerbohnenexperiment

Dieses Experiment funktioniert gut, erfordert aber Geduld, fleißiges Messen und Protokollieren. Es kann am besten zu Hause ausgeführt werden.

Beim Gärtner kann man preiswert Feuerbohnen kaufen. Man legt eine Bohne einen Tag in Wasser, legt sie dann in einem nassen Wattebausch in ein Glas, das man nicht ganz luftdicht abdeckt. Nach ca. 5 Tagen treibt die Bohne aus. Nun pflanzt man sie in einen Topf, wo sie schnell heranwächst. In den Topf steckt man einen dünnen Stab, an dem die Bohne sich hochwinden kann. Man misst jeden Tag ungefähr zur gleichen Tageszeit die Höhe der Bohnenpflanze und protokolliert die Messergebnisse in einer Tabelle. Nach dem Eintopfen wächst die Bohne in einigen Tagen heran.
Zeitbedarf: ca. 14 Tage.
Die mathematische Auswertung der Messergebnisse soll folgende Punkte beinhalten: Messwerttabelle, Graph, Nachweis des exponentiellen Prozesses, Aufstellen der Funktionsgleichung, Prognose für den weiteren Verlauf, Erklärung von Abweichungen.

Experimente

3. Das Superballexperiment

Man lässt einen Superball aus 2 m Höhe senkrecht nach unten fallen. Er prallt auf den Boden und steigt ein erstes Mal nach oben, wobei er eine Sprunghöhe erreicht, die knapp unter 2 m liegt. Er beginnt erneut zu fallen, prallt ein zweites Mal auf und steigt ein zweites Mal nach oben usw. Die Sprunghöhe wird von Mal zu Mal kleiner. Mit einem senkrecht gehaltenen Zollstock lässt sie sich relativ gut abschätzen. Tipp: Das Ablesen geht besonders gut, wenn der Ball nach Erreichen des ersten Gipfels abgefangen wird und für die Bestimmung der zweiten Gipfelhöhe neu fallen gelassen wird aus der Höhe des ersten Gipfels usw. Zeitbedarf ohne Auswertung: ca. 10 Minuten.

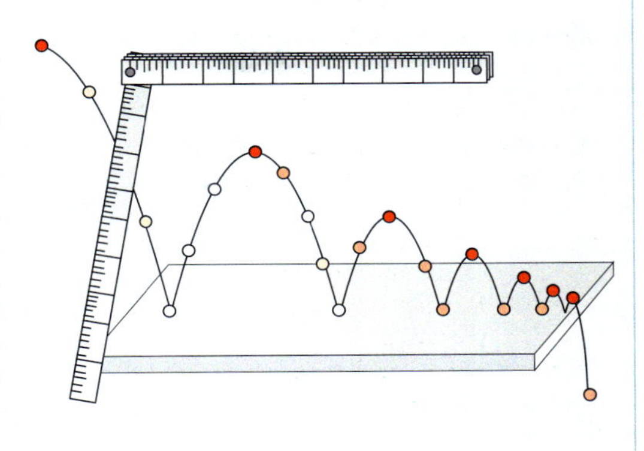

Auswertung:

a) Sammeln Sie die Daten zur Sprunghöhe des Superballs in einer Tabelle, die jeder Sprungnummer die zugehörige Gipfelhöhe zuordnet.
b) Stellen Sie die gesammelten Daten in einem Koordinatensystem graphisch dar.
c) Überprüfen Sie durch Quotientenbildung, ob ein exponentieller Prozess vorliegt.
d) Stellen Sie die Abnahmefunktion auf. Ansatz: $f(x) = c \cdot a^x$
e) Bestimmen Sie die Sprunghöhe nach dem fünften Aufprall rechnerisch.
f) Bei welcher Sprungnummer erreicht der Ball zum ersten Mal eine Gipfelhöhe, die unter 0,3 m liegt?
g) Welche Sprunghöhe erreicht der Ball nach dem 1. Aufprall, wenn die anfängliche Höhe 1,7 m beträgt? Überprüfen Sie Ihr rechnerisches Ergebnis experimentell.

4. Das Bierschaumexperiment

In einen Messzylinder ($V = 1000\,\text{ml}$) wird zügig Bier gegossen, sodass sich eine kräftige Schaumsäule bildet. Die Stoppuhr wird sofort in Gang gesetzt und die absolute Schaumhöhe wird im 30-Sekunden-Takt gemessen, insgesamt über ca. 5 Minuten. Der günstigste Zeittakt hängt von der Biersorte ab. Zeitbedarf ohne Auswertung: ca. 10 Minuten.

Auswertung:

a) Messdaten in einer Tabelle festhalten.
b) Daten graphisch darstellen.
c) Exponentiellen Zerfall durch Quotientenbildung überprüfen.
d) Zerfallsfunktion aufstellen.
e) Halbwertszeit bestimmen.
f) Vergleichsmessung mit einer anderen Biersorte.
g) Wiederholen Sie das gesamte Experiment. Messen Sie diesmal die Höhe der Flüssigkeitssäule unter dem Schaum.

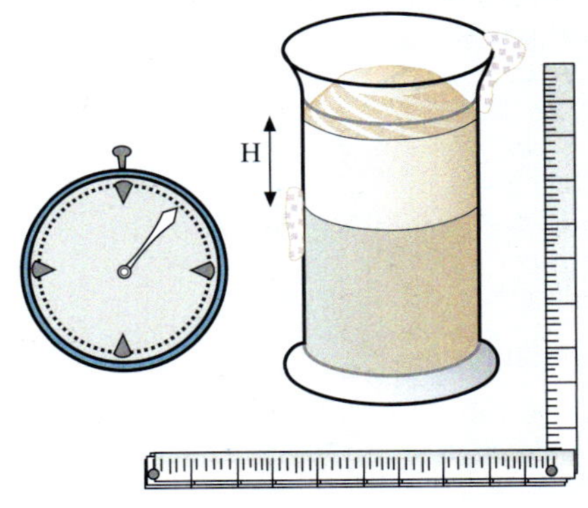

Hinweis: Beide Experimente sind problemlos. Sie können in Gruppenarbeit durchgeführt werden. Beim Superballexperiment kann man mehrere Bälle mit unterschiedlicher Sprungkraft verwenden (Superball, Tennisball, Softball), beim Bierschaumexperiment mehrere Biersorten (z. B. auch Weizenbier).

5. Exkurs: Die Umkehrfunktion zu $f(x) = 10^x$

Bestimmt man mithilfe des rechnerischen Verfahrens die Umkehrfunktion der Exponentialfunktion $f(x) = 10^x$, so erkennt man, dass dies $f^{-1}(x) = \log x$ ist.
Diese Funktion bezeichnet man als die ***Logarithmusfunktion*** zur Basis 10. Ihr Funktionssymbol lautet ***log x***.

Umkehrfunktion von f(x) = 10^x

$$f(x) = 10^x$$
$$y = 10^x$$
$$x = 10^y$$
$$\log x = \log 10^y$$
$$\log x = y$$
$$f^{-1}(x) = \log x$$

Die *Funktionswerte* kann man entweder mithilfe einer Umkehrtabelle zu 10^x oder einfacher mithilfe des Taschenrechners bestimmen, der eine log-Taste besitzt. Sie ist nur für $x > 0$ definiert.

x	0,1	1	2	5	10
log x	−1	0	0,30	0,70	1

Ihren *Graphen* kann man durch Spiegelung des Graphen von 10^x an der Winkelhalbierenden des ersten Quadranten gewinnen. Er ist streng monoton steigend und beständig rechtsgekrümmt. Er weist keine Symmetrien auf. Bei $x = 1$ hat er eine Nullstelle. Links davon sind die Funktionswerte negativ, rechts davon sind sie positiv. Links schmiegt er sich mit kleiner werdenden x-Werten an die negative y-Achse an. Nach rechts steigt er zunehmend langsamer an.

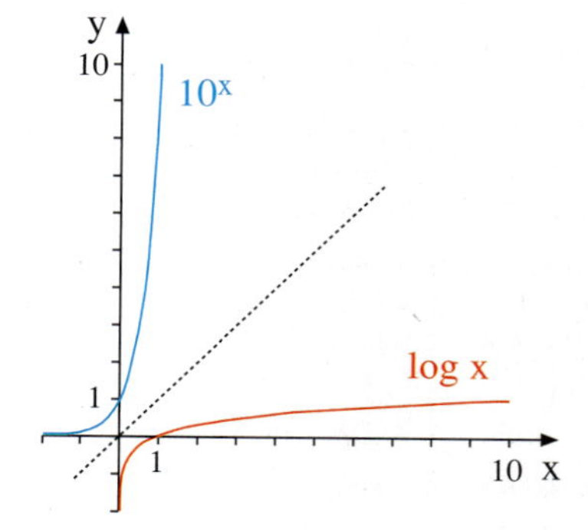

Beispiel: Logarithmusfunktion zur Basis 10
Betrachtet wird die Funktion $f(x) = \log x$.
a) Berechnen Sie die Funktionswerte $f(5)$ und $f(1000)$.
b) An welcher Stelle hat die Funktion f den Wert 5,5?

Lösung zu a:
Der Taschenrechner liefert $f(5) \approx 0{,}70$ und $f(1000) = 3$.

Lösung zu b:
Der Ansatz $\log x = 5{,}5$ führt auf die Lösung $x \approx 316\,227{,}77$

Rechnung zu b)

$$f(x) = 5{,}5$$
$$\log x = 5{,}5 \qquad \text{10 hoch anwenden}$$
$$10^{\log x} = 10^{5{,}5} \qquad f^{-1}(f(x)) = x \text{ anwenden}$$
$$x \approx 316\,227{,}77$$

Übung 1
Lösen Sie die Gleichung.
a) $\log x = -2$ b) $\log x = 10$ c) $\log x = 1{,}5$ d) $\log x = 2{,}5$

Übungen

2. Langsames Wachstum von log x

Die Funktion $f(x) = \log x$ wächst unglaublich langsam an. Man kann das durch den folgenden Vergleich gut veranschaulichen. Wir denken uns den Graphen der Funktion auf einem Papierbogen aufgetragen, der die Erde auf der Höhe des Äquators so umspannt, dass dieser die x-Achse bildet (s. Abb.).

Eine Längeneinheit sei 1 cm.

a) Welche Höhe hat der Graph von f nach einer Umrundung der Erde? Der Erdradius beträgt 6370 km.
b) In welcher Höhe verläuft er nach 2 Umrundungen?
c) Welcher Höhengewinn ergibt sich bei der 11. Umrundung?

3. Kurvenuntersuchungen

Beispiel: Der Graph von $f(x) = \log(1 - x)$ ist für $1 - x > 0$ definiert, d. h. für $x < 1$. Er ist streng monoton fallend. Wenn x sich von links der Stelle 1 nähert, streben die Funktionswerte gegen $-\infty$. Der Graph schmiegt sich an die senkrechte Gerade $x = 1$. Er hat eine Nullstelle bei $x = 0$.

Beschreiben und zeichnen Sie den Graph von f nach diesem Muster.

a) $f(x) = \log(x^2)$ b) $f(x) = \log(x + 2)$ c) $f(x) = \log(x^2 - 4)$ d) $f(x) = \log\left(\frac{1}{x}\right)$
e) $f(x) = \log(x) + 1$ f) $f(x) = -\log(2 - x)$ g) $f(x) = 4 + \log(x - 3)$ h) $f(x) = \log(2^x)$

4. Abkühlung von Kaffee

Eine Tasse Kaffee kühlt nach dem Gesetz $T(t) = 21 + 74 \cdot 10^{-0,04t}$ ab.
Dabei ist t die Zeit in Minuten und T die Temperatur in ° Celsius.

a) Gesucht ist die Umkehrfunktion von T.
b) Skizzieren Sie den Graphen der Umkehrfunktion.
c) Nach welcher Zeit ist der Kaffee auf die ideale Trinktemperatur von 65 °C abgekühlt?

5. Sprunghöhe eines Superballs

Ein Superball fällt aus 2 m Höhe. Seine maximale Sprunghöhe gehorcht dem Gesetz $h(n) = 2 \cdot 0{,}95^n$ (n: Nummer des Sprungs, h: Sprunghöhe in m). Wie lautet die Umkehrfunktion von h? Nach welcher Zahl von Sprüngen erreicht der Superball nur noch 10 cm Höhe?

Logarithmisch geteiltes Papier

Bei der Beschreibung technischer Vorgänge treten häufig Potenzfunktionen f mit $f(x) = x^r$ mit reellen Exponenten r auf. Logarithmiert man die Potenzgleichung $y = x^r$, so erhält man

$\log y = r \cdot \log x$,

d. h., der Logarithmus von y ist das r-fache des Logarithmus von x. Zwischen den beiden Logarithmen besteht also ein linearer Zusammenhang.

Für die graphische Darstellung gilt:
Trägt man in einem **x-y-Koordinatensystem** den Graphen einer Potenzfunktion ein, so ergibt sich bekanntlich eine **Parabel**. Benutzt man zur Darstellung von Potenzfunktionen dagegen ein Koordinatennetz, das sowohl waagerecht als auch senkrecht logarithmisch geteilt ist – also ein **log x-log y-Koordinatensystem** –, dann muss zwangsläufig eine **Gerade** erscheinen.

Doppeltlogarithmisches Papier (s. Abb.) ist mit einem speziellen Koordinatennetz versehen, welches sowohl waagerecht als auch senkrecht logarithmisch geteilt ist. Die eingetragenen vier Punkte veranschaulichen den Zusammenhang beim freien Fall zu folgender Messwerttabelle:

Zeit in Sekunden	2	3	4	5
Fallweg in Meter	20	45	80	125

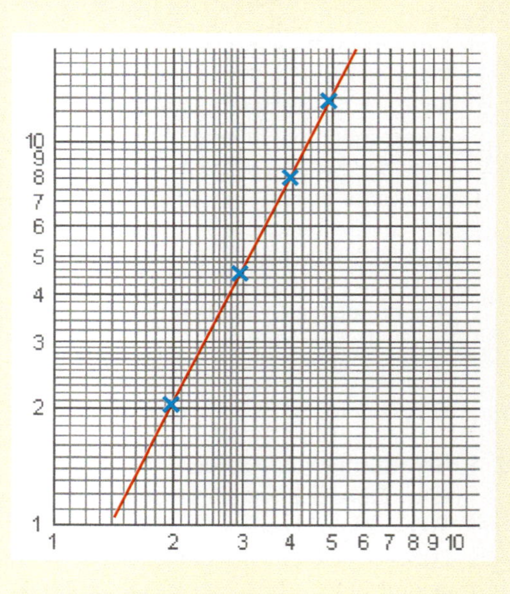

Neben doppeltlogarithmischem Papier gibt es auch solches, das nur in eine Richtung eine logarithmische Teilung aufweist, bei der also die zweite Richtung eine gewöhnliche Millimeterteilung besitzt (so genanntes ***einfach-logarithmisches Papier***).

Logarithmische Papiere kann man sich über das Internet beschaffen.
Unter der im Webcode 202-1 angegebenen Adresse ist das Herunterladen verschiedener logarithmischer Papiere kostenlos. 202-1

Aufgabe

Bei welcher Art von Achseneinteilung (nur die y-Achse oder beide Achsen logarithmisch geteilt) ergibt sich eine Gerade? Stellen Sie jeweils den Graphen für ein geeignetes Intervall auf dem entsprechenden logarithmischen Papier dar.

a) $y = \frac{10}{x}$ b) $y = 3 \cdot 2^x$ c) $y = \sqrt{x}$ d) $y = e^{0{,}5x}$

e) $y = \left(\frac{3}{2}\right)^{2x}$ f) $y = \sqrt[3]{x^2}$ g) $y = (1{,}5x)^{0{,}8}$ h) $y = \left(\frac{5}{4}\right)^{2x+1}$

Überblick

Exponentialfunktion zur Basis a: $f(x) = c \cdot a^x \quad (a, c, x \in \mathbb{R}, a > 0, a \neq 1)$

Eigenschaften von Exponentialfunktionen:
Für jede Exponentialfunktion f mit $f(x) = a^x \quad (a, x \in \mathbb{R}, a > 0, a \neq 1)$ gilt:
(1) Der Graph von f schneidet die y-Achse im Punkt $P(0\,|\,1)$.
(2) f hat die Definitionsmenge $D = \mathbb{R}$ und die Wertemenge $W = \mathbb{R}^+$.
(3) Für $0 < a < 1$ ist der Graph von f streng monoton fallend.
(4) Für $a > 1$ ist der Graph von f streng monoton steigend.
(5) Die Graphen von $f(x) = a^x$ und $g(x) = \left(\frac{1}{a}\right)^x = a^{-x}$ sind zueinander symmetrisch in Bezug auf die y-Achse.

Punktprobe:
Es wird rechnerisch überprüft, ob der Punkt P mit den Koordinaten $P(x_0\,|\,y_0)$ auf dem Graphen einer Funktion f liegt, indem man untersucht, ob Bedingung $f(x_0) = y_0$ erfüllt ist.

Exponentieller Prozess:
Lässt sich ein Wachstums- oder Zerfallsprozess durch eine Exponentialfunktion f mit $f(x) = c \cdot a^x$ beschreiben, so gilt $\frac{f(x+1)}{f(x)} = a$ für beliebiges x.
Man erkennt also eine exponentiellen Prozess an der Konstanz des Quotienten $\frac{f(x+1)}{f(x)}$ (für $x \in \mathbb{R}$).

Funktion und Umkehrfunktion:
Ist die umgekehrte Zuordnung g einer Funktion f ebenfalls eine Funktion, so heißt g Umkehrfunktion von f. Als Symbol für die Umkehrfunktion von f wird f^{-1} verwendet. Jede streng monotone Funktion hat eine Umkehrfunktion, folglich auch jede Exponentialfunktion.

Logarithmusfunktion und Logarithmus zur Basis a:
Die Umkehrfunktion der Exponentialfunktion $f(x) = a^x$ (mit $a > 0$ und $a \neq 1$) nennt man Logarithmusfunktion zur Basis a: $f^{-1}(x) = \log_a x$. Es gilt: $D(f^{-1}) = \mathbb{R}^+$ und $W(f^{-1}) = \mathbb{R}$.
Der Logarithmus einer Zahl b zur Basis a (mit $a > 0$, $a \neq 1$ und $b > 0$ ist derjenige Exponent, mit dem die Basis a potenziert werden muss, um die Zahl b zu erhalten: $y = \log_a b \;\Leftrightarrow\; a^y = b$.
Logarithmen zur Basis 10 heißen dekadische Logarithmen.

Logarithmengesetze:
Für $u, v \in \mathbb{R}^+$, $a > 0$, $a \neq 1$ und $r \in \mathbb{R}$ gelten die folgenden Rechenregeln:

I. $\log_a(u \cdot v) = \log_a u + \log_a v$

II. $\log_a\left(\frac{u}{v}\right) = \log_a u - \log_a v$

III. $\log_a(u^r) = r \cdot \log_a u$

IV. $\log_a u = \frac{\log_{10} u}{\log_{10} a}$

Halbwertszeit bei einem Zerfallsprozess zu $f(x) = c \cdot a^x$ (mit $c > 0$, $0 < a < 1$):

$$T = \frac{\log_{10} 0{,}5}{\log_{10} a}$$

Verdopplungszeit bei einem Wachstumsprozess zu $f(x) = c \cdot a^x$ (mit $c > 0$, $a > 1$):

$$T = \frac{\log_{10} 2}{\log_{10} a}$$

Test

Exponentialfunktionen

1. Wachstumsprozess

Die Tabelle zeigt die Wertentwicklung einer Skulptur. Die Funktion w(t) gibt den Wert der Skulptur zur Zeit t an.

t (Jahre)	0	1	2	3	4	5
w (Mio. $)	1,200	1,260	1,323	1,389	1,459	1,532

a) Zeigen Sie, dass es sich um einen exponentiellen Prozess handelt. Geben Sie die Gleichung der Exponentialfunktion w an.

b) Wie lautet die Prognose für den Wert der Skulptur nach 10 Jahren?

c) Wann ist die Skulptur sechs Millionen Dollar wert?

d) Wie lange dauert die Verdoppelung des Wertes?

Henry Moore, Familiengruppe

2. Exponentialfunktion

Die Funktion $f(x) = c \cdot a^x$ $(a > 0)$ geht durch die Punkte $P(0|4)$ und $Q(2|9)$.

a) Bestimmen Sie c und a.

b) Liegen die Punkte $A(3|13{,}5)$ bzw. $B(6|40)$ auf dem Graphen von f?

3. Zerfallsprozess

Eine Medikament baut sich im Körper des Menschen nach dem Gesetz $f(t) = 50 \cdot 0{,}8^t$ ab. Dabei ist t die seit der Zuführung des Medikaments verstrichene Zeit in Stunden und f(t) die Masse des Wirkstoffes in mg.

a) Welche Bedeutung haben die Zahlenwerte 50 und 0,8 in der Funktionsgleichung?

b) Welcher Prozentsatz des Wirkstoffes wird pro Stunde abgebaut?

c) Wann ist der Wirkstoff unter die Minimaldosis von 10 mg gefallen?

4. Rechnen mit Zehnerlogarithmen

Berechnen Sie:

a) $\log 100$ b) $\log 4$ c) $\log(\log(100^5))$ d) $\log \frac{2}{10}$ e) $\log \sqrt{100}$

5. Lösen von Gleichungen

Lösen Sie die Gleichung.

a) $2^x = 20$ b) $4 \cdot 10^{x-1} + 8 = 20$ c) $3^{x-1} \cdot 5^x = 90$ d) $2 \log x + 12 = 15$

6. Umkehrfunktionen

Gegeben ist die Funktion $f(x) = \log(2x - 4) + 1$. Skizzieren Sie den Graphen von f für $2 \leq x \leq 7$. Bestimmen Sie die Definitionsmenge und die Wertemenge von f. Wie lautet die Gleichung der Umkehrfunktion von f?

Lösungen unter 204-1

VI. Trigonometrische Funktionen

1. Exkurs: Längen und Winkel im rechtwinkligen Dreieck

Juli 1974. Die amerikanische Marssonde Viking-1 fotografiert aus ihrer Umlaufbahn die auf der nördlichen Marshalbkugel gelegene Wüstenregion Cydonia.
Auf einem der Fotos ist ein ca. 2 km großes Objekt zu erkennen, das stark einem senkrecht ins All blickenden Gesicht ähnelt.
Es kommen Spekulationen auf, dass es sich hierbei um ein monumentales Symbol einstiger Marsbewohner handelt.
Im Frühjahr 1998 werden von der NASA-Sonde Global Surveyor aus 444 km Höhe weitere Nahaufnahmen geschossen, die den Schluss nahelegen, dass es sich um eine tafelbergartige Geländestruktur handelt.

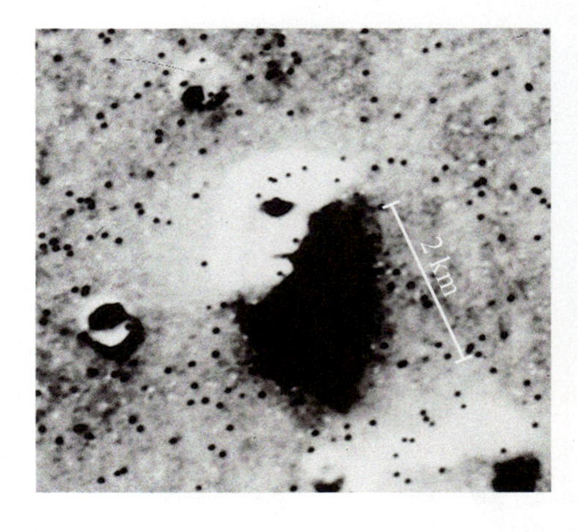

Interessanterweise ist es mithilfe des Fotos möglich, die Höhe des Marstafelberges zu bestimmen, und zwar aufgrund der abgebildeten Schatten. Mit der gleichen Methode bestimmte man auch die Tiefe der Krater auf der Mondoberfläche, wobei allerdings mit Teleskopen gearbeitet wurde.

Beispiel: Zum Zeitpunkt der obigen Aufnahme stand die Sonne ca. 12° über dem westlichen Marshorizont. Der Tafelberg warf einen Schatten, dessen Länge von ca. 2 km man dem Foto entnehmen konnte. Wie hoch ist der Berg?

Lösung:
Wir können die Aufgabe zeichnerisch lösen, indem wir eine Skizze im Maßstab 1:50 000 anfertigen.
Berghöhe h und Schattenlänge s bilden dabei die Katheten eines rechtwinkligen Dreiecks.
Hieraus lässt sich h durch Ablesen ermitteln. Wir erhalten $h \approx 0{,}85$ cm, was maßstäblich umgerechnet einer realen Berghöhe von $h \approx 0{,}425$ km entspricht.
Der Marsberg ist also ca. 425 m hoch.

M 1:50000
1 cm ≙ 0,5 km

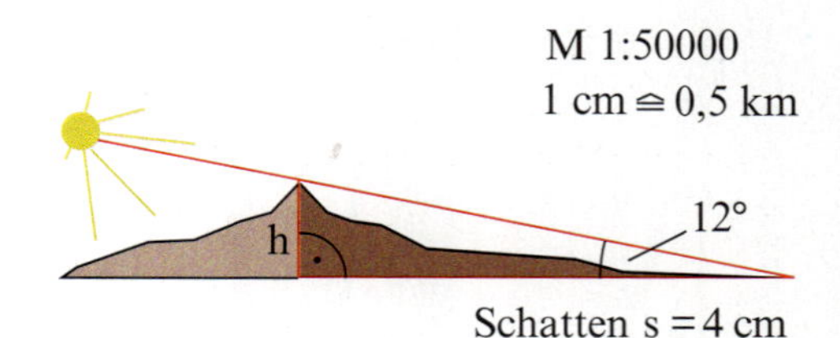

Schatten s = 4 cm

Ablesung: $h \approx 0{,}85\,\text{cm}$
Umrechnung: $h \approx 0{,}85 \cdot 0{,}5\,\text{km} \approx 0{,}425\,\text{km}$

Durch solche maßstäblichen Zeichnungen lassen sich zahlreiche praktische Aufgabenstellungen zufriedenstellend lösen. Zeichnungen stellen für viele geometrische Probleme eine sehr gute Lösungsmethode dar. In einigen Fällen ist es jedoch günstiger, rechnerisch vorzugehen, z. B. dann, wenn eine besonders hohe Genauigkeit benötigt wird oder wenn der relativ hohe Zeitaufwand für das Anfertigen genauer Zeichnungen eingespart werden soll. Im Folgenden entwickeln wir rechnerische Methoden für Dreiecksberechnungen, sodass wir zukünftig in der Regel stets *zwei verschiedene Lösungswege* zur Verfügung haben.

A. Seitenverhältnisse in rechtwinkligen Dreiecken Sinus, Kosinus und Tangens

Für Längen- und Winkelbestimmungen in rechtwinkligen Dreiecken gibt es rechnerische Verfahren, die auf der Tatsache beruhen, dass in zwei ähnlichen rechtwinkligen Dreiecken die Verhältnisse einander entsprechender Seiten stets gleich sind.

Beispiel: Die abgebildeten rechtwinkligen Dreiecke stimmen in ihrem spitzen Winkel $\alpha = 25°$ überein. Begründen Sie, weshalb die Dreiecke ähnlich sind.
Überprüfen Sie sodann durch Ausmessen, dass die Verhältnisse von je zwei entsprechenden Seiten in allen Dreiecken übereinstimmen.

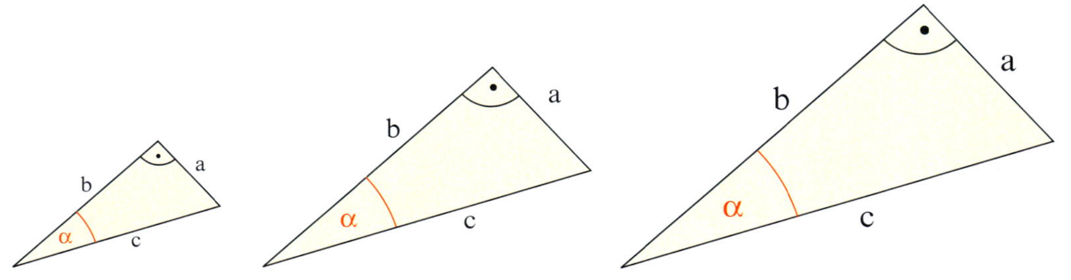

Lösung:
Die Dreiecke sind zwar unterschiedlich groß, aber ähnlich, da sie im spitzen Winkel α und im rechten Winkel $\gamma = 90°$ und daher auch im zweiten spitzen Winkel β übereinstimmen.

Wir messen in jedem der Dreiecke die beiden Katheten a und b sowie die Hypotenuse c aus.
Anschließend bilden wir rechnerisch die Seitenverhältnisse $\frac{a}{c}$, $\frac{b}{c}$ und $\frac{a}{b}$.
Diese Verhältnisse stimmen nach der rechts abgebildeten Ergebnistabelle in allen Dreiecken gut überein, wodurch die Theorie bestätigt wird.

Dreieck	Seitenverhältnisse		
	$\frac{a}{c}$	$\frac{b}{c}$	$\frac{a}{b}$
Nr. 1	$\frac{1{,}2\,\text{cm}}{2{,}8\,\text{cm}} \approx 0{,}43$	$\frac{2{,}5\,\text{cm}}{2{,}8\,\text{cm}} \approx 0{,}89$	$\frac{1{,}2\,\text{cm}}{2{,}5\,\text{cm}} \approx 0{,}48$
Nr. 2	$\frac{1{,}9\,\text{cm}}{4{,}4\,\text{cm}} \approx 0{,}43$	$\frac{4{,}0\,\text{cm}}{4{,}4\,\text{cm}} \approx 0{,}91$	$\frac{1{,}9\,\text{cm}}{4{,}0\,\text{cm}} \approx 0{,}48$
Nr. 3	$\frac{2{,}5\,\text{cm}}{5{,}8\,\text{cm}} \approx 0{,}43$	$\frac{5{,}3\,\text{cm}}{5{,}8\,\text{cm}} \approx 0{,}91$	$\frac{2{,}5\,\text{cm}}{5{,}3\,\text{cm}} \approx 0{,}47$

Wegen ihrer mathematischen Bedeutung hat man den drei Seitenverhältnissen im rechtwinkligen Dreieck feste Namen gegeben, nämlich Sinus, Kosinus und Tangens. Wir erläutern die verwendeten Bezeichnungen etwas genauer.

Ist α ein spitzer Winkel im rechtwinkligen Dreieck, so bezeichnet man das Verhältnis der Längen der ***Gegenkathete*** von α (kurz Gk) und der ***Hypotenuse*** des Dreiecks (kurz Hyp) als ***Sinus**** des Winkels α. Man verwendet die symbolische Abkürzung $\sin\alpha$, gelesen „Sinus von α“.

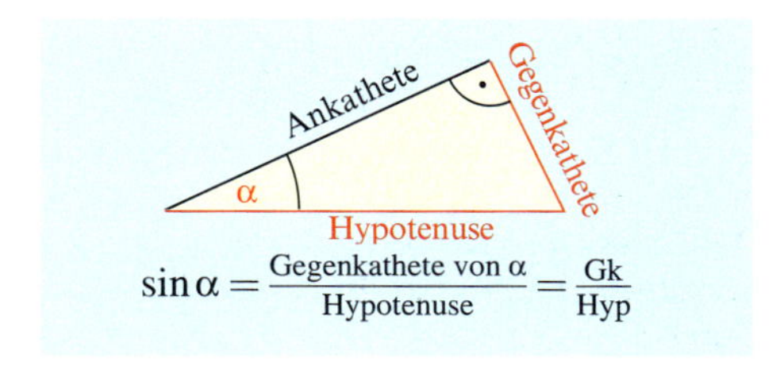

$$\sin\alpha = \frac{\text{Gegenkathete von } \alpha}{\text{Hypotenuse}} = \frac{\text{Gk}}{\text{Hyp}}$$

* ursprüngliche Bezeichnung *jiva* (ind.): (halbe Bogen-)Sehne; dann im Arabischen *dschiba*, dort mit dem Wort *dschaib* (arab.) verwechselt, das „Bucht“ bedeutete; übersetzt mit *sinus* (lat.).

In Analogie hierzu werden die beiden weiteren Seitenverhältnisse am rechtwinkligen Dreieck definiert, die man als trigonometrische Verhältnisse* bezeichnet.

Der ***Kosinus*** des Winkels α ist das Seitenverhältnis von Ankathete des Winkels und Hypotenuse, Kurzform $\mathbf{cos\,\alpha}$.
Der ***Tangens*** des Winkels α ist das Seitenverhältnis von Gegenkathete und Ankathete des Winkels, Kurzform $\mathbf{tan\,\alpha}$.

$$\cos\alpha = \frac{\text{Ankathete von } \alpha}{\text{Hypotenuse}} = \frac{\text{Ak}}{\text{Hyp}}$$

$$\tan\alpha = \frac{\text{Gegenkathete von } \alpha}{\text{Ankathete von } \alpha} = \frac{\text{Gk}}{\text{Ak}}$$

Übungen

1. Historische Informationen
Im 16. Jahrhundert wurden die ersten Tabellen für Sinus, Kosinus und Tangens erstellt. Rechts ist eine solche Tabelle auszugsweise für verschiedene Winkel abgebildet. Einige Eintragungen fehlen. Ergänzen Sie diese. Zeichnen Sie zu diesem Zweck ein zum gegebenen Winkel passendes, nicht zu kleines rechtwinkliges Dreieck und bestimmen Sie das fehlende Seitenverhältnis durch Ausmessen.
Genauigkeit: zwei Nachkommastellen

$\alpha°$	$\sin\alpha$	$\cos\alpha$	$\tan\alpha$
0	0,0000	1,0000	0,0000
5	0,0872	0,9962	0,0875
10	0,1736	0,9848	0,1763
15	0,2588	0,9659	0,2679
20	☐	0,9397	0,3640
25	0,4226	☐	0,4663
30	0,5000	0,8660	0,5774
35	☐	0,8192	☐
40	0,6428	☐	0,8391
45	0,7071	0,7071	1,0000

2. Zeichnerische Bestimmung von trigonometrischen Verhältnissen
Bestimmen Sie durch eine Zeichnung sin 50°, cos 50° und tan 50°.

3. Extreme Winkel
Begründen Sie folgende Werte und Aussagen auf irgendeine sinnvolle Weise: $\sin 90° = 1$, $\cos 90° = 0$, $\tan 90°$ kann nicht definiert werden.

4. Rechnerische Bestimmung von trigonometrischen Verhältnissen
Im Laufe der Zeit wurden die trigonometrischen Verhältnisse mit höherer Genauigkeit bestimmt. Selbst die exakte Berechnung ist z. T. möglich: Betrachten Sie ein gleichseitiges Dreieck mit der Seitenlänge 1. Halbieren Sie es durch die Höhe auf einer Seite. Bestimmen Sie anschließend aus der entstandenen Figur cos 30° exakt.
Vergleichen Sie mit der Tabelle oben.

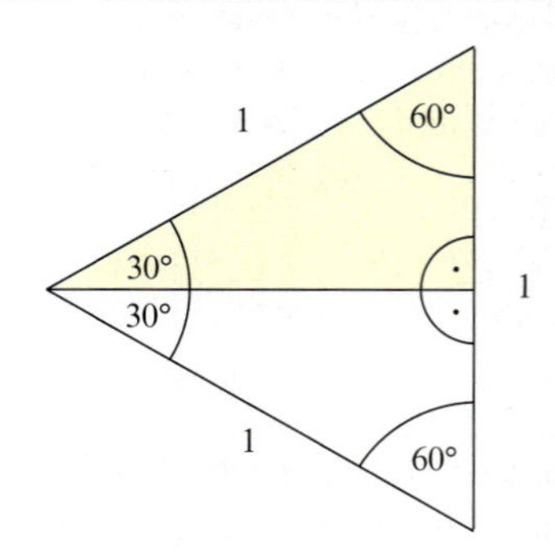

* Trigonometrie von *tri-* (griech.): drei, *gōnia (griech.):* Winkel, *metrein* (griech.): messen;
Tangens von *tangere* (lat.): berühren; Kosinus: Abk. von *complementi sinus* (lat.): Sinus des Komplementwinkels (vgl. S. 22)

B. Trigonometrische Berechnungen mit dem Taschenrechner

In früheren Zeiten wurden die für trigonometrische Berechnungen erforderlichen Tangens-, Sinus- und Kosinuswerte gedruckten Tabellen entnommen (vgl. Übung 1). Heute verwendet man hierzu den Taschenrechner.

Beispiel: Der Wert von $\sin 40°$ soll mit einer Genauigkeit von 4 Nachkommastellen bestimmt werden.

Lösung:
1. Überprüfen Sie, ob der Taschenrechner sich im DEG-Modus* befindet. Bei den meisten Taschenrechnern ist dies nach dem Einschalten der Fall.
2. Drücken Sie die Taste *SIN*, und geben Sie dann die Maßzahl des Winkels ein, in unserem Beispiel also 40. **
3. Der Taschenrechner zeigt nun den Wert $\sin 40°$ an: 0,64278761.
4. Runden Sie: $\sin 40° \approx 0{,}6428$.

$\alpha \rightarrow \sin\alpha$

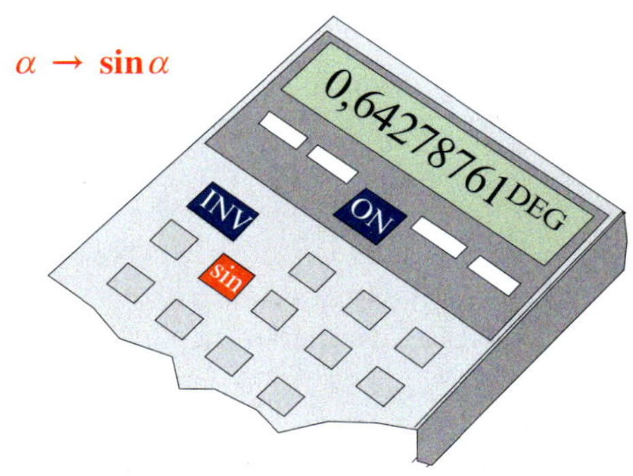

Tastenfolge:	Anzeige:
SIN 40	0,64278761
Resultat:	$\sin 40° \approx 0{,}6428$

Auch die Umkehraufgabe zu diesem Beispiel kann mit Taschenrechnerhilfe gelöst werden.

Beispiel: Gegeben ist der Sinuswert $\sin\alpha = 0{,}6$. Gesucht ist der Winkel α.

Lösung:
1. Überprüfen Sie, ob der Taschenrechner sich im DEG-Modus befindet.
2. Drücken Sie die Tastenfolge *INV SIN*. Alternativen auf manchen Rechnern: *2nd SIN*, SIN^{-1}, *ARCSIN*.
3. Geben Sie dann den angegebenen Sinuswert 0,6 ein.
4. Angezeigtes Resultat: 36,86989765.
5. Rundung: $\alpha \approx 36{,}87°$.

$\sin\alpha \rightarrow \alpha$

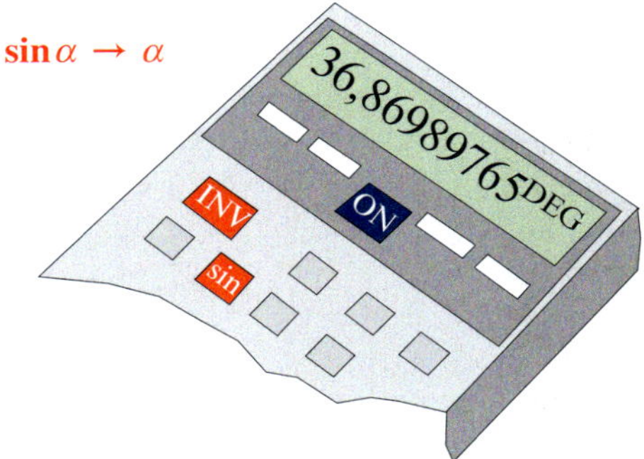

Tastenfolge:	Anzeige:
INV SIN 0,6	36,86989765
Resultat:	$\alpha \approx 36{,}87°$

Übung 5

Errechnen Sie die gesuchte Größe aus der gegebenen Größe mithilfe des Taschenrechners.

a) $\alpha = 30°$, $\sin\alpha = ?$ b) $\alpha = 60°$, $\cos\alpha = ?$ c) $\alpha = 60°$, $\tan\alpha = ?$
d) $\sin\alpha = 0{,}5$, $\alpha = ?$ e) $\cos\alpha = 0{,}866$, $\alpha = ?$ f) $\tan\alpha = 0{,}5$, $\alpha = ?$
g) $\sin\alpha = 0{,}1215$, $\alpha = ?$ h) $\cos\alpha = 0{,}2430$, $\alpha = ?$ i) $\sin\alpha = \cos\alpha$, $\alpha = ?$

---

* Die meisten Rechner besitzen eine DRG-Taste, mit der man unter drei verschiedenen Winkelmaßen auswählt: DEG = Grad, RAD = Bogenmaß, GRAD = Neugrad (nicht gebräuchlich).

** Bei älteren Rechnern erfolgt die Eingabe: 40 eingeben, dann sin-Taste drücken.

C. Sinus, Kosinus und Tangens am Einheitskreis

Im Folgenden wird eine besonders anschauliche Darstellung von $\sin\alpha$, $\cos\alpha$ und $\tan\alpha$ eingeführt, die außerdem den Vorteil hat, dass man diese trigonometrischen Werte auch für stumpfe und überstumpfe Winkel α definieren kann. Man verwendet hierzu einen um den Ursprung O eines Koordinatensystems liegenden Kreis mit dem Radius 1, den sogenannten ***Einheitskreis***.

Sinus, Kosinus und Tangens
Definition am Einheitskreis

P(x; y) sei ein beliebiger Punkt auf dem Einheitskreis. α sei der Winkel zwischen der positiven x-Achse und dem vom Ursprung O durch den Punkt P gehenden Strahl. Dann trifft man folgende Vereinbarung:

$\sin\alpha = y, \quad \cos\alpha = x, \quad \tan\alpha = \frac{\sin\alpha}{\cos\alpha} = \frac{y}{x}$ (für $x \neq 0$).

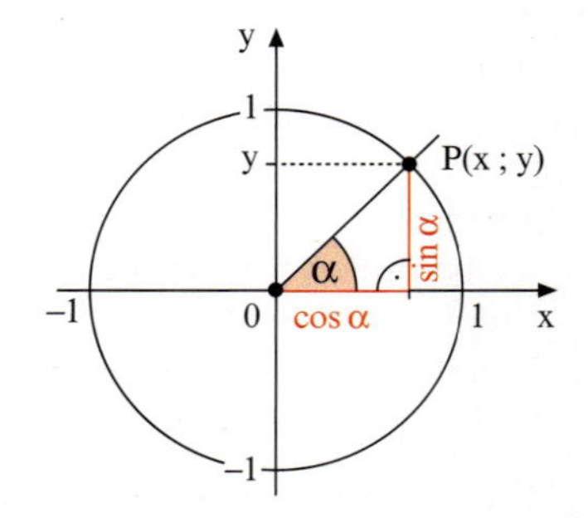

Für spitze Winkel stimmt dies mit der Definition im rechtwinkligen Dreieck überein, da das im Einheitskreis liegende rechtwinklige Dreieck die Kathetenlängen $\sin\alpha$ und $\cos\alpha$ besitzt und seine Hypotenuse die Länge 1 hat:

$$\sin\alpha = \frac{\text{Gk}}{\text{Hyp}} = \frac{\text{Gk}}{1} = \text{Gk} = y, \quad \cos\alpha = \frac{\text{Ak}}{\text{Hyp}} = \frac{\text{Ak}}{1} = \text{Ak} = x, \quad \tan\alpha = \frac{\text{Gk}}{\text{Ak}} = \frac{\sin\alpha}{\cos\alpha} = \frac{y}{x}$$

Aber auch für stumpfe Winkel können wir $\sin\alpha$ und $\cos\alpha$ errechnen.

Beispiel: Stumpfe Winkel

Bestimmen Sie mithilfe der Definition von Sinus und Kosinus am Einheitskreis die Werte $\sin 120°$, $\cos 120°$ und $\tan 120°$.

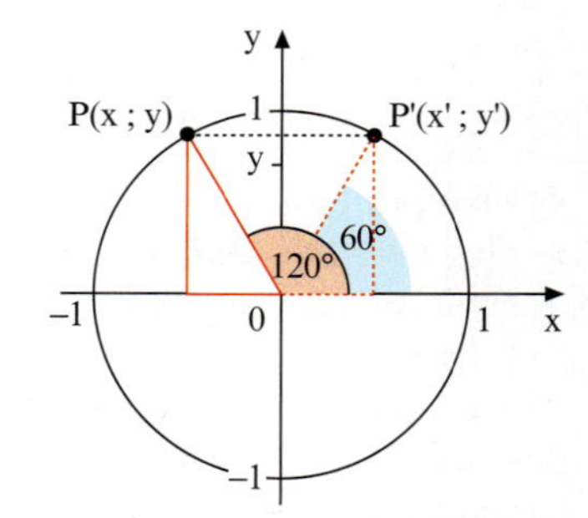

Lösung:
Für $\alpha = 120°$ liegt der Punkt P(x ; y) mit $x = \cos 120°$ und $y = \sin 120°$ im 2. Quadranten des Koordinatensystems. Durch Spiegelung an der y-Achse entsteht der Punkt $P'(x' ; y')$ mit $x' = \cos 60°$ und $y' = \sin 60°$. Offensichtlich gilt $x = x'$, also $\cos 120° = -\cos 60°$ und $y = y'$, d.h. $\sin 120° = \sin 60°$.
$\tan 120°$ errechnen wir als Quotienten von $\sin 120°$ und $\cos 120°$.
Alle Resultate sind rechts aufgeführt.

$\sin 120° = \sin 60° \approx 0{,}8660$

$\cos 120° = -\cos 60° = -0{,}5$

$\tan 120° = \frac{\sin 120°}{\cos 120°} \approx \frac{0{,}866}{-0{,}5}$

$= -1{,}732$

Übung 6
a) Gesucht sind $\sin 135°$ und $\cos 135°$.
b) Gesucht sind $\tan 115°$ und $\tan 135°$.
c) Berechnen Sie $\sin 150°$, $\cos 150°$ und $\tan 150°$.

Übung 7
Es gelte $0° \leq \alpha \leq 90°$.
Begründen Sie die Formel $\tan(180° - \alpha) = -\tan\alpha$.

Beispiel: Überstumpfe Winkel
Bestimmen Sie am Einheitskreis $\sin 225°$, $\cos 225°$, $\tan 225°$ sowie die Werte $\sin 330°$, $\cos 330°$, $\tan 330°$.

Lösung:

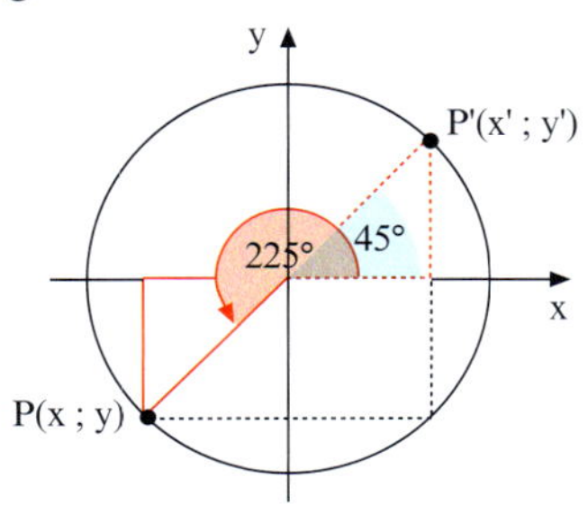

Hier liegt der Punkt P im 3. Quadranten. Seine Koordinaten $x = \cos 225°$ und $y = \sin 225°$ sind daher beide negativ.
Um eine Zurückführung auf die spitzen Winkel des ersten Quadranten zu erreichen, spiegeln wir P am Ursprung.
Die Koordinaten des Spiegelpunktes P′ sind $x' = \cos 45°$ und $y' = \sin 45°$.
Also gilt: $\cos 225° = -\cos 45° \approx -0{,}7071$
$\sin 225° = -\sin 45° \approx -0{,}7071$

Weiter ist $\tan 225° = \frac{\sin\ 225°}{\cos\ 225°} = 1$.

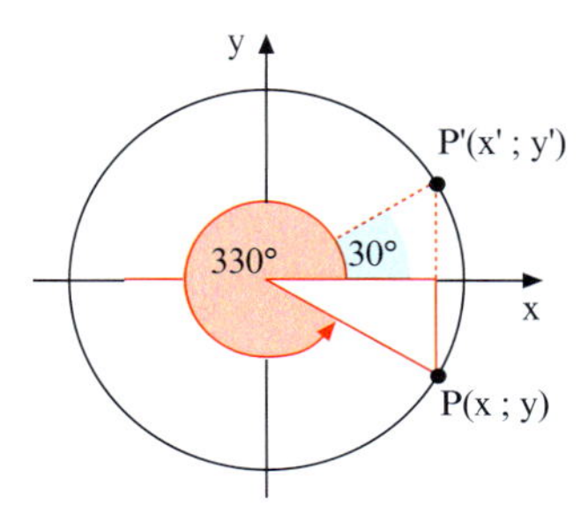

Hier liegen die Koordinaten von P im 4. Quadranten: $x = \cos 330°$ ist also positiv und $y = \sin 330°$ ist negativ.
Durch Spiegelung an der x-Achse ergibt sich folgende Zurückführung auf spitze Winkel:

$\cos 330° = \cos 30° \approx 0{,}8660$
$\sin 330° = -\sin 30° = -0{,}5000$

$\tan 330° = \frac{0{,}5000}{-0{,}8660} \approx -0{,}5774$

Bemerkungen:

- Diese definitorischen Erweiterungen sind glücklicherweise auf den Taschenrechnern schon berücksichtigt, sodass wir dort z. B. $\sin 225° \approx -0{,}7071$ auch durch direktes Eintippen erhalten.
- Man kann die trigonometrischen Verhältnisse auch für Winkel definieren, die 360° übertreffen. Drehen wir einen Winkel α über den Vollwinkel von 360° hinaus, so wiederholt sich das Ganze. So werden z. B. 750° wegen $750 = 360 + 360 + 30$ als zwei volle Umläufe am Einheitskreis gefolgt von einer 30°-Drehung interpretiert.
  Daher setzt man $\sin 750° = \sin 30° = 0{,}5$.
- Man kann auch negative Winkel betrachten. Die Drehung erfolgt dann am Einheitskreis rückwärts, also im Uhrzeigersinn. Dem negativen Winkel $\alpha = -60°$ entspricht der positive Winkel $\alpha = 300°$. Daher gilt z. B. $\sin(-60°) = \sin 300° = -\sin 60° \approx -0{,}8660$.

Übung 8

Errechnen Sie die folgenden trigonometrischen Werte analog zum obigen Beispiel.
Überprüfen Sie sodann direkt mithilfe des Taschenrechners.

a) $\sin 100°$ b) $\cos 220°$ c) $\tan 150°$ d) $\sin 195°$
e) $\cos 250°$ f) $\sin 315°$ g) $\tan 315°$ h) $\cos 120°$
i) $\sin 1000°$ k) $\cos 720°$ l) $\sin 585°$ m) $\sin(-120°)$

D. Praktische Berechnungen in rechtwinkligen Dreiecken

Sind zwei Seiten eines rechtwinkligen Dreiecks oder eine Seite und einer der spitzen Winkel gegeben, so sind alle anderen Teile eindeutig bestimmt und können zeichnerisch-konstruktiv oder rechnerisch mittels Tangens, Sinus und Kosinus ermittelt werden.

Beispiel: Gegeben seien die beiden Kathetenlängen $a = 6$ und $b = 4$ eines rechtwinkligen Dreiecks. Gesucht sind die Maße der restlichen Teile c, α, β.

Lösung:

Die fehlende Hypotenuse c errechnen wir konventionell mithilfe des Satzes von Pythagoras.

$$c = \sqrt{a^2 + b^2} = \sqrt{36 + 16} = \sqrt{52}$$
$$c \approx 7{,}21$$

α bestimmen wir trigonometrisch mithilfe des Tangens.

$$\tan\alpha = \frac{\text{Gk von }\alpha}{\text{Ak von }\alpha} = \frac{a}{b} = \frac{6}{4} = 1{,}5$$
$$\alpha \approx 56{,}31°$$

β bestimmen wir mithilfe des Winkelsummensatzes *oder* alternativ hierzu ebenfalls mithilfe des Tangens.

$$\beta = 180° - 90° - \alpha \approx 180° - 90° - 56{,}31°$$
$$\beta \approx 33{,}69°$$

Völlig analog gehen wir vor, wenn zwei andere Seiten gegeben sind, z. B. eine Kathete und die Hypotenuse. Es bleibt also noch darzustellen, wie man vorgeht, wenn nur eine Seite und dazu ein Winkel gegeben sind.

Beispiel: Gegeben seien die Hypotenuse $c = 9$ und der Winkel $\beta = 60°$ eines rechtwinkligen Dreiecks. Gesucht sind die Maße der restlichen Teile a, b, α.

Lösung:

Den zweiten spitzen Winkel α bestimmen wir mit dem Winkelsummensatz.

$$\alpha = 180° - 90° - \beta = 180° - 90° - 60°$$
$$\alpha = 30°$$

a errechnen wir trigonometrisch. Wir verwenden hierzu beispielsweise den Sinus.

$$\sin\alpha = \frac{\text{Gk von }\alpha}{\text{Hyp}} = \frac{a}{c}$$
$$a = c \cdot \sin\alpha = 9 \cdot \sin 30° = 9 \cdot 0{,}5 = 4{,}5$$

b errechnen wir wiederum konventionell mithilfe des Pythagoras. Alternativ hierzu wäre die trigonometrische Berechnung mittels Sinus oder Kosinus möglich.

$$b = \sqrt{c^2 - a^2} = \sqrt{81 - 20{,}25} = \sqrt{60{,}75}$$
$$b \approx 7{,}79$$

Übung 9

Errechnen Sie die fehlenden Größen im rechtwinkligen Dreieck. Verwenden Sie – soweit möglich – den Satz des Pythagoras und den Winkelsummensatz.

a) $b = 5$, $c = 7$ b) $\alpha = 40°$, $a = 5$

c) $\alpha = 20°$, $c = 10$ d) $a = 2{,}5$, $\beta = 50°$

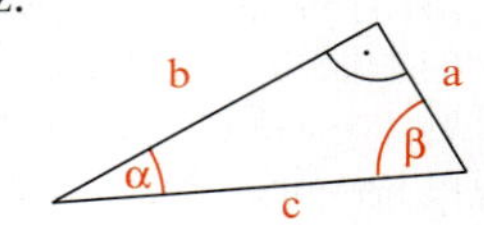

Auch in Anwendungssituationen sind die trigonometrischen Berechnungsmöglichkeiten sehr hilfreich.

Beispiel:

Eine Seilbahn steigt mit einer Geschwindigkeit von $5\,\frac{\text{km}}{\text{h}}$ von 300 m Höhe auf 800 m Höhe.
Das Seil ist ca. 8° gegen die Horizontale geneigt.
Wie lange dauert die Fahrt? Fertigen Sie zunächst eine Planskizze an.

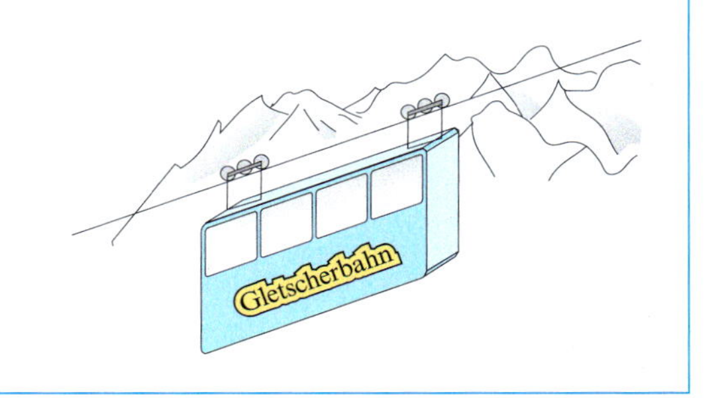

Lösung:
Wir fertigen zunächst eine Planskizze an, in die wir die gegebenen Größen $\alpha = 8°$ und $a = 800\,\text{m} - 300\,\text{m} = 500\,\text{m} = 0{,}5\,\text{km}$ einzeichnen.
Gesucht ist die Hypotenuse c des entstandenen rechtwinkligen Dreiecks, denn c ist die Entfernung vom Startpunkt zum Zielpunkt.
Wir berechnen c mithilfe des Sinus.
Resultat:
Die Fahrstrecke beträgt $c = 3593\,\text{m}$.

Hierzu benötigt man bei einer Geschwindigkeit von $5\,\frac{\text{km}}{\text{h}}$ ca. 0,7185 h.

Die Fahrt dauert also ca. 43 Minuten.

Planskizze (nicht maßstabsgetreu):

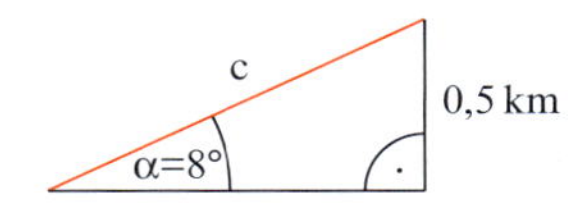

$$\sin\alpha = \frac{\text{Gk von } \alpha}{\text{Hyp}}$$

$$\sin 8° = \frac{0{,}5}{c}$$

$$c = \frac{0{,}5}{\sin 8°} \approx \frac{0{,}5}{0{,}1393} \approx 3{,}593\,\text{km}$$

$$\text{Geschwindigkeit} = \frac{\text{Weg}}{\text{Zeit}}$$

$$\text{Zeit} = \frac{\text{Weg}}{\text{Geschwindigkeit}} = \frac{3{,}593\,\text{km}}{5\,\frac{\text{km}}{\text{h}}} \approx 0{,}7185\,\text{h} \approx 43\,\text{min}$$

Übung 10

Die beiden jeweils 21 m langen Hälften einer über einen Kanal führenden Zugbrücke können 40° gegen die Horizontale geneigt werden.
Wie breit ist die freie Durchfahrt?

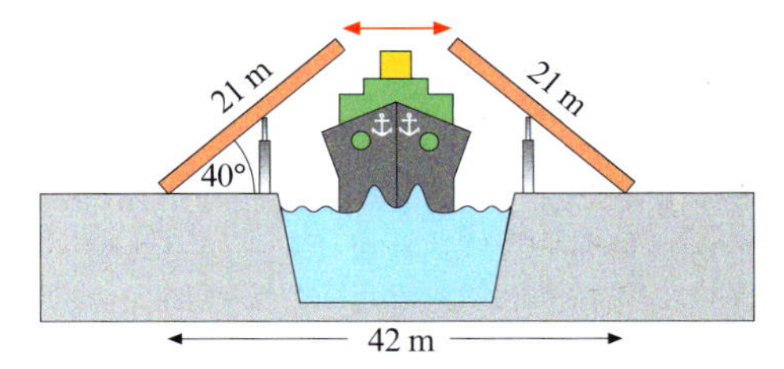

Übung 11

Der Hund Pedro – Augenhöhe 40 cm über dem Erdboden – kann seinen Blick um 80° gegen die Horizontale erheben.
Wie dicht kann er an Herrchen (Augenhöhe 1,70 m) herantreten, ohne den Blickkontakt zu verlieren?
Lösen Sie die Aufgabe auf zwei verschiedene Arten (zeichnerisch/rechnerisch).

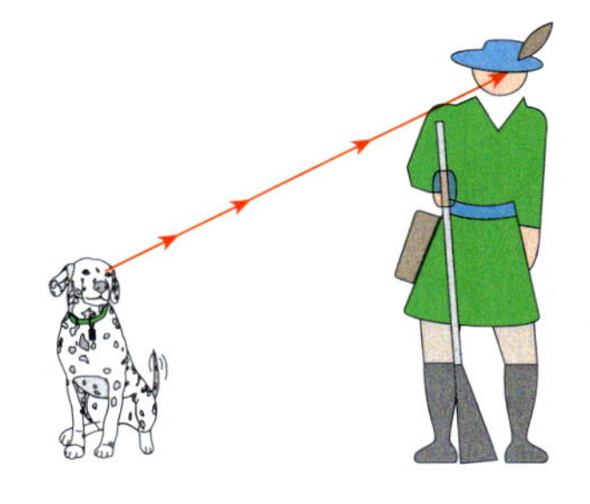

Die bisherigen Längen- und Winkelberechnungen wurden direkt am rechtwinkligen Dreieck vorgenommen. Die meisten Anwendungssituationen sind etwas komplizierter, weil ein für die trigonometrischen Berechnungen geeignetes rechtwinkliges Dreieck erst aufgefunden werden muss.

Beispiel: Die Kanten einer Pyramide können besonders leicht gemessen werden, z.B. mit einem Maßband. Die Cheopspyramide besaß ursprünglich eine nahezu quadratische Grundfläche mit einer Seitenlänge von ca. 230,4 m. Die ansteigenden Eckkanten der Pyramide waren ca. 219,2 m lang.
Unter welchem Winkel steigen die schrägen Pyramidenkanten gegen die Horizontale an? Wie hoch war die Pyramide ursprünglich?

Lösung:
Wir berechnen zunächst die Länge der Diagonalen d im Grundflächenquadrat.
Dann betrachten wir das rechtwinklige Dreieck, dessen Hypotenuse die Seitenkante s ist und dessen Katheten die Halbdiagonale $\frac{d}{2}$ sowie die Pyramidenhöhe h sind. Hieraus lässt sich $\cos\alpha$ errechnen. Mithilfe des Taschenrechners bestimmen wir nun den Winkel α.
Resultat: $\alpha \approx 42°$, also recht steil.
Die gesuchte Höhe h bestimmen wir mit dem Tangens. Resultat: $h \approx 146{,}7\,\text{m}$.

Berechnung von d:

$d^2 = a^2 + a^2$

$d = \sqrt{2} \cdot a$

$d = \sqrt{2} \cdot 230{,}4\,\text{m} \approx 325{,}83\,\text{m}$

Berechnung von α und h:

$\cos\alpha = \frac{\text{Ak von }\alpha}{\text{Hyp}}$

$\cos\alpha = \frac{d/2}{s}$

$\cos\alpha = \frac{162{,}92}{219{,}2} \approx 0{,}7432;\ \alpha \approx 41{,}99° \approx 42°$

$\tan\alpha = \frac{h}{d/2} \Rightarrow h \approx \frac{325{,}83}{2} \cdot \tan 42° \approx 146{,}7\,\text{m}$

Übung 12
Ein Heißluftballon hat einen Durchmesser von 16 m. Ein Beobachter sieht den Ballon unter dem Sehwinkel $\alpha = 1°$.
Wie groß ist der Abstand des Ballonmittelpunktes vom Beobachter? Ist eine zeichnerische Lösung sinnvoll?

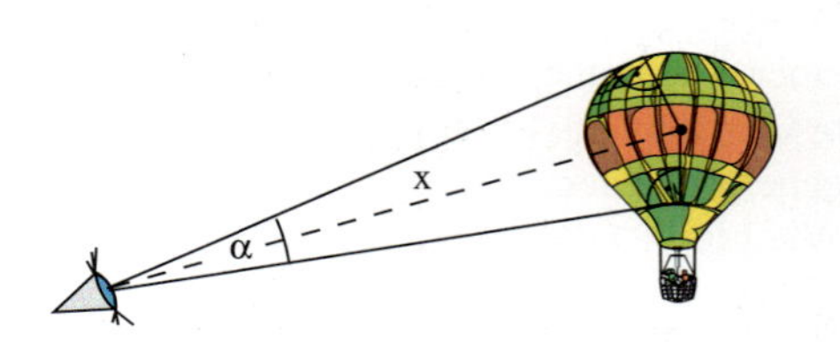

Übung 13
Innerhalb eines regelmäßigen Pentagons (Innendurchmesser a = 20 m) sollen zwei Fahnenstangen gesetzt werden. Ihr Abstand soll möglichst groß sein. Wo könnten die Stangen gesetzt werden? Wie groß ist dieser maximale Abstand?

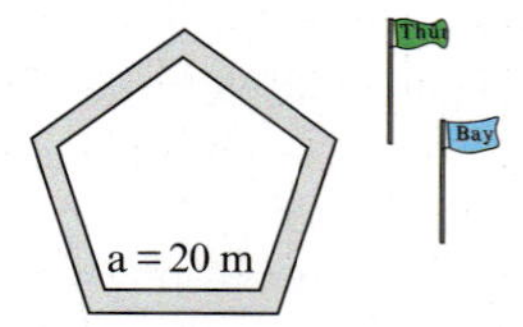

Übungen

14. a) Ermitteln Sie Näherungswerte für sin 40°, cos 40° und tan 40° zeichnerisch durch Ausmessen eines Dreiecks und Verhältnisbildung.

b) Errechnen Sie mit dem Taschenrechner auf 4 Nachkommastellen genau folgende Werte: sin 50°, cos 50°, tan 50°, sin 1°, cos 1°, tan 1°.

c) Begründen Sie am rechtwinkligen Dreieck: $\sin 45° = \frac{1}{\sqrt{2}}$, $\cos 45° = \frac{1}{\sqrt{2}}$, $\tan 45° = 1$.

d) Versuchen Sie zu begründen: $\sin 0° = 0$, $\cos 0° = 1$, $\tan 0° = 0$.

15. Gegeben sind trigonometrische Werte. Errechnen Sie mithilfe des Taschenrechners den Winkel α auf 2 Nachkommastellen.

a) $\sin\alpha = 0{,}9397$ b) $\cos\alpha = 0{,}9848$ c) $\tan\alpha = 2$ d) $\tan\alpha = 14{,}3$

16. Errechnen Sie die fehlenden Größen im rechtwinkligen Dreieck näherungsweise.

a) Hypo.: $c = 5$, Kathete: $a = 4$
b) Hypo.: $c = 7$, Winkel: $\beta = 30°$
c) Kathete: $a = 6$, Kathete: $b = 8$
d) Kathete: $a = 6$, Winkel: $\alpha = 40°$

17. Der Neigungswinkel des schiefen Turms von Pisa soll relativ genau bestimmt werden. Hierzu wird ein Seil bis zum Boden herabgelassen. Es ist 32 m lang. Der Abstand des Seilfußpunktes zum Turm wird gemessen. Er beträgt 2,47 m. Bestimmen Sie α auf zwei verschiedene Arten.

18. Ein Junge lässt seinen Drachen an einem 150 m langen Seil steigen.
Wie kann man die erreichte Höhe ermitteln? Nennen Sie verschiedene Möglichkeiten.
Wie hoch ist der Drachen, wenn das Seil um $\alpha = 60°$ gegen die Horizontale geneigt im Wind steht?

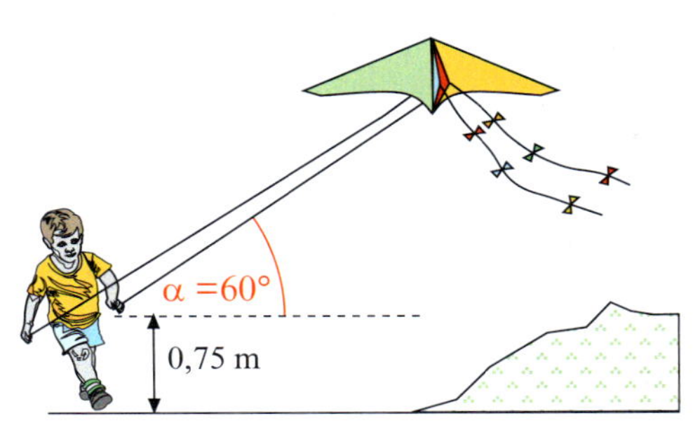

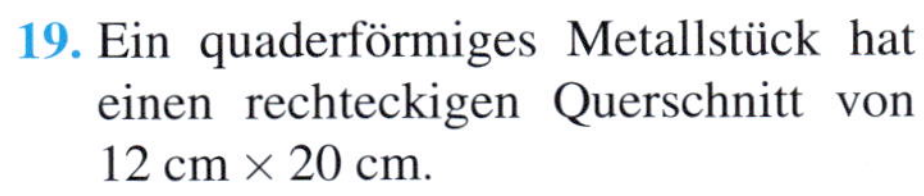

19. Ein quaderförmiges Metallstück hat einen rechteckigen Querschnitt von 12 cm × 20 cm.
Wie hoch muss das Stück sein, damit es mit einer Bohrung längs der Raumdiagonalen versehen werden kann, die einen Anstieg von 30° aufweist? Lösen Sie die Aufgabe rechnerisch und zeichnerisch.

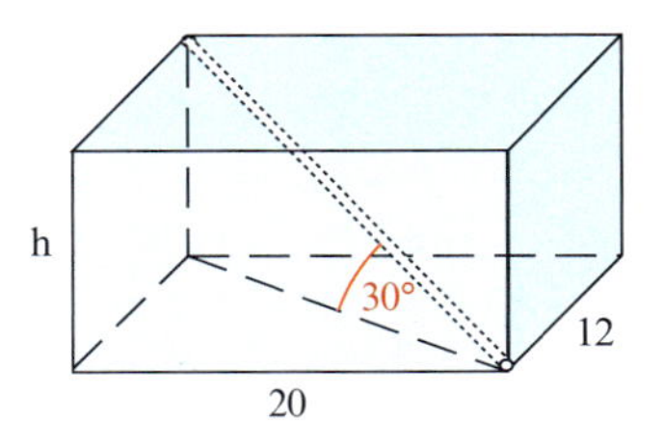

20. Eine Leiter darf nicht zu steil angestellt werden, weil sie sonst kippen kann, aber auch nicht zu flach, weil sie sonst rutscht oder bricht.
Für eine 4 m lange Leiter wird ein zulässiger Neigungsbereich von $\alpha = 68°$ bis $\alpha = 75°$ angegeben.
Ein Winkel ist aber schwer zu kontrollieren. Besser ist es, den Abstand d des Leiterfußpunktes von der Anstellwand zu berechnen. Dieser kann beim Anstellen leicht gemessen werden.
Welche Werte sind für d zulässig?
Wie hoch reicht die Leiter maximal?

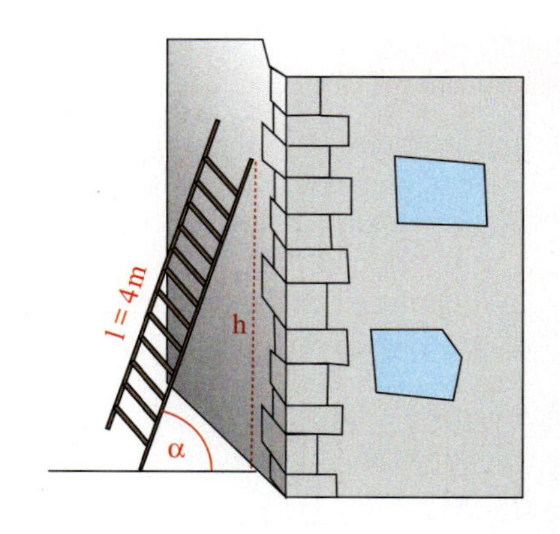

21. Der Schatten eines Aussichtsturmes ist bei einem Sonnenstand von 60° über dem Horizont 50 m lang. Wie hoch ist der Turm?

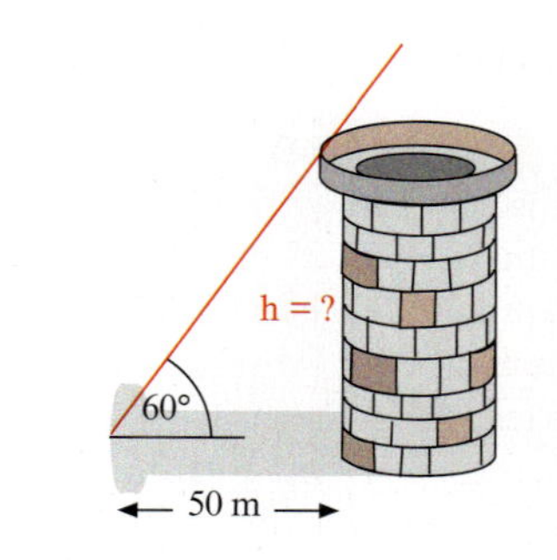

22. Ein Parallelogramm besitzt einen Innenwinkel α von 50°. Die Seitenlängen betragen 6 cm und 10 cm.
Welchen Flächeninhalt besitzt das Parallelogramm?

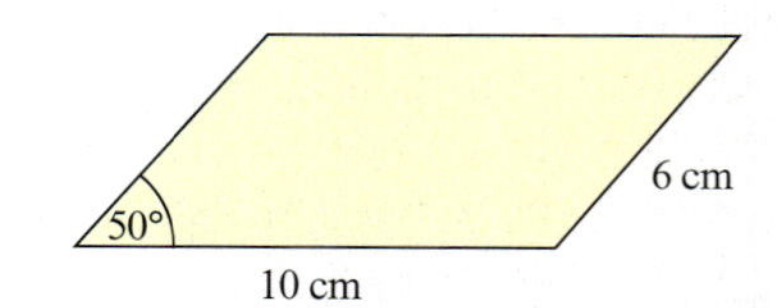

23. Unter welchem Winkel steigt die Raumdiagonale eines Würfels gegen die horizontale Ebene an?
a) Lösen Sie durch eine Rechnung.
b) Lösen Sie zeichnerisch.

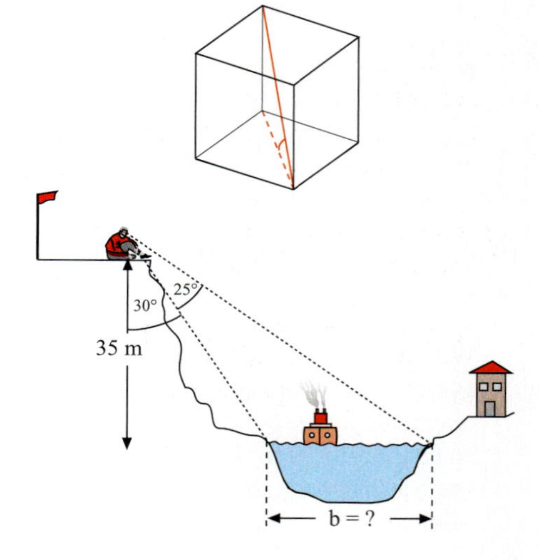

24. Ein Pfadfinder peilt von einer Klippe aus einen durch die Schlucht tosenden Fluss an. Seine Ufer beobachtet er unter einem Sehwinkel $\alpha = 25°$. Die Strecke Klippenfuß–Fluss erscheint unter $\beta = 30°$. Die Höhe der Schlucht stellt er mithilfe eines durch einen Stein beschwerten Seiles fest. Sie beträgt 35 m. Wie breit ist der Fluss?

25. Fahrradkette

Gesucht ist die Länge der abgebildeten Fahrradkette. Die Zahnräder haben die Durchmesser $D = 17{,}8$ cm und $d = 10{,}2$ cm. Der Abstand ihrer Mittelpunkte beträgt ca. $l = 45{,}7$ cm.

a) Lösen Sie die Aufgabe durch eine maßstäbliche Zeichnung.

b) Lösen Sie die Aufgabe mittels Pythagoras und trigonometrischer Berechnungen.

Vergleichen Sie die Resultate.

Skizze nicht maßstäblich

8,9 cm
45,7 cm
5,1 cm

26. Haushöhe

Ein Haus soll eine Breite von 10 m erhalten. Die lichte Geschosshöhe im Erdgeschoss soll 262,5 cm betragen. Die Erdgeschossdecke hat eine Stärke von 20 cm. Als Dachauflager dienen zwei seitlich verlaufende Drempel, die 24 cm stark und 80 cm hoch sind. Das Dach soll eine Neigung von $\alpha = 38°$ gegen die Horizontale aufweisen. Die Dachhaut ist 24 cm dick. Gesucht ist die Firsthöhe h des Hauses.

a) Lösen Sie die Aufgabe durch eine Zeichnung, z. B. im Maßstab 1:100.

b) Lösen Sie die Aufgabe so exakt wie möglich durch eine Rechnung.

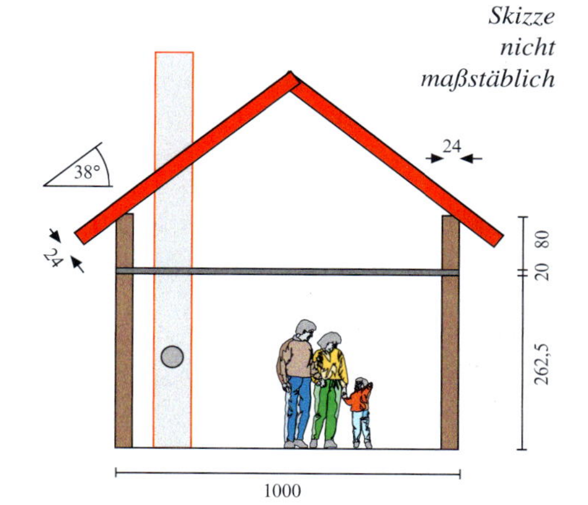

27. Zeltdachkehle

Zwei Mannschaftszelte, deren Querschnitte gleichseitige Dreiecke mit der Seitenlänge $s = 2$ m sind, durchdringen sich rechtwinklig, wie abgebildet. Dabei entsteht eine schräg verlaufende Dachkehle k.

Unter welchem Winkel α steigt die Kehllinie k gegen die Horizontale an und wie lang ist die Kehlline?

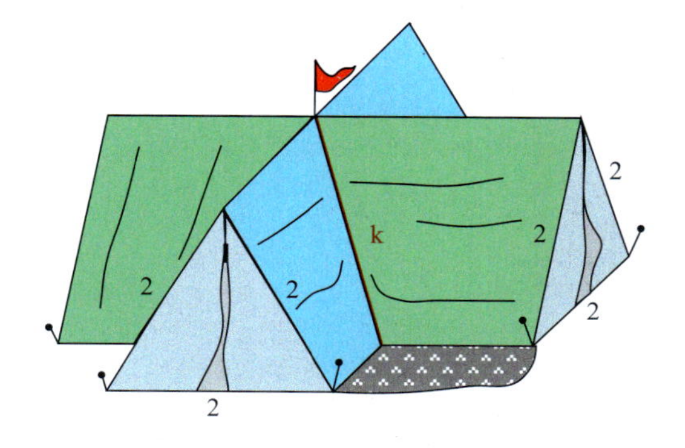

2. Exkurs: Eigenschaften von Sinus und Kosinus

A. Trigonometrische Formeln

Wir leiten nun in knapper Form einige trigonometrische Formeln her, die häufig gebraucht werden, z.B. beim Lösen von Anwendungsaufgaben oder bei trigonometrischen Beweisen. Wir beschränken uns dabei auf die Betrachtung spitzer Winkel. Die Formeln gelten jedoch uneingeschränkt für beliebige Winkel, was man am Einheitskreis nachweisen kann.

Der Komplementwinkelsatz
α sei ein spitzer Winkel ($0° \leq \alpha \leq 90°$). Dann gelten folgende Beziehungen:
$\sin\alpha = \cos(90° - \alpha)$, $\quad \cos\alpha = \sin(90° - \alpha)$.

Beweis:
Im rechtwinkligen Dreieck gilt nach nebenstehender Rechnung: $\sin\alpha = \cos\beta$.
Da α und β dort Komplementwinkel sind, sich also zu 90° ergänzen, gilt $\beta = 90° - \alpha$, sodass insgesamt $\sin\alpha = \cos(90° - \alpha)$ folgt.
Die zweite Komplementwinkelbeziehung $\cos\alpha = \sin(90° - \alpha)$ beweist man völlig analog.

$\alpha + \beta = 90°$
$\beta = 90° - \alpha$

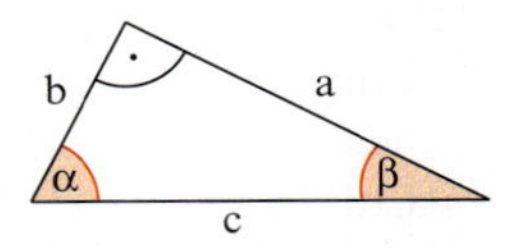

$$\left.\begin{array}{l} \sin\alpha = \frac{\text{Gk von }\alpha}{\text{Hyp}} = \frac{a}{c} \\ \cos\beta = \frac{\text{Ak von }\beta}{\text{Hyp}} = \frac{a}{c} \end{array}\right\} \Rightarrow \sin\alpha = \cos\beta$$

Der trigonometrische Pythagoras
α sei ein spitzer Winkel ($0° \leq \alpha \leq 90°$).
Dann gilt die nebenstehende Formel, die als trigonometrischer Pythagoras bezeichnet wird.

$$\sin^2\alpha + \cos^2\alpha = 1$$
d.h.
$$(\sin\alpha)^2 + (\cos\alpha)^2 = 1$$

Beweis:
In einem rechtwinkligen Dreieck mit der Hypotenuse $c = 1$ sind die Kathetenlängen exakt gleich $\sin\alpha$ und $\cos\alpha$.
Daher gilt nach dem Satz des Pythagoras die Formel $(\sin\alpha)^2 + (\cos\alpha)^2 = 1$

$\sin\alpha = \frac{a}{c} = a$

$\cos\alpha = \frac{b}{c} = b$

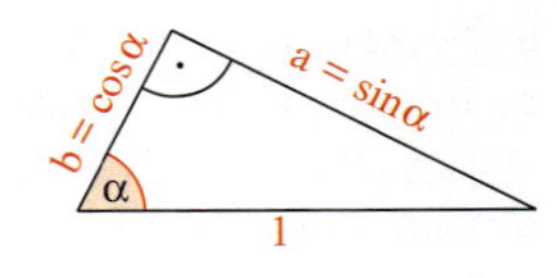

$$(\sin\alpha)^2 + (\cos\alpha)^2 = a^2 + b^2 = 1^2 = 1$$

Übung 1
Beweisen Sie die Formeln.
a) $\tan\alpha = \frac{\sin\alpha}{\cos\alpha}$ $\quad (0° \leq \alpha < 90°)$
b) $(\sin\alpha)^2 - (\cos\alpha)^2 = 2(\sin\alpha)^2 - 1$ $\quad (0° \leq \alpha \leq 90°)$

Übung 2
Vereinfachen Sie die Terme $\cos\alpha \cdot (1 + (\tan\alpha)^2)$ und $\frac{\cos(90° - \alpha) - 1}{1 + \sin(-\alpha)}$.

Bei zahlreichen trigonometrischen Umrechnungen werden die folgenden Formeln benötigt, die Sinus und Kosinus von Summen auf Sinus und Kosinus der Summanden zurückführen und daher als ***Additionstheoreme*** bezeichnet werden.

Additionstheoreme des Sinus	**Additionstheoreme des Kosinus**
$\sin(\alpha+\beta) = \sin\alpha\cdot\cos\beta + \cos\alpha\cdot\sin\beta$	$\cos(\alpha+\beta) = \cos\alpha\cdot\cos\beta - \sin\alpha\cdot\sin\beta$
$\sin(\alpha-\beta) = \sin\alpha\cdot\cos\beta - \cos\alpha\cdot\sin\beta$	$\cos(\alpha-\beta) = \cos\alpha\cdot\cos\beta + \sin\alpha\cdot\sin\beta$

Wichtig sind auch die folgenden Formeln, die ebenfalls für beliebige Winkel gelten.

Symmetrieformeln	**Verschiebungsformeln**
$\sin(-\alpha) = -\sin\alpha$	$\sin(\alpha+90°) = \cos\alpha$
$\cos(-\alpha) = \cos\alpha$	$\cos(\alpha+90°) = -\sin\alpha$

Übung 3

a) Begründen Sie die Symmetrieformeln durch eine Betrachtung am Einheitskreis.
b) Beweisen Sie die Verschiebungsformeln mithilfe der Additionstheoreme.

Doppelwinkelformel für Sinus	**Doppelwinkelformeln für Kosinus**
	$\cos(2\alpha) = \cos^2\alpha - \sin^2\alpha$
$\sin(2\alpha) = 2\cdot\sin\alpha\cdot\cos\alpha$	$\cos(2\alpha) = 2\cos^2\alpha - 1$
	$\cos(2\alpha) = 1 - 2\sin^2\alpha$

Übung 4

a) Beweisen Sie die Doppelwinkelformel für Sinus mithilfe des Additionstheorems des Sinus.
b) Beweisen Sie die erste Doppelwinkelformel für Kosinus mithilfe des Additionstheorems des Kosinus.
c) Leiten Sie die zweite und dritte Doppelwinkelformel für Kosinus aus der ersten Formel her.

Übung 5

a) Leiten Sie das zweite Additionstheorem des Sinus aus dem ersten Additionstheorem unter Verwendung weiterer Formeln her.
b) Leiten Sie das zweite Additionstheorem des Kosinus aus dem ersten Additionstheorem her.

Übungen

6. Berechnen Sie mithilfe der Additionstheoreme die folgenden Terme.

a) $\sin(\alpha - 90°)$
b) $\cos(\alpha - 90°)$
c) $\sin(\alpha + 180°)$
d) $\cos(\alpha + 180°)$

7. a) Leiten Sie eine Formel her, die $\sin(3\alpha)$ auf $\sin\alpha$ und $\cos\alpha$ zurückführt.
b) Gesucht ist eine Formel, die $\cos(3\alpha)$ auf $\sin\alpha$ und $\cos\alpha$ zurückführt.

8. Zeigen Sie, dass für $0° \leq \alpha < 90°$ die Formel $1 + \tan^2\alpha = \frac{1}{\cos^2\alpha}$ gilt.

9. Beweisen Sie mithilfe der Additionstheoreme die Gültigkeit der folgenden Produktformeln.

a) $\sin\alpha \cdot \cos\beta = \frac{1}{2}\sin(\alpha - \beta) + \frac{1}{2}\sin(\alpha + \beta)$

b) $\sin\alpha \cdot \sin\beta = \frac{1}{2}\cos(\alpha - \beta) - \frac{1}{2}\cos(\alpha + \beta)$

c) $\cos\alpha \cdot \cos\beta = \frac{1}{2}\cos(\alpha - \beta) + \frac{1}{2}\cos(\alpha + \beta)$

10. Halbwinkelformeln

a) Beweisen Sie die Formel $\sin\left(\frac{\alpha}{2}\right) = \pm\sqrt{\frac{1}{2} \cdot (1 - \cos\alpha)}$.

b) Beweisen Sie die Formel $\cos\left(\frac{\alpha}{2}\right) = \pm\sqrt{\frac{1}{2} \cdot (1 + \cos\alpha)}$.

11. Leiten Sie die folgenden Formeln her, indem Sie die Definition des Tangens als Quotienten von Sinus und Kosinus verwenden.

a) $\tan(\alpha + \beta) = \frac{\tan\alpha + \tan\beta}{1 - \tan\alpha \cdot \tan\beta}$ (***Additionstheorem des Tangens***)

b) $\tan(2\alpha) = \frac{2 \cdot \tan\alpha}{1 - \tan^2\alpha}$ (***Doppelwinkelformel für Tangens***)

12. Zeigen Sie, dass die Formel $\tan(\alpha + 45°) = \frac{1 + \tan\alpha}{1 - \tan\alpha}$ gilt.
Verwenden Sie das Additionstheorem des Tangens aus Übung 11 a.

13. Beweisen Sie die Formel $\tan(90° - \alpha) = \frac{1}{\tan\alpha}$.

14. Vereinfachen Sie die folgenden Terme:

a) $\frac{\sin(2\alpha)}{2\cos\alpha}$
b) $\frac{\cos(2\alpha)}{1 - \tan^2\alpha}$
c) $2\sin^2\alpha + \cos^4\alpha - \sin^4\alpha$
d) $\frac{\cos(2\alpha) + 1 - 2\cos\alpha}{\cos\alpha - 1}$

B. Die exakte Bestimmung einiger trigonometrischer Werte

Für einige Winkel α können die Werte $\sin\alpha$, $\cos\alpha$ und $\tan\alpha$ durch trigonometrische Betrachtungen am Dreieck exakt bestimmt werden.

Beispiel: Gesucht sind die exakten Werte von $\sin 30°$ und $\cos 30°$.

Lösung:

Berechnung von sin 30°:

Wir betrachten ein gleichseitiges Dreieck. Alle Innenwinkel haben das gleiche Maß von 60°. Wir halbieren das Dreieck durch eine Höhe h. Es entstehen rechtwinklige Teildreiecke mit spitzen Winkeln von 30° und 60°.

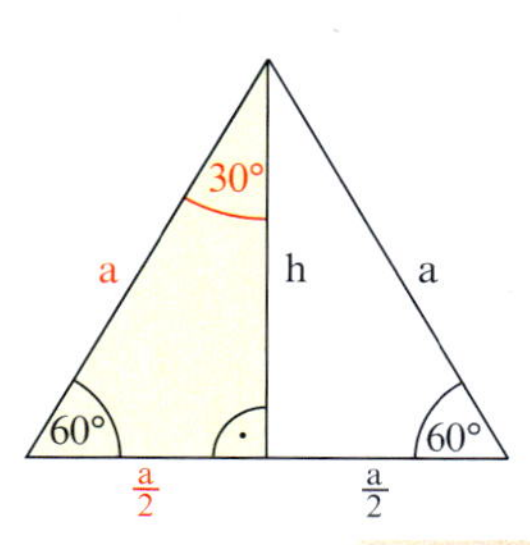

Es gilt: $\sin 30° = \frac{Gk}{Hyp} = \frac{a/2}{a} = \frac{1}{2}$.

Analog folgt: $\cos 60° = \frac{Ak}{Hyp} = \frac{a/2}{a} = \frac{1}{2}$.

$\sin 30° = \frac{1}{2}$

$\cos 60° = \frac{1}{2}$

Berechnung von cos 30°:

Der Wert von cos 30° kann mit der gleichen Herleitungsfigur gewonnen werden. Zunächst berechnen wir die Höhe h nach dem Satz des Pythagoras: $h = \frac{\sqrt{3}}{2}a$.

$$h^2 = a^2 - \left(\frac{a}{2}\right)^2 = \frac{3}{4}a^2$$

$$h = \frac{\sqrt{3}}{2}a$$

Nun gilt $\cos 30° = \frac{Ak}{Hyp} = \frac{h}{a} = \frac{\frac{\sqrt{3}}{2}a}{a} = \frac{\sqrt{3}}{2}$.

sin 60° hat den gleichen Wert:

$\sin 60° = \frac{Gk}{Hyp} = \frac{h}{a} = \frac{\sqrt{3}}{2}$.

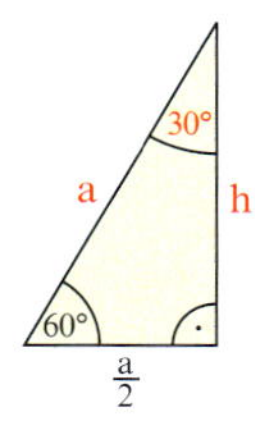

$\cos 30° = \frac{\sqrt{3}}{2}$

$\sin 60° = \frac{\sqrt{3}}{2}$

Übung 15

a) Betrachten Sie ein gleichschenklig-rechtwinkliges Dreieck, um die exakten Werte von $\sin 45°$ und $\cos 45°$ zu bestimmen.

b) Gesucht sind die exakten Werte von $\tan 30°$, $\tan 45°$ und $\tan 60°$.

Übung 16

Gesucht sind die exakten Seitenlängen der abgebildeten Dreiecke.

a)

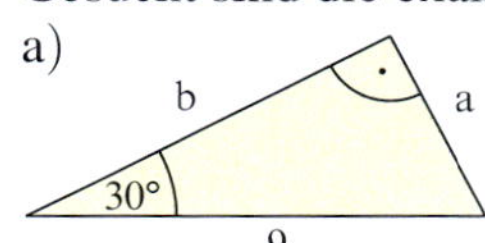

b)

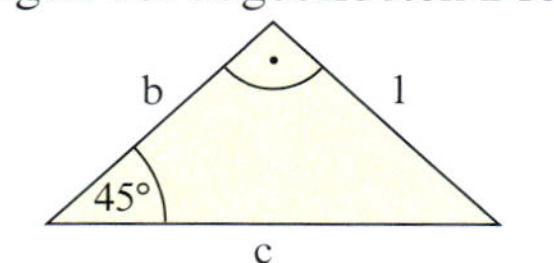

c)

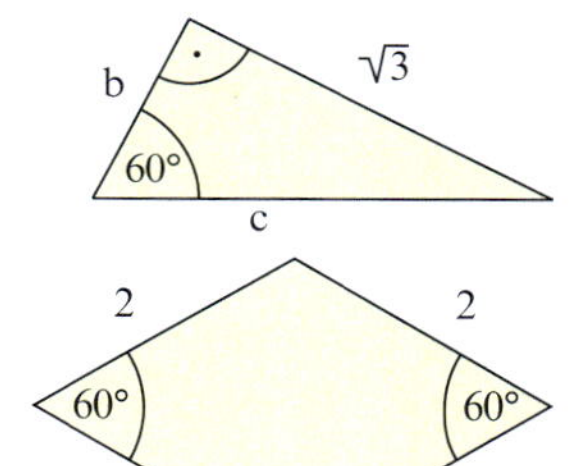

Übung 17

Gegeben ist eine Raute mit der Seitenlänge 2. Der kleinere der Innenwinkel beträgt 60°. Wie lang sind die Diagonalen der Raute? Wie groß ist der Flächeninhalt der Raute?

3. Exkurs: Längen und Winkel in beliebigen Dreiecken

Auch in nicht rechtwinkligen Dreiecken kann man trigonometrische Berechnungen vornehmen, indem man sie durch eine Höhe in zwei rechtwinklige Dreiecke zerlegt.

Beispiel: Gegeben sind die Seiten $a = 6$ cm und $b = 4$ cm eines Dreiecks sowie der a gegenüberliegende Winkel $\alpha = 40°$.
Gesucht ist der Winkel β.

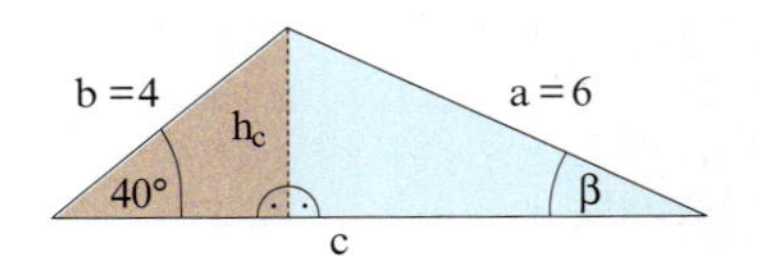

Lösung:
Durch Einzeichnen der Höhe h_c wird das Dreieck in zwei rechtwinklige Teildreiecke zerlegt. In diesen Teildreiecken stellen wir die Formeln für $\sin\alpha$ bzw. $\sin\beta$ auf und lösen diese nach h_c auf. Wir erhalten zwei Darstellungen für h_c, die wir gleichsetzen.
Es entsteht die Gleichung $b \cdot \sin\alpha = a \cdot \sin\beta$, aus der wir zunächst $\sin\beta$ und sodann den gesuchten Winkel β errechnen können, da die restlichen Größen a, b und α gegeben sind.

$\sin\alpha = \frac{h_c}{b}$ | $\sin\beta = \frac{h_c}{a}$

$h_c = b \cdot \sin\alpha$ | $h_c = a \cdot \sin\beta$

$$b \cdot \sin\alpha = a \cdot \sin\beta$$
$$\sin\beta = \frac{b \cdot \sin\alpha}{a}$$
$$\sin\beta = \frac{4 \cdot \sin 40°}{6}$$
$$\sin\beta \approx 0{,}4285$$
$$\beta \approx 25{,}37°$$

A. Der Sinussatz

Man kann die oben angewandte Methode verallgemeinern und erhält dann eine sehr brauchbare Formel, den sogenannten ***Sinussatz***.

In einem beliebigen Dreieck sind die drei Verhältnisse aus einer Seite und dem Sinus des gegenüberliegenden Winkels gleich.

Der Sinussatz

$$\frac{a}{\sin\alpha} = \frac{b}{\sin\beta} = \frac{c}{\sin\gamma}$$

Beweis (nur für spitzwinklige Dreiecke):
Wie im Beispiel zerlegen wir ein beliebiges Dreieck durch die Höhe h_c in zwei rechtwinklige Dreiecke und stellen die Formeln für $\sin\alpha$ und $\sin\beta$ auf, lösen die Formeln nach h_c auf und setzen die beiden Terme gleich. Wir erhalten die Produktgleichung $b \cdot \sin\alpha = a \cdot \sin\beta$, die wir zur Verhältnisgleichung $\frac{a}{\sin\alpha} = \frac{b}{\sin\beta}$ umformen.
Nun teilen wir das Dreieck durch eine weitere Höhe, z. B. durch h_b, auf und wiederholen das Ganze analog. Wir erhalten nun $\frac{a}{\sin\alpha} = \frac{c}{\sin\gamma}$.
Durch Zusammenfassen der beiden Verhältnisgleichheiten zu einer Doppelgleichheit erhalten wir den Sinussatz.

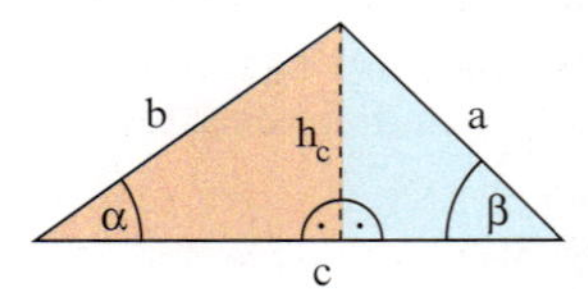

$\sin\alpha = \frac{h_c}{b}$ | $\sin\beta = \frac{h_c}{a}$

$h_c = b \cdot \sin\alpha$ | $h_c = a \cdot \sin\beta$

$$b \cdot \sin\alpha = a \cdot \sin\beta$$
$$\frac{a}{\sin\alpha} = \frac{b}{\sin\beta}$$

Analog: $\frac{a}{\sin\alpha} = \frac{c}{\sin\gamma}$

Insgesamt: $\frac{a}{\sin\alpha} = \frac{b}{\sin\beta} = \frac{c}{\sin\gamma}$

B. Anwendungen des Sinussatzes

Der Sinussatz kann sehr häufig zu praktischen Berechnungen an beliebigen Dreiecken herangezogen werden.

Er ist immer dann anwendbar, wenn in einer seiner Verhältnisgleichungen drei der vier in diesen enthaltenen Dreiecksgrößen gegeben oder bekannt sind.

Das ist im Prinzip dann der Fall, wenn einer der rechts aufgeführten Dreieckskonstruktionsfälle vorliegt.

*Wenden Sie den **Sinussatz** an, wenn folgende Dreiecksgrößen gegeben oder bekannt sind:*

1. *Zwei Winkel und eine Seite (**WWS** oder **WSW**)*
2. *Zwei Seiten und der Gegenwinkel einer der Seiten (**SSW**)*

Beispiel: An einer Küste stehen zwei Stationen A und B der Seewacht im Abstand von 20 km. Sie peilen ein vor der Küste liegendes Segelschiff C an. Die Beobachter auf A sehen das Schiff $\alpha = 30°$ nordwestlich von B liegen. Die Beobachter auf der Station B messen einen Winkel $\beta = 50°$ zwischen der Station A und dem Schiff.
Wie weit ist das Schiff von den Stationen entfernt?

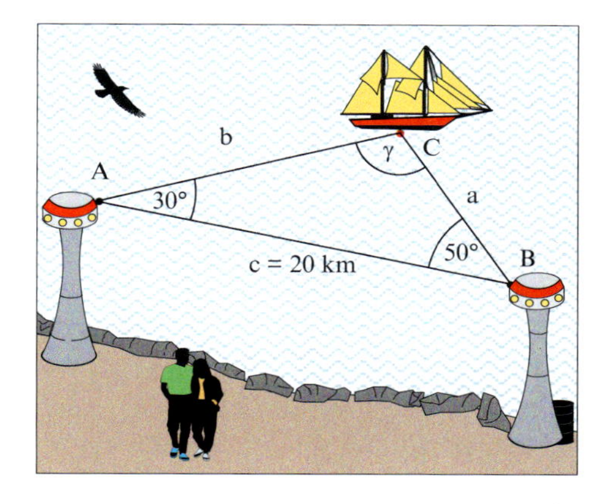

Lösung:
Zwei Winkel ($\alpha = 30°$, $\beta = 50°$) und eine Seite ($c = 20$ km) sind gegeben. Der Sinussatz ist also anwendbar (WSW).
Allerdings muss zuerst noch der dritte Winkel γ erschlossen werden.
Nach dem Winkelsummensatz ist

$$\gamma = 180° - 30° - 50° = 100°.$$

Nun ist die Sinussatzformel $\frac{a}{\sin\alpha} = \frac{c}{\sin\gamma}$ anwendbar, um a zu errechnen.
Resultat: $a \approx 10{,}15$ km
Analog kann b mit der Sinussatzformel $\frac{b}{\sin\beta} = \frac{c}{\sin\gamma}$ errechnet werden.
Resultat: $b \approx 15{,}56$ km

geg.: $\alpha = 30°$, $\beta = 50°$, $c = 20$ km
zusätzlich erschließbar: $\gamma = 100°$

Formel: $\frac{a}{\sin\alpha} = \frac{c}{\sin\gamma}$

Rechnung:

$$a = \frac{c \cdot \sin\alpha}{\sin\gamma}$$

$$= \frac{20 \cdot \sin 30°}{\sin 100°} \approx \frac{20 \cdot 0{,}5}{0{,}9848} \approx 10{,}15 \text{ km}$$

Übung 1

Errechnen Sie die fehlenden Größen in einem Dreieck ABC, dessen folgende Größen gegeben sind.

a) $\alpha = 30°$, $\beta = 40°$, $b = 6$ cm
b) $\gamma = 110°$, $\alpha = 50°$, $b = 5$ cm
c) $\alpha = 60°$, $\beta = 50°$, $c = 6$ cm

Übung 2

Gesucht ist der Flächeninhalt des Dreiecks.

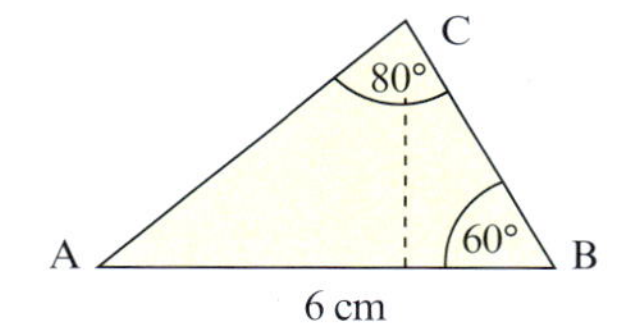

Beispiel:

Alphacity und Betatown sind durch eine Bahnlinie verbunden, die über den Knotenpunkt Gammaville führt. Gammaville liegt 40 km exakt südwestlich von Betatown. Alphacity liegt genau westlich von Betatown und ist 60 km von Gammaville entfernt. Ein neuer Tunnel macht eine Direktverbindung von Alphacity nach Betatown möglich.
Wie lang ist diese Verbindungsstrecke?

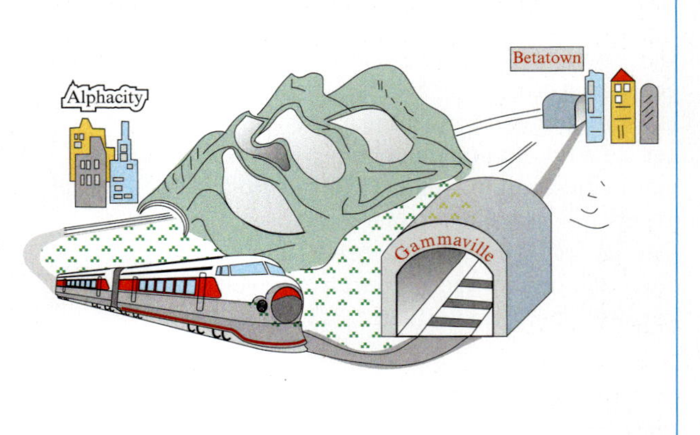

Lösung:
Gegeben sind zwei Seiten $a = 40$ km und $b = 60$ km. Da Gammaville exakt im Südwesten von Betatown liegt, ist auch $\beta = 45°$ gegeben. Es liegt der Fall SSW vor. Daher ist der Sinussatz anwendbar.

Die gesuchte Streckenlänge c kann jedoch nicht unmittelbar errechnet werden, da der Winkel γ nicht bekannt ist. Wir errechnen daher zunächst den Winkel α mithilfe des Sinussatzes: $\alpha \approx 28{,}13°$.

Nun bestimmen wir den Winkel γ nach dem Winkelsummensatz. Resultat: $\gamma \approx 106{,}87°$.

Jetzt endlich können wir die gesuchte Entfernung c bestimmen, wiederum mithilfe des Sinussatzes.
Die gesuchte Streckenlänge der Direktverbindung von Alphacity und Betatown beträgt danach ca. $c \approx 81{,}20$ km.
Dies spart knapp 19 km gegenüber der alten Streckenführung.

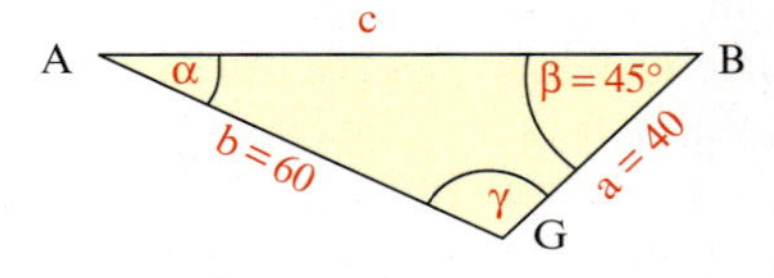

1. Berechnung von a:

$$\frac{a}{\sin\alpha} = \frac{b}{\sin\beta}$$

$$\sin\alpha = \frac{a}{b} \cdot \sin\beta$$

$$\sin\alpha = \frac{40}{60} \cdot \sin 45° \approx 0{,}4714$$

$$\alpha \approx 28{,}13°$$

2. Berechnung von γ:

$$\gamma = 180° - \alpha - \beta \approx 106{,}87°$$

3. Berechnung von c:

$$\frac{c}{\sin\gamma} = \frac{b}{\sin\beta}$$

$$c = \frac{b}{\sin\beta} \cdot \sin\gamma$$

$$c \approx \frac{60}{\sin 45°} \cdot \sin 106{,}87°$$

$$c \approx \frac{60}{0{,}7071} \cdot 0{,}9570 \approx 81{,}20 \text{ km}$$

Übung 3

Bei einem Bergrennen müssen die Radfahrer zunächst einen 5 km langen Anstieg überwinden, dessen mittlere Steigung ca. 21,26 % beträgt, was einem Anstiegswinkel von 12° entspricht. Die anschließende Abfahrt ist 8 km lang.
Wie groß ist die Steigung der Abfahrtsstrecke? Wie groß ist die Luftlinienentfernung von Start und Ziel?

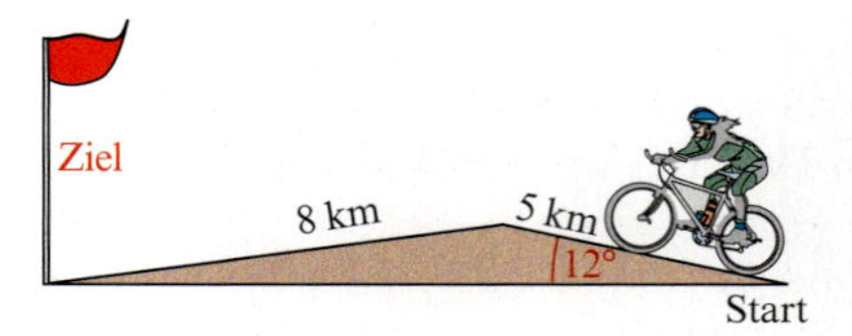

Im vorhergenden Beispiel waren im Fall SSW zwei Seiten und der Gegenwinkel der größeren Seite gegeben. Sind zwei Seiten und der Gegenwinkel der kleineren Seite gegeben, so muss man mit etwas mehr Überlegung vorgehen, da es dann sowohl *eine Lösung* als auch *zwei Lösungen* oder gar *keine Lösung* geben kann.

Beispiel: Von einem Dreieck sind die Seiten $a = 5$, $c = 4$ sowie der Winkel $\gamma = 50°$ bekannt. Wie lauten die fehlenden Winkel?

Lösung:
Mithilfe des Sinussatzes können wir zunächst den Sinus des Winkels α bestimmen. Es ergibt sich $\sin\alpha \approx 0{,}9576$.
Errechnen wir nun hieraus mit dem Taschenrechner den Winkel α, so erhalten wir $\alpha = 73{,}25°$.
Es gilt jedoch die Beziehung

$$\sin(180° - \alpha) = \sin\alpha.$$

Also besitzt der Winkel

$$\alpha' = 180° - 73{,}25° = 106{,}75°$$

exakt den gleichen Sinuswert wie der Winkel $\alpha = 73{,}25°$, nämlich 0,9576.
Daher gibt es zwei Lösungen für α, woraus sich dann jeweils ein zugehöriger Wert für β ergibt.
Wir erhalten also hier keine eindeutige Lösung, sondern es gibt zwei Lösungsdreiecke, die sich stark unterscheiden: Ein Dreieck ist spitzwinklig, das andere dagegen stumpfwinklig. Rechts werden die Dreiecke zum Zwecke der Veranschaulichung dargestellt.

Berechnung von α:

$\frac{a}{\sin\alpha} = \frac{c}{\sin\gamma}$, $\quad \sin\alpha = \sin\gamma \cdot \frac{a}{c}$

$\sin\alpha = \sin 50° \cdot \frac{5}{4} \approx 0{,}9576$

$\alpha \approx 73{,}25°$ (Taschenrechner)

oder

$\alpha' \approx 180° - 73{,}25° \approx 106{,}75°$

Berechnung von β:

$\beta = 180° - \gamma - \alpha$
$\quad \approx 180° - 50° - 73{,}25° \approx 56{,}75°$

oder

$\beta' = 180° - \gamma - \alpha'$
$\quad \approx 180° - 50° - 106{,}75° \approx 23{,}25°$

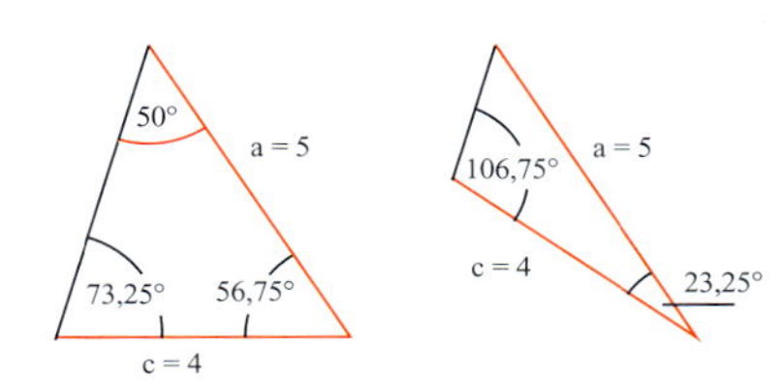

Übung 4

In den folgenden Aufgaben zur Dreiecksbestimmung kann es vorkommen, dass nicht nur eine Lösung existiert, sondern gegebenenfalls auch zwei Lösungsdreiecke oder keines.
Lösen Sie die Aufgaben im Zweifelsfall zusätzlich auch zeichnerisch.

a) $a = 4$, $b = 8$, $\alpha = 20°$
b) $a = 4$, $b = 8$, $\alpha = 50°$
c) Wie muss der Winkel α in einem Dreieck mit $a = 4$ und $b = 8$ gewählt werden, damit das Dreieck *eindeutig bestimmt* ist? Welche Maße hat es dann? Lösen Sie zeichnerisch und rechnerisch.

Übung 5

An einem Kai ist ein 8 m langer feststehender Ausleger montiert, an dem ein vertikal frei drehbarer 6 m langer Schwenkarm angebracht ist. Der Ausleger steht 40° gegenüber der Horizontalen geneigt. Für welche Winkel γ berührt der Schwenkarm die Wasseroberfläche (zeichnerisch/rechnerisch)?

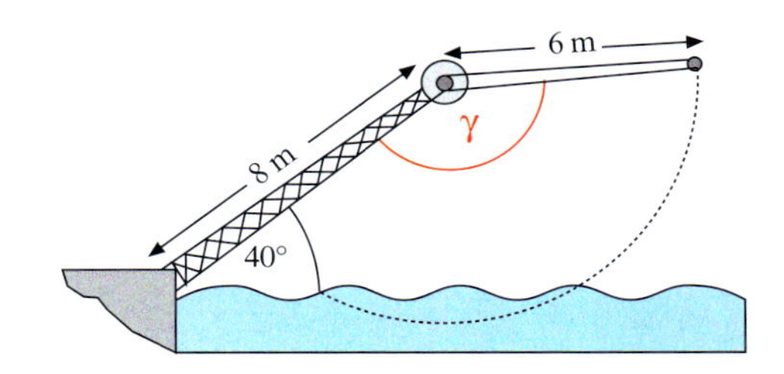

Übungen zum Sinussatz

6. Bestimmen Sie die fehlenden Größen im Dreieck ABC.

a) 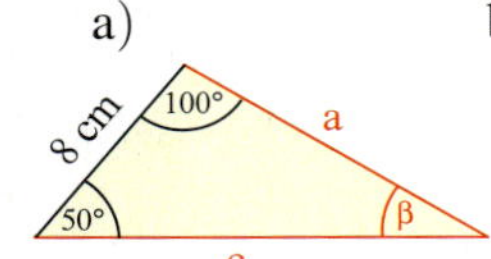

b) 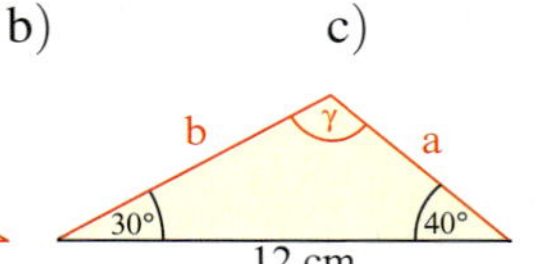

c) 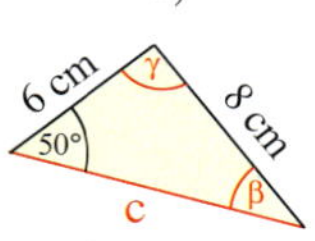

d) 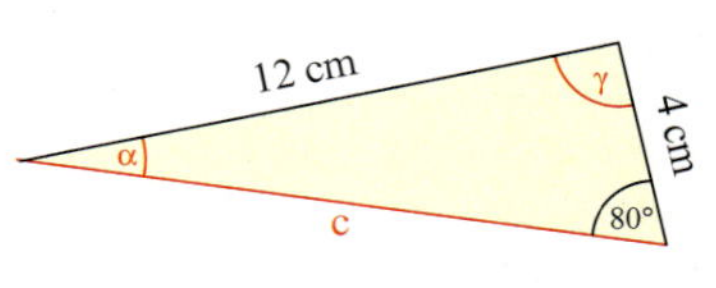

7. In welchen der folgenden Konstruktionsfälle ist der Sinussatz direkt anwendbar: WWS, WSW, SSS, SWS, SSW?

8. Bestimmen Sie die fehlenden Größen im Dreieck ABC.

a) $a = 8\,\text{cm}$, $\beta = 40°$, $\gamma = 60°$

b) $\alpha = 60°$, $\gamma = 70°$, $a = 10\,\text{cm}$

c) $a = 8\,\text{cm}$, $b = 12\,\text{cm}$, $\beta = 120°$

d) $a = 4\,\text{cm}$, $c = 6\,\text{cm}$, $\gamma = 80°$

9. Sind zwei Seiten und der Gegenwinkel der kleineren Seite gegeben, so kann es *keine*, *eine* oder *zwei* Lösungen geben. Untersuchen Sie dies für die folgenden Fälle zeichnerisch und rechnerisch.

a) $a = 9\,\text{cm}$, $b = 10\,\text{cm}$, $\alpha = 60°$

b) $b = 6\,\text{cm}$, $c = 8\,\text{cm}$, $\beta = 80°$

c) $\beta = 30°$, $b = 3\,\text{cm}$, $a = \sqrt{27}\,\text{cm}$

d) $b = 4\,\text{cm}$, $c = 6\,\text{cm}$, $\beta = 25°$

10. Die Entfernung des Berges C von den beiden Expeditionslagern A und B soll bestimmt werden.
Die Lager sind 300 m voneinander entfernt. Der Winkel ∢CAB wird mit 60° und der Winkel ∢CBA mit 110° gepeilt.

11. Die Ortschaften A und C sind durch eine 8 km lange Straße verbunden.
Vom Kirchturm von A kann man den Kirchturm von C sehen.
Der Winkel ∢DAC wird gemessen.
Er beträgt 30°. Analog werden die Winkel ∢CAB = 40°, ∢BCA = 25° und ∢DCA = 50° gemessen.

Bestimmen Sie die Entfernungen zwischen den Ortschaften.

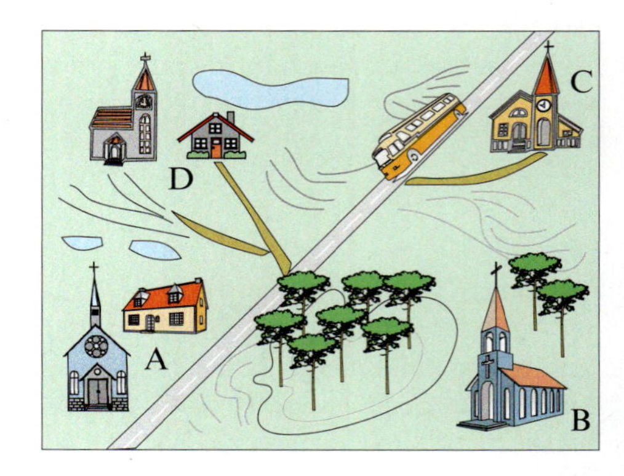

C. Der Kosinussatz

Vor ca. 100 Millionen Jahren bevölkerten die Dinosaurier die Erde. Sie beherrschten das Land für lange Zeit. Doch dann begann das Klima sich zu ändern, vermutlich durch eine Katastrophe kosmischen Ausmaßes. Die Lebensbedingungen wurden immer schwieriger und die Saurier starben aus, lange bevor der Mensch auf der Bildfläche erschien.

Geblieben sind nur noch steinerne Zeugen ihrer Existenz, versteinerte Skelette und vor allem versteinerte Fährten (Fußspuren) der Saurier.

Aus den Fußspuren können die Urzeitforscher – die Paläontologen – auf den Körperbau, die Bewegungsdynamik und die Laufgeschwindigkeit der Saurier schließen. Dazu werden der lange Schritt c, die kurzen Schritte a und b sowie der Schrittwinkel γ vermessen. Kurze und lange Schritte kann man ohne Weiteres mit einem Maßband messen, doch der Schrittwinkel γ ist im Gelände wegen der Größe der Saurierspur nur umständlich zu messen. Die Paläontologen sind daher froh, dass es eine trigonometrische Formel gibt, welche die nachträgliche Berechnung des Schrittwinkels ermöglicht, sodass die lästige Winkelmessung unterbleiben kann.

Die Formel ähnelt dem Satz des Pythagoras und wird als ***Kosinussatz*** *bzw.* ***verallgemeinerter Satz des Pythagoras*** *bezeichnet. Wir formulieren sie zunächst, bevor wir sie beweisen.*

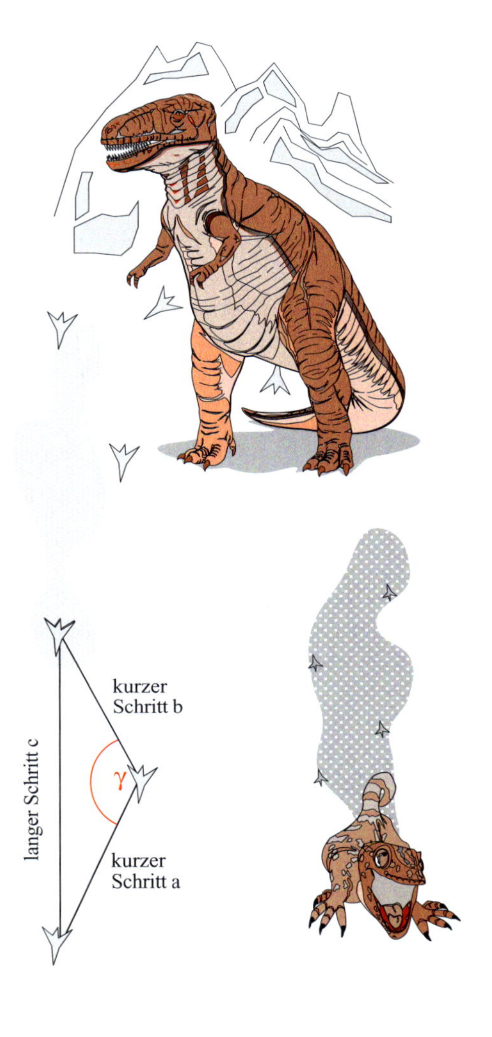

Der Kosinussatz

a, b, c seien die Seiten eines beliebigen Dreiecks, γ sei der von a und b eingeschlossene Winkel.
Dann gilt:

$$c^2 = a^2 + b^2 - 2ab \cdot \cos\gamma.$$

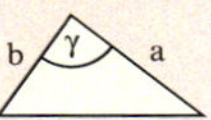

Beispiel: Ein Raubsaurier hinterließ eine Fußspur mit den kurzen Schritten $a = 157$ cm, $b = 168$ cm und dem langen Schritt $c = 322$ cm. Wie groß war der Schrittwinkel γ?

Lösung:
Wir lösen die Kosinusformel nach dem Term $\cos\gamma$ auf und setzen in die so entstandene Formel die Werte von a, b, c ein. Es folgt $\cos\gamma \approx -0{,}9632$, woraus sich mithilfe eines Taschenrechners das Winkelmaß $\gamma \approx 164{,}41°$ ergibt.
Das war der Schrittwinkel des Raubsauriers.

$$c^2 = a^2 + b^2 - 2ab \cdot \cos\gamma$$

$$\cos\gamma = \frac{a^2 + b^2 - c^2}{2ab}$$

$$\cos\gamma = \frac{157^2 + 168^2 - 322^2}{2 \cdot 157 \cdot 168} \approx -0{,}9632$$

$$\gamma \approx 164{,}41°$$

D. Beweis des Kosinussatzes

Wir beweisen den Satz zunächst für spitzwinklige Dreiecke. Hierzu verwenden wir die rechts abgebildete Beweisfigur.
Die Höhe h_a teilt das Dreieck in die beiden rechtwinkligen Dreiecke AFC und ABF auf. Die Seite a wird durch den Fußpunkt F der Höhe h_a in die beiden Teilstrecken x und $a - x$ geteilt.

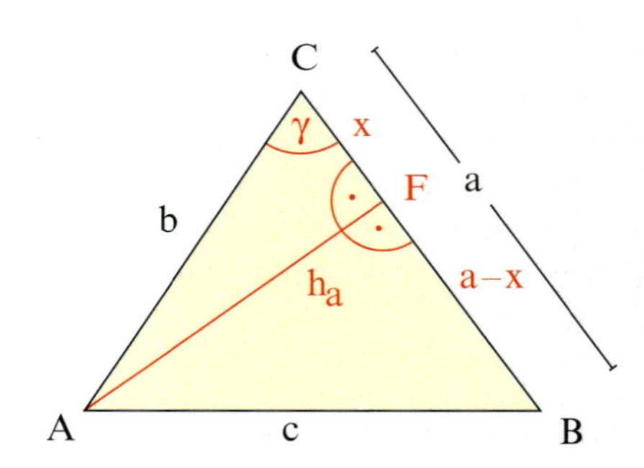

Im Dreieck ABF gilt nach Pythagoras die Formel (1): $c^2 = h_a^2 + (a - x)^2$.

Im Dreieck AFC gilt ebenfalls nach Pythagoras (2): $b^2 = h_a^2 + x^2$.

Außerdem gilt im Dreieck AFC die trigonometrische Beziehung $\cos\gamma = \frac{x}{b}$, d.h. Formel (3).

Setzen wir nun zunächst (2) in (1) ein, so erhalten wir (4): $c^2 = a^2 + b^2 - 2ax$.
Setzen wir (3) in (4) ein, so erhalten wir den Kosinussatz.

(1) $c^2 = h_a^2 + (a - x)^2$

(2) $b^2 = h_a^2 + x^2$

(3) $x = b \cdot \cos\gamma$

Einsetzen von (2) in (1):

$c^2 = (b^2 - x^2) + (a - x)^2$

$c^2 = b^2 - x^2 + a^2 - 2ax + x^2$

(4) $c^2 = a^2 + b^2 - 2ax$

Einsetzen von (3) in (4):

$c^2 = a^2 + b^2 - 2ab\cos\gamma$

Übung 12

Beweisen Sie den Kosinussatz für stumpfwinklige Dreiecke.
Führen Sie den Beweis anhand der rechts abgebildeten Beweisfigur für das stumpfwinklige Dreieck ABC.
Betrachten Sie die beiden rechtwinkligen Dreiecke ABF und ACF. Verwenden Sie die Formel $\cos(180° - \gamma) = -\cos\gamma$.

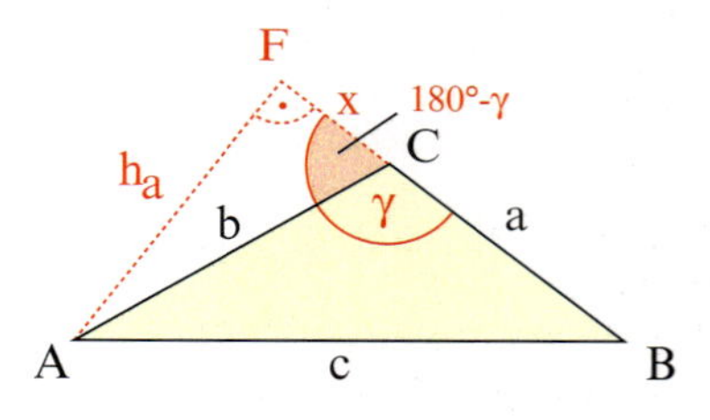

Übung 13

Für jedes Dreieck können drei Kosinusformeln aufgestellt werden. Begründen Sie dies und versuchen Sie, alle drei Formeln durch einen Merksatz gemeinsam zu erfassen.

$c^2 = a^2 + b^2 - 2ab\cos\gamma$
$b^2 = a^2 + c^2 - 2ac\cos\beta$
$a^2 = b^2 + c^2 - 2bc\cos\alpha$

Übung 14

Betrachten Sie die Kosinusformel $c^2 = a^2 + b^2 - 2ab\cos\gamma$ für ein Dreieck, das bei C den rechten Winkel $\gamma = 90°$ besitzt. Was ergibt sich?

E. Anwendungen des Kosinussatzes

Der Kosinussatz ergänzt den Sinussatz in idealer Weise beim Lösen von Anwendungsaufgaben. Während der Sinussatz die Konstruktionsfälle *WWS*, *WSW* und *SSW* betrifft, kann man mit Hilfe des Kosinussatzes die fehlenden Fälle ***SSS*** bzw. ***SWS*** lösen.

Wenden Sie den Kosinussatz an, wenn folgende Dreiecksgrößen gegeben oder bekannt sind:
1. *Drei Seiten (**SSS**)*
2. *Zwei Seiten und der eingeschlossene Winkel (**SWS**)*

In unserem Einführungsbeispiel über die Vermessung von Saurierspuren wurde der Fall SSS bereits angesprochen, sodass unser nächstes Beispiel den Fall SWS betrifft.

Beispiel: Ein Hubschrauber soll einen Versorgungsflug von der Basis C zu einer 400 km westlich gelegenen Oase A durchführen. Zunächst soll er den Bohrturm B anfliegen, der 20° südwestlich der Basis liegt, 300 km von dieser entfernt. Die Reichweite des Hubschraubers beträgt 950 km.
Schafft er den Rundflug sicher?

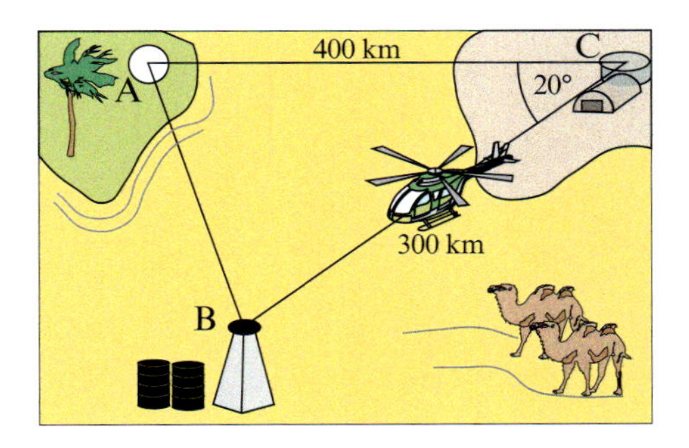

Lösung:
Im Dreieck ABC sind die drei unabhängigen Teile $a = 300$ km, $\gamma = 20°$, $b = 400$ km gegeben. Es liegt also der Fall SWS vor, sodass der Kosinussatz angewandt werden kann.
Wir errechnen c nach der Kosinusformel und erhalten $c \approx 156$ km.
Der Hubschrauber hat also die Gesamtstrecke $a + b + c \approx 856$ km zurückzulegen, was knapp innerhalb seiner Reichweite liegt. Eine kleine Sicherheitsreserve ist also vorhanden.

Berechnung von c:

$c^2 = a^2 + b^2 - 2ab \cdot \cos\gamma$
$c^2 = 300^2 + 400^2 - 2 \cdot 300 \cdot 400 \cdot \cos 20°$
$c^2 \approx 24\,473{,}77$
$c \approx 156{,}44$

Gesamtstrecke:

$s = a + b + c$
$\approx 300 + 400 + 156{,}44 \approx 856{,}44$

Übung 15
Die folgenden drei unabhängigen Größen des Dreiecks ABC sind gegeben. Berechnen Sie die drei fehlenden Größen.
a) $a = 4$, $b = 8$, $c = 10$
b) $a = 3$, $b = 4$, $c = 5$
c) $b = 10$, $c = 20$, $\alpha = 45°$
d) $a = 5$, $c = 8$, $\beta = 60°$

Übung 16
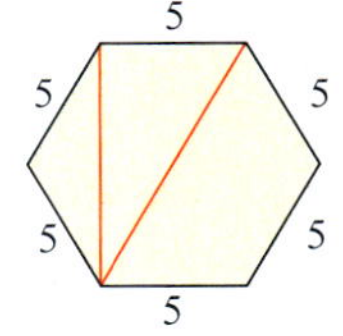

Ein regelmäßiges Sechseck hat die Seitenlänge $s = 5$ cm.
Bestimmen Sie die Länge der beiden rot eingezeichneten Transversalen (Diagonalen) sowohl zeichnerisch als auch rechnerisch.

Übungen zum Kosinussatz

17. Berechnen Sie die fehlenden Größen (Seiten, Winkel) im abgebildeten Dreieck.

a)

$b = 5$ cm, $a = 7$ cm, $c = 11$, α, β, γ

b)

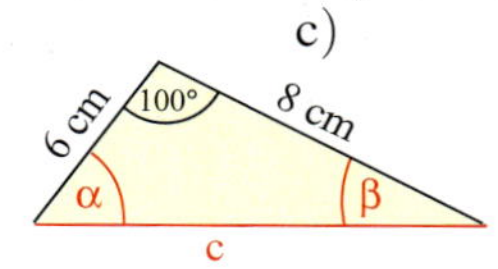

c)

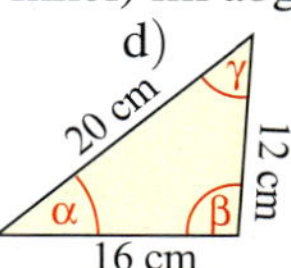

d)

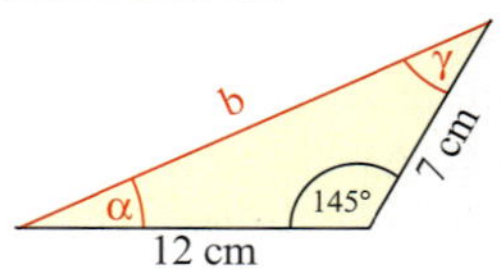

18. Bestimmen Sie die fehlenden Größen sowohl zeichnerisch-konstruktiv als auch rechnerisch.

a) $a = 6\,\text{cm}$, $b = 7\,\text{cm}$, $c = 10\,\text{cm}$
b) $b = 8\,\text{cm}$, $c = 12\,\text{cm}$, $\alpha = 30°$
c) $a = 10\,\text{cm}$, $b = 9\,\text{cm}$, $c = 2\,\text{cm}$
d) $a = 4\,\text{cm}$, $c = 2\,\text{cm}$, $\beta = 60°$
e) $a = 1{,}5\,\text{cm}$, $b = 2\,\text{cm}$, $c = 2{,}5\,\text{cm}$
f) $a = 4\,\text{cm}$, $b = 7\,\text{cm}$, $\gamma = 30°$
g) $c = 2\sqrt{2}\,\text{cm}$, $b = 2\,\text{cm}$, $\alpha = 45°$
h) $a = 12\,\text{cm}$, $c = 12\,\text{cm}$, $\gamma = 30°$

19. Berechnen Sie die fehlenden Größen im Dreieck ABC.

a) A(0 ; 0), B(3 ; 5), C(7 ; 1)
b) A(−3 ; 5), B(1 ; 1), C(3 ; 3)
c) A(0 ; 2), B(7 ; −1), C(0 ; 10)
d) A(4 ; 5), B(7 ; 6), C(5 ; 8)

20. Gesucht sind die fehlenden Seiten und Winkel im Viereck ABCD.

a) $a = 8\,\text{cm}$, $b = 3\,\text{cm}$, $c = 6\,\text{cm}$, $d = 4\,\text{cm}$, Diagonalenlänge $\overline{AC} = e = 7$ cm
b) $a = 6\,\text{cm}$, $b = 4\,\text{cm}$, $c = 5\,\text{cm}$, $\beta = 60°$, $\gamma = 100°$

21. Ein Parallelogramm ABCD besitzt die Diagonalen $e = 10$ cm und $f = 8$ cm, die sich unter einem Winkel von 45° schneiden.
Bestimmen Sie die Seitenlängen und die Winkel des Parallelogramms.

22. Zwei Segelboote A und B bewegen sich auf geradlinigen Kursen vom gemeinsamen Startpunkt auf Mallorca in Richtung Menorca. Die Kurse laufen um 20° auseinander. Die Geschwindigkeiten der Boote betragen 6 Knoten für A bzw. 4 Knoten für B.
(1 Knoten = 1 Seemeile (1852 m) pro Std.)
Wie groß ist der Abstand der Boote voneinander 265 Minuten nach dem Start?

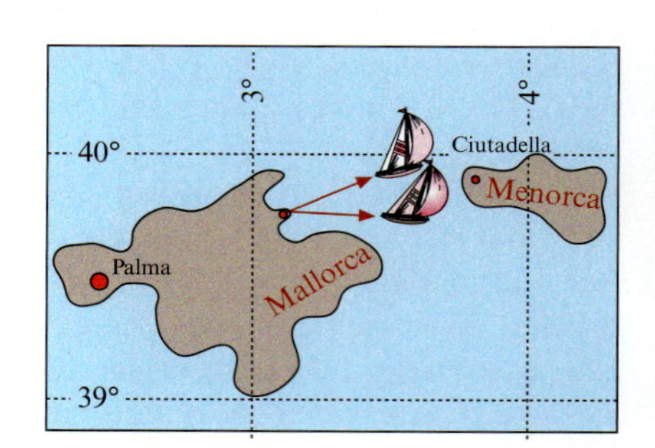

23. Eine optische Linse wird durch den Schnitt zweier Kreise mit den Radien $r = 6$ cm und $R = 8$ cm konstruiert. Der Abstand der Kreismittelpunkte beträgt 12 cm.

a) Welche Höhe hat die Linse?
b) Wie groß ist die Querschnittsfläche der Linse?

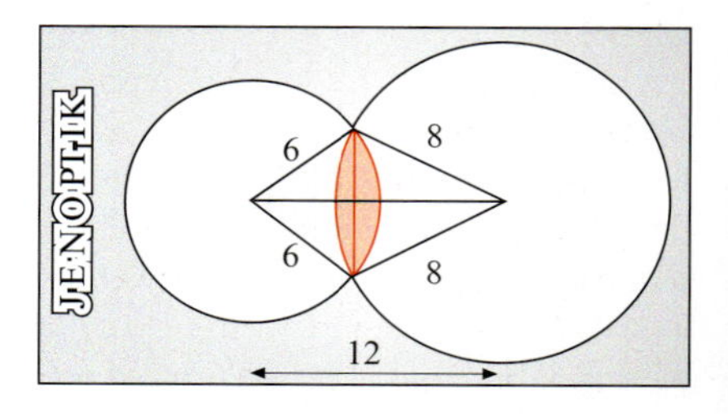

Vermischte Übungen zur Trigonometrie

24. Gesucht sind die *fehlenden Größen* im rechtwinkligen Dreieck.
a) $a = 5, b = 2$ b) $a = 8, \alpha = 60°$ c) $c = 12, \beta = 70°$ d) $b = 7, \alpha = 30°$

25. Gegeben ist ein gleichschenkliges Dreieck.
I) *Konstruieren* Sie das Dreieck.
II) *Berechnen* Sie die fehlenden Stücke.
a) $a = 5, \alpha = 30°$ b) $c = 3, \gamma = 100°$
c) $a = 8, \gamma = 60°$ d) $c = 7, \alpha = 40°$

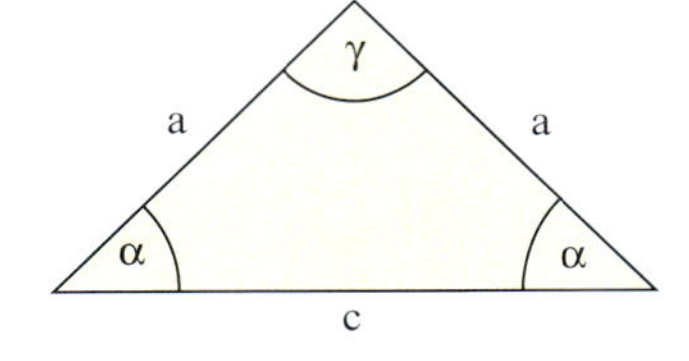

26. Ein an der Straße liegendes Grundstück wird durch Alleebäume beschattet. Diese sind 20 m hoch und stehen auf der dem Grundstück gegenüberliegenden Seite der 12 m breiten Straße. Auf dem Grundstück steht ein Haus, 40 m von der Straße entfernt. Erreichen die *Schatten* das Haus, wenn die abendliche Sonne hinter den Bäumen 20° über dem Horizont steht? Lösen Sie die Aufgabe durch *maßstäbliche Zeichnung* und *rechnerisch*.

27. Von einer 4 m hohen Hafenmauer betrachtet ein Tourist den *Wasserturm*. Die Augenhöhe des Hafenbesuchers beträgt 165 cm. Er sieht die Turmspitze unter einem Höhenwinkel von 40° und den Fußpunkt an der Wasseroberfläche unter einem Tiefenwinkel von 5°. Kann der Tourist Folgendes herausbekommen? Welche *Möglichkeiten* hätte er hierzu?
a) In welcher Entfernung vom Kai steht der Turm?
b) Wie hoch ist der Turm?

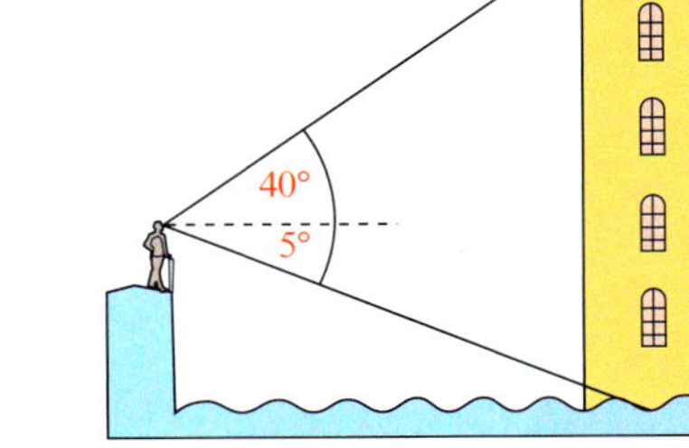

28. Ein *Materiallift* für die Dachdecker soll unter einem maximalen Anstiegswinkel von 70° an ein 35 m hohes Dach führen. Da es für die Handwerker in der Praxis schwierig ist, Winkel zu messen, gibt ihnen der Bauleiter den Mindestabstand des Liftfußteils vom Gebäude an. Wie groß ist dieser?

29. Das *Trapezwalmdach* hat die Basismaße 12 m × 8 m. Die horizontal laufende Firstlinie ist 5 m lang. Der First liegt 4 m über der Bodenfläche des Daches.
Für das bevorstehende Eindecken des Daches werden folgende Angaben benötigt:
a) Wie groß sind die Winkel und die Höhe der dreieckigen Dachflächen?
b) Wie groß sind die Winkel und die Höhe der Trapezflächen?
c) Wie viele Ziegel werden insgesamt gebraucht, wenn ein Ziegel ca. 30 cm × 40 cm abdeckt?

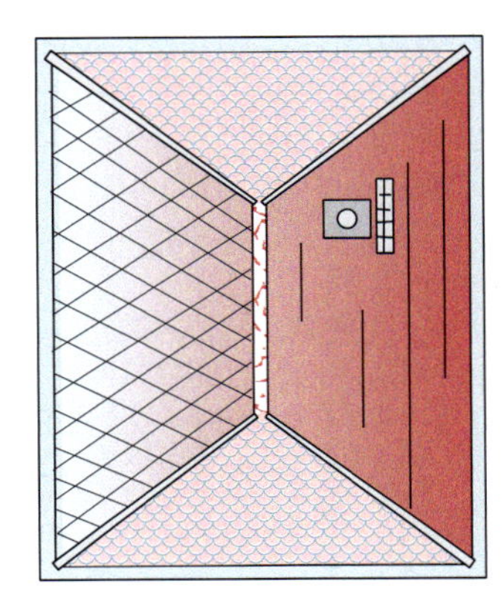

30. Errechnen Sie die *fehlenden Größen* in dem beliebigen Dreieck.

a) $a = 6, b = 4, \gamma = 100°$
b) $a = 8, b = 5, \alpha = 30°$
c) $a = 4, b = 5, c = 7$
d) $a = 12, \alpha = 40°, \beta = 70°$
e) $c = 5, \alpha = 30°, \beta = 100°$
f) $b = 10, c = 10, \alpha = 80°$

31. Ermitteln Sie die *fehlenden Größen*. Es gibt zwei Lösungsdreiecke oder keine Lösung.

a) $a = 6, b = 8, \alpha = 40°$
b) $c = 8, \beta = 30°, b = 5$
c) $c = 8, \beta = 80°, b = 5$
d) $a = 12, c = 11, \gamma = 70°$

32. Das *Weitwinkelobjektiv* eines Fotoapparats überblickt einen 85°-Sektor. Kann damit ein Bergpanorama eingefangen werden? Die beiden Berge sind von der Aussichtsplattform 8 km bzw. 6 km entfernt. Ihr Abstand voneinander beträgt 12 km. Lösen Sie die Aufgabe auf zwei verschiedenen Wegen.

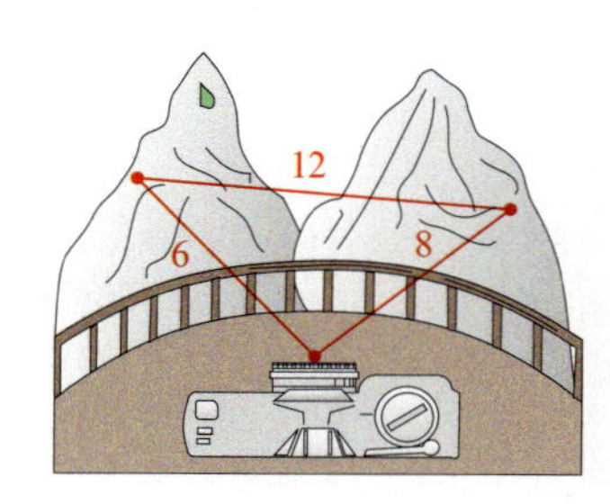

33. ***Notlandung in der Korallensee***

Im August 1998 versuchte der 54-jährige amerikanische Millionär ***Steve Forsett*** *zum vierten Mal, seinen Traum von der ersten Weltumseglung der Erde mit dem Ballon zu realisieren. Nach 25 000 Kilometern stürzte er im Gewittersturm im Südpazifik nahe der australischen Küste 9000 m tief ab. Er überlebte in einem Rettungsboot und wurde nach acht Stunden unverletzt entdeckt.*

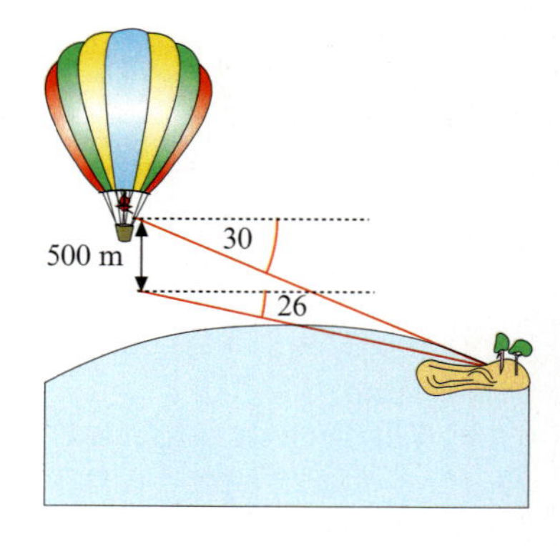

Aufgabe: Die Besatzung eines schnell sinkenden Heißluftballons sieht eine kleine Insel unter einem Tiefenwinkel von 30° gegen die Horizontale. 500 Meter tiefer beträgt der Tiefenwinkel nur noch 26°. Wie weit (Luftlinie) ist der Ballon nun noch von der Insel entfernt?

34. ***Messung der Entfernung naher Sterne***

Ein astronomisch relativ nahe gelegener Stern scheint sich im Laufe des Jahres vor dem weiter entfernten Fixsternhimmel zu verschieben. Der Winkel α, unter dem der Erdbahnradius von dem Stern aus zu sehen wäre, wird als Parallaxe bezeichnet.
(Durchmesser der Erdbahn: $3 \cdot 10^8$ km)
Für den nächstgelegenen Stern *Proxima Centauri* beträgt die Parallaxe $0{,}762''$.
($1'' \mathrel{\widehat{=}} 1$ Bogensekunde $\mathrel{\widehat{=}} \frac{1}{3600}°$)

Wie weit ist der Stern *Proxima Centauri* von unserem Sonnensystem entfernt?

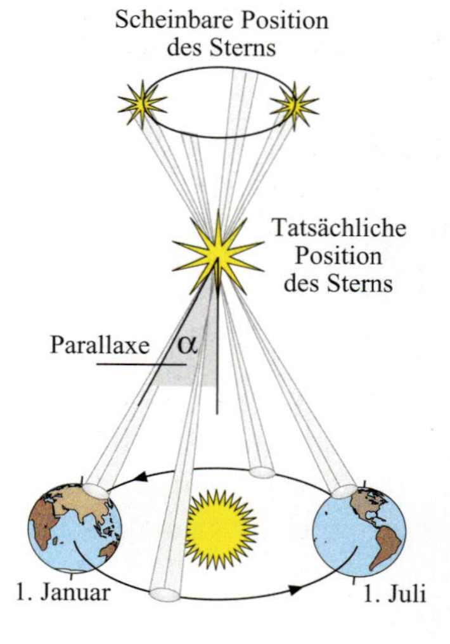

35. Die Entfernung von Adelaide nach Melbourne beträgt 630 km. Von Melbourne nach Sydney sind es 720 km und von Adelaide nach Broken Hill 440 km. Wie lange dauert der Direktflug von Broken Hill nach Sydney bei einer Reisegeschwindigkeit von 500 mph?
(1 engl. Meile $\widehat{=}$ 1609,3 m)

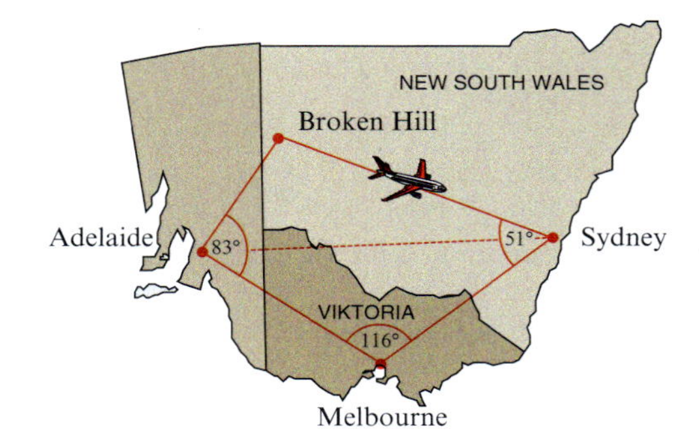

36. Betrachtet wird ein regelmäßiges Sechseck mit der Seitenlänge a.
a) Wie groß ist dessen Flächeninhalt, wenn die Seitenlänge 5 cm beträgt?
b) Wie lautet die Formel für den Flächeninhalt des Sechsecks allgemein?

37. Berechnen Sie die rot markierten Größen in der abgebildeten Figur.

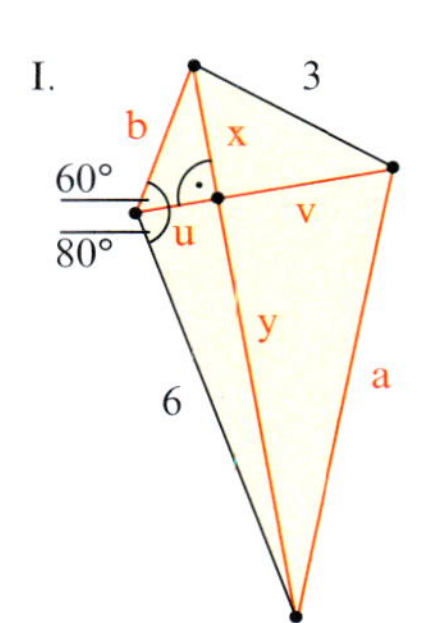

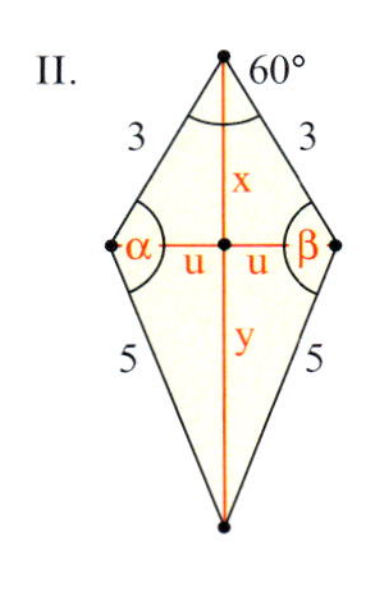

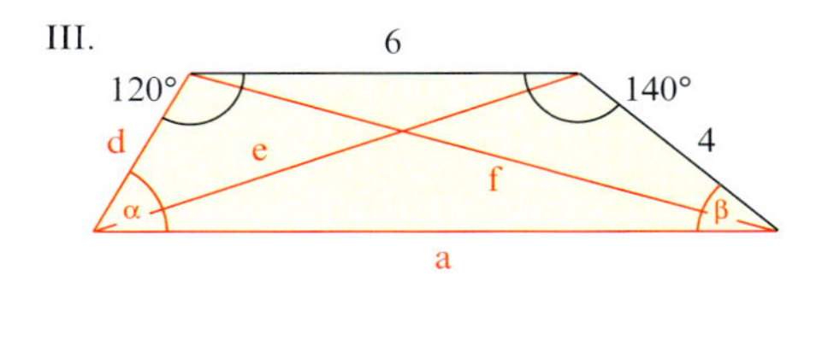

38. a) Gesucht ist der Flächeninhalt einer Raute mit einer Seitenlänge von a = 4 cm, die einen Innenwinkel von 60° besitzt.
b) In einem gleichschenkligen Trapez sind die beiden parallelen Seiten a = 20 cm und b = 10 cm lang, während die nicht parallelen Seiten einen Winkel von 60° mit der Seite a bilden. Welchen Flächeninhalt hat das Trapez?

39. Bestimmen Sie die rot markierten Winkel.
a) rechnerisch b) zeichnerisch

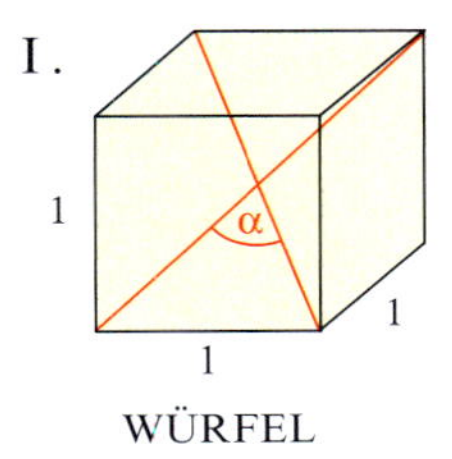

WÜRFEL

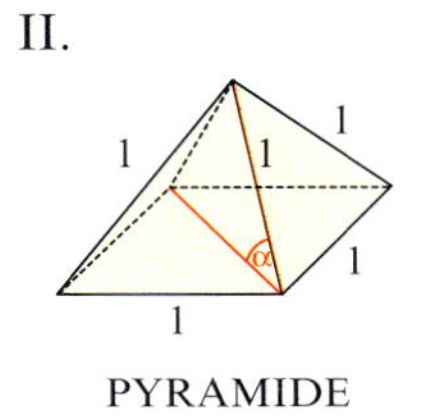

PYRAMIDE

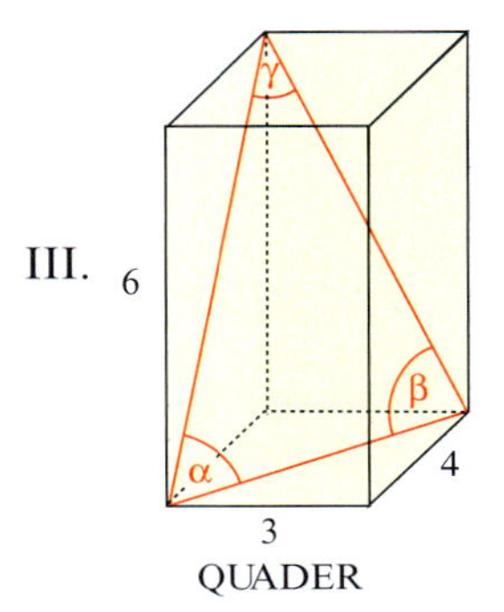

QUADER

40. Der Punkt P befindet sich 10 cm vom Mittelpunkt M eines Kreises mit dem Radius r = 6 cm entfernt.
Die Kreistangenten durch den Punkt P berühren den Kreis in den Punkten A und B.
a) Berechnen Sie die Länge des Tangentenabschnitts $\overline{PA}$.
b) Wie groß ist der Winkel α zwischen den Tangentenabschnitten $\overline{PA}$ und $\overline{PB}$?
c) Bestimmen Sie die Länge der Kreissehne $\overline{AB}$.

41. In einer kegelförmigen Mulde wird ein Gasbehälter eingelassen.
Der Öffnungswinkel des Kegels beträgt α = 60°. Die Spitze S des Kegels liegt 6,10 m unter der Erdoberfläche. Der Kugelradius ist r = 2 m.
Liegt die Kugel vollständig unterhalb des Niveaus der Erdoberfläche?
Lösen Sie die Aufgabe zeichnerisch und rechnerisch.

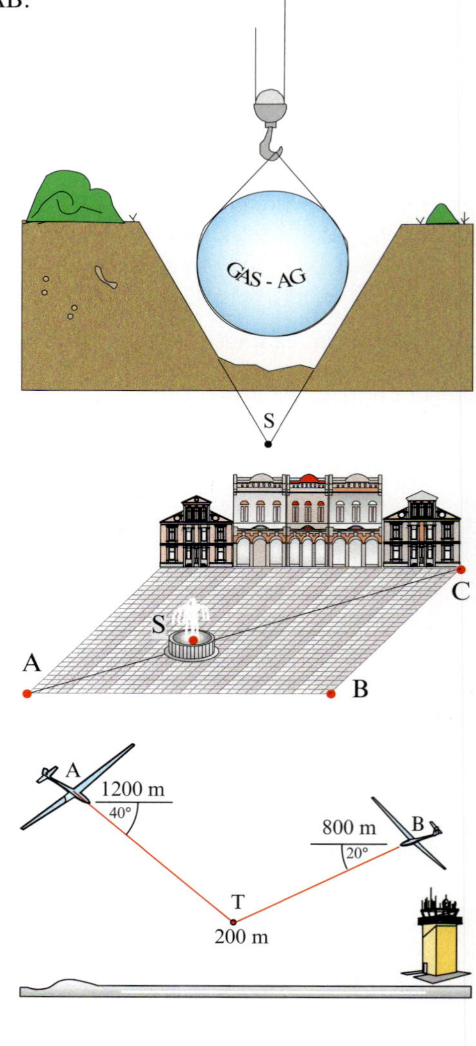

42. Auf einem quadratischen Platz der Größe 200 m × 200 m wird auf dessen Diagonalen AC ein Springbrunnen S gebaut, 100 m von A entfernt. Auf welcher Länge muss das Pflaster aufgerissen werden, wenn die Stromleitung von B aus gelegt werden soll?

43. Zwei Segelflugzeuge A und B befinden sich auf Kollisionskurs.
A fliegt aus 1200 m Höhe mit einem Sinkwinkel von 40° mit 20 m/s auf den Punkt T zu, der 200 m über dem Boden liegt.
B nähert sich dem Punkt T aus 800 m Höhe unter einem Sinkwinkel von 20° mit der Geschwindigkeit 23 m/s. Besteht tatsächlich Kollisionsgefahr?

44. Eine dreieckige Obstplantage ABC wird von Punkt T aus vermessen.
Die Ergebnisse sind in der Skizze enthalten. Berechnen Sie hieraus den Flächeninhalt der Plantage.

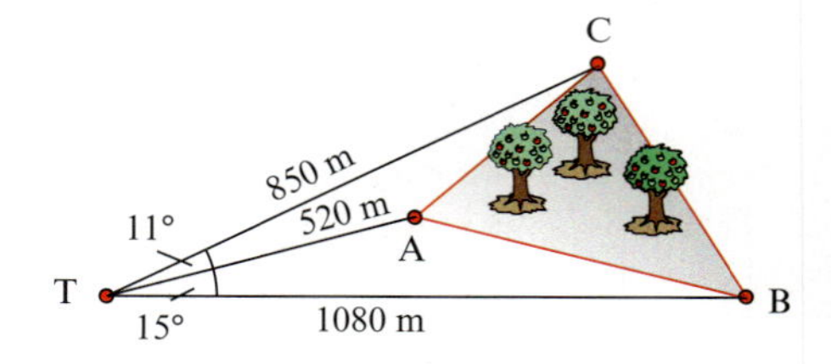

Test

Trigonometrie: Längen und Winkel in Dreiecken

1. Betrachtet wird ein spitzer Winkel α in einem rechtwinkligen Dreieck. Ergänzen Sie die fehlenden *Tabellenwerte* exakt oder angenähert.

α	10°				
$\sin\alpha$		0,5	$\frac{1}{2}\sqrt{2}$		
$\cos\alpha$					0,309
$\tan\alpha$				$\sqrt{3}$	

2. Bestimmen Sie den *exakten Wert* von $\cos 30°$. Verwenden Sie als Herleitungsfigur das rechts abgebildete gleichseitige Dreieck mit der Seitenlänge 1.

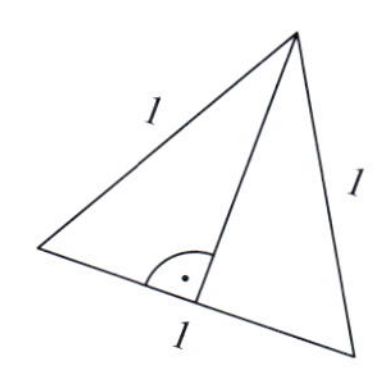

3. Errechnen Sie die fehlenden Werte im rechtwinkligen Dreieck mit den Katheten a und b und der Hypotenuse c sowie den spitzen Winkeln α und β.
a) $a = 4, b = 7$ b) $a = 3, c = 8$ c) $a = 5, \beta = 40°$ d) $c = 8, \alpha = 30°$

4. Das Vogelnest in einem hohen Baum soll mit einer Leiter inspiziert werden. Der Förster, dessen Augenhöhe etwa 1,72 m beträgt, peilt das Nest von einem 32 m vom Baum entfernten Standpunkt an. Er stellt fest, dass es 20° über seinem Augenhorizont steht.
a) In welcher *Höhe* liegt das Nest?
b) Welche *Länge* muss die Leiter erhalten, wenn ihr Neigungswinkel 70° betragen soll?

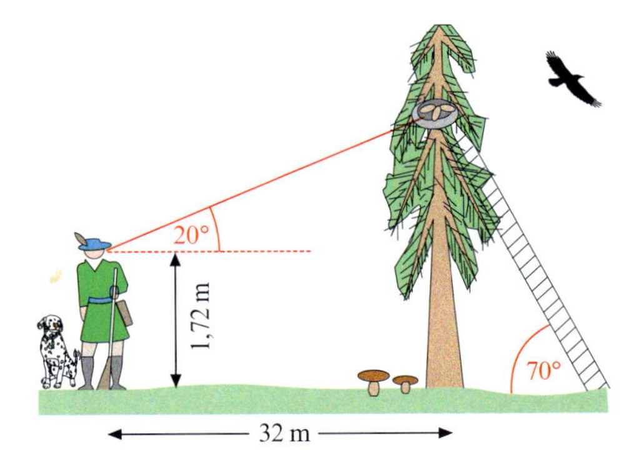

5. Wie groß sind die *Winkel* in einem Dreieck mit den Seiten $a = 4, b = 6, c = 8$?

6. Ein Schwimmer möchte die *Entfernung* zu der inmitten des Sees gelegenen Insel bestimmen. Hierzu steckt er sich am Strand eine 100 m lange Strecke $\overline{AB}$ ab und peilt von ihren Endpunkten aus den Turm auf der Insel an. Die Peillinien bilden mit der Strecke $\overline{AB}$ die beiden Winkel $\alpha = 80°$ und $\beta = 95°$. Wie weit ist es von B bis zur Insel?

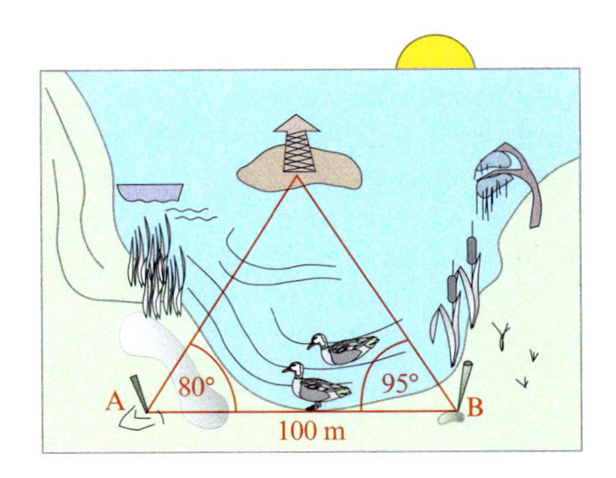

Lösungen unter 235-1

4. Trigonometrische Funktionen

A. Gradmaß und Bogenmaß

Es gibt mehrere Möglichkeiten, den bei einer Drehbewegung überstrichenen Drehwinkel zu erfassen.

Beispiel: Das abgebildete Riesenrad hat einen Durchmesser von 40 m.

a) Welcher Drehwinkel entspricht einer vollen Umdrehung? Welchen Weg auf dem Kreisbogen legt die Gondel A dabei zurück?

b) Das Riesenrad dreht sich um 70°. Welchen Weg auf dem Kreis legt Gondel A nun zurück?

Lösung:

a) Der vollen Umdrehung entspricht ein Drehwinkel von 360°. Die Gondel legt dabei auf dem Kreis, der ihre Bahn darstellt, den Weg $s = 2r\pi = 2 \cdot 20 \cdot \pi \approx 125{,}66\,\text{m}$ zurück.

b) Wenn der Drehwinkel nur 70° beträgt, legt die Gondel $\frac{70°}{360°} \cdot 125{,}66\,\text{m} \approx 24{,}43\,\text{m}$ zurück.

Man kann also das Ausmaß der Drehbewegung außer durch den Drehwinkel auch durch den auf dem Kreis zurückgelegten Weg erfassen. Allerdings hängt dieser außer vom Winkel auch von der Größe des Rades ab. Man vereinfacht das Problem, indem man ein Rad mit dem Radius 1 zugrunde legt, also den Einheitskreis.

Jedem Winkel α kann auf dem Einheitskreis ein Bogenstück $\overset{\frown}{AP}$ zugeordnet werden, den die Schenkel des Winkels aus dem Einheitskreis herausschneiden.
Die Länge x dieses Bogenstückes wird als ***Bogenmaß*** des Winkels α definiert.
Man erhält die rechts dargestellte Umrechnungsformel, da x sich zum Umfang 2π des Einheitskreises so verhält, wie α zum Vollwinkel 360°.

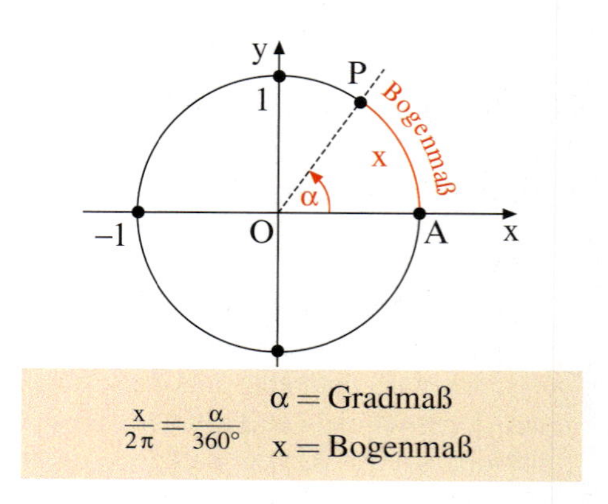

Dreht man von der positiven x-Achse ausgehend nicht gegen den Uhrzeigersinn (mathematisch positive Drehrichtung), sondern im Uhrzeigersinn, so macht man dies kenntlich, indem man Gradmaß und Bogenmaß mit negativem Vorzeichen versieht.

Beispiel: Rechnen Sie das Gradmaß des Winkels in das Bogenmaß um bzw. umgekehrt.
a) Winkel $\alpha = 40°$ b) Winkel $\alpha = -30°$ c) Winkel $x = 1{,}12$

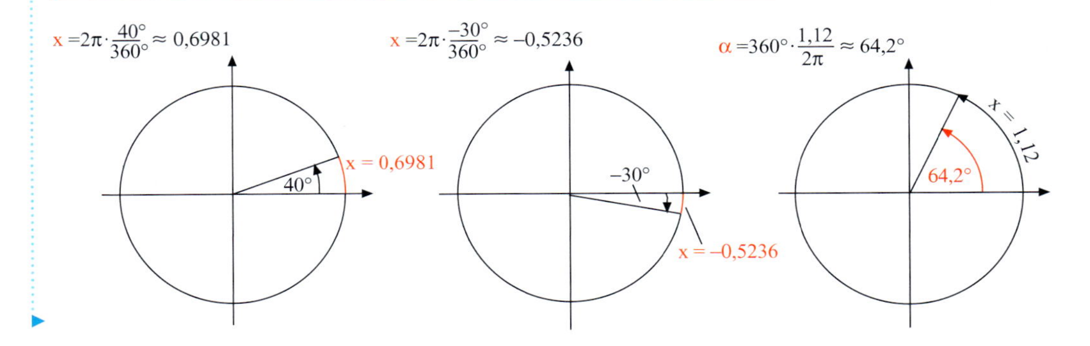

Übung 1

Vervollständigen Sie die Tabelle.

Gradmaß α	10°	15°		36°	45°		90°		180°	270°		360°
Bogenmaß x			$\frac{\pi}{6}$			$\frac{\pi}{3}$		$\frac{3}{4}\pi$			$\frac{5}{3}\pi$	

Übung 2

a) Rechnen Sie das gegebene Bogenmaß in das Gradmaß um.
$\frac{1}{8}\pi$, $\frac{4}{3}\pi$, $\frac{3}{8}\pi$, $\frac{5}{6}\pi$, $\frac{1}{12}\pi$, $\frac{7}{8}\pi$, 4,71, 0,2, 6,28, 1

b) Geben Sie das Bogenmaß als Bruchteil von π an.
60°, 15°, 45°, 135°, 270°, 320°, 120°, 240°, 100°, −45°, −300°, −72°

Übung 3

Ordnen Sie die Winkel der Größe nach an.
$\alpha = 40°$, $x = 0{,}55$, $\alpha = 30°$, $x = 0{,}7$, $\alpha = 80°$, $x = 1{,}36$, $x = 0{,}92$, $\alpha = 55°$

Kreisbewegungen sind **periodische** Bewegungen. Nach einer Umdrehung wiederholt sich das Ganze. Der Drehwinkel übersteigt dann 360° (Bogenmaß 2π). Zwei Umdrehungen entsprechen 720° (Bogenmaß 4π) usw.

Übung 4

a) Ein Fahrrad legt $5\frac{1}{4}$ Umdrehungen zurück. Geben Sie den Drehwinkel im Gradmaß und im Bogenmaß an.

b) Ein Fahrrad mit einem Raddurchmesser von 64 cm fährt eine Strecke von exakt 500 m. Welchen Winkel zur Horizontalen nimmt nun die markierte Speiche ein?

c) Wie hoch steht die Markierungsmarke nach 500 m über der Straße?

B. Sinusfunktion und Kosinusfunktion

Tragen wir auf der x-Achse eines Koordinatensystems das Bogenmaß und auf der y-Achse den zugehörigen, am Einheitskreis gewonnenen Sinuswert ab, so erhalten wir den Graphen der Sinusfunktion. Analog erhalten wir den Graphen der Kosinusfunktion.

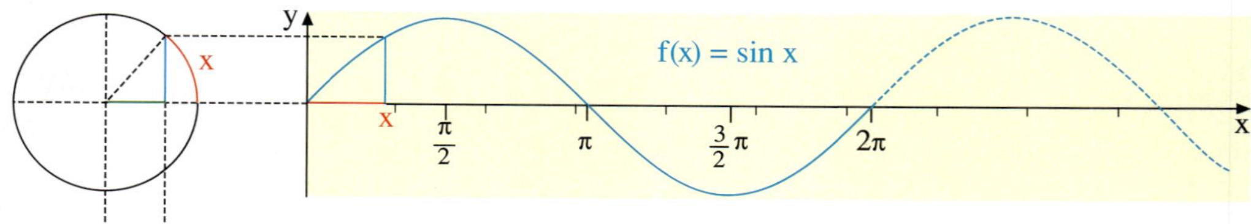

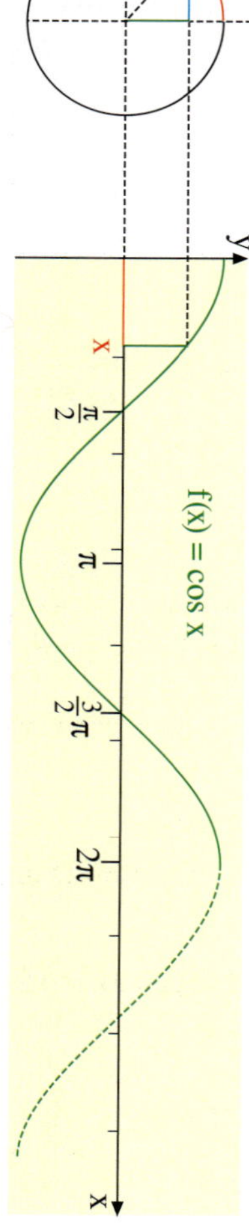

Den abgebildeten Graphen können wir einige wichtige Eigenschaften der beiden Funktionen entnehmen.

1. Sinus- und Kosinusfunktion haben die Definitionsmenge $\mathbb{R}$ und die Wertemenge $[-1\,;1]$.

2. Sinus- und Kosinusfunktion sind periodisch mit der Periode 2π. Für alle $x \in \mathbb{R}$ gilt daher:

$$\sin(x+2\pi) = \sin x$$
$$\cos(x+2\pi) = \cos x$$

3. Der Graph der Kosinusfunktion entsteht durch Verschiebung des Graphen der Sinusfunktion um $-\frac{\pi}{2}$ in x-Richtung.

$$\cos x = \sin\left(x+\frac{\pi}{2}\right)$$

4. Der Graph der Sinusfunktion ist symmetrisch zum Ursprung. Der Graph der Kosinusfunktion ist symmetrisch zur y-Achse.

$$\sin(-x) = -\sin x$$
$$\cos(-x) = \cos x$$

5. Die Nullstellen der Sinusfunktion liegen bei $x = k\pi$ und die Nullstellen der Kosinusfunktion liegen bei $x = \frac{\pi}{2} + k\pi$ $(k \in \mathbb{Z})$.

238-1

Übung 5

a) Begründen Sie die aus den Graphen gewonnenen Eigenschaften 1 bis 5 mithilfe der Darstellung von Sinus und Kosinus in der Einheitskreisfigur.

b) Berechnen Sie die folgenden Funktionswerte mithilfe des Taschenrechners. Stellen Sie den korrekten Modus ein (RAD für Winkel in Bogenmaß, DEG für Winkel in Gradmaß).

$\sin(30°)$ $\sin(\pi/3)$ $\sin(60°)$ $\sin(2)$ $\sin(8{,}3\,\pi)$ $\cos(0{,}5)$ $\cos(-\pi/3)$ $\cos(35°)$

Eigenschaften der Sinusfunktion

Welche besonders typischen Eigenschaften hat die Funktion $f(x) = \sin x$?
Einige können wir am Graphen ablesen und am Einheitskreis begründen. Die wichtigsten Eigenschaften sind hier aufgeführt. Teilweise lassen sie sich als Formel erfassen.

		Formeln
Definitionsmenge	$\mathbb{R}$	
Wertemenge	$[-1; 1]$	
Periode	2π	$\sin(x + k \cdot 2\pi) = \sin x \ (k \in \mathbb{Z})$
Symmetrie	Punktsymmetrie zum Koordinatenursprung	$\sin(-x) = -\sin x$
Nullstellen	$x = k \cdot \pi \quad (k \in \mathbb{Z})$	

Übung 6
Erläuten Sie die Inhalte der obigen Tabelle verbal anhand des Graphen der Sinusfunktion.

Übung 7
Beweisen Sie die Symmetrieeigenschaft $\sin(-x) = -\sin x$ am Einheitskreis*.

Berechnung von Funktionswerten und Winkelberechnungen

Beispiel: Gesucht sind die Funktionswerte von $f(x) = \sin x$ an den drei Stellen $x = 2$, $x = -4$ und $x = 4{,}5\pi$.

Lösung:
Wir sollen $f(2) = \sin 2$ bestimmen. Hierzu müssen wir den Taschenrechner veranlassen, Bogenmaß anzunehmen. Der Rechner wird durch Betätigung der DRG-Taste in den mit RAD gekennzeichneten Bogenmaß-Modus geschaltet. Dann wird die SIN-Taste betätigt und 2 eingegeben. Als Resultat erscheint 0,9093.
Analog erhalten wir

$$f(-4) = \sin(-4) \approx 0{,}7568.$$

Zu Berechnung von $f(4{,}5\pi) = \sin(4{,}5\pi)$ benötigen wir den Taschenrechner nicht unbedingt. Der Sinus hat bei $x = 4{,}5\pi$ den gleichen Wert wie zwei Perioden links von dieser Stelle, also bei $x = 0{,}5\pi$. Dort jedoch, bei $\alpha = 90°$, ist der Wert gleich 1. Natürlich liefert der Taschenrechner das gleiche Resultat.

Einschalten des RAD-Modus:
DRG-Taste drücken, bis Anzeige RAD im Display erscheint.

Berechnung von sin 2 und sin (−4):

[SIN] 2 $\Rightarrow$ 0,9092974

[SIN] −4 $\Rightarrow$ 0,7568025

Berechnung von $\sin(4{,}5\pi)$:

$$\begin{aligned} f(4{,}5\pi) &= \sin(4{,}5\pi) \\ &= \sin(4{,}5\pi - 4\pi) \\ &= \sin(0{,}5\pi) \\ &= 1 \end{aligned}$$

[SIN] [(] 4,5 [×] [π] [)] $\Rightarrow$ 1 (TR)

* f ist punktsymmetrisch zum Ursprung, wenn für alle $x \in D$ gilt: $f(-x) = -f(x)$, s. S. 152.

Eigenschaften der Kosinusfunktion

		Formeln
Definitionsmenge	$\mathbb{R}$	
Wertemenge	$[-1\,;\,1]$	
Periode	2π	$\cos(x+k\cdot 2\pi)=\cos x \;(k\in\mathbb{Z})$
Symmetrie	Achsensymmetrie zur y-Achse	$\cos(-x)=\cos x$
Nullstellen	$x=\frac{\pi}{2}+k\cdot\pi \quad (k\in\mathbb{Z})$	
Verwandtschaft mit der Sinusfunktion	Ihr Graph entsteht aus dem Graphen der Sinusfunktion durch Verschiebung um $\frac{\pi}{2}$ nach links.	$\cos x=\sin\left(x+\frac{\pi}{2}\right)$

Besonders bemerkenswert ist die Symmetrie zur y-Achse. Die zugehörige Symmetrieformel $\cos(-x)=\cos x$ wird häufig benötigt. Wichtig ist auch die Tatsache, dass die Kosinusfunktion sich als verschobene Sinusfunktion interpretieren lässt, sowie die zugehörige Verschiebungsformel $\cos x=\sin\left(x+\frac{\pi}{2}\right)$ bzw. $\sin x=\cos\left(x-\frac{\pi}{2}\right)$.
Funktionswerte kann man mit dem Taschenrechner bestimmen, wobei man das Einschalten des Bogenmaß-Modus (RAD) nicht vergessen darf.

Übung 8

Bestimmen Sie die Funktionswerte der Kosinusfunktion $f(x)=\cos x$ an den folgenden Stellen auf 4 Nachkommastellen gerundet.

a) $x=\frac{\pi}{4}$ b) $x=-\pi$ c) $x=1$ d) $x=-8$ e) $x=7{,}5\,\pi$ f) $x=3$

Exkurs: Tangensfunktion

Eine weitere wichtige trigonometrische Funktion ist die Tangensfunktion.
Der Tangens des Winkels x lässt sich geometrisch als Tangentenabschnitt interpretieren, wie rechts dargestellt.
Das Vorzeichen ist positiv, wenn der Bogen x im ersten oder dritten Quadranten endet, ansonsten negativ. Die Periode beträgt π. Für ungerade Vielfache von $\frac{\pi}{2}$ ist der Tangens nicht definiert.
Man erkennt an der Strahlensatzfigur im Einheitskreis, dass die Tangensfunktion sich auf die Sinus- und die Kosinusfunktion zurückführen lässt.
Die Definition lautet dann:

$$\tan x=\frac{\sin x}{\cos x},\quad x\neq(2k+1)\cdot\frac{\pi}{2},\quad k\in\mathbb{Z}.$$

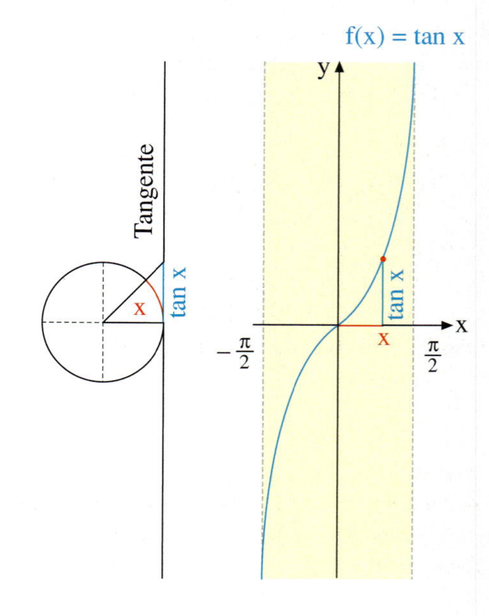

5. Sinusfunktionen: $f(x) = a \sin(bx + c) + d$

Mit einem Oszilloskop können elektrische und akustische Signale visualisiert und analysiert werden.
Häufig handelt es sich um sinusartige Schwingungen, die durch Variation der Grundfunktionen erfasst und modelliert werden können.

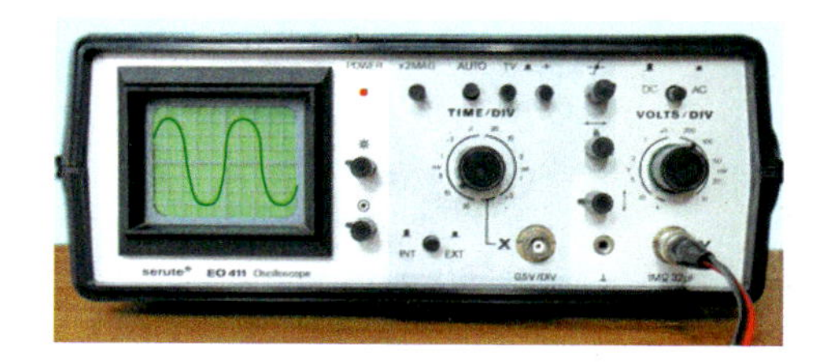

Viele dieser Funktionen besitzen Funktionsgleichungen der Gestalt $f(x) = a \sin(bx + c) + d$. Der Graph einer solchen ***sinoidalen Funktion*** kann durch Verschiebungen und Streckungen aus dem Graphen des Standardsinus $f(x) = \sin x$ gewonnen werden. 241-1

A. Einfache Beispiele

Beispiel: Die Graphen der Funktionen $g(x) = \sin(x - 2)$ und $h(x) = \sin x + 1$ sollen aus dem Graphen der normalen Sinusfunktion $f(x) = \sin x$ gewonnen werden. Welche Operationen sind erforderlich?

Lösung:
Der Graph von $g(x) = \sin(x - 2)$ geht aus dem Graphen von $f(x) = \sin x$ durch eine ***Verschiebung*** um den Wert +2 hervor. Die Verschiebung erfolgt nach rechts, d. h. in Richtung der positiven x-Achse.
Bei der Funktion $g(x) = \sin(x + 2)$ dagegen wäre eine Verschiebung um den Wert 2 nach links erforderlich gewesen.

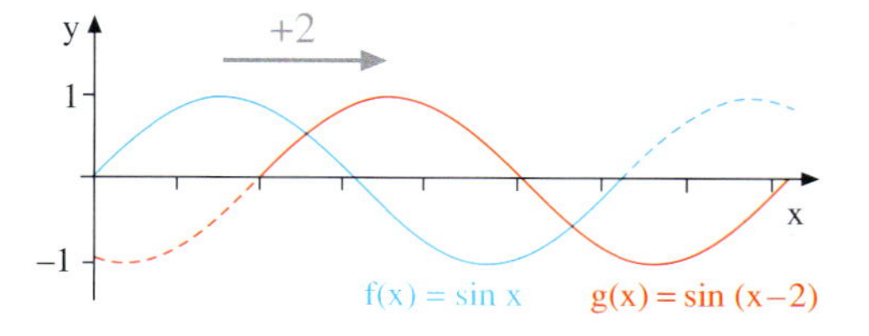

Der Graph von $h(x) = \sin x + 1$ entsteht aus dem Graphen von $f(x) = \sin x$ durch eine ***Anhebung*** um den Wert 1 in Richtung der positiven y-Achse.
Hätte die Funktionsgleichung dagegen $h(x) = \sin x - 1$ gelautet, so wäre eine ***Absenkung*** um den Wert 1 erforderlich gewesen.

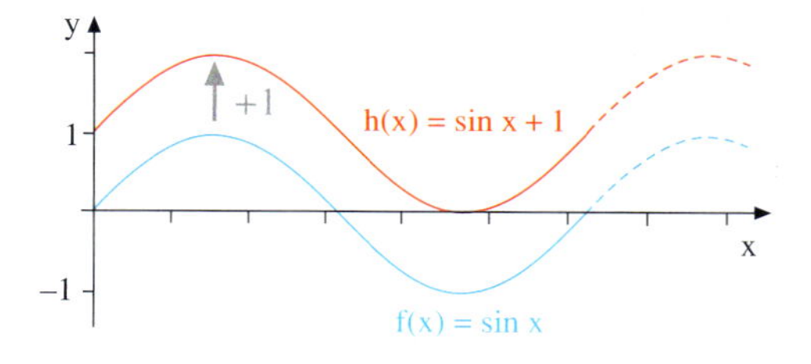

Übung 1

Skizzieren Sie die Graphen der folgenden Funktionen.

a) $g(x) = \sin(x + 3)$ b) $g(x) = \cos(x - \pi)$ c) $g(x) = \sin(x + \frac{\pi}{2})$
d) $g(x) = \cos x + 1$ e) $g(x) = -\cos x + 3$ f) $g(x) = 2 - \sin x$

Beispiel: Gesucht sind die Graphen der Funktionen $g(x) = 2\sin x$ und $h(x) = \sin(3x)$.

Lösung:
Der Graph von $g(x) = 2\sin x$ geht aus dem Graphen von $f(x) = \sin x$ durch eine Verdoppelung aller Funktionswerte hervor. Dabei verdoppelt sich insbesondere die ***Amplitude***, d.h. die Größe des Maximalausschlags der Sinusschwingung.
Hätte die Funktionsgleichung dagegen $f(x) = -2\sin x$ gelautet, so wäre es neben der Amplitudenverdoppelung außerdem zu einer Spiegelung an der x-Achse gekommen.

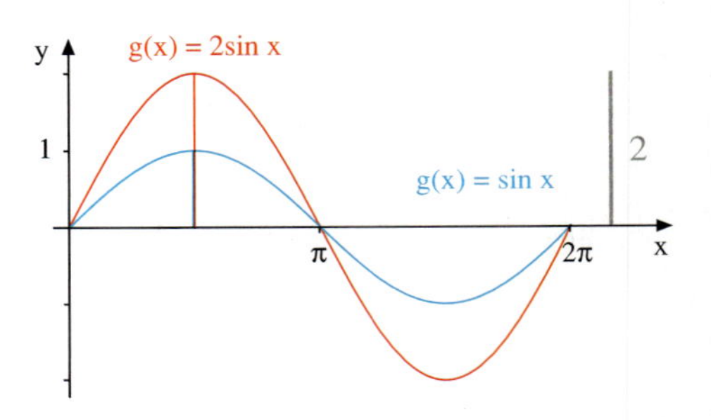

Der Faktor 3 im Argument der Funktion $h(x) = \sin(3x)$ bewirkt gegenüber dem Graphen von $f(x) = \sin x$ eine Verdreifachung der ***Frequenz*** bzw. eine Drittelung der ***Periodenlänge***.
$f(x) = \sin x$ hat die Periodenlänge 2π,
$h(x) = \sin(3x)$ hat die Periodenlänge $\frac{2}{3}\pi$.

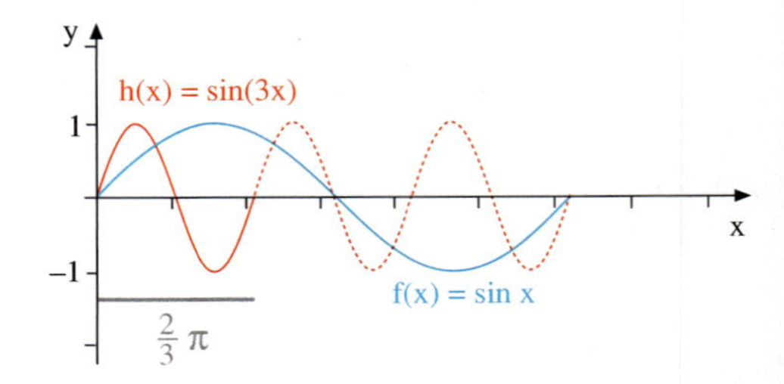

Übung 2

Skizzieren Sie die Graphen der folgenden Funktionen.

a) $g(x) = 3\cos x$
b) $g(x) = -\sin x$
c) $g(x) = \sin(2x)$
d) $g(x) = \cos(0{,}5x)$
e) $g(x) = \sin(\pi x)$
f) $g(x) = 2\sin(\frac{\pi}{2}x)$

B. Exkurs: Komplexe Beispiele

Durch Kombination der oben behandelten Verschiebungen und Streckungen können auch kompliziertere Sinus- und Kosinusschwingungen aufgebaut werden.

Beispiel: Skizzieren Sie den Graphen der Funktion $h(x) = \sin(2x - 4)$.

Lösung:
Wir gehen von der Funktion $f(x) = \sin x$ aus, die wir zu $g(x) = \sin(x - 2)$ verändern, was einer Verschiebung um 2 nach rechts entspricht. Nun verändern wir weiter zu $h(x) = \sin(2(x - 2))$, was einer zusätzlichen Halbierung der Periode entspricht. Auf diese Weise erhalten wir den rechts dargestellten Graphen von $h(x) = \sin(2x - 4)$.

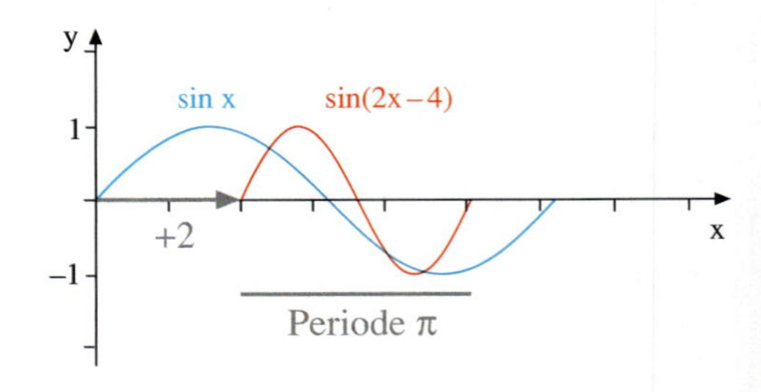

Wir verallgemeinern nun unsere Betrachtungen auf beliebige sinoidale Funktionen. Jede sinoidale Funktion lässt sich sehr einfach zeichnen, wenn man ihre Funktionsgleichung in die ***Normgestalt*** $f(x) = A\sin(B(x - C)) + D$ bringt.

$$\mathbf{f(x) = A \cdot \sin[B \cdot (x - C)] + D}$$

1 Verschiebung um +D in y-Richtung

2 Verschiebung um +C in x-Richtung

3 Die Periode beträgt $\frac{2\pi}{B}$

4 Die Amplitude beträgt A

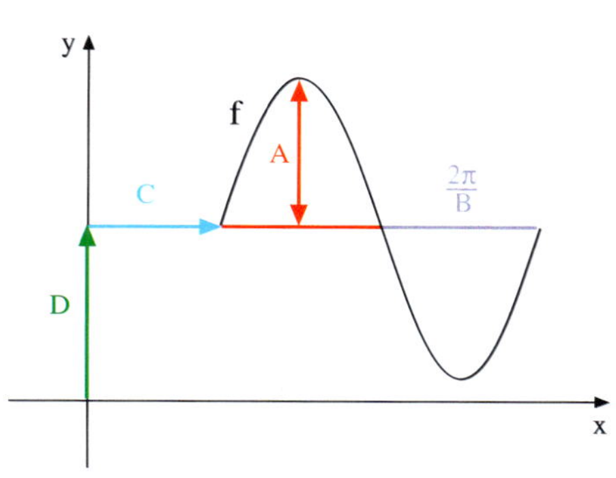

Beispiel: Zeichnen Sie die Funktion $g(x) = 3\sin(2x - 2) + 2$.

Lösung:
Wir bringen den Funktionsterm zunächst auf die oben angegebene Normgestalt.

$$g(x) = 3\sin[2(x - 1)] + 2.$$

Mit folgenden Operationen können wir den Graphen von g aus dem Graphen der Standardfunktion sin x generieren.

y-Verschiebung: $D = 2$
x-Verschiebung: $C = 1$

Periodenlänge: $\frac{2\pi}{B} = \frac{2\pi}{2} = \pi$

Amplitude: $A = 3$

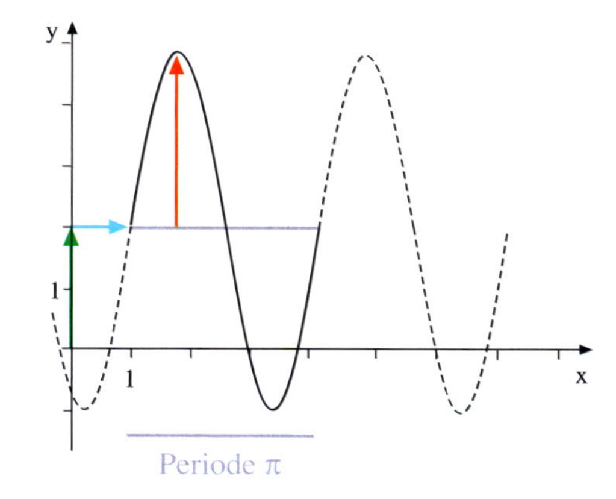

Übung 3

Skizzieren Sie den Graphen der Funktion f über eine Periodenlänge.

a) $f(x) = 3 \cdot \sin(2x - 6) - 1$
b) $f(x) = 2 \cdot \sin(0{,}5x - 2) - 2$
c) $f(x) = \sin(\pi x - \pi) + 1$
d) $f(x) = 2 \cdot \cos(\frac{\pi}{2}x + \pi)$
e) $f(x) = 0{,}5 \cdot \sin(2\pi x - \pi)$
f) $f(x) = -2\sin(2x) + 1$

Übung 4

Wie lauten die Funktionen?

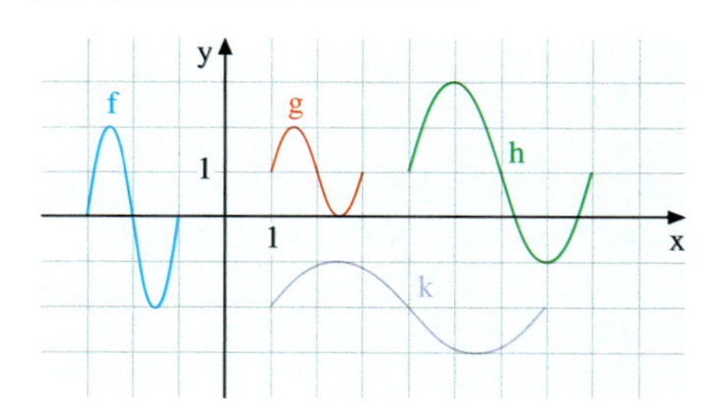

Abschließend betrachten wir eine Kosinusfunktion der Gestalt $f(x) = A\cos(Bx + C) + D$. Das Prinzip zum Erstellen des Graphen ist das gleiche wie bei den Sinusfunktionen.

Beispiel: Skizzieren Sie den Graphen der Funktionen $f(x) = 1{,}5 \cdot \cos(-\pi x + \pi)$.

Lösung:
In diesem Beispiel tritt ein negativer Periodenfaktor $-\pi$ auf, den wir zunächst nicht interpretieren können. Er kann jedoch leicht beseitigt werden, da wegen der Achsensymmetrie des Kosinus gilt: $\cos(-\pi x + \pi) = \cos(\pi x - \pi)$. Also erhalten wir die gleichwertige Funktionsgleichung $f(x) = 1{,}5 \cdot \cos(\pi x - \pi)$, die wir in die Normgestalt bringen:

$$f(x) = 1{,}5 \cdot \cos[\pi(x - 1)] + 0$$

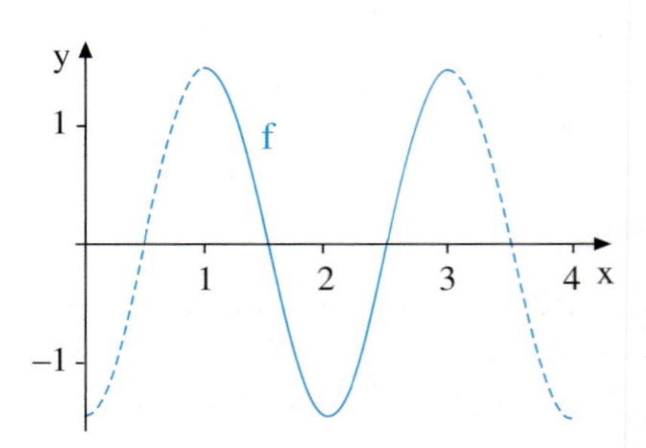

Der Graph von f entsteht aus dem Graphen der Kosinusfunktion durch folgende Operationen:
Verschiebung um 1 nach rechts
Keine Verschiebung nach oben/unten
Verkürzung der Periode auf $\frac{2\pi}{\pi} = 2$
Vergrößerung der Amplitude auf 1,5

Gelegentlich steht man vor der Aufgabe, die Gleichung einer Funktion aus einigen ihrer Eigenschaften oder aus ihrem Graph erschließen zu müssen.

Beispiel: Gesucht ist die Gleichung der Funktion f, die unten rechts abgebildet ist.

Lösung:
Es handelt sich um eine kosinusartige Funktion, für welche wir den Normansatz $f(x) = A\cos[B(x + C)] + D$ verwenden.
Die Periode beträgt 2 und die Amplitude ist gleich 1. Daher ist $A = 1$ und $B = \pi$.
Der Graph ist um 1 nach unten verschoben. Daher gilt $D = -1$.
Er liegt achsensymmetrisch zur y-Achse, also liegt keine x-Verschiebung vor. Daher gilt $C = 0$.
Resultat: $f(x) = \cos(\pi x) - 1$

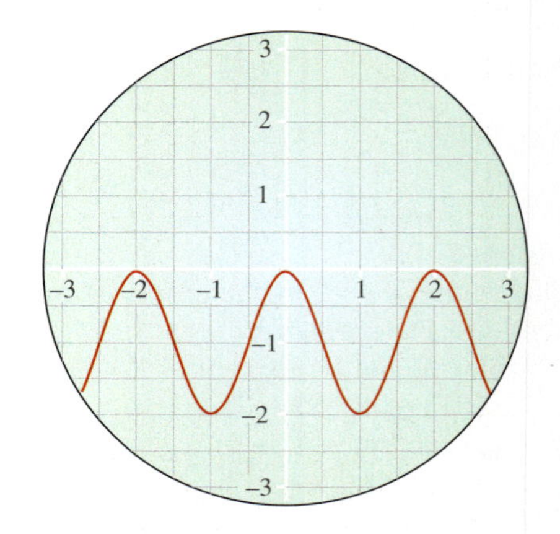

Übung 5
Skizzieren Sie die Graphen der folgenden Funktionen.

a) $g(x) = \cos(x + \pi)$
b) $g(x) = \cos(2x - 2)$
c) $g(x) = 3\cos(0{,}5x - 2)$
d) $g(x) = 3\cos(-x + \pi)$
e) $g(x) = -\cos(2x - 2)$
f) $g(x) = 2\cos(-\pi x - \pi)$

Übungen

6. Funktionsgraphen trigonometrischer Funktionen

Skizzieren Sie den Graphen von f über einem Periodenintervall.

a) $f(x) = 3 \cdot \sin(0{,}5\,x)$ b) $f(x) = \cos(x - \frac{\pi}{4})$ c) $f(x) = \tan(2\,x)$

d) $f(x) = -1{,}5 \cdot \cos(\frac{x}{2})$ e) $f(x) = \cos(\frac{\pi}{2} \cdot x) + 1$ f) $f(x) = -\cos(\pi x) - 2$

g) $f(x) = 2 \cdot \cos(x - 2)$ h) $f(x) = \sin(0{,}4\,\pi \cdot x) + 3$ i) $f(x) = -\sin(x - \frac{\pi}{2}) + 1{,}5$

j) $f(x) = -2 \cdot \cos(-x - 2)$ k) $f(x) = 2 \cdot \sin(1 - x)$ l) $f(x) = \sin x + \cos x$

7. Wirkung einer Modifikation des Funktionsterms

Die Funktion $f(x) = \sin x$ wird durch veränderte Koeffizienten zur Funktion g modifiziert. Beschreiben Sie verbal die graphischen Auswirkungen der Modifikation.

a) $g(x) = 2{,}5 \sin x$ b) $g(x) = \cos x - 1$ c) $g(x) = \sin(x + \pi)$

d) $g(x) = \cos(2\,x)$ e) $g(x) = -2 \sin x$ f) $g(x) = \sin(2\,x + 6)$

8. Graphen und ihre Gleichungen

Ordnen Sie jedem Graphen die zugehörige Funktionsgleichung zu. Begründen Sie Ihre Ordnungswahl argumentativ.

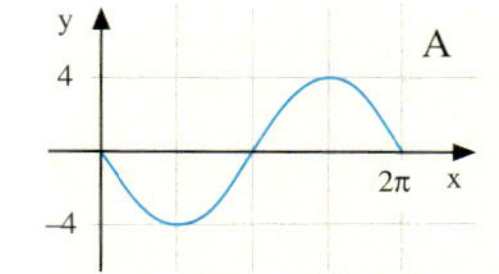

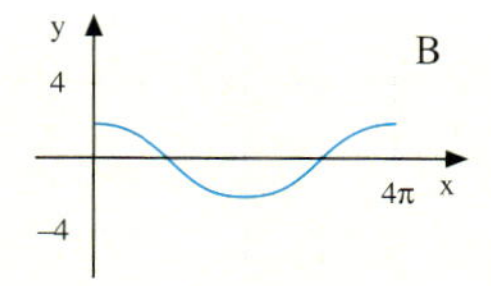

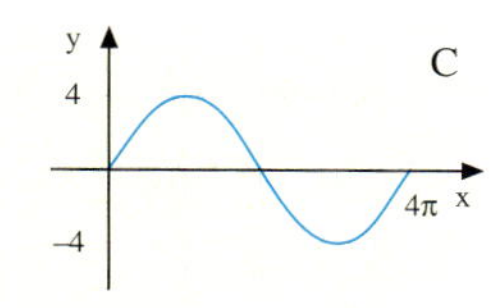

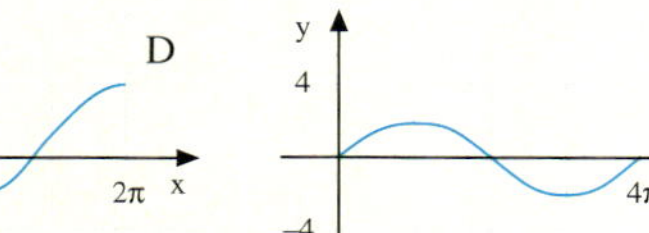

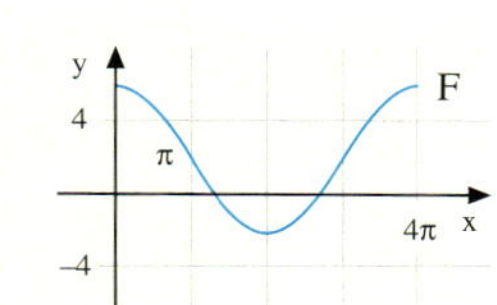

G: y, 4, −4, 4π, x — H: y, 4, −4, 4π, x — I: y, 4, −4, π, x

1. $-4\cos(x - \pi)$

2. $4\cos(x - 0{,}5\pi)$

3. $2\cos(0{,}5x)$

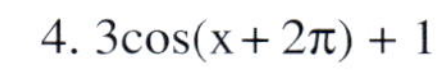
4. $3\cos(x + 2\pi) + 1$

5. $4\sin(x + \pi)$

6. $4\sin(0{,}5x)$

7. $2\sin(0{,}5x)$

8. $4\sin(2x)$

9. $4\cos(0{,}5x) + 2$

9. Aufstellen der Funktionsgleichung

Die rechts abgebildete Funktion f soll auf zwei Arten dargestellt werden.

a) $f(x) = A\cos(Bx + C) + D$

b) $f(x) = A\sin(Bx + C) + D$

Bestimmen Sie jeweils die Parameter A bis D.

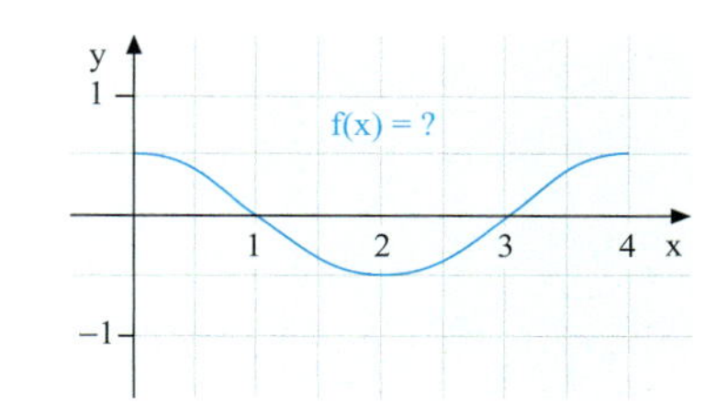

10. Die Taglänge in Berlin

$L(t) = 275{,}5 \sin[0{,}0172\,(t - 80)] + 734{,}5$

Die aufgeführte Formel modelliert die Taglänge – also die Zeit zwischen Sonnenaufgang und Sonnenuntergang. t steht für den Tag ($1 \leq t \leq 365$) und L für die Taglänge in Minuten.

a) Legen Sie eine Wertetabelle an, welche den ersten Tag jeden Monats erfasst (1. Januar: $t = 1$; 1. Februar: $t = 32$; 1. März: $t = 60$ usw.)
b) Zeichnen Sie den Graphen von L für $1 \leq t \leq 365$.
c) Bestimmen Sie die Periodenlänge der Funktion L.
d) Bestimmen Sie den längsten und den kürzesten Tag des Jahres. Lesen Sie aus dem Graphen eine grobe Näherungslösung ab. Verbessern Sie dann das Resultat durch Testeinsetzungen.
e) Bestimmen Sie mit der Formel die Taglänge am 15. Juli.
f) An welchem Tag beträgt die Taglänge 8 Stunden?

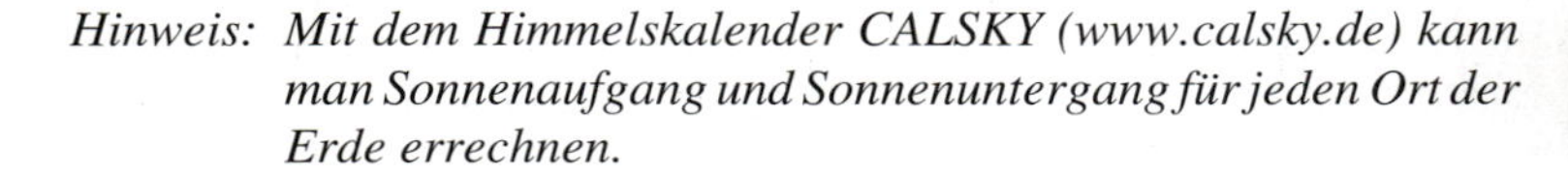

Hinweis: Mit dem Himmelskalender CALSKY (www.calsky.de) kann man Sonnenaufgang und Sonnenuntergang für jeden Ort der Erde errechnen.

11. Das Riesenrad als Sinuskurve

Ein Riesenrad dreht sich einmal in 20 Sekunden. Sein Durchmesser beträgt 60 m. Die Einstiegsplattform, d.h. der tiefste Punkt, liegt 3 m über Straßenniveau.

a) Stellen Sie die Funktion $h(t)$ auf, welche die Höhe einer bestimmten Gondel über dem Straßenniveau angibt (h in m, t in s).
Zum Zeitpunkt $t = 0$ ist die Gondel unten.
Kontrollergebnis: $h(t) = 33 - 30 \cdot \cos\left(\frac{\pi}{10}t\right)$
b) Zeichnen Sie den Graphen von h für einen vollständigen Umlauf des Riesenrades.
c) Der Kirchturm der Stadt ist 45 m hoch. Wie lange befindet sich die Gondel während eines Umlaufs über Kirchturmhöhe?
d) Wie groß ist die mittlere Steiggeschwindigkeit der Gondel in der ersten Sekunde des Aufstiegs bzw. in der 5. Sekunde des Aufstiegs bzw. während der gesamten Aufstiegsphase?

12. Richtig oder falsch?

A: Die Kosinusfunktion hat die Periode 2π.
B: Die Funktion $f(x) = \sin(2x)$ hat die Periode 4π.
C: Jede periodische Funktion lässt sich als Sinusfunktion darstellen.
D: $f(x) = \cos(2\pi - x)$ verläuft zwischen 0 und π monoton fallend.
E: Die Funktionswerte von $f(x) = 1 + \cos x$ schwanken zwischen 1 und 3.

13. Die Temperatur in Arizona

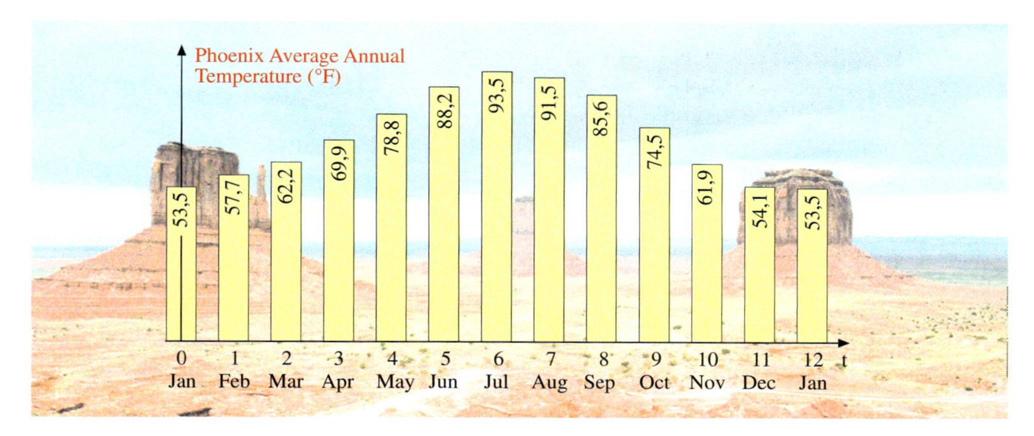

Stellen Sie eine Funktion $T(t) = A \sin(B(t - C)) + D$ auf für die Temperatur in Phoenix/ Arizona (t in Monaten, T(t) in °Fahrenheit)

a) Bestimmen Sie die Amplitude A aus Maximal- und Minimaltemperatur.
b) Die Periode beträgt 12 Monate. Bestimmen Sie daraus B.
c) Wie weit muss man den Graphen von T oben nach links und unten verschieben, um die übliche Sinuslage zu erhalten? Bestimmen Sie so C und D.
d) Stellen Sie nun die Funktionsgleichung auf und berechnen Sie T(2) und T(8). Vergleichen Sie mit den Daten aus der Graphik.
e) Versuchen Sie, durch Testeinsetzungen den heißesten Tag des Jahres zu bestimmen.
f) Um wieviele Grad/Tag steigt die Temperatur in der ersten Jahreshälfte im Mittel an?

14. Der Blutdruck

Der Blutdruck eines Menschen verläuft prinzipiell wie rechts dargestellt periodisch. Für eine bestimmte Person wurde eine grobe Näherung modelliert durch die Funktion $p(t) = 100 - 20 \cdot \cos(2\pi \cdot t)$, wobei t die Zeit in Sekunden und p(t) der Druck ist, gemessen in mmWS (Millimeter Hg).

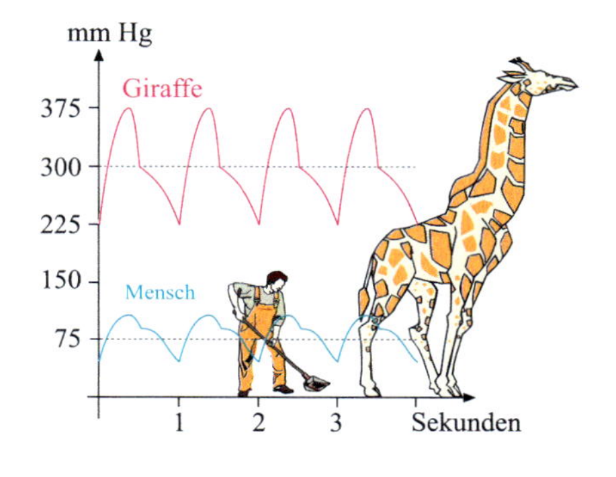

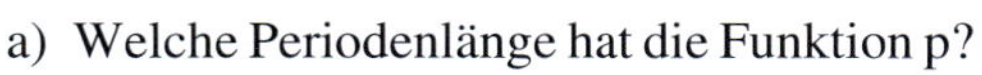

a) Welche Periodenlänge hat die Funktion p?
b) Wie groß ist der systolische Druck, d. h. der Maximalwert? Wie groß ist der diastolische Druck, der Minimalwert?
c) Skizzieren Sie den Verlauf des Graphen von p für $0 \leq t \leq 4$.
d) Wie groß ist die Pulsfrequenz der Person, d. h. die Anzahl der Druckspitzen pro Minute? Vergleichen Sie mit Ihrer Pulsfrequenz.
e) Wie lange dauert ein einzelner Pumpvorgang des Herzens? Wie lange ist dabei der Druck über 100 mmHg?

Trigonometrische Gleichungen

Bei der Untersuchung trigonometrischer Funktionen – z. B. bei der Nullstellenbestimmung – treten sog. *trigonometrische* bzw. *goniometrische Gleichungen* auf. Der Unerfahrene hat bei der Lösung solcher Gleichungen oft erhebliche Probleme. Die folgenden Beispiele zeigen, welche Schwierigkeiten auftreten und mit welchen Mitteln man diese überwinden kann.

Aufgabe 1

Bestimmen Sie die Lösungen der goniometrischen Gleichung sin x = 0,8.

Zunächst betrachten wir die Situation anhand des Graphen von f(x) = sin x.

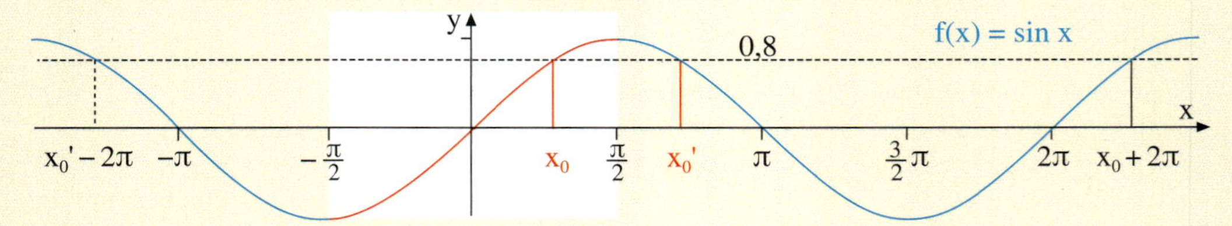

Allgemeine Betrachtung

Wir erkennen, dass es unendlich viele Lösungen gibt, da die Sinusfunktion periodisch ist mit der Periodenlänge 2π.

Interessant sind die beiden ***„Basislösungen"*** x_0 im aufsteigenden und x'_0 im absteigenden Teil des Sinusbogens, denn alle anderen Lösungen ergeben sich durch Addition eines ganzzahligen Vielfachen der Periode 2π zu diesen Basislösungen.

Es reicht aus, x_0 zu bestimmen, da x'_0 und x_0 symmetrisch zur Stelle $\frac{\pi}{2}$ liegen, sodass die Symmetrie $\frac{\pi}{2} - x_0 = x'_0 - \frac{\pi}{2}$ gilt. x'_0 ergibt sich daher aus x_0 nach der Gleichung

$$x'_0 = \pi - x_0$$

Man bestimmt die Basislösung x_0 mithilfe des Taschenrechners, auf dem die Umkehrfunktion des oben rot eingezeichneten Teils der Sinusfunktion programmiert ist, nach nebenstehender Rechnung. Nun bestimmt man x'_0 und sodann alle Lösungen durch Periodenaddition.

Praktische Berechnung

Wir berechnen die erste Basislösung mithilfe der Umkehrfunktion der Sinusfunktion. Je nach Taschenrechnermodell ist diese über die Tasten $\sin^{-1}$, invsin oder arcsin aufrufbar.

Den Taschenrechner betreiben wir dabei im Modus RAD (Bogenmaß).

Die Basislösungen sind daher:

$x_0 \approx 0{,}9273$

$x'_0 = \pi - x_0 \approx \pi - 0{,}9273 \approx 2{,}2143$

Alle Lösungen:

$x \approx 0{,}9273 + 2k\pi$

$x' \approx 2{,}2143 + 2k\pi$

Aufgabe 2

Lösen Sie die trigonometrische Gleichung cos x = 0,5.

Der Taschenrechner (im RAD-Modus) liefert mithilfe der Umkehrfunktion (Arkuskosinusfunktion, INVCOS) des markierten Teils der Kosinusfunktion die Basislösung
$x_0 \approx 1{,}0472$.
Für die zweite Basislösung x'_0 gilt wegen der Achsensymmetrie der Kosinusfunktion

$x'_0 = -x_0$

Daraus folgt $x'_0 \approx -1{,}0472$ als zweite Basislösung. Alle anderen Lösungen ergeben sich durch Addition von $2k\pi$.

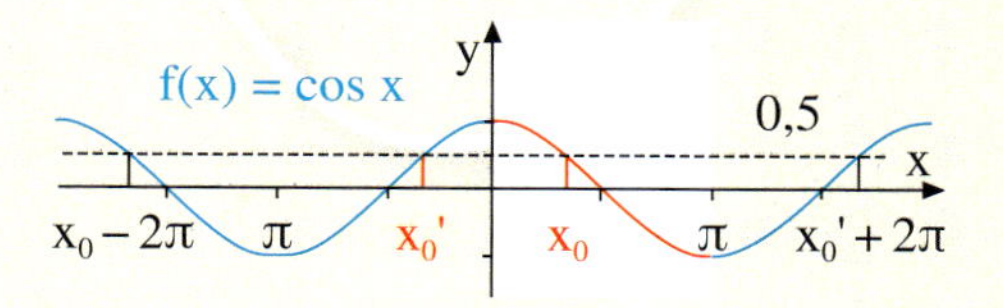

$\cos x = 0{,}5$

$x = \arccos 0{,}5$

$x \approx +1{,}0472 + 2k\pi \quad (k \in \mathbb{Z})$

$x' \approx -1{,}0472 + 2k\pi$

Aufgabe 3

Lösen Sie die Gleichung 4 · sin(2x – 5) = 1.

Durch eine Substitution des Arguments 2x – 5 kann eine derartige Gleichung auf die einfachere, oben behandelte Form zurückgeführt werden.

$4 \cdot \sin(2x-5)$	$= 1$			
$\sin(2x-5)$	$= 0{,}25$			*Umformung*
$\sin z$	$= 0{,}25$			*Substitution $2x - 5 = z$*
z_0	$\approx 0{,}2527$	z'_0	$\approx 2{,}8889$	*Basislösungen z_0, z_0'*
z	$\approx 0{,}2527 + 2k\pi$	z'	$\approx 2{,}8889 + 2k\pi$	*Addition von $2k\pi$ ($k \in \mathbb{Z}$)*
$2x - 5$	$\approx 0{,}2527 + 2k\pi$	$2x' - 5$	$\approx 2{,}8889 + 2k\pi$	*Resubstitution $z = 2x - 5$*
$2x$	$\approx 5{,}2527 + 2k\pi$	$2x'$	$\approx 7{,}8889 + 2k\pi$	*Auflösung nach x, x'*
x	$\approx 2{,}6264 + k\pi$	x'	$\approx 3{,}9445 + k\pi$	

Übungen

Gesucht sind die Lösungen der Gleichung, welche im angegebenen Intervall liegen.

a) $\sin x = 1 \qquad \pi \le x \le 4\pi$

b) $\cos x = 0{,}5 \qquad \pi \le x \le 2\pi$

c) $2\sin(2x) = 1 \qquad 1{,}5\pi \le x \le 2\pi$

d) $\sin(1 - x) = 0{,}5 \qquad 4 \le x \le 6$

An welcher Stelle des Intervalls $[0; \pi]$ nimmt die Funktion $f(x) = 2\sin\left(\frac{1}{2}x\right)$ den Wert 1 an?

a) Lösen Sie die Aufgabe angenähert mithilfe einer Zeichnung.

b) Lösen Sie die Aufgabe rechnerisch.

Die Funktion $f(x) = 2\sin(\pi x + \pi) + 1$ schneidet im Intervall $[2; 4]$ die x-Achse. An welchen Stellen des Intervalls findet dies statt? Lösen Sie die Aufgabe zunächst zeichnerisch und dann rechnerisch.

Überblick

Sinus, Kosinus und Tangens am rechtwinkligen Dreieck

$$\sin\alpha = \frac{\text{Gegenkathete von }\alpha}{\text{Hypotenuse}} = \frac{\text{Gk}}{\text{Hyp}}$$

$$\cos\alpha = \frac{\text{Ankathete von }\alpha}{\text{Hypotenuse}} = \frac{\text{Ak}}{\text{Hyp}}$$

$$\tan\alpha = \frac{\text{Gegenkathete von }\alpha}{\text{Ankathete von }\alpha} = \frac{\text{Gk}}{\text{Ak}}$$

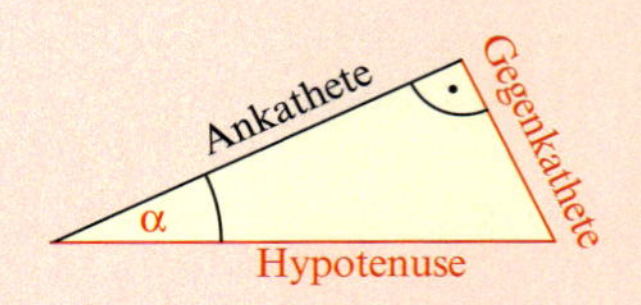

Sinus, Kosinus und Tangens am Einheitskreis

P(x | y) sei ein beliebiger Punkt auf dem Einheitskreis. α sei der Winkel zwischen der positiven x-Achse und dem vom Ursprung O durch den Punkt P gehenden Strahl. Dann trifft man folgende Vereinbarung:

$\sin\alpha = y, \quad \cos\alpha = x, \quad \tan\alpha = \frac{\sin\alpha}{\cos\alpha} = \frac{y}{x}$ (für $x \neq 0$).

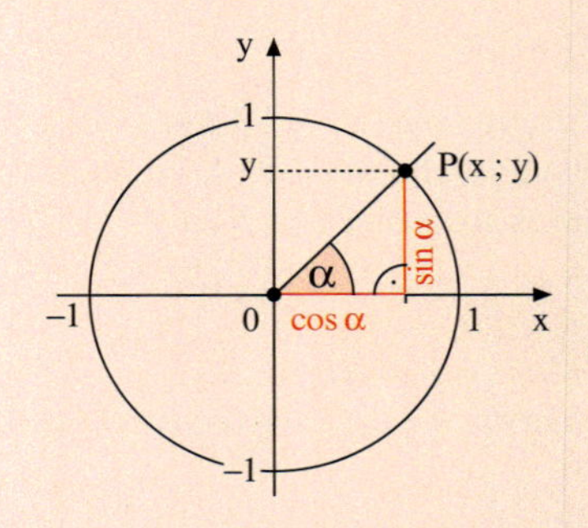

Der Komplementwinkelsatz

α sei ein spitzer Winkel ($0° \leq \alpha \leq 90°$). Dann gelten folgende Beziehungen:

$$\sin\alpha = \cos(90° - \alpha), \qquad \cos\alpha = \sin(90° - \alpha).$$

Der trigonometrische Pythagoras

α sei ein spitzer Winkel ($0° \leq \alpha \leq 90°$). Dann gilt die nebenstehende Formel, die als trigonometrischer Pythagoras bezeichnet wird.

$$\sin^2\alpha + \cos^2\alpha = 1$$

d.h.

$$(\sin\alpha)^2 + (\cos\alpha)^2 = 1$$

Additionstheoreme des Sinus

$$\sin(\alpha + \beta) = \sin\alpha \cdot \cos\beta + \cos\alpha \cdot \sin\beta$$

$$\sin(\alpha - \beta) = \sin\alpha \cdot \cos\beta - \cos\alpha \cdot \sin\beta$$

Additionstheoreme des Kosinus

$$\cos(\alpha + \beta) = \cos\alpha \cdot \cos\beta - \sin\alpha \cdot \sin\beta$$

$$\cos(\alpha - \beta) = \cos\alpha \cdot \cos\beta + \sin\alpha \cdot \sin\beta$$

Der Sinussatz

In einem beliebigen Dreieck sind die drei Verhältnisse aus einer Seite und dem Sinus des gegenüberliegenden Winkels gleich.

$$\frac{a}{\sin\alpha} = \frac{b}{\sin\beta} = \frac{c}{\sin\gamma}$$

Der Kosinussatz

a, b, c seien die Seiten eines beliebigen Dreiecks, γ sei der von a und b eingeschlossene Winkel.
Dann gilt:

$$c^2 = a^2 + b^2 - 2ab \cdot \cos\gamma.$$

Gradmaß und Bogenmaß

Winkel können im Gradmaß α (0° bis 360°) oder im Bogenmaß x (Bogenlänge am Einheitskreis 0 bis 2π) gemessen werden.

Umrechnungsformel

$$\frac{x}{2\pi} = \frac{\alpha°}{360°}$$

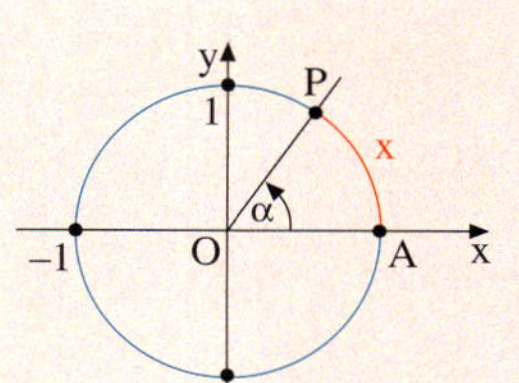

Trigonometrische Standardfunktionen

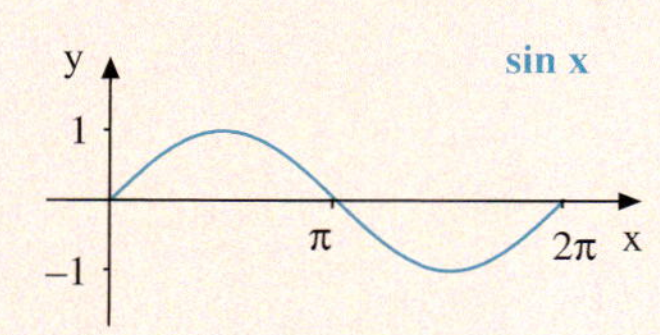

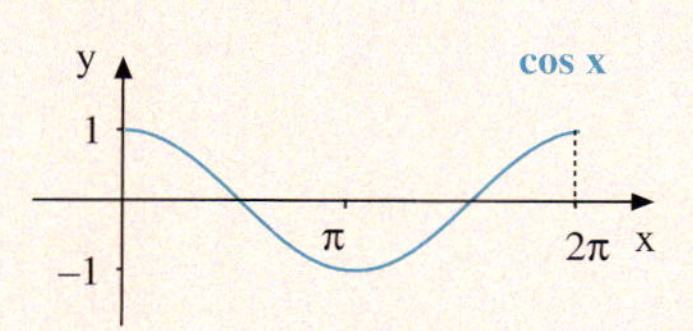

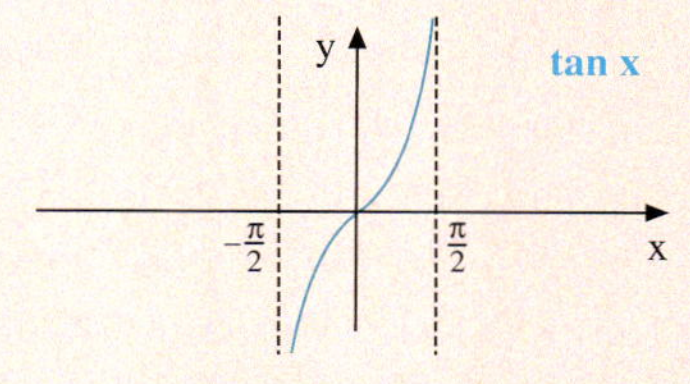

sin x:
Definitionsmenge: $\mathbb{R}$
Wertemenge: $[-1;1]$
Periodenlänge: 2π
Punktsymmetrie zum Ursprung
Nullstellen: $x = k\pi,\ k \in \mathbb{Z}$

cos x:
Definitionsmenge: $\mathbb{R}$
Wertemenge: $[-1;1]$
Periodenlänge: 2π
Achsensymmetrie zur y-Achse
Nullstellen: $x = \frac{\pi}{2} + k\pi,\ k \in \mathbb{Z}$

tan x:
Def.menge: $\mathbb{R} \setminus \{\frac{\pi}{2} + k\pi : k \in \mathbb{Z}\}$
Wertemenge: $\mathbb{R}$
Periodenlänge: π
Punktsymmetrie zum Ursprung
Nullstellen: $x = k\pi,\ k \in \mathbb{Z}$

Modifikationen der Sinusfunktion

Durch Einfügen von Parametern kann der Graph der Sinusfunktion $f(x) = \sin x$ modifiziert werden. Die Wirkung der einzelnen Parameter ist folgendermaßen:

$f(x) = A \cdot \sin x$: Veränderung der Amplitude auf den Wert A.
$f(x) = \sin(B \cdot x)$: Veränderung der Periodenlänge auf den Wert $\frac{2\pi}{B}$
$f(x) = \sin(x - C)$: Verschiebung des Graphen um $+C$ in Richtung der positiven x-Achse
$f(x) = \sin x + D$: Verschiebung des Graphen um $+D$ in Richtung der positiven y-Achse

Verallgemeinerte Sinusfunktion (Normgestalt)

Oft kann eine sinusartige Funktion f in der folgenden Normgestalt dargestellt werden, welche eine sehr einfache Entwicklung des Graphen von f gestattet, ausgehend vom Graph von $g(x) = \sin x$.

$$\mathbf{f(x) = A \cdot \sin[B \cdot (x - C)] + D}$$

D: Verschiebung in y-Richtung
C: Verschiebung in x-Richtung
B: Änderung der Periode auf $\frac{2\pi}{B}$
A: Änderung der Amplitude auf A

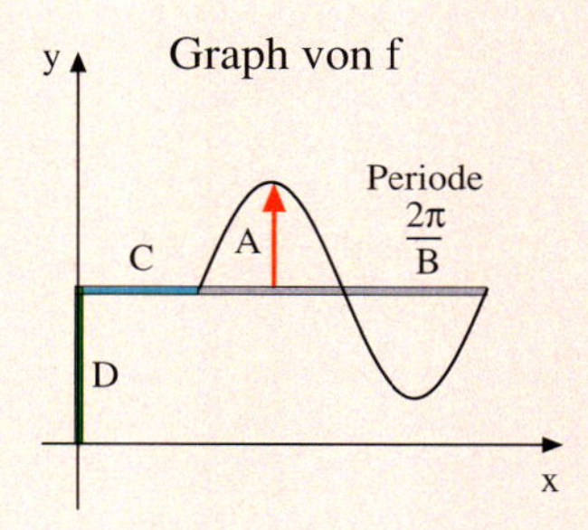

Test

Trigonometrische Funktionen

1. In der Tabelle fehlen einige Eintragungen. Bestimmen Sie diese Werte exakt oder angenähert. Es gelte stets $0 \leq x < \pi/2$.

x	$\pi/2$		$\pi/4$		$\pi/6$
sin x		$1/2$		$\frac{\sqrt{3}}{2}$	

x		$\pi/6$	1		
cos x	$1/2$			0,7071	1

2. Skizzieren Sie den Graphen der Funktion f. (Maßstab 1 LE = 1 cm)

a) $f(x) = 1{,}5 \cdot \sin(x), \quad 0 \leq x \leq 4\pi$
b) $f(x) = \cos(\pi \cdot x), \quad 0 \leq x \leq 4$
c) $f(x) = 2 \cdot \sin(x-2), 0 \leq x \leq 2\pi$
d) $f(x) = 2 \cdot \sin(\pi x - \pi), \quad 0 \leq x \leq 4$
e) $f(x) = \sin(x-2) + 1, \quad 0 \leq x \leq 2\pi$

3. Ordnen Sie den Graphen g und h je eine Gleichung zu. Begründen Sie Ihre Wahl.

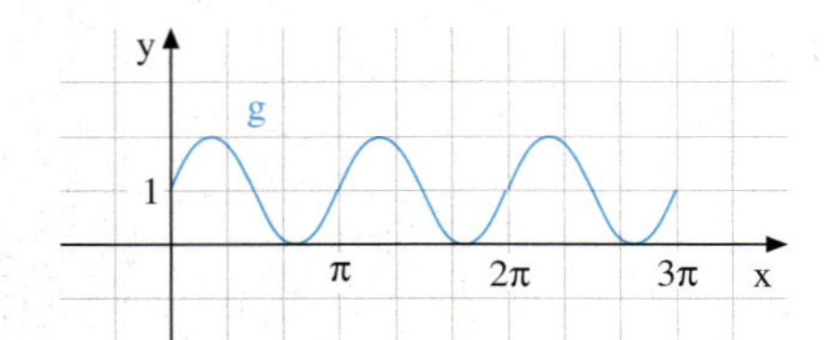

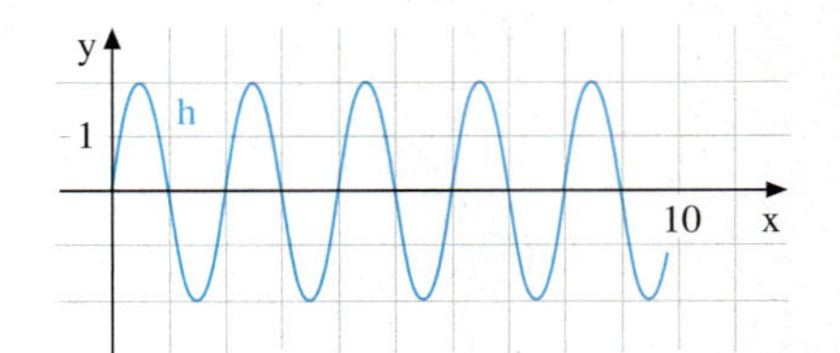

$f(x) = \sin(2x)$ $\quad f(x) = 2\cos(x - \frac{\pi}{2})$ $\quad f(x) = -\sin(x-\pi)$ $\quad f(x) = 2\sin(\pi x)$

$f(x) = \sin(x - 2\pi)$ $\quad f(x) = 2\sin(x-\pi)$ $\quad f(x) = \sin(2x)+1$ $\quad f(x) = 2\cos(\pi x)$

4. Gegeben ist die abgebildete Funktion f.

a) Stellen Sie eine passende Funktionsgleichung auf.
b) Im Intervall $0 \leq x \leq \pi$ schneidet der Graph von f die horizontale Gerade $y = 1$. Bestimmen Sie die x-Koordinate des Schnittpunktes.
c) Wie viele Schnittpunkte haben der Graph von f und die Gerade $g(x) = \frac{1}{6}x$?

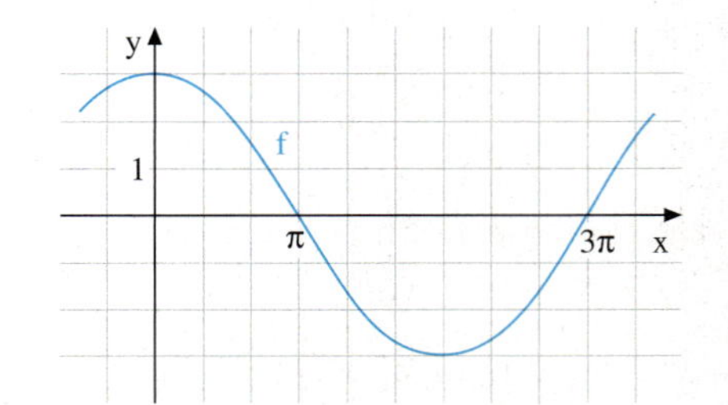

5. Lösen Sie die trigonometrische Gleichungen

a) $\cos x = 0{,}5, 0 \leq x < \pi/2$
b) $\sin(2x) = -0{,}8, 0 \leq x \leq \pi$

Lösungen unter 252-1

VII. Grenzwerte und Änderungsraten

1. Grenzwerte von Folgen

A. Der Begriff der Zahlenfolge

Eine ***reelle Zahlenfolge*** besteht aus unendlich vielen reellen Zahlen $a_1, a_2, a_3, \ldots$, die in einer festen Reihenfolge angeordnet sind – so wie Perlen auf einer unendlich langen Schnur.

Die Zahl mit dem ***Index*** n, also die Zahl a_n, steht dabei an n-ter Stelle in der Reihenfolge und heißt daher n-tes Folgenglied.
Für die Folge als Ganzes verwendet man die Kurzschreibweise (a_n).

Eine Zahlenfolge (a_n) als Perlenkette:

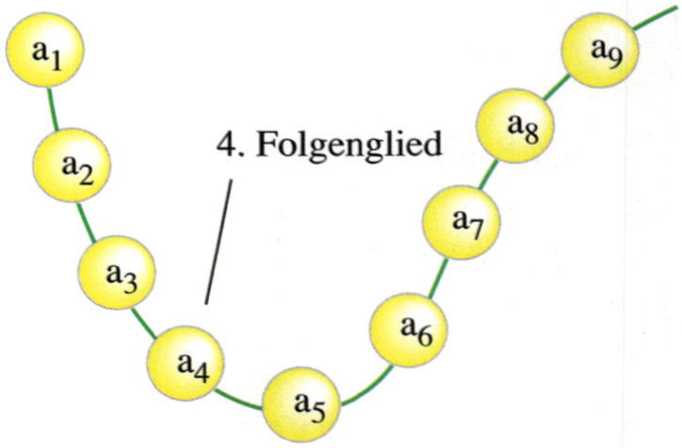

Beispiele für Folgen:

	a_1	a_2	a_3	a_4	a_5	$a_6, \ldots$
Die Folge der Quadrate der natürlichen Zahlen:	1,	4,	9,	16,	25,	36, …
Die Folge der Primzahlen in natürlicher Ordnung:	2,	3,	5,	7,	11,	13, …
Eine konstante Folge:	3,	3,	3,	3,	3, …	
Eine anscheinend „gesetzlose" Folge:	7,	12,	15,	16, …		

Für die meisten Folgen, die wir betrachten werden, lässt sich ein einfaches ***Bildungsgesetz*** für das n-te Folgenglied a_n angeben. Oft lässt sich a_n durch einen Term ausdrücken, der nur die Variable n enthält.
So gilt z. B. für die Folge der Quadratzahlen das Bildungsgesetz $a_n = n^2$. Auf die oben angegebene „gesetzlose" Folge passen mehrere Bildungsgesetze, z. B. $a_n = 8n - n^2$ und $a_n = n^4 - 10n^3 + 34n^2 - 42n + 24$. Dies ist leicht zu erklären, denn durch die Angabe endlich vieler Glieder ist natürlich in keiner Weise festgelegt, wie die restlichen unendlich vielen Glieder beschaffen sind.

Beispiel: Bildungsgesetz
Gegeben ist die Folge (a_n) durch das Bildungsgesetz $a_n = n^2 - 5n \ (n \in \mathbb{N})$.

a) Geben Sie die ersten sieben Folgenglieder an.
b) Berechnen Sie das 20. Folgenglied.
c) Stellen Sie die ersten sechs Folgenglieder graphisch als Punkte auf der Zahlengeraden dar.

Lösung:

zu a: $a_1, \ a_2, \ a_3, \ a_4, \ a_5, \ a_6, \ a_7, \ldots$
$-4, -6, -6, -4, \ 0, \ 6, \ 14, \ldots$

zu b: $a_{20} = 20^2 - 5 \cdot 20 = 300$

zu c:

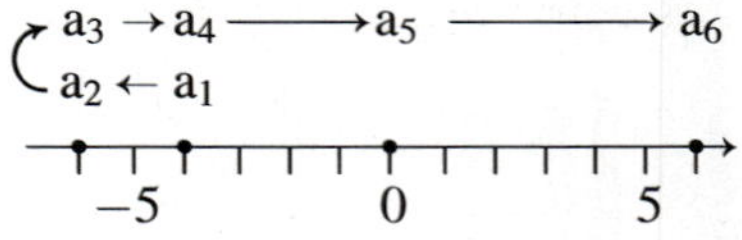

Abschließend sei erwähnt, dass eine Folge (a_n) als reelle Funktion mit dem Definitionsbereich $\mathbb{N}$ aufgefasst werden kann: Jeder Indexzahl $n \in \mathbb{N}$ ist in eindeutiger Weise das zugehörige Folgenglied a_n zugeordnet.
Vorteil: Man kann die Funktion und damit die Folge in einem Koordinatensystem graphisch darstellen. Eigenschaften der Folge wie „steigen" und „fallen" werden somit leichter erkennbar.
Nachteil: Bei vielen innermathematischen Anwendungen von Folgen müssen diese wie im vorigen Beispiel auf der Zahlengeraden dargestellt werden und nicht als Funktionsgraph wie im folgenden Beispiel.

Beispiel: Folge als Funktion
Stellen Sie die Folge (a_n) mit $a_n = \frac{10n}{n^2+1}$ als Funktion f dar und zeichnen Sie den Graphen von f in ein Koordinatensystem.

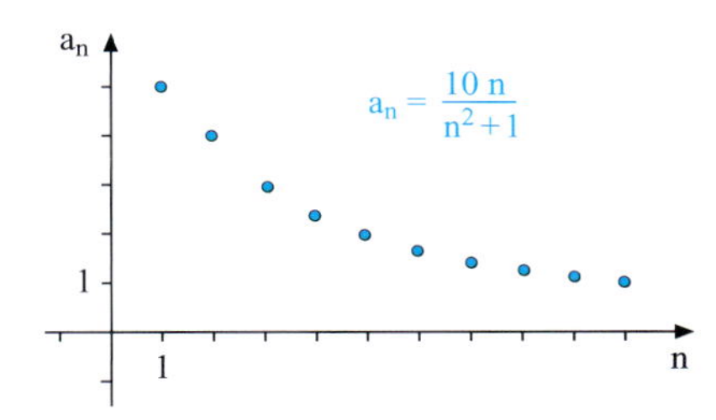

Lösung:
Die Funktionsgleichung lautet:
$f(n) = \frac{10n}{n^2+1}$, $n \in \mathbb{N}$.

Übung 1
Berechnen Sie die Folgenglieder a_1 bis a_9 und stellen Sie die Folge (a_n) sowohl auf der Zahlengeraden als auch im Koordinatensystem dar.

a) $a_n = \frac{1}{n+2}$ b) $a_n = (-2)^n$ c) $a_n = 2 \cdot [1 + (-1)^n]$ d) $a_n = 1 + \frac{1}{n}$ e) $a_n =$ Anzahl der positiven Teiler von n

Übung 2
In einem Einstellungstest wird den Kandidaten die Aufgabe gestellt die vorgegebene Zahlensequenz 2, 5, 10, 17, 26 in sinnvoller Weise um drei weitere Zahlen fortzusetzen.
Lösen Sie diese Aufgabe, geben Sie ein passendes Bildungsgesetz an und kommentieren Sie den folgenden Lösungsvorschlag: 2, 5, 10, 17, 26, 1, 1, 1.

Übung 3
Stellen Sie ein passendes Bildungsgesetz auf und setzen Sie den gegebenen Folgenanfang um drei weitere Glieder fort.

a) 1, 16, 81, 256, ... b) $1, \frac{1}{10}, \frac{1}{100}, \frac{1}{1000}, \dots$ c) 3, 5, 9,17, ...
d) 1, 9, 17, 25, ... e) 3, 33, 333, 3333, ... f) 5, 10, 20, 40, ...

Übung 4
Berechnen Sie, welches Glied der Folge (a_n) den Wert x hat.

a) $a_n = \frac{1}{n^2}$, $x = \frac{1}{100}$ b) $a_n = 1 + \frac{1}{n}$, $x = 1{,}0001$ c) $a_n = 1 + \frac{1}{2^n}$, $x = \frac{5125}{5120}$
d) $a_n = \frac{n}{n^3 - 504}$, $x = 1$ e) $a_n = \frac{n^2-1}{2n}$, $x = \frac{3}{4}$ f) $a_n = 5 - \frac{3}{n}$, $x = \frac{15}{4}$

Übungen

5. Arithmetische und geometrische Folgen

Eine *arithmetische Folge* ist dadurch gekennzeichnet, dass die Differenz von zwei aufeinanderfolgenden Gliedern konstant ist. Es gilt also $a_{n+1} - a_n = d$ für $n = 1, 2, 3$ usw.
Bei einer *geometrischen Folge* ist der Quotient aufeinanderfolgender Glieder konstant. Es gilt also $\frac{a_{n+1}}{a_n} = q$ für $n = 1, 2, 3$ usw.

Überprüfen Sie, ob (a_n) eine arithmetische oder eine geometrische Folge ist. Stellen Sie das Bildungsgesetz der Folge auf.

a) $3, 7, 11, 15, \ldots$ b) $4, 1, \frac{1}{4}, \frac{1}{16}, \ldots$ c) $5, 10, 20, 40, \ldots$ d) $\frac{1}{8}, -\frac{1}{2}, 2, -8, 32, \ldots$

e) $4, -6, -16, \ldots$ f) $a_1 = 4, a_3 = 1, a_6 = \frac{1}{8}$ g) $\frac{3}{2}, \frac{6}{5}, \frac{9}{10}, \frac{12}{20}, \ldots$ h) $a_1 = 8, a_3 = 72, a_5 = 648$

6. Temperatur im Erdinnern

Die Temperatur des Gesteins nimmt zum Erdinnern hin um etwa 3 Grad je 100 m Tiefe zu. In Mitteleuropa herrscht in 25 m Tiefe eine Temperatur von etwa 10 °C.

a) Welche Temperatur herrscht in 10 km Tiefe?
b) In welcher Tiefe siedet Wasser, aus welcher Tiefe kommt eine 45 °C warme Thermalquelle? Luftdruckänderungen sollen hier unberücksichtigt bleiben.

7. Wachstum von Bakterien

In einer Nährlösung befinden sich ca. 1000 Einzeller einer Art, bei der es im Durchschnitt alle 20 Minuten zu einer Teilung kommt.

a) Geben Sie eine Folge an, die das explosive Wachstum dieser Art beschreibt.
b) Berechnen Sie, wie viele Einzeller nach 24 Stunden entstanden sind. Welche Länge ergibt sich, wenn man diese aneinander legt (Länge eines Einzellers: 0,001 mm)?
c) Nach welcher Zeit sind etwa 10 Millionen Einzeller vorhanden?
d) Welche äußeren Faktoren begrenzen das Wachstum?

8. Falten einer Zeitung

Wie oft kann man den üblichen Doppelbogen einer Tageszeitung falten? Ein solcher Bogen hat eine Breite von 800 mm, eine Höhe von 600 mm und ist ca. 0,06 mm dick.

a) Schätzen Sie, wie viele Faltungen maximal möglich sind.
b) Überprüfen Sie Ihre Schätzung durch Ausprobieren.
c) Stellen Sie eine Tabelle auf, welche die Breite b_n, die Höhe h_n und die Dicke d_n des Bogens für 10 Faltungsvorgänge enthält.
d) Nach welcher Anzahl von Faltungen ist das Blatt genauso dick wie breit?
Lösen Sie die Aufgabe mithilfe der Tabelle aus c).
e) Lösen Sie d), indem Sie eine Formel für die Breite und die Dicke nach n Faltungen aufstellen.

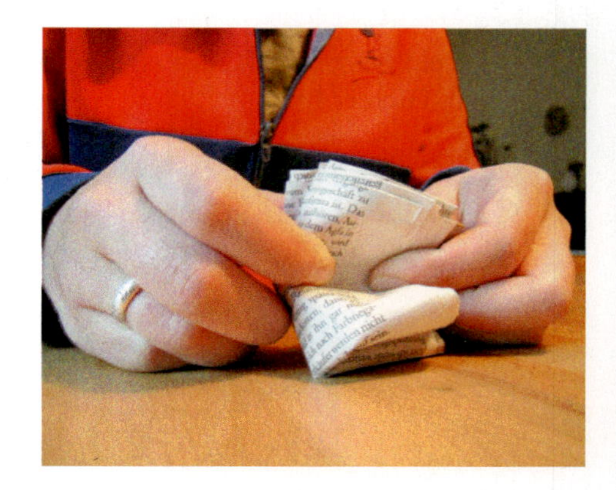

B. Die Definition des Grenzwertes einer Folge

Die Glieder der Folge (a_n) mit $a_n = \frac{2n+3}{n}$ nähern sich mit wachsender Indexzahl n „beliebig dicht" der Zahl 2.
Der Abstand des Gliedes a_{100} zu 2 ist $\frac{3}{100}$, der von a_{1000} sogar nur noch $\frac{3}{1000}$ usw.
Man sagt: Die Folge (a_n) strebt mit wachsendem n gegen den ***Grenzwert*** 2.
Für diesen Sachverhalt wird eine symbolische Kurzschreibweise verwendet.

$$\lim_{n\to\infty} \frac{2n+3}{n} = 2$$

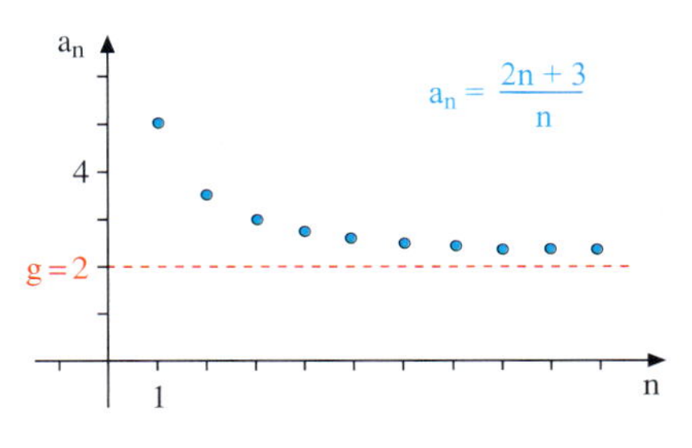

$a_1 = 5$ $a_5 = 2{,}6$ $a_{10} = 2{,}3$ $a_{100} = 2{,}03$
$a_{1000} = 2{,}003$ $a_{10000} = 2{,}0003$ usw.

Zur Präzisierung des Grenzwertbegriffs verwendet man sog. ***ε-Umgebungen*** bzw. ε-Streifen. Wir erläutern das Verfahren am Beispiel der oben besprochenen Folge.

Man legt einen Streifen mit einem kleinen Radius ε, z. B. $\varepsilon = \frac{1}{2}$, symmetrisch um den vermuteten Grenzwert $g = 2$ und fordert, dass die Folge ab einer bestimmten Indexzahl N in den Streifen eintaucht und auch danach innerhalb des Streifens bleibt.

Bei unserer Beispielfolge ist diese ***„Eintauchzahl"*** $N = 7$, denn $a_6 = 2{,}5$ liegt exakt auf dem Streifenrand und $a_7 \approx 2{,}42$ liegt schon innerhalb des Streifens. Das 7. Glied und alle folgenden Glieder sind weniger als $\frac{1}{2}$ von der Zahl 2 entfernt.

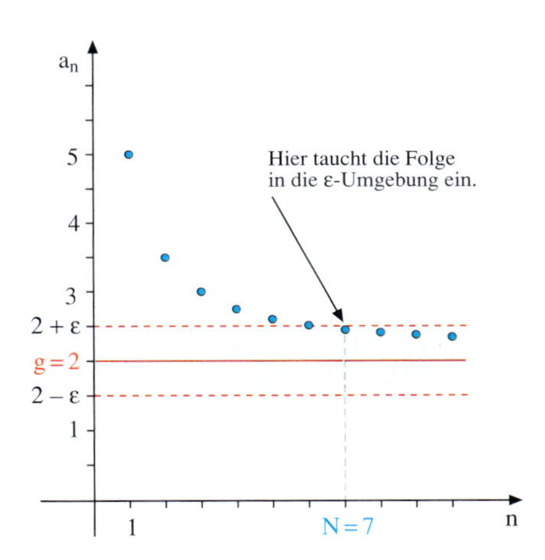

Um eine noch dichtere Annäherung nachzuweisen, wiederholt man alles mit einem schmaleren Streifen mit $\varepsilon = \frac{1}{10}$. Hier beträgt die Eintauchzahl $N = 31$, was man leicht überprüfen kann. Das 31. Glied und alle folgenden Glieder sind weniger als $\frac{1}{10}$ von der Zahl 2 entfernt.

*Lässt sich für **jeden** ε-Streifen, und sei sein Radius ε auch noch so klein, eine entsprechende Eintauchzahl N_ε finden, so ist gesichert, dass die Folge tatsächlich den Grenzwert 2 hat.*

Im vorliegenden Beispiel gilt dies tatsächlich. Man erkennt dies besonders leicht, wenn man a_n in der Form $a_n = 2 + \frac{3}{n}$ darstellt. Der Term $\frac{3}{n}$ kann nämlich beliebig klein werden.

$\lim_{n\to\infty} \frac{2n+3}{n} = 2$ wird gelesen als: Limes von $\left(\frac{2n+3}{n}\right)$ für n gegen unendlich ist gleich 2.

Definition VII.1: Folgengrenzwert
Die Zahl g heißt ***Grenzwert*** der Folge (a_n), wenn es zu jeder ε-Umgebung von g eine Indexzahl N_ε gibt, so dass alle Folgenglieder a_n mit $n \geq N_\varepsilon$ innerhalb der ε-Umgebung liegen. Man schreibt:

$$\lim_{n \to \infty} a_n = g.$$

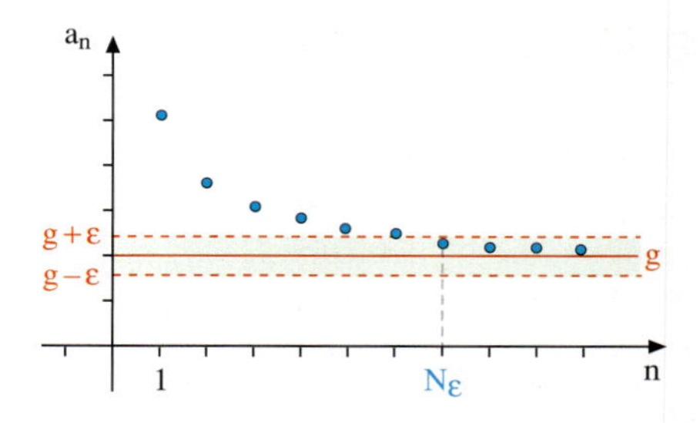

Eine Folge, die eine reelle Zahl als Grenzwert besitzt, bezeichnet man als ***konvergent***. Eine Folge, die keinen Grenzwert besitzt, nennt man ***divergent***.

Beispiel: Stellen Sie die Folge (a_n) graphisch dar. Machen Sie dann plausibel, dass es sich um eine Folge ohne Grenzwert – eine so genannte divergente Folge – handelt.
a) $a_n = 2^{n-1}$ b) $a_n = (-1)^n \cdot \frac{n+1}{n}$

Lösung zu a:

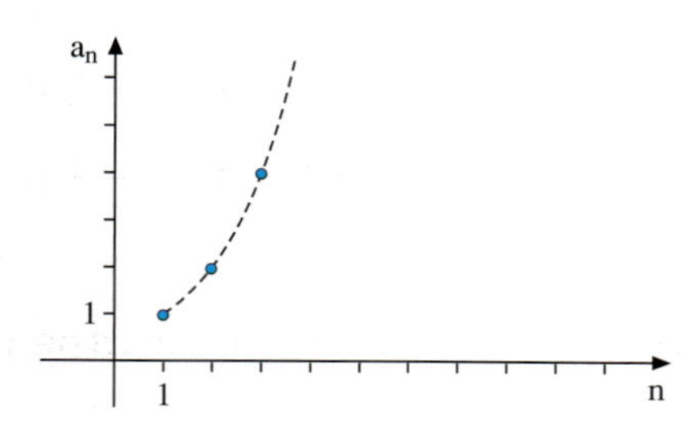

Es gibt keine Zahl g, der sich die Glieder dieser geometrischen Folge (1, 2, 4, ...) mit wachsendem n beliebig dicht nähern. Die Folge ist divergent.

Man schreibt $\lim_{n \to \infty} a_n = \infty$ und spricht von einem ***uneigentlichen Grenzwert***.
Hiermit ist gemeint, dass es zu jeder Zahl K – und sei sie auch noch so groß – eine Indexzahl gibt, ab der alle Folgenglieder größer als K sind.
Die Folgenglieder wachsen über alle Grenzen.

Lösung zu b:

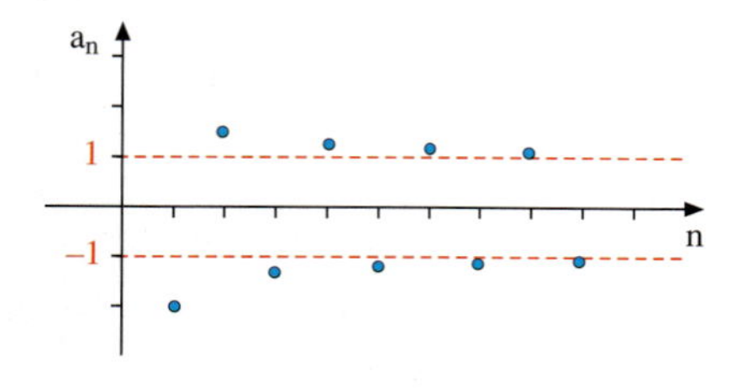

Die Glieder mit geraden Indexzahlen nähern sich mit wachsendem n der Zahl 1, während die Glieder mit ungeraden Indexzahlen sich der Zahl –1 beliebig dicht nähern.
Das ist aber mit der Existenz eines Grenzwertes g unvereinbar, denn diesem müssten sich mit wachsendem n sowohl die Folgenglieder mit ungeraden Indexzahlen als auch die Glieder mit geraden Indexzahlen beliebig dicht nähern.

Im vorstehenden Beispiel traten zwei charakteristische „Arten" von Divergenz auf, die in der Praxis am häufigsten vorkommen.

Übungen

9. Grenzwertvermutungen

Die Folge (a_n) besitzt einen Grenzwert g. Versuchen Sie, den Grenzwert durch gedankliche Überlegung oder mithilfe des Taschenrechners zu bestimmen.

a) $a_n = \frac{1}{n}$ b) $a_n = -\frac{2n}{n+1}$ c) $a_n = 1 - \frac{1}{n}$ d) $a_n = 3 + \frac{2}{n^2}$ e) $a_n = 3$

f) $a_n = \frac{(-1)^n}{n}$ g) $a_n = \frac{n}{n+1} - \frac{2}{n}$ h) $a_n = 1 + \left(-\frac{1}{n}\right)^n$ i) $a_n = \frac{1}{2^n}$ j) $a_n = \frac{1-2n}{n+1}$

10. Konvergent oder divergent

Ist die Folge (a_n) konvergent oder divergent? Geben Sie im Fall der Konvergenz den Grenzwert der Folge an.

a) $a_n = \frac{1}{n^2}$ b) $a_n = -n$ c) $a_n = n + \frac{1}{n}$ d) $a_n = \frac{4n}{n+2}$ e) $a_n = \sqrt{n}$

f) $a_n = \frac{(-1)^n}{n^2}$ g) $a_n = \frac{n}{2} - \frac{2}{n}$ h) $a_n = n \cdot (-1)^n$ i) $a_n = \frac{\sqrt{n}}{n+1}$ j) $a_n = \sin n$

11. Uneigentliche Grenzwerte

Einige der Folgen besitzen uneigentliche Grenzwerte. Um welche Folgen handelt es sich? Wie lauten diese Grenzwerte? Schreiben Sie die Grenzwertaussage mit der symbolischen Schreibweise für uneigentliche Grenzwerte auf.

a) $a_n = \frac{3}{n}$ b) $a_n = -n$ c) $a_n = 4 + n$ d) $a_n = \frac{n-4}{n}$ e) $a_n = \sqrt{n}$

f) $a_n = \frac{(-1)^n \cdot n}{n+1}$ g) $a_n = \frac{n^2-1}{n}$ h) $a_n = n \cdot (-1)^n$ i) $a_n = n - n^2$ j) $a_n = 4$

12. Grenzwerte konstruieren

Konstruieren Sie zu jedem „Wert“ g zwei unterschiedliche Folgen, die g als Grenzwert oder als uneigentlichen Grenzwert besitzen.

a) $g = 1$ b) $g = -3$ c) $g = 0$ d) $g = \infty$ e) $g = -\infty$

13. ε-Umgebung

Geben Sie den Grenzwert g der Folge (a_n) an. Stellen Sie fest, von welcher Indexzahl N (Eintauchzahl) an die Folgenglieder in einen Streifen mit dem Radius ε um den Grenzwert g eingetaucht sind.

a) $a_n = \frac{3}{n}$ $\varepsilon = \frac{1}{10}$ b) $a_n = \frac{n+20}{n}$ $\varepsilon = \frac{1}{100}$ c) $a_n = \frac{1}{n^2}$ $\varepsilon = \frac{1}{1000}$

14. Schwierige Grenzwerte

a) Welcher Bruch ist Grenzwert der Folge (a_n), die nach folgendem Prinzip entsteht:

$a_1 = 1,\ a_2 = 1 + \frac{1}{10},\ a_3 = 1 + \frac{1}{10} + \frac{1}{100},\ a_4 = 1 + \frac{1}{10} + \frac{1}{100} + \frac{1}{1000},\ \ldots$ usw.?

b) Welchen Grenzwert hat die Folge $a_n = \left(\frac{2}{3}\right)^n$ bzw. die Folge $a_n = \left(\frac{7}{6}\right)^n$?

c) Für welche positiven Zahlen x hat die Folge $a_n = \left(\frac{2x+2}{x+6}\right)^n$ den Grenzwert $g = 0$?

C. Die Grenzwertsätze für Folgen

Mithilfe der so genannten ***Grenzwertsätze für Folgen*** ist es möglich, die Grenzwerte kompliziert aufgebauter Folgen auf die Grenzwerte einfacherer Folgen zurückzuführen. Wir formulieren diese Sätze nun und wenden sie an. Auf den Beweis, der mithilfe von ε-Umgebungen geführt werden kann, verzichten wir, da die Sätze anschaulich klar sind.

Satz VII.1: Grenzwertsätze für Folgen

(a_n) und (b_n) seien konvergente Folgen mit den Grenzwerten a bzw. b.
Dann gelten die folgenden Aussagen:

(1) Die Summenfolge $(s_n) = (a_n + b_n)$ hat den Grenzwert $a + b$.
(2) Die Differenzfolge $(d_n) = (a_n - b_n)$ hat den Grenzwert $a - b$.
(3) Die Produktfolge $(p_n) = (a_n \cdot b_n)$ hat den Grenzwert $a \cdot b$.
(4) Die Quotientenfolge $(q_n) = \left(\frac{a_n}{b_n}\right)$ hat den Grenzwert $\frac{a}{b}$,
falls $b \neq 0$, $b_n \neq 0$ für $n \in \mathbb{N}$.

Beispiel: Bestimmen Sie den Grenzwert der Folge (c_n) mithilfe der Grenzwertsätze.

a) $c_n = 5 + \frac{2}{n}$ b) $c_n = \frac{2n+3}{3n-1}$ c) $c_n = \frac{6n-2}{2n^2-n+1}$ d) $c_n = \frac{2n(n+1)}{(1-n^2)\cdot 10^n}$

Lösung zu a:

$$\lim_{n\to\infty}\left(5+\frac{2}{n}\right) \underset{\text{I}}{=} \lim_{n\to\infty} 5 + \lim_{n\to\infty}\frac{2}{n} \underset{\text{II}}{=} 5+0=5$$

I: Grenzwertsatz für die Summenfolge

II: Elementare Grenzwerte

Lösung zu b:

$$\lim_{n\to\infty}\frac{2n+3}{3n-1} \underset{\text{I}}{=} \lim_{n\to\infty}\frac{2+\frac{3}{n}}{3-\frac{1}{n}} \underset{\text{II}}{=} \frac{\lim\limits_{n\to\infty}\left(2+\frac{3}{n}\right)}{\lim\limits_{n\to\infty}\left(3-\frac{1}{n}\right)} \underset{\text{III}}{=} \frac{\lim\limits_{n\to\infty} 2 + \lim\limits_{n\to\infty}\frac{3}{n}}{\lim\limits_{n\to\infty} 3 - \lim\limits_{n\to\infty}\frac{1}{n}} = \frac{2+0}{3-0} = \frac{2}{3}$$

I: Erweitern mit $\frac{1}{n}$ zur Erzeugung konvergenter Folgen in Zähler und Nenner

II, III: Grenzwertsätze für Quotienten-, Summen- und Differenzfolge

Lösung zu c:

$$\lim_{n\to\infty}\frac{6n-2}{2n^2-n+1} = \lim_{n\to\infty}\frac{\frac{6}{n}-\frac{2}{n^2}}{2-\frac{1}{n}+\frac{1}{n^2}} = \frac{\lim\limits_{n\to\infty}\left(\frac{6}{n}-\frac{2}{n^2}\right)}{\lim\limits_{n\to\infty}\left(2-\frac{1}{n}+\frac{1}{n^2}\right)} = \frac{\lim\limits_{n\to\infty}\frac{6}{n} - \lim\limits_{n\to\infty}\frac{2}{n^2}}{\lim\limits_{n\to\infty} 2 - \lim\limits_{n\to\infty}\frac{1}{n} + \lim\limits_{n\to\infty}\frac{1}{n^2}} = \frac{0-0}{2-0+0} = 0$$

Lösung zu d:

$$\lim_{n\to\infty}\frac{2n(n+1)}{(1-n^2)\cdot 10^n} = \lim_{n\to\infty}\frac{2n^2+2n}{1-n^2}\cdot\lim_{n\to\infty}\left(\frac{1}{10}\right)^n = \lim_{n\to\infty}\frac{2+\frac{2}{n}}{\frac{1}{n^2}-1}\cdot\lim_{n\to\infty}\left(\frac{1}{10}\right)^n = \frac{2+0}{0-1}\cdot 0 = 0$$

Übungen

15. Anwendung der Grenzwertsätze
Bestimmen Sie zunächst die Grenzwerte der Folgen (a_n) und (b_n). Bestimmen Sie dann den Grenzwert der Summenfolge, der Differenzfolge, der Produktfolge und der Quotientenfolge, sofern dies möglich ist.

a) $a_n = 2 - \frac{3}{n^2}$, $b_n = 1 - \frac{3}{n}$
b) $a_n = 3 + \frac{1}{n} - \frac{2}{n^2}$, $b_n = 2 - \frac{1}{n}$
c) $a_n = 3$, $b_n = 4 + \frac{2}{n}$
d) $a_n = 1 - \frac{(-1)^n}{n}$, $b_n = \frac{1}{n}$

16. Anwendung der Grenzwertsätze (Kürzen)
Bestimmen Sie den Grenzwert der Folge (c_n) mithilfe der Grenzwertsätze. Geben Sie jeweils an, welche Grenzwertsätze angewandt wurden.

a) $c_n = 2 + \frac{3n}{n^3}$
b) $c_n = \frac{3n-2}{2+n}$
c) $c_n = \frac{2n^2+n-5}{4n-2n^2}$
d) $c_n = \frac{n+\frac{1}{n}}{n}$
e) $c_n = \frac{3n+1}{4n+(-1)^n}$
f) $c_n = \frac{4n}{2n+1} + \left(\frac{1}{10}\right)^n$
g) $c_n = \frac{3n+1}{n} \cdot \left(-\frac{1}{4}\right)^n$
h) $c_n = \frac{(n-1)(2n+1)^2}{n^2-n^3}$

17. Anwendung der Grenzwertsätze (Erweitern)
Bestimmt werden soll der Grenzwert von (c_n) mit $c_n = \frac{\frac{6}{n}+\frac{1}{n^2}}{\frac{1}{n}}$.

Warum ist der Grenzwertsatz für Quotienten zunächst nicht anwendbar? Erweitern Sie den Quotienten so, dass die Grenzwertsätze danach anwendbar sind.

18. Anwendung der Grenzwertsätze
Bestimmen Sie den Grenzwert der Folge (c_n) mithilfe der Grenzwertsätze.

a) $c_n = \frac{2}{n} + \frac{1}{n^2}$
b) $c_n = \frac{3n+1}{n+2}$
c) $c_n = \frac{8n+2}{n^2+n}$
d) $c_n = \frac{n^2+n+4}{n(n+2)}$
e) $c_n = \frac{2n+3}{(n+1) \cdot 2^n}$
f) $c_n = \left(4 - \frac{1}{n^2}\right) \cdot \left(\frac{n+1}{n}\right)$
g) $c_n = \frac{n-\frac{1}{n}}{n^2-\frac{1}{n^2}}$
h) $c_n = \frac{\frac{2}{n}}{\frac{3}{n^2}-\frac{1}{n}}$

19. Richtig oder falsch?
Geben Sie an, ob die folgenden Aussagen richtig oder falsch sind. Handelt es sich um eine falsche Aussage, so nennen Sie bitte ein Gegenbeispiel.

a) Die Summenfolge zweier konvergenter Folgen ist ebenfalls konvergent.
b) Die Differenzfolge zweier divergenter Folgen ist divergent.
c) Die Summenfolge zweier divergenter Folgen kann konvergent sein.
d) Eine konstante Folge hat stets einen Grenzwert.
e) Die Glieder einer konvergenten Folge nähern sich dem Grenzwert g zwar beliebig dicht, erreichen ihn aber niemals.
f) Ist die Folge (a_n) konvergent, so ist stets auch die „Kehrwertfolge“ $(b_n) = \left(\frac{1}{a_n}\right)$ konvergent.
g) Eine Folge mit positiven Gliedern, die von Glied zu Glied einen kleineren Wert annimmt, hat den Grenzwert null.

D. Exkurs: Summen und Reihen

Einige Probleme, die durch Folgen dargestellt werden können, können nur gelöst werden, wenn man die Summe aller Folgenglieder oder eines Teils der Folgenglieder berechnen kann. Wir behandeln zwei wichtige Beispiele hierzu.

Beispiel: Die arithmetische Summe
Gesucht ist die Summe der ersten n Glieder der arithmetischen Folge $a_n = n$.

Lösung:
Carl Friedrich Gauß war einer der berühmtesten Mathematiker aller Zeiten. Als Schüler soll er ein Unruhegeist gewesen sein. Sein Lehrer stellte ihm einmal zwecks Ruhigstellung die Aufgabe, die Zahlen von 1 bis 100 zu addieren.
Die Beschäftigungstherapie wirkte nicht lange. Schon nach kurzer Zeit meldete sich Gauß mit dem richtigen Ergebnis 5050.
Rechts ist für den allgemeineren Fall, dass die Summe der Zahlen 1, 2, 3, …, n berechnet werden soll, der Trick von Gauß dargestellt. Er schrieb die gesuchte Summe einmal vorwärts und einmal rückwärts auf, addierte dann spaltenweise und erkannte, dass jede der n Spalten die gleiche Summe n + 1 hatte.

ges.: $1 + 2 + 3 + \ldots + (n-1) + n$

$$s = 1 + 2 + 3 + \ldots + (n-1) + n$$
$$s = n + (n-1) + (n-2) + \ldots + 2 + 1$$

$$2s = (n+1) + (n+1) + (n+1) + \ldots + (n+1) + (n+1)$$
$$2s = n \cdot (n+1)$$
$$s = \frac{n \cdot (n+1)}{2}$$

Die Formel von Gauß:

$$\sum_{i=1}^{n} i = 1 + 2 + \ldots + n = \frac{n \cdot (n+1)}{2}$$

Beispiel: Die geometrische Summe
Gesucht ist die Summe der ersten n Glieder der geometrischen Folge $a_n = q^n$, $q \neq 1$.

Lösung:
Hier besteht der Trick darin, dass wir die gesuchte Summe $s = 1 + q + q^2 + \ldots + q^n$ mit dem Faktor $1 - q$ multiplizieren.
Durch Ausmultiplizieren dieses Produktes in der rechts dargestellten Weise entsteht eine sog. *Teleskopsumme*, in der sich alle Glieder bis auf das erste und letzte paarweise aufheben, wie beim Zusammenschieben eines Teleskops.
Dividiert man das Ergebnis $1 - q^{n+1}$ durch den Fakor $1 - q$, so erhält man eine kurze Formel für die gesuchte lange Summe.

$$s = 1 + q + q^2 + \ldots + q^n$$
$$s \cdot (1-q) = (1 + q + q^2 + \ldots + q^n) \cdot (1-q)$$
$$s \cdot (1-q) = 1 \underbrace{-q + q}_{0} \underbrace{-q^2 + q^2}_{0} - \ldots \underbrace{+q^n}_{0} - q^{n+1}$$
$$s \cdot (1-q) = 1 - q^{n+1}$$
$$s = \frac{1 - q^{n+1}}{1 - q}$$

Die geometrische Summe:

$$\sum_{i=0}^{n} q^i = 1 + q + \ldots + q^n = \frac{1 - q^{n+1}}{1 - q} \quad (q \neq 1)$$

Addiert man nicht nur die ersten n Glieder einer Folge, sondern gleich alle Glieder der Folge, so erhält man eine unendlich lange Summe, die man als ***Reihe*** bezeichnet.

Beispiel: Die geometrische Reihe
Addieren Sie alle Glieder der geometrischen Folge $a_n = q^n (|q| < 1)$, und berechnen Sie das Additionsergebnis durch Grenzwertbildung.

Lösung:
Wir addieren die ersten n Glieder der geometrischen Folge und erhalten:
$1 + q + q^2 + \ldots + q^n = \frac{1 - q^{n+1}}{1 - q}$
Um alle Glieder zu erfassen, lassen wir nun $n \to \infty$ streben.
Da $|q| < 1$ ist, strebt q^{n+1} gegen 0. Wir erhalten $\lim\limits_{n \to \infty} (1 + q + q^2 + \ldots + q^n) = \frac{1}{1 - q}$.
Man schreibt für die unendliche Summe auf der linken Seite auch $\sum\limits_{v=0}^{\infty} q^v$ und bezeichnet dieses Gebilde als geometrische Reihe.

Gesucht: $x = 1 + q + q^2 + q^3 + \ldots$

$$x = \lim_{n \to \infty} (1 + q + q^2 + \ldots + q^n)$$
$$= \lim_{n \to \infty} \sum_{v=0}^{n} q^v = \lim_{n \to \infty} \frac{1 - q^{n+1}}{1 - q}$$
$$= \frac{1}{1 - q}, \quad \text{da} \quad q^{n+1} \to 0 \text{ wegen } |q| < 1$$

Geometrische Reihe:
$$\sum_{v=0}^{\infty} q^v = \frac{1}{1 - q} \qquad (|q| < 1)$$

Übung 20 Stapel (arithm. Summe)
Wie viele Rohre enthält der rechts dargestellte Stapel?
Wie viele Rohre enthält ein größerer Stapel, dessen unterste Reihe 100 Rohre enthält und der 50 Reihen hoch ist?

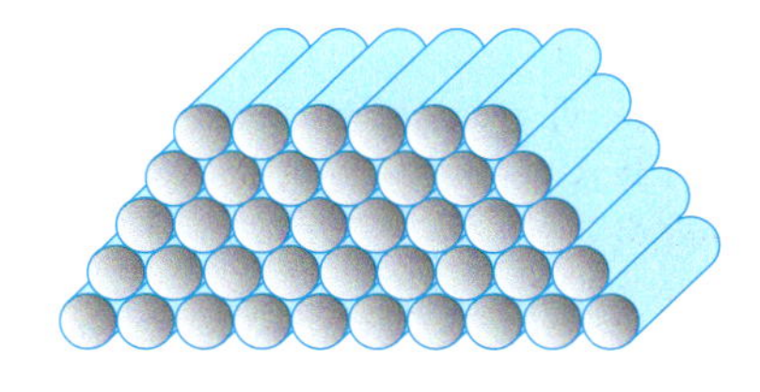

Übung 21 Schachbrett (geom. Summe)
Der Erfinder des Schachspiels durfte sich eine Belohnung für das schöne Spiel aussuchen. Er erbat sich von seinem König ein Reiskorn auf das erste Feld des Schachbrettes, zwei für das zweite Feld, vier für das dritte Feld und immer so weiter mit jeweiliger Verdopplung. Wie viele Reiskörner erhielt er? Wie schwer würde die gesamte Masse sein? 20 Körner wiegen 1 Gramm.

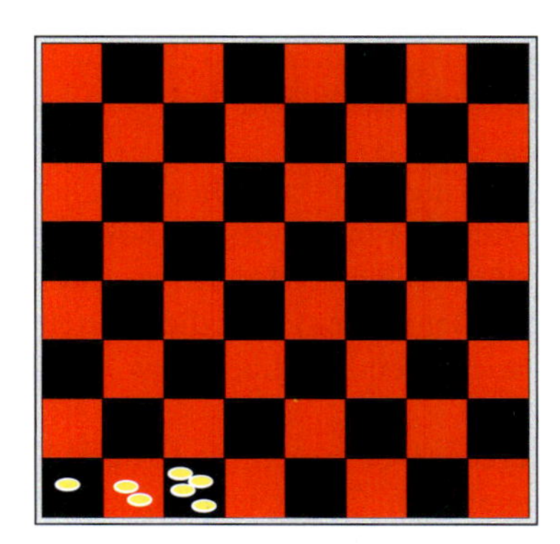

Übung 22 Pyramide (geom. Reihe)
Der Archäologe C. Antor baut eine Pyramide, deren erste Stufe 1 m hoch und breit ist, die zweite Stufe ist $\frac{1}{2}$ m hoch/breit, die dritte ist $\frac{1}{4}$ m hoch/breit usw. (s. Abb).
Wie hoch/breit wird die gesamte Pyramide?

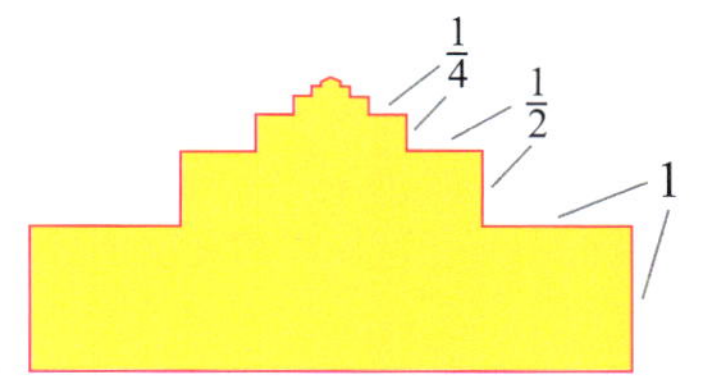

Fraktale

Fraktale sind geometrische Gebilde mit eigentümlichen Eigenschaften. Beispielsweise sind sie selbstähnlich, d. h., vergrößert man einen Teil einer fraktalen Figur, so sieht der vergrößerte Teil genauso aus wie das ganze Fraktal. Die Umrandungslinie einer fraktalen Figur ist ungeheuer zerklüftet, sie kann daher sehr lang sein, viel länger als die Umrandungslinien normaler geometrischer Figuren wie Kreise, Dreiecke etc.
Die Mathematiker haben ein neues Fachgebiet entwickelt, das sich Fraktale Geometrie nennt. Vor allem in der belebten Natur kommen fraktale Strukturen vor, z. B. im Schneekristall. Auch viele Pflanzen, z. B. Farne und manche Blumenblüten, wachsen nach fraktalen Gesetzen. Technische Anwendungen der fraktalen Geometrie stehen bevor. Beispielsweise werden computergenerierte Landschaften, welche für Flugsimulatoren und für Filme verwendet werden, mit fraktalen Methoden erzeugt. 1983 erschien das erste umfassende Buch, die *Fraktale Geometrie der Natur* von Benoit Mandelbrot.

Ein fraktaler Schneekristall

Ein Kristall bildet sich folgendermaßen aus einem 1×1-Quadrat:
Aus drei Quadratseiten sprießen $\frac{1}{3} \times \frac{1}{3}$-Quadrate. Aus jedem dieser Quadrate sprießen wieder $\frac{1}{9} \times \frac{1}{9}$-Quadrate usw.

Die Fläche des Kristalls wächst unaufhaltsam. Dehnt sie sich schließlich bis ins Unendliche aus? Und was ist mit dem Umfang?

Man kann auf anschauliche Weise erkennen, dass die Fläche des Kristalls nicht ins Unendliche wächst, sondern dass ihr Inhalt sich mit jedem Wachstumsschritt dem Wert 1,5 nähert.

Man legt die drei $\frac{1}{3} \times \frac{1}{3}$-Quadrate, wie rechts dargestellt, ins Innere des 1×1-Ausgangsquadrats. Die Diagonale wird an zwei Stellen berührt. Danach legt man die neun $\frac{1}{9} \times \frac{1}{9}$-Quadrate wie abgebildet hinein usw.

$A_1 = 1 \qquad = 1$

$A_2 = 1 + 3 \cdot \frac{1}{9} \qquad = 1{,}33\ldots$

$A_3 = 1 + 3 \cdot \frac{1}{9} + 9 \cdot \frac{1}{81} \qquad = 1{,}44$

$\vdots \qquad \vdots$

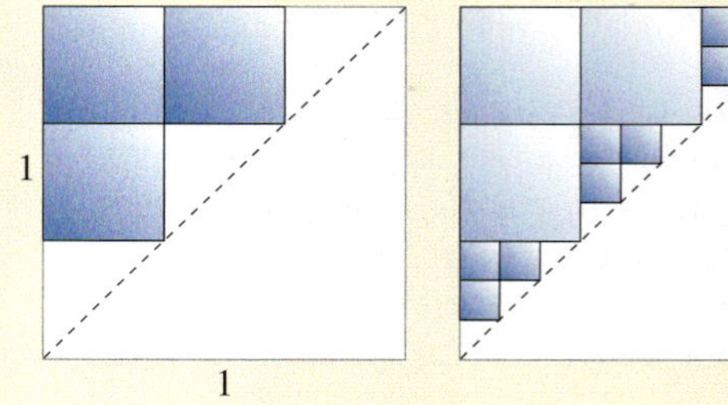

Man erkennt, dass sich die Gesamtfläche der hineingelegten Quadrate immer genauer der halben Fläche des Ausgangsquadrats nähert. Ihr Inhalt strebt gegen den Grenzwert 0,5.
Hinzu kommt die Fläche des Ausgangsquadrats mit dem Inhalt 1. Das Fraktal hat daher insgesamt den endlichen Flächeninhalt 1,5.

Und nun zum Umfang des fraktalen Kristalls: Der Umfang der ersten Figur ist 4. Bei der zweiten Figur kommt $3 \cdot \frac{2}{3}$ hinzu, also 2. Bei der dritten Figur kommt $9 \cdot \frac{2}{9}$ hinzu, d.h. wieder 2.
Mit jedem Schritt wächst der Umfang also um 2. Daher übersteigt er jede Grenze. Er strebt gegen unendlich.
Das vollständige Fraktalkristall ist also eine ganz erstaunliche Figur: Es hat nur einen endlichen Flächeninhalt, für seine Umrandung aber benötigt man einen unendlichen Umfang.

Der Umfang des fraktalen Kristalls:
$U_1 = 4$
$U_2 = U_1 + 3 \cdot \frac{2}{3} = 4 + 2$
$U_3 = U_2 + 9 \cdot \frac{2}{9} = 4 + 2 + 2$
usw.
$\Rightarrow \lim\limits_{n \to \infty} U_n = \infty$

Übrigens: Man kann den Flächeninhalt des fraktalen Kristalls auch ganz ohne geometrische Tricks berechnen, wie die rechts aufgeführte Rechnung zeigt.
Man stellt zunächst eine Formel für den Inhalt der Figur A_n auf, indem man sich an den Fällen A_1, A_2 und A_3 orientiert.
Anschließend vereinfacht man diese Formel mithilfe der ***geometrischen Summenformel***

$1 + q + q^2 + \ldots + q^{n-1} = \frac{1-q^n}{1-q}$,

die man in Formelsammlungen findet und hier für $q = \frac{1}{3}$ anwendet. Dann bildet man den Grenzwert.

Alternative Flächeninhaltsberechnung:
$A_1 = 1$
$A_2 = 1 + \frac{1}{3}$
$A_3 = 1 + \frac{1}{3} + \left(\frac{1}{3}\right)^2$
$A_n = 1 + \frac{1}{3} + \left(\frac{1}{3}\right)^2 + \ldots + \left(\frac{1}{3}\right)^{n-1}$
$A_n = \frac{1-\left(\frac{1}{3}\right)^n}{1-\frac{1}{3}} = \frac{3}{2} \cdot \left(1 - \left(\frac{1}{3}\right)^n\right)$
$\lim\limits_{n \to \infty} A_n = \frac{3}{2}$

Das folgende Problem hat ebenfalls fraktalen Charakter. Es kann durch Verwendung von Folgen und Anwendung der geometrischen Summenformel gelöst werden. Versuchen Sie es.

Die Koch'sche Kurve

Helge von Koch untersuchte 1904 die ersten Fraktale. Er ging von einem gleichseitigen Dreieck aus, das er durch Aufsetzen kleinerer Dreiecke Schritt für Schritt in eine Schneeflocke umwandelte. Die terminale Kurve, also das Endergebnis nach unendlich vielen Schritten, wird heute als Koch'sche Kurve bezeichnet.
Die Umrandungskurve der Schneeflocke zerklüftet mit jedem Iterationsschritt stärker.
Wie viele Strecken haben die Koch'schen Teilfiguren K_1, K_2, K_3? Wie lang sind diese Strecken? Wie groß ist der Umfang der terminalen Koch'schen Kurve? 265-1

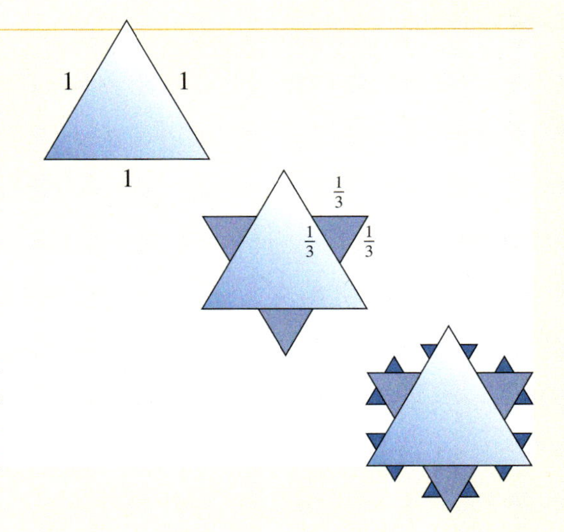

Test

Folgen und Grenzwerte von Folgen

1. a) Bestimmen Sie die ersten fünf Folgenglieder von $a_n = n + 2^n$.
b) Welches Folgenglied von $a_n = n^2 + 2n$ hat den Wert 168?
c) Welche Folgenglieder von $a_n = \frac{1}{n^2 + n}$ sind kleiner als $\frac{1}{1000}$?

2. Setzen Sie die Folgen logisch fort. Ergänzen Sie die Leerstellen.

a) 1, 8, 27, 64, ◯, ◯, ◯
b) 2, 4, 8, ◯, ◯, ◯
c) 2, 20, 4, 18, 6, ◯, ◯
d) 8, 13, 18, ◯, ◯, ◯
e) 2, 5, 10, 17, 26, ◯, ◯

3. Stellen Sie das Bildungsgesetz auf.
a) 1; 4; 9; 16; 25; … $a_n =$
b) 2; 0,2; 0,02; 0,002; … $a_n =$
c) 4; 6; 10; 18; … $a_n =$
d) 2; 10; 18; 26; … $a_n =$
e) 6; 12; 24; 48; … $a_n =$

4. Ein Kapital von 2000 Euro wird jährlich mit 6 % verzinst.
K_n sei das Kapital nach n Jahren.
a) Stellen Sie das Bildungsgesetz von K_n auf.
b) Nach welcher Zeit hat sich das Anfangskapital mindestens verdoppelt?

5. Bestimmen Sie den Grenzwert der Folge (a_n).
a) $a_n = \frac{4n - 2}{2n}$
b) $a_n = \frac{(n-2)(n+1)}{1 - n^2}$
c) $a_n = \frac{(2-n)^2}{n^3 - n}$

6. Konvergent oder divergent?
a) $a_n = \frac{2}{n}$
b) $a_n = \frac{n^2 + 1}{n}$
c) $a_n = (-1)^n \cdot \frac{n+1}{n}$
d) $a_n = \frac{(-1)^n}{n}$
e) $a_n = \sqrt{n^2 + n} - \sqrt{n^2 - n}$
f) $a_n = \sqrt{2n} - \sqrt{n}$

Lösungen unter 266-1

2. Grenzwerte von Funktionen

Bei der Untersuchung von Funktionen an den Grenzen ihres Definitionsbereichs oder an bestimmten kritischen Stellen werden oft Grenzwertbetrachtungen erforderlich. Dabei kommt es zu zwei unterschiedlichen Arten von Grenzprozessen, zum einen $x \to \infty$ bzw. $x \to -\infty$ und zum anderen $x \to x_0$.

A. Grenzwerte von Funktionen für $x \to \infty$ und $x \to -\infty$

Beispiel: Grenzwertbestimmung mit Testeinsetzungen 267-1

Die Funktion $f(x) = \frac{2x+1}{x}$, $x > 0$, soll an ihrer rechten Definitionsgrenze untersucht werden.

a) Wie entwickeln sich die Funktionswerte von f, wenn x beliebig groß wird?

b) Zeichnen und kommentieren Sie den Graphen von f.

Lösung zu a:
Wir fertigen eine Wertetabelle mit größer werdenden x-Werten an. Man erkennt, dass der Funktionsterm $f(x) = \frac{2x+1}{x}$ sich mit wachsendem x immer mehr dem Wert 2 annähert.

x	$f(x) = \frac{2x+1}{x}$
1	3
10	2,1
100	2,01
1000	2,001
↓	↓
∞	2

Man sagt: Der Term $\frac{2x+1}{x}$ strebt für x gegen unendlich gegen den *Grenzwert* 2.

Man verwendet zur Beschreibung dieses Verhaltens eine symbolische Schreibweise:

$$\lim_{x \to \infty} \frac{2x+1}{x} = 2.$$

Lösung zu b:
Graphisch ist dieses Grenzwertverhalten daran zu erkennen, dass sich der Graph von f für $x \to \infty$ von oben an die horizontale Gerade $y = 2$ anschmiegt. Man bezeichnet diese Schmiegegerade auch als *Asymptote* von f für $x \to \infty$.

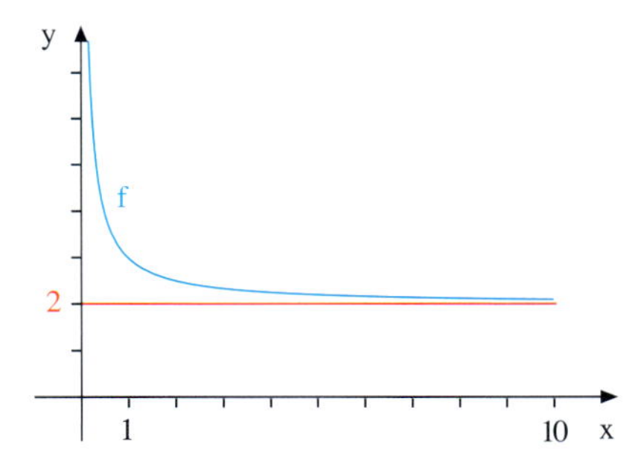

Übung 1

Untersuchen Sie das Verhalten der Funktion f, wenn der angegebene Grenzprozess durchgeführt wird. Verwenden Sie als Methode Testeinsetzungen. Skizzieren Sie den Graphen von f.

a) $f(x) = \frac{2x+1}{x}$, $x < 0$, Grenzprozess: $x \to -\infty$

b) $f(x) = \frac{x+1}{x^2}$, $x > 0$, Grenzprozess: $x \to \infty$

Das Arbeiten mit Testeinsetzungen ist zwar sehr praktisch und wird daher häufig verwendet, aber es ist nicht ganz sicher. Möglicherweise hätte sich im letzten Beispiel als Grenzwert auch 2,000007 ergeben können anstelle von 2. Unsere dort verwendeten Testeinsetzungen hätten dies nicht erkennen lassen. Will man also sichergehen, so muss man allgemeiner argumentieren.

Beispiel: Grenzwertbestimmung mittels Termvereinfachung

Beweisen Sie durch eine allgemeingültige Argumentation: $\lim\limits_{x \to \infty} \frac{2x+1}{x} = 2$. Vereinfachen Sie hierzu den zu untersuchenden Term so, dass einfacher zu beurteilende Teilterme entstehen.

Lösung:

Wir bringen den Term $\frac{2x+1}{x}$ durch Polynomdivision in die Gestalt $2 + \frac{1}{x}$.

Die beiden summativen Teilterme sind einfacher zu beurteilen, was ihr Verhalten für $x \to \infty$ angeht.

Der erste Summand 2 verändert seinen Wert bei diesem Grenzprozess nicht.

Der zweite Summand $\frac{1}{x}$ strebt gegen 0, da der Zähler sich nicht verändert, während sein Nenner über alle Grenzen wächst.

Die Summe der beiden Terme strebt also gegen $2 + 0 = 2$.

Grenzwertrechnung:

$\lim\limits_{x \to \infty} \frac{2x+1}{x}$	Termvereinfachung durch Division
$= \lim\limits_{x \to \infty} \left(2 + \frac{1}{x}\right)$	Aufteilung in zwei Grenzwerte
$= \lim\limits_{x \to \infty} 2 + \lim\limits_{x \to \infty} \frac{1}{x}$	Bestimmung der Einzelgrenzwerte
$= 2 + 0 = 2$	

Übung 2

Untersuchen Sie das Verhalten der Funktion f, wenn der angegebene Grenzprozess durchgeführt wird. Verwenden Sie als Methode Termvereinfachungen.

a) $f(x) = \frac{4x-1}{x}$, $x > 0$, Grenzprozess: $x \to \infty$

b) $f(x) = \frac{3x^2-4}{x^2}$, $x > 0$, Grenzprozess: $x \to \infty$

c) $f(x) = \frac{2x+x^2}{x^2}$, $x < 0$, Grenzprozess: $x \to -\infty$

Übung 3

Bestimmen Sie $\lim\limits_{x \to \infty} f(x)$. Berechnen Sie anschließend auch den Grenzwert für $x \to -\infty$.

a) $f(x) = \frac{x^2-x}{3x^2}$ b) $f(x) = \frac{3-11x^3}{10x^3}$ c) $f(x) = \frac{x^2-1}{x(x-1)}$

Übung 4

Im Intercity ist die Klimaanlage ausgefallen. Die ansteigende Temperatur wird durch die Funktion $T(t) = \frac{200}{4+\frac{6}{0,1t+1}}$ (t in min) erfasst. Welche Temperatur herrscht zu Beginn bzw. nach einer Stunde? Welche Grenztemperatur wird sich langfristig einstellen?

B. Grenzwerte von Funktionen für $x \to x_0$

Gelegentlich kommt es vor, dass eine Funktion f an einer bestimmten Stelle x_0 nicht definiert ist, wohl aber in der Umgebung der Stelle x_0. Man untersucht dann, wie sich die Funktionswerte f (x) verhalten, wenn man die Variable x gegen den Wert x_0 streben lässt. Kurz: Man interessiert sich für den Grenzwert $\lim\limits_{x \to x_0} f(x)$. Es gibt mehrere Methoden zur Grenzwertbestimmung.

Beispiel: Grenzwertbestimmung durch Testeinsetzungen 269-1

Die Funktion $f(x) = \frac{x^2-4}{x-2}$ ist an der Stelle $x_0 = 2$ nicht definiert. Bestimmen Sie den Grenzwert $\lim\limits_{x \to 2} \frac{x^2-4}{x-2}$, sofern dieser Grenzwert existiert. Arbeiten Sie mit Testeinsetzungen.

Lösung:
Wir nähern uns der kritischen Stelle $x_0 = 2$ einmal von links $(x < 2)$ und einmal von rechts $(x > 2)$. In beiden Fällen streben die Funktionswerte f (x) gegen den Wert 4.

Weil der rechtsseitige und der linksseitige Grenzwert übereinstimmen, billigt man der Funktion insgesamt den Grenzwert 4 zu.

$$\lim_{x \to 2} \frac{x^2-4}{x-2} = 4$$

linksseitiger Grenzwert

x	f(x)
1,5	3,5
1,9	3,9
1,99	3,99
1,999	3,999
↓	↓
2	4

$$\lim_{\substack{x \to 2 \\ x < 2}} \frac{x^2-4}{x-2} = 4$$

rechtsseitiger Grenzwert

x	f(x)
2,5	4,5
2,1	4,1
2,01	4,01
2,001	4,001
↓	↓
2	4

$$\lim_{\substack{x \to 2 \\ x > 2}} \frac{x^2-4}{x-2} = 4$$

Die Methode der Testeinsetzungen ist praktisch, aber mit einer gewissen Unsicherheit behaftet, wie wir wissen. Daher behandeln wir zwei weitere Methoden, die Grenzwertbestimmung durch Termumformung und die Grenzwertbestimmung mit der so genannten h-Methode.

Beispiel: Grenzwertbestimmung mittels Termumformung

Bestimmen Sie den Grenzwert $\lim\limits_{x \to 2} \frac{x^2-4}{x-2}$. Vereinfachen Sie hierzu den Term $\frac{x^2-4}{x-2}$.

Lösung:
Wir vereinfachen den Term $\frac{x^2-4}{x-2}$ mit der Binomischen Formel und einem anschließenden Kürzungsvorgang[1].

Es verbleibt der Term $x + 2$, dessen Grenzwert sich auf die elementaren Grenzwerte der Summanden x und 2 zurückführen lässt. Insgesamt gilt:

$$\lim_{x \to 2} \frac{x^2-4}{x-2} = 4$$

Grenzwertrechnung:

$$\begin{aligned} & \lim_{x \to 2} \frac{x^2-4}{x-2} \\ = & \lim_{x \to 2} \frac{(x-2) \cdot (x+2)}{x-2} \\ = & \lim_{x \to 2} (x+2) \\ = & \lim_{x \to 2} x + \lim_{x \to 2} 2 \\ = & \ 2 + 2 = 4 \end{aligned}$$

[1] Gleichwertig wäre die Polynomdivision $(x^2-4):(x-2) = x+2$. 269-2

Beispiel: Grenzwertbestimmung mit der h-Methode

Es soll festgestellt werden, ob der Grenzwert $\lim\limits_{x \to 2} \frac{x^2-4}{x-2}$ existiert. Setzen Sie hierzu $x = 2 + h$ und führen Sie den Grenzübergang $h \to 0$ durch.

Lösung:

Der Term $\frac{x^2-4}{x-2}$ ist an der Stelle $x = 2$ nicht definiert. Um sein Verhalten für $x \to 2$ zu untersuchen, setzen wir $x = 2 + h$ mit einer kleinen Größe $h \neq 0$.
Dadurch entsteht ein Term, der sich mithilfe der 1. Binomischen Formel stark vereinfachen lässt.
Anschließend wird der Grenzübergang $h \to 0$ durchgeführt, der zum Resultat 4 für den gesuchten Grenzwert führt.

Grenzwertrechnung:

$$\begin{aligned}
&\lim_{x \to 2} \frac{x^2-4}{x-2}\\
&= \lim_{h \to 0} \frac{(2+h)^2-4}{(2+h)-2}\\
&= \lim_{h \to 0} \frac{(4+4h+h^2)-4}{h}\\
&= \lim_{h \to 0} \frac{4h+h^2}{h}\\
&= \lim_{h \to 0} (4+h) = 4
\end{aligned}$$

Ein komplizierteres Beispiel macht den Vorteil der h-Methode noch wesentlich deutlicher.

$$\lim_{x \to 1} \frac{x^3-2x+1}{x-1} = \lim_{h \to 0} \frac{(1+h)^3-2(1+h)+1}{(1+h)-1} = \lim_{h \to 0} \frac{1+3h+3h^2+h^3-2-2h+1}{h}$$

$$= \lim_{h \to 0} \frac{h^3+3h^2+h}{h} = \lim_{h \to 0}(h^2+3h+1) = 1$$

Das folgende Beispiel zeigt, dass nicht immer ein Grenzwert existiert.

Beispiel: Gegeben ist die Funktion $f(x) = \frac{x}{2 \cdot |x|}$, $x \neq 0$. Untersuchen Sie das Verhalten der Funktion für $x \to 0$.

Lösung:

Linksseitiger Grenzwert:

Für $x < 0$ gilt $|x| = -x$. Damit folgt:

$$\lim_{\substack{x \to 0\\ x<0}} \frac{x}{2|x|} = \lim_{\substack{x \to 0\\ x<0}} \frac{x}{2(-x)} = \lim_{\substack{x \to 0\\ x<0}} \frac{1}{-2} = -\frac{1}{2}$$

Rechtsseitiger Grenzwert:

Für $x > 0$ gilt $|x| = x$. Damit folgt:

$$\lim_{\substack{x \to 0\\ x>0}} \frac{x}{2|x|} = \lim_{\substack{x \to 0\\ x>0}} \frac{x}{2x} = \lim_{\substack{x \to 0\\ x>0}} \frac{1}{2} = \frac{1}{2}$$

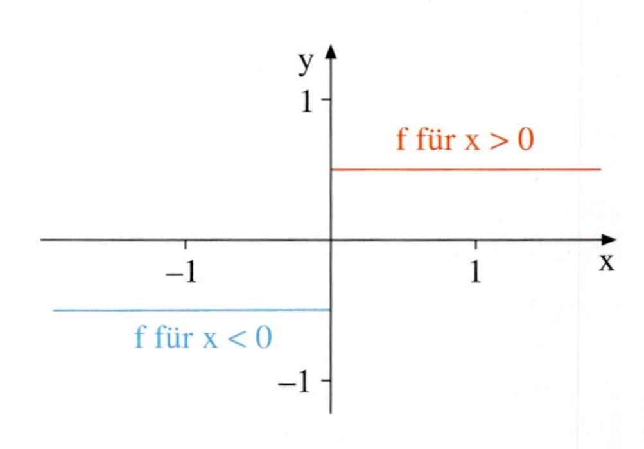

Die Funktion besitzt für $x \to 0$ keinen Grenzwert, da linksseitiger und rechtsseitiger Grenzwert nicht identisch sind. Die Abbildung veranschaulicht, wie sich die Funktion bei Annäherung an die kritische Stelle $x_0 = 0$ verhält. Sie hat dort eine sog. ***Sprungstelle***.

270-1

Übungen

5. Bestimmen Sie den Grenzwert mithilfe von Testeinsetzungen.

a) $\lim\limits_{x \to 5} \frac{x^2 - 25}{x - 5}$ b) $\lim\limits_{x \to 3} \frac{3x^2 - 27}{x - 3}$

c) $\lim\limits_{x \to 1} \frac{x^3 - x}{x - 1}$ d) $\lim\limits_{x \to -2} \frac{x^4 - 16}{x + 2}$

Binomische Formeln:

$(x - a) \cdot (x + a) = x^2 - a^2$

$(x + a)^2 = x^2 + 2ax + a^2$

$(x + a)^3 = x^3 + 3ax^2 + 3a^2x + a^3$

6. Die Funktion f hat an der Stelle x_0 eine Definitionslücke. Untersuchen Sie mit Testeinsetzungen, wie sich die Funktion verhält, wenn man sich dieser Stelle von links bzw. von rechts nähert.

a) $f(x) = \frac{x^2 - 9}{2x - 6}$, $x_0 = 3$ b) $f(x) = \frac{x + 1}{x}$, $x_0 = 0$ c) $f(x) = \frac{x + 1}{x^2}$, $x_0 = 0$

7. Bestimmen Sie den Grenzwert durch Termumformung.

a) $\lim\limits_{x \to 4} \frac{x^2 - 16}{x - 4}$ b) $\lim\limits_{x \to -1} \frac{x^3 - x}{x + 1}$ c) $\lim\limits_{x \to 3} \frac{3 - x}{2x^2 - 6x}$ d) $\lim\limits_{x \to 2} \frac{x^4 - 16}{x - 2}$

8. Bestimmen Sie den Grenzwert mithilfe der h-Methode.

a) $\lim\limits_{x \to -3} \frac{2x^2 - 18}{x + 3}$ b) $\lim\limits_{x \to 5} \frac{x^2 - 7x + 10}{x - 5}$ c) $\lim\limits_{x \to 1} \frac{x^2 - x}{x - 1}$ d) $\lim\limits_{x \to x_0} \frac{x^2 - x_0^2}{x - x_0}$

9. Gesucht sind die folgenden Grenzwerte. Verwenden Sie Testeinsetzungen.

a) $\lim\limits_{x \to 0} \frac{1}{x^2}$ b) $\lim\limits_{x \to -\infty} 2^x$ c) $\lim\limits_{\substack{x \to 0 \\ x > 0}} \frac{1}{\sqrt{x}}$

10. Treppe mit unendlich vielen Stufen

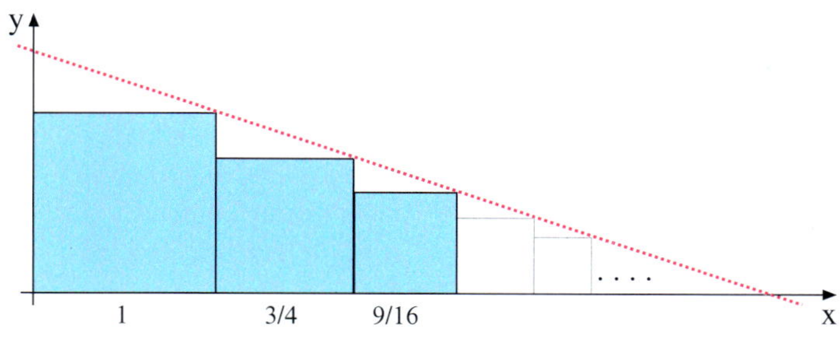

Die Stufen einer Treppe haben einen quadratischen Querschnitt.
Jede Stufe hat $\frac{3}{4}$ Höhe der vorhergehenden Stufe. Die erste Stufe hat die Höhe 1, die zweite $\frac{3}{4}$ usw.
Wie lang ist die gesamte Treppe, die unendlich viele Stufen hat?
Hinweise: Betrachten Sie die Gerade, welche durch die oberen rechten Eckepunkte der Stufen gelegt werden kann.

11. Interessante Fälle

a) $\lim\limits_{x \to \infty} \left(\sqrt{x^2 + x} - x\right)$ b) $\lim\limits_{x \to 0} x^x$ c) $\lim\limits_{n \to \infty} a_n$, wobei $(a_n)^2 = 4a_n + \frac{1}{n^2} - 4$ gilt

12. Testeinsetzungen

Untersuchen Sie mithilfe von Testeinsetzungen die Grenzwerte der Funktion f für $x \to \infty$ und auch für $x \to -\infty$.

a) $f(x) = \frac{1-2x}{x+2}$ b) $f(x) = \frac{x^2-2x}{x^2+4}$

13. Testeinsetzungen/Termumformung

Die Funktion $f(x) = \frac{2x^2-32}{x-4}$ ist bei $x = 4$ nicht definiert.

Bestimmen Sie den Grenzwert von f für $x \to 4$

a) mithilfe von Testeinsetzungen,

b) durch Termumformung oder mit der h-Methode.

14. Grenzwert existiert nicht

Zeigen Sie, dass der Grenzwert $\lim\limits_{x \to 0} \frac{2x^2-x}{|x|}$ nicht existiert.

Untersuchen Sie dazu dann den linksseitigen Grenzwert $(x \to 0,\ x < 0)$ und den rechtsseitigen Grenzwert $(x \to 0\ x > 0)$.

15. Konstruktion von Funktionen

Geben Sie zwei Funktionen an, die für $x \to 1$ den Grenzwert 2 besitzen.

16. Wärmepack

Ein Sportler möchte sich etwas aufwärmen. Er aktiviert dazu eine Wärmepackung, die eine Flüssigkeit enthält, welche beim Erstarren ihre Schmelzwärme wieder abgibt.

Die Temperatur wird beschrieben durch die Funktion $T(t) = 10 + \frac{30}{1+2^{1-t}}$.

a) Welche Temperatur herrscht zu Beginn?

b) Welche Temperatur liegt nach 3 Minuten vor?

c) Welche Grenztemperatur kann maximal angenommen werden?

d) Nach welcher Zeit sind 99 % der Grenztemperatur erreicht?

17. Funktion/Grenzwertzuordnung

Ordnen Sie jedem Grenzwertterm den richtigen Grenzwert zu.

$\lim\limits_{x \to -\infty} \frac{2x}{x-2}$

$\lim\limits_{x \to \infty} \frac{x^2}{4-x}$

$\lim\limits_{x \to 2} \frac{2x^2-8}{x-2}$

$\lim\limits_{x \to 0} \frac{x^3-x}{x}$

$\lim\limits_{x \to -\infty} \frac{3x}{x-x^2}$

$\lim\limits_{x \to 2} \left(x^2 + \frac{1}{x}\right)$

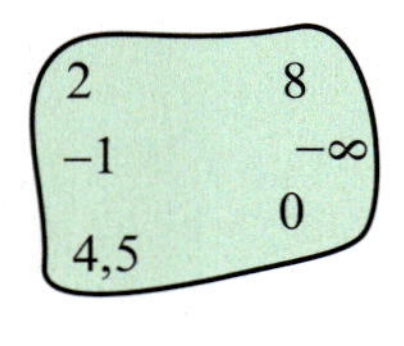

Überblick

Definition einer reellen Zahlenfolge

Eine reelle Zahlenfolge (a_n) hat unendlich viele reelle Zahlen $a_1, a_2, a_3, \ldots$ als Glieder, die in einer festen Reihenfolge angeordnet sind.
(a_n) bezeichnet die Zahlenfolge selbst.
a_n bezeichnet das n-te Glied der Zahlenfolge. n heißt Index.

Grenzwert einer Zahlenfolge

Nähern sich die Folgenglieder a_n einer Zahlenfolge mit wachsendem n $(n \to \infty)$ einer festen Zahl g „beliebig dicht", so heißt g Grenzwert von (a_n).
Symbolische Schreibweise: $\lim\limits_{n \to \infty} a_n = g$

Konvergente Folge

Folge, die eine feste reelle Zahl als Grenzwert hat.

Divergente Folge

Folge, die keine feste reelle Zahl als Grenzwert hat.
(d. h.: Kein Grenzwert vorhanden oder Grenzwert $= \pm\infty$)

Arithmetische Folge

Bedingung: $a_{n+1} - a_n = d$ (vgl. S. 256)
Bildungsgesetz: $a_n = a_1 + (n-1) \cdot d$

Geometrische Folge

Bedingung: $\frac{a_{n+1}}{a_n} = q$ (vgl. S. 256)
Bildungsgesetz: $a_n = a_1 \cdot q^{n-1}$

Funktionsgrenzwert

Nähern sich die Funktionswerte $f(x)$ für $x \to x_0$ einer festen reellen Zahl g „beliebig dicht", so heißt g Grenzwert von f.

Symbolische Schreibweise: $\lim\limits_{x \to x_0} f(x) = g$

Analog: $\lim\limits_{x \to \infty} f(x) = g$ und $\lim\limits_{x \to -\infty} f(x) = g$

Methoden zur Bestimmung von Funktionsgrenzwerten

Methode 1: Testeinsetzungen mit dem Taschenrechner (vgl. S. 267, 269)
Methode 2: Termumformung: $\lim\limits_{x \to x_0} f(x)$ (vgl. S. 268, 269)
Methode 3: h-Methode: $\lim\limits_{h \to 0} f(x_0 + h)$ (vgl. S. 270)

Test

Grenzwerte von Funktionen

1. Untersuchen Sie mithilfe einer Wertetabelle, welchen Grenzwert die Funktion $f(x) = \frac{1-2x}{x+2}$ für $x \to \infty$ besitzt.

2. Bestimmen Sie den Grenzwert $\lim\limits_{x \to \infty} \frac{x - 2x^2}{x^2 + 4}$.

3. Die Funktion $f(x) = \frac{2x^2 - 32}{x - 4}$ hat an der Stelle $x_0 = 4$ eine Definitionslücke. Bestimmen Sie den Grenzwert von f für $x \to 4$ mithilfe einer Termumformung oder mit der h-Methode.

4. Skizzieren Sie zwei Funktionen, die für $x \to 0$ keinen Grenzwert besitzen.

5. Untersuchen Sie, ob der Grenzwert $\lim\limits_{x \to 0} \frac{2x^2 - x}{|x|}$ existiert. Untersuchen Sie dazu die beiden Fälle $x < 0$ und $x > 0$.

6. Natriumthiosulfat wird geschmolzen und dann vorsichtig in einem Eisbad auf eine Temperatur von 2° C abgekühlt. Erschüttert man die abgekühlte Flüssigkeit oder wirft man ein Stückchen ungeschmolzene Stubstanz hinein, so kristallisiert die Flüssigkeit plötzlich unter Wärmeabgabe.
Der Erwärmungsprozess kann durch die Funktion T erfasst werden.

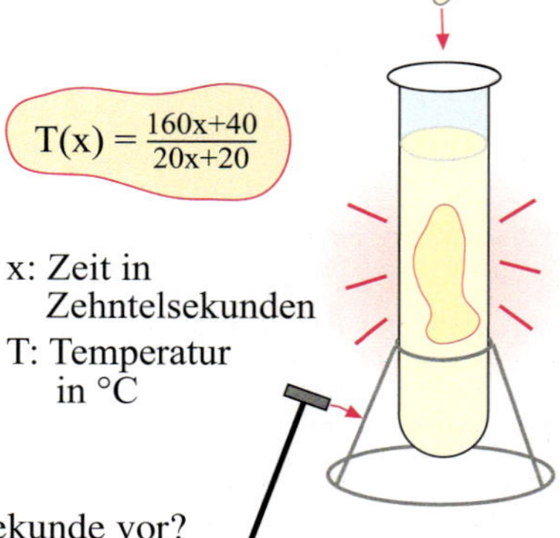

$T(x) = \frac{160x+40}{20x+20}$

x: Zeit in Zehntelsekunden
T: Temperatur in °C

a) Welche Temperatur liegt nach einer zehntel Sekunde vor?
b) Welche Endtemperatur stellt sich ein?
c) Nach welcher Zeit beträgt die Temperatur 6°C?

7. Bestimmen Sie den Grenzwert $\lim\limits_{x \to 2} \frac{x^2 - 4a}{x - 2}$ in Abhängigkeit von a.
Unterscheiden Sie die Fälle $a = 1$, $a < 1$ und $a > 1$.

Lösungen unter 274-1

3. Die mittlere Änderungsrate

Mit Funktionen kann man die Abhängigkeit einer Größe y von einer anderen Größe x erfassen. Beispielsweise kann der Weg eines Läufers als Funktion der Zeit t dargestellt werden, die seit dem Start vergangen ist.
Dabei kann zur Analyse des Laufes die mittlere Geschwindigkeit in verschiedenen Laufphasen errechnet werden. Die Geschwindigkeit ist der Quotient aus zurückgelegtem Weg s und benötigter Zeit t, d. h. die Änderungsrate des Weges nach der Zeit.

A. Der Begriff der mittleren Änderungsrate in einem Intervall

Beispiel: Die mittlere Geschwindigkeit

Der Rekordlauf über 100 m des jamaikanischen Sprinters Usain Bolt bei der Weltmeisterschaft 2009 in Berlin wurde zur Analyse in fünf Zeitintervalle aufgeteilt. Die jeweils erreichte Wegstrecke wurde per Videoaufzeichnung registriert.

Zeit t in sek	0	1	3	6	8	9,58
Weg s in m	0	5,4	21	56	81	100

a) Skizzieren Sie den Graphen der Wegfunktion angenähert.
b) Bestimmen Sie die mittlere Geschwindigkeit in jedem der fünf Beobachtungsintervalle. In welchem der fünf Intervalle war der Sprinter am schnellsten?

Lösung zu a:
Wir kennen nur sechs Punkte des Graphen von s. Wenn wir sie durch Strecken verbinden, erhalten wir zwar nicht den exakten Graphen von s, aber dennoch eine ungefähre Vorstellung von seinem Verlauf.

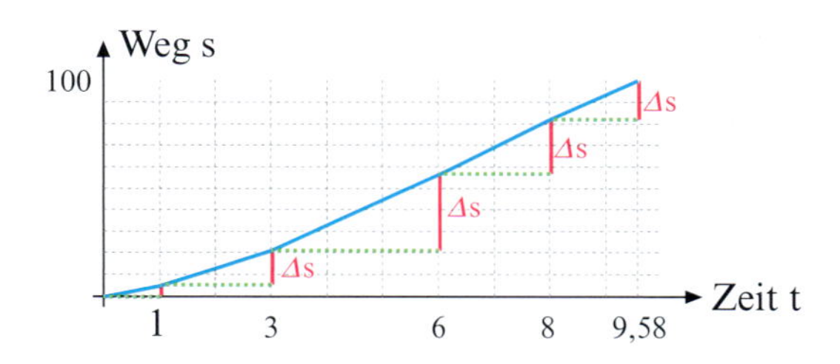

Lösung zu b:
Die *Änderung* des Weges bezeichnen wir mit dem Symbol Δs. Dieses Symbol steht für eine Differenz, denn eine Änderung ist mathematisch eine Differenz. Als Beispiel betrachten wir das Zeitintervall [1; 3]. Für die Änderung von s in diesem Intervall gilt:
$\Delta s = s(3) - s(1) = 21 - 5{,}4 = 15{,}6$ m.

Die Änderung Δs in den Einzelintervallen:

[0; 1]: $\Delta s = s(1) - s(0) = 5{,}4 - 0 = 5{,}4$ m
[1; 3]: $\Delta s = s(3) - s(1) = 21 - 5{,}4 = 15{,}6$ m
[3; 6]: $\Delta s = s(6) - s(3) = 56 - 21 = 35$ m
[6; 8]: $\Delta s = s(8) - s(6) = 81 - 56 = 25$ m
[8; 9,58]: $\Delta s = s(9{,}58) - s(8) = 100 - 81 = 19$ m

Um beurteilen zu können, wie schnell sich die Funktion s in einem Intervall ändert, muss man die Wegänderung errechnen, die in diesem Intervall pro Sekunde erzielt wird.
Man muss also die gesamte Wegänderung Δs im Intervall durch die Intervalllänge Δt dividieren.
Dazu wird der ***Differenzenquotient*** $\frac{\Delta s}{\Delta t}$ berechnet. Für das Intervall [3; 6] ergibt sich:
$\frac{\Delta s}{\Delta t} = \frac{s(6)-s(3)}{6-3} = \frac{56-21}{3} = \frac{35}{3} \approx 11{,}67\,\frac{m}{s}$.
Das Resultat dieser Rechnung bezeichnet man als ***mittlere Änderungsrate*** der Funktion s im Intervall [3; 6].
Man spricht hier auch von der ***mittleren Geschwindigkeit*** im Intervall [3; 6].
Rechts sind alle fünf Änderungsraten aufgeführt. Die höchste Änderungsrate liegt im Intervall [6; 8] vor. Dort läuft der Sprinter am schnellsten, nämlich mit $12{,}5\,\frac{m}{s}$ oder mit $45{,}5\,\frac{km}{h}$.

Die Änderungsrate $\frac{\Delta s}{\Delta t}$ des Weges s:

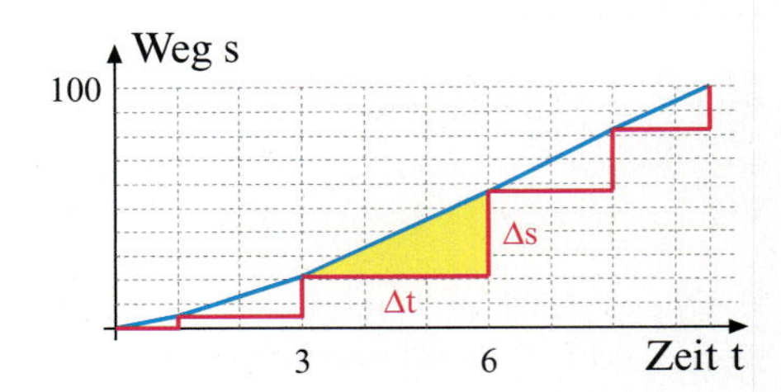

[0; 1]: $\frac{\Delta s}{\Delta t} = \frac{s(1)-s(0)}{1-0} = \frac{5{,}4-0}{1} = 5{,}4\,\frac{m}{s}$

[1; 3]: $\frac{\Delta s}{\Delta t} = \frac{s(3)-s(1)}{3-1} = \frac{21-5{,}4}{2} = \frac{15{,}6}{2} = 7{,}8\,\frac{m}{s}$

[3; 6]: $\frac{\Delta s}{\Delta t} = \frac{s(6)-s(3)}{6-3} = \frac{56-21}{3} = \frac{35}{3} \approx 11{,}67\,\frac{m}{s}$

[6; 8]: $\frac{\Delta s}{\Delta t} = \frac{s(8)-s(6)}{8-6} = \frac{81-56}{2} = \frac{25}{2} = 12{,}5\,\frac{m}{s}$

[8; 9,58]: $\frac{\Delta s}{\Delta t} = \frac{s(9{,}58)-s(8)}{9{,}58-8} = \frac{100-81}{1{,}58} \approx 12{,}02\,\frac{m}{s}$

276-1

Den Begriff der mittleren Änderungsrate kann man auf beliebige Funktionen verallgemeinern. Sie ist ein Maß dafür, wie schnell sich die Funktion in einem Intervall im Mittel ändert.

Definition VII.2: Differenzenquotient und mittlere Änderungsrate

Die Funktion $f: x \to f(x)$ sei auf dem Intervall [a;b] definiert. Dann bezeichnet man den Quotienten

$$\frac{\Delta f}{\Delta x} = \frac{f(b)-f(a)}{b-a}$$

als ***Differenzenquotienten*** von f im Intervall [a;b] bzw. als ***mittlere Änderungsrate*** von f im Intervall [a;b].
Die mittlere Änderungsrate entspricht der Steigung der Sekante durch $P(a|f(a))$ und $Q(b|f(b))$.

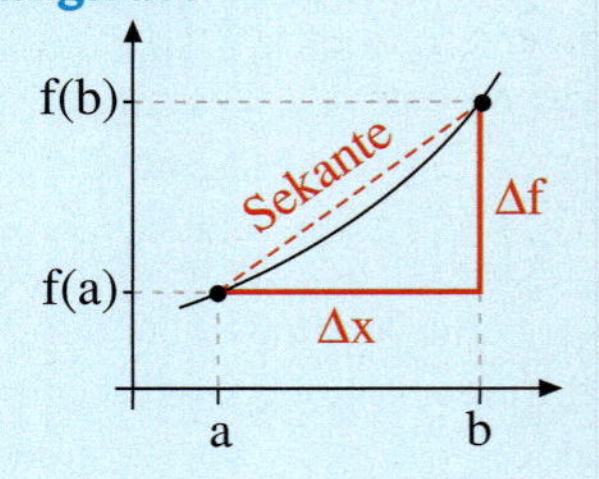

276-2

Übung 1

Die Tabelle gibt die Entwicklung der Bevölkerungszahl eines Landes an.

Jahr	1870	1890	1920	1930	1950	1990	2000
Bevölkerungszzahl in Mio	10	20	55	65	70	65	70

a) Fertigen Sie eine Graphik des Bevölkerungsverlaufs an. Berechnen Sie für alle sechs Messabschnitte die mittleren Wachstumsraten. Setzen Sie die Zeit $t = 0$ für das Jahr 1870.
b) Wie groß ist die Wachstumsrate im Intervall [1930,1990]? Kommentieren Sie das Resultat.

Die folgende anschauliche Überlegung soll den Begriff der mittleren Änderungsrate weiter verdeutlichen.

Eine Gerade hat in jedem Intervall die gleiche ***konstante Änderungsrate***, denn sie steigt immer gleich schnell an.

In Gegensatz hierzu hat eine gekrümmte Kurve ***wechselnde Änderungsraten***.

Betrachtet man eine solche Kurve über einem größeren Intervall, so kann man dort nur die ***mittlere Änderungsrate*** bestimmen. Diese entspricht der Änderungsrate der Sekante, welche den Kurvenpunkt P am Intervallanfang mit dem Kurvenpunkt Q am Intervallende verbindet.

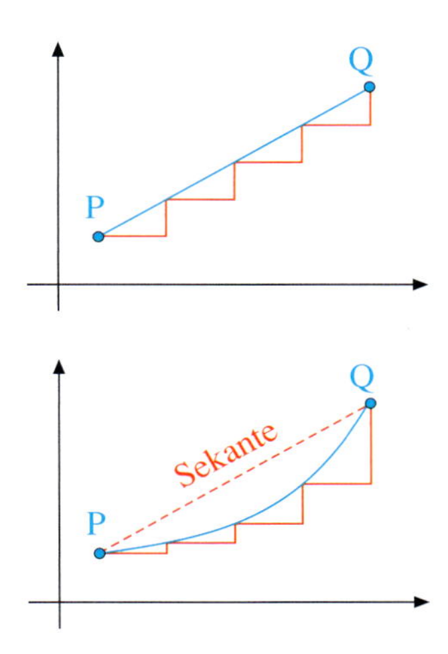

Sind nicht nur punktuelle Wertepaare einer Funktion bekannt, sondern ist die Funktionsgleichung gegeben, so kann man für beliebige Intervalle die mittlere Änderungsrate berechnen.

Beispiel: Mittlere Änderungsrate bei gegebener Funktionsgleichung
Bestimmen Sie die mittleren Änderungsraten der Funktion $f(x) = x^2$ in den Intervallen $[0;1]$ und $[1;2]$. Interpretieren Sie die Resultate.

Lösung:
Im ersten Intervall beträgt die mittlere Änderungsrate 1, im zweiten Intervall beträgt sie 3. Das heißt, dass die Funktion f im zweiten Intervall durchschnittlich dreimal so schnell steigt wie im ersten Intervall. Graphisch macht sich das in einem steileren Verlauf des Graphen bemerkbar.

Berechnung der Änderungsraten:

$[0;1]$: $\frac{\Delta f}{\Delta x} = \frac{f(1) - f(0)}{1 - 0} = \frac{1 - 0}{1 - 0} = \frac{1}{1} = 1$

$[1;2]$: $\frac{\Delta f}{\Delta x} = \frac{f(2) - f(1)}{2 - 1} = \frac{4 - 1}{2 - 1} = \frac{3}{1} = 3$

Übung 2

Berechnen Sie die mittlere Änderungsrate von f im angegebenen Intervall.

a) $f(x) = 2x$, $I = [0;1]$ b) $f(x) = 0{,}5x^2$, $I = [1;4]$ c) $f(x) = 1 - x^2$, $I = [1;3]$

Übung 3

a) Gegeben ist die Funktion $f(x) = ax^2$. Wie muss der Parameter a gewählt werden, wenn die mittlere Änderungsrate der Funktion auf dem Intervall $[1;4]$ den Wert 15 annehmen soll?

b) Die Funktion $f(x) = x^3$ hat im Intervall $[0;a]$ (mit $a > 0$) die mittlere Änderungsrate 9. Bestimmen Sie a.

B. Die mittlere Steigung einer Kurve

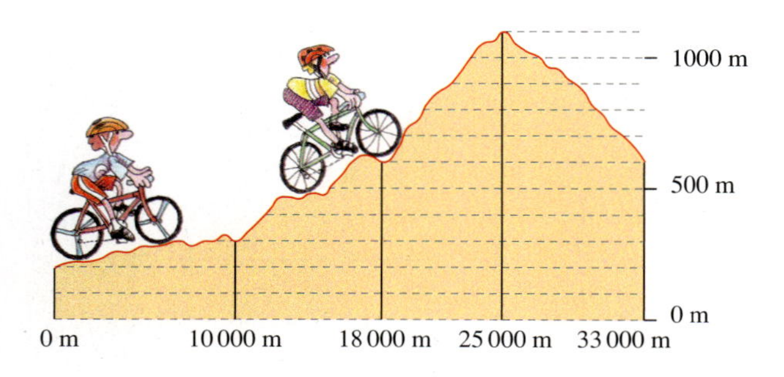

In unserem ersten Beispiel in Abschnitt A wurde ein 100-m-Sprint analysiert. Die Änderungsrate hatte die Bedeutung der Laufgeschwindigkeit.

Links ist das Höhenprofil einer Route der Tour de France abgebildet. Hier hat die Änderungsrate eine ganz andere Bedeutung, nämlich die einer Kurvensteigung.

Beispiel: Bestimmung der mittleren Steigung einer Kurve in einem Intervall
Bestimmen Sie die mittleren Steigungen der vier oben dargestellten Streckenabschnitte der Tour-de-France-Route. Beurteilen Sie die Brauchbarkeit der Ergebnisse für die Fahrer.

Lösung:
Im ersten Streckenabschnitt werden in der Horizontalen 10 000 m zurückgelegt. Folglich gilt $\Delta x = 10000$. In der Vertikalen werden 100 Höhenmeter gewonnen. Daher ist $\Delta y = 100$. Der Differenzenquotient $\frac{\Delta y}{\Delta x} = 0{,}01 = 1\,\%$ ist die Steigung der Sekante, welche den Anfangspunkt des Abschnitts mit dem Endpunkt verbindet. Dies ist gleichzeitig die mittlere Steigung auf diesem Streckenabschnitt. Die Fahrer müssen also hier auf 100 m in der Horizontalen nur 1 m Höhe überwinden.

Im zweiten Streckenabschnitt ergibt sich die mittlere Steigung $\frac{\Delta y}{\Delta x} = \frac{300}{8000} = 0{,}0375 = 3{,}75\,\%$.

Im dritten Streckenabschnitt gilt $\frac{\Delta y}{\Delta x} = \frac{500}{7000} \approx 0{,}071 = 7{,}1\,\%$.

Im vierten Streckenabschnitt ist $\frac{\Delta y}{\Delta x} = \frac{-500}{8000} \approx -0{,}063 = -6{,}3\,\%$.

Im ersten, dritten und vierten Streckenabschnitt verläuft die Profilkurve relativ geradlinig. Hier trifft die mittlere Steigung die realen Steigungsverhältnisse gut. Im zweiten Streckenabschnitt ist das anders. Hier muss der Fahrer teilweise wesentlich steilere Anstiege bewältigen, als die mittlere Steigung dies vermuten lässt. Eigentlich müsste man diesen Abschnitt noch einmal unterteilen, um eine bessere Anpassung an den realen Verlauf zu erreichen.

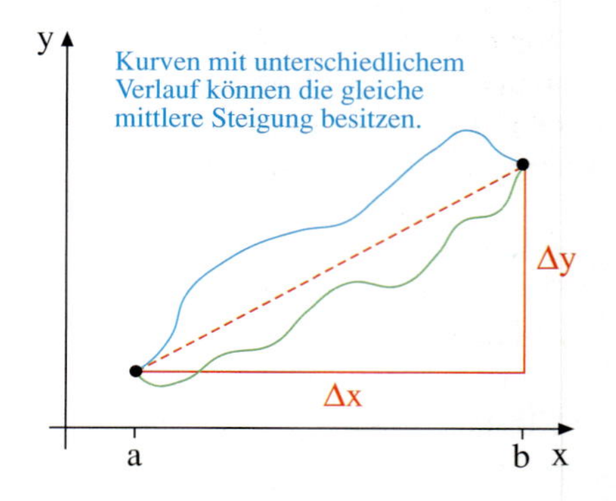

Übung 4

Gegeben sei die Funktion $f(x) = x^2 - 2x$.

a) Zeichnen Sie den Graphen von f für $-2 \leq x \leq 3$.

b) Berechnen Sie die mittlere Steigung von f in den Intervallen $[-2;0]$ und $[0;3]$.

c) Wie groß ist die mittlere Steigung von f im Intervall $[-1;3]$? Erklären Sie das Resultat.

C. Die mittlere Geschwindigkeit in einem Zeitintervall

Die amerikanische Raumfähre Space-Shuttle wird beim Start stark beschleunigt und steigert ihre Geschwindigkeit beständig bis auf einen Maximalwert von 8 km/s, der benötigt wird, um eine Umlaufbahn zu erreichen. Mittels Radar kann zu jedem Zeitpunkt die Höhe der Fähre festgestellt werden. Mit den so gewonnenen Daten kann die Durchschnittsgeschwindigkeit in den verschiedenen Phasen des Aufstiegs errechnet werden. Bei einem Start wurden die folgenden Daten aufgenommen.

279-1

Start — Beginn Rollmanöver — Ende Rollmanöver — Drosselung des Triebwerks — Abwurf der Booster

Startphasen: 1, 2, 3, 4

Zeit t in sec	0	9	17	30	125
Höhe h in m	0	250	850	2850	47000

Beispiel: Berechnung der mittleren Geschwindigkeit
Bestimmen Sie die mittlere Geschwindigkeit in den vier Startphasen der Raumfähre.

Lösung:
Legt ein Körper in der Zeit Δt den Weg Δs zurück, so errechnet sich seine mittlere Geschwindigkeit v nach der Formel $\frac{\Delta s}{\Delta t}$.
Die mittlere Geschwindigkeit ist also die mittlere Änderungsrate des Weges in einem Zeitintervall.
Wir erhalten die rechts aufgeführten Resultate. In Phase 4 des Starts ist die Durchschnittsgeschwindigkeit schon sehr hoch, nämlich ca. 0,5 Kilometer pro Sekunde.

Mittlere Geschwindigkeiten:

Phase 1: $\frac{\Delta s}{\Delta t} = \frac{s(9) - s(0)}{9 - 0} = \frac{250}{9} \approx 28\ \text{m/s}$

Phase 2: $\frac{\Delta s}{\Delta t} = \frac{s(17) - s(9)}{17 - 9} = \frac{600}{8} \approx 75\ \text{m/s}$

Phase 3: $\frac{\Delta s}{\Delta t} = \frac{s(30) - s(17)}{30 - 17} = \frac{2000}{13} \approx 154\ \text{m/s}$

Phase 4: $\frac{\Delta s}{\Delta t} = \frac{s(125) - s(30)}{125 - 30} = \frac{44150}{95} \approx 465\ \text{m/s}$

Übung 5
Ein Schlitten fährt den Hang hinab. Nach einer Sekunde hat er 0,4 m zurückgelegt. Nach 4 Sekunden Fahrzeit sind es 10 m und nach 15 *weiteren* Sekunden sogar 160 m. Berechnen Sie in allen drei Zeitintervallen die mittlere Geschwindigkeit. Wie groß ist die Durchschnittsgeschwindigkeit der gesamten Fahrt?

Übung 6
Ein Schienenfahrzeug bewegt sich nach dem Weg-Zeit-Gesetz $s(t) = 0{,}9\,t^2$.
a) Welchen Weg legt das Fahrzeug in den ersten drei Sekunden zurück?
b) Wie groß ist die mittlere Geschwindigkeit des Fahrzeugs in den ersten 3 Sekunden?
c) Berechnen Sie die mittlere Geschwindigkeit in der Zehntelsekunde, die auf die ersten drei Sekunden folgt. Vergleichen Sie mit dem Ergebnis von b).

Übungen

7. Jesusechsen

Helmbasilisken, auch Jesusechsen genannt, können über das Wasser rennen. Eine Kolonie vermehrt sich gemäß der Funktion

$N(t) = \frac{8}{1+3\cdot 2^{-0,4t}}$ (t in Jahren, N(t) in Hundert).

a) Zeichnen und interpretieren Sie den Graphen.
b) Vergleichen Sie die mittlere Wachstumsrate in den ersten beiden Jahren mit der im 3. Jahr, im 4. Jahr und im 10. Jahr.

8. Berechnung mittlerer Änderungsraten

Berechnen Sie die mittlere Änderungsrate von f im angegebenen Intervall.

a) $f(x) = \frac{1}{2}x$, $I = [0;1]$ b) $f(x) = \frac{1}{2}x^3$, $I = [1;3]$ c) $f(x) = x^2 - 4x$, $I = [0;2]$

9. Berechnung mittlerer Änderungsraten

Gegeben ist die Funktion $f(x) = x^2$.

a) Bestimmen Sie die mittlere Änderungsrate der Funktion auf dem Intervall $[2;a]$ für $a > 2$.
b) Wie muss der Parameter $a > 2$ gewählt werden, wenn die mittlere Änderungsrate der Funktion auf dem Intervall $[2;a]$ den Wert 6 annehmen soll?

10. Bakterienwachstum

Ein Bakterienbestand wächst nach der Formel $N(t) = 200 \cdot 1{,}08^t$. Dabei ist t die Zeit in Minuten seit Beobachtungsbeginn und N(t) die Anzahl der Bakterien zur Zeit t.

a) Berechnen Sie die mittlere Wachstumsgeschwindigkeit, d. h. die mittlere Bestandsänderung der Bakterienkultur, in der ersten, der zweiten und der dritten Minute.
b) Wie groß ist die mittlere Wachstumsgeschwindigkeit in der ersten Stunde?
c) In welcher Minute des Prozesses steigt die mittlere Wachstumsgeschwindigkeit über 30?

11. Steigung einer Kurve

Berechnen Sie die mittlere Steigung der Funktion f in jedem der drei Intervalle.

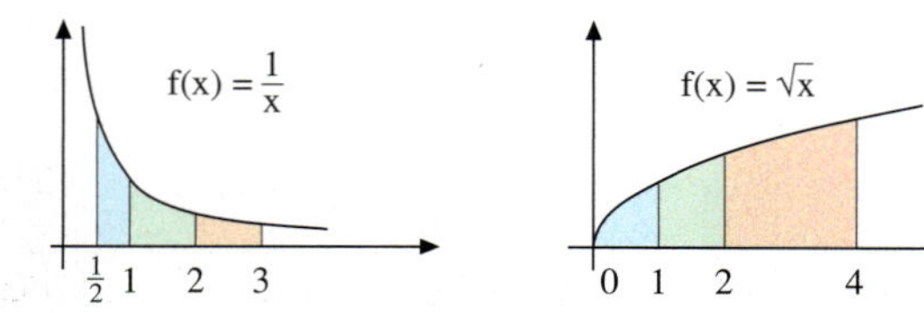

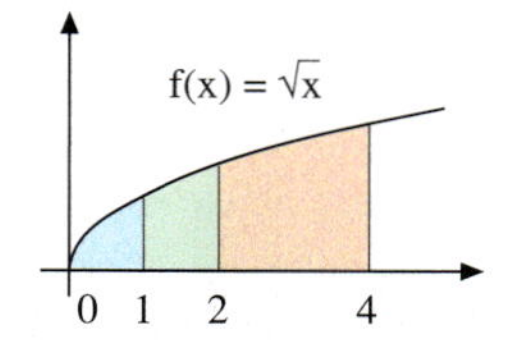

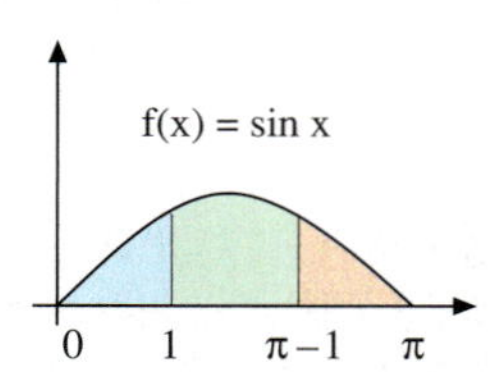

12. Durchschnittsgeschwindigkeit

Ein Flugkörper gewinnt an Höhe nach der Formel $h(t) = 80 - \frac{80}{1{,}5t+1}$. Dabei ist t die Zeit in Sekunden und h die Höhe in Metern.

a) Skizzieren Sie den Graphen von h für $0 \leq t \leq 4$. Nach welcher Zeit hat der Flugkörper eine Höhe von 60 m erreicht? Welche Höhe kann er maximal erreichen?
b) Wie groß ist die mittlere Steiggeschwindigkeit in der 1. Sekunde des Flugs bzw. in der 4. Sekunde? Wie groß ist die mittlere Steiggeschwindigkeit auf den ersten 30 Metern?

13. Bevölkerungswachstum

Die Tabelle zeigt die Bevölkerungsentwicklung der Vereinigten Staaten von Nordamerika sowie die Bevölkerungsentwicklung von Indien.

a) Zeichnen Sie die zugehörigen Graphen in ein gemeinsames Koordinatensystem ein.
Maßstab x-Achse: 1 cm = 10 Jahre
Maßstab y-Achse: 1 cm = 200 Mio.

b) Berechnen Sie für jedes Zeitintervall die mittleren Änderungsraten und stellen Sie einen Vergleich an.

Jahr	1950	1960	1970	1980	1990	2000	2050	rot: Prognose
USA in Mio.	152	181	205	227	250	282	420	
Indien in Mio.	370	446	555	687	842	1003	1600	

14. Section-Control

Ein Tunnel ist in vier Abschnitte mit unterschiedlichen Geschwindigkeitsbegrenzungen eingeteilt. Bei der Ein- und Ausfahrt in eine solche Sektion wird die Zeit gemessen und ein Photo von Fahrzeug mit Fahrer aufgenommen. Die Polizei erfasst einen Fahrer mit den rechts dargestellten Messdaten. Sie stellt eine Durchschnittsgeschwindigkeit von 89,03 km/h fest und wirft ihm daher gleich zwei Geschwindigkeitsüberschreitungen vor. Überprüfen Sie den Vorwurf durch Rechnungen.

Segment	I	II	III	IV
Fahrzeit	30 s	20 s	25 s	18 s

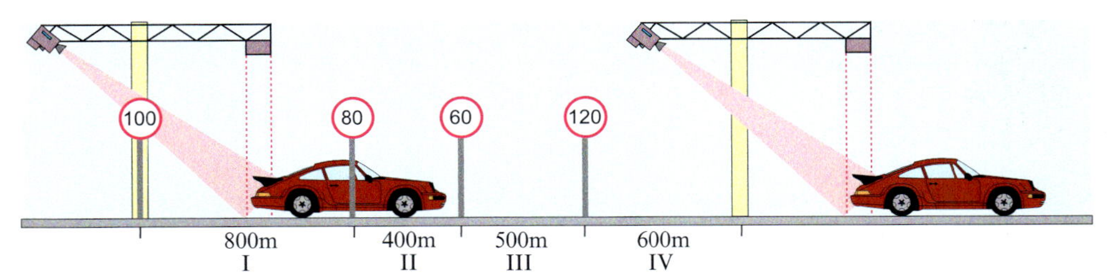

15. Effizienzvergleich

Die beiden Standorte A und B eines Herstellers von Omnibussen erreichten in einem Jahr die aufgeführten Stückzahlen pro Monat.

	Zeitraum			
Werk	Jan–Feb	Mär–Mai	Jun	Jul–Dez
A	400/Mon	380/Mon	400/Mon	600/Mon
B	480/Mon	400/Mon	600/Mon	500/Mon

Der Leiter von Standort A wird von der Geschäftsführung aufgefordert, rationeller zu arbeiten. Ist das gerechtfertigt?

16. Bevölkerungswachstum

Die Bevölkerung eines Landes wächst nach der Funktion
$N(t) = 10 \cdot 1{,}03^t$, $0 \leq t \leq 50$.
Dabei ist t die Zeit in Jahren und N(t) die Bevölkerung in Millionen. Wie groß ist

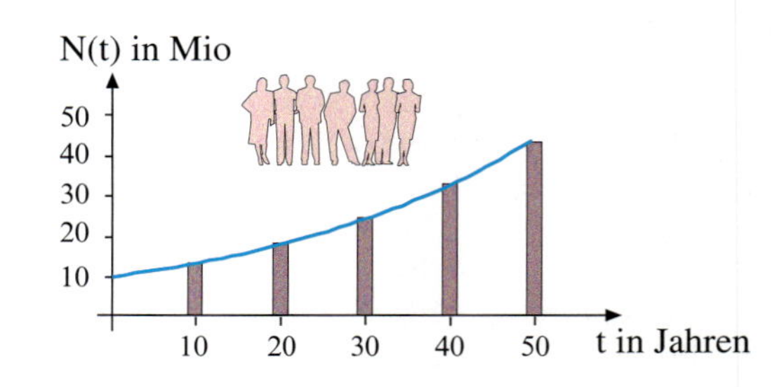

a) die mittlere Zuwachsrate während des gesamten Zeitraums von 50 Jahren, gemessen in Millionen/Jahr?
b) die mittlere Zuwachsrate im ersten Jahr des Prozesses?
c) die mittlere Zuwachsrate im letzten Jahr des Prozesses?

17. Geschwindigkeitskontrolle

Ein LKW-Fahrer wird von der Polizei beschuldigt, auf einer 5 km langen Strecke die Geschwindigkeitsbegrenzung von 80 km/h überschritten zu haben.
Der Fahrer bestreitet dies und verweist auf ein Computerprotokoll seiner Fahrt, aus dem hervorgeht, dass er die 5 km in 4 Minuten durchfahren hat, was nur einer Geschwindigkeit von 75 km/h entspreche.
Bestätigt das Diagramm die Polizei oder den Fahrer?

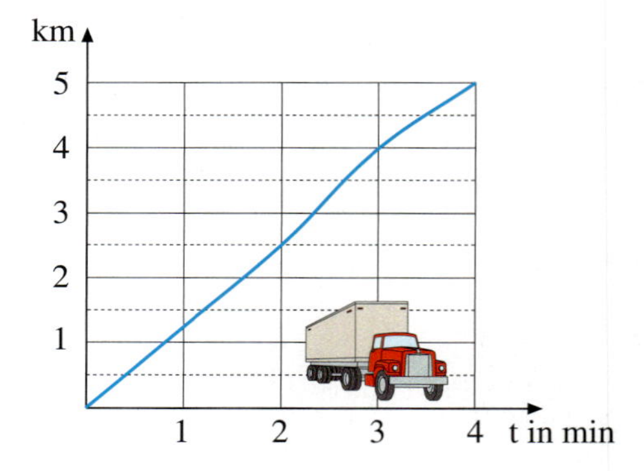

18. Auswertung von Streckenprotokollen

Eine Gruppe von Paddlern zeichnet die Fahrt mithilfe eines Navigationsgerätes auf. Sie erhalten folgendes Streckenprotokoll:

Zeit in Std.	0	1	2	3	4	5	6	7	8
Weg in km	0	10	18	24	24	32	38	46	56

Eine zweite Paddlergruppe erhält auf der gleichen Strecke folgendes Protokoll:

Zeit in Std.	0	1	2	3	4	5	6	7	8
Weg in km	0	5	9	15	30	35	40	45	56

a) Zeichnen Sie jeweils das Weg-Zeit-Diagramm (1 Std. = 1 cm, 10 km = 1 cm).
b) Berechnen Sie jeweils die Durchschnittsgeschwindigkeit für die Gesamtstrecke.
c) Welche Gruppe hatte die schnelleren Paddler?
d) Interpretieren Sie Besonderheiten der beiden Routen.

4. Die lokale Änderungsrate

A. Der Begriff der lokalen Änderungsrate an einer Stelle

Wir zeigen nun, wie man von der mittleren zur lokalen Änderungsrate gelangt.

1. Die mittlere Änderungsrate im Intervall $[x_0;x]$

Wir betrachten ein Intervall $[x_0;x]$. Die mittlere Änderungsrate von f in diesem Intervall lautet:

Mittlere Änderungsrate
von f im Intervall $[x_0;x]$: $\frac{\Delta f}{\Delta x} = \frac{f(x) - f(x_0)}{x - x_0}$
(SEKANTENSTEIGUNG)

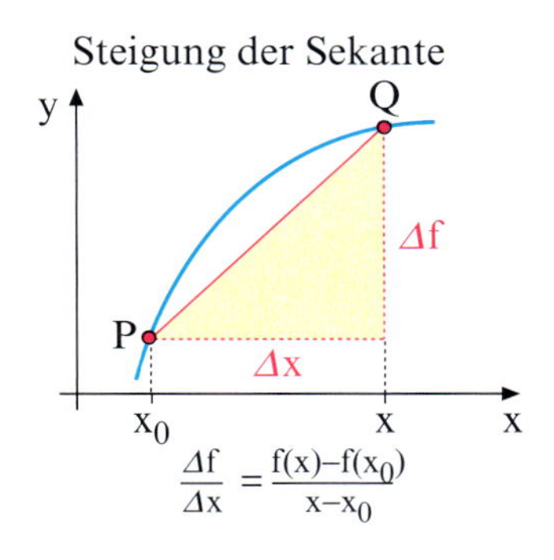

Anschaulich ist dies die Steigung der Sekante durch die Punkte P und Q (vgl. Abb. rechts). Diese erste Sekante ist keine gute Näherung für den Graphen von f in der lokalen Umgebung von x_0. Sie verläuft dort viel flacher als der Graph von f.

2. Verkleinerung des Intervalls $[x_0;x]$

Um eine verbesserte Näherung zu erhalten, schieben wir die Stelle x näher an die Stelle x_0 heran. Im verkleinerten Intervall $[x_0;x]$ ist die Sekante eine bessere Näherung für den Graphen von f in der Nähe von x_0, da dieser hier „linearer“ verläuft als im vorherigen größeren Intervall.
Die mittlere Änderungsrate (mittlere Steigung) von f im Intervall $[x_0;x]$ ist nun eine ganz gute Näherung für die lokale Änderungsrate (lokale Steigung) von f an der Stelle x_0.

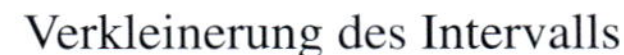

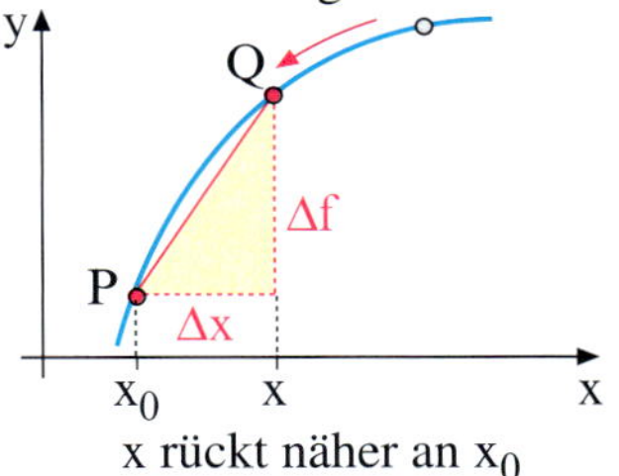

3. Ein Grenzprozess: x strebt gegen x_0

In einem letzten Schritt lassen wir die Stelle x nun in einem Grenzprozess immer dichter und dichter an die Stelle x_0 heranrücken. Sekante und Graph von f werden sich immer ähnlicher und verschmelzen miteinander. Die Sekante wird zur Tangente. Die Steigung dieser Tangente wird mit $f'(x_0)$ bezeichnet und als Grenzwert der Sekantensteigung errechnet.

Lokale Änderungsrate
von f an der Stelle x_0: $f'(x_0) = \lim\limits_{x \to x_0} \frac{f(x) - f(x_0)}{x - x_0}$
(TANGENTENSTEIGUNG)

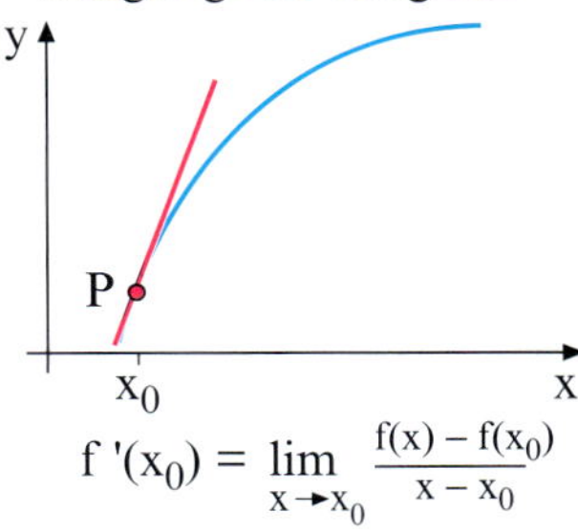

Wir zeigen nun an einem Beispiel, wie man die lokale Änderungsrate praktisch berechnet. Es gibt zwei Möglichkeiten.

Beispiel: Näherungstabelle
Gesucht ist die lokale Änderungsrate von $f(x) = x^2$ an der Stelle $x_0 = 1$.

Lösung:
Wir berechnen die mittlere Änderungsrate von f im Intervall $[1; x]$, wobei wir x schrittweise an $x_0 = 1$ heranschieben.
Zunächst wählen wir $x = 2$, dann $x = 1{,}5$, dann $x = 1{,}1$ usw.
Die Ergebnisse sind rechts tabellarisch dargestellt.
Die Tabelle ergibt, dass die lokale Änderungsrate gegen 2 strebt, wenn x gegen 1 strebt.
f hat also bei x_0 die Steigung 2.

x >2	Mittlere Änderungsrate von f im Intervall [1; x]
2	$\frac{f(2)-f(1)}{2-1} = \frac{4-1}{2-1} = 3$
1,5	$\frac{f(1{,}5)-f(1)}{1{,}5-1} = \frac{2{,}25-1}{1{,}5-1} = 2{,}5$
1,1	$\frac{f(1{,}1)-f(1)}{1{,}1-1} = \frac{1{,}21-1}{1{,}1-1} = 2{,}1$
1,01	$\frac{f(1{,}01)-f(1)}{1{,}01-1} = \frac{1{,}0201-1}{1{,}01-1} = 2{,}01$
1,001	$\frac{f(1{,}001)-f(1)}{1{,}001-1} = \frac{1{,}002001-1}{1{,}001-1} = 2{,}001$
↓ 1	↓ 2

Beispiel: Grenzwertrechnung
Bestimmen Sie die lokale Änderungsrate von $f(x) = x^2$ an der Stelle $x_0 = 1$ durch eine Grenzwertberechnung nach der Formel $f'(x_0) = \lim\limits_{x \to x_0} \frac{f(x) - f(x_0)}{x - x_0}$.

Lösung:
Wir berechnen die lokale Änderungsrate bei $x_0 = 1$ nach der Formel
$f'(x_0) = \lim\limits_{x \to x_0} \frac{f(x) - f(x_0)}{x - x_0}$.
Die Berechnung des Grenzwertes gelingt nach einer Termumformung mit der 3. Binomischen Formel.
Wir erhalten das alte Resultat $f'(1) = 2$.

Grenzwertrechnung:

$$f'(1) = \lim_{x \to 1} \frac{f(x) - f(1)}{x - 1} = \lim_{x \to 1} \frac{x^2 - 1}{x - 1}$$
$$= \lim_{x \to 1} \frac{(x+1) \cdot (x-1)}{x - 1}$$
$$= \lim_{x \to 1} (x + 1)$$
$$= 2$$

Übung 1
Bestimmen Sie die lokale Änderungsrate von f an der Stelle x_0 näherungsweise.
a) $f(x) = x^2$, $x_0 = 2$
b) $f(x) = 2x$, $x_0 = 1$
c) $f(x) = 1 - x^2$, $x_0 = 1$

Übung 2
Bestimmen Sie die lokale Änderungsrate von f an der Stelle x_0 exakt.
a) $f(x) = 0{,}5x^2$, $x_0 = 1$
b) $f(x) = 4x$, $x_0 = 2$
c) $f(x) = 4 - x^2$, $x_0 = 2$

Definition VII.3 Lokale Änderungsrate
Der Grenzwert $f'(x_0) = \lim\limits_{x \to x_0} \frac{f(x) - f(x_0)}{x - x_0}$ heißt lokale Änderungrate von f an der Stelle x_0.
Anschaulich stellt er die lokale Steigung des Graphen von f an der Stelle x_0 dar.
Andere Bezeichnungen: Ableitung von f an der Stelle x_0 bzw. Differentialquotient von f bei x_0.

B. Die Momentangeschwindigkeit

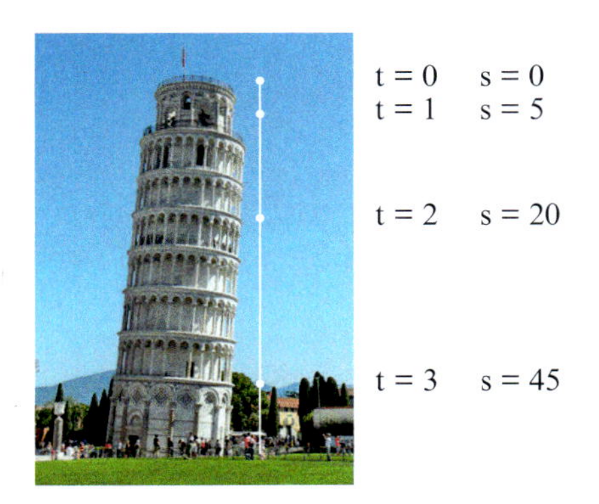

Der italienische Mathematiker Galileo Galilei (1564–1642) untersuchte die ***Gesetze des freien Falls***. Er führte seine Versuche an einer schiefen Ebene durch. Am schiefen Turm von Pisa soll er ebenfalls Fallversuche unternommen haben, aber das ist nicht belegt.
Seine Versuche zeigten, dass der Fallweg s quadratisch mit der Fallzeit t zunimmt.
Das Weg-Zeit-Gesetz des freien Falls lautet angenähert $s(t) = 5t^2$. Dabei ist t die Fallzeit in Sekunden und s der Fallweg in Metern.

285-1

Nun stellt sich eine interessante Frage: Welche ***Momentangeschwindigkeit*** $v(t_0)$ hat der fallende Körper nach einer bestimmten Fallzeit t_0?

Beispiel: Bestimmung der Momentangeschwindigkeit beim freien Fall
Das Weg-Zeit-Gesetz des freien Falls lautet angenähert $s(t) = 5t^2$. Bestimmen Sie die Momentangeschwindigkeit eines frei fallenden Körpers zur Zeit $t_0 = 2$.

Lösung:
Wir errechnen die mittlere Geschwindigkeit für mehrere Intervalle der Gestalt [2;t]. Beginnend mit t = 3 nähern wir uns über t = 2,1 und t = 2,01 immer mehr dem Zeitpunkt $t_0 = 2$.
Die berechneten mittleren Geschwindigkeiten nähern sich zunehmend einem Grenzwert. Dieser ist die gesuchte Momentangeschwindigkeit zur Zeit $t_0 = 2$.
Sie beträgt ca. $20\,\frac{m}{s}$.

Zeit $t > 2$	Mittlere Geschwindigkeit im Intervall [2; t]
3	$\frac{s(3)-s(2)}{3-2} = 25$
2,1	$\frac{s(2{,}1)-s(2)}{2{,}1-2} = 20{,}5$
2,01	$\frac{s(2{,}01)-s(2)}{2{,}01-2} = 20{,}05$
2,001	$\frac{s(2{,}001)-s(2)}{2{,}001-2} = 20{,}005$
↓	↓
2	20

Eine weitere Möglichkeit zur Lösung der Aufgabe besteht darin, anstelle der Näherungstabelle eine exakte Grenzwertrechnung durchzuführen.
Diese Rechnung wurde rechts durchgeführt. Sie führt auf mathematisch eleganterem Weg zum Endergebnis.

Exakte Grenzwertrechnung:

$$v(2) = \lim_{t\to 2}\frac{s(t)-s(2)}{t-2} = \lim_{t\to 2}\frac{5t^2-5\cdot 2^2}{t-2}$$
$$= \lim_{t\to 2}\frac{5(t-2)(t+2)}{t-2} = \lim_{t\to 2} 5(t+2)$$
$$= 5\cdot 4 \qquad = 20$$

Übung 3
Ein anfahrendes Fahrzeug bewegt sich in den ersten drei Sekunden näherungsweise nach dem Weg-Zeit-Gesetz $s = 4t^2$. Bestimmen Sie die Momentangeschwindigkeit nach der ersten, der zweiten und der dritten Sekunde.

C. Anwendungsprozesse

Änderungsraten können in Anwendungen unterschiedliche Bedeutungen besitzen. Man kann Fallgeschwindigkeiten, Wachstumsgeschwindigkeiten und Kostensteigerung erfassen.

Beispiel: Landeanflug

Die Höhe eines Sportflugzeugs beim Landeanflug wird durch $h(t) = 40t^2 - 400t + 1000$ beschrieben. Dabei steht t für die Zeit in Minuten und h für die Flughöhe in Metern. Der Landeanflug beginnt um Zeitpunkt $t = 0$.

a) Welche Höhe hat das Flugzeug zum Zeitpunkt des Landeanflugs? Wie lange dauert es bis zur Landung?

b) Bestimmen Sie die durchschnittliche Sinkgeschwindigkeit während der gesamten Landephase und in der letzten Minute vor der Landung.

c) Wie groß ist die momentane Sinkgeschwindigkeit eine Minute vor der Landung angenähert?

Lösung zu a:

Zum Zeitpunkt $t = 0$ hat das Flugzeug die Höhe $h(0) = 1000$ m.

Die Landung erfolgt zu dem Zeitpunkt t, an dem $h(t) = 0$ ist. Das Flugzeug landet nach exakt 5 Minuten.

Höhe zu Beginn des Landeanflugs:

$h(0) = 1000$

Dauer der Landung:

$h(t) = 0$: $\quad 40t^2 - 400t + 1000 = 0$

$t^2 - 10t + 25 = 0$

$(t-5)^2 = 0 \Leftrightarrow t = 5$

Lösung zu b:

Die mittlere Sinkgeschwindigkeit, d. h. die mittlere Änderung der Höhe h, wird mit dem Differenzenquotienten $\frac{\Delta h}{\Delta t}$ berechnet. Sie beträgt für den gesamten Landeanflug -200 m/min. In der letzten Flugminute ist sie auf -40 m/min gesunken.

Mittlere Sinkgeschwindigkeit:

$[0;5] \quad \frac{\Delta h}{\Delta t} = \frac{0 - 1000}{5 - 0} = -200$

$[4;5] \quad \frac{\Delta h}{\Delta t} = \frac{0 - 40}{5 - 4} = -40$

Lösung zu c:

Die momentane Sinkgeschwindigkeit eine Minute vor der Landung, d.h. zum Zeitpunkt $t = 4$, bestimmen wir angenähert, indem wir ersatzweise die mittlere Änderungsrate im Intervall [3,99; 4,01] bestimmen. Da Momentangeschwindigkeiten nur für kleine Zeiträume gelten, rechnen wir sie auf m/s um. Es sind ca. $-1{,}33$ m/s.

Momentane Sinkgeschwindigkeit:

$$h'(4) \approx \frac{\Delta h}{\Delta t} = \frac{h(4{,}01) - h(3{,}99)}{4{,}01 - 3{,}99}$$

$$= \frac{39{,}20 - 40{,}80}{4{,}01 - 3{,}99}$$

$$= \frac{-1{,}60}{0{,}02} = -80$$

$$-80\,\frac{\text{m}}{\text{min}} \approx -1{,}33\,\frac{\text{m}}{\text{s}}$$

Übung 4 Herzfrequenz

Während einer Trainingseinheit wird der Puls eines Sportlers über 5 Minuten gemessen. Die Funktion $p(t) = -2t^3 + 9t^2 + 15t + 75$ beschreibt die Pulsfrequenz (t in Minuten).

a) Berechnen Sie den mittleren Anstieg der Pulsfrequenz während des Trainings.

b) Wie hoch ist der Puls zur Zeit $t = 3$?

Übungen

5. Lokale Änderungsrate
Skizzieren Sie den Graphen von f und bestimmen Sie die lokale Änderungsrate von f an der Stelle x_0 mithilfe einer Näherungstabelle.
a) $f(x) = 0,5\,x^2,\ x_0 = 2$ b) $f(x) = 1 - x^2,\ x_0 = 2$ c) $f(x) = \frac{1}{x},\ x_0 = 1$

6. Lokale Änderungsrate
Skizzieren Sie den Graphen von f und bestimmen Sie die lokale Änderungsrate von f an der Stelle x_0 mithilfe einer exakten Grenzwertrechnung.
a) $f(x) = 0,5x^2,\ x_0 = 2$
b) $f(x) = 1 - x^2,\ x_0 = 2$ c) $f(x) = 2\,x + 1, x_0 = 3$

7. Momentangeschwindigkeit
Ein Snowboarder gleitet einen relativ flachen, aber spiegelglatten Hang hinab.
Das Weg-Zeit-Gesetz der Bewegung wird durch die Formel $s\,(t) = 1,5\,t^2$ beschrieben.
Dabei ist t die Zeit in Sekunden und s der zurückgelegte Weg im Metern.
a) Welchen Weg hat das Snowboard nach 1 Sekunde bzw. nach 5 Sekunden zurückgelegt?
b) Wie groß ist die mittlere Geschwindigkeit in den ersten fünf Sekunden der Fahrt?
c) Wie groß ist die Momentangeschwindigkeit exakt fünf Sekunden nach Fahrtbeginn? Verwenden Sie eine Näherungstabelle oder eine exakte Grenzwertrechnung.

8. Lokale Steigung
Schätzen Sie die lokale Steigung in den eingezeichneten Punkten P und Q aus der Zeichnung ab. Bestimmen Sie anschließend zur Überprüfung die lokale Steigung
a) mithilfe einer Tabelle.
b) mit einer exakten Grenzwertrechnung.

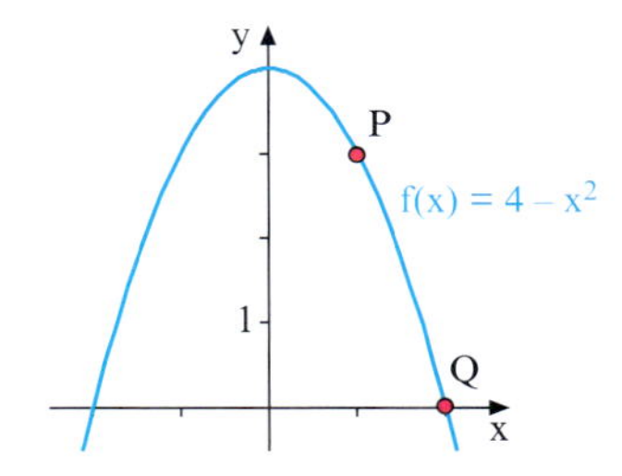

9. Freier Fall auf dem Mond
Auf dem Mond lautet das Weg-Zeit-Gesetz des freien Falles $s(t) = 0,8\,t^2$.

a) Welche Fallstrecke durchläuft ein fallender Körper dort in der ersten Fallsekunde? Wie groß ist die Durchschnittsgeschwindigkeit des Körpers in der ersten Fallsekunde?
b) Welche Momentangeschwindigkeit erreicht der Körper nach einer Sekunde im freien Fall? Verwenden Sie eine Näherungstabelle.
c) Wie groß ist die Momentangeschwindigkeit nach 10 Sekunden im freien Fall? Verwenden Sie eine exakte Grenzwertrechnung.
d) Mit welcher Geschwindigkeit würde ein Astronaut auf den Boden treffen, wenn er von der ca. 4 m hohen Mondfähre abstürzen würde?

10. Meeresboden

Ein Forschungs-U-Boot hat mit einem Echolot den Meeresboden abgetastet.
Die Funktion
$f(x) = -0,05\,(3x^4 - 28x^3 + 84x^2 - 96x)$
beschreibt die Profilkurve des Bodens.
(1 LE = 100 m)

a) Zeichnen Sie den Graphen von f für $0 < x < 5$.

b) Lesen Sie die Koordinaten der Gipfelpunkte und des Talpunktes ab.

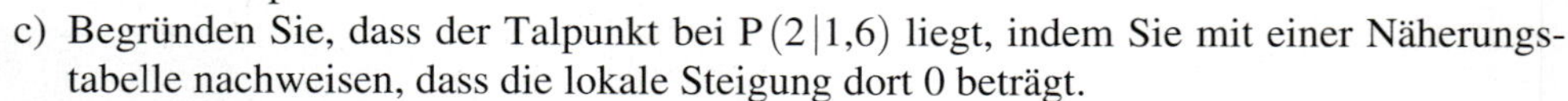

c) Begründen Sie, dass der Talpunkt bei $P(2\,|\,1{,}6)$ liegt, indem Sie mit einer Näherungstabelle nachweisen, dass die lokale Steigung dort 0 beträgt.

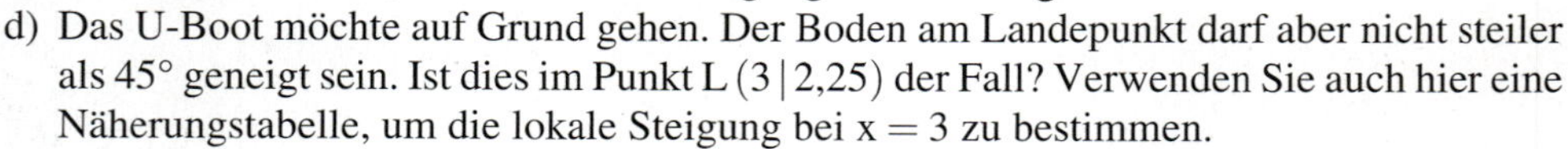

d) Das U-Boot möchte auf Grund gehen. Der Boden am Landepunkt darf aber nicht steiler als 45° geneigt sein. Ist dies im Punkt $L(3\,|\,2{,}25)$ der Fall? Verwenden Sie auch hier eine Näherungstabelle, um die lokale Steigung bei $x = 3$ zu bestimmen.

11. Explosion

Bei der Explosion eines Öltanks betrug die Hitze im Zentrum über 1000 °C. Die weglaufenden Menschen wurden von der Strahlungshitze erfasst und erlitten z. T. schwere Verbrennungen, wenn sie nicht schnell genug Deckung fanden. Die Temperatur kann angenähert erfasst werden durch die Funktion $T(x) = 10x^3 - 90x^2 + 1100$, $0 < x < 6$, wobei x die Entfernung vom Zentrum in 100 m und T die Temperatur in °C ist.

a) Zeichnen Sie den Graphen von T.

b) Welche Temperatur herrschte in 300 m Entfernung vom Zentrum?

c) Wie groß ist die mittlere Temperaturänderung auf den ersten 300 m?
(Angabe in °C/m oder in °C/100 m)
Wie groß ist sie zwischen 400 m und 500 m?

d) Wie groß ist die momentane Temperaturänderung 300 m vom Zentrum entfernt?
Verwenden Sie eine Näherungstabelle.

12. Wetterballon

Ein Wetterballon funkt beim Aufsteig unter anderem seine Positionsdaten.
Seine Steighöhe wird durch die Funktion $h(t) = -2t^2 + 16t$ erfasst (t: Std., h: km)

a) Zeichnen Sie den Graphen von h für $0 \leq t \leq 3$ und interpretieren Sie ihn.

b) Wie groß ist die mittlere Steiggeschwindigkeit des Ballons in den ersten 30 Minuten?

c) Wie groß ist momentane Steiggeschwindigkeit beim Start? (Verwenden Sie eine Näherungstab.)

d) Wie groß ist die momentane Steiggeschwindigkeit in 24 km Höhe? (Berechnen Sie zunächst die Zeit t für 24 km Aufstieg).

Überblick Änderungsraten

1. Die Änderung einer Funktion f im Intervall $[x_0; x]$

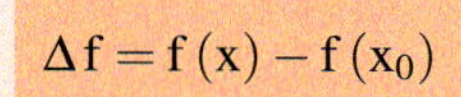

$$\Delta f = f(x) - f(x_0)$$

Differenz

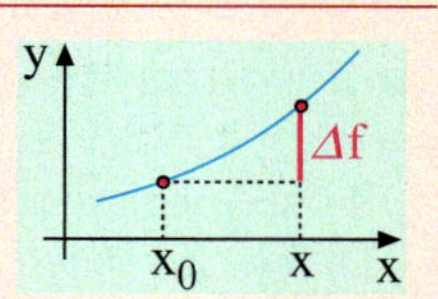

2. Die mittlere Änderungsrate von f im Intervall $[x_0; x]$

$$\frac{\Delta f}{\Delta x} = \frac{f(x) - f(x_0)}{x - x_0}$$

Differenzenquotient
Sekantensteigung

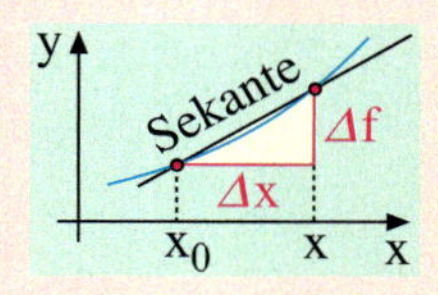

3. Die lokale Änderungsrate von f an der Stelle x_0

$$f'(x_0) = \lim_{x \to x_0} \frac{f(x) - f(x_0)}{x - x_0}$$

Differentialquotient
Tangentensteigung

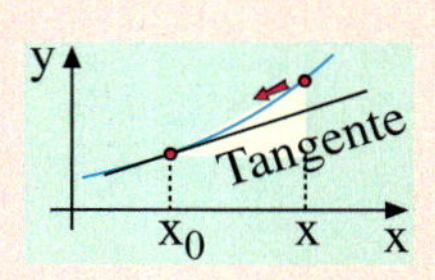

$$f'(x_0) = \lim_{h \to 0} \frac{f(x_0 + h) - f(x_0)}{h}$$

4. Berechnung der lokalen Änderungsrate an der Stelle x_0

Schritt 1: Differenzenquotient aufstellen: $\frac{f(x) - f(x_0)}{x - x_0}$

Schritt 2: $f(x) - f(x_0)$ mit der Binom. Formel so faktorisieren, dass $(x - x_0)$ ausgeklammert werden kann. Den störenden Nennerterm kürzen.

Schritt 3: Grenzprozess $x \to x_0$ durchführen

Alternativ: Man kann Schritt 2 durch eine Polynomdivision $(f(x) - f(x_0)) : (x - x_0)$ ersetzen

5. Mittlere Geschwindigkeit im Intervall $[t_0; t]$

$$\overline{v} = \frac{\Delta s}{\Delta t} = \frac{s(t) - s(t_0)}{t - t_0}$$

s ist die Weg-Zeit-Funktion des Bewegungsvorgangs

6. Momentangeschwindigkeit zur Zeit t_0

$$v(t_0) = s'(t_0) = \lim_{t \to t_0} \frac{s(t) - s(t_0)}{t - t_0}$$

Test

Änderungsraten

1. Tulpenwachstum

Das Höhenwachstum einer Tulpe wird beobachtet und protokolliert.

a) Skizzieren Sie den Graphen der Höhenfunktion h angenähert mithilfe der Tabelle.

b) Wie groß ist die mittlere Änderungsrate von h im gesamten Beobachtungszeitraum?

c) In welchem der vier Teilintervalle wächst die Pflanze am schnellsten?

Zeit t (Tage)	0	3	5	9	14
Höhe (cm)	0	1	3	6	7

2. Flughöhe

Ein Segelflugzeug ändert seine Höhe gemäß der abschnittsweise definierten Funktion

$$h(t) = \begin{cases} \text{Startphase}: & 1000 \cdot \sqrt{t} & 0 \le t < 4 \\ \text{Schwebephase}: & 3200 - 300\,t & 4 \le t < 10 \\ \text{Landephase}: & \frac{12000}{t} - 1000 & 10 \le t \le 12 \end{cases} \quad \text{(h in m, t in min).}$$

a) Skizzieren Sie den Graphen der Höhenfunktion.

b) Bestimmen Sie die mittlere Steig- bzw. Sinkgeschwindigkeit in den drei Flugphasen.

c) Bestimmen Sie angenähert, zu welchem Zeitpunkt das Flugzeug mit 400 $\frac{m}{min}$ steigt.

3. Änderungsraten

Gegeben ist die Funktion $f(x) = \frac{1}{2}x^2$.

a) Bestimmen Sie die mittlere Änderungsrate von f auf dem Intervall [0; 2].

b) Bestimmen Sie die lokale Änderungsrate von f an der Stelle $x_0 = -1$ zeichnerisch.

c) Bestimmen Sie die lokale Änderungsrate von f an der Stelle $x_0 = 2$ rechnerisch.

4. Ein Auto bremst ab.

Der zur Zeit t (in Sekunden) zurückgelegte Weg (in Metern) ist $s(t) = 40t - 4t^2$.

a) Skizzieren Sie den Graphen von s für $0 \le t \le 6$.

b) Nach welcher Zeit steht das Fahrzeug?

c) Wie groß ist die mittlere Geschwindigkeit des Fahrzeugs beim Bremsprozess?

d) Bestimmen Sie die Momentangeschwindigkeit zu Beginn des Bremsvorgangs näherungsweise.

Lösungen: 290-1

VIII. Steigung und Ableitung

1. Die Steigung einer Kurve

A. Zeichnerische Bestimmung

Eine Gerade hat eine konstante Steigung. Eine gekrümmte Kurve ändert ihre Steigung laufend. Um die Steigung einer solchen Kurve f an einer Stelle x_0 zu erfassen, verwendet man ebenfalls eine Gerade.
Man zeichnet im Punkt $P(x_0|f(x_0))$ die Tangente an die Kurve ein. Das ist diejenige Gerade durch den Punkt P, die sich in der unmittelbaren Umgebung des Punktes am besten an den Graph von f anschmiegt.

Definition VIII.1: Steigung von f an der Stelle x_0

Die Steigung der Funktion f an der Stelle x_0 ist die Steigung der Tangente an den Graphen von f durch den Punkt $P(x_0 \mid f(x_0))$.
Diese Steigung heißt Ableitung von f an der Stelle x_0.
Sie wird mit $f'(x_0)$ bezeichnet.

Man kann sie mithilfe eines Steigungsdreiecks der Tangente bestimmen.

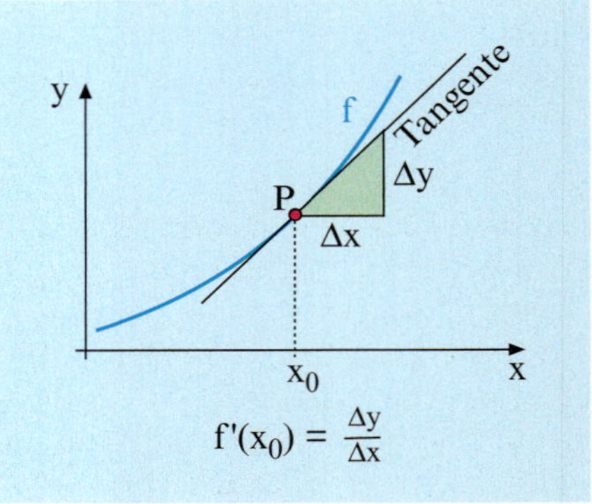

Beispiel:
Bestimmen Sie die Steigung der Funktion $f(x) = 1 - x^2$ an den Stellen $x_0 = -0,5$ und $x_0 = 1$.

Lösung:
Wir zeichnen den Graphen von f auf mm-Papier oder auf Karopapier. Dann zeichnen wir, z. B. mithilfe eines Geodreiecks, in den Punkten $P(-0,5 \mid 0,75)$ und im Punkt $Q(1 \mid 0)$ die Tangenten von f ein.
Diese versehen wir mit Steigungsdreiecken. Wir messen in den Steigungsdreiecken Δy und Δx aus und bilden den Quotienten $\frac{\Delta y}{\Delta x}$. So erhalten wir:

$$f'(-0,5) = \frac{\Delta y}{\Delta x} = \frac{0,5}{0,5} = 1$$

$$f'(1) = \frac{\Delta y}{\Delta x} = \frac{-1}{0,5} = -2$$

Bei $x = -0,5$ steigt die Kurve moderat an, bei $x = 1$ fällt sie relativ stark ab.

Tangenten und Steigungsdreiecke:

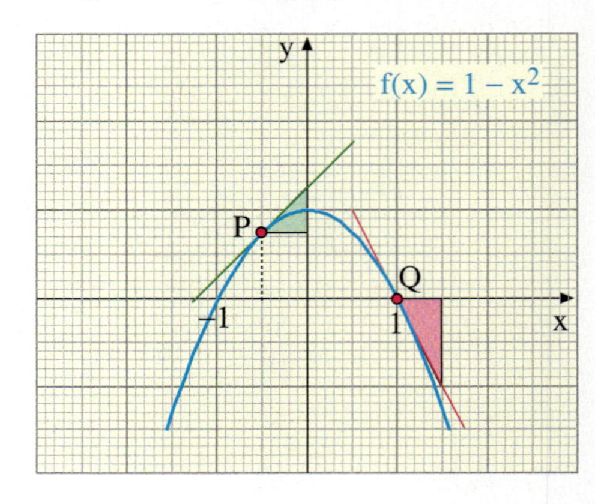

Übungen

1. Graphische Steigungsbestimmung
Bestimmen Sie die Steigung der Funktion in den Punkten A bis D durch Anlegen einer Tangente.
Gibt es eine Stelle, an der die Steigung gleich 0,5 ist?
Sollte dies der Fall sein, geben Sie die Lage der Stelle angenähert an.
In welchen Intervallen ist die Steigung von f positiv bzw. negativ?

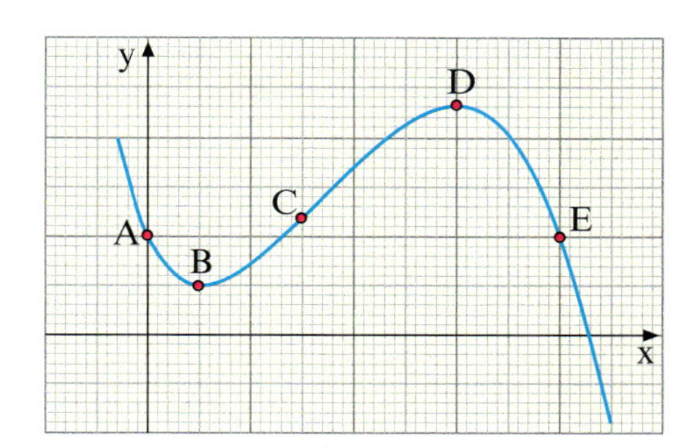

2. Steigungsdreiecke
Welches der drei dargestellten Steigungsdreiecke ist richtig, welche sind falsch? Begründen Sie.
Wie groß ist die Steigung der Funktion f an der Stelle x_0 angenähert?

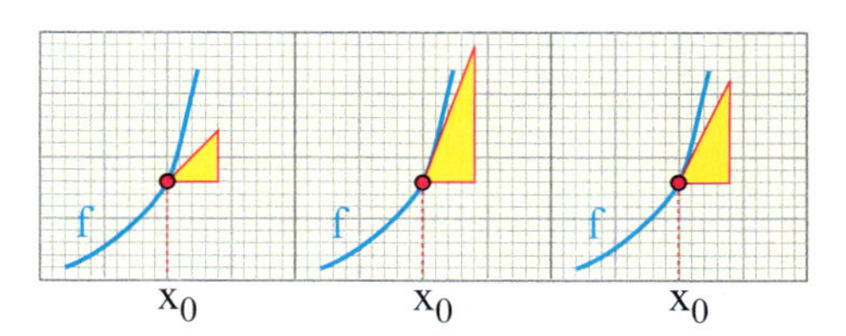

3. Steigung der Wurzelfunktion
Die Abbildung zeigt den Graphen der Funktion $f(x) = \sqrt{x}$.
Wie groß ist die Steigung an der Stelle $x_0 = 1$ und $x_0 = 4$ angenähert?
Beschreiben Sie, bei $x = 0$ beginnend, wie sich die Steigung verändert, wenn x immer größer wird.

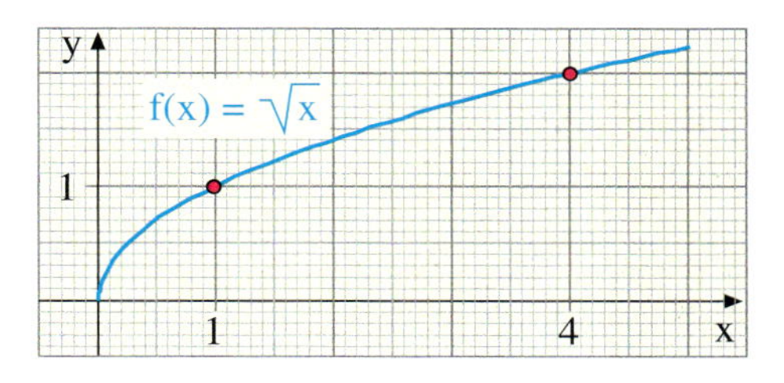

4. Vergrößerung
Man kann die Steigung einer Funktion f an der Stelle x_0 angenähert bestimmen, indem man sie in einer relativ kleinen Umgebung der Stelle x_0 ***stark vergrößert*** zeichnet, so dass der Graph von f dort fast geradlinig verläuft.
Bestimmen Sie auf diese Weise die Steigung von f an der Stelle x_0.

a) $f(x) = \frac{1}{2}x^2$ an der Stelle $x_0 = 2$. Zeichnen Sie f im Intervall [1,9; 2,1]. Versuchen Sie es dann mit [1,99; 2,01].
b) $f(x) = \frac{1}{x}$ an der Stelle $x_0 = 0{,}5$. Zeichnen Sie f im Intervall [0,49; 0,51]

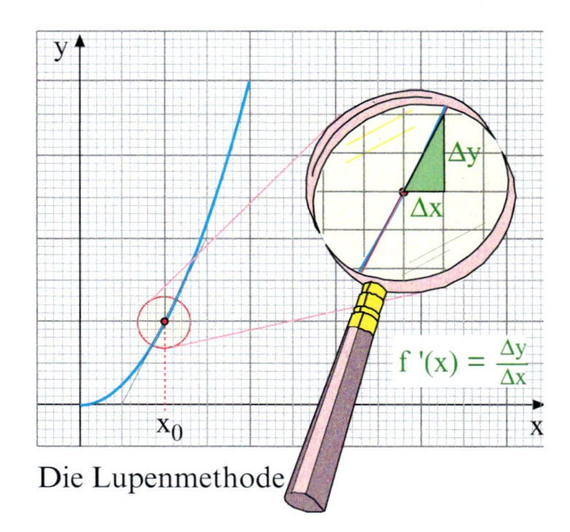

Die Lupenmethode

B. Die Steigung einer Kurve in einem Punkt

Beispiel: Ein Raupenfahrzeug mit einer Steigfähigkeit von 78 %* fährt einen Hang mit parabelförmigem Profil hinauf. Die Profilkurve lässt sich näherungsweise durch die Funktion $f(x) = \frac{1}{50}x^2$ beschreiben.

Kann das Fahrzeug die Markierungsstange erreichen?

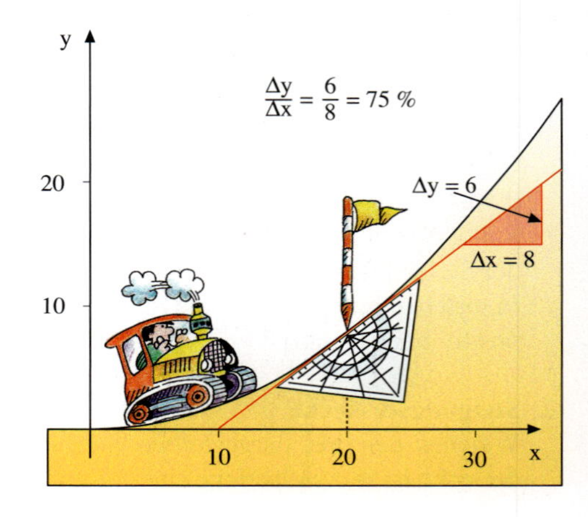

Lösung:
Um festzustellen, wie steil der Hang bei der Markierungsstange ist, legen wir dort das Geodreieck – so gut es geht – tangential an die Kurve an. Wir erhalten auf diese Weise eine Tangente an die Profilkurve, deren Steigung wir nun mithilfe eines Steigungsdreiecks ablesen können.

Sie beträgt ungefähr 75 %. Etwa die gleiche Steigung hat der Hang in der Nähe der Stange. Danach dürfte die Raupe also bis zu der Markierungsstange kommen. Allerdings können wir nicht ganz sicher sein, denn die zur Steigungsmessung verwendete Tangente haben wir durch Anlegen des Geodreiecks nach „Augenmaß" gewonnen.

Es ist jedoch möglich ein Verfahren zu entwickeln, das die exakte rechnerische Bestimmung der Tangente an eine Kurve in einem beliebigen Kurvenpunkt gestattet.
Wir erläutern das Verfahren zunächst allgemein, wobei wir uns an der Abbildung orientieren.

$P(x_0|y_0)$ sei ein fester Punkt auf dem Graphen einer gegebenen Funktion f.
$Q(x|y)$ sei ein weiterer, von P verschiedener Punkt des Graphen. Die durch P und Q eindeutig festgelegte Gerade bezeichnet man als ***Sekante***. Lassen wir nun den Punkt $Q(x|y)$ auf der Kurve zum Punkt $P(x_0|y_0)$ „hinwandern", so dreht sich die zugehörige Sekante um den Punkt P. Je näher Q an P heranrückt, umso mehr nähert sich die zugehörige Sekante einer bestimmten „Grenzgeraden", die mit dem Graphen nur den Punkt $P(x_0|y_0)$ gemeinsam hat. Diese Grenzgerade nennen wir ***Tangente*** an die Kurve im Punkt $P(x_0|y_0)$.

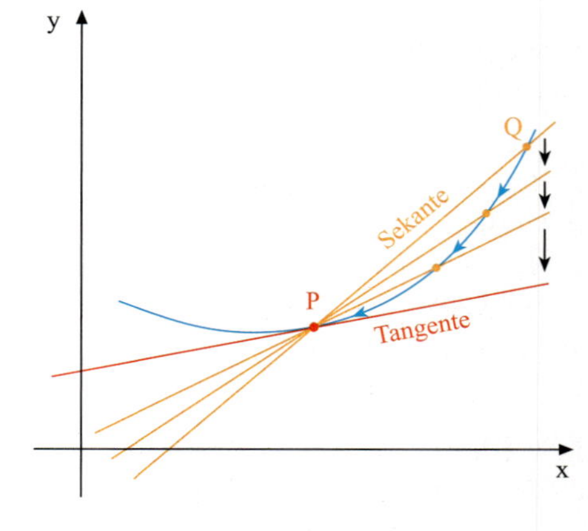

Von der Sekante zur Tangente

* 78 %: 78 m Höhenunterschied auf 100 m in der Horizontalen

Es ist nun naheliegend, unter der Steigung einer Funktion in einem Punkt $P(x_0 \mid y_0)$ ihres Graphen die Steigung der Tangente t zu verstehen, die den Graphen in P berührt. Uns interessiert daher vor allem die Berechnung der Tangentensteigung.

Da sich die Tangente t als Grenzgerade von Sekanten ergibt, ist ihre Steigung der Grenzwert der zugehörigen Sekantensteigungen.

Das abgebildete Steigungsdreieck zeigt: Die Sekante durch $P(x_0|y_0)$ und $Q(x|y)$ hat die Steigung

$\frac{f(x)-f(x_0)}{x-x_0}$ ***(Differenzenquotient)***.

Daher hat die Tangente durch $P(x_0|y_0)$ die Steigung

$\lim\limits_{x \to x_0} \frac{f(x)-f(x_0)}{x-x_0}$ ***(Differentialquotient)***.

Die Bestimmung der Tangentensteigung auf diese Art bezeichnet man als ***Differenzieren*** der Funktion. 295-1

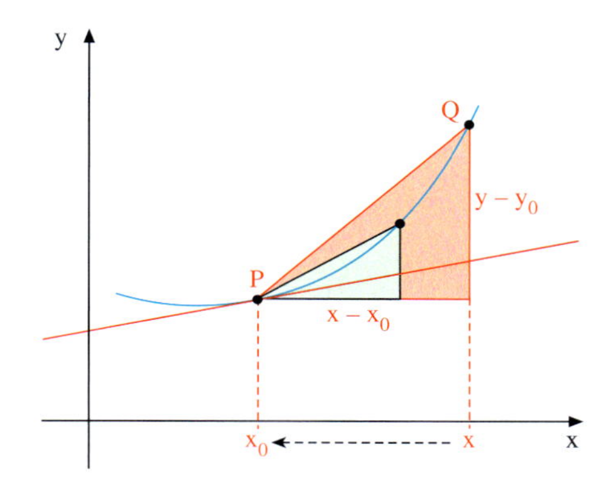

Wir wenden das Verfahren nun auf unser Einstiegsbeispiel an.

In diesem Beispiel gilt $f(x) = \frac{1}{50}x^2$.
Zur rechnerischen Bestimmung der Steigung der Tangente durch den Punkt $P(20 \mid f(20))$ müssen wir den Grenzwert

$\lim\limits_{x \to 20} \frac{f(x)-f(20)}{x-20}$ untersuchen.

Direktes Einsetzen von $x = 20$ liefert nur den ***unbestimmten Ausdruck „$\frac{0}{0}$“***.

Durch Ausklammern von $\frac{1}{50}$ und Anwenden der 3. Binomischen Formel gelingt es, den störenden Nennerterm $x - 20$ zu kürzen. Anschließend ist die Grenzwertbildung problemlos möglich.
Wir erhalten so den Wert 0,8 bzw. 80 % für die Tangentensteigung bei $x = 20$.

Das bedeutet: Das Raupenfahrzeug erreicht die Markierungsstange nicht ganz.

Berechnung der Tangentensteigung:

$$\lim_{x \to 20} \frac{f(x)-f(20)}{x-20} = \lim_{x \to 20} \frac{\frac{1}{50}x^2 - 8}{x-20}$$

$$= \lim_{x \to 20} \frac{\frac{1}{50}(x^2-400)}{x-20}$$

$$= \lim_{x \to 20} \frac{\frac{1}{50}(x-20)(x+20)}{x-20}$$

$$= \lim_{x \to 20} \frac{1}{50}(x+20)$$

$$= \frac{40}{50}$$

$$= 0{,}8$$

Resultat:
Die Steigung des Hanges an der Stelle $x_0 = 20$ beträgt 80 %.
Die Raupe schafft aber nur 78 %.

Wir fassen nun unsere Überlegung in der folgenden Definition zusammen.

Definition III.1: Differenzierbarkeit
Die Funktion f heißt differenzierbar an der Stelle $x_0 \in D$, wenn der Grenzwert

$$\lim_{x \to x_0} \frac{f(x) - f(x_0)}{x - x_0} \quad \text{existiert.}$$

Dieser Grenzwert wird mit $f'(x_0)$ bezeichnet und ***Ableitung von f an der Stelle x_0*** genannt (gelesen: f-Strich).
$f'(x_0)$ gibt die Steigung der Tangente von f an der Stelle x_0 an.

Formeln zur Berechnung von $f'(x_0)$

Methode I: $x \to x_0$

(I) $$f'(x_0) = \lim_{x \to x_0} \frac{f(x) - f(x_0)}{x - x_0}$$

Methode II: $h \to 0$

(II) $$f'(x_0) = \lim_{h \to 0} \frac{f(x_0 + h) - f(x_0)}{h}$$

Bemerkung: Setzt man in der ersten Formel $x = x_0 + h$, so erhält man die zweite Formel.

Wir zeigen nun anhand von Beispielen, wie die obigen beiden Formeln im konkreten Fall zur exakten Steigungsberechnungen eingesetzt werden.

Beispiel: Exakte Steigungsberechnung
Berechnen Sie die Steigung der Funktion $f(x) = x^2$ an der Stelle $x_0 = 2$.
Verwenden Sie einmal Formel I ($x \to x_0$) und zum Vergleich auch Formel II ($h \to 0$).

Lösung mit Formel I:
Die Berechnung mit Formel I erfordert die Anwendung der 3. Binomischen Formel oder der Polynomdivision, um den Zählerterm so umformen zu können, dass der störende Nennerterm $x - 2$ gekürzt werden kann.

$$\begin{aligned} f'(2) &= \lim_{x \to 2} \frac{f(x) - f(2)}{x - 2} \\ &= \lim_{x \to 2} \frac{x^2 - 4}{x - 2} && \text{3. Binom. Formel} \\ &= \lim_{x \to 2} \frac{(x+2) \cdot (x-2)}{x - 2} && \text{Kürzen von } x - 2 \\ &= \lim_{x \to 2} (x + 2) \\ &= 4 \end{aligned}$$

Lösung mit Formel II:
Bei Verwendung von Formel II muss der störende Nennerterm h des Differentialquotienten gekürzt werden.
Dazu muss vorher der Zählerterm mit der 1. Binomischen Formel umgeformt werden.

$$\begin{aligned} f'(2) &= \lim_{h \to 0} \frac{f(2+h) - f(2)}{h} \\ &= \lim_{h \to 0} \frac{(2+h)^2 - 4}{h} && \text{1. Binom. Formel} \\ &= \lim_{h \to 0} \frac{4 + 4h + h^2 - 4}{h} \\ &= \lim_{h \to 0} \frac{4h + h^2}{h} && \text{Kürzen von h} \\ &= \lim_{h \to 0} (4 + h) \\ &= 4 \end{aligned}$$

Übung 5

Berechnen Sie die Steigung der Funktion f an der Stelle x_0.
a) $f(x) = x^2$, $x_0 = -1$ b) $f(x) = 0{,}5\,x^2$, $x_0 = 2$

Leider geht die Anwendung der Formeln nur bei quadratischen Funktionen so einfach vonstatten wie im vorigen Beispiel. Schon bei kubischen Funktionen wird die Technik etwas komplizierter.

Beispiel:
Berechnen Sie die Steigung von $f(x) = x^3$ an der Stelle $x_0 = 1$.
Verwenden Sie Formel I und Formel II im Vergleich.

Lösung mit Formel I:
Hier müssen wir den Differentialquotienten mithilfe der Methode der Polynomdivision vereinfachen.

$$\begin{array}{l} (x^3-1):(x-1)=x^2+x+1 \\ \underline{-(x^3-x^2)} \\ \quad x^2-1 \\ \quad \underline{-(x^2-x)} \\ \qquad x-1 \\ \qquad \underline{-(x-1)} \\ \qquad\quad 0 \end{array}$$

Polynomdivision

$$\begin{aligned} f'(1) &= \lim_{x\to 1} \frac{f(x)-f(1)}{x-1} \\ &= \lim_{x\to 1} \frac{x^3-1}{x-1} \quad \text{Polynomdivision} \\ &= \lim_{x\to 1} \frac{(x^2+x+1)\cdot(x-1)}{x-1} \\ &= \lim_{x\to 1} (x^2+x+1) = 3 \end{aligned}$$

Lösung mit Formel II:
Hier muss der Differentialquotient mithilfe der Binomischen Formel für $(1+h)^3$ vereinfacht werden.

$(1+h)^3 = 1+3h+3h^2+h^3$
Binomische Formel

$$\begin{aligned} f'(1) &= \lim_{h\to 0} \frac{f(1+h)-f(1)}{h} \\ &= \lim_{h\to 0} \frac{(1+h)^3-1}{h} \quad \text{Binom. Formel} \\ &= \lim_{h\to 0} \frac{1+3h+3h^2+h^3-1}{h} \\ &= \lim_{h\to 0} \frac{3h+3h^2+h^3}{h} \\ &= \lim_{h\to 0} (3+3h+h^2) \\ &= 3 \end{aligned}$$

Beispiel: Zusammengesetzter Funktionsterm
Gesucht ist die Steigung von $f(x) = x^2 + 2x$ an der Stelle $x_0 = 3$.

Lösung:
Wir verwenden die h-Methode (Formel II) und führen folgende Rechnung durch:

$$f'(3) = \lim_{h\to 0} \frac{f(3+h)-f(3)}{h} = \underbrace{\lim_{h\to 0} \frac{(3+h)^2+2\cdot(3+h)-15}{h}}_{\text{Term von f einsetzen}} = \underbrace{\lim_{h\to 0} \frac{9+6h+h^2+6+2h-15}{h}}_{\text{Binom. Formel}} = \underbrace{\lim_{h\to 0} \frac{8h+h^2}{h}}_{\text{Zusammenfassen}} = \underbrace{\lim_{h\to 0} (8+h)}_{\text{Kürzen von h}} = 8$$

Übung 6
Berechnen Sie die Steigung der Funktion f an der Stelle x_0 mit Formel I ($x \to x_0$).
a) $f(x) = x^2$, $x_0 = 1$ b) $f(x) = 2x^2$, $x_0 = 2$ c) $f(x) = x^3$, $x_0 = 2$ d) $f(x) = 2x$, $x_0 = 1$

Übung 7
Berechnen Sie die Steigung der Funktion f an der Stelle x_0 mit Formel II ($h \to 0$).
a) $f(x) = x^2$, $x_0 = 1$ b) $f(x) = 2x^2$, $x_0 = -1$ c) $f(x) = x^3$, $x_0 = -1$ d) $f(x) = 2x$, $x_0 = 2$

Übung 8
Gegeben ist die Funktion $f(x) = x^2 - 2x$. Gesucht ist die Steigung von f an der Stelle $x_0 = 2$.
Lösen Sie die Aufgabe zeichnerisch und auch mithilfe der Formeln I oder II.

C. Exkurs: Nicht differenzierbare Funktionen

Eine Funktion f ist – anschaulich betrachtet – ***differenzierbar*** an der Stelle x_0, wenn sie an der Stelle x_0 eine eindeutige Tangente besitzt.
Die Tangente stimmt in der näheren Umgebung von x_0 fast mit der Funktion überein.

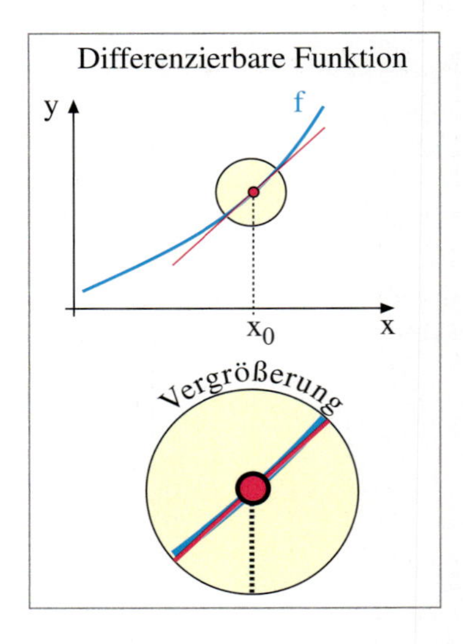

Man sagt auch, dass differenzierbare Funktionen im lokalen Mikrobereich ***linear approximierbar*** sind.

Vergrößert man eine kleine Umgebung der Stelle x_0 stark, so verläuft der Funktionsgraph in der Vergrößerung nahezu wie eine gerade Linie.
Er stimmt dort fast mit der Tangente in x_0 überein.

Eine Funktion ist folglich an der Stelle x_0 ***nicht differenzierbar***, wenn sie dort keine eindeutige Tangente besitzt oder nur eine einseitige Tangente bzw. wenn sie in einer kleinen Umgebung von x_0 nicht nahezu wie eine gerade Linie verläuft.

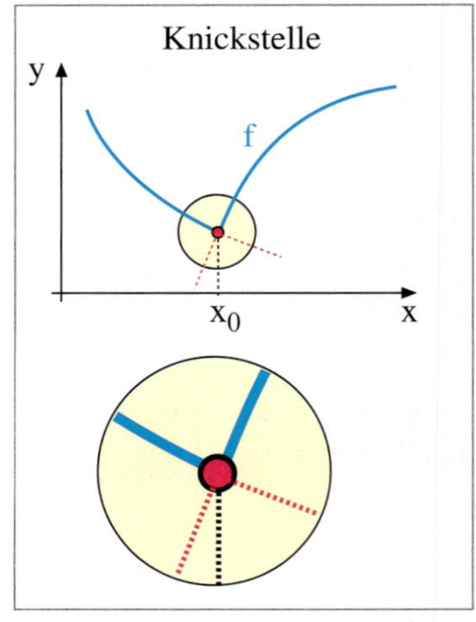

Die wichtigsten Beispiele nicht differenzierbarer Funktionen sind Funktionen, die an der Stelle x_0 einen ***Knick*** oder sogar einen ***Sprung*** besitzen.

Bei einem Knick erhält man von links kommend eine andere Tangente als bei Annäherung von rechts.
Auch bei stärkster Vergrößerung der Umgebung von x_0 bleibt der Knick erhalten. Der Funktionsgraph wird nicht zu einer fast geraden Linie.

Bei einem Sprung existiert ebenfalls keine eindeutige Tangente. Auch der Sprung bleibt in jeder Vergrößerung erhalten.

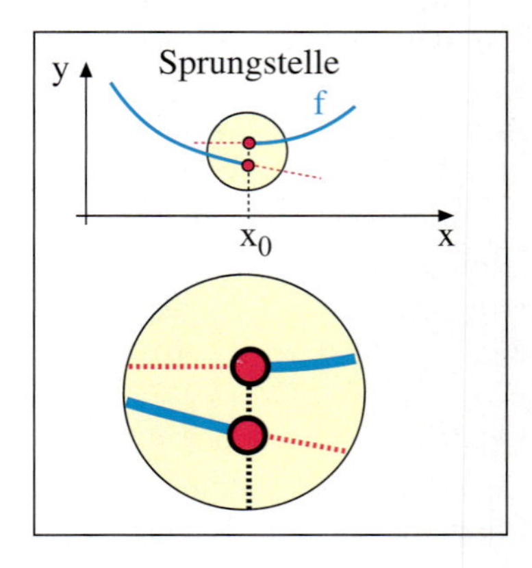

Übung 9

Zeichnen Sie den Graphen von f.
An welcher Stelle ist f nicht differenzierbar?
Begründen Sie ihre Aussage.

a) $f(x) = |x|$ b) $f(x) = \frac{|x|}{x}$ c) $f(x) = \sqrt{x}$

2. Die Ableitungsfunktion

A. Zeichnerische Bestimmung

Unten ist eine Funktion f abgebildet. Sie besitzt in jedem Punkt ihres Graphen eine Steigung, die man mithilfe eines kleinen tangentialen Steigungsdreiecks angenähert bestimmen kann. Ordnet man jeder Stelle x die dort vorliegende Steigung $f'(x)$ zu, so erhält man eine neue Funktion f′, die man als ***Ableitungsfunktion von f*** bezeichnet.

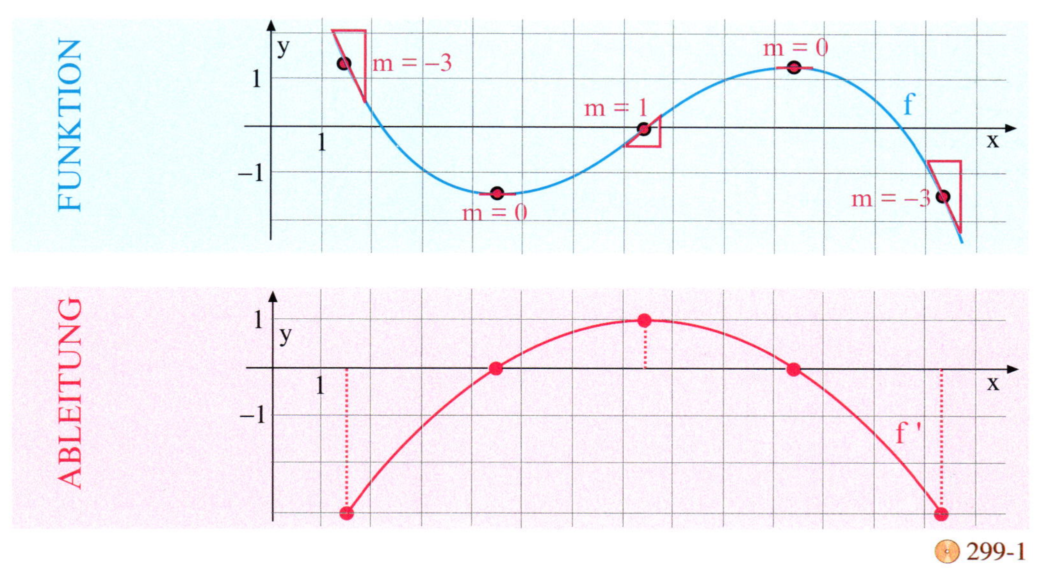

299-1

An der Ableitungsfunktion f′ kann man erkennen, wo die Funktion f steigt (f′ ist dort positiv), wo f fällt (f′ ist dort negativ) und wo lokale Extremalpunkte von f liegen (f′ ist dort null).

Übung 1
Skizzieren Sie den Graphen der Ableitungsfunktion f′.

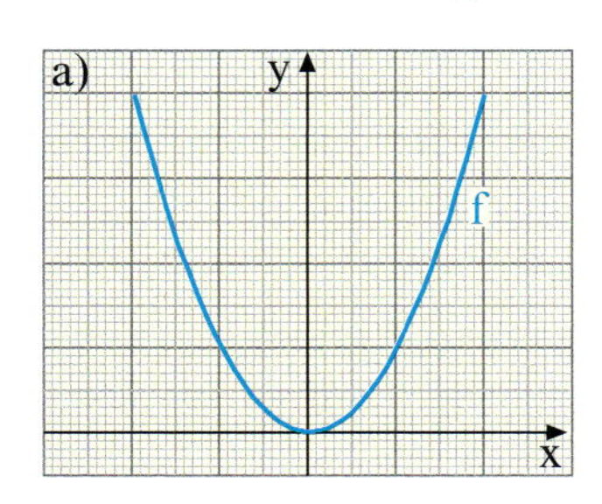

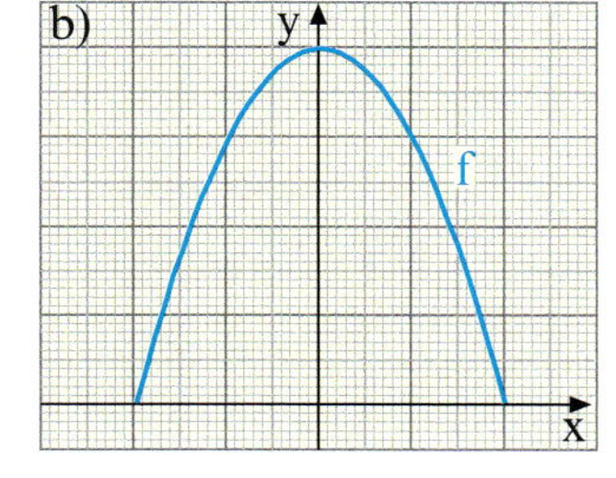

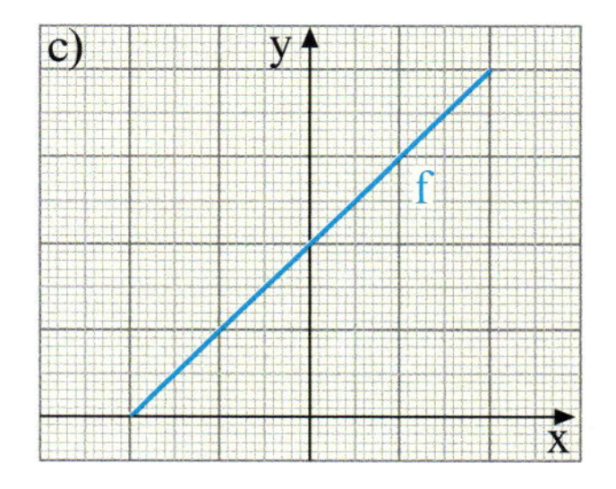

B. Zusammenhänge zwischen Funktion f und Ableitung f'

Der Graph einer Funktion wird stark durch das *Steigungsverhalten* (Steigen/Fallen) und das *Krümmungsverhalten* (rechtsgekrümmt/linksgekrümmt) geprägt. Aber auch besondere Punkte wie *Hochpunkte*, *Tiefpunkte* und *Wendepunkte* bestimmen das Bild.

Diese Eigenschaften und Punkte von f kann man mithilfe der Ableitung f' charakterisieren.

1. Das Steigungsverhalten einer Funktion

Eine Funktion kann steigen oder fallen. In Bereichen des Steigens ist die Tangente nach oben geneigt, in den Bereichen des Fallens dagegen nach unten.
Für die Ableitung f' bedeutet das:
$f' > 0$ in Bereichen des Steigens, aber
$f' < 0$ in Bereichen des Fallens.

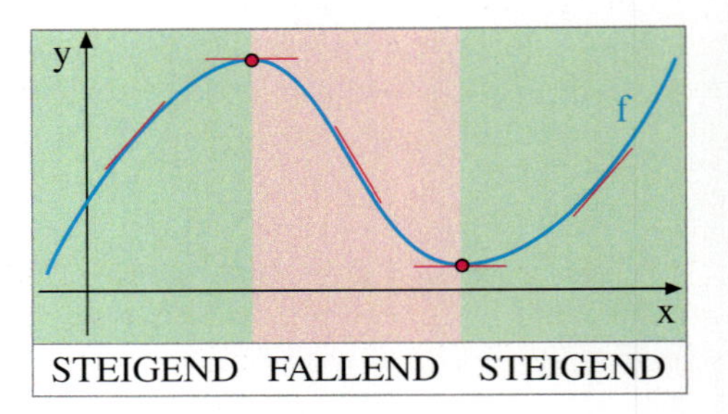

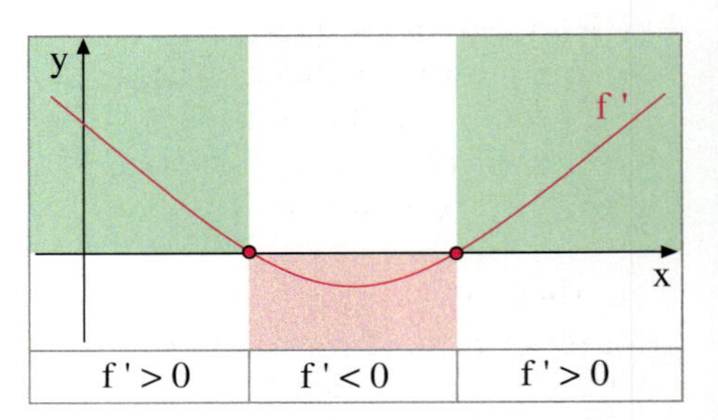

Man unterscheidet noch etwas genauer zwischen monotonem Steigen/Fallen und streng monotonem Steigen/Fallen.

Die Funktion f ist ***monoton steigend*** auf einem Intervall, wenn ihr Graph innerhalb des Intervall stets aufwärts oder horizontal verläuft, nicht aber abwärts.

f ist ***streng monoton steigend***, wenn es innerhalb des Intervalls ausschließlich aufwärts geht ohne horizontale Verläufe.

Monotones und streng monotones Fallen sind analog definiert.

Rechts ist der Unterschied zwischen monotonem und streng monotonem Verlauf in einem Intervall I graphisch verdeutlicht.

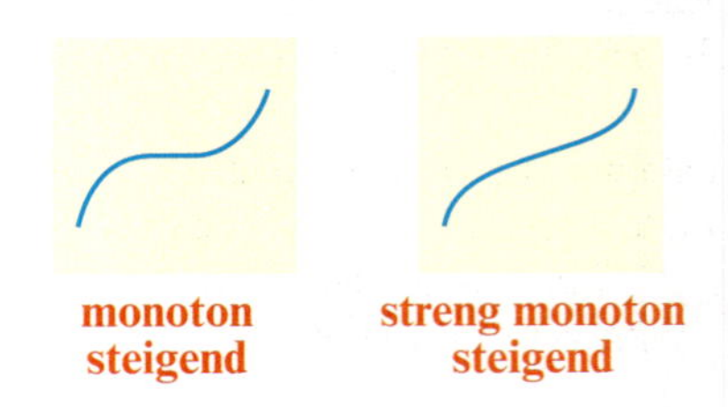

Die beobachteten Zusammenhänge zwischem dem Steigungsverhalten von f und dem Vorzeichenverhalten von f' werden im sog. ***Monotoniekriterium*** oder ***Steigungskriterium*** zusammengefasst.

Monotoniekriterium
(Steigungskriterium)

$f' > 0 \Leftrightarrow$ f steigt streng monoton auf I
$f' < 0 \Leftrightarrow$ f fällt streng monoton auf I

$f' \geq 0 \Leftrightarrow$ f steigt monoton auf I
$f' \leq 0 \Leftrightarrow$ f fällt monoton auf I

2. Relative Extremalpunkte einer Funktion

Eine Funktion kann auf einem Intervall [a; b] sowohl absolute als auch relative Extremalpunkte besitzen.

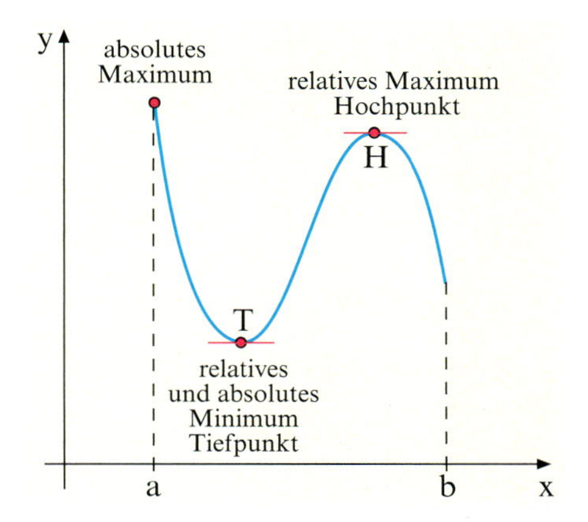

Ein ***absoluter Extremalpunkt*** ist ein höchster oder niedrigster Punkt der Funktion im gesamten betrachteten Intervall.

Ein ***relativer Extremalpunkt*** – auch als ***lokaler Extremalpunkt*** bezeichnet – muss nur in einer kleinen lokalen Umgebung des Punktes ein höchster oder niedrigster Punkt sein (s. Abb. rechts).

Die relativen Extremalpunkte von f sind immer mit der Ableitung f' erfassbar, die absoluten Extremalpunkte nicht immer.

Notwendiges Kriterium für relative Extremalpunkte

Ist x_E eine Extremalstelle von f, so gilt

$$f'(x_E) = 0.$$

In den relativen Extremalpunkte besitzt f nämlich eine waagerechte Tangente, d. h. es gilt dort notwendigerweise $f' = 0$.
Dies ist der Inhalt des notwendigen Kriteriums für Extremalstellen.

Die Umkehrung dieses Sachverhaltes gilt allerdings nicht. Eine waagerechte Tangente ($f'(x_0) = 0$) kann auch bei Punkten vorliegen, die keine Extremalpunkte sind, z. B. bei einem sog. ***Sattelpunkt***.

Ist $f'(x_0) = 0$, so ist x_0 nicht unbedingt eine Extremalstelle von f.

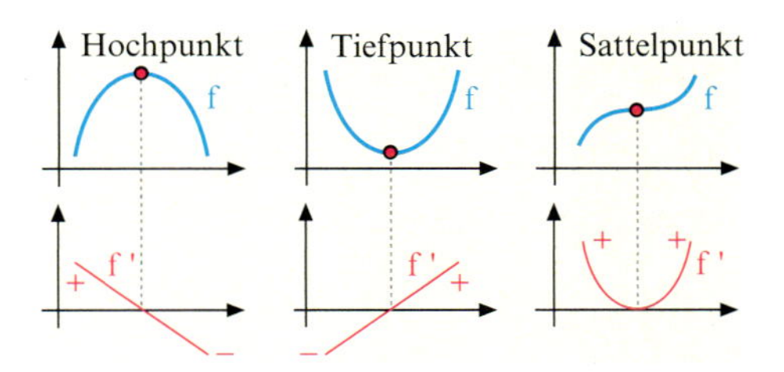

Charakteristisch für relative Extremalpunkte ist nämlich ein Vorzeichenwechsel von f'. Das besagt das hinreichende Kriterium für relative Extrema.

Bei einem ***Hochpunkt*** (Maximum) wechselt f von Steigen auf Fallen, also wechselt dort f' aus dem positiven Bereich (+) in den negativen Bereich (–).

Bei einem ***Tiefpunkt*** ist es genau umgekehrt. f' wechselt von – nach +.

Bei einem ***Sattelpunkt*** liegt jedoch kein Vorzeichenwechsel von f' vor.

Hinreichendes Kriterium für relative Extremalpunkte

Hat f' an der Stelle x_0 einen Vorzeichenwechsel, so liegt bei x_0 ein relatives Extremum von f.

VZW von + nach –: Hochpunkt
VZW von – nach +: Tiefpunkt

Übungen

2. Schluss von f' auf f

Abgebildet ist der Graph von f'.

a) Legen Sie die Vorzeichenbereiche von f' fest.

b) Wo steigt bzw. fällt der Graph von f?

c) Wo liegen Minimalstellen bzw. Maximalstellen von f?

d) Skizzieren Sie den Verlauf des Graphen von f ungefähr, wobei angenommen werden soll, dass er durch den Ursprung geht.

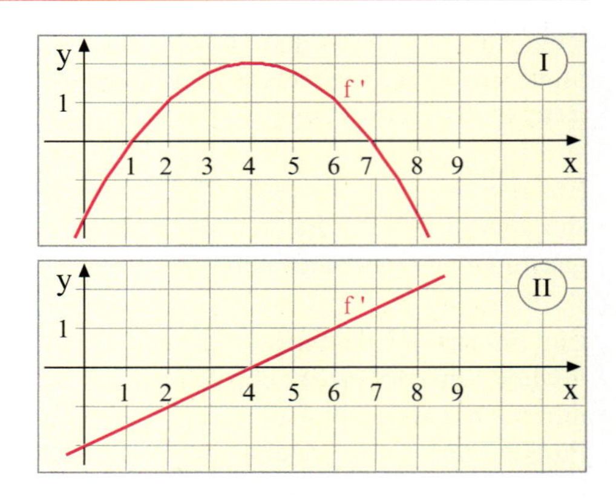

3. Funktion mit gegebenen Extrema

Skizzieren Sie einen Graph mit den folgenden Eigenschaften:

a) Absolutes Minimum bei $x = 0$,
relatives Maximum bei $x = 3$,
relatives Minimum bei $x = 5$,
absolutes Maximum bei $x = 9$.

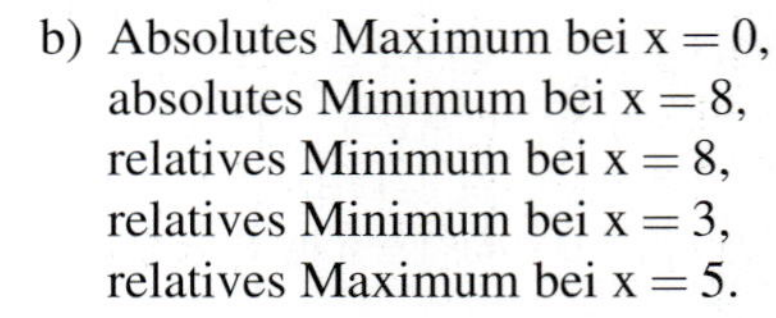

b) Absolutes Maximum bei $x = 0$,
absolutes Minimum bei $x = 8$,
relatives Minimum bei $x = 8$,
relatives Minimum bei $x = 3$,
relatives Maximum bei $x = 5$.

4. Schluss von f auf f'

Skizzieren Sie für die beiden abgebildeten Situationen den prinzipiellen Verlauf der Ableitung f'. Beschreiben Sie, wie sich f' beim Durchfahren des abgebildeten Graphen verhält.

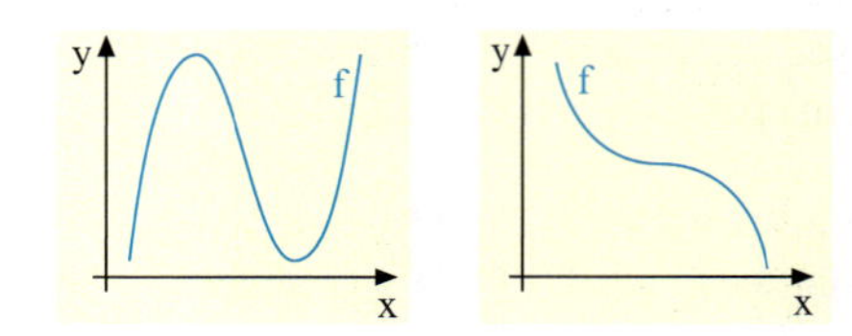

5. Richtig oder falsch?

Der Graph der Ableitung f' hat das rechts dargestellte Aussehen.
Beurteilen Sie, ob die folgenden Sätze richtig oder fasch sind.

(1) An der Stelle x_0 gilt $f'(x_0) = 0$.

(2) f hat bei x_0 ein Maximum.

(3) f hat bei x_0 ein Minimum.

(4) f hat bei x_0 kein Extremum.

(5) Waagerechte Tangente von f bei x_0.

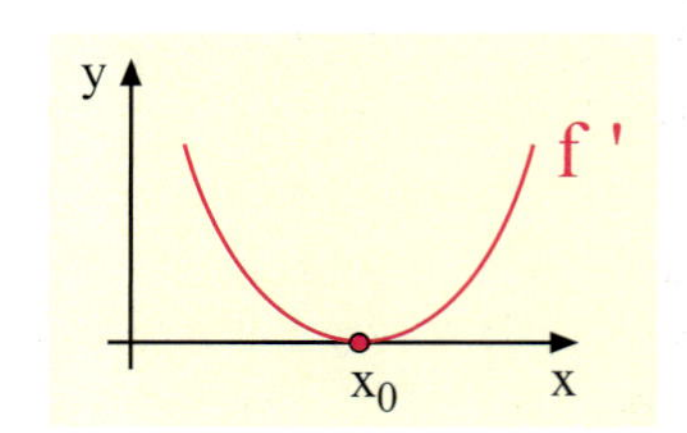

6. Funktion und Ableitung zuordnen

Welcher graphische Verlauf von f entspricht der in Übung 5 dargestellten Ableitung f'? Begründen Sie Ihre Antwort möglichst geschickt. Welchen Verlauf hat f in den anderen Fällen?

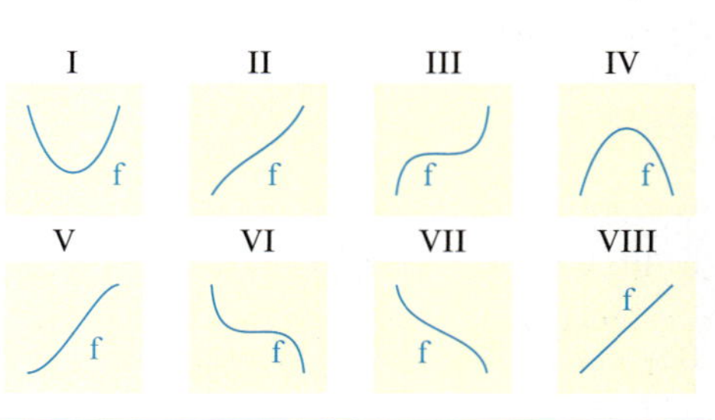

3. Das Krümmungsverhalten einer Funktion

Im Graphen einer Funktion f können sowohl rechtsgekrümmte als auch linksgekrümmte Passagen vorkommen.

Im rechtsgekrümmten Bereich ist f′ fallend, im linksgekrümmten Bereich ist f′ steigend (siehe ***Krümmungskriterium***).

Im Übergangspunkt W zweier solcher Passagen ändert sich das Krümmungsverhalten von f. Einen solchen Punkt bezeichnet man als ***Wendepunkt***.

In einem Wendepunkt ist die Steigung der Funktion f (lokal) minimal oder (lokal) maximal.
Wendepunkte sind daher relative Extremalstellen von f′.

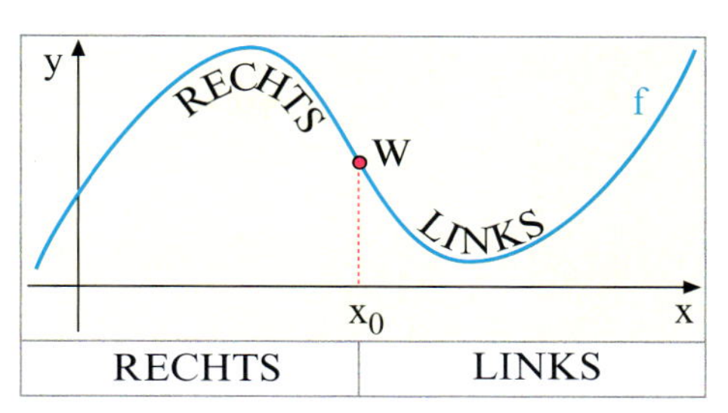

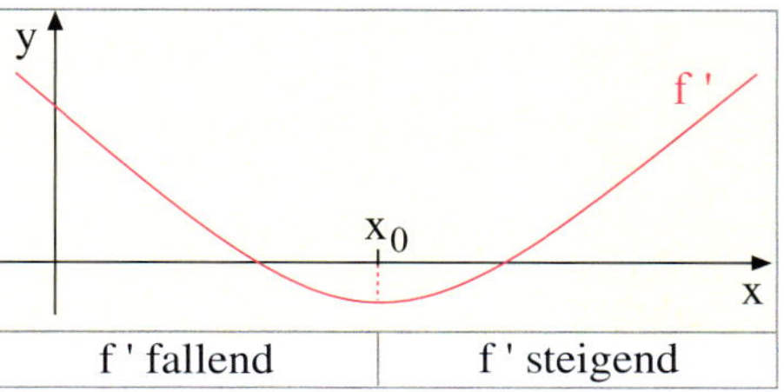

Wendepunkte
Wendepunkte sind Punkte, in denen die Krümmungsart von f wechselt.
Sie sind Punkte mit (lokal) extremaler Steigung.

Krümmungskriterium

f′ fallend → f rechtsgekrümmt
f′ steigend → f linksgekrümmt

Es gibt zwei Arten von Rechts-Links-Wendepunkten, einen im steigenden und einen im fallenden Bereich. Diese sind Tiefpunkte von f′.
Auch bei den Links-Rechts-Wendepunkten gibt es zwei Arten. Diese sind Hochpunkte von f′.

Die Wendepunktarten

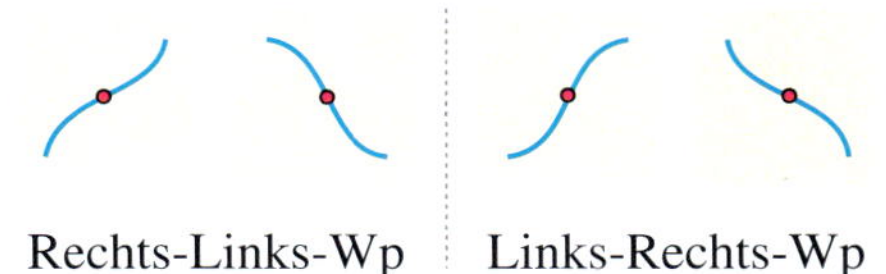

Rechts-Links-Wp Links-Rechts-Wp

Ein ganz besonderer Wendepunkt ist der sogenannte ***Sattelpunkt***. Das ist ein *Wendepunkt,* der zusätzlich eine *waagerechte Tangente* besitzt. Der flache Kurvenverlauf ähnelt dort einem Pferdesattel, woher der Name kommt.

Sattelpunkte

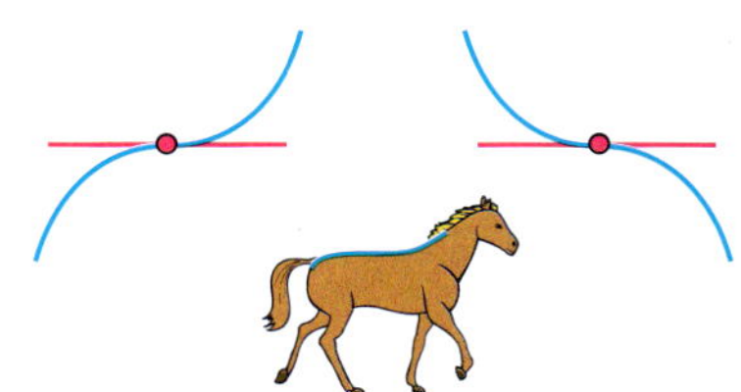

Übung 7

Zeichnen Sie die Funktion f im Intervall I. Geben Sie die Krümmungsbereiche von f an. Wo liegt der Wendepunkt der Funktion f? Zeichnen Sie die Ableitung f′ und begründen Sie, dass der Wendepunkt von f ein Extrempunkt von f′ ist. Welche Art von Extremum liegt hier vor?

a) $f(x) = x^3 + 1$, $I = [-1; 1]$

b) $f(x) = 3x^2 - x^3$, $I = [-1; 3]$

Übungen

8. Schluss von f' auf f

Abgebildet ist der Graph der Ableitungsfunktion f'.

Bestimmen Sie

a) die Lage der Extremstellen von f sowie deren Art (Max, Min),

b) die Lage der Wendestellen von f,

c) die Krümmungsbereiche von f (rechts- oder linksgekrümmt).

d) Skizzieren Sie abschließend einen möglichen Verlauf des Graphen von f.

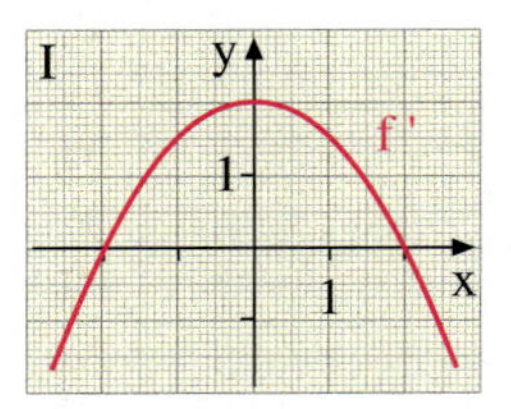

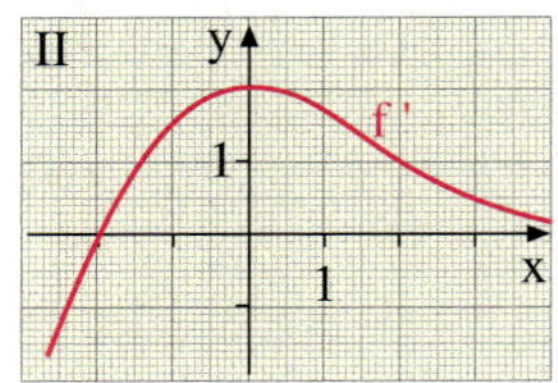

9. Extrema, Wende- und Sattelpunkte

Abgebildet sind Graphen einer Ableitungsfunktion f'.

a) Begründen Sie:
Alle Graphen f haben einen Wendepunkt.

b) Welche Graphen f haben einen Sattelpunkt?

c) Welche Graphen haben Extrema? Sind es Maxima oder Minima?

d) Skizzieren Sie jeweils einen möglichen Verlauf von f.

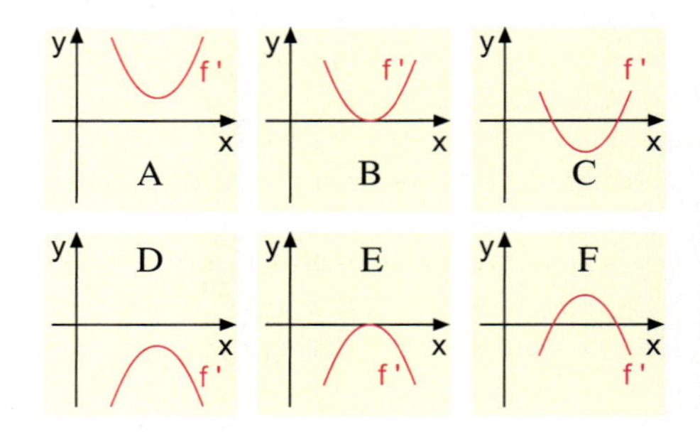

10. Drachenflieger

Die Abbildung zeigt das Höhenprofil eines Drachenfluges.

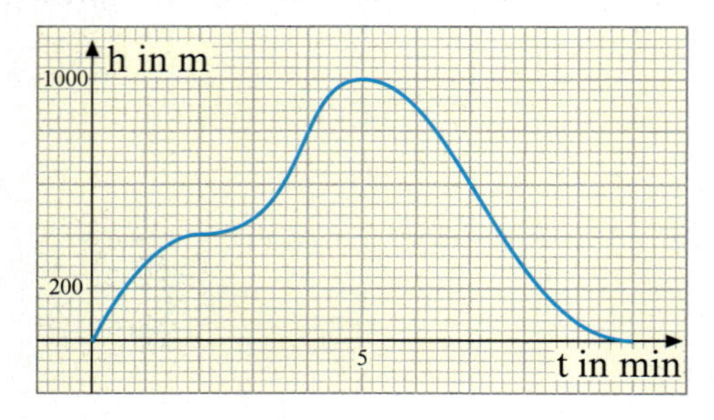

a) Beschreiben Sie, wie der Flug verlief. Wie lange dauerte der Flug? Welche Gipfelhöhe wurde erreicht?

b) Skizzieren Sie den Graphen der Ableitungsfunktion h'. Welche Bedeutung hat h' in diesem Anwendungszusammenhang?

c) Zu welchem Zeitpunkt des Anstiegs war die Aufstiegsgeschwindigkeit besonders niedrig? Zu welchem Zeitpunkt des Abstiegs war die Fallgeschwindigkeit am größten?

d) Wie groß war die durchschnittliche (mittlere) Geschwindigkeit während des Abstiegs?

11. Zuordnung von f und f'
Ordnen Sie jeder Funktion f die passende Ableitung f′ zu.

Begründen Sie Ihre Entscheidung.

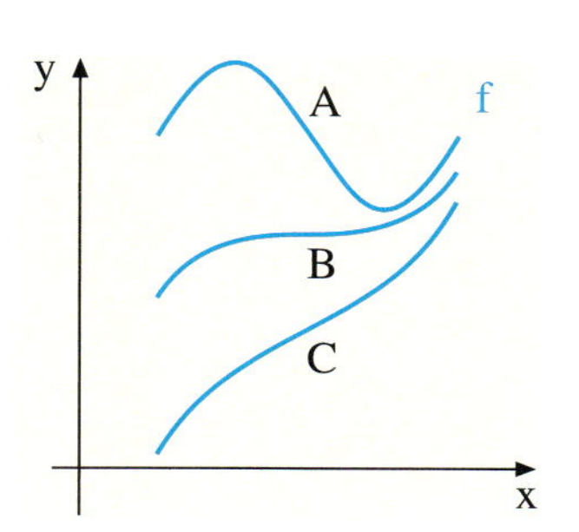

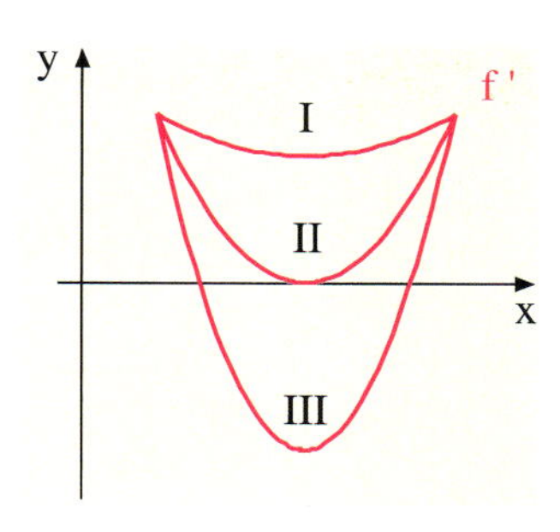

12. Richtig oder falsch
Überprüfen Sie, ob die Aussage richtig oder falsch ist.
Begründen Sie Ihre Antworten stichhaltig. Fertigen Sie dazu auch Skizzen an.

A	Im Wendepunkt ist die Steigung maximal
C	Zwischen zwei Wendepunkten liegt stets ein Extremum
B	Rechtskrümmung ist gleichbedeutend mit f' fallend
D	Im Wendepunkt durchdringt die Tangente den Graphen von f

13. Höhenwachstum
Die Abbildung zeigt den Graphen der Funktion h, welche die Höhe eines Baumes beschreibt (t in Jahren, h(t) in Meter).

a) Zeichnen Sie den Graphen der Ableitung h′. Welche Bedeutung hat h′ in diesem Zusammenhang?
b) Welche Bedeutung hat der Wendepunkt? Wie groß ist die Steigung von h dort?
c) Welche Bedeutung hat die gestrichelte Linie?
d) Nach welcher Zeit beträgt die Wachstumsgeschwindigkeit 1m/Jahr?

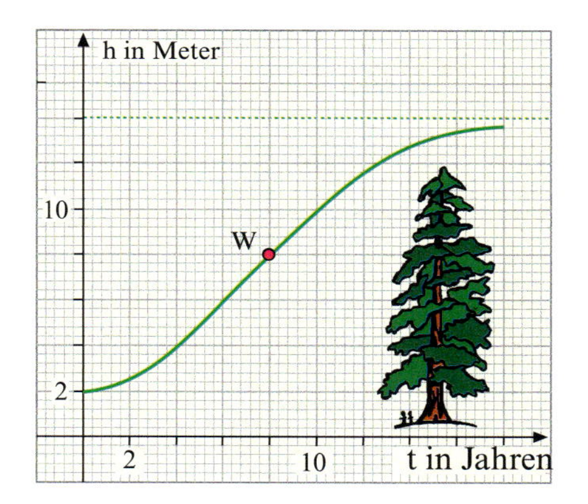

14. Grippeepidemie
Abgebildet ist der Verlauf einer Grippeepidemie. (t in Wochen, N(t) = Anzahl der Grippeerkrankten in Tausend)

a) Beschreiben Sie den Verlauf der Epidemie.
b) Skizzieren Sie den Graphen von N′. Erläutern Sie die Bedeutung von N′ in diesem Zusammenhang.
c) Wann stieg die Erkranktenzahl am stärksten, wann fiel sie am stärksten? Wie groß war die Änderungsrate zu diesen Zeitpunkten?

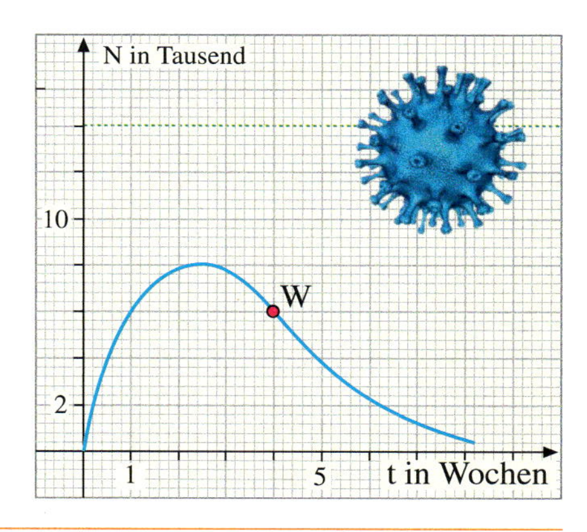

3. Die rechnerische Bestimmung der Ableitungsfunktion

In den vorigen Abschnitten wurde die Ableitungsfunktion f' einer Funktion f zeichnerisch bestimmt.

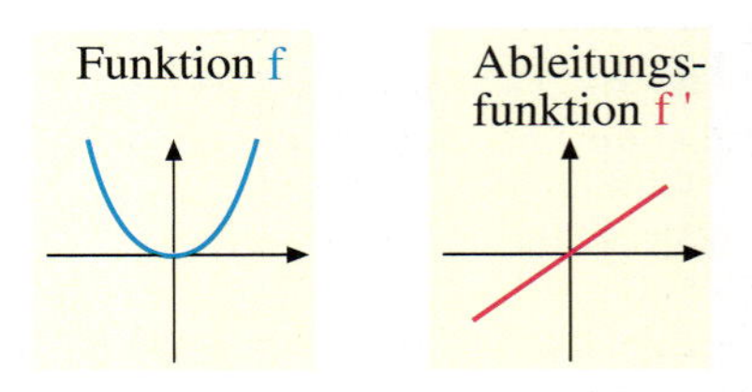

Nun geht es um die rechnerische Bestimmung der Ableitungsfunktion f'. Dies führt man durch, indem man den Differentialquotienten für eine beliebige, nicht konkret festgelegte Stelle x_0 allgemein berechnet.

Dabei kann man sowohl Formel I (Grenzprozess $x \to x_0$) als auch Formel II (Grenzprozess $h \to 0$) anwenden.

Differentialquotient

$$\text{I: } f'(x_0) = \lim_{x \to x_0} \frac{f(x) - f(x_0)}{x - x_0}$$

$$\text{II: } f'(x_0) = \lim_{h \to 0} \frac{f(x_0 + h) - f(x_0)}{h}$$

Beispiel: Ableitung der Normalparabel

Bestimmen Sie die Ableitungsfunktion von $f(x) = x^2$.

Lösung mit Formel I ($x \to x_0$):

$$\begin{aligned} f'(x_0) &= \lim_{x \to x_0} \frac{f(x) - f(x_0)}{x - x_0} \\ &= \lim_{x \to x_0} \frac{x^2 - x_0^2}{x - x_0} && \text{Bin. Formel} \\ &= \lim_{x \to x_0} \frac{(x + x_0) \cdot (x - x_0)}{x - x_0} && \text{Kürzen} \\ &= \lim_{x \to x_0} (x + x_0) \\ &= 2x_0 \end{aligned}$$

Lösung mit Formel II ($h \to 0$):

$$\begin{aligned} f'(x_0) &= \lim_{h \to 0} \frac{f(x_0 + h) - f(x_0)}{h} \\ &= \lim_{h \to 0} \frac{(x_0 + h)^2 - x_0^2}{h} && \text{Bin. Formel} \\ &= \lim_{h \to 0} \frac{x_0^2 + 2x_0 h + h^2 - x_0^2}{h} \\ &= \lim_{h \to 0} \frac{2x_0 h + h^2}{h} && \text{Kürzen} \\ &= \lim_{h \to 0} (2x_0 + h) \\ &= 2x_0 \end{aligned}$$

Nach beiden Formeln gilt also: $f'(x_0) = 2x_0$ für beliebiges x_0.
Daher gilt: $f(x) = x^2$ hat die Ableitungsfunktion $f'(x) = 2x$.
Man schreibt auch kurz: $(x^2)' = 2x$.

Übung 1

Bestimmen Sie die Ableitung folgender Funktion rechnerisch.

a) $f(x) = 2x^2$ b) $f(x) = x$ c) $f(x) = 2x$
d) $f(x) = 5$ e) $f(x) = -x^2$ f) $f(x) = 2x + 2$

Wir behandeln nun noch ein etwas komplizierteres Beispiel.
Dabei verwenden wir den Grenzprozess $h \to 0$, also Formel II, die sogenannte ***h-Methode***.

Beispiel: Bestimmung der Ableitung mit der h-Methode.
Bestimmen Sie die Ableitung von $f(x) = x^3$.

Lösung:
Wir erhalten nach der rechts aufgeführten Rechnung $f'(x_0) = 3x_0^2$.

Also ist $f'(x) = 3x^2$ die Ableitung von $f(x) = x^3$. Kurzschreibweise: $(x^3)' = 3x^2$.

Hierbei haben wir die binomische Formel $(a+b)^3 = a^3 + 3a^2b + 3ab^2 + b^3$ angewendet mit $a = x_0$ und $b = h$.

$$\begin{aligned} f'(x_0) &= \lim_{h\to 0} \frac{f(x_0+h) - f(x_0)}{h} \\ &= \lim_{h\to 0} \frac{(x_0+h)^3 - x_0^3}{h} \quad \text{Binom. Formel} \\ &= \lim_{h\to 0} \frac{x_0^3 + 3x_0^2h + 3x_0h^2 + h^3 - x_0^3}{h} \\ &= \lim_{h\to 0} \frac{3x_0^2h + 3x_0h^2 + h^3}{h} \quad \text{Kürzen} \\ &= \lim_{h\to 0} (3x_0^2 + 3x_0h + h^2) \\ &= 3x_0^2 \end{aligned}$$

Auch Funktionsterme, die komplexer als $f(x) = x^2$ bzw. $f(x) = x^3$ aufgebaut sind, können mit der h-Methode ***abgeleitet*** oder ***differenziert*** werden, wie man die Tätigkeit der rechnerischen Bestimmung der Ableitungsfunktion bezeichnet.

Beispiel: Ableitung einer zusammengesetzten Funktion
Bestimmen Sie die Ableitung von $f(x) = x^2 + 2x$.

Lösung:
Wir erhalten nach der rechts aufgeführten Rechnung:

$$f'(x_0) = 2x_0 + 2$$

Also ist $f'(x) = 2x + 2$ die Ableitung von $f(x) = x^2 + 2x$.
Kurzschreibweise: $(x^2 + 2x)' = 2x + 2$

Die Terme wurden zwar etwas umfang-reicher als oben, aber das Prinzip des Vorgehens blieb gleich.

$$\begin{aligned} f'(x_0) &= \lim_{h\to 0} \frac{f(x_0+h) - f(x_0)}{h} \\ &= \lim_{\to 0} \frac{(x_0+h)^2 + 2(x_0+h) - (x_0^2 + 2x_0)}{h} \\ &= \lim_{h\to 0} \frac{x_0^2 + 2x_0h + h^2 + 2x_0 + 2h - x_0^2 - 2x_0}{h} \\ &= \lim_{h\to 0} \frac{2x_0h + h^2 + 2h}{h} \\ &= \lim_{h\to 0} (2x_0 + h + 2) \\ &= 2x_0 + 2 \end{aligned}$$

Übung 2
Berechnen Sie die Ableitung der Funktion f rechnerisch.
a) $f(x) = 2x + 1$
b) $f(x) = x^2 - x$
c) $f(x) = x - 2x^2$
d) $f(x) = (x-1)^2$

Übung 3
Berechnen Sie die Ableitung von $f(x) = x^4$. Verwenden Sie die binomische Formel $(a+b)^4 = a^4 + 4a^3b + 6a^2b^2 + 4ab^3 + b^4$, um den auftretenden Term $(x_0 + h)^4$ aufzulösen.

4. Elementare Ableitungsregeln

A. Die Ableitung von $f(x) = x^n$ (Potenzregel)

Wenn man rechnerisch die Ableitungen der Potenzfunktionen $f(x) = x^2$, $f(x) = x^3$ und $f(x) = x^4$ bildet, so erhält man die rechts dargestellten Resultate.

Welche Vermutung ergibt sich hieraus für die Ableitung der allgemeinen Potenzfunktion $f(x) = x^n$?

Satz VIII.1 Potenzregel
Für jede natürliche Zahl $n \in \mathbb{N}$ gilt:
$$(x^n)' = n \cdot x^{n-1}$$

Man differenziert eine Potenz, indem man den Exponenten der Potenz um 1 verringert und die Potenz mit dem alten Exponenten multipliziert.

Beweis:
Wir führen den Beweis exemplarisch für $f(x) = x^4$, d. h. für $n = 4$. Er lässt sich wörtlich auf beliebiges n übertragen.

Entwickelt man den Term $(x+h)^4$ nach der binomischen Formel, so ergibt sich $(x+h)^4 = x^4 + 4hx^3 + h^2 \cdot P$
Dabei ist P ein Polynom, welches die Variablen x und h enthält.

$$\begin{aligned}(x+h)^4 &= x^4 + 4x^3h + 6x^2h^2 + 4xh^3 + h^4\\ &= x^4 + 4x^3h + h^2 \cdot (6x^2 + 4xh + h^2)\\ &= x^4 + 4x^3h + h^2 \cdot \text{Polynom}\end{aligned}$$

Nun wenden wir die h-Methode an, um die Ableitung f′ zu berechnen (vgl. rechts).
Wir erhalten $f'(x) = 4x^3$.

$$\begin{aligned}f'(x) &= \lim_{h\to 0}\frac{f(x+h)-f(x)}{h} = \lim_{h\to 0}\frac{(x+h)^4 - x^4}{h}\\ &= \lim_{h\to 0}\frac{x^4 + 4x^3h + h^2\cdot P - x^4}{h} = \lim_{h\to 0}\frac{4x^3h + h^2\cdot P}{h}\\ &= \lim_{h\to 0}(4x^3 + h\cdot P)\\ &= 4x^3\end{aligned}$$

Übung 1
Bilden Sie die Ableitungsfunktion von f.

a) $f(x) = x^3$ b) $f(x) = x^5$
c) $f(x) = x^{2n}$ d) $f(x) = x$
e) $f(x) = x^{n+4}$ f) $f(x) = x^{2009}$

Übung 2
a) Beweisen Sie die Potenzregel für $n = 5$.
b) Beweisen Sie die Potenzregel für beliebiges $n \in \mathbb{N}$.
Verallgemeinern Sie hierzu den oben für $n = 4$ geführten Beweis.

Übung 3
Zwei der folgenden vier Aussagen sind falsch. Welche sind es?

(1) $f(x) = x^3 \Rightarrow f'(x) = 3\cdot x^2$
(2) $f(x) = x^x \Rightarrow f'(x) = x\cdot x^{x-1}$
(3) $f(x) = x^{2a} \Rightarrow f'(x) = 2\cdot x^a$
(4) $f(x) = x^{a+1} \Rightarrow f'(x) = (a+1)\cdot x^a$

B. Die Ableitung von f(x) = C (Konstantenregel)

Eine konstante Funktion $f(x) = C$ hat überall die Steigung null. Folglich ist ihre Ableitungsfunktion $f'(x) = 0$.

Satz VIII.2: Die Konstantenregel
Für jede reelle Konstante C gilt:
$$(C)' = 0.$$

Beweis:
$$f'(x) = \lim_{h \to 0} \frac{f(x+h) - f(x)}{h} = \lim_{h \to 0} \frac{C - C}{h} = \lim_{h \to 0} 0 = 0$$

309-1

C. Die Ableitung von f(x) + g(x) (Summenregel)

Berechnet man die Ableitungsfunktion von $s(x) = x^2 + x^3$ mithilfe der Definition der Ableitung, also z. B. mit der h-Methode, so wird das Ganze aufwendig (s. rechts). Das Ergebnis zeigt, dass man sich die ganze Mühe sparen kann, wenn man die Summanden einzeln nach der Potenzregel differenziert.

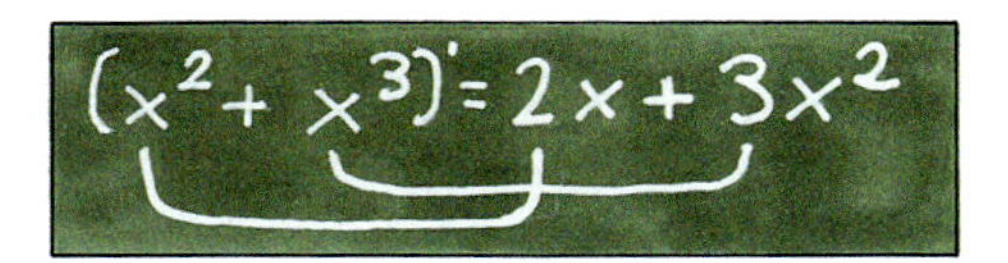

Berechnung der Ableitung einer Summe

$$s(x) = x^2 + x^3$$
$$s'(x) = \lim_{h \to 0} \frac{s(x+h) - s(x)}{h}$$
$$= \lim_{h \to 0} \frac{[(x+h)^2 + (x+h)^3] - [x^2 + x^3]}{h}$$
$$= \lim_{h \to 0} \frac{x^2 + 2xh + h^2 + x^3 + 3x^2h + 3xh^2 + h^3 - x^2 - x^3}{h}$$
$$= \lim_{h \to 0} \frac{2xh + h^2 + 3x^2h + 3xh^2 + h^3}{h}$$
$$= \lim_{h \to 0} (2x + h + 3x^2 + 3xh + h^2)$$
$$= 2x + 3x^2$$

Satz VIII.3: Die Summenregel
Sind die Funktionen f und g auf dem Intervall I differenzierbar, so ist auch ihre Summenfunktion $f + g$ dort differenzierbar und es gilt:
$$(f(x) + g(x))' = f'(x) + g'(x).$$

Beweis der Summenregel

$$s(x) = f(x) + g(x)$$
$$s'(x) = \lim_{h \to 0} \frac{s(x+h) - s(x)}{h}$$
$$= \lim_{h \to 0} \frac{[f(x+h) + g(x+h)] - [f(x) + g(x)]}{h}$$
$$= \lim_{h \to 0} \frac{f(x+h) - f(x) + g(x+h) - g(x)}{h}$$
$$= \lim_{h \to 0} \frac{f(x+h) - f(x)}{h} + \lim_{h \to 0} \frac{g(x+h) - g(x)}{h}$$
$$= f'(x) + g'(x)$$

Übung 4

Bilden Sie die Ableitungsfunktion von f.

a) $f(x) = x^3 + x^2$
b) $f(x) = 1 - x^4$
c) $f(x) = x^3 + x^5 + x + 2$

309-2

D. Die Faktorregel

Eine weitere Erleichterung beim Differenzieren bringt die folgende Regel:

Satz VIII.4: Die Faktorregel
f sei eine differenzierbare Funktion und a eine beliebige Konstante. Dann gilt:

$$(a \cdot f(x))' = a \cdot f'(x).$$

In Worten: Konstante Faktoren bleiben beim Differenzieren erhalten.

Beispiele zur Faktorregel:

$$(3 \cdot x^2)' = (x^2 + x^2 + x^2)' = 2x + 2x + 2x = 3 \cdot 2x = 6x$$

$$(8 \cdot x^5)' = 8 \cdot (x^5)' = 8 \cdot 5x^4 = 40x^4$$

$$\left(\tfrac{1}{2}x^6\right)' = \tfrac{1}{2} \cdot 6x^5 = 3x^5$$

310-1

Beweis:
Sei $g(x) = a \cdot f(x)$. Dann gilt:

$$g'(x) = \lim_{h \to 0} \frac{g(x+h) - g(x)}{h} = \lim_{h \to 0} \frac{a \cdot f(x+h) - a \cdot f(x)}{h} = a \cdot \lim_{h \to 0} \frac{f(x+h) - f(x)}{h} = a \cdot f'(x)$$

E. Die Ableitung von Polynomen

Mit der Summen-, der Konstanten-, der Potenz- und der Faktorregel sind wir nun in der Lage, jede beliebige Polynomfunktion abzuleiten und ihre Steigung zu untersuchen.

Beispiel: Berechnen Sie die Ableitung von f.
a) $f(x) = 4x^2 + \frac{1}{3}x^6$
b) $f(x) = ax^n + bx^3,\ n \in \mathbb{N}$

Lösung zu a):

$$f'(x) = \left(4x^2 + \tfrac{1}{3}x^6\right)' \underset{\text{Summenregel}}{=} (4x^2)' + \left(\tfrac{1}{3}x^6\right)' \underset{\text{Faktorregel}}{=} 4 \cdot (x^2)' + \tfrac{1}{3} \cdot (x^6)' \underset{\text{Potenzregel}}{=} 4 \cdot 2x + \tfrac{1}{3} \cdot 6x^5 = 8x + 2x^5$$

Lösung zu b):

$$f'(x) = (ax^n + bx^3)' = a \cdot nx^{n-1} + b \cdot 3x^2 = anx^{n-1} + 3bx^2$$

Übung 5
Bilden Sie die Ableitungsfunktion von f.

a) $f(x) = 2x + x^3$ b) $f(x) = 5x$ c) $f(x) = ax^2$ d) $f(x) = ax^n$
e) $f(x) = 2x^2 + 4x$ f) $f(x) = \frac{1}{2}x^2 + 5$ g) $f(x) = 2x^3 - 3x^2 + 2$ h) $f(x) = ax^3 + bx + c$

Übung 6
Berechnen Sie f′ und zeichnen Sie die Graphen von f und f′.

a) $f(x) = \frac{1}{2}x^2 - 2x + 2$ b) $f(x) = 4 - x^2$ c) $f(x) = \frac{1}{2}x^3 - 2x$ d) $f(x) = 3x - \frac{1}{3}x^3$

F. Die Ableitung von $\sqrt{x}$ und $\frac{1}{x}$

Bisher haben wir nur ganzrationale Funktionen differenziert. Wir werden das Spektrum durch die *Quadratwurzelregel* und die *Reziprokenregel* auf neue Funktionsklassen ausdehnen.

Satz VIII.5: Die Quadratwurzelregel
Für $x > 0$ gilt die Ableitungsregel:
$$(\sqrt{x})' = \frac{1}{2\sqrt{x}}$$

Beweis:
Wir setzen $f(x) = \sqrt{x}$. Dann gilt:

$$\begin{aligned} f'(x) &= \lim_{h\to 0} \frac{f(x+h)-f(x)}{h} \\ &= \lim_{h\to 0} \frac{\sqrt{x+h}-\sqrt{x}}{h} \\ &= \lim_{h\to 0} \frac{(\sqrt{x+h}-\sqrt{x})\cdot(\sqrt{x+h}+\sqrt{x})}{h\cdot(\sqrt{x+h}+\sqrt{x})} \\ &= \lim_{h\to 0} \frac{(x+h)-x}{h\cdot(\sqrt{x+h}+\sqrt{x})} \\ &= \lim_{h\to 0} \frac{1}{\sqrt{x+h}+\sqrt{x}} \\ &= \frac{1}{2\sqrt{x}} \end{aligned}$$

Satz VIII.6: Die Reziprokenregel
Für $x \neq 0$ gilt die Ableitungsregel:
$$\left(\frac{1}{x}\right)' = -\frac{1}{x^2}$$

Beweis:
Wir setzen $f(x) = \frac{1}{x}$. Dann gilt:

$$\begin{aligned} f'(x) &= \lim_{h\to 0} \frac{f(x+h)-f(x)}{h} \\ &= \lim_{h\to 0} \frac{\frac{1}{x+h}-\frac{1}{x}}{h} \\ &= \lim_{h\to 0} \frac{\frac{x}{(x+h)\cdot x}-\frac{x+h}{x\cdot(x+h)}}{h} \\ &= \lim_{h\to 0} \frac{\frac{-h}{(x+h)\cdot x}}{h} \\ &= \lim_{h\to 0} \frac{-1}{(x+h)\cdot x} \\ &= -\frac{1}{x^2} \end{aligned}$$

Wir zeigen in einer Anwendung, wie die Quadratwurzelregel praktisch verwendet werden kann.

Beispiel:
Das Profil eines Hangs kann durch die Funktion $f(x) = \sqrt{x}$ modelliert werden. Er soll links vom Punkt $P(4\,|\,2)$ so aufgeschüttet werden, dass eine gerade, tangential anschließende Abfahrt entsteht. In welcher Entfernung vom Hangende beginnt die Aufschüttung?

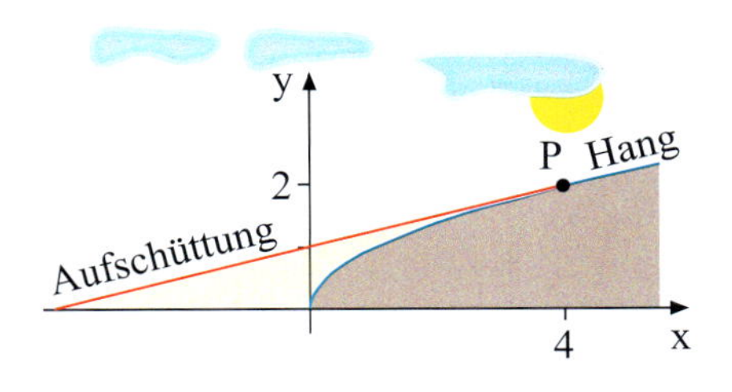

Lösung:
Wir bestimmen die Gleichung der Tangente t an den Graphen von f im Punkt $P(4|2)$. Die Funktion f besitzt dort die Steigung $m = f'(4) = \frac{1}{2\sqrt{4}} = \frac{1}{4}$, da $f'(x) = \frac{1}{2\sqrt{x}}$ ist. Damit ergibt sich die Tangentengleichung $t(x) = \frac{1}{4}x + 1$.

Diese schneidet die x-Achse bei $x = -4$. Dort also beginnt die Aufschüttung.

Tangentengleichung:
$t(x) = m\cdot(x - x_0) + y_0$

$f'(4) = \frac{1}{4}$ $\qquad$ $P(4\,|\,2)$

$t(x) = \frac{1}{4}\cdot(x-4) + 2 = \frac{1}{4}x + 1$

Nullstelle der Tangente:
$x = -4$

Beispiel: Vulkanberg

Ein Vulkanberg wird für $\frac{1}{2} \leq x \leq 2$ durch die Funktion $f(x) = \frac{1}{x}$ modelliert, wobei 1 LE einem Kilometer entspricht.

a) Wie hoch erhebt sich der Vulkan über die Steppe?

b) Wie steil ist sein Hang am unteren Hangende, wie steil ist er am Gipfel?

c) Ein Tourist möchte gerne in 1 km Höhe aufsteigen. Touristen dürfen nur mit Bergführer Steigungen über 60° begehen. Wird ein Führer benötigt?

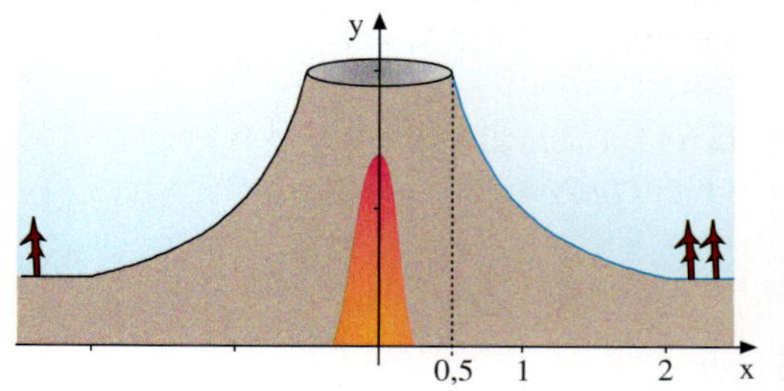

Lösung zu a:

Bei $x = 2$ beginnt der Hang in 0,5 km Höhe. Bei $x = 0{,}5$ endet der Hang in 2 km Höhe. Die Höhe des Vulkans ist die Differenz dieser beiden Werte, also 1,5 km.

Höhe des Berges:

$$\left.\begin{array}{l} f\left(\frac{1}{2}\right) = 2 \\ f(2) = \frac{1}{2} \end{array}\right\} \Rightarrow \text{Höhe} = 1{,}5 \text{ km}$$

Lösung zu b:

Die Hangkurve $f(x) = \frac{1}{x}$ hat die Ableitung $f'(x) = -\frac{1}{x^2}$. Am Fuß des Hanges, also bei $x = 2$, beträgt die Steigung $f'(2) = -\frac{1}{4}$.
Für den Steigungswinkel α am Hangfuß gilt also $\tan\alpha = -\frac{1}{4}$.
Hieraus folgt $\alpha = \boxed{\tan^{-1}}\left(-\frac{1}{4}\right) \approx -14{,}04°$.
Analog erhalten wir am oberen Ende des Hanges $\alpha \approx -75{,}96°$.

Steilheit am unteren Hangende:

$f'(x) = -\frac{1}{x^2}$

$f'(2) = -\frac{1}{4}$

$\tan \alpha = -\frac{1}{4}$

$\alpha = \boxed{\tan^{-1}}\left(-\frac{1}{4}\right)$

$\alpha \approx -14{,}04°$

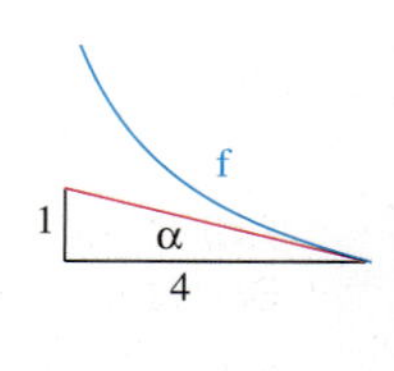

Lösung zu c:

Der Tourist möchte eine Höhe von 1 km über dem Fuß des Hanges erreichen. Dies entspricht dem Funktionswert $f(x) = 1{,}5$ km. Diese Höhe liegt nach nebenstehender Rechnung bei $x \approx 0{,}67$ km. Dort ist die Steigung f' gleich $-2{,}25$, was einem Winkel von ca. $-66{,}04°$ entspricht. Also ist ein Führer erforderlich.

Steigung in 1 km Höhe:

$$\begin{aligned} \text{Höhe} &= f(x) - 0{,}5 \\ 1 &= f(x) - 0{,}5 \\ f(x) &= 1{,}5 \\ x &\approx 0{,}67 \\ f'(0{,}67) &= -\frac{1}{0{,}67^2} = -2{,}25 \\ \tan\alpha &= -2{,}25 \\ \alpha &= \boxed{\tan^{-1}}(-2{,}25) \approx -66{,}04° \end{aligned}$$

Übung 7

Differenzieren Sie:

$f(x) = \frac{2}{x}$, $g(x) = -\frac{3}{x}$, $h(x) = 2\sqrt{x}$, $k(x) = \frac{\sqrt{x}}{2}$, $m(x) = \frac{2}{3x} + \frac{1}{2}\sqrt{x}$

Übung 8

Wo hat f die Steigung m?

a) $f(x) = \frac{2}{x}$, $m = -0{,}5$ b) $f(x) = 2\sqrt{x}$, $m = 0{,}5$ c) $f(x) = x - \frac{1}{x}$, $m = 3$

Übungen

9. Graphisch ableiten

Zeichnen Sie den Graphen der Funktion $f(x) = \frac{1}{4}x^3 - x, \; -2{,}5 \leq x \leq 2{,}5$. Bestimmen Sie die Steigungen in den eingezeichneten Punkten graphisch. Skizzieren Sie mithilfe der Ergebnisse den Graphen von f'.

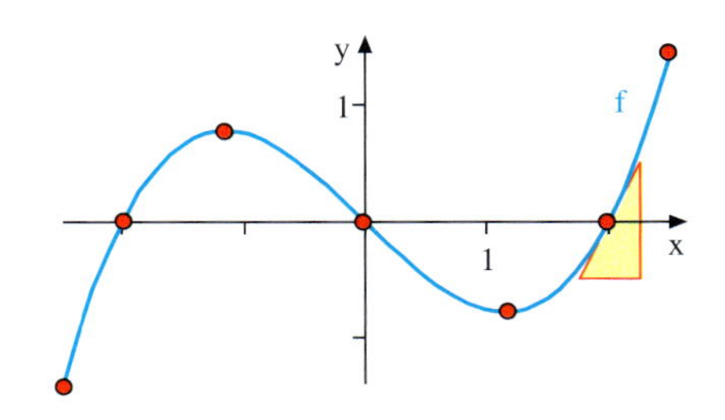

10. Funktion und Ableitung

Ordnen Sie jeder Funktion die richtige Ableitungsfunktion zu.

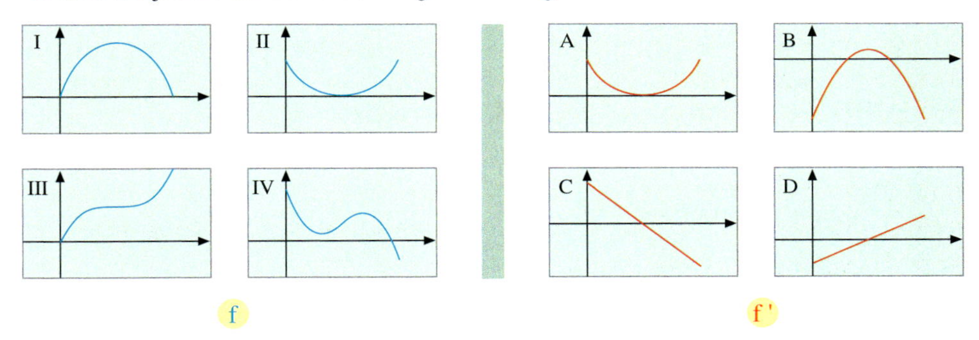

11. Ableitungsfunktion als Grenzwert des Differenzenquotienten

Berechnen Sie die Ableitungsfunktion f' von f mithilfe des Differentialquotienten, d. h. durch Anwendung der Formel $f'(x) = \lim\limits_{h \to 0} \frac{f(x+h) - f(x)}{h}$.

a) $f(x) = \frac{1}{2}x^2$ b) $f(x) = 2x - 1$ c) $f(x) = x - x^2$

12. Ableitungsregeln anwenden

Berechnen Sie die Ableitungsfunktion f' von f mithilfe der Ableitungsregeln.

a) $f(x) = \frac{1}{4}x^4 - 2x^2$ b) $f(x) = -3x^2 + 4$ c) $f(x) = 3(x-2)^2 + x$

d) $f(x) = ax^3 + bx^2 + cx + d$ e) $f(x) = 2\sqrt{x}$ f) $f(x) = \frac{4}{x} + 1$

13. Lokale Steigungen

Welche Steigung hat der Graph von f an der Stelle x_0?

a) $f(x) = \frac{1}{2}x^2 - 2, \; x_0 = 2$ b) $f(x) = 4 - 2x, \; x_0 = 3$ c) $f(x) = 2x^2 - 2x, \; x_0 = 0$

d) $f(x) = \sqrt{x} + 1, \; x_0 = 4$ e) $f(x) = 2(\sqrt{x} + 1)^2, \; x_0 = 1$ f) $f(x) = x + \frac{1}{x}, \; x_0 = 1$

14. Lokale und mittlere Steigungen

Gegeben sind die Funktionen $f(x) = \frac{1}{2}x$ und $g(x) = -\frac{1}{4}x^2 + x$.

a) Skizzieren Sie die Graphen von f und g für $0 \leq x \leq 2$.

b) Wie groß sind die lokalen Steigungen von f und g an der Stelle $x = 1$?

c) Wie groß sind die mittleren Steigungen von f und g im Intervall $[0; 2]$?

15. Stellen mit bestimmter Steigung

An welchen Stellen hat f die Steigung m?

a) $f(x) = \frac{1}{4}x^4 - 6x,\ m = 2$ b) $f(x) = -\frac{1}{6}x^3 + x^2,\ m = -2{,}5$

c) $f(x) = \frac{2}{x} - x,\ m = -3$ d) $f(x) = 3\sqrt{x},\ m = 3$

16. Parallelstellen zweier Graphen

An welcher Stelle verlaufen die Graphen von f und g parallel?

a) $f(x) = \frac{1}{2}x^2,\ g(x) = 2x$ b) $f(x) = 2x^3 - 1,\ g(x) = 3 + 6x$

c) $f(x) = \frac{3}{x} + 1,\ g(x) = -\frac{1}{3}x$ d) $f(x) = \frac{1}{2}\sqrt{x},\ g(x) = \frac{1}{8}x + 2$

17. Wo steckt der Fehler?

Die Ableitung wurde falsch gebildet. Wo steckt der Fehler?

a) $f(x) = 2x^3 - 4x^2 + 5$
$f'(x) = 6x^2 + 8x + 5$

b) $f(x) = 4x^2 + \frac{1}{x} + 2$
$f'(x) = 8x + \frac{1}{x^2}$

c) $f(x) = x^2 + c^3 + 2x + 3$
$f'(x) = 2x + 3c^2 + 2$

d) $f(x) = \sqrt{x} + x^3 + \frac{1}{x}$
$f'(x) = \frac{1}{\sqrt{x}} + 3x^2 + \frac{1}{x^2}$

18. Ableitungsgraph skizzieren

Übertragen Sie den Graphen f in Ihr Heft auf kariertes Papier und skizzieren Sie dann den ungefähren Verlauf des Graphen von f′.

a) 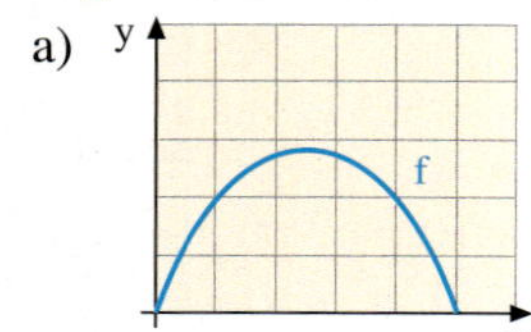

b) 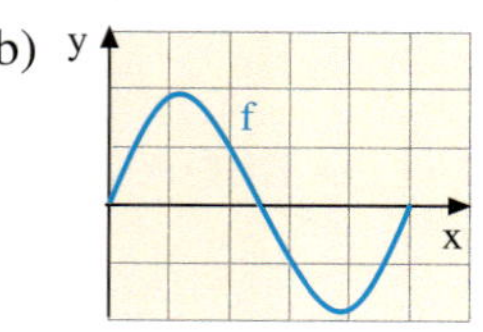

c) 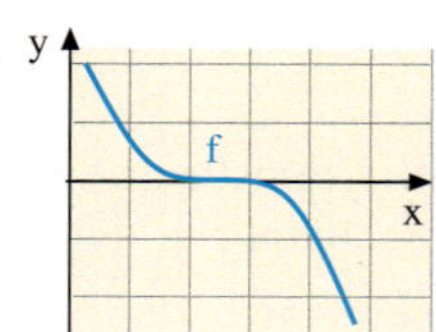

d) 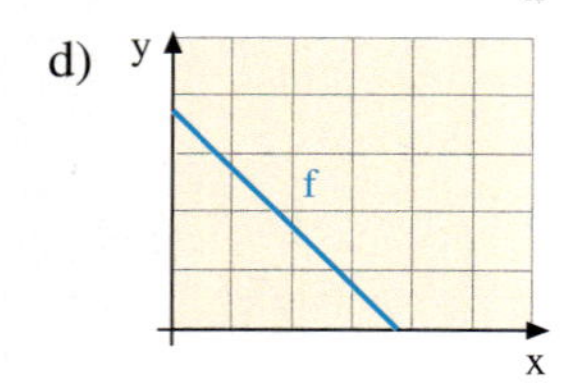

e) 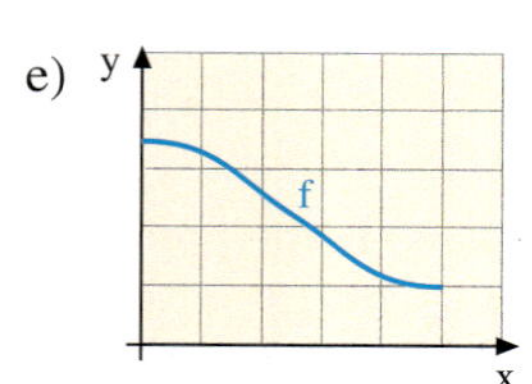

f) 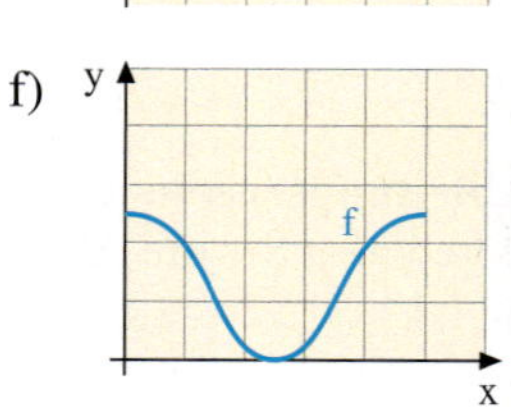

19. Stellen mit gegebenem Steigungswinkel α

An welcher Stelle hat f den Steigungswinkel?

a) $f(x) = \frac{1}{2}x^2,\ \alpha = 45°$ b) $f(x) = \sqrt{x},\ \alpha = 30°$

c) $f(x) = 6\sqrt{x},\ \alpha = 60°$ d) $f(x) = \frac{3}{x},\ \alpha = -45°$

5. Anwendung des Ableitungsbegriffs

A. Übersicht

In den vorhergehenden Abschnitten wurde behandelt, wie man die Ableitung f' einer Funktion f bestimmt. Nun geht es um die Frage, wozu man die Ableitung praktisch verwenden kann. Wir behandeln einige typische Anwendungsprobleme, die auch in den folgenden Kapiteln eine wichtige Rolle spielen. Hierzu stellen wir zunächst eine tabellarische Übersicht auf.

Das Steigungsproblem
Welche Steigung hat die Funktion f an der Stelle x_0?
An welcher Stelle x_0 hat die Funktion f die vorgegebene Steigung m?

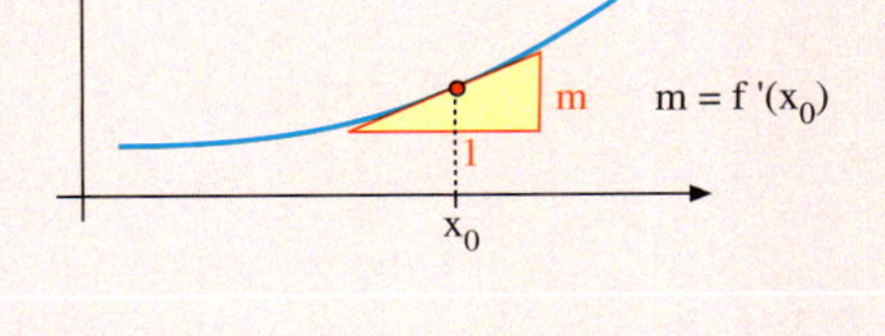

Das Steigungswinkelproblem
Wie groß ist der Steigungswinkel α einer Funktion f an der Stelle x_0?

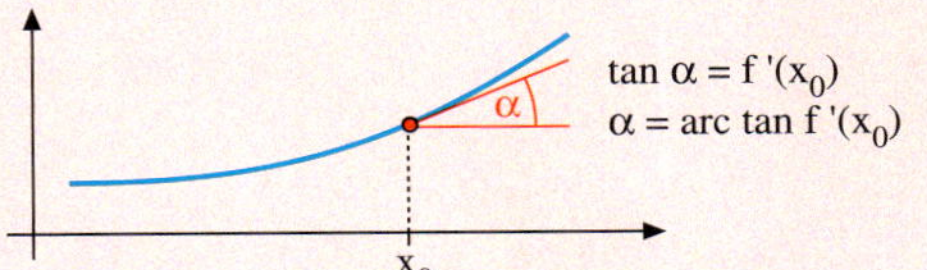

Das Extremalproblem
Wo liegen die Hochpunkte und Tiefpunkte einer Funktion f?

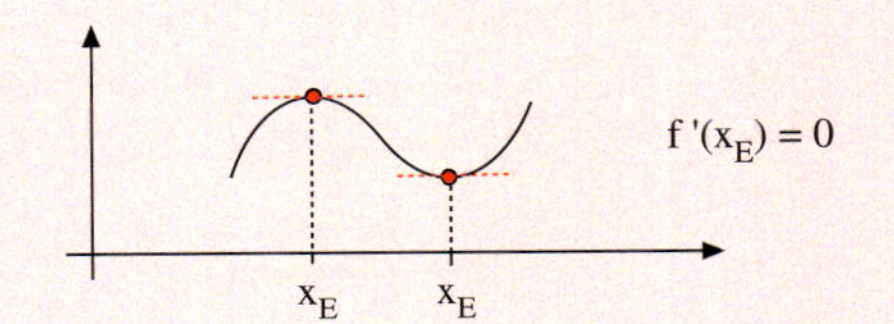

Das Tangentenproblem
Wie lautet die Gleichung der Tangente der Funktion f an der Stelle x_0?

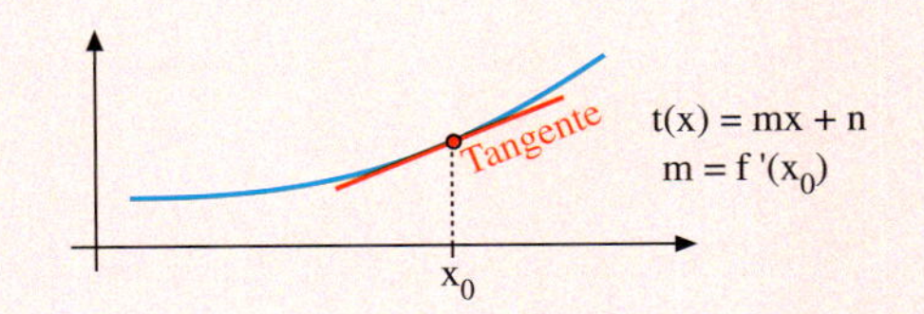

Das Schnittwinkelproblem
Wie groß ist der Schnittwinkel γ der Funktionen f und g?

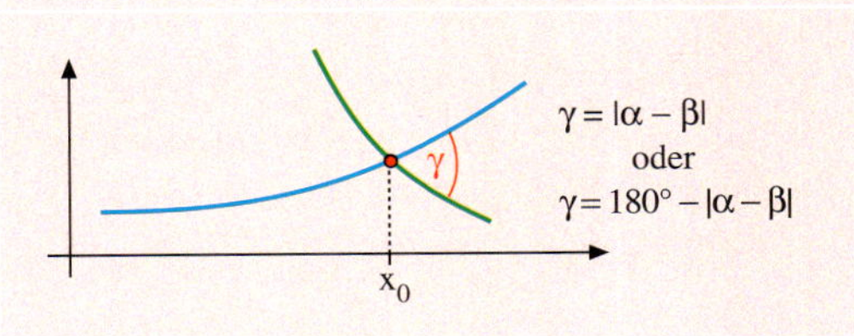

Das Berührproblem
Welche Bedingungen müssen gelten, damit sich zwei Funktionen f und g an der Stelle x_0 berühren?
Wie berechnet man die Lage des Berührpunktes?

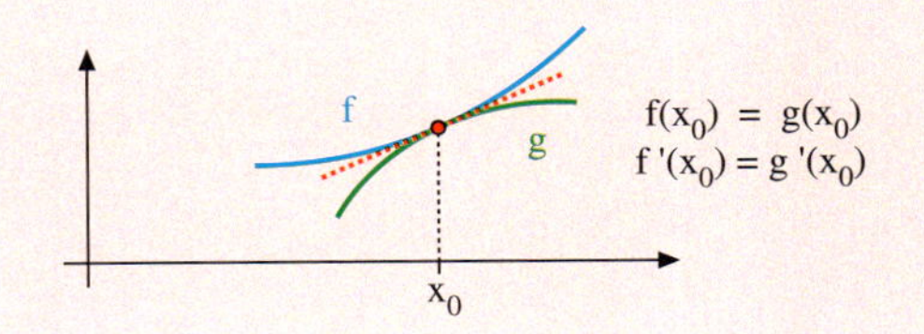

B. Das Steigungsproblem

Die Ableitung $f'(x)$ gibt die Steigung der Tangente von f an der Stelle x an. Mit ihrer Hilfe kann man also berechnen, wie steil die Funktion f an der Stelle x verläuft, wie groß ihr Steigungswinkel dort ist. Auch Gipfel und Täler kann man identifizieren, denn dort ist die Ableitung null.

Beispiel: Steigung und Steigungswinkel
Gesucht sind die Steigung sowie der Steigungswinkel α von $f(x) = \frac{1}{2}x^2 - 2x$ an der Stelle $x = 3$.

Lösung:
Wir skizzieren die Funktion zwecks Überblick zunächst für $0 \leq x \leq 5$.

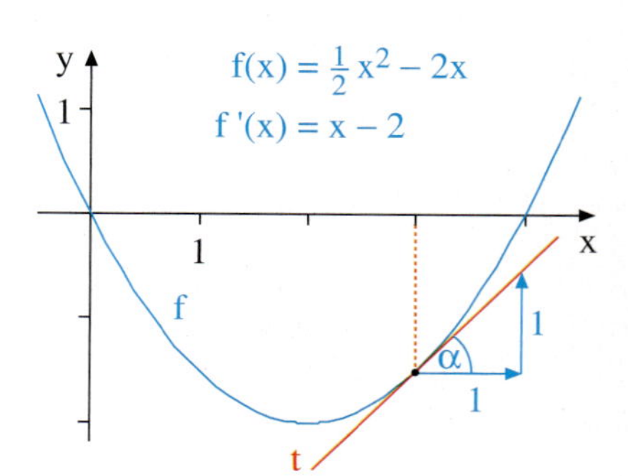

Wir zeichnen zusätzlich die Tangente im Punkt $P(3\,|\,-1{,}5)$ ein. Die Funktion hat die Ableitung $f'(x) = x - 2$. Die Tangente hat daher die Steigung $m = f'(3) = 1$.

Geht man also bei $x = 3$ eine kleine Strecke nach rechts, so geht es um die gleiche Strecke nach oben.

Für den Steigungswinkel der Tangente gilt $\tan\alpha = m$, d.h. $\tan\alpha = 1$.
Daraus folgt mit der arctan-Taste des Taschenrechners: $\alpha = \arctan 1 = 45°$.

Tangentensteigung bei x = 3:
$m = f'(3) = 1$

Steigungswinkel bei x = 3:
$\tan\alpha = f'(3) = 1$
$\alpha = \arctan 1$
$\alpha = 45°$

Übung 1
Die Profilkurve eines Hügels wird durch die Funktion $f(x) = -\frac{1}{2}x^2 + 4x - 6$ beschrieben.
a) Wo liegen die Fußpunkte des Hügels?
b) Wie steil ist der Hügel am westlichen Fußpunkt? Wie groß ist dort der Steigungswinkel?

Zusammenfassung: Steigung und Steigungswinkel

Steigung von f an der Stelle x_0:	$f'(x_0)$
Steigungswinkel von f an der Stelle x_0:	$\alpha = \arctan(f'(x_0))$

C. Das Extremalproblem

Oft sucht man das Optimum einer Größe, d.h. ihre extremalen Werte, z. B. ein Maximum des Gewinns oder ein Minimum der Kosten. Bei einer Funktion kann man die lokalen Extremwerte an der Steigung erkennen. Diese ist nämlich dort gleich null.

Beispiel: Hoch- und Tiefpunkte
Gesucht ist der höchste Punkt des Graphen der Funktion $f(x) = -\frac{1}{2}x^2 + 4x - 6$.

Lösung:
Wir fertigen mithilfe einer Wertetabelle eine Skizze des Graphen von f an, um die Situation besser überblicken zu können.

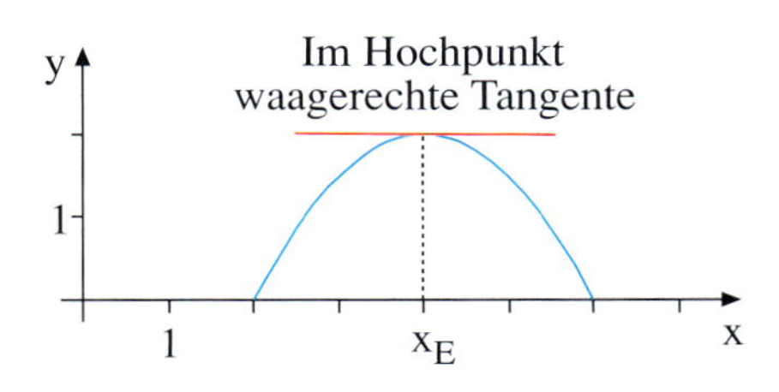

Der Graph der Funktion besitzt einen lokalen ***Hochpunkt*** (Gipfel). Dieser ist dadurch gekennzeichnet, dass dort eine waagerechte Tangente verläuft.
Die Steigung von f ist dort also null, d.h. es gilt $f'(x_E) = 0$.

Diese Bedingung führt auf die Gleichung $-x_E + 4 = 0$, d. h, $x_E = 4$.

Der Hochpunkt der Funktion liegt also bei $H(4|2)$.

Ableitung von f:
$f(x) = -\frac{1}{2}x^2 + 4x - 6$
$f'(x) = -x + 4$

Lage des Hochpunktes:
$f'(x) = 0$
$-x + 4 = 0$
$x = 4, \quad y = f(4) = 2$
$\Rightarrow$ Hochpunkt $H(4|2)$

Übung 2
Das abgebildete Landschaftsprofil wird durch die Randfunktion $f(x) = \frac{1}{5}(3x - x^3)$ beschrieben für $-\sqrt{3} \le x \le \sqrt{3}$; 1 LE = 10 m.

a) Wie weit ist es vom Westufer des Kanals bis zum östlichen Fußpunkt des Erdwalls?
b) Wo liegt die tiefste Stelle des Kanals, wo liegt der Gipfel des Erdwalls?

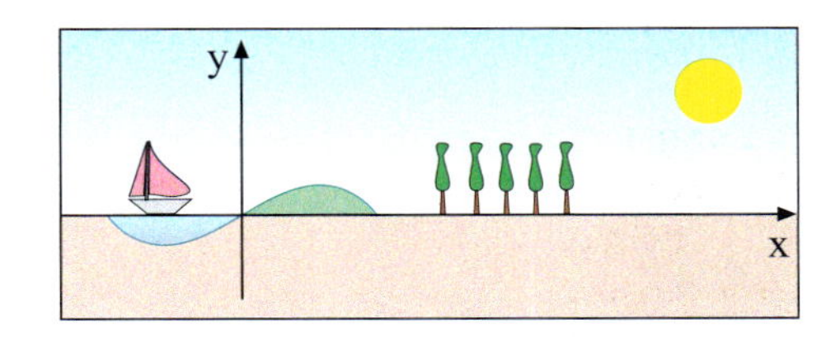

Zusammenfassung: Hoch- und Tiefpunkte
Hochpunkte und Tiefpunkte einer Funktion f besitzen waagerechte Tangenten. Sie erfüllen notwendigerweise die Bedingung $f'(x_0) = 0$.

Allerdings: Es gibt auch Stellen x_0 mit waagerechter Tangente, d. h. $f'(x_0) = 0$, die weder Hochpunkt noch Tiefpunkt sind (z. B. Sattelpunkte).

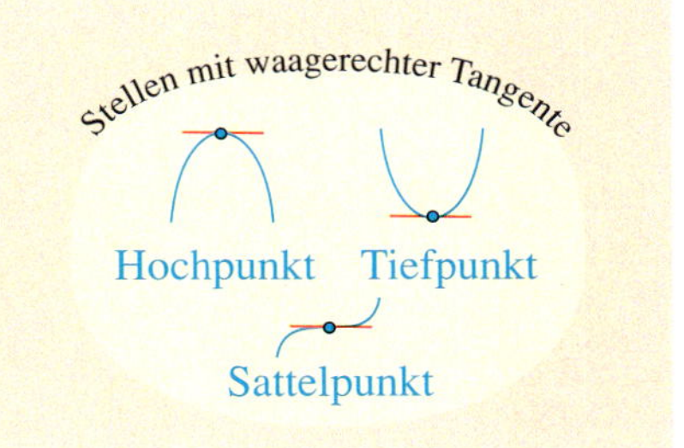

D. Das Tangentenproblem

Im Anschluss an eine Kurve laufen Straßen in der Regel so aus, dass ein glatter Übergang an das folgende gerade Straßenstück besteht. Dies bedeutet, dass das gerade Straßenstück als ***Tangente*** an die Kurve anschließt.

Beispiel: Tangentengleichung

Gegeben ist die Funktion $f(x) = \frac{1}{2}x^2$.
Im Punkt $P\left(1\middle|\frac{1}{2}\right)$ soll die Tangente an den Graphen von f gelegt werden. Wie lautet die Gleichung der Tangente?

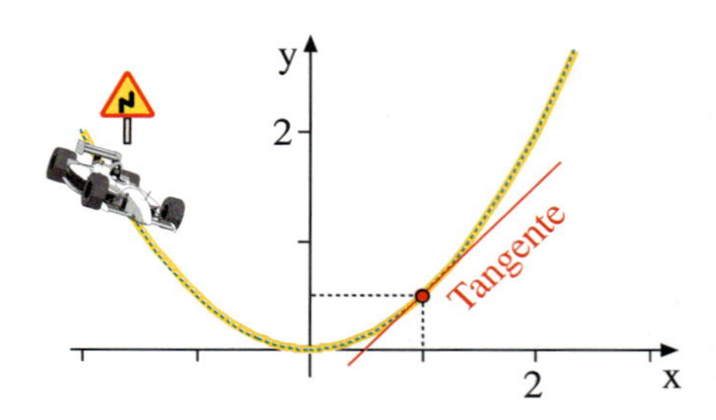

Lösung:
Wir verwenden für die Gleichung der Tangente den Ansatz $t(x) = mx + n$.

Außerdem berechnen wir die Ableitung von f: $f'(x) = x$.

Wir wissen, dass die Steigung m der Tangente gleich der Kurvensteigung im Punkt P ist, also $m = f'(1) = 1$.

Außerdem geht die Tangente durch den Punkt $P\left(1\middle|\frac{1}{2}\right)$.
Daher gilt $t(1) = \frac{1}{2}$, d. h. $m + n = \frac{1}{2}$.
Hieraus folgt wegen $m = 1$ sofort $n = -\frac{1}{2}$.

Resultat: $t(x) = x - \frac{1}{2}$.

Ansatz für die Tangente:
$t(x) = mx + n$

Bestimmung von m und n:
I $\quad m = f'(1)$
II $\quad t(1) = f(1)$
I $\quad m = 1$
II $\quad m + n = \frac{1}{2}$

Resultat:
$t(x) = x - \frac{1}{2}$

Übung 3

Ein kleiner Hund hat sich auf den Kletterhügel verirrt und kommt nicht mehr herunter. Helfer wollen bei P(4 | 4) eine Leiter tangential anlegen. (1 LE = 1 m)
a) Wie hoch ist der Hügel?
b) Wie lang ist die Leiter?

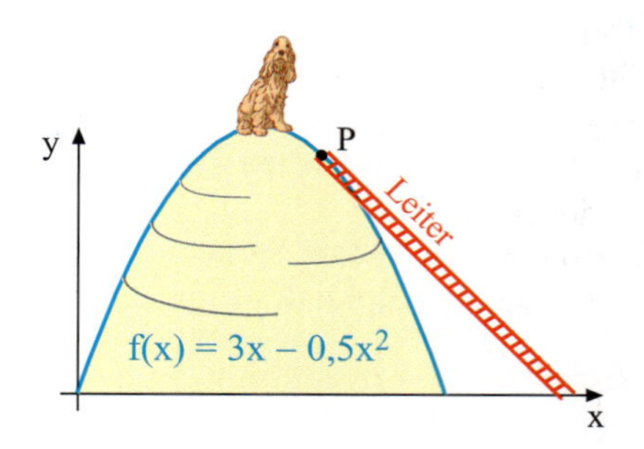

Zusammenfassung: Gleichung der Tangente an eine Kurve

Die Gleichung der Tangente $t(x) = mx + n$ an die Funktion f an der Stelle x_0 kann mithilfe der Bedingungen I und II ermittelt werden.

Ansatz: $t(x) = mx + n$

I: $\quad m = f'(x_0)$ gleiche Steigungen
II: $f(x_0) = t(x_0)$ gleiche Funktionswerte

E. Das Schnittwinkelproblem

Schneiden sich die Graphen von f und g an der Stelle x_0, so bilden ihre Tangenten dort zwei Winkel γ und γ' miteinander.

Den kleineren dieser beiden Winkel bezeichnet man als ***Schnittwinkel*** γ von f und g an der Stelle x_0 $(0 \leq \gamma \leq 90°)$.

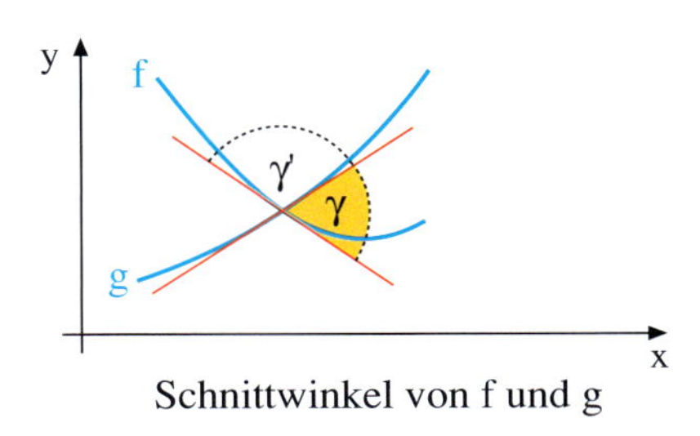

Schnittwinkel von f und g

Beispiel: Schnittwinkel von f und g
$f(x) = x^2$ und $g(x) = 2 - x$ schneiden sich bei $x_0 = -2$ und bei $x_0 = 1$.
Wie groß ist der Schnittwinkel von f und g an der Stelle $x = 1$?

Lösung:
Rechts ist eine Skizze der Situation zu sehen. Man erkennt, dass der Schnittwinkel sich aus den beiden Steigungswinkeln α und β von f und g an der Stelle $x_0 = 1$ bestimmen lässt.

Die Berechnung ergibt $\alpha \approx 63{,}43°$ und $\beta = -45°$.

Die Winkel zwischen den beiden Kurventangenten betragen daher 108,43° und 71,57°.
Der Schnittwinkel beträgt also $\gamma \approx 71{,}57°$.

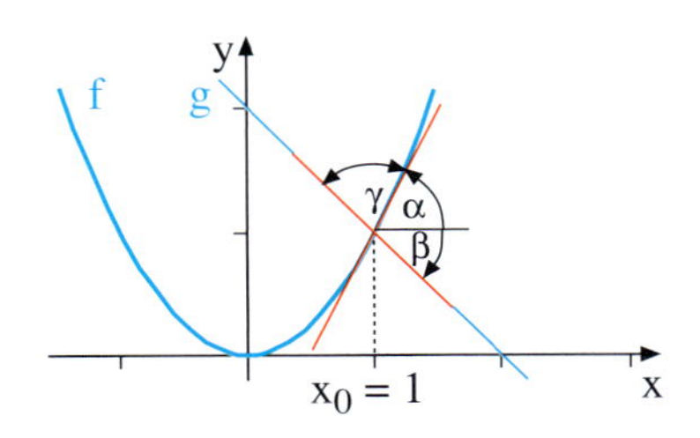

Steigungswinkel α von f bei $x_0 = 1$:
$\tan\alpha = f'(1) = 2$
$\alpha = \arctan(2) \approx 63{,}43°$
Steigungswinkel β von g bei $x_0 = 1$:
$\tan\beta = f'(1) = -1$
$\beta = \arctan(-1) = -45°$

Übung 4
Ein Motorboot rast längs der Kurve $f(x) = \frac{1}{4}x^2 - x + 2$ auf die Kaimauer zu, die durch die Gerade $g(x) = 2x - 6$ beschrieben wird.
a) Kommt es zur Kollision?
b) Wie groß ist der Kollisionswinkel?

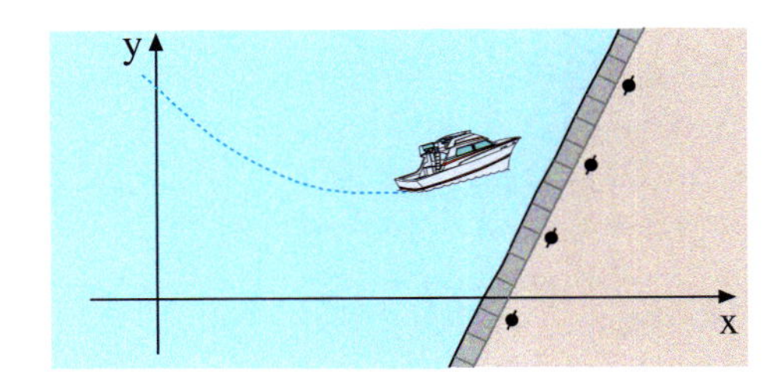

Zusammenfassung: Der Schnittwinkel von zwei Kurven
Der Schnittwinkel γ zweier Funktionen f und g an der Schnittstelle x_0 lässt sich aus den Steigungswinkeln α und β der Funktionen f und g an der Stelle x_0 berechnen.
Es gilt: $\alpha = \arctan(f'(x_0))$, $\beta = \arctan(g'(x_0))$.
γ ist dann der kleinere der beiden Werte $|\alpha - \beta|$ und $180° - |\alpha - \beta|$.

F. Das Berührproblem

Zwei Funktionen f und g berühren sich an der Stelle x_B, wenn dort ihre Funktionswerte und ihre Steigungen übereinstimmen.

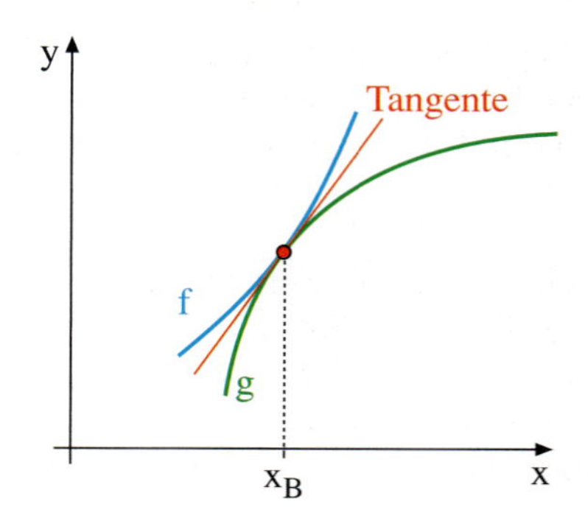

Berührbedingung

$f(x_B) = g(x_B)$
$f'(x_B) = g'(x_B)$

f und g besitzen im ***Berührpunkt*** eine gemeinsame Tangente, die Berührtangente.

Beispiel: Berührpunkt
Untersuchen Sie, ob $f(x) = x^2 + 2$ und $g(x) = 4x - x^2$ sich berühren. Wie lautet die Gleichung der Berührtangente?

Lösung:
Wir berechnen die Schnittstelle von f und g, indem wir die beiden Funktionsterme gleichsetzen, denn ein Berührpunkt ist immer auch Schnittpunkt.
Die Schnittstelle liegt bei $x = 1$. f und g schneiden sich im Schnittpunkt $P(1|3)$.

Nachweis gleicher Funktionswerte:
$f(x) = g(x)$
$x^2 + 2 = -x^2 + 4x$
$2x^2 - 4x + 2 = 0$
$x^2 - 2x + 1 = 0$
$x = 1$

Mithilfe der Ableitungen $f'(x) = 2x$ sowie $g'(x) = 4 - 2x$ können wir nachweisen, dass $f'(1) = g'(1)$ gilt. Also ist auch die zweite Berührbedingung erfüllt. $P(1|3)$ ist tatsächlich Berührpunkt von f und g.

Nachweis gleicher Steigung:
$f'(x) = 2x \quad \Rightarrow f'(1) = 2$
$g'(x) = 4 - 2x \Rightarrow g'(1) = 2$
$\Rightarrow f'(1) = g'(1)$

Für die Gleichung der Berührtangente verwenden wir den Ansatz $t(x) = mx + n$. Aus $t(1) = f(1)$ und $t'(1) = f'(1)$ folgt $m = 2$ und $n = 1$. Daher gilt $t(x) = 2x + 1$.

Berührtangente:
$t(1) = f(1) \quad \Rightarrow m + n = 3$
$t'(1) = f'(1) \Rightarrow m = 2$

$\Rightarrow t(x) = 2x + 1$

Übung 5
Zeigen Sie, dass sich $f(x) = x^2 + 1$ und $g(x) = 1 - x^3$ auf der y-Achse berühren.

Übung 6
Wie muss a gewählt werden, damit der Graph von $f(x) = a + x^2$ die Winkelhalbierende $g(x) = x$ berührt? Wie lautet die Gleichung der Berührtangente?

Übung 7
Wie müssen a und b gewählt werden, damit der Graph von $f(x) = ax^2 + b$ den Graphen von $g(x) = \frac{1}{x}$ bei $x = 1$ berührt? Wie lautet die Gleichung der Berührtangente?

Übungen

8. Gegeben ist die Funktion $f(x) = x^2 \cdot (x-3)$.
a) Skizzieren Sie den Graphen von f mithilfe einer Wertetabelle für $-1 \leq x \leq 3$.
b) Bilden Sie die Ableitungsfunktion f' und skizzieren Sie deren Graph.
c) Welche Bedeutung haben die Nullstellen von f' für den Graphen von f?

9. Gegeben ist die Funktion $f(x) = x^2 - 3x$.
a) Skizzieren Sie den Graphen von f für $-1 \leq x \leq 4$.
b) Wie groß ist die Steigung von f bei $x_0 = 2$?
c) Wie groß ist der Steigungswinkel von f bei $x_0 = 2$?
d) Unter welchem Winkel schneidet der Graph von f die y-Achse?

10. Gegeben sind die Funktionen $f(x) = -x^2 + 8x - 11$ und $g(x) = x - 1$.
a) In welchen Punkten schneiden sich f und g?
b) Wie groß sind die Schnittwinkel von f und g in den beiden Schnittpunkten?

11. Gegeben ist die Funktion $f(x) = -\frac{1}{2}x^2 + 2x + 2$.
a) Wo liegen die Nullstellen von f?
b) Wo liegt der Hochpunkt von f?
c) Unter welchem Winkel schneidet der Graph von f die y-Achse?
d) Eine Gerade g geht durch den Punkt $(-1|0)$ und schneidet den Graphen von f und g bei $x = 3$.
Wie lautet die Gleichung von g?
Wie groß ist der Schnittwinkel von f und g?

12. Gegeben sind die Funktionen $f(x) = \sqrt{x}$ und $g(x) = \frac{1}{x}$.
a) Skizzieren Sie die Graphen von f und g in ein gemeinsames Koordinatensystem für $0 \leq x \leq 4$.
b) Wie lauten die Gleichungen der Tangenten von f und g im Schnittpunkt der beiden Graphen?
c) Unter welchem Winkel schneiden sich f und g?
d) An welcher Stelle x_0 hat f die Steigung 1?

13. Gegeben ist die Funktion $f(x) = x + \frac{4}{x}$.
a) Zeichnen Sie den Graphen von f für $x > 0$.
b) Der Graph von f hat einen Tiefpunkt. Bestimmen Sie seine Koordinaten.
c) An welcher Stelle hat f die Steigung 0,5?
d) Begründen Sie: Der Steigungswinkel von f ist überall kleiner als 45°.

14. Gegeben sind die Funktionen $f(x) = x^2$ und $g(x) = -x^2 + 4x - 2$.
a) Zeichnen Sie den Graphen von f und g für $-1 \leq x \leq 3$.
b) Zeigen Sie, dass die Graphen von f und g sich berühren.

15. Marsmission

Während einer Marsmission soll ein Raupenfahrzeug auf dem Grund eines Kraters abgesetzt werden, der 800 m breit und 200 m tief ist.

a) Modellieren Sie die Profilkurve des Kraters durch eine quadratische Funktion im abgebildeten Koordinatensystem.

b) Die Steigfähigkeit des Fahrzeugs beträgt 30°. Kann der Kraterrand erreicht werden?

c) Das Fahrzeug muss in einem Bereich des Kraters landen, in welchem der Steigungswinkel des Hanges maximal 5° beträgt. Wie groß ist der Durchmesser dieses Bereichs?

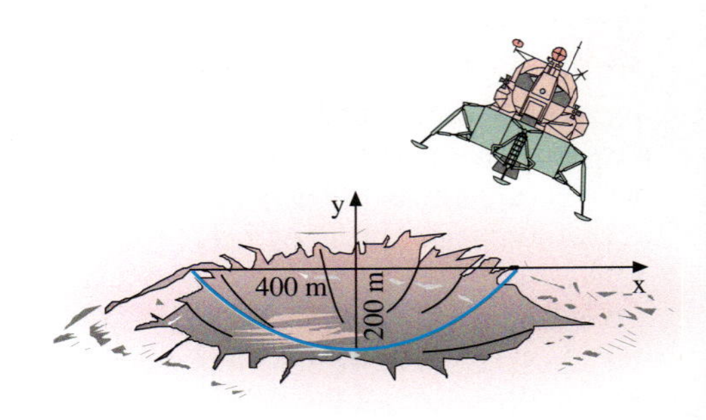

Vulkankrater Albor Tholus auf dem Mars

16. Verkehrswege

Eine Straße s kreuzt den Fluss f und die Bahnlinie b. Für $x > 0$ können diese Verkehrswege durch die Funktionen $s(x) = 2 - \frac{1}{4}x^2$, $f(x) = \frac{1}{4}x^2$ und $b(x) = 0$ beschrieben werden.

a) Wo und unter welchem Winkel kreuzt die Straße die Bahnlinie?

b) Wie lauten die Koordinaten der Straßenbrücke über den Fluss?

c) An welchen Koordinaten bewegt sich ein Schiff auf dem Fluss genau nach Nordosten?

d) Der Fluss soll zwischen $P(0|0)$ und $Q(4|4)$ begradigt werden. Wo kreuzt der entstehende Kanal die Straße?

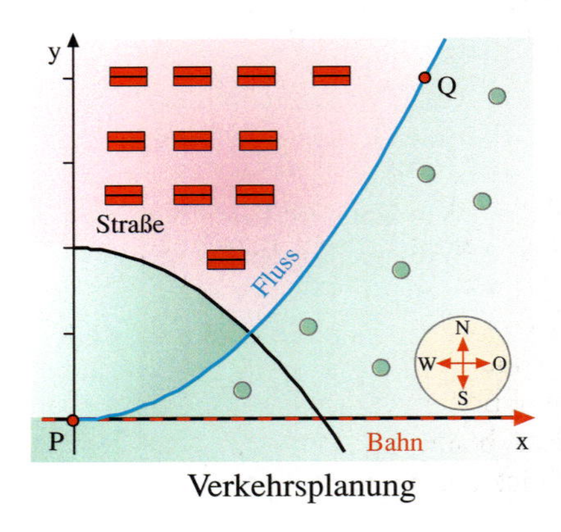

Verkehrsplanung

17. Bahnstrecke

Eine neue Bahnstrecke verläuft längs der Geraden $f(x) = \frac{1}{2}x + 2$.

Vom Reparaturwerk $P(0|0)$ ausgehend soll das Anschlussgleis $g(x) = a\sqrt{x}$ tangential an die Strecke angeschlossen werden.

a) Wie muss a gewählt werden? Wo liegt der Anschlusspunkt B?

b) In welchem Punkt verläuft das Anschlussgleis exakt in Richtung Nordosten?

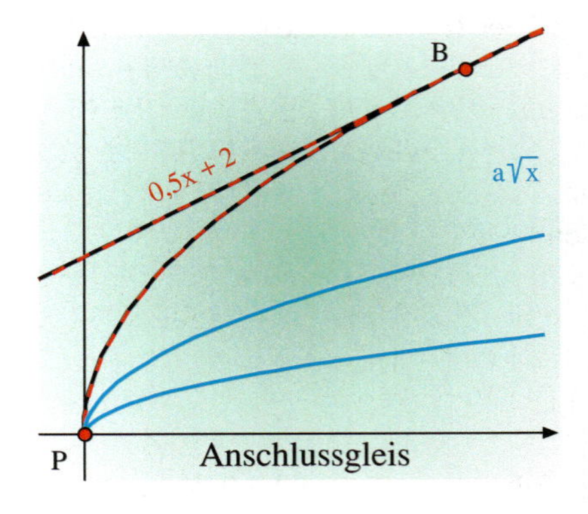

18. Lawine

Ein Skiwanderer im Hochgebirge abseits der normalen Wanderpfade hört plötzlich, wie sich mit lautem Getöse am Berg oberhalb seiner Position eine Lawine löst. Nach einer Schrecksekunde versucht er, sich talwärts zu retten, wobei er die Strecke $s(t) = 1{,}5\,t^2$ (t in Sekunden, s in Metern) zurücklegt. Die Lawine bewegt sich talwärts mit einer konstanten Geschwindigkeit von $30\,\frac{m}{s}$.

a) Die Lawine befinde sich zum Zeitpunkt $t = 0$ genau 180 m oberhalb des Skiläufers. Stellen Sie die Weg-Zeit-Funktionen für die Lawinenbewegung und für den Skiwanderer auf. Welchen Vorsprung hat der Skiwanderer vor der Lawine?
Bestimmen Sie den Term, der den Vorsprung beschreibt.
Wann holt die Lawine den Skiwanderer ein?

b) Welche Situation ergibt sich, wenn sich die Lawine weniger beziehungsweise mehr als 180 m oberhalb des Skiwanderers löst?

c) Angenommen, das Weg-Zeit-Gesetz des vor der Lawine flüchtenden Skifahrers ist $s(t) = at^2$. Wie groß muss der Faktor a mindestens sein, damit der Skifahrer entkommt, wenn zum Zeitpunkt $t = 0$ die Lawine genau 180 m oberhalb seines Standortes ist?

19. Straßeneinmündung

Die nördliche Umgehungsstraße einer Kleinstadt verläuft in der Modellierung längs des Graphen der quadratischen Funktion f mit $f(x) = x^2 - 2x + 2$. Eine von Süden kommende Straße soll längs des Graphen einer Funktion $g(x) = a(x-4)^2 + b$ so verlaufen, dass beide Straßen im Punkt $P(2\,|\,2)$ ohne Knick zusammenstoßen.

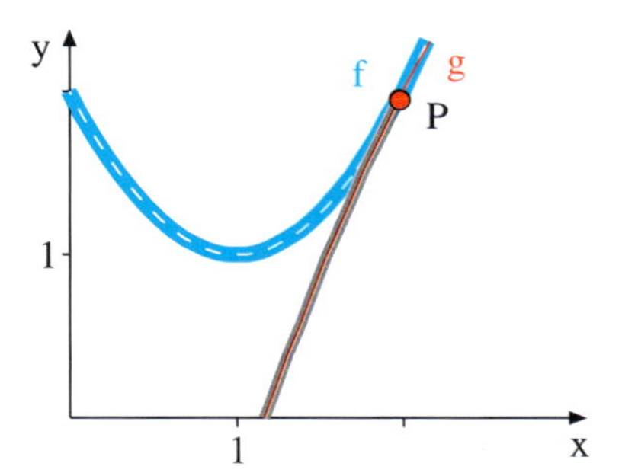

Wie müssen die Parameter a und b gewählt werden? Wie lautet die Gleichung der gemeinsamen Tangente an die Graphen von f und g im Punkt P?

20. Müngstener Eisenbahnbrücke

Die über 100 Jahre alte Müngstener Brücke ist eine der technische interessantesten Eisenbahnbrücken in Deutschland. Ihr Bogen hat eine Spannweite von 170 m, der Scheitelpunkt des Bogens liegt 69 m höher als die Bodenverankerungen.

a) Modellieren Sie den Brückenbogen durch eine ganzrationale Funktion 2. Grades (Parabel).

b) Die Verankerung des Brückenbogens hat dann optimale Stabilität, wenn der Brückenbogen senkrecht auf der Verankerung endet. Wie stark muss die Verankerung gegenüber der Horizontalen geneigt sein, damit diese Bedingung für die Müngstener Brücke erfüllt ist?

21. Himmelfahrt

1980 baute AUDI das erste Serienfahrzeug der Welt mit Allradantrieb, den Audi quattro. In einem legendären Werbespot fuhr der Audi quattro die Sprungschanze von Kaipola in Finnland hinauf, die Steigungen von über 80 % besitzt. 2005 wiederholte Audi das spektakuläre Experiment mit dem A6.

Die Schanze kann durch eine Parabel zweiten Grades modelliert werden. Die Maße kann man der Abbildung entnehmen.
Wichtig: Der Schanzentisch läuft am Absprung horizontal aus.

a) Bestimmen Sie die Gleichung der Parabel.
b) Wie groß ist die mittlere Steigung der Schanze im Intervall $[0;80]$?
c) Das Fahrzeug schafft maximal einen Anstieg von $\alpha = 40°$.
Schafft es das Auto bis zur Markierungsfahne?
d) Wie hoch würde ein normales Fahrzeug mit einer Steigfähigkeit von 25 % kommen?

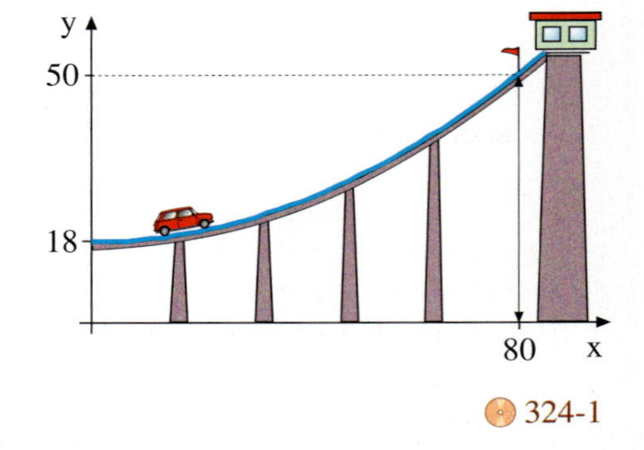

324-1

22. Skihalle

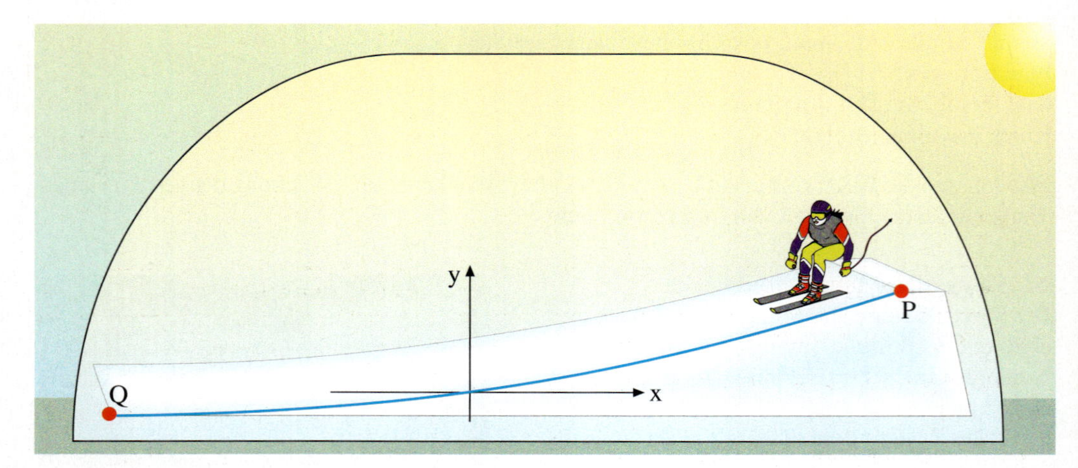

In einer großen Halle befindet sich eine Skipiste, deren Abfahrtsprofil durch die Funktion $f(x) = \frac{1}{1200}x^2 + \frac{1}{6}x$ beschrieben wird. Sie verbindet den Punkt $P(120\,|\,f(120))$ mit dem Punkt Q, in welchem sie horizontal ausläuft.

a) Wo liegt der Punkt Q?
b) Welcher Höhenunterschied wird bei einer Abfahrt durchfahren?
c) Wie groß ist der mittlere Steigungswinkel, wie groß ist der maximale Steigungswinkel?

Überblick

Ableitung einer Funktion an der Stelle x_0 (Differentialquotient)

$(x - x_0)$-Form des Differentialquotienten $f'(x_0) = \lim_{x \to x_0} \frac{f(x) - f(x_0)}{x - x_0}$	h-Form des Differentialquotienten $f'(x_0) = \lim_{h \to 0} \frac{f(x_0 + h) - f(x_0)}{h}$

Allgemeine Ableitungsregeln

u und v seien differenzierbare Funktionen.

Name der Regel	Kurzform der Regel
Summenregel	$(u + v)' = u' + v'$
Faktorregel	$(c \cdot u)' = c \cdot u'$

Wichtige spezielle Ableitungsregeln

Name der Regel	Kurzform der Regel
Konstantenregel	$(c)' = 0$
Potenzregel	$(x^n)' = n\,x^{n-1} \quad n \in \mathbb{N}$
Reziprokenregel	$\left(\frac{1}{x}\right)' = -\frac{1}{x^2}$
Wurzelregel	$(\sqrt{x})' = \frac{1}{2\sqrt{x}}$

Anwendungen des Ableitungsbegiffs

Anwendungsproblem	Berechnungsformel
Steigung m der Funktion f an der Stelle x_0:	$m = f'(x_0)$
Steigungswinkel α der Funktion f an der Stelle x_0:	$\tan\alpha = f'(x_0)$ $\alpha = \arctan f'(x_0)$
Gleichung der Tangente t von f an der Stelle x_0:	$t(x) = f'(x_0)(x - x_0) + f(x_0)$
Gleichung der Normalen q von f an der Stelle x_0:	$q(x) = -\frac{1}{f'(x_0)}(x - x_0) + f(x_0)$

Geometrische Bestimmung von Extrema, Wendepunkten und Steigungen

In diesem Streifzug wird gezeigt, wie man Extrema, Steigungen und Wendepunkte mit einfachen Hilfsmitteln wie Geodreieck, Taschenspiegel und Oh-Folie relativ genau experimentell bestimmen kann.

1. Bestimmung der Extrema mit dem Geodreieck

Extremalpunkte können auch ohne Hilfsmittel gut abgelesen werden. Mit dem Geodreieck geht es noch etwas genauer. Orientieren Sie sich an der Bildfolge.

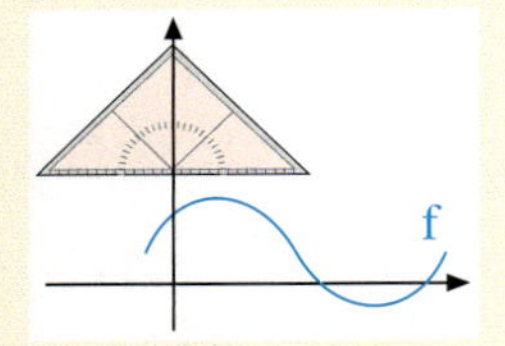

Das Geodreieck orthogonal an die y-Achse legen.

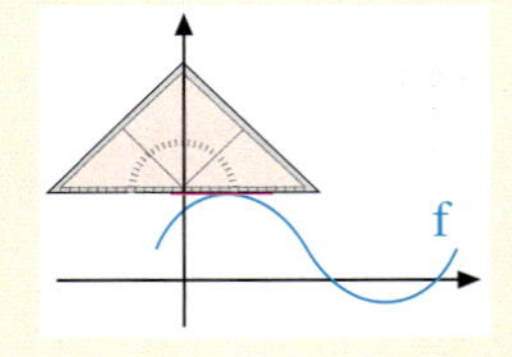

Das Geodreieck senkrecht nach unten schieben, bis es den Graphen von f tangential berührt. Tangente zeichnen bis zur y-Achse.

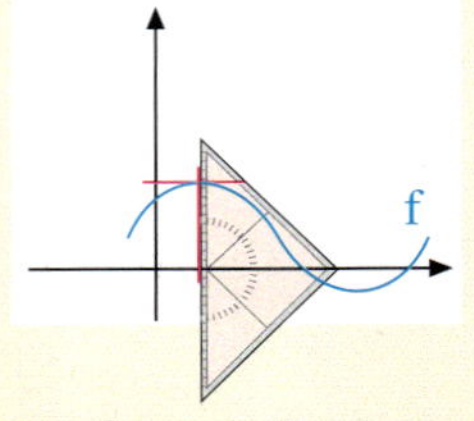

Das Geodreieck orthogonal an der x-Achse anlegen und verschieben bis es durch den Extrempunkt geht. Tangente bis zur y-Achse zeichnen.

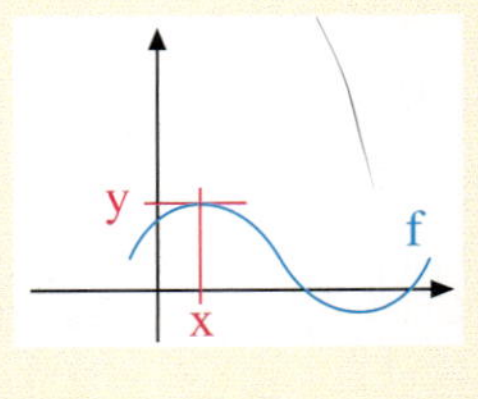

Koordinaten des Extrempunktes an den Achsen ablesen.

2. Bestimmung der Wendepunkte mit einer Geraden auf OH-Folie

Man verwendet einen etwas 1 cm breiten Streifen Oh-Folie mit aufgezeichneter Geraden, auf der ein Punkt P markiert ist. P soll den Wendepunkt und die Gerade die Wendetangente darstellen. Nun geht man folgendermaßen vor:

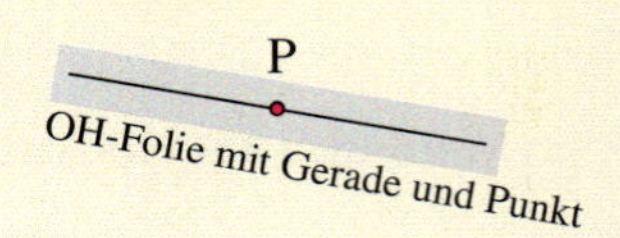

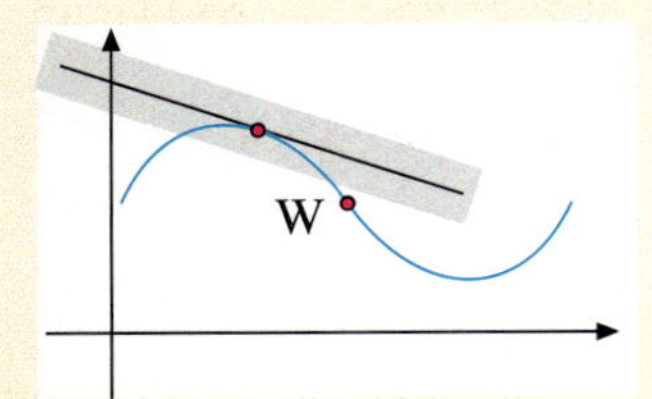

Folie mit dem aufgezeichneten Punkt auf der Kurve tangential anlegen.

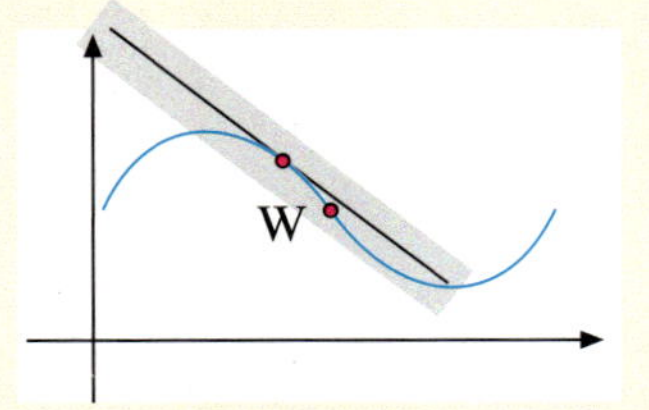

Den aufgezeichneten Punkt auf der Kurve in Richtung des vermuteten Wendepunktes verschieben.

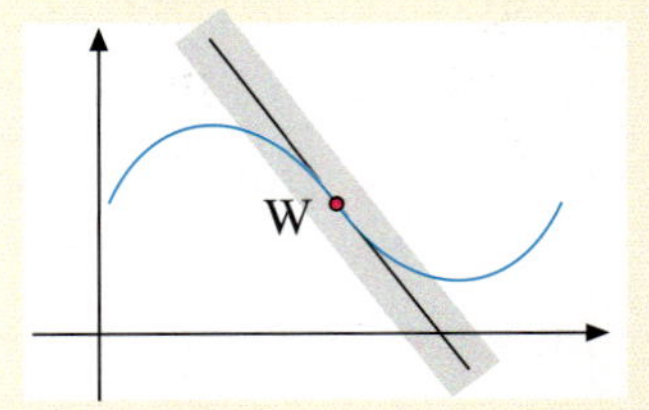

Der Wendepunkt ist gefunden, wenn die Tangente die Kurve im aufgezeichneten Punkt durchdringt und hier die Seiten wechselt.

3. Bestimmung der Steigung in einem Punkt mithilfe eines Spiegels

Man kann die Steigung einer Kurve in einem Punkt P mithilfe der OH-Folien-Tangente aus dem vorigen Abschnittoder durch eine Tangente mithilfe eines Geodreiecks bestimmen.
Wesentlich genauer ist die folgende Methode mithilfe eines kleinen Taschenspiegels, die unten fotographisch dargestellt ist und darunter schrittweise beschrieben wird.

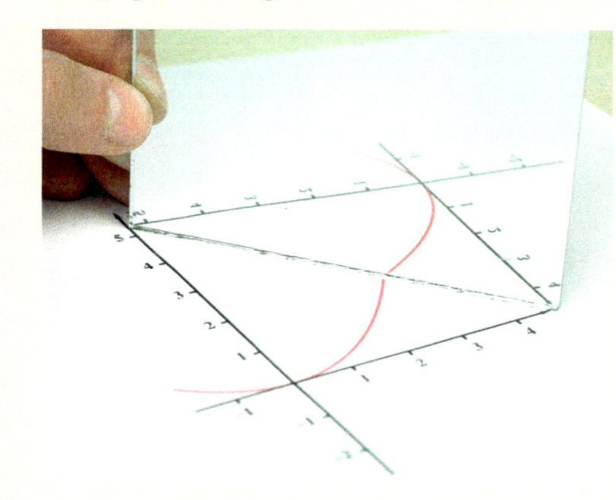

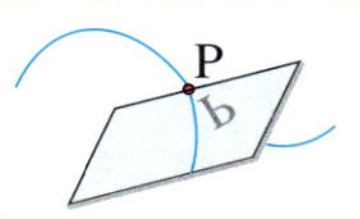

Spiegel in vertikaler Position im Punkt P auf die Kurve stellen, ungefähr senkrecht zur Kurve.

Den Spiegel durch Drehen so ausrichten, dass das originale Kurvenstück und sein Spiegelbild eine Linie bilden.

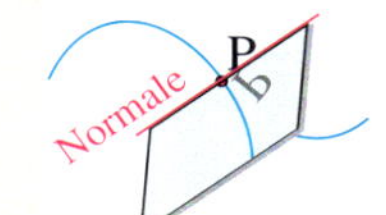

Am Spiegel entlang die Kurvennormale einzeichnen.

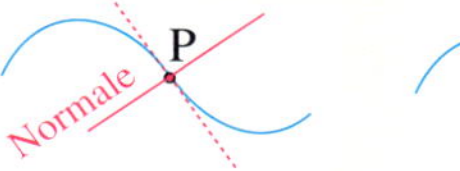

Spiegel entfernen. Mit dem Geodreieck Senkrechte zur Normalen durch P zeichnen. Dies ist die Tangente.

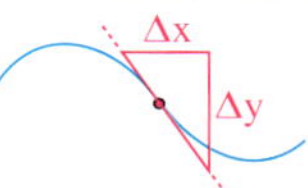

An die Tangente ein Steigungsdreieck zeichnen und daraus $f'(x_0) = \frac{\Delta y}{\Delta x}$ berechnen.

Übung

Gegeben ist der abgebildete Graph einer Funtion f.

a) Bestimmen Sie die Lage der Extremalpunkte.

b) Bestimmen Sie Lage des Wendepunktes mit Hilfe der OH-Folienmethode. Zeichnen Sie die Wendetangente ein. Wie lautet die Gleichung der Wendetangente?

c) Bestimmen Sie die Steigung von f an der Stelle x = … mithilfe der Spiegelmethode.

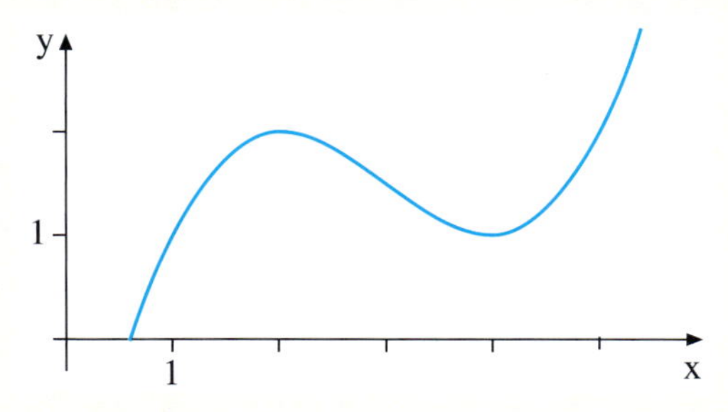

Test

Steigung und Ableitung

1. Welche der abgebildeten Funktionen ist differenzierbar, welche nicht?

a) 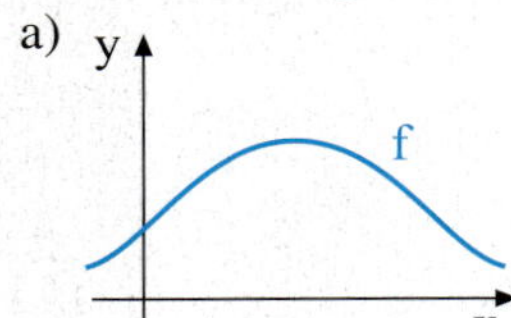

b) 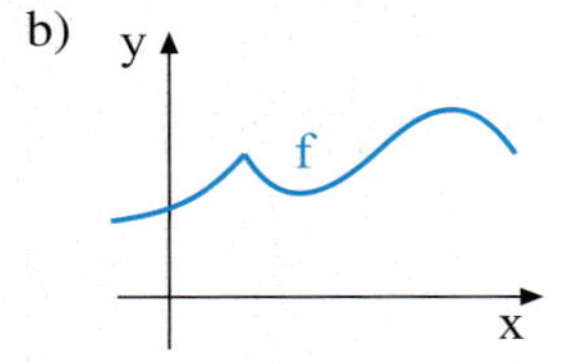

c) 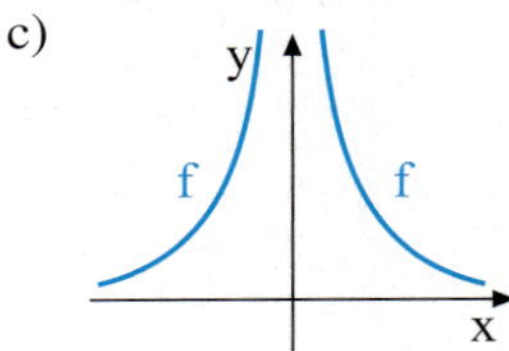

2. Abgebildet ist der Graph der Funktion $f(x) = \frac{3}{2}x - \frac{1}{2}x^2$.

a) Ermitteln Sie die Steigung von f an der Stelle $x_0 = 1$.

b) Wie lautet die Gleichung der Tangente von f an der Stelle $x_0 = 1$?

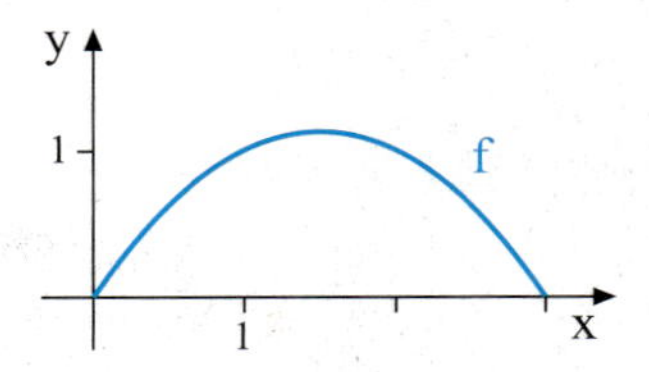

3. Berechnen Sie die Ableitungsfunktion von f.

a) $f(x) = 2x^3 + 3x^2$ b) $f(x) = 3x^4 + 5$ c) $f(x) = a\,x^{n-2}$

d) $f(x) = x + 2\sqrt{x}$ e) $f(x) = \frac{2}{x^3} + x^3$ f) $f(x) = (2x - 1)^2$

4. Die Höhe eines Turmspringers kann durch die Funktion $h(t) = 10 - 5t^2$ beschrieben werden.
(t in Sekunden, h in Metern)

a) Wie lange dauert der Sprung bis zum Eintauchen ins Wasser?

b) Mit welcher Geschwindigkeit taucht der Springer ins Wasser ein?

c) Wie hoch ist die durchschnittliche vertikale Fallgeschwindigkeit des Springers?

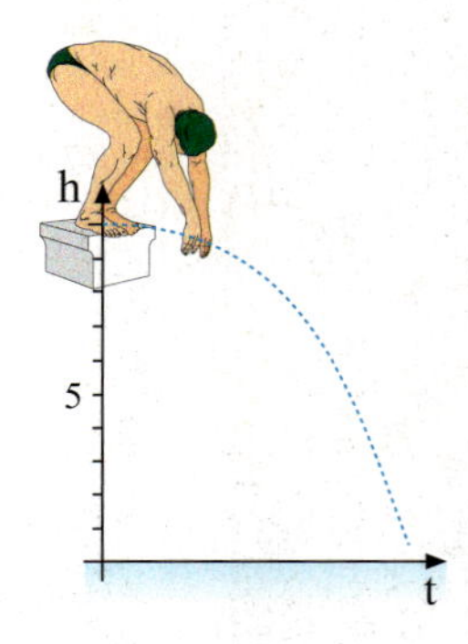

5. Gegeben sind die Funktionen $f(x) = 4x - x^2$ und $g(x) = x$.

a) An welchen Stellen schneiden sich f und g?

b) Wie groß ist der Schnittwinkel γ der Graphen von f und g an der Stelle $x = 0$?

c) Die Gerade $y = 2x + 1$ ist Tangente an den Graphen von f. Wie lautet der Berührpunkt P?

Lösungen unter 328-1

Tabellen

Tabelle 1: Binomialverteilung

330-1

$B(n\,;\,p\,;\,k) = \binom{n}{k}\, p^k (1-p)^{n-k}$

n	k	0,02	0,03	0,04	0,05	0,10	1/6	0,20	0,25	0,30	1/3	0,40	0,50	k	n
2	0	0,9604	9409	9216	9025	8100	6944	6400	5625	4900	4444	3600	2500	2	2
	1	0392	0582	0768	0950	1800	2778	3200	3750	4200	4444	4800	5000	1	
	2	0004	0009	0016	0025	0100	0278	0400	0625	0900	1111	1600	2500	0	
3	0	0,9412	9127	8847	8574	7290	5787	5120	4219	3430	2963	2160	1250	3	3
	1	0576	0847	1106	1354	2430	3472	3840	4219	4410	4444	4320	3750	2	
	2	0012	0026	0046	0071	0270	0694	0960	1406	1890	2222	2880	3750	1	
	3			0001	0001	0010	0046	0080	0156	0270	0370	0640	1250	0	
4	0	0,9224	8853	8493	8145	6561	4823	4096	3164	2401	1975	1296	0625	4	4
	1	0753	1095	1416	1715	2916	3858	4096	4219	4116	3951	3456	2500	3	
	2	0023	0051	0088	0135	0486	1157	1536	2109	2646	2963	3456	3750	2	
	3		0001	0002	0005	0036	0154	0256	0469	0756	0988	1536	2500	1	
	4					0001	0008	0016	0039	0081	0123	0256	0625	0	
5	0	0,9039	8587	8154	7738	5905	4019	3277	2373	1681	1317	0778	0313	5	5
	1	0922	1328	1699	2036	3281	4019	4096	3955	3602	3292	2592	1563	4	
	2	0038	0082	0142	0214	0729	1608	2048	2637	3087	3292	3456	3125	3	
	3	0001	0003	0006	0011	0081	0322	0512	0879	1323	1646	2304	3125	2	
	4					0005	0032	0064	0146	0284	0412	0768	1563	1	
	5						0001	0003	0010	0024	0041	0102	0313	0	
6	0	0,8858	8330	7828	7351	5314	3349	2621	1780	1176	0878	0467	0156	6	6
	1	1085	1546	1957	2321	3543	4019	3932	3560	3025	2634	1866	0938	5	
	2	0055	0120	0204	0305	0984	2009	2458	2966	3241	3292	3110	2344	4	
	3	0002	0005	0011	0021	0146	0536	0819	1318	1852	2195	2765	3125	3	
	4				0001	0012	0080	0154	0330	0595	0823	1382	2344	2	
	5					0001	0006	0015	0044	0102	0165	0369	0938	1	
	6							0001	0002	0007	0014	0041	0156	0	
7	0	0,8681	8080	7514	6983	4783	2791	2097	1335	0824	0585	0280	0078	7	7
	1	1240	1749	2192	2573	3720	3907	3670	3115	2471	2048	1306	0547	6	
	2	0076	0162	0274	0406	1240	2344	2753	3115	3177	3073	2613	1641	5	
	3	0003	0008	0019	0036	0230	0781	1147	1730	2269	2561	2903	2734	4	
	4			0001	0002	0026	0156	0287	0577	0972	1280	1935	2734	3	
	5					0002	0019	0043	0115	0250	0384	0774	1641	2	
	6						0001	0004	0001	0036	0064	0172	0547	1	
	7								0001	0002	0005	0016	0078	0	
8	0	0,8508	7837	7214	6634	4305	2326	1678	1001	0576	0390	0168	0039	8	8
	1	1389	1939	2405	2793	3826	3721	3355	2670	1977	1561	0896	0313	7	
	2	0099	0210	0351	0515	1488	2605	2936	3115	2965	2731	2090	1094	6	
	3	0004	0013	0029	0054	0331	1042	1468	2076	2541	2731	2787	2188	5	
	4		0001	0002	0004	0046	0260	0459	0865	1361	1707	2322	2734	4	
	5					0004	0042	0092	0231	0467	0683	1239	2188	3	
	6						0004	0011	0038	0100	0171	0413	1094	2	
	7							0001	0004	0012	0024	0079	0313	1	
	8									0001	0002	0007	0039	0	
9	0	0,8337	7602	6925	6302	3874	1938	1342	0751	0404	0260	0101	0020	9	9
	1	1531	2116	2597	2985	3874	3489	3020	2253	1556	1171	0605	0176	8	
	2	0125	0262	0433	0629	1722	2791	3020	3003	2668	2341	1612	0703	7	
	3	0006	0019	0042	0077	0446	1302	1762	2336	2668	2731	2508	1641	6	
	4		0001	0003	0006	0074	0391	0661	1168	1715	2048	2508	2461	5	
	5					0008	0078	0165	0389	0735	1024	1672	2461	4	
	6					0001	0010	0028	0087	0210	0341	0743	1641	3	
	7						0001	0003	0012	0039	0073	0212	0703	2	
	8								0001	0004	0009	0035	0176	1	
	9										0001	0003	0020	0	
n		0,98	0,97	0,96	0,95	0,90	5/6	0,80	0,75	0,70	2/3	0,60	0,50	k	n

(Spaltenkopf oben und unten: p)

Für p ≥ 0,5 verwendet man den blau unterlegten Eingang.

Tabelle 1: Binomialverteilung

$B(n\,;\,p\,;\,k) = \binom{n}{k} p^k (1-p)^{n-k}$

n	k	p = 0,02	0,03	0,04	0,05	0,10	1/6	0,20	0,25	0,30	1/3	0,40	0,50	k	n
10	0	0,8171	7374	6648	5987	3487	1615	1074	0563	0282	0173	0060	0010	10	10
	1	1667	2281	2770	3151	3874	3230	2684	1877	1211	0867	0403	0098	9	
	2	0153	0317	0519	0746	1937	2907	3020	2816	2335	1951	1209	0439	8	
	3	0008	0026	0058	0105	0574	1550	2013	2503	2668	2601	2150	1172	7	
	4		0001	0004	0010	0112	0543	0881	1460	2001	2276	2508	2051	6	
	5				0001	0015	0130	0264	0584	1029	1366	2007	2461	5	
	6					0001	0022	0055	0162	0368	0569	1115	2051	4	
	7						0002	0008	0031	0090	0163	0425	1172	3	
	8							0001	0004	0014	0030	0106	0439	2	
	9									0001	0003	0016	0098	1	
	10											0001	0010	0	
15	0	0,7386	6333	5421	4633	2059	0649	0352	0134	0047	0023	0005	0000	15	15
	1	2261	2938	3388	3658	3432	1947	1319	0668	0305	0171	0047	0005	14	
	2	0323	0636	0988	1348	2669	2726	2309	1559	0916	0599	0219	0032	13	
	3	0029	0085	0178	0307	1285	2363	2501	2252	1700	1299	0634	0139	12	
	4	0002	0008	0022	0049	0428	1418	1876	2252	2186	1948	1268	0417	11	
	5		0001	0002	0006	0105	0624	1032	1651	2061	2143	1859	0916	10	
	6					0019	0208	0430	0917	1472	1786	2066	1527	9	
	7					0003	0053	0138	0393	0811	1148	1771	1964	8	
	8						0011	0035	0131	0348	0574	1181	1964	7	
	9						0002	0007	0034	0116	0223	0612	1527	6	
	10							0001	0007	0030	0067	0245	0916	5	
	11								0001	0006	0015	0074	0417	4	
	12									0001	0003	0016	0139	3	
	13											0003	0032	2	
	14												0005	1	
	15													0	
20	0	0,6676	5438	4420	3585	1216	0261	0115	0032	0008	0003	0000	0000	20	20
	1	2725	3364	3683	3774	2702	1043	0576	0211	0068	0030	0005	0000	19	
	2	0528	0988	1458	1887	2852	1982	1369	0669	0278	0143	0031	0002	18	
	3	0065	0183	0364	0596	1901	2379	2054	1339	0716	0429	0123	0011	17	
	4	0006	0024	0065	0133	0898	2022	2182	1897	1304	0911	0350	0046	16	
	5		0002	0009	0022	0319	1294	1746	2023	1789	1457	0746	0148	15	
	6			0001	0003	0089	0647	1091	1686	1916	1821	1244	0370	14	
	7					0020	0259	0545	1124	1643	1821	1659	0739	13	
	8					0004	0084	0222	0609	1144	1480	1797	1201	12	
	9					0001	0022	0074	0270	0654	0987	1597	1602	11	
	10						0005	0020	0099	0308	0543	1171	1762	10	
	11						0001	0005	0030	0120	0247	0710	1602	9	
	12							0001	0008	0039	0092	0355	1201	8	
	13								0002	0010	0028	0146	0739	7	
	14									0002	0007	0049	0370	6	
	15										0001	0013	0148	5	
	16											0003	0046	4	
	17												0011	3	
	18												0002	2	
	19													1	
	20													0	
n		0,98	0,97	0,96	0,95	0,90	5/6	0,80	0,75	0,70	2/3	0,60	0,50 = p	k	n

Für p ≥ 0,5 verwendet man den blau unterlegten Eingang.

Tabelle 2: Zufallsziffern

	1 5	10	15	20	25	30	35	40	45	50
1	07645	90952	42370	88003	79743	52097	46459	16055	04885	81676
	31397	83986	42975	15245	04124	35881	15664	53920	55775	90464
	64147	56091	45435	95510	23115	16170	06393	46850	10425	89259
	53754	33122	33071	12513	01889	59215	99336	20176	76979	04594
5	48942	10345	96401	03479	05768	46222	85046	69522	54005	32464
	37474	31894	64689	88424	73861	20001	55705	09604	26055	42507
	99179	74452	25506	81901	25391	62004	64264	22578	84559	63408
	62234	17971	39047	09212	46055	80731	38530	37253	56453	08246
	47263	39592	00595	36217	59826	17513	84959	39495	97870	84070
10	50343	07552	09245	02997	14549	18742	17202	99723	47587	16011
	04180	26606	13123	97241	44903	96204	29707	66586	70883	92893
	65523	38575	57359	89671	53833	04842	08522	39690	32481	65011
	14921	03745	66451	19460	24294	97924	27028	29229	04655	24922
	47666	54402	36600	40281	99698	24368	95406	69001	45723	32642
15	53389	90663	23654	18440	41198	50491	33288	89833	07561	34458
	29883	73423	92295	41999	63830	25723	70657	62113	32100	28627
	58328	04834	99037	87550	97430	80874	36852	76025	64062	63196
	68386	86595	16926	34726	57020	57919	29875	91566	59456	76490
	17464	56909	39716	70909	86319	08319	78268	08966	26344	06330
20	64647	05554	43990	16039	10538	79943	23034	75152	85281	44003
	42700	57566	06605	46843	42676	84957	73055	92008	21956	01070
	71945	22187	85606	49873	03167	44657	68081	28139	40882	24180
	34804	54003	20917	75562	63046	54262	83141	76543	04833	53219
	38092	86678	75331	63901	25998	42271	60142	25392	67835	50109
25	66038	58229	62401	83415	09164	66738	37200	60635	59995	42039
	04574	98571	24169	35956	54385	56046	98130	96214	79993	87923
	56953	17277	58442	09497	63787	82874	99406	55418	49956	30942
	08930	19934	31919	39146	28469	63330	88164	66251	41828	77422
	31985	18177	13605	48137	39121	76912	53359	31322	63719	18854
30	77173	90099	00361	28432	47697	10270	54598	33976	16252	22205
	23071	86680	45779	68009	80926	47663	42983	00410	26957	50733
	02260	64086	56653	06361	04266	01858	03479	44435	61505	03793
	66147	29316	57742	76431	53085	21801	15059	10971	79748	06138
	12048	67702	89264	26059	15657	97893	57191	69083	31888	41524
35	55201	60907	23787	13962	59556	34239	32550	91181	03666	67288
	65297	50989	89774	95925	16367	91984	83907	45804	05238	11927
	78724	94742	16276	84764	36733	26139	74702	92004	86534	69631
	69265	91109	33203	20980	01432	19777	83142	70847	54813	03173
	29185	97004	57993	74264	26531	55522	12875	76865	68140	97891
40	47622	20458	78937	88383	69829	63251	42173	28946	76039	98510
	92695	25285	16398	45868	71608	23131	46428	34930	76094	46840
	15534	67464	25228	35098	35653	86335	59430	10052	74102	02999
	02628	34863	75458	64466	31349	52055	04460	44614	86245	47550
	55002	28861	44961	41436	65292	24242	37353	48324	62207	84665
45	29842	01077	04272	20804	57334	38200	17248	79856	36795	35928
	43728	35457	96474	75955	44498	56476	69832	44668	54767	84996
	51571	31289	90355	73338	94469	38415	34530	99878	58325	78485
	03701	48562	76472	40512	87784	57639	35528	73661	63629	46272
	07062	58925	65311	88857	73077	07846	32309	94390	12268	46819
50	25179	03789	81247	22234	17250	54858	09303	78844	44162	69696

Stichwortverzeichnis

Bildnachweis

Titelfoto Peter Hartmann, Potsdam; **9** Pressedienst Paul Glaser, Berlin; **11** getty images Deutschland/Photodisc; **12, 17** Cornelsen Verlagsarchiv; **22-1** Carl Zeiss, Aalen; **22-2** Juniors Tierbild Archiv, Ruhpolding; **23** OKAPIA KG/Postl; **25** Pressedienst Paul Glaser, Berlin; **26** images.de/Thielker; **28** picture-alliance/dpa/EPA/Kay Nietfeld; **30** f1online/Peter Widmann; **35** Cornelsen Verlagsarchiv; **37** picture-alliance/dpa/ZB/euro-luftbild/Grahn; **38** picture-alliance/dpaOliver Berg; **40** Spielbank Berlin; **45** Agentur LPM/Henrik Pohl, Berlin; **46** akg-images; **48, 56-1** Agentur LPM/Henrik Pohl, Berlin; **56-2** Pressedienst Paul Glaser, Berlin; **58** Agentur LPM/Henrik Pohl, Berlin; **62** Look/Rainer Martin; **74-1** Agentur LPM/Henrick Pohl, Berlin; **74-2** ullstein-bild (Bergmann); **80-1** Photo courtesy LET'S MAKE A DEAL®, Beverly Hills, California, USA; **80-2** picture-alliance/dpa/Berg; **83** Pressedienst Paul Glaser, Berlin; **89** picture-alliance/dpa; **92/93** fotolia/Dino O.; **95** picture-alliance/dpa/Uli Deck; **102-1** arcoimages; **102-2** KULKA-Foto; **106** Stadt Solingen, Stadtarchiv; **119** DER SPIEGEL 28/1993, S. 172; **121-1** Janicke, München; **121-2** RWE/Pressebild; **127** Pressedienst Paul Glaser, Berlin; **129** CASIO; **130-1** VW-Museum, Wolfsburg/Archiv; **130-2** NASA/JPL/Gov.; **131** Cornelsen Verlagsarchiv; **135** Cornelsen Verlagsarchiv; **158** picture-alliance/dpa/Stefan Sauer; **175** Pressedienst Paul Glaser, Berlin; **178** akg-images, Berlin; **182** TEXAS INSTRUMENTS; **189** wikipedia/CC/Ansgar Walk; **190** wikipedia/Saperand/CC; **192** Bayer Health Care/Pressebild; **193-1** Bayer Crop Science/Pressebild; **193-2** picture-alliance/dpa/Karl-Josef Hildenbrand; **194-1** picture-alliance/ZB/Patrick Pleul; **194-2** Autobild.de/18. 2. 2002; **195-1** Arizona State University, Dept. of Mathematics/Danielios-Doria; **195-2** Fotolia/Jörg Jahn; **195-3** picture-alliance/Helga Lade/Rainer Binder; **195-4** pixelio/joakaut; **196-1** StockFood, München; **196-2** picture-alliance/chromorange, **196-3** Fotolia/R. R. Hundt; **197-1** picture-alliance/KPA/Hochheimer; **197-3** VG Bild-Kunst, Bonn 2012; **198** pixelio/mündm; **204** Henry Moore Foundation Much Hadham; **205** Pressedienst Paul Glaser, Berlin; **206** Astrofoto, Sörth; **215** Peter Hartmann, Potsdam; **236** picture-alliance/ZB/Förster; **241** Agentur LPM, Berlin/Henrik Pohl; **248** TEXAS INSTRUMENTS; **253** Pressedienst Paul Glaser, Berlin; **256** Agentur LPM, Berlin/Henrik Pohl; **272** KIRIN MEDICAL/CH/Pressebild; **275** picture-alliance/dpa/Jens Büttner; **279** picture-alliance/picture-press/Camera Press/Spiegel; **280** OKAPIA/NAS/David R. Frazier; **281-1** Fotolia/Beboy; **281-2** Fotolia/Image Source; **285** Peter Widmann, Tutzing; **286** A1PIX/B; **287-1** Fotolia/Steno; **287-2** NASA/JPL/Gov/PD; **288-1** SeaTops; **288-2** picture-alliance/dpa/British Ministry of Defence; **288-3** OKAPIA; **291** Pressedienst Paul Glaser, Berlin; **304** Fotolia/Ella M. Klomann; **323-1** A1PIX/BIM; **323-2** Werner OTTO, Oberhausen; **324** Audi AG, Ingolstadt; **327-1**, **327-2** Agentur LPM/Henrik Pohl, Berlin; **329** Pressedienst Paul Glaser, Berlin